ANNOTATED CATALOGUE OF AFRICAN GRASSHOPPERS

SUPPLEMENT

ANNOTATED CATALOGUE OF AFRICAN GRASSHOPPERS

SUPPLEMENT

H. B. JOHNSTON
*Anti-Locust Research Centre, London,
late Government Entomologist, Sudan*

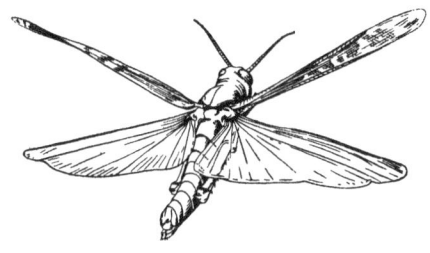

CAMBRIDGE
PUBLISHED FOR THE
ANTI-LOCUST RESEARCH CENTRE
AT THE UNIVERSITY PRESS
1968

CAMBRIDGE UNIVERSITY PRESS
Cambridge, New York, Melbourne, Madrid, Cape Town, Singapore,
São Paulo, Delhi, Dubai, Tokyo, Mexico City

Cambridge University Press
The Edinburgh Building, Cambridge CB2 8RU, UK

Published in the United States of America by Cambridge University Press, New York

www.cambridge.org
Information on this title: www.cambridge.org/9780521157711

© Anti-Locust Research Centre 1968

This publication is in copyright. Subject to statutory exception
and to the provisions of relevant collective licensing agreements,
no reproduction of any part may take place without the written
permission of Cambridge University Press.

First published 1968
First paperback edition 2010

A catalogue record for this publication is available from the British Library

[Insert Library of Congress data if available from input material]

ISBN 978-0-521-05443-0 Hardback
ISBN 978-0-521-15771-1 Paperback

Cambridge University Press has no responsibility for the persistence or
accuracy of URLs for external or third-party internet websites referred to in
this publication, and does not guarantee that any content on such websites is,
or will remain, accurate or appropriate.

CONTENTS

Foreword . . . . *page*	vii
Preface	ix
Introduction	xi
Family EUMASTACIDAE	1
Subfamilies CHOROTYPINAE	1
MIRACULINAE	1
Tribes: *Miraculini*	1
Heteromastacini . . .	2
MALAGASSINAE	2
Tribe: *Malagassini*	2
EUSCHMIDTIINAE	4
PSEUDOSCHMIDTIINAE . . .	8
Tribes: *Carcinomastacini* . . .	8
Penichroti	10
Pseudoschmidtiae . . .	12
Position uncertain . . .	20
Apteropeoedi	21
THERICLEINAE	32
SOCOTRELLINAE	36
Family PNEUMORIDAE	37
Family CHARILAIDAE	42
Family PAMPHAGIDAE	44
Subfamilies ECHINOTROPINAE . . .	44
PORTHETINAE	45
AKICERINAE	59
PAMPHAGINAE	63
Family LATHICERIDAE	67
Family PYRGOMORPHIDAE	69

Family LENTULIDAE 128

Family ACRIDIDAE 141
   Subfamilies DERICORYTHINAE 141
           ROMALEINAE 142
           LITHIDIINAE 143
           HEMIACRIDINAE 146
           TROPIDOPOLINAE 163
           OXYINAE 170
           COPTACRIDINAE 175
           CALLIPTAMINAE 182
           EURYPHYMINAE 191
           EYPREPOCNEMIDINAE . . . 205
           CATANTOPINAE 223
           CYRTACANTHACRIDINAE . . . 269
           EGNATIINAE 284
           ACRIDINAE 285
           EREMOGRYLLINAE 361
           TRUXALINAE 362

Appendices
   I. African species, the taxonomic position of which is not determinable 396
   II. Species erroneously or doubtfully recorded from Africa 398
   III. *Nomina nuda* 399
   IV. Species doubtfully recorded from Madagascar . 399

Additions and Corrections to the Catalogue . . . 401

Bibliography 403

Index 423

FOREWORD

ONE of the obligations of the Anti-Locust Research Centre as a recognized international organization for research and information on locusts and grasshoppers is to make the results of its work known as widely as may be and to keep such information as up to date as possible. These are in themselves good and sufficient reasons for having asked Mr H. B. Johnston to undertake, immediately after the publication of his *Annotated Catalogue of African Grasshoppers*, the preparation of this *Supplement*; but there are further, more compelling, ones. The history of locust and grasshopper control, of many species in many countries, over the past twenty years, has amply demonstrated the necessity of basing that control on as broad a knowledge of the biology of the pest species as is possible; and the foundation of all such work can only be on a basis of taxonomy and systematics. This volume is thus a further tool to those already produced by the Centre for the assistance of acridologists not only in Africa, but the world over.

Mr Johnston has brought to his task knowledge, patience and persistence; he will be rewarded by the surety that this book, like the previous one, is not only a contribution to the subject in itself, but will be instrumental in evoking contributions from others.

P. T. HASKELL
Director, Anti-Locust Research Centre

9 December 1966

PREFACE

It was my great pleasure, some ten years ago, to assist in launching the publication of the *Annotated Catalogue of African Grasshoppers*, a result of years of painstaking work by my old friend and valued colleague, Mr H. B. Johnston. The appearance of that monumental work has been unanimously welcomed by those concerned with the fauna of the African continent for its inestimable value as a comprehensive guide to all the sources of original information, saving them from the time-consuming and often exasperating work of bibliographical excavations.

The appearance of the *Catalogue* has undoubtedly provided a powerful stimulus for the much-needed further exploration of the African grasshopper fauna, as can be seen in the accelerated flow of new papers dealing with it during the last few years. It is a particularly welcome sign of the present times that much work on that fauna is now being carried out not only by museum taxonomists outside Africa, but also by resident entomologists in scientific institutions and universities throughout the continent. Their work is of particular value because they are able to link up the taxonomy of the insects studied with their ecology, habits and their place in the economy of the country. It is mainly on them that future progress depends and it is for them, working as they are outside large libraries, that the *Catalogue* and the present *Supplement* to it, bringing the available information virtually up to date, will be specially valuable.

The immense task of compiling this information, carried out entirely for the benefit of others, could only be accomplished as a labour of love and Mr H. B. Johnston has fully earned the gratitude of the present and the future generations of acridologists in Africa and elsewhere.

BORIS UVAROV

London
November 1966

INTRODUCTION

THE *Annotated Catalogue of African Grasshoppers* aimed at presenting an index of all information on African Acridoidea up to the end of 1953. The present Supplement continues this index up to the end of 1965. A few important papers published at the beginning of 1966 are also included.

In the twelve-year period since 1953 considerable attention has been paid by Acridologists to the African fauna. This is indicated by the fact that 404 publications, wholly or partly relevant to the subject, have been used in compiling the present work. New genera numbering 113 and 416 new species and subspecies have been described, which is about one-fifth of the total number of African species described before 1953. On the other hand 50 genera and 233 species and subspecies have become synonyms. As a result, calculating on the contents of the Supplement, the African Acridid fauna comprises at present 564 genera and 2,189 species.

Since, with one exception, only new information is included in the Supplement the latter must be used in close conjunction with the earlier work. It is hoped that the plan adopted in the Supplement will make this easy.

The exception referred to above is the genus *Chrotogonus* which has been rewritten according to the revision of the genus by Professor Kevan.

TAXONOMIC ARRANGEMENT

The grouping of genera into families and subfamilies differs from that of the *Catalogue* and follows that recently proposed by Dr V. M. Dirsh, first in 'A preliminary revision of Families and Subfamilies of Acridoidea (Orthoptera, Insecta)', *Bull. Brit. Mus. (Nat. Hist.) ent. Lond.* **10** (9): 349–419 (1961) and later in his larger work *The African Genera of Acridoidea* (Cambridge University Press, 1965). This change in taxonomic arrangement should not affect the usefulness of either *Catalogue* or *Supplement* since these are primarily concerned with recording information on genera and species.

It is believed that all genera of the African continent have been included. The omission of any genera from Madagascar or the oceanic islands already included in the *Catalogue* is due to the absence of new information.

The method of presentation of genera and species follows closely that of the *Catalogue*, but the following points are in addition to those enumerated in the Introduction to the latter.

ARRANGEMENT OF MATERIAL

The figure within square brackets on the right of the name of a genus or species indicates the page of the *Catalogue* where these are to be found, e.g.

MECOSTIBUS Karsch 1896 [p. 220]

Under each genus and species the numbering of the new citations follows consecutively that of the *Catalogue* to which reference should be made for the earlier history, e.g.

3. Hysiella inermis   Kirby 1910: 384 (last citation in Catalogue).
4. Pseudohysiella inermis   Dirsh 1962*b*: 330 (first entry in Supplement).

New combinations are treated as in the example just given.

An asterisk denotes the genera, species and subspecies which have been described since 1953.

The numbering of species adopted in the *Catalogue* has been omitted to allow of the insertion of new species alphabetically.

Citations of descriptions of either the male or female of a species, of which only one sex has previously been described, are followed, where possible, by particulars of locality and location of the specimens used by the author.

Short items as, e.g. 'Type lost' or 'Lectotype ♂' are entered under the relevant citation or with the authority in parentheses following. A few noted too late for insertion in this way are placed under 'Additions and Corrections'. The omission of a species indicates that there is no new information on it. The omission of the number of a citation from the summary indicates that the citation in question is a record of capture only or that the species is merely figured. In the former case the country is recorded if a new record.

A glance at the summaries shows that the Morphology, Ecology and Biology of the older species has received increasing attention during the last decade. In the summaries only a general indication can be given of the contents of papers. Thus 'Morph.' covers a wide variety of morphological subjects. A reference to the title of a paper in the Bibliography will often give a clue.

BIBLIOGRAPHY

The 404 publications referred to above have nearly all been issued since 1953, but a few earlier papers, overlooked in preparing the *Catalogue*, have been included.

INTRDOUCTION

In a few cases it has been found necessary to refer again to certain publications issued before 1953, the titles of which are found in the bibliography to the *Catalogue* and not repeated in the *Supplement*.

SYNONYMY

Only new synonyms published since 1953 are specifically indicated, in italics. Cross-references are used in the text, e.g. under the genus Lamarckiana.

aestuans (Saussure 1887) [p. 41]
see Lobosceliana cinerascens p. ...

Where two genera are synonymized it is understood that all the species of the junior genus are to be transferred even though this is not stated by the author. Also any new species described later under the junior genus are similarly treated.

GEOGRAPHICAL DISTRIBUTION

The records of countries are grouped under the same headings as in the *Catalogue*. Those listed may be either new ones not already found in the *Catalogue* or those of countries previously catalogued but on which new information has been published. The inclusion of these latter will, it is hoped, assist students requiring information on the fauna of particular countries.

In the case of new species the name of the type country is not repeated in the Summary unless localities in the country in addition to those of the type are recorded. In the summaries the new names of countries are used, but the exact designation used by the author of new species is quoted. For every African species country lists are given in Dr Dirsh's work mentioned above.

LOCATION OF TYPES

The following should be added to the list to be found on page xv of the *Catalogue*.

Amer. Mus.	= American Museum of Natural History, New York.
Basel Mus.	= Naturhistorisches Museum, Basel, Switzerland.
Bologna Mus.	= Istituto di Entomologia, Universitá di Bologna, Bologna, Italy.
Bremen Mus.	= Überseemuseum, Bremen.
Copenhagen Mus.	= University Museum, Copenhagen, Denmark.
Calif. Acad.	= California Academy of Science, San Francisco, U.S.A.
Florence Mus.	= Museo di Zoologia, Florence, Italy.

Inst. Parc. nat. Congo	=Institut des Parcs Nationaux, République du Congo.
Linn. Soc. Lond.	=The Linnean Society of London, Burlington House, London, W. 1.
Lund Mus.	=Lund University Entomological Museum, Lund, Sweden.
Lyman Mus.	=Lyman Entomological Museum, MacDonald College, Quebec, Canada.
Nairobi Mus.	=Coryndon Museum, Nairobi, Kenya.
Naples Mus.	=Istituto di Zoologia dell'Universitá di Napoli, Naples, Italy.
Prague Mus.	=National Museum, Prague.
S. Afr. Mus.	=South African Museum, Cape Town.
Rhodesia Mus.	=National Museum of Rhodesia, Bulawayo.

ACKNOWLEDGEMENTS

Mention is here made, in grateful acknowledgement, of authors who have sent copies of their papers. This has greatly facilitated the work.

Thanks are due to Mr W. K. Ford, Liverpool Museum, for information on the location of the Malcolm Burr Socotra types.

The help of Señor R. Morales Agacino, Madrid, in pointing out certain omissions from the *Catalogue* is gratefully acknowledged.

Professor D. K. McE. Kevan has kindly given assistance in the arrangement of certain Pyrgomorphid genera and with the Bibliography. Dr N. D. Jago has sent a list of Corrections applicable to the *Catalogue*. For his trouble in doing this I am most grateful.

I have to thank Dr P. T. Haskell, Director of the Anti-Locust Research Centre, for the provision of accommodation and facilities for the preparation of the work.

For his active interest and help during the preparation of the work sincere thanks are due to Dr V. M. Dirsh.

It is a pleasure to include Miss J. E. R. Salter and the library staff for help in using the facilities of the Centre's library.

Lastly Sir Boris Uvarov, K.C.M.G., F.R.S., to whose initiative the compilation of the *Catalogue* was due, has again opened his vast store of knowledge and experience of the subject. His advice at every stage and his suggestions for overcoming difficulties have added immeasurably to the value of the work. It is a pleasure gratefully to acknowledge his help.

EUMASTACIDAE

1. Eumastacidae   Dirsh 1961a: 356, 359, 360.
2. Eumastacidae   Dirsh 1965: 17.

Desc. 1, 2.   **Key** 1, 2 (Subfamilies).

CHOROTYPINAE

1. Chorotypinae   Dirsh 1965: 17.

Desc.

HEMIERIANTHUS Saussure 1903   [p. 1]†

10. Hemierianthus   Jago 1964a: 201.
11. Hemierianthus   Dirsh 1965: 17.

Desc. 11.   **Ecol.** 10.

batesi Rehn & Rehn 1945   [p. 1]

2. Hemierianthus batesi   Dirsh 1965: 18, fig. 8 (♂ ♀).

MIRACULINAE
MIRACULINI

1. Miraculini   Descamps 1965: 5, 16.

Desc.   **Keys.**

MIRACULUM I. Bolivar 1903   [p. 4]

4. Miraculum   Descamps 1965b: 16.

Desc.

mirificum I. Bolivar 1903   [p. 4]

4. Miraculum mirificum   Descamps 1965b: 17, figs. 15–19.
   ♀. C. Madagascar: Ampolomita. Paris Mus.

Desc. ♂ ♀.   **Dist.** C. Malagasy.

SEYRIGELLA Chopard 1951   [p. 4]

2. Seyrigella   Descamps 1965b: 16, 19.

Desc.

† Page references within square brackets refer to the Annotated Catalogue.

notabilis Chopard 1951 [p. 4]
2. Seyrigella notabilis   Descamps 1965*b*: 22, figs. 2, 6, 8, 20–31.
Holotype: ♂
Desc. ♂ ♀. **Dist.** C. Malagasy.

HETEROMASTACINI

1. Heteromastacini   Descamps 1965: 3, 23.
Desc. Keys.

*HETEROMASTAX Descamps 1965

Orthotype: **Malagassa appendiculata** (Chopard 1951)
1. Heteromastax   Descamps 1965*b*: 23.
Desc. Key.

appendiculata (Chopard 1951) [p. 3]
♀. E. Madagascar: Ranomafana. Paris Mus. (Descamps *loc. cit.* 27)
2. Heteromastax appendiculata   Descamps 1965*b*: 24, 25, figs. 32–9.
Desc. ♂ ♀.

*cuneata Descamps 1965
Type: ♀. E. Madagascar: Plantara Valley. Paris Mus.
1. Heteromastax cuneata   Descamps 1965*b*: 25, 30, figs. 42, 44.
Desc. ♀.

*stylifera Descamps 1965
Type: ♀. E. Madagascar: S. Mindongy, Mt Papango. Paris Mus.
1. Heteromastax stylifera   Descamps 1965*b*: 25, 27, figs. 41, 45, 48.
Desc. ♀.

MALAGASSINAE
MALAGASSINI

1. Malagassini   Descamps 1965: 5, 31.
Desc. Keys.

*ACRONOMASTAX Descamps 1965

Orthotype: **Acronomastax butticerca** Descamps 1965
1. Acronomastax   Descamps 1965*b*: 31, fig. 14.
Desc. Key.

butticerca Descamps 1965
      Type: ♂. E. Madagascar: Maroantsetra. Paris Mus.
1. *Malagassa coniceps* var.   Saussure 1903 (Descamps 1965b: 33).
2. Acronomastax butticerca   Descamps 1965b: 33, figs. 4, 7, 49–58, 67–8.
Desc. ♂ ♀.

curvicerca Descamps 1965
      Type: ♂. E. Madagascar: Sambava, Ambinanitelo. Paris Mus.
1. Acronomastax curvicerca   Descamps 1965b: 33, 36, figs. 9–13, 59–66.
Desc. ♂ ♀.

dentata Descamps 1965
      Type: ♀. E. Madagascar: Sambava, Mts. Marojejy. Paris Mus.
1. Acronomastax dentata   Descamps 1965b: 33, 40, fig. 69.
Desc. ♀.

*ODONTOMASTAX Descamps 1965
      Orthotype: **Odontomastax spinulosa**   Descamps 1965
1. Odontomastax   Descamps 1965b: 31, 40, fig. 14.
Desc. Key.

cornuta Descamps 1965
      Type: ♂. E. Madagascar: Ambohitsitandrona. Paris Mus.
1. Odontomastax cornuta   Descamps 1965b: 42, 45, figs. 81–9.
Desc. ♂.

spinulosa Descamps 1965
      Type: ♂. E. Madagascar: Maroantsetra. Paris Mus.
1. Odontomastax spinulosa   Descamps 1965b: 42, figs. 70–80.
Desc. ♂.

MALAGASSA Saussure 1903   [p. 3]
6. Malagassa   Descamps 1965b: 31, 46, fig. 14.
Desc. Key.

basidentata Chopard 1952   [p. 3]
2. Malagassa basidentata   Descamps 1965b: 48, 49, 55, figs. 114–25.
Desc. ♂ ♀.

coniceps Saussure 1903   [p. 3]

Lectotype: ♂. Geneva Mus. (Descamps 1965b: 51)

6. Malagassa coniceps   Descamps 1965b: 48, 49, figs. 90–6.

Desc. ♂ ♀.

*mucronata Descamps 1965

Type: ♂. E. Madagascar: Sambava district, Ambatosoratra. Paris Mus.

1. Malagassa mucronata   Descamps 1965b: 48, 49, 53, figs. 1, 103–13.

Desc. ♂ ♀.

tridens Rehn & Rehn 1945   [p. 4]

3. Malagassa tridens   Randell 1963: 251, fig. 16.
4. Malagassa tridens   Descamps 1965b: 48, 49, 52, figs. 3, 97–102.

Desc. 4 (♂ ♀).   **Morph.** 3.   **Dist.** Malagasy.

EUSCHMIDTIINAE

1. Euschmidtiinae   Descamps 1964: 29.
2. Euschmidtiinae   Dirsh 1965: 30.
3. Euschmidtiinae   White, M. J. D. 1965: 296 et seq. figs.

Desc. 1, 2.   **Key** (genera) 1, 2.   **Morph.** 3.

EUSCHMIDTIA Karsch 1889   [p. 19]

9. Euschmidtia   Descamps 1964: 29, 30.
10. Euschmidtia   Dirsh 1965: 31, 35.
11. Euschmidtia   Jago 1964: 197, 201.

Desc. 9, 10.   **Key** 9.   **Ecol.** 11.

*appendiculata Descamps 1964

Type: ♂. Nyasaland: 12 m. S.W. Ekwendeni. Brit. Mus.

1. Euschmidtia appendiculata   Descamps 1964: 33, 52, figs. 56a–56e.

Desc. ♂.

*bidens Descamps 1964

Type: ♀. Tanganyika: Ngomeni Mlingano. Brit. Mus.

1. Euschmidtia bidens   Descamps 1964: 34, 44.
2. Euschmidtia bidens   Phipps 1966: 35.

Desc. ♀.   **Ecol.** 2.   **Bion.** 2.

burtti Descamps 1964
    Type: ♂. Tanganyika: Movogovod, Kingolova. Brit. Mus.
1. Euschmidtia burtti   Descamps 1964: 33, 34, 39, figs. 26–32.
Desc. ♂ ♀.

congana Rehn 1914   [p. 20]
5. Euschmidtia congana   Descamps 1964: 33, 35, 38, 46, figs. 39–44.
Desc. ♂ ♀.   **Dist. W.A.** Togo; Nigeria; Ghana.   **E.A.** Uganda.

cruciformis (I. Bolivar 1895)   [p. 23]
    Lectotype: ♂. Seychelles: Mahe. Paris Mus. (Descamps 1964: 49)
6. Euschmidtia cruciformis   Descamps 1964: 33, 35, 49, figs. 49–56.
Desc. ♂ ♀.

dirshi Descamps 1964
  Type: ♀. Tanganyika: Morogoro district: 10 m. E. of Morogoro. Brit. Mus.
1. Euschmidtia dirshi   Descamps 1964: 35, 56, figs. 47, 48.
2. Euschmidtia dirshi   Phipps 1966: 35.
Desc. 1 (♀).   **Ecol.** 2.   **Bion.** 2.   **Dist. E.A.** Tanzania 2.

fitzgeraldi Descamps 1964
    Type: ♀. Tanganyika: Ufipa. Brit. Mus.
1. Euschmidtia fitzgeraldi   Descamps 1964: 35, 59, figs. 60a, 60b.
Desc. ♀.

milleri Descamps 1964
    Type: ♀. Rhodesia: Nyamahitak. Brit. Mus.
1. Euschmidtia milleri   Descamps 1964: 35, 57, figs. 57, 58.
Desc. ♀.   **Dist. E.A.** Mozambique.   **C.A.** Rhodesia.   **S.A.** Natal.

nyassae Descamps 1964
    Type: ♂. Nyasaland: 7 m. S. Cholo. Brit. Mus.
1. Euschmidtia nyassae   Descamps 1964: 34, 54, figs. 56f–56j.
Desc. ♂.

phippsi Descamps 1964
    Type: ♀. Tanganyika: Pangani district, Kwantili. Brit. Mus.
1. Euschmidtia phippsi   Descamps 1964: 35, 58, figs. 59, 60.
2. Euschmidtia phippsi   Phipps 1966: 35.
Desc. 1 (♀).   **Ecol.** 2.   **Bion.** 2.   **Dist. E.A.** Tanzania 2.

EUMASTACIDAE Euschmidtiinae

sansibarica Karsch 1889 [p. 21]

Lectotype: ♀ (Descamps 1964, 36, 38).

13. Euschmidtia sansibarica   Descamps 1964: 33, 34, 36.
14. Euschmidtia sansibarica   Phipps 1966: 35.

Desc. 13 (♂ ♀). **Ecol.** 14. **Bion.** 14. **Dist.** E.A. Tanzania 13, 14; Zanzibar 13.

*shinyangana Descamps 1964

Type: ♂. Tanganyika: Old Shinyanga. Brit. Mus.

1. Euschmidtia shinyangana   Descamps 1964: 33, 34 41.

Desc. ♂ ♀.

*somereni Descamps 1964

Type: ♀. Tanganyika: Rabai. Brit. Mus.

1. Euschmidtia somereni   Descamps 1964: 35, 45, fig. 33.

Desc. ♀.

suahelica Rehn & Rehn 1945 [p. 21]

Type lost. Paratype ♂. Acad. Philad. (Descamps 1964: 56).

3. Euschmidtia suahelica Descamps 1964: 34, 56.

Desc. ♂.

*tangana Descamps 1964

Type: ♂. Tanganyika: coast 15 m. N. Tanga. Brit. Mus.

1. Euschmidtia tangana   Descamps 1964: 33, 34, 42, figs. 34–8.

Desc. ♂ ♀.

*uvarovi Descamps 1964

Type: ♀. Tanganyika: Masherwa, 7 m. S.E. Amani. Brit. Mus.

1. Euschmidtia uvarovi   Descamps 1964: 35, 48, figs. 45, 46.

Desc. ♀.

species?

1. Euschmidtia spp.   Phipps 1958: 65.
2. Euschmidtia sp.   Phipps 1959b: 34.
3. Euschmidtia sp.   Dirsh 1963b: 207.

Morph. 1, 2. **Dist.** E.A. Tanzania, 2. W.A. Guinea 3.

*PARASCHMIDTIA Descamps 1964

Haplotype: **Euschmidtia burri** Uvarov 1953 [p. 20]

1. Paraschmidtia   Descamps 1964: 29, 30, 60.

Desc.

burri (Uvarov 1953) [p. 20]
2. Euschmidtia burri   Dirsh 1956f: 237, 271, pl. 9.
3. Euschmidtia burri   Dirsh 1961a: 362, figs. 4–6.
4. Euschmidtia burri   Randell 1963: 251, fig. 17.
5. Euschmidtia burri   Dirsh 1965: 35, fig. 23.
6. Paraschmidtia burri   Descamps 1964: 29, 30, 60, fig. 61.

Desc. 2, 6 (♂ ♀).   **Morph.** 2, 4.   **Dist. E.A.** Tanzania 4.   **C.A.** Rhodesia, Angola, Congo 6.

*MASTACHOPARDIA Descamps 1964

Orthotype: **Mastachopardia zougueana** Descamps 1964
1. Mastachopardia   Descamps 1964: 30, 63.

Desc.

jagoi Descamps 1964

Type: ♂. Liberia: N.E. of Bomi hills, mining area N. of Monrovia. Brit. Mus.
1. Mastachopardia jagoi   Descamps 1964: 65, figs. 64b–64g.

Desc. ♂.   **Ecol.**   **Dist. W.A.** Liberia.

zougueana Descamps 1964

Type: ♀. Guinea: Nimba, Camp Zougue. Paris Mus.
1. Mastachopardia zougueana   Descamps 1964: 64, figs. 62–64a.

Desc. ♀.   **Dist. W.A.** Guinea, Ivory Coast.

*STENOMASTAX Descamps 1964

Orthotype: **Penichrotes brunneri** Burr 1899
1. Stenomastax   Descamps 1964: 30, 68.

Desc. Key.

brevivalvatus (Karsch 1896) [p. 17]
5. Stenomastax brevivalvatus   Descamps 1964: 70, 73, fig. 73.

Desc. ♀.

browni Descamps 1964

Type: ♀. Kenya: Diani Beach, 22 m. S. Mombasa. Brit. Mus.
1. Stenomastax browni   Descamps 1964: 70, 73, figs. 69–72.

Desc. ♀.

brunneri (Burr 1899) [p. 17]
4. Stenomastax brunneri   Descamps 1964: 70, figs. 65–68.

Type: ♂. Vienna Mus.

Desc. ♂.

taurus (Rehn & Rehn 1945) [p. 18]
2. Stenomastax taurus   Descamps 1964: 70, 71.
Type: Acad. Philad.

Desc. ♂.

PSEUDOSCHMIDTIINAE

1. Pseudoschmidtiinae   Descamps 1964: 3, 18, 21, 74.

Desc. Morph. Bion. Key (tribes).

CARCINOMASTACINI

1. Carcinomastacini   Descamps 1964: 75.

Key (genera).

*SAUROMASTAX

Orthotype: **Sauromastax tectifera** Descamps 1964

1. Sauromastax   Descamps 1964: 76.
2. Sauromastax   Descamps & Wintrebert 1965: 75.

Desc. 1, 2. **Key** 1.

beieri Descamps 1964
Type: ♂. E. Madagascar: Antongil. Vienna Mus.
1. Sauromastax beieri   Descamps 1964: 78, 81, figs. 86–9.

Desc. ♂.

luteola Descamps & Wintrebert 1965
Type: ♂. E. Madagascar: 10 km. N.E. Foulpointe. Paris Mus.
1. Sauromastax luteola   Descamps & Wintrebert 1965: 76, figs. 128–35.

Desc. ♂.

sanctae mariae Descamps 1964
Type: ♀. E. Madagascar: Ile Sainte-Marie, Kalalao forest. Paris Mus.
1. Sauromastax sanctae-mariae   Descamps 1964: 78, 80, figs. 82–5.

Desc. ♀.

tectifera Descamps 1964
Type: ♂. E. Madagascar: Manambato (Anove). Paris Mus.
1. Sauromastax tectifera   Descamps 1964: 77, 78, figs. 74–81.

Desc. ♂ ♀.

*DENDROMASTAX Descamps & Wintrebert 1965

Orthotype: **Dendromastax spatulata** n.sp.
1. Dendromastax   Descamps & Wintrebert 1965: 79.

Desc. Key.

*regressivalva Descamps & Wintrebert 1965

Type: ♂. E. Madagascar: 10 km. N.E. Foulpointe. Paris Mus.
1. Dendromastax regressivalva   Descamps & Wintrebert 1965: 81, 84, figs. 146–7.

Desc. ♀.

*rehni Descamps & Wintrebert 1965

1. *Carcinomastax portentosa*   Rehn & Rehn 1945   [p. 19]
   (Descamps & Wintrebert 1965: 86)
2. Carcinomastax portentosa   Descamps 1964: 89, 90, 93, figs. 107–9.
3. Dendromastax rehni   Descamps & Wintrebert 1965: 81, 86.

Desc. 1 (♂ ♀), 2 (♂ ♀), 3.

*spatulata Descamps & Wintrebert 1965

Type: ♂. E. Madagascar: Forest W. of Vondroso. Paris Mus.
1. Dendromastax spatulata   Descamps & Wintrebert 1965: 81, figs. 136–45.

Desc. ♂ ♀.

*ACANTHOMASTAX Descamps 1964

Orthotype: **Penichrotes alatus** Bruner 1910   [p. 19]
1. Acanthomastax   Descamps 1964: 76, 83.

Desc. Key.

alata (Bruner 1910)   [p. 19]

3. Acanthomastax alata   Descamps 1964: 84, figs. 5b, 90, 91.

Desc. ♀.   **Dist.** E. Malagasy.

*bifida Descamps 1964

Type: ♀. E. Madagascar: Fénérive Est, Forest Stn. Taratasy. Paris Mus.
1. Acanthomastax bifida   Descamps 1964: 84, 86, figs. 92–95a.

Desc. ♀.

CARCINOMASTAX Rehn & Rehn 1945   [p. 18]

3. Carcinomastax   Descamps 1964: 76, 88.

Desc. Key.

acutissima Descamps 1964

Type: ♀. E. Madagascar: Perinet. Paris Mus.

1. Carcinomastax acutissima   Descamps 1964: 89, 93, figs. 118–20.

Desc. ♀.

minima Descamps 1964

Type: ♂. E. Madagascar: Perinet. Paris Mus.

1. Carcinomastax minima   Descamps 1964: 89, 90, figs. 96–106.

Desc. ♂ ♀.

nigrivalva Descamps 1964

Type: ♀. N. Madagascar: Montagne d'Ambre, les Roussettes. Paris Mus.

1. Carcinomastax nigrivalva   Descamps 1964: 90, 96, figs. 121–3.

Desc. ♀.

quadrispinosa Descamps 1964

Type: ♀. E. Madagascar: Andevoranto. Paris Mus.

1. Carcinomastax quadrispinosa   Descamps 1964: 90, 97, figs. 124–6.

Desc. ♀.

seyrigi Descamps 1964

Type: ♂. E. Madagascar: Ivondro. Paris Mus.

1. Carcinomastax seyrigi   Descamps 1964: 89, 94, figs. 110–17.

Desc. ♂.

species?

1. Carcinomastax sp.   Descamps & Wintrebert 1965: 78.

Desc. ♀.   Dist. E. Madagascar: Perinet.

PENICHROTI

1. Penichroti   Descamps 1964: 99.

Desc. Key (genera).

HARPEMASTAX Descamps 1964.

Haplotype: **Harpemastax armata** Descamps 1964

1. Harpemastax   Descamps 1964: 99.

Desc.

armata Descamps 1964

Type: ♀. W. Madagascar: Majunga region, Ambodimanga. Paris Mus.

1. Harpemastax armata   Descamps 1964: 100, figs. 127–9.

Desc. ♀.

PENICHROTES Karsch 1889 [p. 17]

8. Penichrotes Descamps 1964: 99, 101.
9. Penichrotes Dirsh 1965: 31.

Desc. 8, 9.

leptotes Brancsik 1893 [p. 18]

6. Penichrotes leptotes. Type lost. (Descamps 1964: 103).

nudata Karsch 1889 [p. 18]

6. Penichrotes nudata Descamps 1964: 103, figs. 130–3.

Desc. ♀. **Dist.** C. Madagascar.

AMATONGA Rehn & Rehn 1945 [p. 19]

3. Amatonga Descamps 1964: 99, 104.
4. Amatonga Dirsh 1965: 31, 33.

Desc. 3, 4. **Key** 3.

carinicrus (Schulthess 1909) [p. 17]

Lectotype: ♀. N. Transvaal, Shilouvane, Ent. Inst. Zürich. (Dirsh 1958*a*: 25)

2. Penichrotes carinicrus Dirsh 1958*a*: 25.
3. Amatonga carinicrus Descamps 1964: 105, 106, figs. 139, 141.

Desc. 3 (♀). **Dist.** S.A. Transvaal 2.

spicata Rehn & Rehn 1945 [p. 19]

Allotype: ♀. Mozambique: Lourenço Marques. Acad. Philad. (Descamps 1964: 106)

2. Amatonga spicata Descamps 1964: 105, 106, figs. 134–8.

Desc. ♀.

strigilifer (Miller 1936) [p. 19]

3. Amatonga strigilifer Descamps 1964: 106, 108, figs. 142–3.

Desc. ♀. **Dist.** C.A. Rhodesia.

*TAPIAMASTAX Descamps & Wintrebert 1965

Haplotype: **Tapiamastax bicoloripes** sp. nov.

1. Tapiamastax Descamps & Wintrebert 1965: 86.

Desc.

bicoloripes Descamps & Wintrebert 1965

Type: ♀. C. Madagascar: Ambositra, Tapias. Paris Mus.

1. Tapiamastax bicoloripes   Descamps & Wintrebert 1965: 87, figs. 148–51.

Desc. ♀.

PSEUDOSCHMIDTIAE

1. Pseudoschmidtiae   Descamps 1964: 109.
2. Pseudoschmidtiae   Descamps & Wintrebert 1965: 88.

Key 1 (genera).

*TERATOMASTAX Descamps 1964

Haplotype: **Teratomastax aberrans** Descamps 1964

1. Teratomastax   Descamps 1964: 109, 112.

Desc.

aberrans Descamps 1964

Type: ♂. E. Madagascar: Perinet. Paris Mus.

1. Teratomastax aberrans   Descamps 1964: 113, figs. 144–52.

Desc. ♂.

*LOBOMASTAX Descamps 1964

Orthotype: **Euschmidtia hova** Saussure 1903   [p. 22]

1. Lobomastax   Descamps 1964: 110, 111, 115.

Desc. Key.

angulata Descamps 1964

Type: ♂. E. Madagascar: Fénérive. Brit. Mus.

1. Lobomastax angulata   Descamps 1964: 116, 119, figs. 157–62.

Desc. ♂.

hova Saussure 1903   [p. 22]

Lectotype: ♂. (Descamps 1964: 116)

5. Lobomastax hova   Descamps 1964: 116, figs. 153–6, 163, 167–9.

Desc. ♂♀.   Dist. Madagascar.

recurva Descamps 1964

Type: ♂. E. Madagascar: Antongil. Vienna Mus.

1. Lobomastax recurva   Descamps 1964: 116, 119, figs. 164–6.

Desc. ♂.

*CHROMOMASTAX Descamps 1964

Orthotype: **Euschmidtia guttatifrons** Burr 1899

1. Chromomastax   Descamps 1964: 116, 120.

Desc.   Key.

guttatifrons (Burr 1899) [p. 20]

Type: Tanganyika: Dar-es-Salaam.

7. Chromomastax guttatifrons   Descamps 1964: 122, 123, figs. 170-2.

Desc. ♀.   Dist. E.A. Tanzania.

movogovodia Descamps 1964

Type: ♂. Tanganyika: Movogovod. Brit. Mus.

1. Chromomastax movogovodia   Descamps 1964: 123, 124, figs. 174, 178.

Desc. ♂.

rabaia Descamps 1964

Type: ♀. Tanganyika: Rabaia. Brit. Mus.

1. Chromomastax rabaia   Descamps 1964: 123, 124, fig. 173.

Desc. ♀.

tanaensis (Kevan 1954) [p. 21]

2. Chromomastax tanaensis   Descamps 1964: 123, 125, figs. 179-81.

Desc. ♂.

*EUDIRSHIA Roy 1962

Haplotype: **Eudirshia koba** Roy 1962

1. Eudirshia   Roy 1962: 115.
2. Eudirshia   Descamps 1964: 110, 127.

Desc. 1, 2.

koba Roy 1962

Type: ♂. Senegal: Niokola-Koba, Bafoulabe. Paris Mus.

1. Eudirshia koba   Roy 1962: 110, 115, pl. II, *a*, *b*, figs. 1-9.
2. Eudirshia koba   Descamps 1964: 129, figs. 182-7.

Desc. ♂ ♀ 1, 2.   Ecol. 1.   Dist. W.A. Senegal.

*MICROLOBIA Descamps 1964

Orthotype: **Microlobia sanctaemariae** Descamps 1964.

1. Microlobia   Descamps 1964: 110, 111, 130.

Desc.

EUMASTACIDAE Pseudoschmidtiinae

falcicerca Descamps 1964

Type: ♂. E. Madagascar: Tamatave, Fanandrana, Randimby. Paris Mus.

1. Microlobia falcicerca   Descamps 1964: 133, figs. 198–206.

Desc. ♂.

sanctaemariae Descamps 1964

Type: ♂. E. Madagascar: Ile Sainte-Marie. Paris Mus.

1. Microlobia sanctaemariae   Descamps 1964: 131, figs. 188–197.

Desc. ♂ ♀.

*MALAGAMASTAX Descamps 1964

Haplotype: **Malagamastax spinulosa** Descamps 1964

1. Malagamastax   Descamps 1964: 110, 111, 136.

Desc.

spinulosa Descamps 1964

Type: ♂. E. Madagascar: Ranomafana, Tamatave. Paris Mus.

1. Malagamastax spinulosa   Descamps 1964: 137, figs. 207–15.

Desc. ♂ ♀.   **Dist.** Malagasy.

PSEUDOSCHMIDTIA Rehn & Rehn 1945   [p. 22]

2. Pseudoschmidtia   Descamps 1964: 110, 112, 139.

Desc. Keys.

armata Descamps 1964

Type: ♀. E. Madagascar: Maroantsetra. Paris Mus.

1. Pseudoschmidtia armata   Descamps 1964: 142, 156.

Desc. ♀.

biarcuata Descamps 1964

Type: ♀. E. Madagascar: Perinet. Paris Mus.

1. Pseudoschmidtia biarcuata   Descamps 1964: 142, 159, figs. 263, 264.

Desc. ♀.

carinata Descamps 1964

Type: ♀. E. Madagascar: Perinet. Paris Mus.

1. Pseudoschmidtia carinata   Descamps 1964: 142, 160, fig. 265.

Desc. ♀.

curticerca Descamps 1964
   Type: ♂. E. Madagascar: Perinet. Paris Mus.
1. Pseudoschmidtia curticerca   Descamps 1964: 142, 152, figs. 248–53.
Desc. ♂.

explanata Descamps 1964
   Type: ♀. E. Madagascar: Manambato. Paris Mus.
1. Pseudoschmidtia explanata   Descamps 1964: 143, 162, fig. 267.
Desc. ♀.

hyaletes (Rehn & Rehn 1945)   [p. 22]
2. Pseudoschmidtia hyaletes   Descamps 1964: 143, 165, fig. 270.
Desc. ♀.

incisa Descamps 1964
   Type: ♂. E. Madagascar: Ile Sainte-Marie. Paris Mus.
1. Pseudoschmidtia incisa   Descamps 1964: 142, 153, figs. 254–8.
Desc. ♂.

integra Descamps 1964
   Type: ♀. E. Madagascar: Ivondro. Paris Mus.
1. Pseudoschmidtia integra   Descamps 1964: 142, 155, fig. 259.
Desc. ♀.

ligulata Descamps 1964
   Type: ♀. E. Madagascar: Ile Sainte-Marie, Kalalao Forest. Paris Mus.
1. Pseudoschmidtia ligulata   Descamps 1964: 143, 164, fig. 269.
Desc. ♀.

lobipennis (Saussure 1903)   [p. 20]
4. Pseudoschmidtia lobipennis   Descamps 1964: 143, 168, figs. 275–9.
   Lectotype: ♀. E. Madagascar: Maroantsetra. Paris Mus.
Desc. ♀.

parvipennis (Saussure 1903)   [p. 21]
5. Pseudoschmidtia parvipennis   Descamps 1964: 143, 163, fig. 268.
Desc. ♀.

quadridens Descamps 1964
   Type: ♂. E. Madagascar: Tamatave province, E. Fénérive, Taratasy forest stn. Paris Mus.
1. Pseudoschmidtia quadridens   Descamps 1964: 141, 149, figs. 237–42.
Desc. ♂.

EUMASTACIDAE   Pseudoschmidtiinae

sakalava (Saussure 1903)   [p. 22]
6. Pseudoschmidtia sakalava   Descamps 1964: 142, 157, figs. 5a, 261, 262.
Desc. ♀. Dist. E. Madagascar.

*sinuata Descamps 1964
Type: ♂. E. Madagascar: Moramanga. Paris Mus.
1. Pseudoschmidtia sinuata   Descamps 1964: 141, 150, figs. 243–7.
Desc. ♂.

*spatulata Descamps 1964
Type: ♂. E. Madagascar: Maroantsetra. Paris Mus.
1. Pseudoschmidtia spatulata   Descamps 1964: 141, 146, figs. 231–6.
Desc. ♂.

*subinvolvens Descamps 1964
Type: ♀. E. Madagascar: Tamatave province, Randimby. Paris Mus.
1. Pseudoschmidtia subinvolvens   Descamps 1964: 143, 167, figs. 273, 274.
Desc. ♀.

*subovata Descamps 1964
Type: ♂. N. Madagascar: Manangarivo, Analalava. Paris Mus.
1. Pseudoschmidtia subovata   Descamps 1964: 141, 145, figs. 225–30.
Desc. ♂.

*triangularis Descamps 1964
Type: ♀. E. Madagascar: Ile aux Nattes. Paris Mus.
1. Pseudoschmidtia triangularis   Descamps 1964: 143, 161, fig. 266.
Desc. ♀.

*tridens Descamps 1964
Type: ♀. E. Madagascar: Rogez. Paris Mus.
1. Pseudoschmidtia tridens   Descamps 1964: 142, 156, fig. 260.
Desc. ♀.

*trilobata Descamps 1964
Type: ♀. N. Madagascar: Ambatolaona. Paris Mus.
1. Pseudoschmidtia trilobata   Descamps 1964: 143, 165, figs. 271, 272.
Desc. ♀.

versicolor (Saussure 1903)   [p. 21]
4. Pseudoschmidtia versicolor   Descamps 1964: 141, 143, figs. 216–24.
Desc. ♂.

CYMATOPSYGMA Karsch 1896 [p. 23]

5. Cymatopsygma   Descamps 1964: 224.
6. Cymatopsygma   Dirsh 1965: 31, 33.

Desc. 5, 6.

flabelliferum Karsch 1896 [p. 23]

5. Cymatopsygma flabelliferum   Descamps 1964: 224, figs. 386–8.
6. Cymatopsygma flabelliferum   Dirsh 1965: 32, fig. 20.

Desc. 5.

PEOEDES Karsch 1889 [p. 23]

6. Peoedes   Descamps 1964: 110, 171.

Desc.

appendiculatus Karsch 1889 [p. 23]

6. Peoedes appendiculatus   Descamps 1964: 172, figs. 280–2.

Desc. ♂.

AMALOMASTAX Rehn & Rehn 1945 [p. 22]

3. Amalomastax   Descamps 1964: 110, 112, 172.
4. Amalomastax   Descamps & Wintrebert 1965: 88.

Desc. 3, 4.

nigromarginata Descamps & Wintrebert 1965

Type: ♀. E. Madagascar: Perinet. Paris Mus.

1. Amalomastax nigromarginata   Descamps & Wintrebert 1965: 88, figs. 152–5.

Desc. ♀.

*WINTREBERTELLA Descamps 1964

Haplotype: **Wintrebertella centralis** Descamps 1964

1. Wintrebertella   Descamps 1964: 111, 173.
2. Wintrebertella   Descamps & Wintrebert 1965: 90.

Desc. 1, 2.

centralis Descamps 1964

Type: ♂. C. Madagascar: Col des Tapias. Paris Mus.

1. Wintrebertella centralis   Descamps 1964: 174, figs. 284a–284g.
2. Wintrebertella centralis   Descamps & Wintrebert 1965: 91, figs. 156–8.
   ♀. C. Madagascar: Sous-préfecture Ambositra, Col des Tapias. Paris Mus.

Desc. 1 (♂), 2 (♀).

SYMBELLIA Burr 1899 [p. 24]
4. Symbellia   Descamps 1964: 111, 112, 176.
5. Symbellia   Dirsh 1965: 31, 33.

Desc. 4, 5.   **Key** 4.

biplagiata I. Bolivar (in Burr 1899); Jannone 1956: 515 [p. 24]
5. Symbellia biplagiata   Jannone 1948: 286.
6. Symbellia biplagiata   Jannone 1956: 513–41, figs. 1–13.
7. Symbellia biplagiata   Descamps 1964: 178.

Desc. 6 (♂ ♀), 7.   **Morph.** 6.   **Ecol.** 6.   **Econ.** 5.   **Dist.** E.A. Eritrea 5, 6.

**decempunctata* Descamps 1964
Type: ♂. N. Madagascar: Montagne d'Ambre, Les Roussettes. Paris Mus.
1. Symbellia decempunctata   Descamps 1964: 179, 183, figs. 5*d*, 300–308*a*.

Desc. ♂.

**duodecimpunctata* Descamps 1964
Type: ♀. Comoro Islands: Moheli, Foumboni, Paris Mus.
1. Symbellia duodecimpunctata   Descamps 1964: 179, 187, figs. 309–10.

Desc. ♀.

karschi Burr 1899 [p. 25]
4. Symbellia karschi   Descamps 1964: 179, 180, figs. 285–90.

Desc. ♂.

nigromaculata Bruner 1910 [p. 25]
2. Symbellia nigromaculata   Chopard 1958*c*: 35.
3. Symbellia nigromaculata   Descamps 1964: 179, 188, figs. 311–12.

Desc. 3 (♀).

pallidafrons Bruner 1910 [p. 25]
2. Symbellia pallidafrons   Chopard 1958*c*: 36.
3. Symbellia pallidafrons   Descamps 1964: 179, 183, figs. 297–9.
4. Symbellia pallidafrons   Dirsh 1965: 34, fig. 22(♂).

Desc. 3 (♂).

**quadrata* Descamps 1964
Type: ♂. N. Madagascar: Nosy-Mitso. Paris Mus.
1. Symbellia quadrata   Descamps 1964: 179, 181, figs. 291–6.

Desc. ♂.

viridipes Descamps 1964

Type: ♂. N. Madagascar: Diego Suarez district, Montagne des Français. Paris Mus.

1. Symbellia viridipes   Descamps 1964: 179, 180, 189, figs. 313–20.

Desc. ♂.

*PARASYMBELLIA Descamps 1964

Orthotype: **Parasymbellia rubro-ornata** Descamps 1964

1. Parasymbellia   Descamps 1964: 111, 112, 191.
2. Parasymbellia   Descamps & Wintrebert 1965: 92.

Desc. 1, 2.   Keys 1, 2.

bifida Descamps 1964

Type: ♀. N. Madagascar: Analalava district, Beraty. Paris Mus.

1. Parasymbellia bifida   Descamps 1964: 194, 199, figs. 336–8.

Desc. ♀.

crenulata Descamps 1964

Type: ♀. N. Madagascar: Analalava district, Manongarivo. Paris Mus.

1. Parasymbellia crenulata   Descamps 1964: 194, 200, figs. 342–4.

Desc. ♀.

decorata Descamps & Wintrebert 1965

Type: ♂. W. Madagascar: Ankarafantsika forest. Paris Mus.

1. Parasymbellia decorata   Descamps & Wintrebert 1965: 93, figs. 159–69.

Desc. ♂ ♀.

inermis Descamps 1964

Type: ♀. N.W. Madagascar: Ampijoroa. Paris Mus.

1. Parasymbellia inermis   Descamps 1964: 194, 200, figs. 339–41.

Desc. ♀.

mucronata Descamps 1964

Type: ♀. N. Madagascar: Nosy-Komba. Paris Mus.

1. Parasymbellia mucronata   Descamps 1964: 194, 196, figs. 330–2.

Desc. ♀.

rubro-ornata Descamps 1964

Type: ♂. W. Madagascar: Morafenobe, Mahajeby forest. Paris Mus.

1. Parasymbellia rubro-ornata   Descamps 1964: 194, figs. 321–9.

Desc. ♂.

undulata Descamps 1964

 Type: ♀. N. Madagascar: Analalava district, Manongarivo. Paris Mus.

1. Parasymbellia undulata   Descamps 1964: 194, 197, figs. 333–5.

Desc. ♀.

POSITION UNCERTAIN

Key: Descamps 1964: 203.

MACROMASTAX Karsch 1889   [p. 24]

6. Macromastax   Descamps 1964: 203, 204.

Desc.

   infernalis Karsch 1889   [p. 24]

5. Macromastax infernalis   Descamps 1964: 203, 205, figs. 345–8.

Desc. ♀.

*PERINETELLA Descamps & Wintrebert 1965

 Haplotype: **Perinetia annulipes** Descamps 1964

1. *Perinetia* (nom. preoc.)   Descamps 1964: 203, 206.
2. Perinetella (nom. nov.)   Descamps & Wintrebert 1965: 96.

Desc. 1.

   annulipes Descamps 1964

  Type: ♀. E. Madagascar: Perinet. Paris Mus.

1. Perinetia annulipes   Descamps 1964: 208, figs. 349–51.
2. Perinetella annulipes   See Descamps & Wintrebert above.

Desc. 1 (♀).

*MAROANTSETRAIA Descamps 1964

 Haplotype: **Euschmidtia finoti** Saussure 1903

1. Maroantsetraia   Descamps 1964: 204, 209.

Desc.

   finoti (Saussure 1903)   [p. 20]

  Type: ♀. Paris Mus. (Descamps 1964: 211).

4. Maroantsetraia finoti   Descamps 1964: 211, figs. 352–5.

*PLATYMASTAX Descamps 1964

 Haplotype: **Platymastax areolata** Descamps 1964

1. Platymastax   Descamps 1964: 204, 211.

Desc.

areolata Descamps 1964

 Type: ♀. N.W. Madagascar: Ankarafanatsika, Bevazala. Paris Mus.
1. Platymastax areolata   Descamps 1964: 212, figs. 356–8.

Desc. ♀.

*XENOMASTAX Descamps 1964

 Orthotype: **Xenomastax wintreberti** Descamps 1964
1. Xenomastax   Descamps 1964: 204, 213.

Desc. Key.

miserabilis Descamps 1964

 Type: ♂. C. Madagascar: Région de Tananarive. Paris Mus.
1. Xenomastax miserabilis   Descamps 1964: 215, 217, figs. 366–71.

Desc. ♂.   **Dist.** Madagascar.

wintreberti Descamps 1964

 Type: ♂. C. Madagascar: Mandahaly. Paris Mus.
1. Xenomastax wintreberti   Descamps 1964: 214, 215, figs. 359–65.
2. Xenomastax wintreberti   Descamps & Wintrebert 1965: 97.

Desc. 1 (♂ ♀).   **Ecol.** 2.   **Dist.** Madagascar.

*SPHAEROPHALLUS Descamps 1964

 Orthotype: **Sphaerophallus durus** Descamps 1964
1. Sphaerophallus   Descamps 1964: 204, 219.

Desc. Key.

durus Descamps 1964

 Type: ♂. N. Madagascar: Nosy-Komba. Paris Mus.
1. Sphaerophallus durus   Descamps 1964: 220, figs. 372–80.

Desc. ♂ ♀.

membranaceus Descamps 1964

 Type: ♂. N. Madagascar: Diego Suarez district, Montagne des Français. Paris Mus.
1. Sphaerophallus membranaceus   Descamps 1964: 220, 223, figs. 381–5.

Desc. ♂.

APTEROPEOEDI

1. Apteropeoedi   Descamps 1964: 226.
2. Apteropeoedi   Descamps & Wintrebert 1965: 97.

Desc. 2.   **Key** 1, 2.

APTEROPEOEDES I. Bolivar 1903 [p. 26]

4. Apteropeoedes   Descamps 1964: 227, 228, 229.
5. Apteropeoedes   Descamps & Wintrebert 1965: 101, 104, 106.

Desc. 4, 5.   Key 4.

inermis Descamps 1964

Type: ♀. C. Madagascar: Arivonimamo. Paris Mus.

1. Apteropeoedes inermis   Descamps 1964: 232, 235, fig. 418.

Desc. ♀.

nigroplagiatus I. Bolivar 1903   [p. 26]

4. Apteropeoedes nigroplagiatus   Descamps 1964: 231, 232, figs. 389–98.

Type: Lost. Neotype: ♀. C. Madagascar: Embahiby. Paris Mus.

5. Apteropeoedes nigroplagiatus   Descamps & Wintrebert 1965: 106, fig. 170.

Desc. 4 (♂ ♀).   Ecol. 5.

pygmaeus Descamps 1964

Type: ♂. E. Madagascar: Perinet. Paris Mus.

1. Apteropeoedes pygmaeus   Descamps 1964: 231, 232, 236, figs. 399–408.
2. Apteropeoedes pygmaeus   Descamps & Wintrebert 1965: 106, figs. 208, 209.

Desc. 1 (♂ ♀).   Ecol. 2.   Dist. E. & C. Madagascar.

*CHLOROMASTAX Descamps 1964

Orthotype: **Chloromastax wintreberti** Descamps 1964

1. Chloromastax   Descamps 1964: 227, 238.
2. Chloromastax   Descamps & Wintrebert 1965: 101, 104, 106.

Desc. 1, 2.   Key 1, 2.

elegans Descamps 1964

Type: ♂. E. Madagascar: Beleloka. Paris Mus.

1. Chloromastax elegans   Descamps 1964: 239, 240, 243, figs. 419–23.
2. Chloromastax elegans   Descamps & Wintrebert 1965: 108, 115, figs. 174, 221.

Desc. 1 (♂ ♀).   Ecol. 2.

indigoferae

Type: ♂. S. Madagascar: Lac Ihotry. Paris Mus.

1. Chloromastax indigoferae   Descamps 1964: 239, 240, 244, figs. 425–31.
2. Chloromastax indigoferae   Descamps & Wintrebert 1965: 108, fig. 176.

Desc. 1 (♂ ♀), 2.   Ecol. 1, 2.

marmorata Descamps & Wintrebert 1965

Type: ♂. W. Madagascar: N. Ambararata. Paris Mus.

1. Chloromastax marmorata   Descamps & Wintrebert: 107, 108, 112, figs. 173, 221, 232–42.

Desc. ♂ ♀.   **Ecol.**

wintreberti Descamps 1964

Type: ♂. S. Madagascar: Ankiliarivo. Paris Mus.

1. Chloromastax wintreberti   Descamps 1964: 239, 240, figs. 5e, 409–17, 424.
2. Chloromastax wintreberti   Descamps & Wintrebert 1965: 107, 108, figs. 172, 210, 221, 222–7.

Desc. 1 (♂ ♀), 2.   **Ecol.** 2.   **Bion.** 2.

*TETEFORTINA Descamps 1964

Orthotype: **Tetefortina curta** Descamps 1964

1. Tetefortina   Descamps 1964: 227, 247.
2. Tetefortina   Descamps & Wintrebert 1965: 101, 104, 116, fig. 243.

Desc. 1, 2.   **Key** 1, 2.

benetrixi Descamps & Wintrebert 1965

Type: ♂. S. Madagascar: R. Fiherenana. Paris Mus.

1. Tetefortina benetrixi   Descamps & Wintrebert 1965: 118, 128, figs. 244, 264–9.

Desc. ♂.

curta Descamps 1964

Type: ♂. S. Madagascar: Ankiliarivo. Paris Mus.

1. Tetefortina curta   Descamps 1964: 249, 250, figs. 432–40.
2. Tetefortina curta   Descamps & Wintrebert 1965: 117, 119, figs. 176, 211, 228–31, 244.

Desc. 1 (♂ ♀), 2.   **Ecol.** 2.   **Bion.** 2.

fotadrevoana Descamps & Wintrebert 1965

Type: ♂. S. Madagascar: 17 km. N. Fotadrevo. Paris Mus.

1. Tetefortina fotadrevoana   Descamps & Wintrebert 1965: 118, 123, figs. 244, 251–6.

Desc. ♂.

EUMASTACIDAE   Pseudoschmidtiinae

gibbosa Descamps 1964

Type: ♂. S. Madagascar: Sakaraha Region, Vineta. Paris Mus.

1. Tetefortina gibbosa   Descamps 1964: 249, 250, 257, figs. 452–6.
2. Tetefortina gibbosa   Descamps & Wintrebert 1965: 119, 130, figs. 181, 244.

Desc. 1 (♂ ♀).   Ecol. 1, 2.

hirsuta Descamps & Wintrebert 1965

Type: ♂. W. Madagascar: Mandabe. Paris Mus.

1. Tetefortina hirsuta   Descamps & Wintrebert 1965: 119, 120, 130, figs. 182, 244, 270–8.

Desc. ♂ ♀.   Ecol.

lohenae Descamps & Wintrebert 1965

Type: ♂. W. Madagascar: Lohena–Mahasoa. Paris Mus.

1. Tetefortina lohenae   Descamps & Wintrebert 1965: 118, 121, figs. 245–50.

Desc. ♂.   Ecol.

maxima Descamps 1964

Type: ♂. S. Madagascar: Sakaraha, Lambomakandro. Paris Mus.

1. Tetefortina maxima   Descamps 1964: 249, 250, 252, figs. 443–7.
2. Tetefortina maxima   Descamps & Wintrebert 1965: 118, fig. 179.

Desc. 1 (♂ ♀), 2.

media Descamps 1964

Type: ♂. S. Madagascar: Bas Mangoky. Paris Mus.

1. Tetefortina media   Descamps 1964: 249, 250, 255, figs. 448–51.
2. Tetefortina media   Descamps & Wintrebert 1965: 119, 130, figs. 180, 244.

Desc. 1 (♂ ♀), 2.   Ecol. 2.

sylvatica Descamps & Wintrebert 1965

Type: ♂. S. Madagascar: Antanimiheva forest. Paris Mus.

1. Tetefortina sylvatica   Descamps & Wintrebert 1965: 118, 119, 125, figs. 178, 244, 257–63.

Desc. ♂ ♀.

wintreberti Descamps 1964

Type: ♂. S. Madagascar: Ankalirano. Paris Mus.

1. Tetefortina wintreberti   Descamps 1964: 249, 250, 252, figs. 441–2.
2. Tetefortina wintreberti   Descamps & Wintrebert 1965: 118, 119, 123, figs. 177, 244.

Desc. 1 (♂ ♀), 2.   Ecol. 2.

*MICROMASTAX Descamps 1964

Orthotype: **Micromastax teteforti** Descamps 1964

1. Micromastax   Descamps 1964: 227, 262.
2. Micromastax   Descamps & Wintrebert 1965: 101, 104, 133.

Desc. 1, 2.   **Key** 1, 2.

bosimavoana Descamps & Wintrebert 1965

Type: ♂. W. Madagascar: Bosimavo. Paris Mus.

1. Micromastax bosimavoana   Descamps & Wintrebert 1965: 133, 136, figs. 186, 280–9.

Desc. ♂ ♀.

longivalva Descamps & Wintrebert 1965

Type: ♀. S. Madagascar: R. Fiherenana. Paris Mus.

1. Micromastax longivalva   Descamps & Wintrebert 1965: 136, 142, figs. 183, 301–3.

Desc. ♀.

salariensis Descamps 1964

Type: ♂. S. Madagascar: Salary. Paris Mus.

1. Micromastax salariensis   Descamps 1964: 264, 266, figs. 481–3.
2. Micromastax salariensis   Descamps & Wintrebert 1965: 135.

Desc. 1 (♂), 2.

szumskii Descamps & Wintrebert 1965

Type: ♂. S. Madagascar: Androy, Sampona. Paris Mus.

1. Micromastax szumskii   Descamps & Wintrebert 1965: 135, 136, 139, figs. 184, 290–9, 300.

Desc. ♂ ♀.

teteforti Descamps 1964

Type: ♂. S. Madagascar: Ankaliruno. Paris Mus.

1. Micromastax teteforti   Descamps 1964: 263, 264, figs. 464–73.
2. Micromastax teteforti   Descamps & Wintrebert, 1965: 135, 136.

Desc. 1 (♂ ♀), 2.   **Ecol.** 2.

truncata Descamps 1964

Type: ♂. S. Madagascar: Befandefa. Paris Mus.

1. Micromastax truncata   Descamps 1964: 264, 268, figs. 474–80.
2. Micromastax truncata   Descamps & Wintrebert 1965: 135, 139, figs. 185, 213.

Desc. 1 (♂ ♀), 2.   **Ecol.** 1, 2.   **Bion.** 2.

*ELUTRONUXIA Descamps 1964

Haplotype: **Elutronuxia isolata** Descamps 1964

1. Elutronuxia   Descamps 1964: 227, 259.
2. Elutronuxia   Descamps & Wintrebert 1965: 105, 175.

Desc. 1, 2.

isolata Descamps 1964

Type: ♂. S. Madagascar: Tranombaza. Paris Mus.

1. Elutronuxia isolata   Descamps 1964: 260, figs. 457–63.
2. *Wintrebertia magnifica*   Descamps 1964: 285, 301, fig. 539 (Descamps & Wintrebert 1965: 176).

Type: ♀. S. Madagascar: Ankiliarivo. Paris Mus.

3. Elutronuxia isolata   Descamps & Wintrebert 1965: 176, figs. 203, 218, 373.

Desc. 1 (♂), 2 (♀), 3 (♀).   **Ecol.** 3.   **Dist.** Malagasy.

*NAMONTIA Descamps 1964

Orthotype: **Namontia humilicrus** Descamps 1964

1. Namontia   Descamps 1964: 227, 272.
2. Namontia   Descamps & Wintrebert 1965: 102, 104, 151.

Desc. 1.   **Keys** 1, 2.

crassipes Descamps 1964

Type: ♂. S. Madagascar: Ankiliarivo. Paris Mus.

1. Namontia crassipes   Descamps 1964: 274, 276, figs. 495–501.
2. *Fatamastax wintreberti*   Descamps 1964: 271, figs. 484–5 (Descamps & Wintrebert 1965: 151.)

Type: ♀. S. Madagascar: Ankiliarivo. Paris Mus.

3. Namontia crassipes   Descamps & Wintrebert 1965: 151, fig. 190.

Desc. 1 (♂), 2 (♀).   **Ecol.** 3.

humilicrus Descamps 1964

Type: ♂. S. Madagascar: Lac Namonty. Paris Mus.

1. Namontia humilicrus   Descamps 1964: 274, figs. 486–94.
2. Namontia humilicrus   Descamps & Wintrebert 1965: 151, figs. 189, 214, 324.

Desc. 1 (♂ ♀), 2.   **Ecol.** 1.

robusta Descamps 1964

Type: ♀. S. Madagascar: Salary. Paris Mus.

1. Namontia robusta   Descamps 1964: 274, 278.
2. Namontia robusta   Descamps & Wintrebert 1965: 151.

Desc. 1 (♀) 2.

*LAVANONIA Descamps 1964

Haplotype: **Lavanonia thalassina** Descamps 1964

1. Lavanonia   Descamps 1964: 227, 278.
2. Lavanonia   Descamps & Wintrebert 1965: 102, 143.

Desc. 1, 2.   **Key** 2.

balachowskyi Descamps & Wintrebert 1965

Type: ♂. S. Madagascar: 7 km. N.E. of Amboasary. Paris Mus.

1. Lavanonia balachowskyi   Descamps & Wintrebert 1965: 145, 148, figs. 315–23.

Desc. ♂ ♀.   **Ecol.**

balmati Descamps & Wintrebert 1965

Type: ♂. S. Madagascar: 7 km. N.E. of Amboasary. Paris Mus.

1. Lavanonia balmati   Descamps & Wintrebert 1965: 144, 145, figs. 188, 306–14.

Desc. ♂ ♀.

thalassina Descamps 1964

Type: ♂. S. Madagascar: Lavanono. Paris Mus.

1. Lavanonia thalassina   Descamps 1964: 279, figs. 502–11.
2. Lavanonia thalassina   Descamps & Wintrebert 1965: 144, 145, figs. 187, 212.

Desc. 1 (♂ ♀).   **Ecol.** 2.

*WINTREBERTIA Descamps 1964

Orthotype: **Wintrebertia arcuata** Descamps 1964

1. Wintrebertia   Descamps 1964: 228, 282.
2. Wintrebertia   Descamps & Wintrebert 1965: 103, 105, 156.

Desc. 1, 2.   **Key** 1, 2.

ampanihi Descamps 1964

Type: ♂. S. Madagascar: S. Ampanihy. Paris Mus.

1. Wintrebertia ampanihi   Descamps 1964: 284, 295, figs. 540–5, 563.
2. Wintrebertia ampanihi   Descamps & Wintrebert 1965: 158, 159, 164, fig. 194.

Desc. 1 (♂ ♀).   **Ecol.** 1, 2.

angulata Descamps 1964

Type: ♂. S. Madagascar: Ampandrandava. Paris Mus.

1. Wintrebertia angulata   Descamps 1964: 284, 300, figs. 546–9.
2. Wintrebertia angulata   Descamps & Wintrebert 1965: 158, 159, 164, fig. 346.

Desc. 1 (♂), 2.

arcuata Descamps 1964

Type: ♂. S. Madagascar: Ankiliarivo. Paris Mus.

1. Wintrebertia arcuata   Descamps 1964: 284, 285, 286, figs. 512–19.
2. Wintrebertia arcuata   Descamps & Wintrebert 1965: 157, 159, 160, figs. 192, 216, 335.

Desc. 1 (♂ ♀).   **Ecol.** 1, 2.   **Bion.** 2.

denticulata denticulata Descamps 1964

Type: ♂. S. Madagascar: Lambomakandro West. Paris Mus.

1. Wintrebertia denticulata   Descamps 1964: 284, 285, 288, figs. 520–5.
2. Wintrebertia denticulata denticulata   Descamps & Wintrebert 1965: 157, 159, figs. 193, 335.

Desc. 1 (♂ ♀), 2.   **Ecol.** 1.

denticulata bemokae Descamps & Wintrebert 1965

Type: ♂. S. Madagascar: Bemoka. Paris Mus.

1. Wintrebertia denticulata bemokae   Descamps & Wintrebert 1965: 158, 161, figs. 336–9.

Desc. ♂ ♀.

discreta Descamps 1964

See Parawintrebertia p. 31.

donskoffi Descamps & Wintrebert 1965

Type: ♂. S. Madagascar: Soalara. Paris Mus.

1. Wintrebertia donskoffi   Descamps & Wintrebert 1965: 159, 165, figs. 335, 347–54.

Desc. ♂.

gigantea Descamps 1964

See Parawintrebertia gigantea p. 31.

magnifica

See Elutronuxia isolata p. 26.

pauliani

See Parawintrebertia pauliani p. 31.

pusilla Descamps 1964

Type: ♂. S. Madagascar: Androka. Paris Mus.

1. Wintrebertia pusilla   Descamps 1964: 284, 285, 291, figs. 526–30.
2. Wintrebertia pusilla   Descamps & Wintrebert 1965: 159, 167, figs. 197, 347–54.

Desc. 1 (♂ ♀).   **Ecol.** 2.   **Bion.** 2.

teteforti teteforti Descamps 1964

Type: ♂. S. Madagascar: Beloha, Marolinta. Paris Mus.

1. Wintrebertia teteforti   Descamps 1964: 284, 285, 298, figs. 550–3, 562.
2. Wintrebertia teteforti teteforti   Descamps & Wintrebert 1965: 157, 159, 162, figs. 195, 335.

Desc. 1 (♂ ♀), 2.   **Dist.** Malagasy.

teteforti andranovatae Descamps & Wintrebert 1965

Type: ♂. S. Madagascar: Andranovato. Paris Mus.

1. Wintrebertia teteforti andranovatae   Descamps & Wintrebert 1965: 158, 162, figs. 126, 196, 340–3.

Desc. ♂ ♀.

tulearensis Descamps 1964

Type: ♂. S. Madagascar: Tulear. Paris Mus.

1. Wintrebertia tulearensis   Descamps 1964: 284, 293, figs. 531–7.
2. Wintrebertia tulearensis   Descamps & Wintrebert 1965: 158, 164.

Desc. 1 (♂).

*EXOPHTHALMOMASTAX Descamps 1964

Orthotype: **Exophthalmomastax lucicola** Descamps 1964

1. Exophthalmomastax   Descamps 1964: 228, 229, 305.
2. Exophthalmomastax   Descamps & Wintrebert 1965: 103, 177.

Desc. 1, 2.   **Key** 1.

lucicola Descamps 1964

Type: ♂. S. Madagascar: Tongay, 6 km. N. Betioky. Paris Mus.

1. Exophthalmomastax lucicola   Descamps 1964: 306, 307, figs. 564–71, 576.
2. Exophthalmomastax lucicola   Descamps & Wintrebert 1965: 177, figs. 204, 219, 373.

Desc. 1 (♂ ♀).   **Ecol.** 2.   **Dist.** Malagasy.

malzyi Descamps 1964

Type: ♂. S. Madagascar: W. Ranohira. Paris Mus.

1. Exophthalmomastax malzyi   Descamps 1964: 306, 307, 309, figs. 572–5, 577–9.
2. Exophthalmomastax malzyi   Descamps & Wintrebert 1965: 178, figs. 205, 373.

Desc. 1 (♂ ♀).   **Ecol.** 2.   **Dist.** Malagasy.

*KRATOPODIA Descamps 1964

Haplotype: **Kratopodia quadrifida** Descamps 1964

1. Kratopodia   Descamps 1964: 228, 312.
2. Kratopodia   Descamps & Wintrebert 1965: 103.

Desc. 1, 2.

quadrifida Descamps 1964

Type: ♂. S. Madagascar: Ampandandrava. Paris Mus.

1. Kratopodia quadrifida   Descamps 1964: 313, figs. 580–6.

Desc. ♂.

*AMBATOMASTAX Descamps & Wintrebert 1965

Haplotype: **Ambatomastax carinata** Descamps & Wintrebert 1965

1. Ambatomastax   Descamps & Wintrebert 1965: 102, 105, 152.

Desc.

carinata Descamps & Wintrebert 1965

Type: ♂. S. Madagascar: Ambatolahy. Paris Mus.

1. Ambatomastax carinata   Descamps & Wintrebert 1965: 153, figs. 191, 215, 325–34.

Desc. ♂ ♀.   **Ecol.**

*ISALOMASTAX Descamps & Wintrebert 1965

Orthotype: **Isalomastax canaliculata** Descamps & Wintrebert 1965

1. Isalomastax   Descamps & Wintrebert 1965: 102, 178.

Desc.   **Key.**

canaliculata Descamps & Wintrebert 1965

Type: ♂. S. Madagascar: Ambatolahy. Paris Mus.

1. Isalomastax canaliculata   Descamps & Wintrebert 1965: 180, figs. 206, 220, 374–84.

Desc. ♂ ♀.

viridis Descamps & Wintrebert 1965

Type: ♀. W. Madagascar: Mitsinjo to Soalala. Paris Mus.
1. Isalomastax (?) viridis   Descamps & Wintrebert 1965: 180, 182, figs. 207, 385–8.

Desc. ♀.

*PARAWINTREBERTIA Descamps & Wintrebert 1965

Orthotype: **Wintrebertia pauliani** Descamps 1964
1. Parawintrebertia   Descamps & Wintrebert 1965: 103, 105, 168.

Desc. Key.

armata Descamps & Wintrebert 1965

Type: ♂. S. Madagascar: 10 km. N.E. Fort Dauphin. Paris Mus.
1. Parawintrebertia armata   Descamps & Wintrebert 1965: 169, 172, figs. 199, 335, 363–72.

Desc. ♂ ♀.   Ecol.

discreta (Descamps 1964)

1. Wintrebertia discreta   Descamps 1964: 285, 304, fig. 561. Type: ♀. S. Madagascar: Andohahelo. Paris Mus. (Descamps & Wintrebert 1965: 169).
2. Parawintrebertia discreta   Descamps & Wintrebert 1965: 169, figs. 198, 335.

Desc. 1 (♀), 2.

gigantea (Descamps 1964)

1. Wintrebertia gigantea   Descamps 1964: 285, 303, fig. 538. Type: ♀. S. Madagascar: Bekily. Paris Mus.
2. Parawintrebertia (?) gigantea   Descamps & Wintrebert 1965: 169, figs. 202, 335.

Desc. 1 (♀), 2.

pauliani pauliani (Descamps 1964)

1. Wintrebertia pauliani   Descamps 1964: 284, 300, figs. 554–60. Type: ♂. S. Madagascar: Fort Dauphin. Paris Mus.
2. Parawintrebertia pauliani pauliani   Descamps & Wintrebert 1965: 169, figs. 200, 217, 335–57.

Desc. 1 (♂), 2 (♂ ♀).

pauliani betrokae Descamps & Wintrebert 1965

Type: ♂. S. Madagascar: Betroka. Paris Mus.
1. Parawintrebertia pauliani betrokae   Descamps & Wintrebert 1965: 170, figs. 201, 335, 358–62.

Desc. ♂ ♀.

THERICLEINAE

1. Thericleinae   Dirsh 1965: 18.
2. Thericleinae   White 1965: 272 *et seq.*

Desc. 1.   **Key** 1 (genera).   **Morph.** 2.

PLAGIOTRIPTUS Karsch 1889   [p. 5]

8. Plagiotriptus   Dirsh 1965: 19, 20.

Desc.

hippiscus (Gerstaecker 1869)   [p. 5]

15. Plagiotriptus hippiscus   Phipps 1958: 65, figs.
16. Plagiotriptus hippiscus   Phipps 1959b: 34, 39, 43.
17. Plagiotriptus hippiscus   Dirsh 1965: 21, fig. 10 (♂).
18. Plagiotriptus hippiscus   Phipps 1966: 34.

Figs. 15, 17.   **Morph.** 15, 16.   **Ecol.** 18.   **Bion.** 18.   **Dist. E.A.** Tanzania 15, 16, 18.

PIEZOMASTAX C. Bolivar 1914   [p. 6]

3. Piezomastax   Dirsh 1965: 19.

Desc.

carli C. Bolivar 1914   [p. 6]

3. Piezomastax carli   Dirsh 1965: 20, fig. 9 (♀).

MANOWIA C. Bolivar 1914   [p. 6]

3. Manowia   Dirsh 1965: 19, 22.

Desc.

alca C. Bolivar 1914   [p. 6]

2. Manowia alca   Dirsh 1965: 22, fig. 11 (♀).

BRACHYTYPUS Burr 1903   [p. 6]

3. Brachytypus   Dirsh 1965: 19, 23.

Desc.

**dioscoridus* Popov 1957

Type: ♀. Socotra: Moabbadh. Brit. Mus.

1. Brachytypus dioscoridus   Uvarov & Popov 1957: 367, figs. 14, 15.

Desc. ♀.   **Dist. E.A.** Socotra.

insularis Burr 1899   [p. 7]

  Type: Brit. Mus.

7. Brachytypus insularis   Uvarov & Popov 1957: 366, figs. 10, 11.
Desc.   Dist. E.A. Socotra.

*socotranus Popov 1957

  Type: ♀. Socotra; Moabbadh. Brit. Mus.

1. Brachytypus socotranus   Uvarov & Popov 1957: 367, figs. 12, 13.
Desc. ♂ ♀.   **Ecol.**

PHAULOTYPUS Burr 1899   [p. 7]

granti Burr 1899   [p. 7]

  Type: Brit. Mus.

6. Phaulotypus granti   Uvarov & Popov 1957: 369, figs. 16, 17.
Desc.

CLERITHES C. Bolivar 1914   [p. 8]

4. Clerithes   Dirsh 1964: 19, 25.
Desc.

luanensis Uvarov 1953   [p. 8]

2. Clerithes luanensis   Dirsh 1965: 25, fig. 14 (♂).

*nanus Popov 1957

  Type: ♂. Socotra; Hagghier Mts. Brit. Mus.

1. Clerithes nanus   Uvarov & Popov 1957: 369, figs. 18, 19.
Desc. ♂.   **Dist. E.A.** Socotra.

Species?

1. Clerithes sp.   Phipps 1958: 65, fig.
2. Clerithes sp.   Phipps 1959b: 34.
3. Clerithes sp.   Phipps 1966: 35.

Morph. 1, 2.   **Ecol.** 3.   **Bion.** 3.   **Dist. E.A.** Tanzania 2, 3.

PIELTAINIDIA Ramme 1925   [p. 9]

3. Pieltainidia   Dirsh 1965: 19, 22.
Desc.

EUMASTACIDAE   Thericleinae

mira Ramme 1925   [p. 9]
2. Pieltainidia mira   Dirsh 1965: 23, fig. 12 (♀).

THERICLELLA C. Bolivar 1914   [p. 9]

3. Thericlella   Dirsh 1965: 19, 27.
Desc.

PARATHERICLES Burr 1899   [p. 10]

4. Parathericles   Dirsh 1965: 19, 28.
5. Parathericles   Jago 1964a: 201.
Desc. 4.   **Ecol.** 5.

URRUTIA Ramme 1925   [p. 8]

3. Urrutia   Dirsh 1965: 19, 30.
Desc.

somalica Ramme 1925   [p. 8]
3. Urrutia somalica   Dirsh 1965: 30, fig. 18.

SCHULTHESSIELLA C. Bolivar 1914   [p. 9]

3. Schulthessiella   Dirsh 1965: 19, 24.
Desc.

minuta (Schulthess 1909)   [p. 9]
Lectotype: ♀. N. Transvaal, Shilouvane. Ent. Inst. Zürich (Dirsh 1958a: 25)
3. Schulthessiella minuta   Dirsh 1958a: 25.
4. Schulthessiella minuta   Dirsh 1965: 24, fig. 13 (♀).

BUNKEYA C. Bolivar 1914   [p. 10]

3. Bunkeya   Dirsh 1965: 19, 29.
4. Bunkeya   Jago 1964a: 201.
Desc. 3.   **Ecol.** 4.

congoensis C. Bolivar 1914   [p. 10]
2. Bunkeya congoensis   Dirsh 1965: 29, fig. 17 (♂).

PSEUDOTHERICLES Burr 1899   [p. 10]

4. Pseudothericles   Dirsh 1961a: 361, fig. 1 (5).
5. Pseudothericles   Dirsh 1965: 19, 28.
Desc. 5.

bolivari Burr 1899   [p. 10]
4. Pseudothericles bolivari   Dirsh 1956c: 250.
5. Pseudothericles bolivari   Dirsh 1965: 28, fig. 16 (♂).

Fig. 5.   **Dist. S.A.** Orange Free State 4.

THERICLES Stål 1875   [p. 11]

15. Thericles   Jago 1964a: 201.
16. Thericles   Dirsh 1964b: 117.
17. Thericles   Dirsh 1965: 19, 26.

Desc. 17.   **Morph.** 16.   **Ecol.** 15.

asellus Miller 1936   [p. 12]
2. Thericles (?) asellus   Pinhey 1965: 5.

Ecol. Bion.

*browni Dirsh 1964

Type: ♂. S. Africa: N. Transvaal, 6 m. S.E. Messina. Brit. Mus.
1. Thericles browni   Dirsh 1964b: 120, fig. 2.

Desc. ♂.   **Morph.**

disparilis C. Bolivar 1914   [p. 13]
2. Thericles disparilis   Dirsh 1956c: 122.

Dist. S.A. S.W. Africa.

euchore C. Bolivar 1914   [p. 13]
2. Thericles euchore   Dirsh 1965: 27, fig. 15 (♂).

gnu Karsch 1896   [p. 13]
8. Thericles gnu   Phipps 1958: 65.
9. Thericles gnu   Phipps 1959b: 34, 43.
10. Thericles gnu   Phipps 1966: 35.

Morph. 8, 9.   **Ecol.** 10.   **Bion.** 10.   **Dist. E.A.** Tanzania 8, 9, 10.

quagga Karsch 1893 [p. 15]
8. Thericles quagga   Dirsh 1965: 27.

Dist. W.A. Togo.

*whitei Dirsh 1964

Type: ♂. S. Africa: N. Transvaal, 6 m. N.E. Haenertsburg.
1. Thericles whitei   Dirsh 1964b: 120, fig. 1.

Desc. ♂.   **Morph.**

zebra Gerstaecker 1889 [p. 16]

11. Thericles zebra   Randell 1963: 251, fig. 20.

Morph.

species? [p. 17]

4. Thericles sp.   Pinhey 1965: 5.

Ecol. Bion. Dist. C.A. Rhodesia.

*THERICLESIELLA Descamps 1964

Haplotype: **Penichrotes meridionalis** Sjöstedt 1923   [p. 18]

1. Thericlesiella   Descamps 1964: 224.

Desc.

meridionalis (Sjöstedt 1923)   [p. 18]

4. Penichrotes meridionalis   Dirsh 1956c: 122, 250.
5. Thericlesiella meridionalis   Descamps 1964: 103, 226.
6. Penichrotes meridionalis   Dirsh 1965: 31, fig. 19 (♀).

Desc. 5 (♀). **Dist.** S.A. Cape Province 4.

SOCOTRELLINAE

1. Socotrellinae   Uvarov & Popov 1957: 369.

Desc.

*SOCOTRELLA Popov 1957

Haplotype: **Socotrella monstrosa** Popov 1957

1. Socotrella   Uvarov & Popov 1957: 370.

monstrosa Popov 1957

Type: ♀. Socotra: Adho Demalu. Brit. Mus.

1. Socotrella monstrosa   Uvarov & Popov 1957: 370, figs. 20, 21, 22.

Desc. ♀. **Ecol.**

PNEUMORIDAE

1. Pneumoridae   Dirsh 1965: 36.
2. Pneumoridae   Dirsh 1965a: 352.

Desc. 1, 2.   **Keys** 1, 2 (genera).   **Morph.** 2.   **Bion.** 2.

PHYSEMACRIS Roberts 1941   [p. 31]

6. Physemacris   Dirsh 1956f: 238.
7. Physemacris   Dirsh 1965: 36.
8. Physemacris   Dirsh 1965a: 353, 371.

Desc. 6, 7, 8.   **Key** 8.

papillosa (Fabricius 1775)   [p. 32]

8. Physemacris papillosa   Dirsh 1965: 371, 374, fig. 24 (♂ ♀). *Type:* ♂.

Desc.

variolosa (Linnaeus 1758)   [p. 32]

27. Pneumora variolosa   Hesse 1936: 74.
28. Physemacris variolosa   Smart 1953: 199, 1 pl., 2 figs.
29. Physemacris variolosa   Kevan 1954b: 125, fig. 16.
30. Physemacris variolosa   Dirsh 1956c: 122, 251.
31. Physemacris variolosa   Dirsh 1956f: 238, 272, pls. 10, 11, fig. 5.
32. Physemacris variolosa   Dirsh 1957b: 107, 109, fig. 1.
33. Physemacris variolosa   Dirsh 1961a: 367, fig. 5 (2–6).
34. *Physemacris maculata* (Thunberg 1775). *Type:* ♂. (Dirsh 1965a: 371.) [p. 31]
35. *Physemacris spinulosa* (Thunberg 1810). (Dirsh 1965a: 371.) [p. 32]
36. Physemacris variolosus   Dirsh 1965a: 327, 371, figs. 7, 22, 23. *Lectotype:* ♂.
37. Physemacris variolosa   Dirsh 1965: 37, fig. 24 (♂ ♀).
38. *Pneumora marmorata*   Dirsh 1965a: 330. *Lectotype:* ♂ 'β'.

Desc. 32, 36 (♂ ♀).   **Dist. S.A.** Cape Province 30.

BULLACRIS Roberts 1941   [p. 27]

5. Bullacris   Dirsh 1956f: 237, 238, pl. 11, fig. 6.
6. Bullacris   Dirsh 1965a: 353.
7. Bullacris   Dirsh 1965: 36, 38.

Desc. 5, 6, 7.   **Key** 6.   **Morph.** 5.

boschimana (Peringuey 1916)   [p. 27]

3. Bullacris boschimana   Dirsh 1965a: 353, 376, fig. 21.

Desc. ♂.

PNEUMORIDAE

discolor (Thunberg 1810)   [p. 27]

Type: ♂. 'S. Africa'. Uppsala Mus. (Dirsh 1965a: 365)

12. Bulla consobrina   Hesse 1936: 74.
13. *Bullacris ocellata* (Thunberg 1810). Type: ♂. (Dirsh 1965a: 363.)   [p. 29]
14. *Bullacris pupillata* (Thunberg 1810). Type: ♂. (Dirsh 1965a: 363.)   [p. 30]
15. *Bullacris consobrina* (Peringuey 1916). Lectotype: ♂. S. Africa: Port Elizabeth (Dirsh 1965a: 332)   [p. 27]
16. Bullacris discolor   Dirsh 1965a: 355, 363, figs. 6, 15, 16.

Desc. 16 (♂ ♀). **Morph.** 12. **Dist. S.A.** Cape Province 16.

immaculata (Thunberg 1775)   [p. 28]

See Bullacris unicolor p. 39.

intermedia (Peringuey 1916)   [p. 29]

2. Bullacris intermedia Dirsh 1965a: 355, 359, figs. 6, 11, 12. Lectotype: ♂.

Dist. S.A. Cape Province, Natal.

membracioides (Walker 1870)   [p. 29]

4. *Bullacris longicornis* (Stål 1873). (Dirsh 1965a: 331, 361.)   [p. 29]
5. Bullacris longicornis   Van Son 1955: 7, fig.
6. Bullacris longicornis   Dirsh 1956f: 272, pl. 11, fig. 6.
7. Bullacris longicornis   Dirsh 1957b: 109, fig. 2.
8. Bullacris longicornis   Van Son 1958: 27.
9. Bullacris longicornis   Dirsh 1961a: 367, fig. 5 (1, 9).
10. Physemacris longicornis   Randell 1963: 252, fig. 23.
11. Bullacris longicornis   Ewer 1964: 411, figs. 1–4, 7c.
12. Bullacris longicornis   Ragge 1963: 187, figs. 3, 5.
13. Bullacris longicornis   Dirsh 1965: 39, fig. 25 (♂ ♀).
14. Bullacris membracioides   Dirsh 1965a: 355, 361, figs. 6, 13, 14.

Desc. 7, 14 (♂ ♀). **Morph.** 6, 7, 10, 11, 12. **Bion.** 5, 8. **Dist. S.A.** Cape Province 14; Natal 14; Zululand 14. **C.A.** Malawi 14.

obliqua (Thunberg 1810)   [p. 35]

Type: ♂. S. Africa: Natal (Dirsh 1956c: 122)

1. *Pneumora papillosa*   Thunberg 1810. Type: ♂. (Dirsh 1965a: 368.)   [p. 30].
2. *Bullacris thunbergii* (Kirby 1910) (Dirsh 1965a: 368).   [p. 30].
3. Bullacris thunbergii   Dirsh 1956c: 122, 251.
4. Bullacris obliqua   Dirsh 1965a: 355, 368, figs. 19, 20.

Desc. 4 (♂ ♀). **Dist. S.A.** Cape Province 2, 4.

PNEUMORIDAE

serrata (Thunberg 1810) [p. 30]

Type: ♀ (Dirsh 1965a: 367)

6. Bullacris serrata   Dirsh 1965a: 355, 365, figs. 17, 18.

Desc. ♂ ♀.   **Dist.** S.A. Cape Province.

unicolor (Linnaeus 1758) [p. 31]

Lectotype: ♂ (Dirsh 1965a: 327)

13. *Bullacris immaculata*   (Thunberg 1775). Type: ♂ 'β'. (Dirsh 1965a: 327, 355.) [p. 28].
14. Bulla immaculata   Hesse 1936: 74, fig. 5.
15. *Bullacris namaquensis*   Rehn 1941. (Dirsh *l.c.*) [p. 29].
16. *Bullacris thalassina*   Rehn 1941. (Dirsh *l.c.*) [p. 30].
17. Bulla immaculata   Kevan 1954a: 125.
18. Bullacris unicolor   Dirsh 1965a: 327, 355, figs. 2, 3, 6, 8, 9, 10.
19. Bullacris unicolor   Ragge 1963: 185, fig. 1.

Desc. 18 (♂ ♀).   **Morph.** 14, 17, 19.   **Dist.** S.A. Cape Province 18.

*PERINGUEYACRIS Dirsh 1965

Haplotype: **Pneumora namaqua** Peringuey 1916

1. Peringueyacris   Dirsh 1965a: 353, 375.

Desc.

namaqua (Peringuey 1916) [p. 32]

2. Peringueyacris namaqua   Dirsh 1965a: 375, fig. 25.

Desc. ♂.   **Dist.** Cape Province.

PROSTALIA I. Bolivar 1906 [p. 36]

4. Prostalia   Dirsh 1965a: 353, 377.
5. Prostalia   Dirsh 1965: 36, 41.

Desc. 4, 5.

granulata (Stål 1873) [p. 36]

9. Prostalia granulata   Dirsh 1965a: 377, figs. 26, 27.
10. Prostalia granulata   Dirsh 1965: 41, fig. 27 (♂).

Desc. 9 (♂ ♀).   **Dist.** S.A. Natal 9; Transvaal 9.

PHYSOPHORINA Westwood 1874   [p. 33]

2. *Shortridgea*   Peringuey 1916 (Dirsh 1961d: 379).
3. Shortridgea   Dirsh 1956f: 237.
4. Physophorina   Dirsh 1965a: 353, 379.
5. Physophorina   Dirsh 1965: 36, 42.

Desc. 3, 4, 5.   **Key** 4.   **Morph.** 3.

PNEUMORIDAE

livingstoni Westwood 1874 [p. 33]

Type: ♀. Nymph (Dirsh 1965a: 381)

5. Shortridgea absidata   Van Son 1955: 7.
6. Shortridgea absidata   Dirsh 1956f: 272, pl. 11, fig. 8.
7. Shortridgea absidata   Dirsh 1957b: 107, 109, fig. 4.
8. Physophorina livingstonii   Dirsh 1961d: 379.
9. Physophorina livingstonii   Dirsh 1965a: 381, figs. 4, 7, 28, 29.
10. Physophorina absidata   Dirsh 1965: 42, fig. 28 (♂ ♀).
11. *Shortridgea absidata* (Karsch 1896)   (Dirsh 1961d: 379). [p. 36]

Desc. 7, 8, 9 (♂ ♀).   **Morph.** 6, 7.   **Dist. E.A.** Uganda 9, 10; Tanzania 10; Mozambique 5, 10.   **C.A.** Malawi 9, 10.   **S.A.** Zululand 9, 10.

miranda Peringuey 1916 [p. 37]

3. Shortridgea miranda   Van Son 1958: 27, fig.
4. Physophorina miranda   Ragge 1963: 185.
5. Physophorina miranda   Dirsh 1965a: 381, 382, figs. 7, 30, 31.
6. Physophorina miranda   Dirsh 1965, 43.

Desc. 5 (♂ ♀).   **Morph.** 4.   **Bion.** 3.   **Dist. E.A.** Tanzania 6.   **S.A.** Natal 5; Cape Province 5.

PNEUMORA Thunberg 1775 [p. 34]

35. Pneumora   Dirsh 1956f: 288.
36. Pneumora   Dirsh 1961a: 366.
37. Pneumora   Dirsh 1965a: 353, 385.
38. Pneumora   Dirsh 1965: 36, 40.

Desc. 35, 36, 37, 38.   **Morph.** 35.

inanis (Fabricius 1775) [p. 35]

Type: ♂. Brit. Mus. (Dirsh 1965a: 387)

37. Pneumora inanis   Kevan 1954b: 125.
38. Pneumora inanis   Dirsh 1956f: 272, pl. 11, fig. 7.
39. Pneumora inanis   Dirsh 1957b: 107, 109, fig. 3.
40. Pneumora inanis   Dirsh 1961a: 367, fig. 5.
41. Pneumora inanis   Ragge 1963: 189, fig. 4.
42. Pneumora inanis   Ewer 1964: 416, figs. 5, 7, 8.
43. Pneumora inanis   Dirsh 1965a: 385, figs. 5, 7, 32, 33.
44. Pneumora inanis   Dirsh 1965: 40, fig. 26 (♂ ♀).

Desc. 39, 42 (♂ ♀).   **Morph.** 37, 38, 39, 41, 42.   **Dist. S.A.** Cape Province 43; Natal 43. **E.A.** Tanzania 42.

PNEUMORIDAE

*PARABULLACRIS Dirsh 1963
Haplotype: **Parabullacris vansoni** Dirsh 1963
1. Parabullacris   Dirsh 1963e: 177, 178.
2. Parabullacris   Dirsh 1965a: 353, 388.

Desc. 1, 2.

*vansoni Dirsh 1963
Type: ♂. S. Africa: Cape Province, Nababiep. Transvaal Mus.
1. Parabullacris vansoni   Dirsh 1963e: 178, fig. 1.
2. Parabullacris vansoni   Dirsh 1965a: 389, figs. 6, 34, 35.

Desc. 1 (♂ ♀), 2 (♂ ♀). **Dist. S.A.** Cape Province 1.

*PNEUMORACRIS Dirsh 1963
Haplotype: **Pneumoracris browni** Dirsh 1963
1. Pneumoracris   Dirsh 1963e: 178, 180.
2. Pneumoracris   Dirsh 1965a: 353, 389.

Desc. 1, 2.

*browni Dirsh 1963
Type: ♂. S. Africa: Cape Province, 5 m. E. Kamieskroon. Transvaal Mus.
1. Pneumoracris browni   Dirsh 1963e: 181, fig. 2.
2. Pneumoracris browni   Dirsh 1965a: 391, figs. 36, 37.

Desc. 1 (♂ ♀), 2 (♂ ♀).

*PARAPHYSEMACRIS Dirsh 1963
Haplotype: **Paraphysemacris spinosus** Dirsh 1963
1. Paraphysemacris   Dirsh 1963e: 178, 183.
2. Paraphysemacris   Dirsh 1965a: 353, 392.

Desc. 1, 2.

*spinosus Dirsh 1963
Type: ♂. S. Africa: Cape Province, Knysna. Brit. Mus.
1. Paraphysemacris spinosus   Dirsh 1963e: 184, fig. 3.
2. Paraphysemacris spinosus   Dirsh 1965a: 394, fig. 38.

Desc. ♂. **Dist.** S. Africa.

*CHARILAIDAE

1. Charilainae   Dirsh 1954a: 671.
2. Charilaidae   Dirsh 1961a: 369.
3. Charilaidae   Dirsh 1965: 44.

Desc. 1, 2, 3.   **Key** (genera) 3.

CHARILAUS Stål 1875   [p. 106]

13. Charilaus   Dirsh 1961a: 369.
14. Charilaus   Dirsh 1965: 44.

Desc. 13, 14.

carinatus Stål 1875   [p. 106]

18. Charilaus carinatus   Dirsh 1954a: 671, fig. 2.
19. Charilaus carinatus   Dirsh 1956c: 252.
20. Charilaus carinatus   Dirsh 1956f: 241, 272, 274, pl. 15, pl. 27, fig. 2.
21. Charilaus carinatus   Dirsh 1957b: 108, 109, fig. 6.
22. Charilaus carinatus   Dirsh 1961a: 371, fig. 8 (1–7).
23. Charilaus carinatus   Eades 1963: 131–3.
24. Charilaus carinatus   Dirsh 1965: 45, fig. 29 (♂).
25. Charilaus carinatus   Uvarov 1966: 142, 399, figs. 84, 217.

Desc. 20, 21, 23.   **Morph.** 20, 21, 23, 25.   **Dist.** S.A. O.F.S. 19; Botswana 23.

*PARACHARILAUS Dirsh 1961

Haplotype: **Charilaus curvicollis** Karny 1910   [p. 107]

1. Paracharilaus   Dirsh 1961d: 379.
2. Paracharilaus   Dirsh 1965: 44, 46.

Desc. 1, 2.

curvicollis (Karny 1910)   [p. 107]

5. Charilaus curvicollis   Dirsh 1956f: 274, pl. 27, f. 1.
6. Paracharilaus curvicollis   Dirsh 1961d: 379, figs. 1–6.
7. Paracharilaus curvicollis   Dirsh 1965: 47, fig. 30 (♂).

Desc. 5, 6.   **Morph.** 5.

HEMICHARILAUS Dirsh 1953   [p. 107]

2. Hemicharilaus   Dirsh 1965: 44, 46.

Desc.

brunneri (Saussure 1899) [p. 107]
6. Hemicharilaus brunneri   Dirsh 1965: 49, fig. 32 (♀).

monomorphus (Uvarov 1929) [p. 107]
4. Hemicharilaus monomorphus   Dirsh 1956*f*: 274, pl. 27, f. 3.
5. Hemicharilaus monomorphus   Dirsh 1965: 48, fig. 31 (♂).
Desc. 4.   Morph. 4.

PAMPHAGODES I. Bolivar 1878 [p. 108]
11. Pamphagodes   Dirsh 1965: 44, 50.
Desc.

riffensis I. Bolivar 1878 [p. 108]
11. Pamphagodes riffensis   Dirsh 1965: 50, fig. 33 (♀).

PAMPHAGIDAE

1. Pamphagidae   Dirsh 1961a: 372.
2. Pamphagidae   Dirsh 1965: 15, 51.

Desc. 1, 2. **Key** (subfamilies) 1, 2.

*ECHINOTROPINAE

1. Echinotropinae   Dirsch 1961a: 373.
2. Echinotropinae   Dirsh 1965: 51.

Desc. 1, 2. **Key** (genera) 2.

ECHINOTROPIS Uvarov 1944   [p. 59]

9. Echinotropis   Dirsch 1961a: 373.
10. Echinotropis   Dirsh 1965: 52.

Desc. 9, 10.

horrida (Saussure 1899)   [p. 60]

7. Echinotropis horrida   Dirsh 1961a: 374, fig. 9 (1).
8. Echinotropis horrida   Dirsh 1965: 52, fig. 34 (♀).
9. Echinotropis horrida   Uvarov 1966: 399, fig. 218.

GELOIOMIMUS Saussure 1899   [p. 59]

4. Geloiomimus   Dirsh 1956c: 129.
5. Geloiomimus   Dirsh 1961d: 382.
6. Geloiomimus   Dirsh 1965: 52, 53.

Desc. 5, 6. **Key** 4.

nasicus Saussure 1899   [p. 59]

4. Geloiomimus nasicus   Dirsh 1956c: 129, 254.
5. Geloiomimus nasicus   Dirsh 1961a: 374, fig. 9 (6).
6. Geloiomimus nasicus   Dirsh 1965: 53, fig. 35 (♂).

Desc. 4 (♀).

*PARAGELOIOMIMUS Dirsh 1961

Orthotype: **Geloiomimus spinosus** Dirsh 1956

1. Parageloiomimus   Dirsh 1961d: 381.
2. Parageloiomimus   Dirsh 1965: 52, 54.

Desc. 1, 2.

*rugulosus Dirsh 1956

Type: ♀. S. Africa: Cape Province, Areb Mt, 22 m. E.N.E. of Springbok. Lund Mus.

1. Geloiomimus rugulosus   Dirsh 1956c: 130, 254, figs. 2 (4–6).
2. Parageloiomimus rugulosus   Dirsh 1961d: 382.

Desc. 1 (♀), 2.

*spinosus Dirsh 1956

Type: ♀. S.W. Africa: Richtersveld. Brit. Mus.

1. Geloiomimus spinosus   Dirsh 1956c: 129, figs. 2 (1–3).
2. Geloiomimus spinosus   Dirsh 1956e: 253, pl. 2. ♂. S. Africa: Bushmanland, Jackals' Water. Brit. Mus.
3. Geloiomimus spinosus   Dirsh 1961a: 374, fig. 9.
4. Parageloiomimus spinosus   Dirsh 1961d: 382, figs. 7–10.
5. Parageloiomimus spinosus   Dirsh 1965: 54, fig. 36 (♂ ♀).

Desc. 1 (♀), 2 (♂).   **Dist. S.A.** S.W. Africa 1; Bushmanland 2.

THRINCOTROPIS Saussure 1899   [p. 58]

5. Thrincotropis   Dirsh 1965: 52, 55.

Desc.

caffra Saussure 1899   [p. 59]

5. Thrincotropis caffra   Dirsh 1965: 55, fig. 37 (♀).

*karruensis Brown 1960

Type: ♂. S. Africa: Cape Province, Steytlerville. Transvaal Mus.

1. Thrincotropis karruensis   Brown 1960: 126, figs. 1–9.

Desc. ♂ ♀.   **Ecol.**

PORTHETINAE

1. Porthetinae   Dirsh 1961a: 373.
2. Porthetinae   Dirsh 1965: 56.

Desc. 1, 2.   **Key** 2 (genera).

LAMARCKIANA Kirby 1910   [p. 41]

19. *Saussurea*   Uvarov 1940 (Dirsh 1958f: 308).   [p. 48].
20. Lamarckiana   Dirsh 1956c: 123, 252.
21. Lamarckiana   Dirsh 1958f: 307, 308.

22. Lamarckiana   Dirsh 1965: 56, 57.
23. Lamarckiana   Uvarov 1966: 10, 30, 62, 280, fig. 7.

Desc. 20, 21, 22.   **Key** 21.   **Morph.** 23.   **Bion.** 23.

aestuans (Saussure 1887)   [p. 41]

See Lobosceliana cinerascens p. 50.

angolensis (Saussure 1887)   [p. 42]

Type: ♀. Nymph. Madrid Mus. Indeterminable. (Dirsh 1958*f*: 399)

arenosa (Stål 1876)   [p. 42]

See Lamarckiana cucullata *below.*

atrox (Gerstaecker 1869)   [p. 42]

See Xiphoceriana atrox p. 46.

bolivariana (Saussure 1887)   [p. 48]

Type: Geneva Mus. (Dirsh 1958*f*: 319)

8. Lamarckiana bolivariana   Dirsh 1958*f*: 310, 319, fig. 5.
9. *Saussurea monticollis* (I. Bolivar 1915). Dirsh *l.c.* 319.   [p. 49]. *Lectotype:* ♂. Madrid Mus.
10. *Cultrinotus rendalli* (Kirby 1902).   Dirsh *l.c.* 319.   [p. 54].

Desc. 8 (♂ ♀). **Dist. E.A.** Mozambique 8.   **S.A.** Transvaal 8; Zululand 8.

brevicornis I. Bolivar 1915   [p. 42]

See Lobosceliana brevicornis p. 50.

brunneriana (Saussure 1887)   [p. 43]

See Xiphoceriana brunneriana p. 52.

cinerascens (Stål 1873)   [p. 43]

See Lobosceliana cinerascens p. 50.

cristata (Saussure 1887)   [p. 43]

See Xiphoceriana cristata p. 52.

cucullata (Stoll 1813)   [p. 43]

Lectotype: ♂. S. Africa: Cape of Good Hope, Leiden Mus. (Dirsh 1958*f*: 312)

10. Pamphagus canescens. Type lost (Dirsh *l.c.* 312).
11. *Lamarckiana arenosa* (Stål 1876).   Dirsh *l.c.* 311.

12. Lamarckiana arenosa   Dirsh 1956c: 123, 252.
13. Lamarckiana cucullata   Dirsh 1958f: 309, 310, fig. 1.
14. Lamarckiana cucullata   Dirsh 1965: 58, fig. 38 (♂ ♀).

Desc. 13 (♂ ♀).   **Dist.** C.A. Angola 13.   S.A. Cape Province 13; S.W. Africa 13.

eblis (Kirby 1902)   [p. 44]

See Lamarckiana nasuta p. 47.

ensicornis (Saussure 1893)   [p. 44]

See Lamarckiana nasuta p. 47.

euryscelis (Schaum 1853)   [p. 44]

Type: Lost. Indeterminable (Dirsh 1958f: 400)

gilgilensis I. Bolivar 1915   [p. 44]

See Lobosceliana gilgilensis p. 50.

haploscelis (Schaum 1853)   [p. 45]

See Lobosceliana haploscelis p. 50.

kilosana Miller 1929   [p. 45]

See Lobosceliana brevicornis p. 50.

latipes (Saussure 1887)   [p. 45]

See Lobosceliana loboscelis p. 50.

loboscelis (Schaum 1853)   [p. 45]

See Lobosceliana loboscelis p. 50.

nasuta (Saussure 1887)   [p. 49]

6. *Lamarckiana ensicornis* (Saussure 1893). *Type:* Brit. Mus. (Dirsh 1958f: 317.) [p. 44].
7. *Lamarckiana eblis* (Kirby 1902).   Dirsh *l.c.* 317.   [p. 44].
8. Lamarckiana ensicornis   Dirsh 1956c: 124, 252.
9. Lamarckiana nasuta   Dirsh 1958f: 310, 317, fig. 4.

Desc. 9 (♂ ♀).   **Dist.** E.A. Mozambique 9.   C.A. Rhodesia 9.   S.A. Transvaal 8.

obsoleta (Kirby 1902)   [p. 46]

Type: ♀. Nymph. Indeterminable (Dirsh 1958f: 399)

paupercula (Kirby 1902)   [p. 46]

Type: ♀. Nymph. Indeterminable (Dirsh *l.c.* 399)

PAMPHAGIDAE   Porthetinae

                       peringueyi (Saussure 1888)   [p. 46]
                 Type: Lost. Indeterminable (Dirsh *l.c.* 399)

                        puncticornis (Stål 1876)   [p. 46]
See Puncticornia puncticornis p. 56.

                         punctosa (Walker 1870)   [p. 47]
 5. Lamarckiana punctosa   Dirsh 1958*f*: 310, 313, fig. 2.
 6. Lamarckiana punctosa   Pinhey 1965: 5.
Dist. 5 (♂ ♀).   **Ecol.** 6.   **Bion.** 6.   **Dist. C.A.** Rhodesia 5, 6.

                          rugosipes (Kirby 1902)   [p. 47]
See Lobosceliana rugosipes p. 51.

                       salisburyana I. Bolivar 1915)   [p. 47]
See Lobosceliana cinerascens p. 50.

                      saussurei (I. Bolivar 1889)   [p. 47]
See Lobosceliana spectrum p. 51.

                          sparrmani (Stål 1876)   [p. 47]
                     Lectotype: ♂. (Dirsh 1958*f*: 315)
 8. Lamarckiana sparrmani   Dirsh 1958*f*: 310, 315, fig. 3.
Desc. ♂ ♀.   **Dist. S.A.** S.W. Africa 8; Botswana 8.

                        spectrum (Saussure 1887)   [p. 48]
See Lobosceliana spectrum p. 51.

                       triangulum I. Bolivar 1915   [p. 48]
See Lobosceliana cinerascens p. 50.

                              species?   [p. 48]
11. Lamarckiana sp.   Thomas 1953: 47–56, 4 figs.
12. Lamarckiana sp.   Mossop 1954: 279.
13. Lamarckiana sp.   Thomas 1954: 23–9, 5 figs.
14. Lamarckiana spp.   Dirsh 1956*c*: 124.
15. Lamarckiana sp.   Phipps 1959*b*: 34, 39, 43.
16. Lamarckiana sp.   Le Pelley 1959: 92.
17. Lamarckiana sp.   Thomas 1962: 107 *et seq.*
18. Lamarckiana sp.   Phipps 1966: 27.
Morph. 11, 13, 15, 17.   **Ecol.** 18.   **Bion.** 18.   **Econ.** 12, 16.   **Dist. S.A.** S.W. Africa 14; Lesotho 14; Natal 14; Transvaal 14.   **E.A.** Tanzania 15, 18.

SAUSSUREA Uvarov 1940 [p. 48]

See Lamarckiana p. 45.

bolivariana (Saussure 1887) [p. 48]
See Lamarckiana bolivariana p. 46.

menyharthi (Brancsik 1895) [p. 49]
Type: Lost. Indeterminable (Dirsh 1958*f*: 399)

monticollis (I. Bolivar 1915) [p. 49]
See Lamarckiana bolivariana p. 46.

nasuta (Saussure 1887) [p. 49]
See Lamarckiana nasuta p. 47.

spinulosa (Saussure 1887) [p. 49]
Type: Lost. Indeterminable (Dirsh *l.c.* 399)

stuhlmanniana (Karsch 1896) [p. 50]
See Xiphoceriana atrox p. 51.

*VANSONIACRIS Dirsh 1958

Haplotype: **Vansoniacris rubricornis** Dirsh 1958

1. Vansoniacris   Dirsh 1958*f*: 307, 321.
2. Vansoniacris   Dirsh 1965: 56, 59.

Desc. 1, 2.

rubricornis Dirsh 1958
Type: ♂. Rhodesia: Vumba. Brit. Mus.

1. Vansoniacris rubricornis   Dirsh 1958*f*: 322, fig. 6.
2. Vansoniacris rubricornis   Carnegie 1961: 241, fig.
3. Vansoniacris rubricornis   Dirsh 1965: 59, fig. 39 (♂ ♀).

Desc. 1 (♂ ♀).   **Econ.** 2.   **Dist. C.A.** Rhodesia 1, 2.   **S.A.** Transvaal 1.

*LOBOSCELIANA Dirsh 1958

Orthotype: **Pamphagus loboscelis** Schaum 1853 [p. 45]

1. Losbosceliana   Dirsh 1958*f*: 307, 324.
2. Losbosceliana   Dirsh 1965: 56, 60.

Desc. 1, 2.   **Key** 1.

PAMPHAGIDAE   Porthetinae

brevicornis I. Bolivar 1915 [p. 42]

Lectotype: ♂. Rhodesia: Salisbury. Madrid Mus. (Dirsh 1958*f*: 337)

3. *Lamarckiana kilosana* Miller 1929 (Dirsh *l.c.* 337). [p. 45].
4. Lobosceliana brevicornis Dirsh 1958*f*: 325, 326, 337, fig. 12.
5. Lamarckiana kilosana Robertson & Chapman 1962: 59, tables 2, 3.
6. Lobosceliana brevicornis Pinhey 1965: 5.

Desc. 4 (♂ ♀). **Bion.** 6. **Dist. E.A.** Tanzania 4, 5. **C.A.** Rhodesia 4, 6.

cinerascens (Stål 1873) [p. 43]

13. Lamarckiana cinerascens La Greca 1947*b*: 274.
14. Lamarckiana cinerascens Dirsh 1956*c*: 124, 252.
15. *Lamarckiana triangulum* I. Bolivar 1915. *Type:* Rhodesia: Salisbury. Brit. Mus. (Dirsh 1958*f*: 333). [p. 48].
16. *Lamarckiana salisburyana* I. Bolivar 1915. *Lectotype:* ♂. Rhodesia: Salisbury. Madrid Mus. (Dirsch *l.c.*).
17. *Lamarckiana aestuans* (Saussure 1887). *Type:* Madrid Mus. (Dirsh *l.c.*). [p. 41].
18. Lobosceliana cinerascens Dirsh 1958*f*: 325, 326, 333, fig. 10.

Desc. 18 (♂ ♀). **Morph.** 13. **Dist. S.A.** Cape 14; Transvaal 14, 18. **C.A.** Rhodesia 18.

femoralis (Walker 1870) [p. 45]

Type: Tanzania. (Dirsh 1958*f*: 333)

1. Akicera femoralis Walker 1870*a*: 532.
2. *Cultrinotus gibbus* (Kirby 1902) Dirsh 1958*f*: 330. *Type:* Nymph. [p. 53].
3. Lobosceliana femoralis Dirsh *l.c.* 325, 326, 330, fig. 9.
4. Lobosceliana femoralis Dirsh 1965: 61, fig. 40 (♂ ♀).

Desc. 3 (♂ ♀). **Dist. E.A.** Tanzania 3. **C.A.** Congo Rep. 3.

gilgilensis (I. Bolivar 1915) [p. 44]

4. Lobosceliana gilgilensis Dirsh 1958*f*: 323, 326, 335, fig. 11.

Desc. ♂ ♀. **Dist. E.A.** Kenya, Uganda.

haploscelis (Schaum 1853) [p. 45]

9. Lobosceliana haploscelis Dirsh *l.c.* 325, 326, 340, fig. 13.

Desc. ♂ ♀. **Dist. C.A.** Malawi.

loboscelis (Schaum 1853) [p. 45]

14. Lamarckiana loboscelis Le Pelley 1959: 92.
15. *Stolliana compressa* (Kirby 1902) Dirsh 1958*f*: 328 [p. 54]. *Type:* ♂ Nymph.
16. *Lamarckiana latipes* (Saussure 1887) Dirsh *l.c.* 328 [p. 45].

17. Losbosceliana loboscelis   Dirsh 1958f: 325, 326, 328, fig. 8.
18. Losbosceliana loboscelis   Kevan & Knipper 1961: 370.
19. Losbosceliana loboscelis   Pinhey 1965: 5.

Desc. 17 (♂ ♀). **Ecol.** 18, 19. **Bion.** 19. **Econ.** 14. **Dist. E.A.** Tanzania 17, 18. **C.A.** Rhodesia 17, 19; Zambia 17; Congo Rep. 17; Malawi 17; Ruanda 17. **S.A.** Transvaal 17; Matabeleland 17.

rugosipes (Kirby 1902)   [p. 47]

5. Losbosceliana rugosipes   Dirsh 1958f: 326, 339, fig. 13.

Desc. ♀.

spectrum (Saussure 1887)   [p. 48]

Type: Madrid Mus. (Dirsh *l.c.* 326)

5. *Lamarckiana saussurei* (I. Bolivar 1889). *Type:* ♂. Angola: Caconda. Madrid Mus. (Dirsh *l.c.* 326). [p. 47].
6. Losbosceliana spectrum   Dirsh 1958f: 325, 326, fig. 7.

Desc. 6 (♂ ♀). **Dist. C.A.** Zambia 6.

species ?

1. Saussurea sp? aff. Kilosana   Kevan 1957b: 194.
2. Lamarckiana sp? aff. rugosipes   Kevan loc. cit.

Dist. E.A. N. Kenya 1, 2.

*XIPHOCERIANA Dirsh 1958

Orthotype: **Xiphocera brunneriana** Saussure 1887 [p. 43]

1. Xiphoceriana   Dirsh 1958f: 307, 342.
2. Xiphoceriana   Dirsh 1965: 56, 61.

Desc. 1, 2. **Key** 1.

atrox (Gerstaecker 1869)   [p. 42]

8. *Saussurea stuhlmanniana* (Karsch 1896). *Lectotype:* ♂. Tanzania: Mpwapwa (Dirsh 1958f: 344). [p. 50].
9. Saussurca stuhlmanniana   Slifer 1953a: 69, pl. 1, figs. 1, 2.
10. Saussurea stuhlmanniana   Thomas 1954: 29.
11. Saussurea stuhlmanniana   Dirsh 1956f: 272, pl. 17, f. 1.
12. Saussurea sp. aff. stuhlmanniana   Kevan 1957b: 194.
13. Xiphoceriana atrox   Dirsh 1958f: 343, 344, fig. 14.
14. Saussurea stuhlmanniana   Slifer 1958: 40, fig. 1, pl. 1, f. 1.
15. Saussurea stuhlmanniana   Thomas 1962: 107 et seq.
16. Xiphoceriana atrox   Uvarov 1966: 2, 3.

Desc. 13 (♂ ♀). **Morph.** 9, 10, 11, 14, 15, 16. **Dist. E.A.** Kenya 12, 13; Somalia 13; Tanzania 13.

brunneriana (Saussure 1887) [p. 43]

6. Xiphoceriana brunneriana   Dirsh 1958*f*: 343, 346, fig. 15.
7. Xiphoceriana brunneriana   Dirsh 1959*a*: 62.
8. Xiphoceriana brunneriana   Dirsh 1965: 62, fig. 41 (♂ ♀).
9. Xiphoceriana brunneriana   Uvarov 1966: 13, fig. 11 (7).

Desc. 6 (♂ ♀). **Morph.** 9. **Dist. E.A.** Sudan 6; Somalia 6; Ethiopia 6, 7.

cristata (Saussure 1887) [p. 43]

Type: Lost (Dirsh 1958*f*: 348)

5. Lamarckiana sp. aff. cristata   Kevan 1957*b*: 193.
6. Xiphoceriana cristata   Dirsh 1958*f*: 343, 348, fig. 16.

Desc. 6 (♂ ♀). **Dist. E.A.** Kenya 5, 6; Somalia 6; Ethiopia 6.

HOPLOLOPHA Stål 1876   [p. 50]

7. Hoplolopha   Dirsh 1958*f*: 307, 351.
8. Hoplolopha   Dirsh 1965: 57, 63.

Desc. 7, 8. **Key** 7.

asina (Saussure 1887) [p. 50]

Lectotype: ♂ (Dirsh 1958*f*: 362)

5. Hoplolopha asina   Dirsh 1956*c*: 125, 252.
6. Hoplolopha asina   Dirsh 1958*f*: 352, 353, 362, fig. 22.

Desc. 6 (♂ ♀). **Dist. S.A.** Cape Province 5, 6.

camelina (Saussure 1887) [p. 50]

See Hoplolopha reflexa p. 53.

fissa (Saussure 1887)

See Hoplolopha reflexa p. 53.

horrida (Burmeister 1838) [p. 51]

Types: Lost. Neotype: ♂. S. Africa: Cape Province, Middelburg. Brit. Mus. (Dirsh 1958*f*: 358).

12. Xiphocera dromedaria   Saussure 1887. *Lectotype:* ♂. Geneva Mus. (Dirsh *l.c.* 358). [p. 51].
13. Hoplolopha horrida   Dirsh 1956*c*: 125, 252.
14. Hoplolopha horrida   Dirsh 1956*f*: 272, pl. 17, f. 2.
15. Hoplolopha horrida   Dirsh 1958*f*: 353, 358, fig. 20.

Desc. 15 (♂ ♀). **Morph.** 14. **Dist. S.A.** Cape Province 13, 15.

karasensis Sjöstedt 1932 [p. 51]

Type: ♂ (Dirsh *l.c.* 356)

3. Hoplolopha karasensis   Dirsh 1958*f*: 353, 356, fig. 19.

Desc. ♂ ♀.   **Dist. S.A.** S.W. Africa.

lineata (Stål 1873) [p. 51]

See Hoplolopha reflexa p. 53.

*pinheyi Dirsh 1958

Type: ♂. Rhodesia: Turk Mine. Brit. Mus.

1. Hoplolopha pinheyi   Dirsh 1958*f*: 353, 364, fig. 23.
2. Hoplolopha pinheyi   Pinhey 1965: 5, pl. 1 (*a*).

Desc. 1 (♂ ♀).   **Ecol.** 2.   **Bion.** 2.

reflexa (Walker 1870) [p. 52]

6. *Hoplolopha lineata* (Stål 1873). *Lectotype:* ♂. (Dirsh 1958*f*: 360). [p. 51].
7. *Hoplolopha fissa* (Saussure 1887). *Type:* ♂. S. Africa: Lessoutes. Geneva Mus. (Dirsh *l.c.* 360). [p. 51].
8. *Hoplolopha camelina* (Saussure 1887). *Type:* ♂ lost. *Lectotype:* ♀ (Dirsh *l.c.* 360). [p. 50].
9. Hoplolopha reflexa   Dirsh 1958*f*: 353, 360, fig. 21. *Lectotype:* ♂ (Dirsh *l.c.* 361).

Desc. 9 (♂ ♀).   **Dist. S.A.** Transvaal 9; O.F.S. 9.

serrata (Stål 1875) [p. 52]

6. Hoplolopha serrata   Dirsh 1958*f*: 353, 354, fig. 18.
7. Hoplolopha serrata   Dirsh 1965: 63, fig. 42 (♂ ♀).

Desc. 6 (♂ ♀).   **Dist. S.A.** Botswana 6; S.W. Africa 6.

*vansoni Dirsh 1958

Type: ♂. S. Africa: Transvaal, Chapudi. Transvaal Mus.

1. Hoplolopha vansoni   Dirsh 1958*f*: 353, 366, fig. 24.
2. Hoplolopha vansoni   Brown 1959: 283.

Desc. 1 (♂ ♀).   **Ecol.** 2.   **Dist. S.A.** Transvaal 1, 2.

PORTHETIS Serville 1831 [p. 39]

12. Porthetis   Dirsh 1958*f*: 307, 367.
13. Porthetis   Dirsh 1961*a*: 373.
14. Porthetis   Dirsh 1965: 57, 65.
15. Porthetis   Uvarov 1966: 30.

Desc. 12, 13, 14.   **Morph.** 15.

| PAMPHAGIDAE | Porthetinae |

carinata (Linnaeus 1758)   [p. 39]

Type: Lost. *Neotype:* ♂. S. Africa: Cape Province, Majesfontein. Brit. Mus. (Dirsch 1958*f*: 368)

Cat. No. 4. Type lost (Dirsh *l.c.*).
Cat. No. 5. Type lost (Dirsh *l.c.*).
Cat. No. 6. Type lost (Dirsh *l.c.*).
Cat. No. 8. Type lost (Dirsh *l.c.*).
41. *Porthetis consobrina* (Saussure 1887). *Type:* Lost (Dirsh *l.c.* 368). [p. 41].
42. Porthetis carinata   Dirsh 1958*f*: 368, fig. 25.
43. Porthetis carinata   Dirsh 1961*a*: 375, fig. 10 (1–3).
44. Porthetis carinata   Dirsh 1965: 64, fig. 43 (♂ ♀).
45. Porthetis carinata   Uvarov 1966: 398, 400, fig. 219.

Desc. 42 (♂ ♀).   **Dist. S.A.** Namaqualand 42.

consobrina Saussure 1887   [p. 41]

See Porthetis carinata *above*.

CULTRINOTUS I. Bolivar 1915   [p. 52]

5. Cultrinotus   Dirsh 1958*f*: 307, 370.
6. Cultrinotus   Dirsh 1965: 57, 65.

Desc. 5, 6.   Key 5.

apicalis (Walker 1870)   [p. 52]

8. Cultrinotus apicalis   Dirsh 1958*f*: 371, 374, fig. 27 (10–12).

Desc. ♀.

brevis (Walker 1870)   [p. 53]

See Pagopedilum brevis p. 57.

distanti (Saussure 1892)   [p. 53]

See Transvaaliana distanti p. 55.

gibbus (Kirby 1902)   [p. 53]

See Lobosceliana femoralis p. 50.

luanensis Uvarov 1953   [p. 53]

2. Cultrinotus luanensis   Dirsh 1956*f*: 272, pl. 17, f. 3.
3. Cultrinotus luanensis   Dirsh 1958*f*: 371, 373, fig. 27 (1–9).

Desc. 3 (♂ ♀).   **Morph.** 2.

pictus (Saussure 1892)   [p. 53]

See Transvaaliana pictus p. 55.

poultoni I. Bolivar 1915 [p. 54]

Type: ♂. Rhodesia: Salisbury. Brit. Mus. (Dirsh *l.c.* 372)

3. Cultrinotus poultoni   Dirsh 1958*f*: 371, 372, fig. 26.
4. Cultrinotus poultoni   Dirsh 1965: 66, fig. 44 (♂ ♀).

Desc. 3 (♂ ♀).   **Dist.** C.A. Rhodesia 3.

rendalli (Kirby 1902) [p. 54]

See Lamarckiana bolivariana p. 46.

species? [p. 54]

2. Cultrinotus sp.   Agarwala 1953: 56, 68.
3. Cultrinotus sp.   Agarwala 1954: 311, figs. 110, 111, 121.
4. Cultrinotus sp.   Kevan 1955*a*: 77.

Morph. 2, 3.   **Ecol.** 2.   **Dist.** Angola 4.

*TRANSVAALIANA Dirsh 1958

Orthotype: **Xiphocera distanti** Saussure 1892

1. Transvaaliana   Dirsh 1958*f*: 307, 375.
2. Transvaaliana   Dirsh 1965: 57, 67.

Desc. 1, 2.   **Key** 1.

distanti (Saussure 1892) [p. 53]

Type: Brit. Mus. (Dirsh *l.c.* 377)

5. Transvaaliana distanti   Dirsh 1958*f*: 376, 377, fig. 28.
6. Transvaaliana distanti   Dirsh 1965: 67, fig. 45 (♂ ♀).

Desc. 5 (♂ ♀).

*draconis Brown 1962

Type: ♂. S. Africa: Natal, Little Switzerland, Bergville District. Transvaal Mus.

1. Transvaaliana draconis   Brown 1962*d*: 201, figs. 1–8.

Desc. ♂.   **Ecol.**

granulosa (Kirby 1902) [p. 55]

4. Transvaaliana granulosa   Dirsh 1958*f*: 376, 377, fig. 29.

Desc. ♀.

picta (Saussure 1892) [p. 53]

Type: Brit. Mus. (Dirsh 1958*f*: 379)

5. Cultrinotus pictus   Dirsh 1956*c*: 253.
6. Transvaaliana picta   Dirsh 1958*f*: 376, 379, fig. 29.
7. Transvaaliana picta   Brown 1962*d*: 201.

Desc. 6, 7.   **Dist.** S.A. O.F.S. 5.

PAMPHAGIDAE   Porthetinae

*PUNCTICORNIA Dirsh 1958

Haplotype: **Xiphocera puncticornis** Stål 1876 [p. 46]

1. Puncticornia   Dirsh 1958f: 308, 380.
2. Puncticornia   Dirsh 1965: 57, 68.

Desc. 1, 2.

puncticornis (Stål 1876)   [p. 46]

Type: Lost. *Neotype:* ♂. S.W. Africa: Klein Karas. Stockholm Mus.
(Sjöstedt 1932b: 543, Dirsh 1958f: 381.)

9. Lamarckiana puncticornis   Dirsh 1956c: 124, 252.
10. Puncticornia puncticornis   Dirsh 1958f: 381, fig. 30.
11. Puncticornia puncticornis   Dirsh 1965: 69, fig. 46 (♂ ♀).

Desc. 10 (♂ ♀).   **Dist.** S.A. Cape Province 9; Bushmanland 10; Namaqualand 10.

STOLLIANA I. Bolivar 1916   [p. 54]

3. Stolliana   Dirsh 1958f: 308, 383.
4. Stolliana   Dirsh 1965: 67, 69.

Desc. 3, 4.   **Key** 3.

angusticornis Dirsh 1958

Type: ♂. S. Africa: Cape Province, Willowmore. Transvaal Mus.

1. Stolliana angusticornis   Dirsh 1958f: 384, 386, fig. 32.

Desc. ♂ ♀.   **Dist.** S.A. Cape Province.

bradyana (Saussure 1887)   [p. 54]

See Pagopedilum bradyana p. 57.

compressa (Kirby 1902)   [p. 54]

See Lobosceliana loboscelis p. 50.

granulosa (Kirby 1902)   [p. 55]

See Transvaaliana granulosa p. 55.

mannula (Saussure 1887)   [p. 55]

See Pagopedilum bradyana p. 57.

minor Dirsh 1958

Type: ♂. S. Africa: Cape Province, De Wet. Transvaal Mus.

1. Stolliana minor   Dirsh 1958f: 384, 388, fig. 33.

Desc. ♂ ♀.

sabulosa (Stål 1875) [p. 55]
9. Stolliana sabulosa   Dirsh *l.c.* 384, fig. 31.
10. Stolliana sabulosa   Dirsh 1965: 70, fig. 47 (♂ ♀).
Desc. 9 (♂ ♀).   **Dist.** S.A. S.W. Africa 9.

sordida (Walker 1870) [p. 55]
See Pagopedilum sordidum p. 57.

PAGOPEDILUM Karsch 1896 [p. 56]

5. Pagopedilum   Dirsh 1958*f*: 308, 389.
6. Pagopedilum   Dirsh 1965: 57, 71.
Desc. 5, 6.

bradyana (Saussure 1887) [p. 54]
Type: Transvaal (Dirsh 1958*f*: 392)
6. Pagopedilum bradyana   Dirsh *l.c.* 392, fig. 35.
7. *Stolliana mannula* (Saussure 1887)   Dirsh *l.c.* 392 [p. 55].
Desc. 6 (♀).

brevis (Walker 1870) [p. 53]
Type: ♀. Nymph (Dirsh 1958*f*: 394)
5. Pagopedilum brevis   Dirsh *l.c.* 394.

martini I. Bolivar 1915 [p. 56]
Type: Madrid Mus. (Dirsh 1958*f*: 392)
3. Pagopedilum martini   Dirsh 1956*c*: 125, 253.
4. Pagopedilum martini   Dirsh 1958*f*: 392, fig. 35.
5. Pagopedilum martini   Dirsh 1965: 71, fig. 48 *i–k* (♀).
Desc. 4 (♀ type).   **Dist.** S.A. Lesotho 3.

sordida (Walker 1870) [p. 55]
5. Pagopedilum sordidum   Dirsh 1958*f*: 390, fig. 34.
6. Pagopedilum sordidum   Dirsh 1965: 71, fig. 48 *a–h* (♂).
Desc. 5 (♂).

subcruciatum Karsch 1896 [p. 56]
4. Pagopedilum subcruciatum   Dirsh 1958*f*: 390. *Type:* lost.

BOLIVARELLA Saussure 1887 [p. 55]

5. Bolivarella   Dirsh 1965: 57, 73.
Desc.

| PAMPHAGIDAE | Porthetinae |

acuminata I. Bolivar 1889 [p. 56]

4. Bolivarella acuminatus   Kevan 1955a: 77.
5. Bolivarella acuminata   Dirsh 1965: 73, fig. 50 (♂).

Desc. 4 (♂).   **Dist.** C.A. Angola.

calens Saussure 1887 [p. 56]

5. Bolivarella calens   Kevan 1955b: 78.
6. Bolivarella calens   Dirsh 1965: 72, fig. 49 (♂).

Dist. C.A. Angola.

APHANTOTROPIS Uvarov 1924 [p. 58]

4. Aphantotropis   Dirsh 1958f: 308, 394.
5. Aphantotropis   Dirsh 1965: 57, 74.

Desc. 4, 5.

connectens Uvarov 1924 [p. 58]

2. Aphantotropis connectens   Dirsh 1956f: 272, pl. 17, f. 5.
3. Aphantotropis connectens   Dirsh 1958f: 395, fig. 36.
4. Aphantotropis connectens   Weidner 1964b: 319, figs. 3D, E, G; 4A; 5A.
5. Aphantotropis connectens   Dirsh 1965: 74, fig. 51 (♂).

Desc. 3 (♂), 4 (nymph).   **Morph.** 2.

TRACHYPETRELLA Kirby 1910 [p. 57]

10. Trachypetrella   Dirsh 1958f: 308, 396.
11. Trachypetrella   Dirsh 1965: 57, 75.

Desc. 10, 11.   **Key** 10.

anderssoni (Stål 1875) [p. 57]

5. Trachypetra mola. *Type:* Berlin Mus. (Dirsh 1958f: 397).
18. Trachypetrella andersoni (*sic*)   Hesse 1936: 74.
19. Trachypetrella andersoni (*sic*)   Hesse 1938: 76, 82.
20. Trachypetrella anderssonii   Kevan 1954b: 119, 127, fig. 10.
21. Trachypetrella anderssonii   Dirsh 1956c: 125, 253.
22. Trachypetrella anderssonii   Dirsh 1956f: 272, pl. 17, f. 4.
23. Trachypetrella anderssonii   Dirsh 1958f: 397, fig. 37.
24. Trachypetrella anderssonii   Brown 1962c: 196.
25. Trachypetrella anderssonii   Weidner 1964a: 322, figs. 4D, 5D.
26. Trachypetrella anderssonii   Dirsh 1965: 75, fig. 52 (♂).

Desc. 23 (♂ ♀), 25.   **Morph.** 18, 20, 22.   **Ecol.** 19, 24.   **Dist.** S.A. Cape 21, 23; O.F.S. 23; S.W. Africa 23; Bushmanland 24; Namaqualand 24.

*****kosswigiana** Weidner 1864

Type: ♂. S. Africa: Bethanie. Hamburg Mus.

1. Trachypetrella kosswigiana   Weidner 1964*a*: 322, figs. 2A, B; 3A, B, C, H; 4B; 5B.
2. Trachypetrella kosswigiana   Weidner 1964*b*: 47.

Desc. 1 (♂), 2 (♀).

rana (Saussure 1888)   [p. 58]

Type: Lost? (Dirsh 1958*f*: 399)

5. Trachypetrella rana   Dirsh *l.c.* 397, 399.
6. Trachypetrella rana   Weidner 1964*a*: 325, figs. 3F, I; 4C, 5C.
7. Trachypetrella rana   Weidner 1964*b*: 48.

Desc. 6, 7.

species ? [p. 58]

2. Trachypetrella sp.   Dirsh 1956*c*: 126.

Desc.   **Dist.** S.A. Cape Province.

AKICERINAE

1. Akicerinae   Dirsh 1961*a*: 376.
2. Akicerinae   Dirsh 1965: 76.

Desc. 1, 2.   **Key** (genera) 2.

AKICERA Serville 1831   [p. 38]

15. Akicera   Dirsh 1965: 76, 77.

Desc.

fusca (Thunberg 1815)   [p. 38]

8. Akicera fusca   Dirsh 1956*f*: 273, pl. 18, f. 16.
9. Akicera fusca   Dirsh 1961*a*: 377, fig. 11 (1–4).
10. Akicera fusca   Dirsh 1965: 78, fig. 53 (♂ ♀).
11. Akicera fusca   Uvarov 1966: 177, 401, figs. 105, 220.

Desc. 8.   **Morph.** 8, 11.

ADEPHAGUS Saussure 1887   [p. 60]

6. Adephagus   Dirsh 1965: 76, 79.

Desc.

cristatus (Burmeister 1838)   [p. 60]

6. Adephagus cristatus   Dirsh 1956*c*: 126, 253.
7. Adephagus cristatus   Dirsh 1956*f*: 272, pl. 17, f. 7.

PAMPHAGIDAE	Akicerinae

8. Adephagus cristatus   Dirsh 1965: 79, fig. 54 (♂).
9. Adephagus cristatus   Uvarov 1966: 190, fig. 115 (2).

Morph. 7, 9.   **Dist. S.A.** Cape Province 6.

BATRACHORNIS Saussure 1884   [p. 73]

7. Batrachornis   Dirsh 1965: 77, 80.

Desc.

namaquensis Saussure 1888   [p. 74]

3. Batrachornis namaquensis   Dirsh 1956c: 254.

peringueyi Saussure 1888   [p. 74]

3. Batrachornis peringueyi   Dirsh 1956c: 254.

Dist. S.A. Cape Province.

perloides Saussure 1884   [p. 74]

7. Batrachornis perloides   Dirsh 1956c: 126, 254.
8. Batrachornis perloides   Dirsh 1956f: 273, pl. 18, f. 2.
9. Batrachornis perloides   Dirsh 1965: 80, fig. 55 (♂).

Desc. 8.   **Morph.** 8.   **Dist. S.A.** Cape Province 7; S.W. Africa 7.

EREMOTETTIX Saussure 1888   [p. 74]

5. Eremotettix   Dirsh 1956c: 127.
6. Eremotettix   Dirsh 1965: 77, 81.

Desc. 5, 6.

acutus Dirsh 1956

Type: ♂. Orange Free State: S. Wentersburg. Lund Mus.

1. Eremotettix acutus   Dirsh 1956c: 127, figs. 1–4.

capensis Miller 1932   [p. 75]

2. Eremotettix capensis 1956f: 273, pl. 18, f. 3.

Desc. 1 (♂), 2.   **Morph.** 2.

walkeri Saussure 1888   [p. 75]

4. Eremotettix walkeri   Dirsh 1956c: 129, 254.   *Type:* S.A. Cape Province.
5. Eremotettix walkeri   Dirsh 1965: 81, fig. 56 (♂).

BATRACHOTETRIX Burmeister 1838 [p. 71]

15. Batrachotetrix   Dirsh 1965: 77, 82.
Desc.

cantans Saussure 1888   [p. 71]
5. Batrachotetrix cantans   Dirsh 1956c: 253.
Dist. S.A. Cape Province, O.F.S., Namaqualand.

pistrinarius (Saussure 1884)   [p. 72]
4. Batrachotetrix pistrinarius   Dirsh 1956f: 273, pl. 18, f. 1.
5. Batrachotetrix pistrinarius   Dirsh 1965: 83, fig. 57 (♂).
Desc. 4.   Morph. 4.

scutigera (Walker 1870)   [p. 73]
5. Batrachotetrix scutigera   Dirsh 1956c: 253.
Dist. S.A. Cape Province.

stolli Saussure 1884   [p. 73]
5. Batrachotetrix stollii   Dirsh 1956c: 126, 253.
Dist. S.A. Cape Province.

EREMOTMETHIS Uvarov 1943   [p. 62]

3. Eremotmethis   Dirsh 1965: 77, 83.
Desc.

carinatus (Fabricius 1775)   [p. 62]
31. Eremotmethis carinatus   Dirsh 1956f: 273, pl. 17, f. 13.
32. Eremotmethis carinatus   Dirsh 1965: 84, fig. 58 (♂).
Desc. 31.   Morph. 31.

TMETHIS Fieber 1853   [p. 65]

30. Tmethis   Korsakoff 1958: 143.
31. Tmethis   Dirsh 1965: 77, 84.
32. Tmethis   Uvarov 1966: 22, 140, 246, 268, fig. 19.
Desc. 30, 31.   Morph. 32.

cisti (Fabricius 1787)   [p. 66]
58. Tmethis cisti   Grassé & Hollande 1946: 141, fig. 4.
59. Tmethis cisti   Agarwala 1953: 56, 68, fig. 69.
60. Tmethis cisti   Agarwala 1954: 311, figs. 114, 120.

PAMPHAGIDAE   Akicerinae

61. Tmethis cisti   Dirsh 1956*f*: 273, pl. 17, f. 11.
62. Tmethis cisti   Korsakoff 1958: 140, 143.
63. Tmethis cisti   La Greca 1958: 55.
64. Tmethis cisti   Blackith & Verdier 1961: 266, 268.
65. Tmethis cisti   Dirsh 1961*a*: 377, fig. 11 (5).
66. Tmethis cisti   Dirsh 1965: 85, fig. 59 (♂).
67. Tmethis cisti   Uvarov 1966: 147, 190, figs. 88, 115 (3).

Desc. 61. **Morph.** 58, 59, 60, 61, 64, 67. **Ecol.** 59. **Dist. N.A.** Algeria 62; Tripolitania 63.

maroccanus I. Bolivar 1908   [p. 69]

9. Tmethis maroccanus   Korsakoff 1958: 140, 143.

Desc.

maroccanus hirtus Uvarov 1943   [p. 70]

2. Tmethis maroccanus hirtus   Korsakoff 1958: 143.

Desc.

pulchripennis (Serville 1838)   [p. 70]

15. Tmethis pulchripennis   La Greca 1958: 54.
16. Tmethis pulchripennis pulchripennis   Ebner 1956: 20.
17. Tmethis pulchripennis   Gangwere 1964: 215, 243.
18. Tmethis pulchripennis   Uvarov 1966: 22, 247, 255, 286.

Desc. 16. **Morph.** 17, 18. **Bion.** 17. **Dist.** Tripolitania 15; Egypt 16.

pulchripennis var. *algerica* Chopard 1943   [p. 68]

2. Tmethis pulchripennis var. algerica   Chopard 1954*a*: 13.

TUAREGA Uvarov 1943   [p. 63]

12. Tuarega   Dirsh 1965: 77, 86.

Desc.

insignis (Lucas 1851)   [p. 64]

45. Eremocharis insignis   Leouffre 1953: 330.
46. Tuarega insignis   Agarwala 1953: 56.
47. Tuarega insignis   Agarwala 1954: 311.
48. Tuarega insignis   Chopard 1954*a*: 13.
49. Tuarega insignis   Dirsh 1956*f*: 272, pl. 17, 9.
50. Tuarega insignis   Dekeyser & Villiers 1956: 29, 127, 185, 203.
51. Eremocharis insignis   Korsakoff 1958: 141.
52. Tuarega insignis   Dirsh 1965: 86, fig. 60 (♀).

Desc. 49. **Morph.** 46, 47, 49. **Ecol.** 45, 50. **Dist. N.A.** Algeria 48, 51; Mauretania 50.

PAMPHAGINAE

1. Pamphaginae   Dirsh 1954a: 671.
2. Pamphaginae   Dirsh 1961a: 377.
3. Pamphaginae   Dirsh 1965: 87.

Desc. 1, 2, 3.   **Key** (genera) 3.

FINOTIA Bonnet 1884   [p. 103]

11. Finotia   Dirsh 1965: 87, 89.

Desc.

maxima Jannone 1938   [p. 104]

2. Finotia maxima   Dirsh 1956f: 273, pl. 18, f. 17.
3. Finotia maxima   Dirsh 1965: 88, fig. 61 (♂).

Desc. 2.   **Morph.** 2.

OCNERIDIA I. Bolivar 1912   [p. 75]

6. *Ariasus* (sic)   Morales Agacino 1958: 157–60. [p. 78]
7. Ocneridia   Dirsh 1965: 87, 89.
8. Ocneridia   Uvarov 1966: 147, 189, fig. 88.

Desc. 6, 7.   **Morph.** 8.

canonica (Fischer 1853)   [p. 75]

20. Ocneridia canonica   Dirsh 1956f: 273, pl. 18, f. 7.
21. Ocneridia canonica   Dirsh 1965: 90, fig. 62 (♂).

Morph. 20.

volxemi (I. Bolivar 1878)   [p. 77]

35. Ocnerodes volxemi   I. Bolivar 1915: 72.
36. *Ariasa melillensis*   I. Bolivar 1915: 72. [p. 78]
37. Ariasus (sic) melillensis   Morales Agacino 1958: 157–60, pl.

Desc. 37.   **Morph.** 37.

EUNAPIODES I. Bolivar 1907   [p. 78]

8. *Nadigia*   Werner 1932 (Dirsh 1958b: 51) [p. 84].
9. Eunapiodes   Dirsh 1965: 87, 91.

Desc. 9.

granosus (Stål 1876)   [p. 78]

20. Eunapiodes granosus   Dirsh 1965: 91, fig. 63 (♂ ♀).

PAMPHAGIDAE — Pamphaginae

latipes I. Bolivar 1912 [p. 79]

7. *Nadigia ifranensis* Werner 1932 (Dirsh 1961*d*: 382). *Type:* ♂. Coll. Dr Ad. Nadig (Dirsh *in litt.*). [p. 85]
8. Eunapiodes latipes Dirsh 1961*a*: 382.

Desc. 7, 8.

PARAEUMIGUS I. Bolivar 1914 [p. 85]

7. *Amigus* I. Bolivar 1914 (Dirsh 1958*b*: 51) [p. 87].
8. Paraeumigus Dirsh 1965: 87, 92.

Desc. 7, 8.

fortius (I. Bolivar 1907) [p. 85]

9. Paraeumigus fortius Dirsh 1965: 92, fig. 64 (♂).

PSEUDAMIGUS Chopard 1943 [p. 87]

2. Pseudamigus Dirsh 1965: 87, 94.

Desc.

villiersi (Chopard 1940) [p. 87]

3. Pseudamigus villiersi Dirsh 1965: 93, fig. 65 (♀).

PAMPHAGUS Thunberg 1815 [p. 97]

25. Pamphagus Dirsh 1961*a*: 372, 377.
26. Pamphagus Dirsh 1965: 87, 94.

Desc. 25, 26.

elephas (Linnaeus 1758) [p. 98]

52. Pamphagus elephas Grassé & Hollande 1946: 141, fig. 5A.
53. Pamphagus elephas Dirsh 1954*a*: 671, fig. 1.
54. Pamphagus elephas Dirsh 1956*f*: 242, 272, 273, pl. 16, pl. 18, f. 8.
55. Pamphagus elephas Dirsh 1961*a*: 378, fig. 12 (1–6).
56. Pamphagus elephas Dirsh 1965: 94, fig. 66 (♂).
57. Pamphagus elephas Uvarov 1966: 73, 118, 140, 142, 286, 327, 401, figs. 84, 221.

Morph. 52, 54, 57. **Bion.** 57.

marmoratus Burmeister 1838 [p. 99]

31. Pamphagus marmoratus Giardina 1901: 35, figs.
32. Pamphagus marmoratus La Greca 1947*b*: 274.

Morph. 31, 32.

tunetanus Vosseler 1902 [p. 100]
7. Pamphagus tunetanus   Agarwala 1953: 56, 68.
8. Pamphagus tunetanus   Agarwala 1954: 311.
Morph. 7, 8.

EURYPARYPHES Fischer 1853 [p. 79]

17. Euryparyphes   Dirsh 1965: 87, 95.
Desc.
flexuosus Uvarov 1927 [p. 80]
9. Euryparyphes flexuosus   Dirsh 1956*f*: 273, pl. 18, f. 13.
10. Euryparyphes flexuosus   Dirsh 1965: 95, fig. 67*b*.
Morph. 9.

sitifensis (Brisout 1854) [p. 83]
23. Euryparyphes sitifensis   Dirsh 1965: 95, fig. 67*a* (♂).

vaucherianus (Saussure 1887) [p. 83]
11. Euryparyphes vaucherianus   Codina 1926: 128.
Dist. N.A. Morocco.

vaucherianus var. *olcesei* (I. Bolivar 1907) [p. 84]
10. Euryparyphes olcesei   Codina 1926: 128.
Dist. N.A. Morocco.

species ?
1. Euryparyphes sp.   Agarwala 1953: 56.
2. Euryparyphes sp.   Agarwala 1954: 311, figs. 105, 112.
Morph. 1, 2.

GLAUIA I. Bolivar 1912 [p. 101]

8. Glauia   Dirsh 1965: 88, 96.
Desc.
durieui (I. Bolivar 1878) [p. 102]
17. Glauia durieui   Dirsh 1965: 96, fig. 68 (♂).

GLAUVAROVIA Morales Agacino 1945 [p. 103]

2. Glauvarovia   Dirsh 1965: 88, 97.
Desc.
mendizabali Morales Agacino 1945 [p. 103]
3. Glauvarovia mendizabali   Dirsh 1965: 97, fig. 69 (♂).

PAMPHAGIDAE Pamphaginae

ACINIPE Rambur 1838 [p. 88]

17. *Orchamus* Stål 1876 (Dirsh 1958b: 51) [p. 100].
18. Acinipe   Dirsh 1965: 88, 98.
19. Acinipe   Uvarov 1965: 189.

Desc. 18. **Morph.** 19.

foreli (Pictet & Saussure 1891) [p. 91]

20. Acinipe foreli   Gangwere 1964: 215, 243.

Morph. Bion.

hesperica Rambur 1838 [p. 92]

37. Acinipe hesperica   Dirsh 1956f: 273, pl. 18, f. 12.
38. Acinipe hesperica   Dirsh 1965: 98, fig. 70 (♂).

Desc. 37. **Morph.** 37.

mauretanica (I. Bolivar 1878) [p. 93]

18. Pamphagus mauretanicus   Grassé & Hollande 1946: 141, fig. 5B.
19. Acinipe mauretanica   Blackith & Verdier 1961: 266, 268.

Morph. 18, 19.

zebratus (Brunner 1882) [p. 100]

13. Acinipe zebratus   Dirsh 1958b: 51.

PURPURARIA Enderlein 1929 [p. 101]

4. Purpuraria   Dirsh 1965: 88, 99.

Desc.

erna Enderlein 1929 [p. 101]

3. Purpuraria erna   Chopard 1954b: 6.
4. Purpuraria erna   Dirsh 1965: 100, fig. 71 (♂ ♀).

Dist. A.I. Canary Is. 3.

ACROSTIRA Enderlein 1929 [p. 101]

4. Acrostira   Dirsh 1965: 88, 101.

Desc.

bellamyi (Uvarov 1922) [p. 101]

6. Acrostira bellamii   Chopard 1954b: 6.
7. Acrostira bellamyi   Dirsh 1965: 100, fig. 72 (♂ ♀).

Dist. A.I. Canary Is. 6.

LATHICERIDAE

1. Lathicerinae   Dirsh 1954a: 670.
2. Lathiceridae   Dirsh 1961a: 380.
3. Lathiceridae   Dirsh 1965: 102.

Desc. 1, 2, 3.   **Key** (genera) 3.

BATRACHIDACRIS Uvarov 1939   [p. 105]

6. Batrachidacris   Dirsh 1965: 102.

Desc.

rubridens (Uvarov 1929)   [p. 105]

5. Batrachidacris rubridens   Dirsh 1954a: 672, pl. 14, f. 1–4.
6. Batrachidacris rubridens   Dirsh 1956f: 242, 246, 247, 274, pls. 26, 27, f. 4.
7. Batrachidacris rubridens   Dirsh 1961a: 379, fig. 13 (4–7).
8. Batrachidacris rubridens   Brown 1962a: 196.

Desc. 6.   **Morph.** 6.   **Ecol.** 8.

tuberculata (Rehn 1956)

Type: ♀. S.W. Africa: Keetmannshoop. Amer. Mus. nat. Hist.

1. Crypsiceracris tuberculata   Rehn 1956: 112, pl. 17, f. 4–9.
2. Batrachidacris tuberculata   Dirsh 1956e: 251, pl. 1.
3. Batrachidacris tuberculata   Dirsh 1961a: 379, fig. 13 (1–3, 8).
4. Batrachidacris tuberculata   Dirsh 1965: 103, fig. 73 (♂ ♀).
5. Batrachidacris tuberculata   Uvarov 1966: 402, fig. 222.

Desc. 1 (♂ ♀), 2 (♂ ♀).   **Dist.** S.W. Africa.

CRYPSICERACRIS Miller 1932   [p. 106]

3. Crypsiceracris   Dirsh 1965: 102, 104.
4. Crypsiceracris   Uvarov 1966: 10, fig. 7.

Desc. 3.   **Morph.** 4.

glabra Miller 1932   [p. 106]

2. Crypsiceracris glabra   Dirsh 1954a: 672, pl. 14, f. 5, 6.
3. Crypsiceracris glabra   Dirsh 1956f: 242.
4. Crypsiceracris glabra   Rehn 1956: 109, pl. 17, f. 1–3. ♂. S.W. Africa: Pomona Is. Amer. Mus. nat. Hist.
5. Crypsiceracris glabra   Dirsh 1965: 104, fig. 74 (♀).

Desc. 3, 4 (♂).   **Morph.** 3.

LATHICERIDAE

tuberculata Rehn 1956

See Batrachidacris p. 67.

LATHICERUS Saussure 1888 [p. 104]

5. Lathicerus   Dirsh 1954*a*: 670.
6. Lathicerus   Dirsh 1961*a*: 380.
7. Lathicerus   Dirsh 1965: 102, 104.
8. Lathicerus   Uvarov 1966: 16, fig. 14.

Desc. 5, 6, 7.   **Key** 5.   **Morph.** 8.

cimex Saussure 1888 [p. 105]

Type: ♂. 'Terra Angrae'. Geneva Mus. (Dirsh 1954*a*: 672)

5. Lathicerus cimex   Dirsh 1954*a*: 672, pl. 13, f. 1–4, fig. 3.
6. Lathicerus cimex   Dirsh 1956*f*: 246, 274, pl. 27, f. 5.
7. Lathicerus cimex   Dirsh 1957*b*: 108, 111, fig. 27.
8. Lathicerus cimex   Dirsh 1961*a*: 379, fig. 13 (9).
9. Lathicerus cimex   Brown 1962*d*: 196.
10. Lathicerus cimex   Dirsh 1965: 105, fig. 75 (♂ ♀).
11. Lathicerus cimex   Uvarov 1966: 142, 402, fig. 84 (7).

Desc. 6, 7.   **Morph.** 6, 7, 11.   **Ecol.** 9.

CRYPSICERUS Saussure 1888 [p. 105]

5. Crypsicerus   Dirsh 1965: 102, 105.

Desc.

cubicus Saussure 1888 [p. 105]

5. Crypsicerus cubicus   Dirsh 1954*a*: 672, pl. 13, figs. 5–8.
6. Crypsicerus cubicus   Rehn 1955: 1–4, 3 figs.
7. Crypsicerus cubicus   Dirsh 1956*c*: 123, 257.
8. Crypsicerus cubicus   Dirsh 1956*f*: 242.
9. Crypsicerus cubicus   Brown 1962*c*: 192, 7 figs. ♂. S.W. Africa: Kuiseb R., 18 m. N.E. Goreb mine. Transvaal Mus.
10. Crypsicerus cubicus   Dirsh 1965: 106, fig. 76 (♀).

Desc. 6 (♀), 8, 9 (♂).   **Morph.** 8.   **Ecol.** 9.   **Dist.** S.A. Cape Province 7; Namaqualand 10; S.W. Africa 7.

PYRGOMORPHIDAE

1. Pyrgomorphidae Dirsh 1954a: 671.
2. Pyrgomorphidae Kevan 1959b: 18 *et seq.*
3. Pyrgomorphidae Dirsh 1961a: 356, 360, 381.
4. Pyrgomorphidae Kevan & Akbar 1964: 1505 *et seq.*
5. Pyrgomorphidae Dirsh 1965: 15, 107.

Desc. 1 (in key), 3, 4, 5. **Key** 4, 5 (genera).

TENUITARSUS I. Bolivar 1904 [p. 108]

9. Tenuitarsus Kevan 1959b: 22, 27, 181.
10. Tenuitarsus Dirsh 1965: 107, 110.

Desc. 9, 10. **Key** 9.

angustus (Blanchard 1837) [p. 109]

Neotype (?): Egypt: Cairo. Oxford Mus. (Kevan 1953a: 41)

7. *Type:* Paris Mus. (Kevan 1959b: 186, fig. 145).
38. Tenuitarsus angustus Dekeyser & Villiers 1956: 28, 206.
39. Tenuitarsus angustus Kevan 1957b: 194.
40. Tenuitarsus angustus Kevan 1959b: 181, 185, figs. 138a, 139a, 140a, 145–7, 148.
41. Tenuitarsus angustus Dirsh 1965: 110, fig. 77 (♂).

Desc. 40. **Ecol.** 38. **Dist. N.A.** Tripolitania 38; Egypt 40; **W.A.** Mauretania 38, 40; Chad 40; **E.A.** Somalia 39, 40.

sudanicus Kevan 1953 [p. 110]

4. Tenuitarsus sudanicus Kevan 1959b: 181, 182, figs. 138b, 139b, 140b, 141, 142, 148.

Desc. **Dist. W.A.** Chad; Mali. **E.A.** Sudan.

species ?

1. Tenuitarsus sp. Dirsh 1956f: 273, pl. 20, f. 17.

Morph.

CHROTOGONUS Serville 1838 [p. 110]

18. *Chrotogonus* (*Obbiacris*) Kevan 1952 [p. 119] (Dirsh 1965: 111).
19. Chrotogonus Kevan 1954a: 446.
20. Chrotogonus Kevan 1954c: 151, 155, 160, 164.

PYRGOMORPHIDAE

21. Chrotogonus   Kevan 1957a: 43–60, 1 fig.
22. Chrotogonus   Kevan 1959a: 967–9.
23. Chrotogonus   Kevan 1959b: 27, 33, 41.
24. Chrotogonus (Obbiacris)   Kevan 1959b: 27, 175.
25. Chrotogonus   Kevan 1959c: 203–45 *passim*.
26. Chrotogonus   Jago 1964a: 196.
27. Chrotogonus   Dirsh 1965: 107, 111.
28. Chrotogonus   Uvarov 1966: 16, 30, 73, 79, fig. 14.

Desc. 21, 23, 24, 27.   **Key** 23, 24.   **Morph.** 28.   **Ecol.** 20, 26.   **Bion.** 20.   **Econ.** 20.
Dist. 22.

CHROTOGONUS (Chrotogonus) Serville 1838

1. Chrotogonus s.str.   Kevan 1952b: 95.
2. Chrotogonus sensu stricto   Kevan 1959b: 27, 40.

Desc. 1, 2.   **Key** 2.

arenicola Kevan 1952   [p. 119]

3. ╪Chrotogonus angustatus Schulthess   Kevan 1953a: 44.
4. Chrotogonus (Obbiacris) arenicola   Kevan 1954c: 164, 166.
5. Chrotogonus (Obbiacris) arenicola   Knipper & Kevan 1954: 218.
6. Chrotogonus (Obbiacris) arenicola   Kevan 1957a: 54, 56.
7. Chrotogonus (Obbiacris) arenicola   Kevan 1959b: 175, 177, fig. 133.
8. Chrotogonus arenicola   Dirsh 1965: 111, 175, 177, figs. 129a, c, 130a, 131a, 132a, 133.

Desc. 2 (♂ ♀), 7.   **Figs.** 2, 7.   **Morph.** 6, 7.   **Bion.** 4, 5.   **Dist.** E.A. Somalia 1, 2, 7.

hemipterus Schaum 1853   [p. 113]

Lectotype: ♂. Mozambique: Tete. Berlin Mus. (Kevan 1959b: 60)

1. Chrotogonus hemipterus   Schaum 1853: 780.
2. Chrotogonus hemipterus   Schaum 1862: 143, pl. 7A.
3. Chrotogonus hemipterus   Gerstaecker 1869: 220, f. 12.
4. Chrotogonus hemipterus   Walker 1870a: 793.
5. Chrotogonus hemipterus   Gerstaecker 1873b: 47.
6. Chrotogonus hemipterus   Stål 1876b: 31.
7. Chrotogonus hemipterus   I. Bolivar 1881: 108 partim.
8. *Chrotogonus micropterus*   I. Bolivar 1884: 38, 40. *Type:* Madrid. (Kevan 1957a: 57.)   [p. 116].
9. Chrotogonus hemipterus   I. Bolivar 1884: 38, 41 partim?
10. *Chrotogonus fumosus*   I. Bolivar 1884: 38, 42. *Type:* Mozambique: Tete, Monomotapa. (Kevan 1954a: 450 footnote.)   [p. 112].
11. Chrotogonus hemipterus   Karsch 1888: 330.
12. Chrotogonus fumosus   Karsch *l.c.* 330.
13. Chrotogonus micropterus   I. Bolivar 1889: 107.

14. Chrotogonus hemipterus   I. Bolivar *l.c.* 107.
15. *Chrotogonus meridionalis*   Saussure 1892: 262, pl. 4, f. 5. (Kevan 1957a: 57) [p. 112].
16. *Chrotogonus hemipterus intermedius*   Griffini 1897: 10. (Kevan *l.c.* 57) [p. 114].
17. Chrotogonus hemipterus   Brancsik 1900: 183.
18. Chrotogonus fumosus   Brancsik *l.c.* 183.
19. Chrotogonus hemipterus   Brunn 1901: 250.
20. Chrotogonus meridionalis   Brunn *l.c.* 250.
21. Chrotogonus fumosus   Brunn *l.c.* 250.
22. *Chrotogonus rendalli*   Kirby 1902b: 79. *Lectotype:* ♀. (Kevan 1954a: 450 footnote.) [p. 116].
23. Chrotogonus meridionalis   Kirby *l.c.* 78.
24. *Chrotogonus rotundatus*   Kirby *l.c.* 80. *Lectotype:* ♀. [p. 112].
25. *Chrotogonus distanti*   Kirby *l.c.* 78. *Lectotype:* ♀. (Kevan 1957a: 57.) [p. 111].
26. *Chrotogonus carinatus*   Kirby *l.c.* 80. *Lectotype:* ♀. (Kevan *l.c.* 56.) [p. 111].
27. *Chrotogonus varelai*   I. Bolivar 1904: 94, 107. *Type:* Lost. *Neotype:* ♂. Zambia: Kambove Bunkeya. Brit. Mus. (Kevan 1957a: 58.) [p. 118].
28. Chrotogonus rendalli   I. Bolivar *l.c.* 94, 108.
29. Chrotogonus micropterus   I. Bolivar *l.c.* 95, 109.
30. *Chrotogonus marshalli*   I. Bolivar 1904: 94, 107. *Type:* Brit. Mus. (Kevan 1957a: 57.) [p. 116].
31. Chrotogonus hemipterus   I. Bolivar *l.c.* 94, 108 partim?
32. Chrotogonus meridionalis   I. Bolivar *l.c.* 92, 96.
33. Chrotogonus rotundatus   I. Bolivar *l.c.* 92, 97.
34. Chrotogonus fumosus   I. Bolivar *l.c.* 92, 95.
35. Chrotogonus distanti   I. Bolivar *l.c.* 95, 109.
36. Chrotogonus carinatus   I. Bolivar *l.c.* 95, 109.
37. *Chrotogonus bloyeti*   I. Bolivar *l.c.* 94, 106. *Type:* Tanzania: Kondoa. (Kevan 1957a: 56.) [p. 111].
38. Chrotogonus hemipterus   Vosseler 1906b: 428.
39. Chrotogonus hemipterus   Vosseler 1906a: 502.
40. Chrotogonus hemipterus   I. Bolivar 1908e: 89.
41. Chrotogonus varelai   Sjöstedt 1909: 177.
42. Chrotogonus varelai   I. Bolivar 1909a: 7.
43. Chrotogonus rendalli   I. Bolivar *l.c.* 7.
44. Chrotogonus micropterus   I. Bolivar *l.c.* 7.
45. Chrotogonus marshalli   I. Bolivar *l.c.* 7.
46. Chrotogonus hemipterus subsp. intermedius   I. Bolivar *l.c.* 7.
47. Chrotogonus hemipterus   I. Bolivar *l.c.* 7.
48. Chrotogonus hemipterus   Karny 1909: 477.
49. Chrotogonus meridionalis   I. Bolivar 1909a: 6.
50. Chrotogonus rotundatus   I. Bolivar *l.c.* 7.
51. Chrotogonus fumosus   I. Bolivar *l.c.* 6.
52. Chrotogonus distanti   I. Bolivar *l.c.* 7.

PYRGOMORPHIDAE

53. Chrotogonus carinatus   I. Bolivar *l.c.* 7.
54. Chrotogonus bloyeti   I. Bolivar *l.c.* 7.
55. Chrotogonus hemipterus   Kirby 1910: 302.
56. Chrotogonus micropterus   Kirby *l.c.* 302.
57. Chrotogonus fumosus   Kirby *l.c.* 299.
58. Chrotogonus meridionalis   Kirby *l.c.* 299.
59. Chrotogonus intermedius   Kirby *l.c.* 302.
60. Chrotogonus distanti   Kirby *l.c.* 302.
61. Chrotogonus rendalli   Kirby *l.c.* 302.
62. Chrotogonus carinatus   Kirby *l.c.* 302.
63. Chrotogonus rotundatus   Kirby *l.c.* 299.
64. Chrotogonus bloyeti   Kirby *l.c.* 302.
65. Chrotogonus varelai   Kirby *l.c.* 302.
66. Chrotogonus marshalli   Kirby *l.c.* 302.
67. Chrotogonus hemipterus   Bruner 1910: 627.
68. Chrotogonus sp.   Ballard 1914: 347.
69. Chrotogonus hemipterus   Rehn 1914: 93.
70. Chrotogonus hemipterus   Mansfield. Aders 1920: 154.
71. Chrotogonus rotundatus   Miller 1925: 622.
72. Chrotogonus rendalli   Smee 1929: 5.
73. Chrotogonus rendalli   Miller 1929: 77.
74. Chrotogonus rotundatus   Miller *l.c.* 77.
75. Chrotogonus distanti   Uvarov 1929*b*: 67.
76. Chrotogonus rotundatus   Harris 1937: 484.
77. Chrotogonus hemipterus   La Greca 1947: 273.
78. Chrotogonus rendalli   Hargreaves 1948: 40.
79. Chrotogonus rotundatus   Jepson 1948: 232.
80. Chrotogonus rendalli   Zacher 1949: 310.
81. Chrotogonus hemipterus   Zacher 1949: 309.
82. Chrotogonus rendalli   Burtt 1951*b*: 64, pl. 1, f. 6–12.
83. Chrotogonus rendalli   Slifer 1953*b*: 70, 77, pl. 1, f. 3.
84. Chrotogonus rendalli   Uvarov 1953: 203.
85. Chrotogonus fumosus   Uvarov 1953: 203.
86. Chrotogonus fumosus   Kevan 1954*a*: 447.
87. Chrotogonus rendalli   Slifer 1954*b*: 265–71.
88. Chrotogonus rendalli   Kevan 1954*a*: 447.
89. Chrotogonus hemipterus   Kevan 1954*c*: 152, 153, 162, 163, 165, 166.
90. Chrotogonus hemipterus   Kevan 1954*a*: 447, 451.
91. Chrotogonus sp.   Waloff: 1954: 376, 385.
92. Chrotogonus rendalli   Dirsh 1955*a*: 72.
93. Chrotogonus hemipterus   Mossop 1955: 523, 531.
94. Chrotogonus spp.   Bünzli & Büttiker 1956: 357.
95. Chrotogonus hemipterus   Dirsh 1956*c*: 132, 254.
96. Chrotogonus hemipterus   Chapman & Robertson 1958: 96, 99, fig. 7*g*.
97. Chrotogonus hemipterus   Kevan & Knipper 1959: 267 *et seq.*, figs.

PYRGOMORPHIDAE

 98. Chrotogonus (Chrotogonus) hemipterus   Kevan 1959b: 43, 45, 60, 65, 67, 69, figs. 17, 31, 32, 50, 51, 52, 54.
 99. Chrotogonus micropterus   Kevan 1959b: 60, 63, 65, 69, 78, fig. 33.
100. Chrotogonus fumosus   Kevan 1959b: 60, 63, 65, 69, 78, fig. 34.
101. Chrotogonus meridionalis   Kevan 1939b: 60, 63, 65, 69, 79, fig. 35.
102. Chrotogonus intermedius   Kevan 1939b: 60, 63, 65, 69, 79, figs. 36, 37.
103. Chrotogonus distanti   Kevan 1959b: 60, 64, 66, 69, 79, figs. 38, 39, 40.
104. Chrotogonus rendalli   Kevan 1959b: 60, 64, 66, 69, 77, 79, figs. 42, 43.
105. Chrotogonus carinatus   Kevan 1959b: 60, 64, 66, 69, 79, fig. 41.
106. Chrotogonus rotundatus   Kevan 1959b: 60, 64, 66, 69, 77, 79, figs. 44, 45.
107. Chrotogonus bloyeti   Kevan 1959b: 60, 64, 66, 69, 79, fig. 46.
108. Chrotogonus varelai   Kevan 1959b: 60, 64 footnote, 66, 69, 79, figs. 47, 48.
109. Chrotogonus marshalli   Kevan 1959b: 60, 64, 66, 69, 79, fig. 49.
110. Chrotogonus fumosus   Le Pelley 1959: 92.
111. Chrotogonus hemipterus   Le Pelley l.c. 91.
112. Chrotogonus hemipterus   Phipps 1959a: 146.
113. Chrotogonus hemipterus   Phipps 1959b: 33, 36, 39, 40, 43, 44, 47, fig. 1b.
114. Chrotogonus hemipterus   Kevan & Knipper 1961: 370.
115. Chrotogonus hemipterus   Robertson & Chapman 1962: 59, tables 2, 3.
116. Chrotogonus hemipterus   Pinhey 1965: 6, pl. 1e.
117. Chrotogonus hemipterus   Phipps 1966: 27, table 1.

Desc. 1 (♂♀), 2, 3, 6, 8 (♀), 9, 10 (♀), 12, 14, 15 (♀), 16 (♂♀), 21, 22 (♂♀), 24 (♂♀), 25 (♂♀), 26 (♀), 27 (♂♀), 28, 29, 30 (♀), 32, 33, 34, 36, 37 (♂), 69, 84, 85, 86, 90, 98, 99, 100 to 109. **Figs.** 2, 82, 83, 96 to 113.   **Morph.** 77, 82, 83, 87, 88, 91, 96, 101 to 109, 112, 113.   **Ecol.** 93, 96, 97, 98, 114, 115, 116, 117.   **Bion.** 96, 97, 98, 114, 116, 117.   **Econ.** 38, 39, 68, 70, 72, 76, 78 to 81, 89, 94, 98, 110, 111.   **Dist. E.A.** 19, 20, 21, 31, 34, 38, 39.   **Port. E.A.** 1, 2, 11, 89, 98; Kenya 3, 5, 11, 12, 67, 98; Zanzibar 3, 5, 70; Uganda 11; Tanganyika 27, 28, 37, 41, 48, 71, 73, 74, 76, 79, 82, 90, 91, 96, 98, 113, 114.   **C.A.** Angola 7, 8, 9, 13, 14, 98; Zambia 16, 84, 85, 90, 98; Rhodesia 28, 30, 36, 93, 94, 98; Malawi 22, 24, 26, 68, 72, 78, 80, 89, 98; R. Zambesi 17, 18; Congo 69, 89, 90, 92, 98.   **S.A.** S.W. Africa 6, 75, 98; Transvaal 15, 23, 25, 32, 40, 95, 98; Cape Province 95, 98; Natal 95, 98; Swaziland 98; Botswana 98.

homalodemus homalodemus (Blanchard 1836)   [p. 113]

1. Ommexecha homalodemum   Blanchard 1836: 615, pl. 22, f. 4.
2. *Ommexecha lugubre*   Blanchard 1836: 616, pl. 22, f. 5. *Lectotype:* ♀. Egypt. Paris Mus. (Kevan 1959b: 122). [p. 115].
3. *Ommexecha savignyi*   Blanchard 1836: 624. *Lectotype:* ♂. Savigny Desc. Egypte pl. 6, f. 2.
   Suggested neotype: ♂. Egypt: Cario, Gezira Club (Kevan l.c. 126). [p. 117].
4. *Ommexecha latum*   Blanchard 1836: 624. *Type* ♀. [p. 115].
5. Ommexecha homalodema   Burmeister 1838: 656.
6. Ommexecha lugubre   Burmeister l.c. 656.
7. Ommexecha savignii   Burmeister l.c. 657.
8. Chrotogonus lugubris   Serville 1838: 703.

PYRGOMORPHIDAE

9. Ommexecha lugubre   Blanchard 1840: 43.
10. Chrotogonus lugubris   Burmeister 1840: 53.
11. Chrotogonus lugubris   Walker 1870a: 793.
12. Chrotogonus lugubris   Walker 1870b: 2303.
13. Chrotogonus homalodemas (sic)   Walker 1870a: 793.
14. Chrotogonus lugubris   Costa 1874: 3.
15. Chrotogonus homalodema   I. Bolivar 1878a: 461.
16. Chrotogonus homalodema   I. Bolivar 1884: 38, 45.
17. Chrotogonus lugubris   I. Bolivar 1884: 39, 46, 49.
18. *Chrotogonus scudderi*   I. Bolivar l.c. 38, 43 (Kevan 1959b: 119).
19. Chrotogonus savignyi   I. Bolivar l.c. 38, 43.
20. Chrotogonus scudderi   Bonnet 1886: 380.
21. Chrotogonus lugubris   Karsch 1888: 330.
22. Chrotogonus lugubris   Krauss 1890: 257.
23. Chrotogonus savignyi   Krauss l.c. 256.
24. *Chrotogonus blanchardi*   Krauss l.c. 257 [p. 111] (Kevan 1959b: 119).
25. Chrotogonus lugubris   Cannaviello 1899: 291.
26. Chrotogonus lugubris   Burr 1900: 40.
27. Chrotogonus homalodema   Yakobson & Bianchi 1902: 198, 288 partim.
28. Chrotogonus savignyi l.c. 198, 288.
29. Chrotogonus blanchardi l.c. 198, 288.
30. Chrotogonus lugubris   I. Bolivar 1904: 94, 103.
31. Chrotogonus homalodemus   I. Bolivar l.c. 93, 102.
32. Chrotogonus scudderi   I. Bolivar l.c. 92, 99.
33. Chrotogonus savignyi   I. Bolivar l.c. 92, 100.
34. Chrotogonus blanchardi   I. Bolivar l.c. 95, 110.
35. Chrotogonus lugubris   Werner 1905: 371 partim, 422.
36. Chrotogonus scudderi   Werner l.c. 366, 423.
37. Chrotogonus savignyi   Werner l.c. 366, 423.
38. Chrotogonus blanchardi   Werner l.c. 366, 423.
39. Chrotogonus lugubris   Karny 1907: 293 partim.
40. Chrotogonus lugubris   Giglio-Tos 1907: 2 partim.
41. Chrotogonus homalodemas (sic)   Krauss 1907: 10.
42. Chrotogonus homalodemus   Karny 1907a: 293.
43. Chrotogonus scudderi   I. Bolivar 1908e: 88.
44. Chrotogonus lugubris   I. Bolivar 1909a: 7.
45. Chrotogonus lugubris   Krauss 1909: 108.
46. Chrotogonus homalodema   I. Bolivar 1909a: 7.
47. Chrotogonus scudderi   I. Bolivar l.c. 7.
48. Chrotogonus savignyi   I. Bolivar l.c. 7.
49. Chrotogonus blanchardi   I. Bolivar l.c. 8.
50. Chrotogonus lugubris   Kirby 1910: 301.
51. Chrotogonus homalodema   Kirby l.c. 300.
52. Chrotogonus scudderi   Kirby l.c. 299.
53. Chrotogonus savignyi   Kirby l.c. 300.

PYRGOMORPHIDAE

54. Chrotogonus blanchardi   Kirby *l.c.* 301.
55. Chrotogonus latus   Kirby *l.c.* 300.
56. Chrotogonus lugubris   Werner 1913: 215.
57. Chrotogonus lugubris   Rehn 1913: 50.
58. Chrotogonus scudderi   Rehn *l.c.* 51.
59. Chrotogonus lugubris   Werner 1914*a*: 281.
60. Chrotogonus lugubris   Werner 1914*b*: 379.
61. Chrotogonus lugubris   Storey 1916: 3.
62. Chrotogonus scudderi   Storey *l.c.* 3.
63. Chrotogonus lugubris   Storey 1919: 52, 53.
64. Chrotogonus scudderi   Storey *l.c.* 66.
65. Chrotogonus blanchardi   Storey *l.c.* 53.
66. *Chrotogonus ethiopicus*   I. Bolivar 1922 (Kevan 1959*b*: 119). [p. 112]
67. Chrotogonus lugubris   Uvarov 1924*a*: 37.
68. Chrotogonus scudderi   Uvarov *l.c.* 37.
69. Chrotogonus lugubris   Hayward 1927, Suppl.
70. Chrotogonus lugubris   Innes 1929: 108, 110.
71. Chrotogonus scudderi   Innes *l.c.* 108.
72. Chrotogonus savignyi   Innes *l.c.* 108, 109.
73. Chrotogonus blanchardi   Innes *l.c.* 108, 110.
74. Chrotogonus sp.   Maxwell-Darling 1934: 75.
75. Chrotogonus lugubris   Knetsch 1939: 5, 6, 7, 19, 28, 29.
76. Chrotogonus senegalensis   Chopard 1941: 49 (nec Krauss).
77. Chrotogonus senegalensis   Chopard 1950: 127, 143 (nec Krauss).
78. Chrotogonus homalodemus   Kevan 1953: 221.
79. Chrotogonus lugubris   Kevan 1954*a*: 447.
80. Chrotogonus homalodemus   Kevan *l.c.* 447.
81. Chrotogonus homalodemus   Kevan 1954*c*: 151, 152, 160, 161, 164, 165.
82. Chrotogonus lugubris   Khalifa 1956*a*: 176, 178, 180, 184–5, fig. 4.
83. Chrotogonus lugubris   Khalifa 1956*b*: 217–29, fig. 1 (5).
84. Chrotogonus homalodemus homalodemus   Kevan 1957*a*: 52, 57.
85. Chrotogonus savignyi   Kevan 1957*a*: 44, 58.
86. Chrotogonus (Chr.) homalodemus homalodemus   Kevan 1959*b*: 42, 117, 119, 126–8, figs. 87–99.
87. Chrotogonus sp.   Phipps 1959*b*: 53.
88. Chrotogonus scudderi   Kevan 1959*b*: 123. *Type*: Lost (?). *Neotype*: ♀. Egypt: Cairo. Madrid Mus.
89. Chrotogonus lugubris   Ibrahim 1963: 419–27, figs. 1–11.
90. Chrotogonus homalodemus   Cloudsley-Thomson 1963: 161.
91. Chrotogonus homalodemus   Chopard 1963: 569.
92. Chrotogonus homalodemus   Dirsh 1965: 112, fig. 78 (♀).
93. Chrotogonus homalodemus   Uvarov 1966: 2.

Desc. 1 (♀), 2 (♂ ♀), 5 to 9, 16, 17 (♂ ♀), 18 (♀), 19 (♂), 22, 24 (♂), 25, 27, 28, 29, 31, 33, 41, 68, 73, 76, 79, 80, 86. **Figs.** 1, 2, 82, 86. **Morph.** 35, 75, 76, 82, 86, 89, 93. **Ecol.** 82, 86. **Bion.** 80, 83. **Econ.** 78, 80, 84. **Dist. N.A.** Egypt 6, 7, 8, 9, 17, 18, 19, 30, 32, 35, 45, 56,

PYRGOMORPHIDAE

57, 58, 61, 62, 67, to 72, 86; Algeria? 86. **W.A.** Mauretania? 86; Niger 76, 86; Senegal 31, 41. **E.A.** Sudan 12, 16, 35, 39, 56, 74, 86; Ethiopia 66, 85, 86; Eritrea 25, 40, 86; Somalia 20, 26, 33, 40, 86; **C.A.** Chad 86.

*homalodemus somalicus Kevan 1959

Type: ♀. Somalia: Dolo. Brit. Mus.

1. *Chrotogonus trachypterus*   Saussure 1895: 93 (nec Blanchard) (Kevan 1959b: 140) [p. 118].
2. *Chrotogonus lugubris*   Schulthess 1894: 76 (nec Blanchard) (Kevan *l.c.*) [p. 115].
3. Chrotogonus lugubris   Schulthess 1898: 189 (nec Blanchard).
4. Chrotogonus lugubris   Giglio-Tos 1907a: 2 partim (nec Blanchard).
5. Chrotogonus lugubris   Salfi 1933: 221 (nec Blanchard).
6. Chrotogonus sp.   Burtt 1951: 65, 66, pl. 1, f. 13–15.
7. Chrotogonus sp.   Kevan 1951a: 718.
8. Chrotogonus homalodemus subsp. nov.   Kevan 1957b: 195.
9. Chrotogonus homalodemus subsp. nov.   Kevan 1957a: 52.
10. Chrotogonus (chrotogonus) homalodemus somalicus.   Kevan 1959b: 42, 45, 140, figs. 100–5.

Desc. 9, 10 (♂ ♀). **Figs.** 6, 10. **Morph.** 6, 9, 10. **Dist. E.A.** Ethiopia 1, 8, 10; **Somalia** 2, 3, 4, 5, 8, 10; Kenya 7, 8, 10; Tanzania 6, 8, 10.

senegalensis Krauss 1877   [p. 118]

1. Chrotogonus senegalensis   Kevan 1959a: 967.
2. Chrotogonus (Chrotogonus) senegalensis   Kevan 1959b: 43, 80.
3. Chrotogonus senegalensis   Phipps 1962: 14, 16, 17.
4. Chrotogonus senegalensis   Roy 1962: 110, 114, 118.
5. Chrotogonus senegalensis   Chapman 1962: 10, fig. 3.

Desc. 2. **Morph.** 3, 4. **Ecol.** 4, 5. **Bion.** 5. **Dist.** 1. **W.A.** Sierra Leone 3; Senegal 4; Ghana 5.

senegalensis abyssinicus I. Bolivar 1904   [p. 110]

Type: ♂. Abyssinia: Paris Mus.

1. *Chrotogonus lugubris*   Guerin-Ménéville 1849: 339 (nec Blanchard) (Kevan 1959b: 81) [p. 115].
2. Chrotogonus lugubris?   Bormans 1883: 705.
3. Chrotogonus lugubris?   Cannaviello 1899: 291 partim.
4. Chrotogonus abyssinicus   I. Bolivar 1904: 92, 97.
5. *Chrotogonus abyssinicus f. brachyptera*   I. Bolivar 1904: 93, 98 (Kevan 1959b: 81). *Type:* ♀. [p. 111].
6. Chrotogonus lugubris   Karny 1907a: 293 partim.
7. Chrotogonus abyssinicus   Giglio-Tos 1907b: 2.
8. Chrotogonus fumosus   I. Bolivar 1908e: 88 (nec I. Bolivar 1884).
9. Chrotogonus lugubris   Giglio-Tos 1909: 300 partim.
10. Chrotogonus abyssinicus   I. Bolivar 1909a: 7.

11. Chrotogonus abyssinicus   Kirby 1910: 299.
12. Chrotogonus lameerei   Rehn 1914: 92 partim.
13. Chrotogonus abyssinicus f. brachyptera   Giglio-Tos 1917: 136.
14. Chrotogonus fumosus   Sjöstedt 1923a: 23 (nec I. Bolivar 1884).
15. *Chrotogonus ituriensis*   Sjöstedt 1923a: 22, pl. 1, f. 1. [p. 114].
16. *Chrotogonus ituriensis*   Sjöstedt 1929a: 11.
17. *Chrotogonus ituriensis*   Sjöstedt 1931a: 19.
18. *Chrotogonus ituriensis*   Sjöstedt 1932a: 25.
19. Chrotogonus sp.   Uvarov 1934c: 609.
20. Chrotogonus sp.   Uvarov 1938a: 166 partim.
21. Chrotogonus sp.   Hargreaves 1939: 109.
22. Chrotogonus senegalensis abyssinicus   Kevan 1954c: 152 footnote, 164, 165.
23. *Chrotogonus lameerei ituriensis*   (Kevan 1954c: 153).
24. *Chrotogonus lameerei ituriensis*   Kevan 1954a: 448, 450, 453, 454 partim.
25. Chrotogonus ituriensis   Kevan 1954a: 447.
26. Chrotogonus senegalensis abyssinicus   Kevan 1957b: 195.
27. Chrotogonus senegalensis abyssinicus   Dirsh 1959a: 61.
28. Chrotogonus ituriensis   Kevan 1959b: 82, 84, 88, figs. 58, 59.
29. Chrotogonus abyssinicus f. brachyptera   Kevan 1959b: 82, 84, 88, fig. 56.
30. Chrotogonus abyssinicus   Kevan 1959b: 82, 84, 88, fig. 55.
31. Chrotogonus senegalensis abyssinicus   Le Pelley 1959: 92.
32. Chrotogonus (Chrotogonus) senegalensis abyssinicus   Kevan 1959b: 44, 45, 81, 82, 84, 88, figs. 55–60.
33. Chrotogonus sp.?   Le Pelley 1959: 92.

Desc. 4, 5 (♂ ♀), 7, 12, 14, 15 (♂ ♀), 17, 24, 25, 28, 29, 30, 32. **Figs.** 15, 28, 29, 30, 32. **Econ.** 21, 22, 23, 31, 33. **Dist. E.A.** Ethiopia 1, 2, 4, 5, 13, 27, 32; Ethiopia (Eritrea) 3, 7, 32 (?); Sudan 6, 24, 26, 32; Kenya 26, 32; Uganda 9, 21, 23, 24, 26, 32; Tanzania 12, 24, 32.   **C.A.** Congo Rep. 8, 12, 14, 15, 16, 23, 24, 26, 32.

*senegalensis brevipennis Kevan 1959

Type: ♀. Sudan: Darfur, Zalingi. Brit. Mus.

1. *Chrotogonus senegalensis f. brachyptera* I. Bolivar 1904: 99 partim.
2. Chrotogonus senegalensis   Uvarov 1926a: 439 partim.
3. Chrotogonus sp.   Golding 1934: 288, table IV.
4. Chrotogonus senegalensis   Golding 1948: 547, partim.
5. Chrotogonus spp.   Golding l.c. 548 partim.
6. Chrotogonus senegalensis   Risbec 1950: 317 partim.
7. Chrotogonus senegalensis   Agarwala 1953: 58, 59, 61, 68, figs. 70, 73.
8. Chrotogonus senegalensis   Descamps 1953: 599, 604 partim.
9. Chrotogonus sp.   Descamps l.c. 604? partim.
10. Chrotogonus senegalensis   Agarwala 1954: 301, 312, 317.
11. Chrotogonus sp.   Agarwala l.c. 305, fig. 103.
12. Chrotogonus subsp. nov. (b)   Kevan 1957a: 52.
13. Chrotogonus (Chrotogonus) senegalensis brevipennis   Kevan 1959b: 44, 45, 108–17, figs. 79, 81–6.

PYRGOMORPHIDAE

14. Chrotogonus senegalensis brevipennis   Roy 1964a, 1188.
15. Chrotogonus senegalensis brevipennis   Descamps 1965a: 937.

Desc. 1, 12, 13. **Figs.** 7, 11, 13. **Morph.** 7, 10, 11, 12, 13. **Ecol.** 8, 15. **Bion.** 8, 13.
Dist. W.A. Senegal 1, 13, 14; Guinea 13; Ghana 13; Nigeria 2, 3, 4, 5, 13; Cameroons 8, 9, 13; Mali 15. **C.A.** Chad 13.

senegalensis gabonicus I. Bolivar 1904   [p. 113]

Type: ♀. Guinea. Paris Mus.

1. Chrotogonus gabonicus   I. Bolivar 1904: 94, 105.
2. Chrotogonus gabonicus   I. Bolivar 1909a: 7.
3. Chrotogonus gabonicus   Kirby 1910: 301.
4. Chrotogonus gabonicus   Kevan 1954a: 450 footnote.
5. Chrotogonus senegalensis gabonicus   Kevan 1957a: 50, 57.
6. Chrotogonus senegalensis gabonicus   Kevan 1959a: 967.
7. Chrotogonus (Chrotogonus) senegalensis gabonicus   Kevan 1959b: 44, 45, 89–91, figs. 61–3, 79.

Desc. 1 (♀), 5, 7. **Dist.** 4, 6. **W.A.** Guinea 1, 7; Sierra Leone (?) 7.

senegalensis senegalensis Krauss 1877   [p. 118]

Type: ♀. Senegal: St Louis. Vienna Mus.

1. Chrotogonus senegalensis   Krauss 1877: 144.
2. Chrotogonus senegalensis   Krauss 1877a: 58, pl. 1, f. 11.
3. *Chrotogonus hemipterus* (?)   I. Bolivar 1881: 108 (nec Schaum) partim.
4. Chrotogonus senegalensis   I. Bolivar 1884: 39, 48.
5. Chrotogonus hemipterus (?)   I. Bolivar *l.c.* 38, 41 partim (nec Schaum).
6. Chrotogonus senegalensis   Karsch 1888: 331.
7. Chrotogonus senegalensis   I. Bolivar 1889: 108.
8. Chrotogonus senegalensis forma *brachyptera*. I. Bolivar 1904: 99 partim.
9. *Chrotogonus rollini* [sic]   I. Bolivar *l.c.* 94, 106. Lectotype: ♂. (Kevan 1954a: 450.) [p. 117].
10. *Chrotogonus occidentalis*   I. Bolivar *l.c.* 94, 104 (Kevan 1957a: 57). [p. 116].
11. *Chrotogonus lameerei* forma *brachyptera*   I. Bolivar *l.c.* 93, 100 [p. 114].
12. *Chrotogonus lameerei*   I. Bolivar *l.c.* 92, 100. Lectotype: ♂. Fr. Congo: Haute Sanga. Paris Mus. [p. 114].
13. Chrotogonus senegalensis forma *macroptera*   I. Bolivar 1904: 92, 93, 99. Type: ♀. Senegal: Podor. Paris Mus. [p. 118].
14. Chrotogonus senegalensis   I. Bolivar *l.c.* 93, 99 partim.
15. Chrotogonus hemipterus (?)   I. Bolivar *l.c.* 94, 108 partim (nec Schaum).
16. Chrotogonus rolini   I. Bolivar 1908: 89.
17. Chrotogonus lameerei forma brachyptera   I. Bolivar 1908: 88.
18. Chrotogonus lameerei   I. Bolivar *l.c.* 88 partim.
19. Chrotogonus lugubris   Giglio-Tos 1909: 300 partim.
20. Chrotogonus rolini   I. Bolivar 1909a: 7.

PYRGOMORPHIDAE

21. Chrotogonus occidentalis   I. Bolivar *l.c.* 7.
22. Chrotogonus lameerei   I. Bolivar *l.c.* 7.
23. Chrotogonus senegalensis   I. Bolivar *l.c.* 7.
24. Chrotogonus rollini [*sic*]   Kirby 1910: 301.
25. Chrotogonus occidentalis   Kirby *l.c.* 301.
26. Chrotogonus lameerei   Kirby *l.c.* 300.
27. Chrotogonus senegalensis   Kirby *l.c.* 299.
28. Chrotogonus occidentalis   I. Bolivar 1912: 68.
29. Chrotogonus lameerei   Rehn 1914: 92 partim.
30. Chrotogonus lameerei   Zacher 1917: 166.
31. Chrotogonus lameerei   Sjöstedt 1929*a*: 11.
32. Chrotogonus lameerei   Sjöstedt 1931*a*: 18.
33. Chrotogonus senegalensis   Sjöstedt 1931*b*: 3 partim.
34. Chrotogonus lameerei forma brachyptera   Sjöstedt 1931*a*: 18.
35. Chrotogonus sp.   Golding 1948: 548: spp. 3 & 4.
36. Chrotogonus sp.   Descamps 1953: 604 partim.
37. Chrotogonus sp.   Uvarov 1953: 203.
38. Chrotogonus senegalensis   Descamps 1953: 599, 604 partim.
39. Chrotogonus lameerei f. brachyptera   Kevan 1954*a*: 448, 449, 450.
40. Chrotogonus rolini   Kevan 1954*a*: 448, 449.
41. Chrotogonus occidentalis   Kevan *l.c.* 448.
42. Chrotogonus lameerei lameerei   Kevan 1954*a*: 452, 453.
43. Chrotogonus lameerei   Kevan *l.c.* 448, 453.
44. Chrotogonus senegalensis   Kevan *l.c.* 450.
45. Chrotogonus senegalensis   Kevan 1954*c*: 152, 153, 161, 162, 165 partim.
46. Chrotogonus senegalensis senegalensis   Kevan 1957*a*: 52, 58.
47. Chrotogonus lameerei forma brachyptera   Kevan *l.c.* 56.
48. Chrotogonus senegalensis   Phipps 1959*b*: 138.
49. Chrotogonus senegalensis   Davey *et al.* 1959: 81.
50. Chrotogonus (Chrotogonus) senegalensis senegalensis   Kevan 1959*b*: 44, 45, 96, 98–101, figs. 68–78, 79, 80.
51. Chrotogonus senegalensis forma macroptera   Kevan *l.c.* 96, 98, 101, 108, fig. 69.
52. Chrotogonus lameerei   Kevan *l.c.* 96, 98, 101, 108, figs. 70, 71, 72.
53. Chrotogonus lameerei forma brachyptera   Kevan 1959*b*: 96, 98, 101, 108, fig. 73.
54. Chrotogonus rolini   Kevan *l.c.* 96, 98, 101, 108, figs. 74, 75, 76. *Lectotype:* ♂.
55. Chrotogonus occidentalis   Kevan *l.c.* 96, 98, 101, 108, figs. 77, 78.
56. Chrotogonus senegalensis forma brachyptera   Kevan *l.c.* 96, 98, 108.
57. Chrotogonus senegalensis   Davey 1959: 127.
58. Chrotogonus senegalensis   Boisson 1961: 28.
59. Chrotogonus senegalensis   Phipps 1961*b*: 608.
60. Chrotogonus senegalensis   Chapman 1964: 120.
61. Chrotogonus senegalensis senegalensis   Descamps 1965*a*: 936, 1308.
62. Chrotogonus senegalensis senegalensis   Roy 1965: 617.

PYRGOMORPHIDAE

Desc. 1 (♀), 2 (♀), 4 (♂ ♀), 5, 9 (♂ ♀), 10 (♂ ♀), 11 (♀), 12 (♂ ♀), 13 (♀), 29, 31, 32, 34, 39, 40, 42, 47, 50, 51, 52, 53, 54, 55. **Figs.** 2, 50–6. **Morph.** 46, 50, 51–5, 60. **Ecol.** 38, 49, 61. **Bion.** 38, 47, 48, 49, 57, 58, 59. **Econ.** 45. **Dist. W.A.** Mauretania 50; Senegal 1, 2, 8, 13, 50, 62; Guinea 18, 50; Sierra Leone 45, 48, 50; Gambia 50; Liberia 50; Ivory Coast 10, 50; Ghana 50; Dahomey 50; Nigeria 35, 45, 50; Cameroons 36, 38; Mali 49, 50, 57, 61; Central African Republic 12, 17, 34, 50; Togo 50; Upper Volta 33. **C.A.** Angola 3, 5, 37, 50; Zambia 50; Congo Rep. 9, 11, 16, 18, 28, 29, 50. **E.A.** Uganda ? 19; Tanzania 29, 31.

senegalensis sudanicus Kevan 1959

Type: ♀. Sudan: Sennar district, Blue Nile, Singa. Paris Mus.

1. *Chrotogonus lugubris*   Werner 1905: 371 partim (nec Blanchard).
2. *Chrotogonus lugubris*   Karny 1907: 293 partim (nec Blanchard).
3. Chrotogonus sp.   Uvarov 1938a: 166 partim.
4. *Chrotogonus lameerei ituriensis*   Kevan 1954a: 453 partim (nec Sjöstedt) (Kevan 1959b: 91).
5. Chrotogonus senegalensis nov. subsp.   Kevan 1957a: 52.
6. Chrotogonus senegalensis subsp. nov.   Kevan 1957b: 196.
7. Chrotogonus senegalensis sudanicus   Kevan 1959a: 967.
8. Chrotogonus (Chrotogonus) senegalensis sudanicus   Kevan 1959b: 44, 45, 91–6, figs. 64–7, 79.

Desc. 4, 5, 6, 7, 8. **Figs.** 8. **Dist. E.A.** Sudan 1, 2, 4; N.W. Kenya 3, 8.

tuberculatus Kevan 1959

Type: ♀. Kenya: Northern Province, Wajir. Brit. Mus.

1. Chrotogonus (Obbiacris) sp. nov.   Kevan 1957a: 54.
2. Chrotogonus (Obbiacris) sp. nov.   Kevan 1957b: 194.
3. Chrotogonus (Obbiacris) tuberculatus   Kevan 1959b: 175, 177, figs. 129c, d, 130b, 131b, 132b, 134–7.

Desc. 2, 3 (♂ ♀). **Morph.** 3. **Dist. E.A.** Kenya 2, 3; Somalia 2, 3; Ethiopia 3.

species ? [p. 119]

11. Chrotogonus sp.   Dirsh 1956f: 273, pl. 21, f. 5.
12. Chrotogonus sp.   Thomas 1962: 107 *et seq.*

Morph. 11, 12.

SHOACRIS Kevan 1952   [p. 119]

1. Chrotogonus   I. Bolivar 1884: 21, 37 (partim) (Kevan 1959b: 26, 31).
2. Chrotogonus   I. Bolivar 1904: 91 (partim) Kevan *l.c.*
3. Chrotogonus   I. Bolivar 1909: 5, 6 (partim) Kevan *l.c.*
4. Chrotogonus   Kirby 1910: 299 (partim) Kevan *l.c.*
5. Chrotogonus (Shoacris)   Kevan 1952b: 92, 93, 95.
6. Shoacris   Kevan 1957a: 46 footnote.
7. Shoacris   Kevan 1959b: 26, 31.
8. Shoacris   Dirsh 1965: 107, 112.

Desc. 8.

bormansi I. Bolivar 1884 [p. 119]

6. Shoacris bormansi   Kevan 1957*a*: 56.
7. Shoacris bormansi   Kevan 1959*b*: 32, fig. 6*a–f*.

Desc. 6.

CACONDA I. Bolivar 1884 [p. 120]

6. Caconda   Kevan 1959*b*: 26, 28.
7. *Moxicus   Kevan 1959*b*: 26, 27 (Dirsh 1965: 113).
8. Caconda   Dirsh 1965: 107, 113.

Desc. 6, 7, 8.   **Key** 6.

burri Kevan 1951 [p. 120]

3. Moxicus burri   Kevan 1959*b*: 28, fig. 3 (*a–f*).
4. Caconda burri   Dirsh 1965: 113.

Dist. C.A. Angola.

fusca I. Bolivar 1884 [p. 120]

6. Caconda fusca   Kevan 1959*b*: 29, 31.

Desc. (in key).

plicatula I. Bolivar 1904 [p. 120]

5. Caconda plicatula   Kevan 1959*b*: 29, figs. 4 (*a–e*).

Desc. (in key).   **Dist.** C.A. Angola.

STIBAROSTERNA Uvarov 1953 [p. 120]

2. Stibarosterna   Kevan 1959*b*: 26, 31.
3. Stibarosterna   Dirsh 1965: 107, 113.

Desc. 2 (in key), 3.

serrata Uvarov 1953 [p. 120]

2. Chrotogonus sp.   Burr 1928 Ent. Rec. 40: 126, 146, 170. (Kevan 1959*b*: 31.)
3. Chrotogonus [sp.]   Burr 1930 Ent. Rec. 42: 8. (Kevan *l.c.*)
4. Chrotogonus sp.   Kevan 1951*c*: 27. (Kevan *l.c.*)
5. Stibarosterna serrata   Dirsh 1956*f*: 273, pl. 20, f. 4.
6. Stibarosterna serrata   Dirsh 1956*f*: 273, pl. 20, f. 4.
7. Stibarosterna serrata   Kevan 1959*b*: 31, fig. 5*a–i*.
8. Stibarosterna serrata   Dirsh 1965: 114, fig. 79 (♂).
9. Stibarosterna serrata   Uvarov 1966: 2, 10, fig. 7.

Morph. 6, 9.   **Ecol.** 2, 3, 7.

PYRGOMORPHIDAE

RUTIDODERES Drury 1837 [p. 144]

9. Rutidoderes   Dirsh 1965: 108, 115.

Desc.

squarrosus (Linnaeus 1771)   [p. 144]

39. Rutidoderes squarrosus   Chopard 1958a: 142.
40. Rutidoderes squarrosus   Kevan 1962b: 134.
41. Rutidoderes squarrosus   Chapman 1962: 16.
42. Rutidoderes squarrosus   Dirsh 1965: 115, fig. 80 (♂).
43. Rutidoderes squarrosus   Roy 1965: 617.

Desc. 40.   **Ecol.** 41.   **Bion.** 41.   **Dist. W.A.** Guinea 39; Senegal 43.

*concolor Kevan 1962

Type: ♂. Congo: Ishibati, 32 m. N. of Bukavu. Calif. Acad.

1. Rutidoderes concolor   Kevan 1962a: 231, fig. 1.

Desc. ♂.

PHYMATEUS Thunberg 1815   [p. 146]

17. Phymateus (*Maphyteus*)   I. Bolivar 1904: (Dirsh 1958b: 51) [p. 155].
18. Phymateus   Dirsh 1963c: 51, 52.
19. Phymateus   Dirsh 1965: 108, 116.

Desc. 18, 19.   **Key** 18.

aegrotus (Gerstaecker 1869)   [p. 147]

30. *Phymateus hildebrandti*   I. Bolivar 1884 (Kevan 1949a: 359) [p. 149].
31. Phymateus aegrotus   Paoli 1934: 27, fig.
32. Phymateus aegrotus   Kevan 1949a: 365.
33. Phymateus aegrotus   Kevan 1957b: 197.
34. Phymateus aegrotus   Dirsh 1959a: 61.
35. Phymateus aegrotus   Le Pelley 1959: 93.
36. Phymateus aegrotus   Saraiva 1961: 120, pl.
37. Phymateus (Phymateus) aegrotus   Kevan 1962a: 233.
38. Phymateus aegrotus   Roffey 1964: 47–9.

Desc. 31 (nymph).   **Bion.** 38.   **Econ.** 31, 35, 37.   **Dist. A.I.** Cape Verde Is. 36.

baccatus (Stål 1876)   [p. 156]

16. Maphyteus baccatus   Whellan 1954: 10.
17. Maphyteus baccatus   Dirsh 1956c: 134, 255.
18. Maphyteus baccatus   Whellan 1957: 86.

PYRGOMORPHIDAE

19. Phymateus (Maphyteus) baccatus   Kevan 1962a: 234.
20. Phymateus baccatus   Pinhey 1965: 6, pl. 1g.

Ecol. 20.   **Bion.** 18, 20.   **Econ.** 16, 18.   **Dist. C.A.** Rhodesia 16, 18, 19, 20.   **S.A.** Transvaal 17, 19.

cinctus (Fabricius 1793)   [p. 148]

6. Phymateus cinctus   Le Pelley 1959: 93.
7. Phymateus cinctus   Kevan 1962b: 133.
8. Phymateus cinctus   Descamps 1965a: 936, 937.

Desc. 7.   **Ecol.** 8.   **Econ.** 6.   **Dist. W.A.** Mali 8.

grandidieri I. Bolivar 1903   [p. 149]

See Phymateus madagassus p. 84.

hildebrandti I. Bolivar 1884   [p. 149]

See Phymateus aegrotus p. 82.

iris I. Bolivar 1882   [p. 149]

12. Phymateus iris   Kevan 1955a: 81.
13. Phymateus (Phymateus) iris   Kevan 1962a: 233.

karschi I. Bolivar 1904   [p. 150]

7. Phymateus karschi   Golding 1940: 130.
8. Phymateus karschi   Hargreaves 1948: 41.
9. Phymateus karschi   Dirsh 1964a: 50.

Ecol. 9.   **Bion.** 7.   **Econ.** 8.   **Dist. C.A.** Congo Rep. 9.

leprosus (Fabricius 1793)   [p. 156]

27. Phymateus leprosus   Zacher 1949: 311.
28. Phymateus leprosus   Evans 1952: 65.
29. Phymateus leprosus   Ewer 1954a: 79 et seq., figs. 3, 7.
30. Phymateus leprosus   Ewer 1954d: 238.
31. Phymateus leprosus   Ewer 1955: 42, fig.
32. Maphyteus leprosus   Dirsh 1956c: 134, 255.
33. Maphyteus leprosus   Dirsh 1956f: 273, pl. 21, f. 14.
34. Phymateus leprosus   Taylor 1956: 58, 59, 64, fig.
35. Maphyteus leprosus   Ewer 1957d: 260, figs. 5, 6, 8.
36. Phymateus leprosus   Steyn 1962: 822, fig.
37. Phymateus leprosus   Brown 1962d: 200.
38. Phymateus (Maphyteus) leprosus   Kevan 1962a: 234.
39. Phymateus (Maphyteus) leprosus   Kevan 1963d: 73, pl. iii, fig. 10. *Type lost:* Neotype: ♂. Transvaal, Lyndenbury Dist. Brit. Mus.
40. Phymateus leprosus   Dirsh 1965: 116, fig. 81c (♂).

Desc. 39.   **Morph.** 29, 30, 31, 33, 35.   **Ecol.** 37.   **Bion.** 34.   **Econ.** 27, 28, 36, 38.

PYRGOMORPHIDAE

madagassus Karsch 1888 [p. 150]

6. *Phymateus grandidieri* I. Bolivar 1903 (Dirsh 1963c: 56) [p. 149].
7. Phymateus madagassus Dirsh 1963c: 53, 56, figs. 2 (1–10), 3.

Desc. 7 (♂ ♀).

morbillosus (Linnaeus 1758) [p. 150]

54. Phymateus morbillosus Dirsh 1956c: 133, 255.
55. Phymateus morbillosus Dirsh 1956f: 243, 273, pl. 19.
56. Phymateus morbillosus Taylor 1956: 58–9, fig.
57. Phymateus morbillosus Dirsh 1961a: 382, fig. 14 (3–6).
58. Phymateus morbillosus Kevan 1962b: 133, 135, pl. 1, f. 1, 2. *Lectotype:* ♂. Uppsala Mus.
59. Dictyophorus papillosus Kevan 1963d: 72, pl. I, fig. 4.
60. Phymateus morbillosus Kevan 1963d: 72.

Desc. 55, 58. **Morph.** 55. **Econ.** 56. **Dist.** S.A. O.F.S. 54; Lesotho 54.

pulcherrimus I. Bolivar 1904 [p. 151]

11. Phymateus pulcherrimus Jannone 1948: 285, fig.
12. Phymateus pulcherrimus Kevan 1949a: 367.
13. Phymateus pulcherrimus Slifer 1953a: 42, 43, 53, pl. 1, f. 3.
14. Phymateus pulcherrimus Slifer 1953b: 70, 77, pl. 1, f. 5.
15. Phymateus pulcherrimus Duarte 1954: 107 (see Kevan 1957b: 197).
16. Phymateus pulcherrimus Kevan 1957b: 197.

Desc. 12 (nymph). **Morph.** 13, 14. **Econ.** 11, 15.

pulchripes Walker 1870 [p. 138]

See Taphronota ferruginea p. 90.

puniceus I. Bolivar 1904 [p. 152]

See Phymateus saxosus *below*.

purpurascens Karsch 1896 [p. 152]

See Phyteumas purpurascens p. 86.

saxosus Coquerel 1862 [p. 153]

13. *Phymateus cardinalis* I. Bolivar 1904 (Dirsh 1963c: 53) [p. 148].
14. *Phymateus buyssoni* I. Bolivar 1903 (Dirsh l.c.) [p. 148].
15. *Phymateus buyssoni var. spinosus* I. Bolivar 1904 (Dirsh l.c.) [p. 148].
16. *Phymateus puniceus* I. Bolivar 1904 (Dirsh l.c.) [p. 152].
17. Phymateus saxosus Morstatt 1936: 273.
18. Phymateus saxosus Zacher 1949: 311.
19. Phymateus puniceus Weidner 1955: 177.

PYRGOMORPHIDAE

20. Phymateus saxosus   Dirsh 1962c: 270.
21. Phymateus cardinalis   Dirsh 1963c: 55. *Type:* ♂. Paris Mus.
22. Phymateus buyssoni   Dirsh 1963c: 53. *Type:* Paris Mus.
23. Phymateus buyssoni var. spinosus   Dirsh *l.c.* 55. *Type:* ♂. Paris Mus.
24. Phymateus saxosus   Dirsh *l.c.* 53, 57, figs. 1, 3.

Desc. 24 (♂ ♀). **Bion.** 19. **Econ.** 17, 18. **Dist.** C.A. Angola 19.

stolli Saussure 1861   [p. 153]

13. Phymateus stolli   Chopard 1958a: 142.
14. Phymateus stolli   Dirsh 1963b: 208.

Dist. W.A. Guinea 13, 14.

viridipes Stål 1873   [p. 154]

51. ⚔ Phymateus superbus nom. nud. (see Appendix).
52. Phymateus viridipes   Morstatt 1936: 273.
53. Phymateus viridipes   Carpenter 1938: 246.
54. Phymateus viridipes   Bredo 1939: 40.
55. Phymateus viridipes   Jannone 1948: 285, fig.
56. Phymateus viridipes   Hargreaves 1948: 41.
57. Phymateus viridipes   Zacher 1949: 310.
58. Phymateus viridipes   Kevan 1949a: 366, 367.
59. Phymateus viridipes   Evans 1952: 65.
60. Phymateus viridipes   Agarwala 1953: 59, 68.
61. Phymateus viridipes   Agarwala 1954: 75, 104.
62. Phymateus viridipes   Whellan 1954: 10.
63. Phymateus viridipes   Duarte 1954: 108.
64. Phymateus viridipes   Mossop 1954: 279.
65. Phymateus viridipes   Kevan 1955a: 79.
66. Phymateus viridipes   Kevan 1955c: 482.
67. Phymateus viridipes   Weidner 1955: 177.
68. Phymateus viridipes   Mossop 1955: 522.
69. Phymateus viridipes   Bünzli & Büttiker 1956: 357.
70. Phymateus viridipes   Dirsh 1956c: 134, 255.
71. Phymateus viridipes   Ewer 1957c: 230.
72. Phymateus viridipcs   Ewer 1957d: 260 *et seq.*, fig. 3.
73. Phymateus viridipes   Kevan 1957b: 197.
74. Phymateus viridipes   Whellan 1957: 85.
75. Phymateus viridipes   Whellan 1958: 307.
76. Phymateus viridipes   Scott 1958: 27.
77. Phymateus viridipes   Phipps 1959b: 34.
78. Phymateus viridipes   Le Pelley 1959: 93.
79. Phymateus viridipes   Dirsh 1961a: 382, fig. 14 (1).
80. Phymateus viridipes   Chapman 1961a: 261, 263, 282, fig. 2.
81. Phymateus viridipes   Chapman 1962: 16.

PYRGOMORPHIDAE

82. Phymateus viridipes   Robertson & Chapman 1962: 60, tables 2, 3.
83. Phymateus (Phymateus) viridipes   Kevan 1962a: 233.
84. Phymateus viridipes   Wilson & Goldsmith 1962: 57.
85. Phymateus viridipes   Pinhey 1965: 6, pl. 1 f.
86. Phymateus viridipes   Dirsh 1965: 116, fig. 81a, b (♀).
87. Phymateus viridipes   Phipps 1966: 27.
88. Phymateus viridipes   Uvarov 1966: 286, 327, 403, fig. 223.
89. Phymateus viridipes   Forsyth 1966: 96.

Desc. 58 (nymph). **Morph.** 60, 61, 71, 72, 77, 80. **Ecol.** 60, 67, 68, 76, 82, 85, 87. **Bion.** 53, 57, 74, 75, 80, 82, 85, 87, 88. **Econ.** 52, 54, 55, 56, 57, 59, 62, 63, 64, 67, 68, 69, 73, 74, 78, 84, 89. **Dist.** S.A. Transvaal 70; Natal 83. W.A. Ghana 81, 89.

species ?

1. Phymateus sp.   Paulian 1950: 15.
2. Phymateus sp.   Scott 1958: 27.
3. Phymateus sp.   Popov 1959b: 92.

Ecol. 2. **Bion.** 3. **Econ.** 1, 3. **Dist.** E.A. Ethiopia 2; W. Sudan 3. C.A. Chad 3. I.I. Madagascar 1.

PHYTEUMAS I. Bolivar 1904   [p. 146]

4. Phyteumas   Dirsh 1965: 108, 117.

Desc.

olivaceus (Karsch 1896)   [p. 146]

6. Phyteumas olivaceus   Phipps 1959b: 34, 39, 43.
7. Phyteumas olivaceus   Phipps 1966: 27.

Morph. 6. **Ecol.** 7. **Bion.** 7.

purpurascens (Karsch 1896)   [p. 152]

15. Phymateus purpurascens   Kevan 1949a: 367.
16. Phymateus purpurascens   Kevan 1955c: 482.
17. Phymateus purpurascens   Dirsh 1956f: 273, pl. 21, f. 11.
18. Phymateus purpurascens   Dirsh 1959a: 61.
19. Phymateus purpurascens   Dirsh 1961a: 382, fig. 14 (7).
20. Phymateus purpurascens   Kevan & Knipper 1961: 371.
21. Phyteumas purpurascens   Dirsh 1961d: 385.

Desc. 15, 21. **Morph.** 17. **Ecol.** 20. **Dist.** E.A. Ethiopia 18.

RUBELLIA Stål 1875 [p. 121]

10. Rubellia   Dirsh 1963c: 51, 62, 65.
Desc.

nigrosignata Stål 1875 [p. 121]

10. Rubellia nigrosignata   Paulian 1950: 14.
11. Rubellia nigrosignata   Dirsh 1962c: 271.
12. Rubellia nigrosignata   Dirsh 1963c: 62, fig. 6 (1–12). *Lectotype:* ♂.
Desc. 12 (♂ ♀).   Econ. 10.

*PSEUDORUBELLIA Dirsh 1963

Orthotype: **Rubellia brancsiki**   I. Bolivar 1904 [p. 121]

1. Pseudorubellia   Dirsh 1963c: 51, 64, 65.
Desc.   Key.

brancsiki (I. Bolivar 1904) [p. 121]

Type: Madrid Mus.

4. Pseudorubellia brancsiki   Dirsh 1963c: 65, 66, fig. 7 (1–3).
Desc. ♂.   Dist. Madagascar, Diego Suarez.

thoracica Dirsh 1963

Type: ♀. N.W. Madagascar: Ampijoroa, Ankarafantsika. Paris Mus. Paratype Brit. Mus.

1. Pseudorubellia thoracica   Dirsh 1963c: 65, 66, fig. 8 (1–5).
Desc. ♀.

*MALAGASPHENA Kevan, Akbar & Singh 1964

Haplotype: **Malagasphena minor** auct. cit.

1. Malagasphena   Kevan, Akbar & Singh 1964: 111.
Desc.

minor Kevan, Akbar & Singh 1964

Type: ♂. Madagascar: Sianga Forest. Acad. Philad.

1. Malagasphena minor   Kevan, Akbar & Singh 1964: 113, pl. 1a–d, figs. 1, 2.
Desc. ♂ ♀.

GYMNOHIPPUS Bruner 1910 [p. 462]

2. Gymnohippus   Dirsh 1961d: 397.
3. Gymnohippus   Dirsh 1963c: 52, 75.
4. Gymnohippus   Kevan 1963c: 145.
Desc. 3, 4.

PYRGOMORPHIDAE

      marmoratus Bruner 1910 [p. 462]
2. *Gymnohippus conspersipes* Bruner 1910. *Lectotype:* ♂. (Kevan 1963c: 146). [p. 462].
3. Gymnohippus conspersipes Kevan 1963c: 145, 146, pl. 1, figs. 1–4.
4. *Gymnohippus granulosus* Bruner 1910. *Lectotype:* ♂. (Kevan *l.c.* 147). [p. 462].
5. Gymnohippus marmoratus Kevan 1963c: 145, 146. *Lectotype:* ♀.
6. Gymnohippus marmoratus Dirsh 1963c: 76, fig. 15 (1–12).

Desc. 3, 4, 6 (♂ ♀).

    CAPRORHINUS Saussure 1899 [p. 199]
6. Caprorhinus Kevan 1963c: 147.
7. Caprorhinus Dirsh 1963c: 51, 67.

Desc. 7. **Key** 7.

      fusiformis Saussure 1899 [p. 199]
5. Caprorhinus fusiformis Kevan 1963c: 149, figs. 9, 10.
6. Caprorhinus fusiformis Dirsh 1963c: 69, 72, fig. 12 (1–8).
      Type: Paris Mus. ('Kevan 1962')

Desc. 5, 6 (♂).

      minor Uvarov 1929 [p. 199]
2. Caprorhinus minor Dirsh 1962c: 271.
3. Caprorhinus minor Kevan 1963c: 150.
4. Caprorhinus minor Dirsh 1963c: 69, 72, fig. 13 (1–9).

Desc. 3 (♂ ♀).

      *ranohirae Kevan 1963

  Type: ♂. Madagascar: 20 km. N.E. of Ranohira. Calif. Acad.
1. Caprorhinus ranohirae Kevan 1963c: 150, figs. 11–13.

Desc. ♂.

      rostratus Uvarov 1929 [p. 200]
2. Caprorhinus rostratus Kevan 1963c: 150.
3. Caprorhinus rostratus Dirsh 1963c: 69, 70, fig. 11 (1–8).

Desc. 3 (♂).

      squamipennis Bruner 1910 [p. 200]
2. Caprorhinus squamipennis Chopard 1958c: 36.
3. Caprorhinus squamipennis Kevan 1963c: 147, 149, figs. 5–8. *Lectotype:* ♂.
4. Caprorhinus squamipennis Dirsh 1963c: 69, 74, fig. 14, 1–5.

Desc. 3, 4 (♂ ♀).

      zolotarevskyi Uvarov 1929 [p. 200]
2. Caprorhinus zolotarevskyi Kevan 1963c: 150.
3. Caprorhinus zolotarevskyi Dirsh 1963c: 69, figs. 9 (1–5), 10 (1–7).

Desc. 3 (♂ ♀).

PYRGOMORPHIDAE

TAPHRONOTA Stål 1873 [p. 138]

16. Pyrgophyma   Kevan 1963*a*: 108. [p. 138].
17. Taphronota   Jago 1964*a*: 196.
18. Taphronota   Dirsh 1965: 108, 117.

Desc. 16, 18.   **Ecol.** 17.

amaranthina I. Bolivar 1904   [p. 138]

See Taphronota subverrucosa p. 91.

apicicornis (Fairmaire 1858)   [p. 138]

See Taphronota ferruginea p. 90.

cacuminata Karsch 1893   [p. 139]

5. Taphronota cacuminata   Kevan 1955*a*: 79, fig. 5, B, D.

calliparea (Schaum 1853)   [p. 139]

37. Taphronota calliparea   Agarwala 1953: 55, 68, figs. 63, 64.
38. Taphronota calliparea   Agarwala 1954: 312.
39. Taphronota calliparea   Dirsh 1955*a*: 72.
40. Taphronota calliparea   Kevan 1955*c*: 482.
41. Taphronota calliparea   Dirsh 1956*f*: 273, pl. 21, f. 2.
42. Taphronota calliparea   Phipps 1959*b*: 34.
43. Taphronota calliparea   Le Pelley 1959: 93.
44. Taphronota calliparea   Kevan & Knipper 1961: 371.
45. Taphronota calliparea   Kevan 1962*a*: 231.
46. Taphronota calliparea   Dirsh 1964*a*: 50.
47. Taphronota calliparea   Dirsh 1965: 118, fig. 82 (♀).
48. Taphronota calliparea   Uvarov 1966: 142, fig. 84 (14).
49. Taphronota calliparea   Phipps 1966: 27.

Desc. 45.   **Morph.** 37, 38, 41, 42, 48.   **Ecol.** 37, 44, 46, 49.   **Bion.** 49.   **Econ.** 43.   **Dist.** C.A. Ruanda 39.

calliparea var. *immaculata* Sjöstedt 1929   [p. 140]

5. Taphronota calliparea var. immaculata   Kevan 1955*a*: 78.

Lectotype: ♂. Kilimanjaro, Kibonoto

Desc.

calliparea var. *poultoni* I. Bolivar 1904   [p. 140]

4. Taphronota calliparea ab. poultoni   Kevan 1955*c*: 482.

Dist. E.A. Tanzania.

PYRGOMORPHIDAE

***calliparea* ab. *vinacea* Sjöstedt 1929** [p. 144]
3. Taphronota calliparea ab. vinacea   Kevan 1955a: 79.

***corallipes* Sjöstedt 1929** [p. 140]
See Taphronota splendens *below*.

***ferruginea* (Fabricius 1781)** [p. 141]
31. Taphronota ferruginea   Golding 1946: 130.
32. Taphronota ferruginea   Kevan 1956c: 971.
33. Taphronota ferruginea   Chopard 1958a: 141.
34. Taphronota ferruginea   Le Pelley 1959: 93.
35. Taphronota ferruginea   Kevan 1962a: 229.
36. *Taphronota apicicornis* (Fairmaire 1858) (Kevan 1956c: 974). [p. 138].
37. *Taphronota gabonica*   Karsch 1888 (Kevan l.c. 974). [p. 141].
38. Taphronota ferruginea   Chapman 1962: 16.
39. Taphronota ferruginea   Dirsh 1963b: 208.
40. *Phymateus pulchripes*   Walker 1870 (Kevan 1956c: 974).

Desc. 32. **Ecol.** 38. **Bion.** 31, 38. **Econ.** 34. **Dist. W.A.** Guinea 33, 39; Ghana 38.

***nigripes* Sjöstedt 1929** [p. 142]
3. Taphronota nigripes   Kevan 1956c: 974, fig. 6.
4. Taphronota nigripes   Kevan 1963a: 109.

Desc. 3.

***occidentalis* Karsch 1893**
See Taphronota subverrucosa p. 91.

***rostrata* Saussure 1899** [p. 142]
10. Taphronota rostrata   Chopard 1958a: 141.

Dist. W.A. Ivory Coast; Guinea; Gaboon.

***sabauda* (Giglio-Tos 1907)** [p. 143]
6. Taphronota sabauda   Kevan 1963a: 108. *Lectotype:* ♂.

Desc.

***splendens* (Giglio-Tos 1907)** [p. 143]
4. *Taphronota corallipes*   Sjöstedt 1929 (Kevan 1963a: 109). [p. 140].
5. Taphronota corallipes   Kevan 1956c: 974, fig. 7.
6. Taphronota corallipes   Kevan 1962a: 229.
7. Taphronota corallipes   Kevan 1963a: 109.
8. Taphronota splendens   Kevan 1963a: 109.

Desc. 5, 6, 7, 8. **Dist. W.A.** Cameroon Rep. 7, 8; Guinea 8. **C.A.** Congo Rep. 8.

ståli I. Bolivar 1884 [p. 143]

11. Taphronota ståli   Kevan 1955a: 79, fig. 5 E.

subverrucosa Saussure 1899 [p. 143]

5. *Taphronota amaranthina*   I. Bolivar 1904 (Kevan 1962a: 230). [p. 138].
6. *Taphronota occidentalis*   Karsch 1893 (Kevan *l.c.* 230). [p. 142].
7. Taphronota amaranthina   Golding 1940: 130.
8. Taphronota occidentalis   Kevan 1955a: 79, fig. 5A, C.
9. Taphronota occidentalis   Kevan 1962a: 230 footnote. *Lectotype:* ♂.
10. Taphronota subverrucosa   Kevan 1962a: 230. [p. 144].

Desc. 9.   **Bion.** 7.   **Dist. C.A.** Angola 8; Congo Rep. 10.

PHYMELLA Uvarov 1922   [p. 157]

2. Phymella   Dirsh 1965: 108, 119.

Desc.

capensis Uvarov 1922   [p. 157]

2. Phymella capensis   Kevan 1959b: 22.
3. Phymella capensis   Kevan 1962a: 243.
4. Phymella capensis   Dirsh 1965: 119, fig. 83 (♀).

Desc. 2, 3.

CAMOËNSIA I. Bolivar 1881   [p. 123]

6. Camoënsia   Dirsh 1965: 108, 120.

Desc.

insignis I. Bolivar 1881   [p. 123]

11. Camoënsia insignis   Kevan 1955a: 78.
12. Camoënsia insignis   Dirsh 1965: 120, fig. 84 (♂).

MAURA Stål 1873   [p. 132]

8. Maura   Dirsh 1965: 108, 121.
9. Maura   Jago 1964a: 196.
10. Maura   Uvarov 1966: 36.

Desc. 8.   **Morph.** 10.   **Ecol.** 9.

antennata I. Bolivar 1912   [p. 133]

2. Maura antennata   Kevan 1962a: 228.

Dist. C.A. Congo Rep.

PYRGOMORPHIDAE

bolivari Kirby 1902   [p. 133]

6. Maura bolivari   Ballard 1914: 347.
7. Maura bolivari   Zacher 1949: 310.
8. Maura bolivari   Dirsh 1954b: 348.

Desc. 8.   **Econ.** 6, 7.

*fitzgeraldi Dirsh 1954

Type: ♂. Zambia: Abercorn. Brit. Mus.

1. Maura fitzgeraldi   Dirsh 1964b: 348, figs. 1–3, 28.
2. Maura fitzgeraldi   Kevan 1962a: 228.
3. Maura fitzgeraldi   Dirsh 1965: 121, fig. 85 (♂).

Desc. 1 (♂).   **Dist. E.A.** Tanzania 3.

lurida (Fabricius 1781)   [p. 134]

18. Maura lurida   Dirsh 1959a: 61.
19. Maura lurida   Phipps 1962: 14.
20. Maura lurida   Kevan 1962a: 228.

Morph. 19.   **Dist. W.A.** Sierra Leone 19.   **E.A.** Ethiopia 18.

marshalli I. Bolivar 1904   [p. 134]

5. Maura marshalli   Kevan 1962a: 227.

Desc.   **Dist. C.A.** Congo Rep.; Zambia.

modesta I. Bolivar 1904   [p. 134]

6. Maura modesta   Phipps 1959b: 34.
7. Maura modesta   Phipps 1966: 27.

Morph. 6.   **Ecol.** 7.   **Bion.** 7.

rugulosa I. Bolivar 1956   [p. 135]

8. Maura rugulosa   Dirsh 1956c: 133, 254.
9. Maura rugulosa   Dirsh 1956f: 273, pl. 21, f. 9.
10. Maura rugulosa   Ewer 1957c: 230.
11. Maura rugulosa   Ewer 1957d: 276.

Morph. 9, 10, 11.   **Dist. S.A.** Natal 8; Transvaal 8; Lesotho 8.

satanas (Gerstaecker 1873)   [p. 137]

7. Maura satanas   Dirsh 1956c: 254.

Dist. S.A. Cape.

selysi I. Bolivar 1904   [p. 137]

5. Maura selysi   Dirsh 1956c: 254.

Dist. S.A. Cape.

sobrina I. Bolivar 1912 [p. 137]
Type: Congo: Madona-Bangweola (Dirsh in litt.)

species ? [p. 137]
3. Maura sp. Dirsh 1955a: 72.
4. Maura sp. lurida? Roy 1965: 617.

Dist. W.A. Senegal 4; Ruanda 3.

DICTYOPHORUS Thunberg 1815 [p. 123]

22. *Dictyophorus* (*Tapesiella*) Kevan 1953b (Dirsh 1962a: 81). [p. 126].
23. Dictyophorus Jago 1964a: 196.
24. Dictyophorus Dirsh 1965: 108, 122.

Desc. 24. Ecol. 23.

griseus (Reiche & Fairmaire 1850) [p. 127]
The following (nos. 12–21) are synonyms (Dirsh 1962a: 81).
12. *Tapesia acuta* (I. Bolivar 1911) [p. 126].
13. *Tapesia grisea angustata* (Sjöstedt 1923) [p. 127].
14. *Tapesia grisea angusticollis* (Sjöstedt 1923) [p. 127].
15. *Tapesia grisea angustipennis* (Sjöstedt 1923) [p. 127].
16. *Tapesia grisea brunni* (I. Bolivar 1904) [p. 127].
17. *Tapesia grisea fuscorosea* (Sjöstedt 1923) [p. 128].
18. *Tapesia grisea intermedia* (Sjöstedt 1923) [p. 128].
19. *Tapesia grisea f. macroptera* (I. Bolivar 1904) [p. 128].
20. *Tapesia grisea magnifica* (Sjöstedt 1923) [p. 129].
21. *Tapesia grisea producta* (I. Bolivar 1904) [p. 129].
22. Tapesia intermedia Morstatt 1936: 273.
23. Tapesia grisea intermedia Zacher 1949: 311.
24. Tapesia intermedia Agarwala 1953: 60, 68, figs. 53–7.
25. Tapesia intermedia Agarwala 1954: 312.
26. Dictyophorus (Tapesiella) griseus f. magnificus Kevan 1955c: 482.
27. Tapesia (?) intermedia Bünzli & Büttiker 1956: 357.
28. Dictyophorus (Tapesiella) grisea Kevan 1957b: 196.
29. Dictyophorus grisea Phipps 1959b: 34.
30. Dictyophorus (Tapesiella) grisea intermedia Le Pelley 1959: 92.
31. Dictyophorus griseus forma intermedia Kevan & Knipper 1961: 371.
32. Dictyophorus griseus Dirsh 1962a: 81.
33. Dictyophorus (Tapesiella) griseus Kevan 1962a: 229.
34. Dictyophorus (Tapesiella) griseus fuscoroseus Kevan 1962a: 229.
35. Dictyophorus (Tapesiella) griseus intermedius Kevan 1962a: 229.
36. Dictyophorus Tapesiella grisea Cloudsley-Thomson 1963: 161.
37. Dictyophorus grisea Phipps 1966: 27.

PYRGOMORPHIDAE

Desc. 32. Morph. 24, 25, 29. Ecol. 24, 31, 37. Econ. 22, 23, 27, 28, 30. Dist. E.A. 30. E. Sudan 36; Tanzania 26, 29, 31, 33, 35; Kenya 28, 33, 35. C.A. Zambia 22, 23, 33; S. Rhodesia 27, 33, 34; Congo 33, 34.

karschi (I. Bolivar 1904) [p. 129]

7. *Tapesia karschi magnifica* Sjöstedt 1923 (Dirsh 1962*a*: 82) [p. 129].
8. *Tapesia lugubris* Ramme 1929 (Dirsh *l.c.*) [p. 130].
9. Dictyophorus karschi Dirsh *l.c.* 82.
10. Dictyophorus karschi Dirsh 1964*a*: 50.

Desc. 9. **Ecol.** 10.

laticincta (Walker 1860) [p. 129]

16. Dictyophorus (Tapesiella) laticinctus Kevan 1955*a*: 78.
17. Dictyophorus laticincta Dirsh 1962*a*: 82.
18. Dictyophorus (Tapesiella) laticinctus Kevan 1962*a*: 229.

oberthüri (I. Bolivar 1894) [p. 130]

11. Dictyophorus oberthüri Chopard 1958*a*: 141.
12. Dictyophorus oberthüri Phipps 1962: 14.
13. Dictyophorus oberthüri Dirsh 1963*b*: 208.

Morph. 12. **Dist. W.A.** Guinea 11, 13; Sierra Leone 10.

spumans (Thunberg 1787) [p. 124]

25. Dictyophorus spumans Waloff 1954: 385.
26. *Petasia olivacea* Serville 1831 (Kevan 1963*a*: 69) [p. 125].
27. *Petasia cruentata* Serville 1831 (Kevan *l.c.* 69) [p. 125].
28. Dictyophorus spumans forma olivacea Dirsh 1956*c*: 133.
29. Tapesia spumans Dirsh 1956*f*: 273, pl. 21, f. 12.
30. Dictyophorus spumans Ewer 1957*a*: 276.
31. Dictyophorus (Dictyophorus) spumans Kevan 1962*a*: 228.
32. Dictyophorus (Dictyophorus) spumans var. cruentata Kevan 1962*b*: 134.
33. Petasia cruentata Kevan 1963*a*: 69, pl. II, ff. 5–7. *Lectotype:* ♀. Paris Mus.
34. Petasia olivacea Kevan *l.c.* 69, pl. II, ff. 8, 9. *Type:* ♀. Paris Mus.
35. Dictyophorus spumans Kevan 1963*a*: 69, pl. I, ff. 1–3. *Type:* ♂. Uppsala Mus.
36. Dictyophorus spumans Dirsh 1965: 123, fig. 86 (♀).

Desc. 32, 33, 34, 35. **Morph.** 25, 29, 30. **Dist. S.A.** Natal 28.

spumans var. *atra* (Distant 1892) [p. 125]

5. Dictyophorus spumans forma atra Dirsh 1956*c*: 133, 254.

Dist. S.A. Cape Province.

spumans var. *calceata* (I. Bolivar 1904) [p. 125]

3. Dictyophorus spumans var. calceata Kevan 1962*a*: 228.
4. Dictyophorus spumans var. calceata Kevan 1963*d*. *Type:* ♀. Madrid Mus.

Desc. 4. Dist. C.A. Rhodesia 3. S.A. Transvaal 3; Natal 3.

spumans var. *pulchra* I. Bolivar 1904 [p. 126]

4. Dictyophorus spumans forma pulchra Dirsh 1956*c*: 132.

Dist. S.A. Cape Province.

spumans var. *servillei* (I. Bolivar 1904) [p. 126]

5. Dictyophorus spumans var. servillei Dirsh 1956*c*: 133.

PARAPETASIA I. Bolivar 1884 [p. 131]

6. Parapetasia Akbar & Kevan 1964: 90, 92.
7. *Parapetasia* (*Loveridgacris*) Rehn 1954 (Dirsh 1965: 124).
8. Loveridgacris Akbar & Kevan 1964: 90, 92.
9. Parapetasia Jago 1964*a*: 199.
10. Parapetasia Dirsh 1965: 108, 124.

Desc. 6, 8, 10. Key 6. Ecol. 9.

calabarica Rehn 1953 [p. 131]

2. Parapetasia calabarica Akbar & Kevan 1964: 91.

Desc.

femorata I. Bolivar 1884 [p. 131]

13. Parapetasia femorata Kevan 1956*c*: 971.
14. Parapetasia femorata Akbar & Kevan 1964: 91, fig.
15. Parapetasia femorata Dirsh 1965: 124, fig. 87*a* (♀).

Desc. 14.

impotens (Karsch 1888) [p. 132]

12. Parapetasia impotens Dirsh 1956*f*: 273, pl. 21, f. 10.
13. Parapetasia (Loveridgacris) impotens Kevan 1962*a*: 229.
14. Loveridgacris impotens Akbar & Kevan 1964: 91.
15. Parapetasia impotens Dirsh: 124, fig. 87*b* (♂).

Morph. 12. Desc. 14.

rammei Sjöstedt 1923 [p. 132]

4. Parapetasia rammei Akbar & Kevan 1964: 91.

Desc.

PYRGOMORPHIDAE

ulugurensis Rehn 1953   [p. 132]
3. Loveridgacris ulugurensis   Akbar & Kevan 1964: 91.
4. Parapetasia ulugurensis—Kevan & Knipper 1961: 371.

Desc. 3.   **Ecol.** 4.

ZONOCERUS Stål 1873   [p. 157]

9. Zonocerus   Dirsh 1965: 108, 147.
10. Zonocerus   Uvarov 1966: 4, 36, 60, fig. 2.

Desc. 9.   **Morph.** 10.

elegans (Thunberg 1815)   [p. 158]

94. *Zonocerus hova*   Saussure 1899. *Type:* ♂. Geneva Mus. (Dirsh 1961d: 396) [p. 160].
95. Zonocerus elegans   Moore 1914: 60–3.
96. Zonocerus elegans   Ballard 1914: 347.
97. Zonocerus elegans   Anderson 1914: 128.
98. Zonocerus elegans   Smee 1929: 5.
99. Zonocerus elegans   Morstatt 1936: 273.
100. Zonocerus elegans   La Greca 1947b: 273.
101. Zonocerus elegans   Hargreaves 1948: 42.
102. Zonocerus elegans   Zacher 1949: 311.
103. Zonocerus elegans   Da Silva & Peral 1949: 105–11, 5 figs.
104. Zonocerus elegans   Evans 1952: 66.
105. Zonocerus elegans   Ewer 1954a: 81 *et seq.*
106. Zonocerus elegans   Ewer 1954b: 237–40, figs.
107. Zonocerus elegans   Hartwig 1955: 430, 450, 5 figs.
108. Zonocerus elegans   Kevan 1955a: 81.
109. Zonocerus elegans   Kevan 1955c: 482.
110. Zonocerus elegans   Ewer 1955: 42, fig.
111. Zonocerus elegans   Dirsh 1955a: 72.
112. Zonocerus elegans forma macroptera   Dirsh *l.c.* 72.
113. Zonocerus elegans   Bünzli & Büttiker 1956: 357.
114. Zonocerus elegans forma brachyptera   Dirsh 1956c: 134.
115. Zonocerus elegans forma macroptera   Dirsh *l.c.* 135.
116. Zonocerus elegans   Dirsh 1956f: 273, pl. 21, f. 8.
117. Zonocerus elegans   Ewer 1957c: 230.
118. Zonocerus elegans   Ewer 1957d: 260, figs. 2, 4.
119. Zonocerus elegans   Phelps & Oosthuizen 1958: 288, 294.
120. Zonocerus elegans   Pearson 1958: 304.
121. Zonocerus elegans brevipennis   Verdier 1959: 39, 43.
122. Zonocerus elegans   Phipps 1959b: 34, 39, 43, 49, 50, 54.
123. Zonocerus elegans   Ossowski & Wortmann 1959: 47.

124. Zonocerus elegans   Neethling 1959: 52.
125. Zonocerus elegans   Le Pelley 1959: 93.
126. Zonocerus elegans brevipennis   Blackith & Verdier 1961: 266, 267, 269.
127. Zonocerus elegans   Kevan & Knipper 1961: 371.
128. Zonocerus elegans   Dirsh 1961*d*: 396.
129. Zonocerus elegans   Kevan 1962*a*: 234.
130. Zonocerus elegans   Robertson & Chapman 1962: 60, tables, 2, 3, 30.
131. Zonocerus elegans   Kevan 1963*d*: 73, pl. IV, figs. 13, 16. *Holotype:* ♀.
132. Zonocerus hova   Dirsh 1961*d*: 396.
133. Zonocerus hova   Kevan 1963*d*: 73, 74, pl., IV fig. 15.
134. Zonocerus elegans   Oberholzer 1964: 169–172.
135. Zonocerus elegans   Pinhey 1965: 6, pl. 1*d*.
136. Zonocerus elegans   Dirsh 1965: 148, fig. 109*b*.
137. Zonocerus elegans   Phipps 1966: 27.
138. Zonocerus elegans   Uvarov 1966: 30, 286.
139. Poecilocera atriceps   Kevan 1963*d*: 73, 74, pl. IV, f. 14. *Lectotype:* ♂. Berlin Mus.
140. Poekilocerus roseipennis   Kevan *l.c.* 73. *Lectotype:* ♀. Paris Mus.

Desc. 131, 133.   **Morph.** 100, 105, 106, 110, 116, 117, 118, 121, 122, 126, 138.   **Ecol.** 107, 127, 130, 135, 137.   **Bion.** 95, 102, 107, 122, 130, 134, 135, 137.   **Econ.** 95, 96, 97, 98, 99, 101–4, 107, 113, 119, 120, 122–5.   **Dist.** C.A. Rhodesia 113, 129, 135.   S.A. Lesotho 114, 115. O.F.S. 134.

hova Saussure 1899   [p. 160]

See Zonocerus elegans (above).

variegatus (Linnaeus 1758)   [p. 160]

Type: Lost. Neotype proposed: ♂. Gryllus opacus Thunberg 1815. Uppsala Mus. (Kevan 1962*b*: 135)

82. Zonocerus variegatus   Mallamaire 1934: 441, 469.
83. Zonocerus variegatus   Morstatt 1936: 273.
84. Zonocerus variegatus   Mancion & Alibert 1936: 39.
85. Zonocerus variegatus   Mallamaire 1937: 21, fig.
86. Zonocerus variegatus   Bredo 1939: 40–3, figs. 31–3.
87. Zonocerus variegatus   Hargreaves 1940: 109.
88. Zonocerus variegatus   Vilardebo 1948: 324, 329, figs.
89. Zonocerus variegatus   Hargreaves 1948: 42.
90. Zonocerus variegatus   Zacher 1949: 312.
91. Zonocerus variegatus   Risbec 1950: 317.
92. Zonocerus variegatus   Miège 1950: 267, 268.
93. Zonocerus variegatus   Ferrâo 151: 33–4, fig.
94. Zonocerus variegatus   Evans 1952: 66.
95. Zonocerus variegatus   Vilardebo 1953: 448–50, 3 figs.
96. Zonocerus variegatus   Vuillaume 1953: 451.
97. Zonocerus variegatus   Tuzet & Zuber-Vogeli 1953: 487–94.
98. Zonocerus variegatus   Agarwala 1953: 59, 68.

PYRGOMORPHIDAE

99. Zonocerus variegatus   Vuillaume 1954a: 147–56, 8 figs.
100. Zonocerus variegatus   Vuillaume 1954b: 242, 249, 5 figs.
101. Zonocerus variegatus   Vuillaume 1954c: 489–94, 6 figs.
102. Zonocerus variegatus   Vuillaume 1954d: 161–70.
103. Zonocerus variegatus   Nanta 1954: 457.
104. Zonocerus variegatus   Duarte 1954: 108.
105. Zonocerus variegatus   Agarwala 1954: 312.
106. Zonocerus variegatus   Vilardebo 1954: 308.
107. Zonocerus variegatus   Mallamaire 1955: 31, 34, 35, 38, 48, 49, 54, 58.
108. Zonocerus variegatus   Vuillaume 1955a: 121–98, 5 pls., 29 figs.
109. Zonocerus variegatus   Vuillaume 1955b: 161–93, 12 tables.
110. Zonocerus variegatus   Kevan 1955a: 81.
111. Zonocerus variegatus   Kevan 1956c: 974.
112. Zonocerus variegatus   Pujol 1957: 246, 260.
113. Zonocerus variegatus   Chopard 1958a: 142.
114. Zonocerus variegatus   Pearson 1958: 304.
115. Zonocerus variegatus   Davey et al. 1959: 82.
116. Zonocerus variegatus   Le Pelley 1959: 94.
117. Zonocerus variegatus   Blackith & Verdier 1961: 266, 267, 269.
118. Zonocerus variegatus   Chapman 1961: 261, 263, figs. 1a, b, 4.
119. Zonocerus variegatus   Kevan 1962a: 234.
120. Zonocerus variegatus   Kevan 1962b: 135 & footnote 4.
121. Zonocerus variegatus   Chapman 1962: 17, figs. 4, 43.
122. Zonocerus variegatus   Phipps 1962: 14, 16.
123. Zonocerus variegatus   Roy 1962: 118.
124. Zonocerus variegatus   Dirsh 1963b: 208.
125. Zonocerus variegatus   Kevan 1963d: 74, pl. V, fig. 17.
126. Acrydium sanguinolentum   De Geer 1773. *Type:* Lost. *Neotype designated:* Gryllus opacus Thunberg 1815b. Uppsala Mus. Kevan 1963a: 75, pl. V, fig. 17. [p. 160].
127. Gryllus laevis Thunberg 1824. *Type:* ♀. Uppsala Mus. Kevan 1963d: pl. V, f. 18. [p. 160].
128. Zonocerus variegatus   Dirsh 1964a: 51.
129. Zonocerus variegatus   Chapman 1964: 120.
130. Zonocerus variegatus   Descamps 1965a: 937, 1308.
131. Zonocerus variegatus   Dirsh 1965: 148, fig. 109a (♂).
132. Zonocerus variegatus   Jerath 1965: 243–51.
133. Zonocerus variegatus   Ewer 1965: 306.
134. Zonocerus variegatus   Kaufmann 1965: 426–36, figs. 1–5.
135. Zonocerus variegatus   Forsyth 1966: 96.
136. Zonocerus variegatus   Uvarov 1966: 204, 370.

Desc. 120, 125, 127.   **Morph.** 98, 105, 117, 118, 122, 129, 133, 136.   **Ecol.** 86, 98, 102, 107, 109, 115, 118, 121, 128, 130, 134.   **Bion.** 88, 97, 99, 100, 101, 106, 108, 118, 121, 134, 135.   **Econ.** 82–96, 102, 103, 104, 107, 112, 114, 116, 132, 134, 135.   **Dist. W.A.** Liberia 128; Ghana 121, 132, 133, 134; Mali 130; Sierra Leone 133; Nigeria 132.

PYRGOMORPHIDAE

species ?
1. Zonocerus sp.   Joyce 1955: 106.
Econ.   Dist. E.A. Sudan.

*SAGITTACRIS Dirsh 1963

Haplotype: **Sagittacris malagassus**   Dirsh 1963
1. Sagittacris   Dirsh 1963c: 52, 82.
Desc.

*malagassus Dirsh 1963

Type: ♂. Madagascar: Manambata. Paris Mus.
1. Sagittacris malagassus   Dirsh 1963c: 83, fig. 19 (1–8).
Desc. ♂.

*PARORTHACRIS Dirsh 1958

Haplotype: **Parorthacris somalica**   Dirsh 1958
1. Parorthacris   Dirsh 1958d: 860.
2. Parorthacris   Dirsh 1965: 108, 150.
Desc. 1, 2.

*somalica Dirsh 1958

Type: ♂. Somalia: Baron. Brit. Mus.
1. Parorthacris somalica   Dirsh 1958d: 860, figs. 1–7.
2. Parorthacris somalica   Dirsh 1965: 151, fig. 111 (♂).
Desc. 1 (♂).

*VITTISPHENA Kevan 1956

Haplotype: **Vittisphena somalica**   Kevan 1956
1. Vittisphena   Kevan 1956b: 111, 128.
2. Vittisphena   Dirsh 1965: 108, 125.
Desc. 1, 2.

*somalica Kevan 1956

Type: ♀. Somalia: Gaan Libah. Brit. Mus.
1. Vittisphena somalica   Kevan 1956b: 129, fig. 13.
2. Vittisphena somalica   Dirsh 1965: 125, fig. 88 (♀).
Desc. 1 (♂ ♀).

PYRGOMORPHIDAE

*OCCIDENTOSPHENA Kevan 1956

Orthotype: **Parasphena ruandensis** Rehn 1914   [p. 172]

1. Occidentosphena   Kevan 1956b: 111.
2. Occidentosphena   Dirsh 1965: 108, 126.

Desc. 1, 2.

ruandensis (Rehn 1914)   [p. 172]

7. Parasphena ruandensis   Dirsh 1955a: 72.
8. Occidentosphena ruandensis   Kevan 1956b: 112.
9. Occidentosphena ruandensis   Kevan 1962a: 234.
10. Occidentosphena ruandensis   Dirsh 1965: 126, fig. 89 (♀).

Dist. W. Uganda 8.

uvarovi (Rehn 1942)   [p. 172]

2. *Parasphena granulata*   Chopard 1945 (Kevan 1956b: 112) [p. 169].
3. Occidentosphena uvarovi   Kevan *l.c.*

PARASPHENA I. Bolivar 1884   [p. 167]

6. Parasphena   Dirsh 1963c: 52, 76.
7. Parasphena   Jago 1964a: 190.
8. Parasphena   Dirsh 1965: 108, 127.

Desc. 6, 8.   **Ecol.** 7.

abyssinica Uvarov 1934   [p. 167]

See Stenoscepa abyssinica p. 106.

boranensis Salfi 1939   [p. 167]

See Stenoscepa boranensis p. 107.

campestris Rehn 1942   [p. 167]

3. Parasphena campestris   Kevan 1956b: 113.

Desc.

carinata I. Bolivar 1909   [p. 168]

See Pyrgomorphella carinulata p. 109.

cheranganica Uvarov 1938   [p. 168]

3. Parasphena cheranganica   Kevan 1956b: 114.

Desc.

chyuluensis Kevan 1948   [p. 168]

3. Parasphena chyuluensis   Kevan 1956b: 113.
4. Parasphena nairobiensis   Uvarov & Van Someren (Kevan 1948: 120) [p. 171].
5. Parasphena chyuluensis   Dirsh 1965: 127.

Desc. 3.

PYRGOMORPHIDAE

dispar Dirsh 1963

See Pseudosphena dispar p. 104.

dubia I. Bolivar 1904 [p. 168]

See Stenoscepa dubia p. 107.

elgonensis Sjöstedt 1933 [p. 168]

5. Parasphena elgonensis   Dirsh 1965: 127.

gallae (Rehn 1901) [p. 169]

See Stenoscepa gallae p. 107.

granulata Chopard 1945 [p. 169]

See Occidentosphena uvarovi p. 100.

iavellensis Kevan 1948 [p. 169]

See Stenoscepa iavellensis p. 107.

imatongensis Rehn 1942 [p. 169]

3. Parasphena imatongensis   Kevan 1961b: 158.

Desc. ♂. **Dist.** S. Sudan; Imatong Mts. Brit. Mus.

kaburu Kevan 1948 [p. 169]

2. Parasphena kaburu   Kevan 1956b: 114.

Ecol.

kamasiensis Kevan 1948 [p. 169]

2. Parasphena mauensis kamasiensis   Kevan 1948 (Kevan 1961b: 157).
3. Parasphena kamasiensis   Dirsh 1965: 128.

Desc. 2.

keniensis Sjöstedt 1912 [p. 169]

6. Parasphena keniensis   Dirsh 1965: 128.

***keniensis rehni* Kevan 1956**

Type: ♂. Kenya: S. Aberdare Range, Katamayu. Brit. Mus.

1. *Parasphena kinangopa*   Rehn 1942b (nec Uvarov 1938) (Kevan 1956b: 113) [p. 170].
2. Parasphena keniensis rehni   Kevan 1956b: 113.

Desc. 2 (♂ ♀).

PYRGOMORPHIDAE

kinangopa Uvarov 1938 [p. 170]
4. Parasphena kinangopa   Kevan 1961b: 158.
5. Parasphena kinangopa   Dirsh 1965: 128.

kulalensis Kevan 1956
Type: ♂. Kenya: Mt Kulal. Brit. Mus.
1. Parasphena kulalensis   Kevan 1956b: 114, fig. 1.
2. Parasphena kulalensis   Kevan 1957b: 201.

Desc. 1 (♂).

manowensis Kevan 1951 [p. 170]
2. Parasphena manowensis   Kevan 1956b: 119.
3. Parasphena manowensis   Dirsh 1965: 128.

mauensis Kevan 1948 [p. 170]
2. Parasphena mauensis   Kevan 1956b: 114.
3. Parasphena mauensis   Dirsh 1965: 128.

Desc. 2 (♂).   **Dist.** E.A. Uganda.

maxima Kevan 1948 [p. 170]
See Stenoscepa maxima p. 108.

meruensis meruensis Sjöstedt 1909 [p. 170]
6. Parasphena meruensis   Kevan 1956b: 112.
7. Parasphena meruensis   Dirsh 1956: 128.

Desc. 6.

meruensis zeuneri Kevan 1956
Type: ♂. 'Tanganyika', Ngorongoro. Brit. Mus.
1. Parasphena meruensis zeuneri   Kevan 1956b: 112.

Desc. ♂ ♀.

montana Uvarov 1934 [p. 170]
See Stenoscepa montana p. 108.

nairobiensis Sjöstedt 1933 [p. 170]
6. Parasphena nairobiensis   Dirsh 1965: 128. [p. 170]

naivashensis Kevan 1948 [p. 171]
2. ⚥ Parasphena pulchripes I. Bolivar 1922 (nec Gerstaecker 1869) Kevan 1955c: 482 [p. 172].
3. Parasphena naivashensis   Kevan 1956b: 113.

PYRGOMORPHIDAE

4. Parasphena naivashensis Le Pelley 1959: 93.
5. Parasphena naivashensis Kevan 1962a: 234.
6. Parasphena naivashensis Dirsh 1965: 128.

Desc. 3. **Econ.** 4.

ngongensis Kevan 1948 [p. 171]

2. Parasphena ngongensis Kevan 1956b: 113.

Desc.

nigropicta I. Bolivar 1889 [p. 171]

5. Parasphena nigropicta Dirsh 1965: 128.

picta I. Bolivar 1884 [p. 171]

See Stenoscepa picta p. 108.

picticeps I. Bolivar 1904 [p. 171]

See Stenoscepa picticeps p. 108.

Desc. 5.

pulchripes (Gerstaecker 1869) [p. 172]

15. Parasphena pulchripes Kevan 1955c: 481.
16. Parasphena pulchripes Dirsh 1956f: 273, pl. 20, f. 16.
17. Parasphena pulchripes Dirsh 1965: 128, fig. 90 (♂).

Morph. 16. **Dist.** E.A. Tanzania 15.

ruandensis Rehn 1914 [p. 172]

See Occidentosphena ruandensis p. 100.

teitensis Kevan 1948 [p. 172]

3. Parasphena teitensis Kevan 1962a: 235.
4. Parasphena teitensis Kevan 1956b: 113.

uvarovi Rehn 1942 [p. 172]

See Occidentosphena uvarovi p. 100.

*PSEUDOSPHENA Kevan & Akbar 1964

Haplotype: **Parasphena dispar** Dirsh 1963

1. Pseudosphena Kevan & Akbar 1964: 1529.

Desc.

PYRGOMORPHIDAE

*dispar Dirsh 1963

Type: ♂. Madagascar: Cirque Boby, Andringitra, Ambalavao, Paris Mus.
1. Parasphena dispar   Dirsh 1963c: 77, fig. 16 (1–9).
2. Pseudosphena dispar   Kevan & Akbar 1964: 1529, fig. 5.

Desc. 1 (♂ ♀), 2.   **Dist.** Malagasy.

*KATANGACRIS Kevan & Akbar 1964

Haplotype: **Katangacris enigmatica**   Kevan & Akbar 1964
1. Katangacris   Kevan & Akbar 1964: 1532.

Desc.

*enigmatica Kevan & Akbar 1964

Type: ♂. Congo Rep: Katanga, Jadorville. Lyman Mus.
1. Katangacris enigmatica   Kevan & Akbar 1964: 1532, fig. 7.

Desc. ♂.

*MARSABITACRIS Kevan 1957

Haplotype: **Marsabitacris citronotus**   Kevan 1957
1. Marsabitacris   Kevan 1957b: 198.
2. Marsabitacris   Dirsh 1965: 108, 129.

Desc. 1, 2.

*citronotus Kevan 1957

Type: ♂. Kenya: Mt. Marsabit, Chopa-Gof Crater
1. Marsabitacris citronotus   Kevan 1957b: 200, fig. 1.
2. Marsabitracris citronotus   Dirsh 1965: 129, fig. 91 (♂).

Desc. 1 (♂).

CAWENDIA Karsch 1888   [p. 173]

7. Cawendia   Kevan 1956b: 110, 126.
8. Cawendia   Dirsh 1965: 109, 129.

Desc. 7, 8.

glabrata Karsch 1888   [p. 173]

7. *Cawendia grossa*   Ramme 1929 (Kevan 1962a: 240) [p. 173].
8. *Cawendia grossa*   Kevan 1956b: 126, fig. 11.
9. *Cawendia glabrata*   Kevan l.c. 126, fig. 10.
10. *Cawendia hebardi*   Rehn 1953 (Kevan l.c. 128). [p. 173].
11. *Cawendia kibara*   Rehn 1953 (Kevan l.c. 128) [p. 173].
12. *Cawendia aterrima*   Ramme 1929 (Kevan l.c. 126) [p. 173].
13. Cawendia glabrata   Kevan 1962a: 240.
14. Cawendia glabrata   Dirsh 1965: 130, fig. 92 (♂).

Desc. 8, 9.   **Dist.** C.A. 'Congo' 9, 13.

PYRGOMORPHIDAE

vittata Miller 1932 [p. 173]

See Stenoscepa picticeps p. 108.

PEZOTAGASTA Uvarov 1953 [p. 177]

Type species: Pezotagasta angolensis   Rehn 1953 (Kevan 1956b: 126)

2. Pezotagasta   Kevan 1956b: 126.
3. Pezotagasta   Dirsh 1965: 109, 130.

Desc. 2, 3.

angolensis Rehn 1953 [p. 175]

1a. *Pezotagasta crassipes*   Uvarov 1953 (Kevan 1956b: 126) [p. 177].
2. Pezotagasta angolensis   Kevan 1961b: 163.
3. Pezotagasta angolensis   Dirsh 1961b: 243.
4. Pezotagasta angolensis   Dirsh 1965: 131, fig. 93 (♂).

Desc. 2, 3.

*bredoi Dirsh 1961

Type: ♂. 'N. Rhodesia': Kipundu. Tervuren Mus.

1. Pezotagasta bredoi   Dirsh 1961b: 242, fig. 1 (1).

Desc. ♂.

HUMPATELLA Karsch 1896 [p. 166]

6. Humpatella   Kevan 1956b: 110, 128.
7. Humpatella   Dirsh 1965: 109, 131.

Desc. 6, 7.

severini I. Bolivar 1904 [p. 167]

6. Humpatella severini   Kevan 1956b: 128, fig. 12.
7. Humpatella severini   Dirsh 1956f: 273, pl. 20, f. 9.
8. Humpatella severini   Dirsh 1965: 132, fig. 94 (♂).

Desc. 6, 7.   **Morph.** 7.

PHYSEMOPHORUS Krauss 1907 [p. 166]

sokotranus (Burr 1898) [p. 166]

Type: Oxford Mus.

9. Physemophorus sokotranus   Uvarov & Popov 1957: 371.
10. Physemophorus sokotranus   Uvarov 1966: 36.

Desc. 9.   **Morph.** 10.   **Ecol.** 9.

PYRGOMORPHIDAE

*PARASPHENELLA Kevan 1956

Haplotype: **Pyrgomorphella carinata** I. Bolivar 1904 [p. 175]

1. Parasphenella   Kevan 1956b: 111, 118.
2. Parasphenella   Dirsh 1965: 109, 132.

Desc. 1, 2.

carinata I. Bolivar 1904   [p. 175]

5. Parasphenella carinata   Kevan 1956b: 118, fig. 3.
6. Parasphenella carinata   Kevan 1961b: 161, 162.
7. Parasphenella carinata   Dirsh 1965: 133, fig. 95 (♀).

Desc. 5, 6.

*PUNCTISPHENA Kevan 1961

Haplotype: **Punctisphena pustulata**   Kevan 1961

1. Punctisphena   Kevan 1961b: 154.

Desc.

*pustulata Kevan 1961

Type: ♀. Rhodesia: Birchenough Bridge. Transvaal Mus.

1. Punctisphena pustulata   Kevan 1961b: 155, fig. 1 (1–4).

Desc. ♀.

STENOSCEPA Karsch 1896   [p. 174]

6. *Parasphenoides*   Kevan 1956 (Dirsh 1961d: 383). *Orthotype:* Parasphena dubia   I. Bolivar 1904 [p. 168].
   (i) Parasphenoides   Kevan 1956b: 111, 119.
   (ii) Parasphenoides   Kevan 1961b: 160.
   (iii) Parasphenoides   Dirsh 1961d: 383.
7. *Afrosphena*   Kevan 1956 (Dirsh 1961d: 383). *Orthotype:* Parasphena picticeps   I. Bolivar 1904 [p. 171].
   (i) Afrosphena   Kevan 1956b: 110, 121.
8. *Parasphenula*   Kevan 1956 (Dirsh 1961d: 383). *Orthotype:* Parasphena boranensis   Salfi 1939 [p. 167].
   (i) Parasphenula   Kevan 1956b: 111, 115.
9. Stenoscepa   Dirsh 1961d: 383.
10. Stenoscepa   Dirsh 1965: 109, 133.

abyssinica (Uvarov 1934)   [p. 167]

3. Parasphena abyssinica   Kevan 1955c: 482.
4. Parasphenula abyssinica   Kevan 1956b: 116.
5. Stenoscepa abyssinica   Dirsh 1961d: 384.

boranensis (Salfi 1939) [p. 167]

3. Parasphenula boranensis   Kevan 1956b: 116.
4. Parasphenula boranensis   Kevan 1957b: 201.
5. Stenoscepa boranensis   Dirsh 1961d: 384.
6. Parasphenula boranensis   Kevan 1961b: 159.

dubia (I. Bolivar 1904) [p. 168]

7. Parasphenoides dubia   Kevan l.c. 119, fig. 4. *Lectotype:* ♀. Madrid Mus.
8. Parasphenella dubia   Kevan 1961b: 160, figs. 5, 6.
9. Stenoscepa dubia   Dirsh 1961d: 384.

Desc. 7, 8.

**fusiformis* (Kevan 1956)

Type: ♂. Tanganyika: Mpwapwa, Kibariani. Brit. Mus.

1. Afrosphena fusiformis   Kevan 1956b: 121, fig. 7.
2. Stenoscepa fusiformis   Dirsh 1961d: 384.

Desc. 1 (♂ ♀).

gallae (Rehn 1901) [p. 169]

6. Parasphenula gallae   Kevan 1956b: 116.
7. Stenoscepa gallae   Dirsh 1961d: 384.
8. Parasphenula gallae   Kevan 1961b: 159.

**gracilis* Kevan 1956

Type: ♂. Rhodesia: Umtali, Monarch Mine. Brit. Mus.

1. Afrosphena gracilis   Kevan 1956b: 123, fig. 8.
2. Afrosphena gracilis   Kevan 1961b: 163.
3. Stenoscepa gracilis   Dirsh 1961d: 384.

Desc. 1 (♂ ♀).

granulata (Karsch 1888) [p. 174]

6. Stenoscepa granulata   Dirsh 1965: 134, fig. 96 (♂).

**grandis* Kevan 1956

Type: ♀. Kenya: Mt. Kulal. Brit. Mus.

1. Parasphenula grandis   Kevan 1956b: 116, fig. 2.
2. Parasphenula grandis   Kevan 1957b: 201.
3. Stenoscepa grandis   Dirsh 1961d: 384.

Desc. 1 (♀).

iavellensis (Kevan 1948) [p. 169]

2. Parasphenula iavellensis   Kevan 1956b: 116.
3. Stenoscepa iavellensis   Dirsh 1961d: 384.

PYRGOMORPHIDAE

maxima (Kevan 1948) [p. 170]

2. Parasphenula maxima   Kevan 1956b: 116.
3. Parasphenula maxima   Kevan 1957b: 201.
4. Stenoscepa maxima   Dirsh 1961d: 384.

*meridionalis (Kevan 1956)

Type: ♀. Basutoland: Maluti Mts., Nyakoesuba. Brit. Mus.

1. Parasphenoides meridionalis   Kevan 1956b: 120, fig. 5.
2. Parasphenella meridionalis   Kevan 1961b: 160.
3. Parasphenella meridionalis   Kevan 1961b: 162. ♂. Hemsley's Dam, Basutoland.
4. Stenoscepa meridionalis   Dirsh 1961d: 384.
5. Parasphenoides meridionalis   Brown 1962d: 203.

Desc. 1 (♀), 3 (♂). **Ecol.** 5. **Dist. S.A.** O.F.S. 5.

montana (Uvarov 1934) [p. 170]

3. Parasphenula montana   Kevan 1956b: 116.
4. Stenoscepa montana   Dirsh 1961d: 384.

*obscura (Kevan 1962)

Type: ♀. N. Rhodesia, Abercorn. Calif. Acad. Sci.

1. Parasphenula obscura   Kevan 1962a: 235, figs. 2, 3.
2. Stenoscepa obscura   Dirsh 1965: 134.

Desc. 1 (♀).

picta I. Bolivar 1884 [p. 171]

8. Parasphenula picta   Kevan 1956b: 116. *Lectotype:* ♂. Massawa. Vienna Mus.
9. Stenoscepa picta   Dirsh 1961d: 384.

picticeps (I. Bolivar 1904) [p. 171]

4. *Cawendia vittata*   Miller 1932 (Kevan 1956b: 121) [p. 173].
5. Afrosphena picticeps   Kevan 1956b: 121, fig. 6.
6. Parasphena picticeps   Dirsh 1956c: 135, 255. *Type:* Madrid Mus. (Kevan 1961b: 162).
7. Stenoscepa picticeps   Dirsh 1961d: 384.
8. Parasphena picticeps   Kevan 1961b: 162.

Desc. 5, 8. **Dist. S.A.** Lesotho 6; O.F.S. 6.

*rhodesiensis Kevan 1956

Type: ♂. 'N. Rhodesia', Kipundu. Tervuren Mus.

1. Afrosphena rhodesiensis   Kevan 1956b: 124, fig. 9.
2. Afrosphena rhodesiensis   Kevan 1961b: 163.

PYRGOMORPHIDAE

3. Stenoscepa rhodesiensis   Dirsh 1961d: 385.
4. Afrosphena rhodesiensis   Kevan 1962a: 241.

Desc. 1 (♂ ♀).   **Dist. C.A.** Zambia 1; Congo Rep. 2.

*AFROSPHENELLA Kevan & Akbar 1963

Orthotype: **Pyrgomorphella capensis**   Key 1937 [p. 175]

1. Afrosphenella   Kevan & Akbar 1963: 416.

Desc.

capensis Key 1937   [p. 175]

3. Afrosphenella capensis   Kevan & Akbar 1963: 419, fig. 3.

Desc. Morph.

senecionicola (Key 1937)   [p. 176]

2. Afrosphenella senecionicola   Kevan & Akbar 1963: 421.

Desc.

PYRGOMORPHELLA I. Bolivar 1904 [p. 174]

7. Pyrgomorphella   Kevan 1956b: 110, 118, 130.
8. Pyrgomorphella   Kirsh 1963c: 51, 57.
9. Pyrgomorphella   Dirsh 1965: 109, 135.
10. Pyrgomorphella   Uvarov 1966: 402, 403, fig. 223.

Desc. 7, 8, 9.

albini (Chopard 1921)   [p. 174]

5. Pyrgomorphella albini   Kevan 1962a: 242.

Dist. E.A. Tanzania.

angolensis Rehn 1953   [p. 175]

See Pezotagasta p. 105.

arachidis (Dirsh 1951)   [p. 174]

3. Pyrgomorphella arachidis   Slifer 1953a: 43, 53, pl. 1, f. 7.
4. Pyrgomorphella arachidis   Slifer 1953b: 70, 77, pl. 2, f. 9.
5. Stenoscepa arachidis   Le Pelley 1959: 93.
6. Pyrgomorphella arachidis   Dirsh 1961a: 382, fig. 14 (?).
7. Pyrgomorphella arachidis   Kevan 1962a: 241.
8. Pyrgomorphella arachidis   Dirsh 1965: 137.

Morph. 3, 4.   **Econ.** 5.   **Dist. C.A.** Malawi 7. **E.A.** Kenya 8.

capensis Key 1937   [p. 175]

See Afrosphenella *above*.

carinulata Kevan 1956

1. Parasphena carinata   I. Bolivar 1909a: 28 [p. 168].
2. Pyrgomorphella carinulata (nom. nov.)   Kevan 1956b: 132, fig. 15.

Desc. 1 (♀), 2.

PYRGOMORPHIDAE

madecassa I. Bolivar 1904 [p. 175]

7. Pyrgomorphella madecassa   Dirsh 1963c: 60, fig. 5 (1–5). *Type:* ♂ lost. Lectotype: ♀. Madagascar. Paris Mus.

Desc. ♀.

minuta Dirsh 1963

Type: ♂. S.W. Madagascar: Ambovomne. Paris Mus.

1. Pyrgomorphella minuta   Dirsh 1963c: 60, fig. 4 (1–9).

Desc. ♂ ♀.

rubripennulis Key 1937 [p. 175]

See Plerisca p. 111.

rugosa Key 1937 [p. 175]

See Phymelloides p. 111.

senecionicola Key 1937 [p. 176]

See Plerisca p. 111.

sphenarioides I. Bolivar 1904 [p. 176]

5. Pyrgomorphella sphenarioides   Kevan 1956b: 131, fig. 14. *Lectotype:* ♀.
6. Pyrgomorphella sphenarioides   Dirsh 1958a: 25, figs. 1–5. (♂. Paratype).
7. Pyrgomorphella sphenarioides   Dirsh 1965: 136, fig. 98 (♂).

Desc. 5.

*SOMALOPYRGUS Kevan & Akbar 1964

Haplotype: **Somalopyrgus rotundipennis**   Kevan & Akbar 1964

1. Somalopyrgus   Kevan & Akbar 1964: 1529.

Desc.

rotundipennis Kevan & Akbar 1964

Type: ♀. Somalia: Mijertein, nr. Eil. Brit. Mus.

1. Somalopyrgus rotundipennis   Kevan & Akbar 1964: 1530, fig. 6.

Desc. ♂ ♀.

*PHYMELLOIDES Kevan & Akbar 1963

Haplotype: **Pyrgomorphella rugosa**   Key 1937 [p. 175]

1. Phymelloides   Kevan & Akbar 1963: 412.

Desc.

rugosus (Key 1937) [p. 175]

2. Pyrgomorphella rugosa   Kevan 1962a: 242, 244. ♀. S. Africa: Cape Province: 3 m. S.E. of Calitzdorp. Calif. Acad. Sci.
3. Phymelloides rugosus   Kevan & Akbar 1963: 414, fig. 2.

Desc. 2 (♂ ♀), 3.   **Morph.** 3.

PYRGOMORPHIDAE

LEPTEA I. Bolivar 1904 [p. 193]

5. Leptea   Dirsh 1965: 109, 134.

Desc.

debilis (Finot 1894) [p. 194]

13. Leptea debilis   Dirsh 1956f: 273, pl. 21, f. 7.

Morph.

guichardi Dirsh 1952 [p. 194]

2. Leptea guichardi   Dirsh 1965: 135, fig. 97 (♂).

PLERISCA I. Bolivar 1904 [p. 176]

4. Plerisca   Dirsh 1965: 109, 137.

Desc.

peringueyi I. Bolivar 1904 [p. 176]

4. Plerisca peringueyi   Dirsh 1961d: 385, fig. 11.
5. Plerisca peringueyi   Kevan 1962a: 243, fig. 6.
6. Plerisca peringueyi   Dirsh 1965: 137, fig. 99 (♀).

Desc. 4, 5.

rubripennulis (Key 1937) [p. 175]

3. Pyrgomorphella rubripennulis   Dirsh 1956c: 135, 255.
4. Pyrgomorphella rubripennulis   Kevan 1956b: 130, 132.
5. Plerisca rubripennulis   Dirsh 1961d: 385.
6. Plerisca rubripennulis   Kevan 1962a: 243.
7. Plerisca rubripennulis   Kevan & Akbar 1963: 420, fig. 3 (F–J).

Desc. 5, 6, 7.

senecionicola (Key 1937) [p. 176]

2. Pyrgomorphella senecionicola   Kevan 1956b: 132.
3. Plerisca senecionicola   Dirsh 1961d: 385.
4. Plerisca senecionicola   Kevan 1962a: 243.

Desc. 2, 3, 4.

CHIRINDITES Ramme 1929 [p. 122]

4. Chirindites   Kevan 1956b: 110, 125.
5. Chirindites   Dirsh 1965: 109, 144.

Desc. 4, 5.

oldendaali Ramme 1929 [p. 122]

2. *Chirindites marshalli*   Ramme 1929 (Kevan 1956b: 125) [p. 122].
3. *Chirindites swynnertoni*   Ramme 1929 (Kevan l.c. 125) [p. 122].

PYRGOMORPHIDAE

4. Chirindites odendaali   Kevan 1961b: 163.
5. Chirindites odendaali   Kevan 1962a: 241.
6. Chirindites oldendaali   Dirsh 1965: 144, fig. 105 (♂).

SPHENEXIA Karsch 1896 [p. 122]

5. Sphenexia   Kevan 1956b: 110.
6. Sphenexia   Dirsh 1965: 109, 145.

Desc. 5 (in key), 6.

fusiformis Karsch 1896 [p. 122]

5. Sphenexia fusiformis   Dirsh 1965: 145, fig. 106 (♂).

LAUFFERIA I. Bolivar 1904 [p. 180]

5. Laufferia   Kevan 1962c: 116, 127.
6. Laufferia   Dirsh 1965: 109, 146.

Desc. 5, 6.

chloronota (I. Bolivar 1889) [p. 180]

6. Laufferia chloronota   Kevan 1955a: 81.
7. Laufferia chloronota   Dirsh 1956f: 273, pl. 20, f. 19.
8. Laufferia chloronota   Kevan 1962c: 127, fig. 12. *Type:* Lost. *Neotype:* ♀. Angola, Caconda. Madrid Mus.
9. Laufferia chloronota   Dirsh 1965: 146, fig. 107 (♂).

Desc. 7, 8.   **Morph.** 7.   **Dist.** C.A. Angola.

POEKILOCERUS Serville 1831 [p. 162]

20. Poekilocerus   Dirsh 1965: 109, 146.
21. Poekilocerus   Uvarov 1966: 26, 36, 73, fig. 22.

Desc. 20.   **Morph.** 21.

bufonius (Klug 1832) [p. 163]

18. Poekilocerus bufonius   Fishelson 1960: 41–62, 7 figs.
19. Poekilocerus bufonius   Rothschild & Parsons 1962: 21, 27.
20. Poekilocerus bufonius   Uvarov 1966: 286.

Morph. 18, 19.   **Ecol.** 18.   **Bion.** 18, 20.

hieroglyphicus (Klug 1832) [p. 164]

40. Poecilocerus hieroglyphicus   Dekeyser & Villiers 1956: 28, 205.
41. Poecilocerus hieroglyphicus   Davey *et al.* 1959a: 83.
42. Poecilocerus hieroglyphicus   Chopard 1963: 568.
43. Poecilocerus hieroglyphicus   Nickerson 1963: 45–6.

44. Poekilocerus hieroglyphicus   Dirsh 1965: 147, fig. 108 (♂).
45. Poekilocerus hieroglyphicus   Descamps 1965a: 937.
46. Poekilocerus hieroglyphicus   Uvarov 1966: 255, 286.

Ecol. 40, 41, 44.   **Bion.** 41, 43, 46.   **Dist. N.A.** Ennedi 42.

vittatus (Klug 1832)   [p. 165]

15. Poekilocerus vittatus   Uvarov 1966: 147.

Morph.

OCHROPHLEBIA Stål 1873   [p. 177]

8. Ochrophlebia   Kevan 1962c: 116, 119.
9. Ochrophlebia   Dirsh 1965: 109, 141.

Desc. 8, 9.   **Key** 8.

caffra (Linnaeus 1764)   [p. 177]

Type: Lost. *Neotype proposed:* Gryllus ornatus   Thunberg 1815. Uppsala Mus. (Kevan 1962b: 135, 136)

17. Ochrophlebia cafer   Dirsh 1956c: 255.
18. Ochrophlebia cafer   Dirsh 1956f: 273, pl. 20, f. 5.
19. Ochrophlebia cafra   Kevan 1962b: 135, 136.
20. Gryllus Locusta pennicornis   Kevan 1962b: 136. *Type:* Leiden Mus.
21. Ochrophlebia cafra   Kevan 1962c: 120, figs. 3–5.
22. Ochrophlebia cafra   Kevan 1963a: 76, pl. v, fig. 19.
23. Gryllus Locusta pennicornis   Kevan *l.c.* 77, pl. v, fig. 20.
24. Ochrophlebia caffra   Dirsh 1965: 142, fig. 103b (♂).

Desc. 19, 21, 22.   **Morph.** 18.   **Dist. S.A.** Natal 17; O.F.S. 17, 21.

ligneola (Serville 1838)   [p. 178]

Types lost: Neotype: ♀. Cape Colony. Brit. Mus. (Kevan 1962c: 123).

13. Ochrophlebia ligneola   Dirsh 1956c: 135, 255.
14. *Ochrophlebia proxima*   I. Bolivar 1904 (Kevan 1962c: 123, 126). [p. 178].
15. Ochrophlcbia proxima   Dirsh 1956c: 255.
16. Ochrophlebia ligneola   Kevan 1962c: 120, 123, figs. 6–9.
17. Ochrophlebia proxima   Kevan 1962c: 126, fig. 9.
18. *Ochrophlebia serpae*   I. Bolivar 1884. *Type:* Lost. *Lectotype:* ♀. Angola. Madrid Mus. (Kevan 1962c: 124, figs. 7, 8). [p. 178].
19. Ochrophlebia ligneola   Dirsh 1965: 142, fig. 103a (♂).

Desc. 16, 17, 18.   **Ecol.** 16.   **Dist. E.A.** Mozambique 16.   **S.A.** Transvaal 15; Natal 16; O.F.S. 16.

scabrosa (I. Bolivar 1889)   [p. 183]

See Scabropyrgus scabrosa p. 118.

PYRGOMORPHIDAE

OCHROPHLEGMA I. Bolivar 1904 [p. 179]

4. Ochrophlegma   Kevan 1962c: 116, 129.
5. Ochrophlegma   Dirsh 1965: 109, 143.

Desc. 4, 5.   **Key** 4.

pygmaea (Karsch 1888) [p. 179]

6. Ochrophlegma pygmaea   Kevan 1962c: 129, 132, fig. 17.

Desc.

violacea (Stål 1876) [p. 179]

9. Ochrophlegma violacea   Dirsh 1956c: 256.
10. Ochrophlegma violacea   Kevan 1962c: 129, 132, fig. 16.

Desc. 10.   **Dist. C.A.** Rhodesia 9.

vittifera (Walker 1871) [p. 179]

8. Ochrophlegma vittifera   Kevan 1962c: 129, figs. 13–15.
9. Ochrophlebia radiata. *Lectotype:* ♂. 'Caffraria'. Stockholm Mus. (Kevan 1962c: 130, fig. 14).
10. Ochrophlegma vittifera   Dirsh 1965: 143, fig. 104 (♂ ♀).

Desc. 8, 9.   **Dist. S.A.** Transvaal 8; Swaziland 8.

PYRGOMORPHA Serville 1838 [p. 183]

32. Pyrgomorpha   Dirsh 1961a: 381.
33. Pyrgomorpha   Jago 1964a: 196.
34. Pyrgomorpha   Dirsh 1965: 109, 138.
35. Pyrgomorpha   Uvarov 1966: 3, 36, 72, 256, fig. 44.

Desc. 32, 34.   **Morph.** 35.   **Ecol.** 33.   **Bion.** 35.

capensis I. Bolivar 1904 [p. 186]

See Tanitella prasina p. 118.

cognata Krauss 1877 [p. 186]

62. Pyrgomorpha cognata   Krauss 1877: 145.
63. Pyrgomorpha cognata   Hargreaves 1948: 41.
64. Pyrgomorpha cognata   Risbec 1950: 317.
65. Pyrgomorpha cognata   Joyce 1953: 103, 107.
66. Pyrgomorpha cognata   Mallamaire 1955: 40.
67. Pyrgomorpha cognata   Dekeyser & Villiers 1956: 26, 78, 189, 205.
68. Pyrgomorpha cognata   Joyce 1956: 107, 110.
69. Pyrgomorpha cognata   Kevan 1957b: 201.
70. Pyrgomorpha cognata   Uvarov & Popov 1957: 371.
71. Pyrgomorpha cognata   Pearson 1958: 304.

PYRGOMORPHIDAE

72. Pyrgomorpha cognata Davey *et al.* 1959*a*: 83.
73. Pyrgomorpha cognata Davey 1959: 127 *et seq.*
74. Pyrgomorpha cognata Dirsh 1959*a*: 62.
75. Pyrgomorpha cognata Gardner 1960: 128.
76. Pyrgomorpha cognata Chapman 1961*a*: 261, 265, fig. 7.
77. Pyrgomorpha sp.nov. aff. cognata Kevan & Knipper 1961: 372.
78. Pyrgomorpha cognata Kevan & Knipper 1961: 372.
79. Pyrgomorpha cognata Saraiva 1961: 121.
80. Pyrgomorpha cognata Chapman 1962: 18, fig. 5.
81. Pyrgomorpha cognata Roy 1962: 110, 114, 119.
82. Pyrgomorpha cognata Chopard 1963: 569.
83. Pyrgomorpha cognata Chapman 1964: 120.
84. Pyrgomorpha cognata Roy 1964*b*: 1188.
85. Pyrgomorpha cognata Sayed *et al.* 1964: 260.
86. Pyrgomorpha cognata Descamps 1965*a*: 937, 938, 1305.
87. Pyrgomorpha cognata Uvarov 1966: 255.

Desc. 62 (♂ ♀), 69, 77, 78. **Morph.** 76, 83. **Ecol.** 67, 70, 72, 77, 78, 81, 84, 86. **Bion.** 72, 73, 76, 78. **Econ.** 63, 64, 65, 66, 68, 70. **Dist. W.A.** Mali 73. **E.A.** Somalia 77; Socotra 70. **N.A.** Ennedi 82. **A.I.** Canary Is. 75; Cape Verde Is. 79.

conica (Olivier 1791) [p. 187]

89. Pyrgomorpha grylloides Hayward 1927: Suppl.
90. Pyrgomorpha conica Hargreaves 1948: 41.
91. Pyrgomorpha conica Agarwala 1953: 55, 68.
92. Pyrgomorpha conica Dirsh 1954*a*: 671.
93. Pyrgomorpha conica Agarwala 1954: 312.
94. Pyrgomorpha conica Khalifa 1956*a*: 176, 178, fig. 5.
95. Pyrgomorpha conica Khalifa 1956*b*: 217, 229.
96. Pyrgomorpha conica Dirsh 1956*f*: 273, pl. 21, f. 6.
97. Pyrgomorpha conica Korsakoff 1958: 140.
98. Pyrgomorpha conica Fishelson 1960: 61.
99. Pyrgomorpha conica Gangwere & Morales Agacino 1964*a*: 215.
100. Pyrgomorpha conica Sayed *et al.* 1964: 260.
101. Pyrgomorpha conica Dirsh 1965: 139, fig. 100*c*.

Morph. 91, 93, 94, 96, 98, 99. **Ecol.** 91, 94, 97. **Bion.** 95, 99. **Econ.** 90, 95.

cylindrica I. Bolivar 1904 [p. 190]

5. Pyrgomorpha cylindrica Kevan 1962*a*: 245.

Dist. E.A. Tanzania. **C.A.** Congo Rep.

dispar dispar I. Bolivar 1884

Lectotype: ♀. 'Mexico'. Vienna Mus. (Kevan 1961*a*: 15).

1. Pyrgomorpha dispar I. Bolivar 1884: 423, 425, 495.
2. *Pyrgomorpha kraussi* Uvarov 1926 (Kevan 1961*a*: 15) [p. 190].

PYRGOMORPHIDAE

3. Pyrgomorpha kraussi Risbec 1950: 317.
4. Pyrgomorpha kraussi Mallamaire 1955: 40.
5. Pyrgomorpha kraussi Descamps 1956: 752.
6. Pyrgomorpha kraussi Chopard 1958a: 142.
7. Pyrgomorpha kraussi Davey et al. 1959a: 84.
8. Pyrgomorpha kraussi Lewis & John 1959: 589–618, 47 figs.
9. Pyrgomorpha dispar dispar Kevan 1961a: 15.
10. Pyrgomorpha kraussi Chapman 1961a: 261, 265, fig. 5.
11. Pyrgomorpha kraussi Chapman 1962: 19, fig. 5.
12. Pyrgomorpha kraussi Phipps 1962: 14, 16, 17.
13. Pyrgomorpha dispar dispar Roy 1962: 110, 114, 119.
14. Pyrgomorpha kraussi Chapman 1964: 120.
15. Pyrgomorpha dispar dispar Roy 1964b: 1188.
16. Pyrgomorpha dispar dispar Descamps 1965a: 937, 938.
17. Pyrgomorpha dispar dispar Roy 1965: 618.
18. Pyrgomorpha dispar Dirsh 1965: 138, 139, fig. 100 (♂ ♀).
19. Pyrgomorpha dispar Anderson, D. S. 1965: 16, figs. 1, 2.
20. Pyrgomorpha kraussi Uvarov 1966: 255, 286, 390, 403, fig. 223.

Desc. 9. **Morph.** 10, 12, 14, 19. **Ecol.** 7, 11, 13, 15, 16. **Bion.** 8, 10, 11, 20. **Econ.** 3, 4, 5. **Dist. W.A.** Mali 3, 7, 16; Guinea 6; Ghana 11; Sierra Leone 12; Senegal 13, 15, 17.

dispar semlikiana (Rehn 1914) [p. 183]

4. *Tanita dispar* Miller 1929 (Kevan 1961a: 16) [p. 192].
5. *Pyrgomorpha milleri* Uvarov 1953 (Kevan l.c.) [p. 192].
6. *Tanita ampla* Sjöstedt 1929 (Kevan 1962c: 136 footnote) [p. 180].
7. *Tanita adjuncta* Sjöstedt 1929 (Kevan l.c.) [p. 180].
8. *Tanita infesta* Sjöstedt 1929 (Kevan l.c.) [p. 181].
9. Tanita dispar Thomas 1954: 29.
10. Tanita dispar Chapman & Robertson 1958: 96, 99.
11. Pyrgomorpha dispar semlikiana Kevan 1961a: 16.
12. Pyrgomorpha dispar semlikiana Kevan 1962a: 245.
13. Pyrgomorpha dispar Robertson & Chapman 1962: 61, tables 2, 3, 4, 27–30.
14. Tanita dispar Thomas 1962: 107 et seq., fig. 5.
15. Tanita milleri Pinhey 1965: 6.

Desc. 11. **Morph.** 9, 10, 14. **Ecol.** 10, 15. **Bion.** 10, 13, 15. **Econ.** 13. **Dist. C.A.** Congo Rep. 11; Rhodesia 15.

granulata Stål 1875 [p. 190]

12. Pyrgomorpha granulata Dirsh 1956c: 136, 256.
13. Pyrgomorpha (?) granulata Davey et al. 1959a: 84.
14. Pyrgomorpha granulata Kevan 1962a: 245.
15. Pyrgomorpha granulata Pinhey 1965: 6.

Ecol. 15. **Bion.** 15. **Dist. W.A.** Mali 13. **C.A.** Zambia 14.

kraussi Uvarov 1926 [p. 190]

See Pyrgomorpha dispar dispar p. 115.

minuta Kevan 1963

Haplotype: ♂. S. Africa: Cape Province, near Hermanus. Brit. Mus.
1. Pyrgomorpha minuta   Kevan 1963b: 175, figs. 1–4.

Desc. ♂ ♀.

neavei Kevan 1962

1. Tanita brachyptera   I. Bolivar 1912c: 89 [p. 180].
2. 'Pyrgomorpha brachyptera'   Kevan 1962c: 136 footnote nom. preoc.
3. Pyrgomorpha neavei   Kevan *l.c.* nom. nov.

Desc. 1, 3.   **Dist. E.A.** Tanzania 3.   **C.A.** Zambia 3.

procera I. Bolivar 1908 [p. 193]

See Pyrgomorpha tricarinata *below*.

tereticornis (Brullé 1840) [p. 193]

5. Pyrgomorpha tereticornis   Chopard 1954b: 5.
6. Pyrgomorpha tereticornis   Chopard 1958d: 11.
7. Pyrgomorpha tereticornis   Saraiva 1961: 122, 150.

tricarinata I. Bolivar 1884

Type: ♀. 'Brazil.' Brussels Mus. *Lectotype* (Kevan 1961a: 14)

1. Pyrgomorpha tricarinata   I. Bolivar 1884: 422, 424.
2. Pyrgomorpha tricarinata   I. Bolivar 1904: 452.
3. Pyrgomorpha tricarinata   I. Bolivar 1909a: 32.
4. Pyrgomorpha tricarinata   Kirby 1910: 326.
5. *Pyrgomorpha procera*   I. Bolivar 1908 (Kevan 1961a: 14, 15) [p. 193].
6. Pyrgomorpha tricarinata   Kevan *l.c.* 14 and footnote.

Desc. 1 (♀), 2, 3, 6.   **Dist. N.A.** Morocco 6.

species ?

1. Pyrgomorpha sp.   Slifer 1953b: 77, fig. 3.
2. Pyrgomorpha spp.   Kevan 1957b: 202.
3. Pyrgomorpha sp.   Descamps 1965a: 937, 938.

Desc. 2.   **Morph.** 1.   **Ecol.** 3.   **Dist. W.A.** Mali 3.   **E.A. N.** Kenya 2.

*MACROLEPTEA Kevan 1962

Haplotype: **Pyrgomorpha laevigata** Werner 1914 [p. 191]

1. Macroleptea   Kevan 1962c: 116, 117.

Desc.

PYRGOMORPHIDAE

laevigata (Werner 1914) [p. 191]

4. Macroleptea laevigata   Kevan 1962c: 118, figs. 1, 2. *Lectotype:* ♂. Algeria: Ain Sefra. Vienna Mus.

*SCABROPYRGUS Kevan 1962

Haplotype: **Ochrophlebia scabrosa**   I. Bolivar 1889   [p. 183]

1. Scabropyrgus   Kevan 1962c: 116, 126.

Desc.

scabrosa (I. Bolivar 1889)   [p. 183]

7. Tanita scabrosa   Kevan 1955a: 81.
8. Scabropyrgus scabrosa   Kevan 1962c: 127, figs. 10, 11.
    Type: Lost. *Neotype:* ♀. Angola: Duque de Bragança. Madrid Mus.
9. Ochrophlebia scabrosa   Dirsh 1965: 142.

Desc. 7, 8 (♂).

*TANITELLA Kevan 1962

Haplotype: **Ochrophlebia prasina**   Karsch 1888   [p. 178]

1. Tanitella   Kevan 1962c: 117, 132.

Desc.

prasina Karsch 1888   [p. 178]

5. *Pyrgomorpha capensis*   I. Bolivar 1904 (Kevan 1962c: 133) [p. 186].
6. Tanitella prasina   Kevan 1962c: 133, figs. 18, 19.

Dist. S.A. Transvaal 6.

TANITA I. Bolivar 1904   [p. 180]

6. Tanita   Kevan 1962c: 117, 135.
7. *Protagasta*   I. Bolivar 1908 (Kevan *l.c.* 135) [p. 176].
8. Protagasta   Dirsh 1965: 109, 140.
9. Tanita   Dirsh 1965: 109, 140.

Desc. 6, 8, 9. **Key** 6.

adjuncta Sjöstedt 1929   [p. 180]

See Pyrgomorpha dispar semlikiana p. 116.

ampla Sjöstedt 1929   [p. 180]

See Pyrgomorpha dispar semlikiana p. 116.

brachyptera I. Bolivar 1912   [p. 180]

See Pyrgomorpha neavei p. 117.

PYRGOMORPHIDAE

breviceps (I. Bolivar 1882) [p. 181]
7. Tanita breviceps   Kevan 1962c: 138, 151, figs. 41, 42. *Lectotype:* ♀. Angola: Duque de Bragança. Madrid Mus.

Desc.   Dist. C.A. Congo Rep.

elgonensis Sjöstedt 1933   [p. 181]
See Protanita fusiformis p. 121.

elongata I. Bolivar 1912   [p. 181]
See Protanita p. 121.

ferrierei I. Bolivar 1904   [p. 181]
See Tanita loosi *below*.

fusiformis Sjöstedt 1929   [p. 181]
See Protanita p. 121.

linea-alba (I. Bolivar 1889)   [p. 181]
5. Tanita linea-alba   Kevan 1962a: 246.
6. Tanita linea-alba   Kevan 1962c: 144, figs. 29, 30. *Lectotype:* ♂. Angola: Caconda. Madrid Mus.

Dist. C.A. Congo Rep. 5; Zambia 6.

longiceps I. Bolivar 1904   [p. 182]
See Protanita p. 121.

loosi loosi I. Bolivar 1904   [p. 182]
8. Tanita loosi   Kevan 1962a: 245.
9. *Tanita ferrierei*   I. Bolivar 1904 (Kevan 1962c: 136, 141) [p. 181].
10. Tanita loosi loosi   Kevan 1962c: 137, 141, figs. 25, 26. *Lectotype:* ♀.

Dist. E.A. Tanzania 10.   **C.A.** Zambia 10.

*loosi pulchra Kevan 1962
Type: ♂. Katanga: R. Lubudi. Brit. Mus.
1. Tanita loosi pulchra   Kevan 1962c: 137, 142, figs. 27, 28.

Desc. ♂♀.   **Dist. C.A.** Katanga; Angola.

obesa Uvarov 1953   [p. 182]
2. Tanita obesa   Dirsh 1956f: 273, pl. 20, f. 11.
3. Tanita obesa   Kevan 1962c: 137, 140, figs. 22, 23.
4. Tanita obesa   Dirsh 1965: 140, fig. 101 (♂♀).

Morph. 2.

PYRGOMORPHIDAE

**parva* parva Kevan 1962*

Type: ♂. 'N. Tanganyika', Ushirombo road, 22 m. W. of Kahama. Brit. Mus.

1. Tanita parva parva   Kevan 1962c: 138, 148, figs. 36, 37.
2. Tanita parva   Descamps 1965a: 937.

Desc. 1 (♂ ♀).   **Ecol.** 2.   **Dist. W.A.** Mali 2.

parva violacea Kevan 1962

Type: ♀. S. Sudan: Lira–Torit road. Brit. Mus.

1. Tanita parva violacea   Kevan 1962c: 138, 150, figs. 38, 39.
2. Tanita parva violacea   Dirsh 1964a: 50.

Desc. 1 (♂ ♀).   **Ecol.** 2.   **Dist. E.A.** Sudan 1; Uganda 1.   **C.A.** N.E. Congo Rep. 1.   **W.A.** Cameroon Rep. (?) 1.

purpurea I. Bolivar 1904   [p. 182]

4. Tanita purpurea   Kevan 1962c: 137, 140, fig. 24.

Desc.   **Dist. C.A.** Angola; Rhodesia.

rosea (I. Bolivar 1908)   [p. 176]

4. Protagasta rosea (Bolivar 1908 nec Uvarov 1953)   Kevan 1962c: 136.
5. Tanita rosea   Kevan 1962c: 138, 151, fig. 40. Type: ♀. Congo Rep.: Leopoldville. Brussels Mus.
6. Protagasta rosea   Dirsh 1965: 141, fig. 102 (♂).

Desc. 5.

scabrosa (I. Bolivar 1889)   [p. 183]

See Scabropyrgus p. 118.

semlikiana Rehn 1914   [p. 183]

See Pyrgomorpha dispar semlikiana p. 116.

stulta I. Bolivar 1912   [p. 183]

2. Tanita stulta   Kevan 1962c: 137, 138, figs. 20, 21. *Lectotype:* ♂.

Desc.

subcylindrica subcylindrica I. Bolivar 1882   [p. 183]

9. Tanita subcylindrica   Kevan 1962a: 246.
10. *Tanita picturata* (Karsch 1888)   Kevan 1962c: 136, 145 [p. 182].
11. *Tanita picturata*   Kevan 1962c: 145, 146.
12. Tanita subcylindrica subcylindrica   Kevan 1962c: 138, 145, figs. 31–3. *Type lost. Neotype:* ♀. Angola: Caconda. Madrid Mus.

Desc. 12.   **Dist. E.A.** Tanzania 9, 12.   **C.A.** Zambia 12.

subcylindrica orientalis Kevan 1962

Type: ♂. 'S. Tanganyika': Matengo-Hochland, W.S.W. of Songea. Vienna Mus.

1. Tanita subcylindrica orientalis   Kevan 1962c: 138, 146, figs. 34, 35.

Desc. ♂ ♀.

species ?

1. Tanita sp.   Slifer 1953b: 70, pl. 2, f. 10.

Morph.

*PROTANITA Kevan 1962

Orthotype: **Tanita elongata**   I. Bolivar 1912   [p. 181]

1. *Protagasta*   Uvarov 1953 nec Bolivar 1908 (Kevan 1962c: 154) [p. 176].
2. Protanita   Kevan 1962c: 117, 154.

Desc. 2.   **Key** 2.

elongata (I. Bolivar 1912)   [p. 181]

2. Protanita elongata   Kevan 1962c: 154, fig. 48. *Type:* ♀. Katanga: Luena.
3. *Protagasta rosea*   Uvarov 1953 (nec I. Bolivar 1908) (Kevan *l.c.* 154) [p. 176].

Desc. 2.

fusiformis (Sjöstedt 1929)   [p. 181]

2. Protanita fusiformis   Kevan 1962c: 154, 156, figs. 49, 50.
3. *Tanita elgonensis*   Sjöstedt 1933 (Kevan *l.c.*) [p. 181].

Desc. 2, 3.   **Dist. E.A.** Uganda 2.   **C.A.** Congo Rep. 2.

longiceps I. Bolivar 1904   [p. 182]

5. Tanita longiceps   Kevan & Knipper 1961: 371.
6. Protanita longiceps   Kevan 1962c: 154, 156, fig. 51.

Desc. 6.   **Ecol.** 5.

*CHAPMANACRIS Dirsh 1959

Haplotype: **Chapmanacris sylvatica**   Dirsh 1959

1. Chapmanacris   Dirsh 1959c: 21.
2. Chapmanacris   Jago 1964a: 196, 199, 200.
3. Chapmanacris   Dirsh 1965: 110, 148.

Desc. 1, 3.   **Ecol.** 2.

sylvatica Dirsh 1959

Type: ♂. Ghana: Essuboni Forest. Brit. Mus.

1. Chapmanacris sylvatica   Dirsh 1959c: 23, fig. 1.
2. Chapmanacris sylvatica   Chapman 1960: 240, fig. 1. ♀. Ghana: Eastern Region, Essuboni Forest Reserve, Brit. Mus.

PYRGOMORPHIDAE

3. Chapmanacris sylvatica   Chapman 1962: 10.
4. Chapmanacris sylvatica   Dirsh 1965: 149, fig. 110 (♂).

Desc. 1 (♂), 2 (♂ ♀).   **Ecol.** 3.   **Bion.** 3.   **Dist.** W.A. Ghana 1, 2, 3.

SCHULTHESSIA I. Bolivar 1905   [p. 198]

4. Schulthessia   Kevan 1961 c: 204.
5. Schulthessia   Dirsh 1963 c: 52, 95.

Desc. 4, 5.

biplagiata I. Bolivar 1905   [p. 198]

4. Schulthessia biplagiata   Kevan 1961 c: 206, fig. 1.
5. Schulthessia biplagiata   Kevan & Banerjee 1961: 24 *et seq.* fig. 1.
6. Schulthessia biplagiata   Dirsh 1963 c: 95, fig. 27 (1–11).

Desc. 4, 5, 6 (♂ ♀).

BUYSSONIELLA I. Bolivar 1905   [p. 198]

4. Buyssoniella   Kevan 1961 c: 204.
5. Buyssoniella   Kevan & Banerjee 1961: 24 *et seq.*

Desc. 4, 5.

madecassa I. Bolivar 1905   [p. 198]

4. Buyssoniella madecassa   Kevan 1961 c: 206 and footnote. *Type lost.*
5. Buyssoniella madecassa   Dirsh 1963 c: 102.

Desc. 4.

See Appendix iv.

UHAGONIA I. Bolivar 1905   [p. 198]

4. Uhagonia   Kevan 1961 c: 204, 206 footnote.
5. Uhagonia   Kevan & Banerjee 1961: 24 *et seq.*
6. Uhagonia   Dirsh 1963 c: 52, 100.

Desc. 4, 5, 6.   **Key** 6.

**depressa* Dirsh 1963

Type: ♀ E. Madagascar: Sambava Dist., Ambatosoratra. Paris Mus.

1. Uhagonia depressa   Dirsh 1963 c: 100, 101, fig. 29 (1–4).

Desc. ♀.

sphenarioides I. Bolivar 1905   [p. 198]

4. Uhagonia sphenarioides   Kevan 1961 c: 206.
5. Uhagonia sphenarioides   Dirsh 1963 c: 100, 101.   *Type:* Vienna Mus.

Desc. 4, 5 (♀).

PYRGOMORPHIDAE

ATRACTOMORPHA Saussure 1861 [p. 194]

13. Atractomorpha   Dirsh 1956*f*: 243, pl. 21, f. 16.
14. Atractomorpha   Banerjee & Kevan 1960: 166, figs. 1–3.
15. Atractomorpha   Kevan 1961*c*: 204.
16. Atractomorpha   Kevan & Banerjee 1961: 23 *et seq.*
17. Atractomorpha   Banerjee & Kevan 1962: 415–33, 8 figs.
18. Atractomorpha   Dirsh 1963*c*: 52, 97.
19. Atractomorpha   Jago 1964*a*: 196.
20. Atractomorpha   Dirsh 1965: 110, 150.
21. Atractomorpha   Uvarov 1966: 4, 36.

Desc. 14, 15, 16, 18, 20. **Key** 14. **Morph.** 13, 17. **Ecol.** 19.

aberrans Karsch 1888 [p. 195]

13. *Truxalis crenulatus*   Beauvois 1807 (Banerjee & Kevan 1960: 176) [p. 196].
14. *Atractomorpha rufopunctata*   I. Bolivar 1894 (Banerjee & Kevan *l.c.* 176) [p. 197].
15. *Atractomorpha rufopunctata* var. *ashantica*   I. Bolivar 1905 (Banerjee & Kevan *l.c.*) [p. 197].
16. Atractomorpha aberrans   Zacher 1949: 313.
17. Atractomorpha rufopunctata   Kevan 1956*c*: 975.
18. Atractomorpha sp. aff. aberrans   Kevan 1957*b*: 203.
19. Atractomorpha rufopunctata   Chopard 1958*a*: 142.
20. Atractomorpha aberrans   Banerjee & Kevan 1960: 169, 176, figs. 1, 4, 9, 11, 21, 42.
21. Atractomorpha aberrans   Kevan 1962*a*: 246.
22. Atractomorpha aberrans   Chapman 1962: 19, fig. 6.
23. Atractomorpha aberrans   Phipps 1962: 14.
24. Atractomorpha aberrans   Dirsh 1963*b*: 208.

Desc. 20. **Morph.** 23. **Ecol.** 17, 22. **Bion.** 22. **Econ.** 16. **Dist.** W.A. Guinea 19, 24; Ghana 22; Sierra Leone 23. E.A. N. Kenya 18. C.A. Congo Rep. 21.

acutipennis Guerin Meneville 1844 [p. 195]

Type: Lost (Banerjee & Kevan 1960: 183)

4. *Atractomorpha gerstaeckeri*   I. Bolivar 1884.

Type: Madrid (Banerjee & Kevan 1960: 183) [p. 196]

5. Atractomorpha gerstaeckeri   Golding 1940: 130.
6. *Atractomorpha aurivillii*   I. Bolivar 1884 (Banerjee & Kevan *l.c.*) [p. 195].
7. Atractomorpha aurivillii   Dirsh 1955*a*: 72.
8. Atractomorpha aurivillii   Dirsh 1956*c*: 136, 256.
9. Atractomorpha aurivillii   Kevan 1956*c*: 975.
10. Atractomorpha aurivillii   Descamps 1956: 752.
11. Atractomorpha gerstaeckeri   Kevan 1956*c*: 975.

PYRGOMORPHIDAE

12. Atractomorpha aurivillii   Chopard 1958a: 143.
13. Atractomorpha aurivillii   Chopard 1958c: 36.
14. Atractomorpha aurivillii   Davey *et al.* 1959a: 85.
15. Atractomorpha gerstaeckeri 1959b: 34.
16. Atractomorpha acutipennis acutipennis   Banerjee & Kevan 1960: 179, 182, fig. 42.
17. *Atractomorpha hova*   Saussure 1899. Geneva Mus. (Banerjee & Kevan *l.c.* 183) [p. 197].
18. *Atractomorpha madacassis*   Bruner 1910 (Banerjee & Kevan *l.c.*) [p. 197].
19. Atractomorpha acutipennis   Banerjee & Kevan 1960: 182.
20. *Atractomorpha brevis*   Uvarov in Uvarov & Tewfik 1938: 274, 280. (Banerjee & Kevan *l.c.* 184).
21. *Atractomorpha acutipennis brevis*   Uvarov 1938 (Banerjee & Kevan 1960 *l.c.*, Dirsh 1963c: 98).
22. Atractomorpha acutipennis brevis   Banerjee & Kevan 1960: 184, fig. 42.
23. *Atractomorpha acutipennis gerstaeckeri*   I. Bolivar 1884 (Banerjee & Kevan 1960: 183, figs. 14, 24, 30, 39, 42. (Dirsh 1963c: 98.)) [p. 195]
24. Atractomorpha gerstaeckeri   Kevan 1960a: 38, figs. 3–6.
25. Atractomorpha congensis   Kevan *l.c.* 40, figs. 3–6 (nom nud.).
26. Atractomorpha gerstaeckeri   Chapman 1961a: 265.
27. Atractomorpha acutipennis gerstaeckeri   Kevan & Knipper 1961: 372.
28. Atractomorpha acutipennis acutipennis   Dirsh 1962c: 271.
29. Atractomorpha acutipennis gerstaeckeri   Roy 1962: 119.
30. Atractomorpha acutipennis gerstaeckeri   Kevan 1962a: 246.
31. Atractomorpha gerstaeckeri   Phipps 1962: 14, 18.
32. Atractomorpha gerstaeckeri   Chapman 1962: 19, fig. 6.
33. Atractomorpha acutipennis gerstaeckeri   Dirsh 1963b: 208.
34. Atractomorpha acutipennis   Dirsh 1963c: 97, fig. 28 (1–14).
35. Atractomorpha gerstaeckeri   Kevan 1963d: 87 note.
36. Atractomorpha aurivillii   Kevan 1963d: 87 note.
37. Atractomorpha acutipennis   Dirsh 1964a: 51.
38. Atractomorpha acutipennis   Roy 1964b: 1189.
39. Atractomorpha gerstaeckeri   Chapman 1964: 120, fig. 3.
40. Atractomorpha acutipennis   Dirsh 1965: 152, fig. 112a (♂).
41. Atractomorpha acutipennis   Roy 1965: 618.
42. Atractomorpha acutipennis gerstaeckeri   Descamps 1965a: 937, 938, 1308.
43. Atractomorpha acutipennis   Phipps 1966: 28.

Desc. 9, 19, 24, 34 (♂ ♀), 35, 36.   **Morph.** 15, 26, 31, 39.   **Ecol.** 14, 26, 27, 32, 37, 38, 41–3. **Bion.** 5, 32, 43.   **Econ.** 10.   **Dist. W.A.** Guinea 12, 33; Mali 14, 42; Senegal 29, 38, 41; Ghana 26, 32.   **E.A.** Sudan 22; Ethiopia 22; Somalia 22.   **C.A.** Zambia 23; Ruanda 7. **S.A.** Natal 8; Transvaal 8; Cape 30, 37.

species ?   [p. 197]

2. Atractomorpha sp.   Dirsh 1959a: 62.

Dist. E.A. Ethiopia.

*AMBOSITRACRIS Dirsh 1963

Haplotype: **Ambositracris ornatus** Dirsh 1963

1. Ambositracris   Dirsh 1963c: 52, 80.

Desc.

ornatus Dirsh 1963

Type: ♂. C. Madagascar: Ankazomivady, Ambositra. Paris Mus.

1. Ambositracris ornatus   Dirsh 1963c: 82, fig. 18 (1–13).
2. Ambositracris ornatus   Kevan, Akbar & Singh 1964: 120, pl. 1 (k, l).

Desc. 1 (♂ ♀), 2.

DYSCOLORHINUS Saussure 1899   [p. 199]

5. Dyscolorhinus   Dirsh 1963c: 52, 78.

Desc.

squalinus Saussure 1899   [p. 199]

6. Dyscolorhinus squalinus   Dirsh 1961d: 397. *Lectotype:* ♀. Madagascar: Tananarive. Geneva Mus.
7. Dyscolorhinus squalinus   Dirsh 1963c: 80, fig. 17 (1–11).
8. Dyscolorhinus squalinus   Kevan, Akbar & Singh 1964: 117, pl. 1e, f.

Desc. 7 (♂ ♀), 8.

vittatus Kevan, Akbar & Singh 1964

Type: ♂. Madagascar: Ampefy, Central Plateau. Acad. Philad.

1. Dyscolorhinus vittatus   Kevan, Akbar & Singh 1964, 118, pl. 1g–j, fig. 3.

Desc. ♂ ♀.

*PYRGOHIPPUS Dirsh 1963

Haplotype: **Pyrgohippus pallidus**   Dirsh 1963

1. Pyrgohippus   Dirsh 1963c: 52, 84.

Desc.

pallidus Dirsh 1963

Type: ♂. S.W. Madagascar. Paris Mus. Paratype: Brit. Mus.

1. Pyrgohippus pallidus   Dirsh 1963c: 84, fig. 20 (1–12).

Desc. ♂ ♀.

GELOIUS Saussure 1899   [p. 200]

5. Geloius   Dirsh 1963c: 52, 86, 88.
6. Geloius   Kevan, Akbar & Singh 1964: 121.

Desc. 5. **Key** 5.

PYRGOMORPHIDAE

crassicornis I. Bolivar 1905 [p. 200]

Type: Paris Mus. (Dirsh 1963c: 92)

4. Geloius crassicornis   Dirsh 1963c: 88, 91, fig. 24 (1–6).
5. Geloius crassicornis   Kevan, Akbar & Singh 122, pl. 2 (g, h).

Desc. 4 (♀).

decorsei I. Bolivar 1905 [p. 200]

See Pseudogeloius decorsei *below*.

finoti I. Bolivar 1905 [p. 201]

6. Geloius finoti   Dirsh 1956f: 273, pl. 20, f. 18.
7. Geloius finoti   Dirsh 1963c: 88, figs. 21 (1–9), 22 (1–6). Lectotype: ♂.
8. Geloius finoti   Kevan, Akbar & Singh 1964: 124, pl. 2 (i–l), fig. 5.

Desc. 7 (♂ ♀), 8 (nymph).   **Morph.** 6.

nasutus Saussure 1899 [p. 201]

6. Geloius nasutus   Dirsh 1961d: 397. Type: ♂. Lost. Lectotype: ♀. 'Madagascar.' Geneva Mus.
7. Geloius nasutus   Dirsh 1963c: 88, 89, fig. 23 (1–6).
8. Geloius nasutus   Kevan, Akbar & Singh 1964: 121, pl. 2 (a–f).

Desc. 7 (♀).

*PSEUDOGELOIUS Dirsh 1963

Orthotype: **Pseudogeloius relictus**   Dirsh 1963

1. Pseudogeloius   Dirsh 1963c: 52, 92.
2. Pseudogeloius   Kevan 1965b: 515.

Desc. 1, 2.

*affinis Kevan 1965

Type: ♂. S. Madagascar: Bekily. Madrid Mus.

1. Pseudogeloius affinis   Kevan 1965b: 517, figs. 4, 5, 9, 10, 20–4.

Desc. ♂ ♀.

decorsei I. Bolivar 1905 [p. 200]

5. Geloius decorsei   Dirsh 1963c: 88, 92.
6. Geloius decorsei   Kevan, Akbar & Singh 1964: 122, pl. 3, fig. 4.
      Type: Lost. Neotype: ♀. Madagascar: Andronohinaly. Berlin Mus.
7. Pseudogeloius decorsei   Kevan 1965b: 516, figs. 3, 8.

Desc. 5, 6 (♀), 7.

relictus Dirsh 1963

   Type: ♂. E. Madagascar: Perinet. Paris Mus.
1. Pseudogeloius relictus Dirsh 1963c: 94, figs. 25 (1–9), 26 (1–9).
2. Pseudogeloius relictus Kevan 1965b: 515, figs. 1, 2, 6, 7, 11, 19.

Desc. 1 (♂ ♀), 2.

*GELOIODES Chopard 1958

  Haplotype: **Geloiodes cavifrons** Chopard 1958
1. Geloiodes Chopard 1958b: 83.
2. Geloiodes Dirsh 1965: 110, 152.

Desc. 1, 2.

       * *cavifrons* Chopard 1958

  Type: ♀. Gulf of Guinea: Sao Tomé, Diego Vaz, Monte das Quinas. Paris Mus.
1. Geloiodes cavifrons Chopard 1958b: 83, fig.
2. Geloiodes cavifrons Dirsh 1965: 153, fig. 113 (♀).

Desc. 1 (♀) holotype.

LENTULIDAE

1. Lentulidae   Dirsh 1956c: 136.
2. Lentulidae   Dirsh 1956f: 244.
3. Lentulidae   Dirsh 1961a: 356, 386.
4. Lentulidae   Dirsh 1965: 154.

Desc. 1, 2, 3, 4.   **Key** (genera) 1, 4.

MECOSTIBUS Karsch 1896   [p. 220]

8. Mecostibus   Dirsh 1956c: 137, 139.
9. *Pattana*   Ramme 1929 (Dirsh 1956c: 139) [p. 220].
10. Mecostibus   Dirsh 1957a: 69, 82.
11. Mecostibus   Dirsh 1965: 154, 156.

Desc. 8, 10, 11.   **Key** 10 (♂♀).   **Bion.** 10.

burtti Dirsh 1957

Type: ♂. Tanganyika: Morogoro, Kingolwera. Brit. Mus.

1. Mecostibus burtti   Dirsh 1957a: 72, 79, figs. 43–8.

Desc. ♂♀.   **Ecol.**

glaber Ramme 1929   [p. 220]

3. Mecostibus glaber   Dirsh 1956c: 139, 256.
4. Mecostibus glaber   Dirsh 1957a: 72, 79, figs. 39–42.

Desc. 4.

leprosus Karsch 1896   [p. 220]

6. Mecostibus leprosus   Dirsh 1957a: 71, 72, 73, figs. 2–7.

Desc.

mafukae Uvarov 1953   [p. 221]

2. Mecostibus mafukae   Dirsh 1957a: 72, 78, figs. 31–6.

Desc. ♂♀ (in key).   **Dist.** C.A. Rhodesia.

minor (Bruner 1910)   [p. 220]

3. Mecostibus minor   Dirsh 1957a: 72, 81, figs. 49–54.
4. Mecostibus minor   Phipps 1959b: 30.
5. Mecostibus minor   Kevan & Knipper 1961: 372.
6. Mecostibus minor   Phipps 1966: 28.

Desc. 3 (♂♀).   **Morph.** 4.   **Ecol.** 3, 5, 6.   **Bion.** 6.   **Dist.** E.A. Tanzania 3, 4, 5.

mopanei Uvarov 1953 [p. 221]
2. Mecostibus mopanei   Dirsh 1956*f*: 274, pl. 25, *f*. 8.
3. Mecostibus mopanei   Dirsh 1957*a*: 72, 73, figs. 8–13.
4. Mecostibus mopanei   Pinhey 1965: 6, pl. 2*c*.
5. Mecostibus mopanei   Dirsh 1965: 156, fig. 114.
6. Mecostibus mopanei   Uvarov 1966: 142, fig. 84 (6).

Desc. 3.   **Morph.** 2, 6.   **Ecol.** 4.   **Bion.** 4.   **Dist.** C.A. Rhodesia 4.

nyassae Uvarov 1953 [p. 221]
2. Mecostibus nyassae   Dirsh 1957*a*: 78, figs. 37, 38.

Desc. ♀.

physalus Karsch 1896 [p. 221]
See Mecostiboides physalus p. 130.

*rubripes Dirsh 1957
Type: ♂. Tanganyika: Mpwapwa. Brit. Mus.
1. Mecostibus rubripes   Dirsh 1957*a*: 72, 76, figs. 24–30.
2. Mecostibus rubripes   Vesey-Fitzgerald 1964*a*: 342.

Desc. 1 (♂ ♀).   **Ecol.** 2.   **Dist.** E.A. Tanzania 1, 2.   C.A. Zambia 1, 2.

sellatus Uvarov 1941 [p. 221]
4. Mecostibus sellatus   Dirsh 1957*a*: 72, 73, figs. 14–21.

Desc. ♂ ♀.   **Ecol.**   **Dist.** E.A. Tanzania.

sublaevis Karsch 1896 [p. 221]
6. Mecostibus sublaevis   Dirsh 1957*a*: 72, 76, figs. 22, 23.

Desc. ♀ (in key).

SHELFORDITES Karny 1910 [p. 222]

5. Shelfordites   Dirsh 1956*c*: 137, 139.
6. Shelfordites   Brown 1961: 253, 257.
7. Shelfordites   Dirsh 1965: 154, 158.

Desc. 5, 6, 7.   **Morph.** 6.

aberrans Karny 1910 [p. 222]
5. Shelfordites aberrans   Dirsh 1956*c*: 139, fig. 3 (1–5).
6. Shelfordites aberrans   Brown 1961: 253.
7. Shelfordites aberrans   Dirsh 1965: 159, fig. 116 (*a–f*).

Ecol. 6.   **Dist.** S.A. Cape Province 6; O.F.S. 6.

LENTULIDAE

                              nanus Uvarov 1925   [p. 223]

2. Shelfordites nanus   Dirsh 1956c: 139, 256, fig. 4 (1–3).
3. Shelfordites nanus   Dirsh 1956f: 274, pl. 25, f. 10.
4. Shelfordites nanus   Brown 1961: 253.
5. Shelfordites nanus   Dirsh 1965: 159, fig. 116 (g–i).

Morph. 3.   **Ecol.** 4.   **Dist. S.A.** O.F.S. 4.

*KALAHARICUS Brown 1961

Haplotype: **Kalaharicus elongatus**   Brown 1961

1. Kalaharicus   Brown 1961: 253.
2. Kalaharicus   Dirsh 1965: 154, 160.

Desc. 1, 2.

                            elongatus Brown 1961

Type: ♂. S. Africa: Cape Province, 17 m. N.E. of Vryburg. Transvaal Mus.

1. Kalaharicus elongatus   Brown 1961: 256, 257, figs. 1–7.
2. Kalaharicus elongatus   Dirsh 1965: 160, fig. 117.

Desc. 1 (♂ ♀).   **Ecol.** 1.   **Dist. S.A.** Transvaal 2; Cape Province 1, 2.

*MECOSTIBOIDES Dirsh 1957

Haplotype: **Mecostibus physalus**   Karsch 1896   [p. 221]

1. Mecostiboides   Dirsh 1957a: 82.
2. Mecostiboides   Dirsh 1965: 154, 157.

Desc. 1, 2.

                        physalus (Karsch 1896)   [p. 221]

5. Mecostiboides physalus   Dirsh 1957a: 83, figs. 55–60.
6. Mecostiboides physalus   Dirsh 1965: 158, fig. 115.

SYGRUS I. Bolivar 1889   [p. 219]

7. Sygrus   Dirsh 1956c: 137, 140.
8. Sygrus   Dirsh 1965: 154, 161.

Desc. 7, 8.

                            rehni Dirsh 1956

Type: ♂. S. Africa: Swaziland; Mbabane. Brit. Mus.

1. Sygrus rehni   Dirsh 1956c: 141, 256, fig. 5 (1–5).
2. Sygrus rehni   Dirsh 1956f: 274, pl. 25, f. 3.

3. Sygrus rehni   Dirsh 1957*b*: 108, 111, figs. 14, 15.
4. Sygrus rehni   Dirsh 1965: 161, fig. 118.

Desc. 1 (♂ ♀).   **Morph.** 2, 3.

sepositus I. Bolivar 1889   [p. 219]

6. Sygrus sepositus   Dirsh 1956*c*: 140. *Type lost.*

Dist.

vansoni Rehn 1944   [p. 219]

2. Sygrus vansoni   Dirsh 1956*c*: 141, 143.
3. Sygrus vansoni   Brown 1959: 284.

Ecol. 3.

PARALENTULA Rehn 1944   [p. 223]

2. Paralentula   Dirsh 1956*c*: 138, 143, 256.
3. Paralentula   Dirsh 1965: 154, 162.

Desc. 2, 3.

candidoi (Ramme 1929)   [p. 223]

3. Paralentula candidoi   Dirsh 1956*c*: 144, fig. 7 (1–5).
4. Paralentula candidoi   Dirsh 1956*f*: 274, pl. 25, f. 2.
5. Paralentula candidoi   Dirsh 1957*b*: 108, 111, figs. 23, 24.
6. Paralentula candidoi   Brown 1959: 285, pl. 1, f. 8.
7. Paralentula candidoi   Pinhey 1965: 6.
8. Paralentula candidoi   Dirsh 1965: 162, fig. 119.

Desc. 3 (♂).   **Morph.** 4, 5.   **Bion.** 7.   **Dist.** C.A. Rhodesia 3, 7.

marcida Rehn 1944   [p. 223]

2. Paralentula marcida   Dirsh 1956*c*: 144.

mecostiboides (Ramme 1929)   [p. 223]

3. Paralentula mecostiboides   Dirsh 1956*c*: 143, fig. 6 (1–3).

Desc.

prasinata Rehn 1944   [p. 223]

2. Paralentula prasinata   Dirsh 1956*c*: 144.
3. Paralentula prasinata   Brown 1959: 284, pl. 1, f. 1–7.
   ♂. S. Africa: N. Transvaal, Entabeni forest reserve. Transvaal Mus.

Desc. 3 (♂).   **Ecol.** 3.   **Dist.** S.A. Transvaal 3.

LENTULIDAE

LENTULA Stål 1878 [p. 223]

4. Lentula   Dirsh 1956c: 138, 147.
5. Lentula   Dirsh 1961a: 386.
6. Lentula   Dirsh 1965: 154, 163.

Desc. 5, 6. **Key** 4.

*callani Dirsh 1956

Type: ♂. S. Africa: Cape Province, Grahamstown. Brit. Mus.

1. Lentula callani   Dirsh 1956c: 147, 256, fig. 9 (1–5).
2. Lentula callani   Ewer 1958: 132–8, figs. 1–5.
3. Lentula callani   Dirsh 1961a: 387, fig. 17 (1, 7).
4. Lentula callani   Dirsh 1965: 163, fig. 120a.
5. Lentula callani   Uvarov 1966: 14, 404, 405, figs. 12c, 226.

Desc. 1 (♂ ♀).   **Morph.** 2, 5.   **Dist. S.A.** Cape Province 1.

*minuta Dirsh 1956

Type: ♂. S. Africa: Natal, Natal national park, Tugela valley. Brit. Mus.

1. Lentula minuta   Dirsh 1956c: 147, 150, fig. 11 (1–5).
2. Lentula minuta   Brown 1962d: 204, figs. 17, 18.

Desc. 1 (♂ ♀).   **Ecol.** 2.   **Bion.** 2.   **Dist. S.A.** Natal 1; O.F.S. 1.

obtusifrons Stål 1878 [p. 223]

9. Lentula obtusifrons   Dirsh 1956c: 147, 149, fig. 8 (1–6).
10. Lentula obtusifrons   Dirsh 1956f: 245, 273, pls. 22, 25, f. 1.
11. Lentula obtusifrons   Dirsh 1957b: 108, 109, fig. 7.
12. Lentula obtusifrons   Dirsh 1961a: 387, figs. 17 (2–6).
13. Lentula obtusifrons   Brown 1962d: 203.
14. Lentula obtusifrons   Dirsh 1965: 163, fig. 120 b–g.
15. Lentula obtusifrons   Uvarov 1966: 18, fig. 16 (6).

Morph. 10, 11, 15.   **Ecol.** 13.   **Bion.** 13.   **Dist. S.A.** Lesotho, 9, 13; O.F.S. 9; Natal 9; Cape Province 9.

tuberculata Miller 1932 [p. 224]

2. Lentula tuberculata   Dirsh 1956c: 149, fig. 10 (1–5).

species ?

1. Lentula sp.   Neethling 1959: 52, fig.

Econ.   **Dist.** S. Africa.

USAMBILLA Sjöstedt 1909   [p. 210]
2. *Rehnula*   Uvarov 1939 (Dirsh 1956c: 152) [p. 209].
3. Usambilla   Dirsh 1956c: 138, 152.
4. Usambilla   Vesey-Fitzgerald 1964a: 341.
5. Usambilla   Dirsh 1965: 155, 164.

Desc. 3, 5.   **Ecol.** 4.

affinis Kevan & Knipper 1961
Type: ♂. Tanganyika: Morogoro, Morningside. Brit. Mus.
1. Usambilla sp.   Phipps 1959b: 30.
2. Usambilla affinis   Kevan & Knipper 1961: 372, pl. 3, ff. 3–7, fig. 3.

Desc. 2 (♂ ♀).   **Morph.** 1.   **Dist. E.A.** Tanzania 1, 2.

cylindricollis Ramme 1929   [p. 210]
2. Usambilla cylindricollis   Dirsh 1956c: 152, 256.

Dist. C.A. Rhodesia.

insolita (Rehn 1914)   [p. 210]
4. Rehnula insolita   Dirsh 1956f: 274, pl. 25, f. 4.
5. Usambilla insolita   Dirsh 1965: 165, fig. 121c, d.

Morph. 4.

modicicrus (Karsch 1896)   [p. 211]
5. Usambilla modicicrus   Phipps 1959b: 30.
6. Usambilla modicicrus   Phipps 1966: 28.

Morph. 5.   **Bion.** 6.   **Dist. E.A.** Tanzania 5, 6.

olivacea Sjöstedt 1909   [p. 211]
4. Usambilla olivacea   Phipps 1959b: 30.
5. Usambilla olivacea   Dirsh 1965: 165, fig. 121 a, b.
6. Usambilla olivacea   Phipps 1966: 28.

Morph. 4.   **Bion.** 6.   **Dist. E.A.** Tanzania 4, 6.

sagonai (Ramme 1929)   [p. 210)
3. Rehnula sagonai   Dirsh 1955a: 69.

Dist. C.A. Ruanda 3.

usambarica (Ramme 1929)   [p. 210]
4. Rehnula usambarica   Dirsh 1957b: 108, 109, fig. 8.
5. Rehnula usambarica   Phipps 1959b: 30.
6. Rehnula usambarica   Phipps 1966: 28.

Morph. 4, 5.   **Bion.** 6.   **Dist. E.A.** Tanzania 5, 6.

LENTULIDAE

species ?

1. Rehnula sp.   Dirsh 1955a: 69.
2. Usambilla sp.   Dirsh 1956f: 274, pl. 25, f. 5.
3. Rehnula sp.   Kevan 1956a: 23 note.
4. Rehnula sp.   Phipps 1959b: 30.
5. Usambilla sp.   Phipps 1959b: 30. See Usambilla affinis.

Morph. 2, 4, 5.   **Dist. E.A.** Kenya 3; Tanzania 4, 5.   **C.A.** Congo Rep. 1.

*KARRUACRIS

Haplotype: **Karruacris browni**   Dirsh 1958

1. Karruacris   Dirsh 1958c: 323.
2. Karruacris   Brown 1961: 257.
3. Karruacris   Dirsh 1965: 155, 166.

Desc. 1, 2, 3.

*browni Dirsh 1958

Type: ♂. S. Africa: Cape Province, Karroo Region, Miller Station. Transvaal Mus.

1. Karruacris browni   Dirsh 1958e: 324, figs. 1–7.
2. Karruacris browni   Brown 1959: 288.
3. Karruacris browni   Dirsh 1965: 166, fig. 122.

Desc. 1 (♂ ♀).   **Ecol.** 2.   **Bion.** 2.   **Dist. S.A.** Cape Province 1, 2.

NYASSACRIS Ramme 1929   [p. 211]

2. Nyassacris   Dirsh 1956c: 138.
3. Nyassacris   Dirsh 1965: 155, 167.

Desc. 2, 3.

uvarovi Ramme 1929   [p. 211]

2. Nyassacris uvarovi   Dirsh 1956f: 274, pl. 25, f. 7.
3. Nyassacris uvarovi   Dirsh 1965: 168, fig. 123 (♂).

Morph. 2.

EREMIDIUM Karsch 1896   [p. 209]

4. Eremidium   Dirsh 1956c: 138, 152, 256.
5. Eremidium   Dirsh 1956e: 258.
6. Eremidium   Brown 1962d: 205.
7. Eremidium   Dirsh 1965: 155, 168.

Desc. 4, 5, 7.   **Key** 4, 5.   **Ecol.** 6.

LENTULIDAE

*attenuatus Dirsh 1956

Type: ♂. S. Africa: Cape Province, Uitenhage. Brit. Mus.

1. Eremidium attenuatus   Dirsh 1956c: 153, 157, fig. 12 (13–16).
2. Eremidium attenuatus   Dirsh 1956e: 262, pl. 9. ♀. Cape Province. Brit. Mus.

Desc. 1 (♂), 2 (♀).   **Dist. S.A.** Cape Province 1, 2.

*basuto Brown 1962

Type: ♂. S. Africa: Basutoland, 5 m. S.W. Mokhotlong. Transvaal Mus.

1. Eremidium basuto   Brown 1962d: 205, figs. 9–16.

Desc. ♂ ♀.   **Ecol.**

*curvicercus Dirsh 1956

Type: ♂. S. Africa: Cape Province, Hog's Back. Brit. Mus.

1. Eremidium curvicercus   Dirsh 1956e: 266, pl. 12.

Desc. ♂ ♀.

*denticercus Dirsh 1956

Type: ♂. S. Africa: Transvaal, Woodbush. Transvaal Mus.

1. Eremidium denticercus   Dirsh 1956e: 264, pl. 11.
2. Eremidium denticercus   Brown 1959: 286.

Desc. 1 (♂ ♀).   **Ecol.** 2.

equuleus Karsch 1896   [p. 209]

4. Eremidium equuleus   Dirsh 1956c: 153, 154, 256, figs. 12 (1–4), 13 (1, 2).
5. Eremidium equuleus   Dirsh 1956e: 262, pl. 6.
6. Eremidium equuleus   Dirsh 1956f: 245, 273, pls. 23, 25, f. 9.
7. Eremidium equuleus   Dirsh 1965: 169, fig. 124a, b (♀).

Desc. 4.   **Morph.** 6.   **Dist. S.A.** Cape; Transvaal 4.

*erectus Dirsh 1956

Type: ♂. S. Africa: Natal National Park. Brit. Mus.

1. Eremidium erectus   Dirsh 1956c: 153, 158, 256, fig. 12 (9–12).
2. Eremidium erectus   Dirsh 1956e: 264, pl. 10. ♀. S. Africa: Natal National Park. Brit. Mus.

Desc. 1 (♂), 2 (♀).

maius Ramme 1929   [p. 209]

2. Eremidium maius   Dirsh 1956c: 153, 155, 256, fig. 13 (3, 4).
3. *Eremidium equuleus*   Ramme 1929 (♂) (nec Karsch 1896) (Dirsh 1956e: 262).
4. Eremiduim maius   Dirsh 1956e: 262, pl. 7.

LENTULIDAE

obtusus Dirsh 1956

Type: ♂. S. Africa: Cape Province: Tzitzikama Forest, Stormsriver. Lund Mus.

1. Eremidium obtusus Dirsh 1956c: 153, 155, 256, pl. 1, f. 1–4, figs. 12 (5–8), 13 (5, 6).
2. Eremidium obtusus Dirsh 1956e: 262, pl. 8.
3. Eremidium obtusus Brown 1959: 286.
4. Eremidium obtusus Dirsh 1965: 169, fig. 124c–f (♂).

Desc. 1 (♂ ♀). **Morph.** 2. **Ecol.** 3. **Dist.** S.A. Cape Province, Transvaal 1, 3.

SWAZIACRIS Dirsh 1953   [p. 224]

2. Swaziacris Dirsh 1956c: 138.
3. Swaziacris Dirsh 1965: 155, 169.

Desc. 2 (in key), 3.

burtti Dirsh 1953   [p. 224]

2. Swaziacris burtti Dirsh 1956c: 159, fig. 14 (1–5).
3. Swaziacris burtti Dirsh 1956f: 274, pl. 25, f. 14.
4. Swaziacris burtti Dirsh 1957b: 108, 109, fig. 12.
5. Swaziacris burtti Brown 1962d: 210, fig. 24.
6. Swaziacris burtti Dirsh 1965: 170, fig. 125 (♂).

Desc. 5. **Morph.** 3, 4.

fastigiata Brown 1962

Type: ♂. S. Africa: Natal, Little Switzerland, Beigville District. Transvaal Mus.

1. Swaziacris fastigiata Brown 1962d: 209, figs. 19–23.

Desc. ♂ ♀. **Ecol.** **Bion.**

DEVYLDERIA Sjöstedt 1923   [p. 436]

3. Devylderia Dirsh 1956c: 138, 257.
4. Devylderia Dirsh 1956e: 253, 254.
5. Devylderia Dirsh 1965: 155, 171.

Desc. 3 (in key), 5. **Key** 4.

acocksi Brown 1960

Type: ♂. S. Africa: Cape Province, Niewekloof. Transvaal Mus.

1. Devylderia acocksi Brown 1960: 132, figs. 19–28.

Desc. ♂ ♀. **Ecol.** **Dist.** S.A. Cape Province.

LENTULIDAE

bothai Dirsh 1956
Type: ♂. S. Africa: Cape Peninsula. Brit. Mus.
1. Devylderia bothai   Dirsh 1956c: 256, pl. 4.
2. Devylderia bothai   Dirsh 1965: 172, fig. 126 (♂ ♀).

Desc. 1 (♂ ♀).

capensis Dirsh 1956
Type: ♂. S. Africa: Cape Province, Maanschijnkop. Lund Mus.
1. Devylderia capensis   Dirsh 1956c: 160, 257, fig. 15 (4–11).
2. Devylderia capensis   Dirsh 1956f: 108, 109, fig. 11.

Desc. 1 (♂ ♀). **Morph.** 2. **Dist. S.A.** Cape Province 1.

coryphistoides Sjöstedt 1923   [p. 436]
5. Devylderia coryphistoides   Dirsh 1956c: 160, 257, fig. 15 (1–3).
6. Devylderia coryphistoides   Dirsh 1956e: 254, pl. 3. ♂. S. Africa: Cape Province.
7. Devylderia coryphistoides   Dirsh 1956f: 274, pl. 25, f. 12.

Desc. 6 (♂). **Morph.** 7. **Dist. S.A.** Cape Province 6.

KARRUIA Rehn 1945   [p. 224]
2. Karruia   Dirsh 1956c: 138, 257.
3. Karruia   Dirsh 1958e: 326.
4. Karruia   Dirsh 1965: 155, 171.

Desc. 2 (in key), 3, 4.

gracilis Dirsh 1958
Type: ♂. S. Africa: Cape Province, Karroo Region, Miller Station. Transvaal Mus.
1. Karruia gracilis   Dirsh 1958e: 324, figs. 8–12.
2. Karruia gracilis   Dirsh 1965: 173, fig. 127 (a–e) (♂).

Desc. 1 (♂). **Ecol.** 1.

paradoxa Rehn 1945   [p. 224]
2. Karruia paradoxa   Dirsh 1956c: 161, 257.
3. Karruia paradoxa   Dirsh 1958e: 326, figs. 13–17. ♂. S. Africa: Cape Province, Karroo Region, Miller Station, Transvaal Mus.
4. Karruia paradoxa   Dirsh 1958b: 52, fig. 1.
5. Karruia paradoxa   Dirsh 1965: 173, fig. 127f–j. (♀).

Desc. 3 (♂), 4.

LENTULIDAE

GYMNIDIUM Karsch 1896 [p. 222]

5. Gymnidium   Dirsh 1956c: 138, 257.
6. Gymnidium   Dirsh 1965: 155, 174.

Desc. 5 (in key), 6.

cuneatum (Rehn 1944) [p. 222]

3. Gymnidium cuneatum   Dirsh 1956c: 162, 257.

turbinatum Karsch 1896 [p. 222]

5. Gymnidium turbinatum   Dirsh 1956c: 162, 257.
6. Gymnidium turbinatum   Dirsh 1956f: 246, 274, pls. 24, 25.
7. Gymnidium turbinatum   Dirsh 1957b: 108, 111, figs. 18, 19.
8. Gymnidium turbinatum   Dirsh 1965: 174, fig. 128 (♂).

Desc. 6. **Morph.** 6, 7. **Dist. S.A.** Cape Province 5.

BASUTACRIS Dirsh 1953 [p. 224]

2. Basutacris   Dirsh 1956c: 138, 257.
3. Basutacris   Brown 1962d: 212.
4. Basutacris   Dirsh 1965: 155, 174.

Desc. 2 (in key), 4. **Key** 3.

*inflatifrons Brown 1962

Type: ♂. Basutoland: Semonkong, Malutsunyane R. Mafeteng District. Transvaal Mus.

1. Basutacris inflatifrons   Brown 1962d: 212, 213, figs. 31–6.

Desc. ♂ ♀. **Ecol.**

*minuta Brown 1962

Type: ♂. S. Africa: O.F.S., Bethlehem District, 10 m. E. of Clarens. Transvaal Mus.

1. Basutacris minuta   Brown 1962d: 215, figs. 37–42.

Desc. ♂ ♀. **Ecol.** **Dist. S.A.** O.F.S., Natal.

*natalensis Dirsh 1956

Type: ♂. S. Africa: Natal, Royal Natal National Park, The Doomey. Lund Mus.

1. Basutacris natalensis   Dirsh 1956c: 162, pl. 1, f. 5–8, fig. 16 (6–10).
2. Basutacris natalensis   Brown 1962d: 212, 213.
3. Basutacris natalensis   Dirsh 1965: 175, fig. 129 a–f (♂).

Desc. 1 (♂ ♀), 2. **Ecol.** 2. **Dist. S.A.** Natal 1, 2.

scotti Dirsh 1953   [p. 224]

2. Basutacris scotti   Dirsh 1956c: 162, 257, fig. 16 (1–5).
3. Basutacris scotti   Dirsh 1956f: 274, pl. 25, f. 6.
4. Basutacris scotti   Dirsh 1957b: 108, 111, figs. 16, 17.
5. Basutacris scotti   Brown 1962d: 212, 213, figs. 25–30.
6. Basutacris scotti   Dirsh 1965: 174, fig. 129g–k (♂).

Desc. 5.   **Morph.** 3, 4.   **Ecol.** 5.   **Bion.** 5.   **Dist.** S.A. O.F.S. 5; Lesotho 2, 5.

*QACHASIA Dirsh 1956

Haplotype: **Qachasia fastigiata**   Dirsh 1956

1. Qachasia   Dirsh 1956c: 138, 164.
2. Qachasia   Dirsh 1965: 155, 176.

Desc. 1, 2.

fastigiata Dirsh 1956

Type: ♀. S. Africa: Basutoland, Qachas Nek, 20 m. N. of Matatiele. Lund Mus.

1. Qachasia fastigiata   Dirsh 1956c: 164, 257, pl. 2 (1, 2), fig. 17 (1–3).
2. Qachasia fastigiata   Dirsh 1965: 176, fig. 130.

Desc. 1 (♀).

HELWIGACRIS Rehn 1944   [p. 219]

2. Helwigacris   Dirsh 1956c: 138, 165.
3. Helwigacris   Dirsh 1965: 155, 177.

Desc. 2 (in key), 3.

insolita Rehn 1944   [p. 219]

2. Helwigacris insolita   Dirsh 1956c: 165.
3. Helwigacris insolita   Dirsh 1965: 177.

BETISCOIDES Sjöstedt 1923   [p. 461]

3. Betiscoides   Dirsh 1956c: 138, 165.
4. Betiscoides   Dirsh 1965: 155, 177.

Desc. 3 (in key), 4.

meridionalis Sjöstedt 1923   [p. 461]

4. Betiscoides meridionalis   Dirsh 1956c: 165, 257.
5. Betiscoides meridionalis   Dirsh 1956f: 274, pl. 25, f. 13.

LENTULIDAE

6. Betiscoides meridionalis   Dirsh 1957b: 108, 111, figs. 25, 26.
7. Betiscoides meridionalis   Brown 1959: 289.
8. Betiscoides meridionalis   Dirsh 1965: 177, fig. 131 (♂).

Morph. 5, 6.   **Ecol.** 7.   **Dist.** S.A. Cape Province 4, 7.

parva Key 1937   [p. 461]

2. Betiscoides parva   Dirsh 1956c: 166, 257.

Dist. S.A. Cape Province.

sjöstedti Key 1937   [p. 461]

2. Betiscoides sjöstedti   Dirsh 1956c: 166, 257.

*BACTERACRIS Dirsh 1956

Haplotype: **Bacteracris antennata**   Dirsh 1956

1. Bacteracris   Dirsh 1956c: 138, 166.
2. Bacteracris   Dirsh 1965: 155, 178.

Desc. 1, 2.

antennata Dirsh 1956

Type: ♀. S. Africa: Cape Province, Cape Flats (1 m. E. of Zeekoevlei). Lund Mus.

1. Bacteracris antennata   Dirsh 1956c: 167, 257, pl. 1 (9, 10), fig. 18 (1–6).
2. Bacteracris antennata   Dirsh 1965: 178, fig. 132.

Desc. 1 (♀).

ACRIDIDAE

DERICORYTHINAE

1. Dericorythinae   Dirsh 1961a: 390.
2. Dericorythinae   Dirsh 1965: 180, 181.

Desc. 1, 2.   **Key** (genera) 2.

DERICORYS Serville 1838   [p. 205]

20. Dericorys   Dirsh 1961a: 390.
21. Dericorys   Dirsh 1965: 182.

Desc. 20, 21.

albidula Serville 1838   [p. 205]

28. Dericorys albidula   Dirsh 1961a: 390, fig. 18 (1).
29. Dericorys albidula   Eades 1962: 2, figs. 14–16.
30. Dericorys albidula   Dirsh 1965: 182, fig. 133a (♂).
31. Dericorys albidula   Uvarov 1966: 241, 371, 405, figs. 142, 227.

Morph. 29, 31.

lobata (Brullé 1840)   [p. 206]

10. Dericorys limbata (*sic*)   Chopard 1954b: 6.

Dist. A.I. Canary Is.

lobata bolivari Krauss 1892   [p. 207]

13. Dericorys bolivari lobata (*sic*)   Dekeyser & Villiers 1956: 28, 210.

Ecol.   **Dist. W.A.** Mauretania.

millierei Finot & Bonnet 1884   [p. 207]

37. Dericorys millierei   La Greca 1958: 55.
38. Dericorys millierei   Korsakoff 1958: 140.

Ecol. 38.

**minutus* Chopard 1954

Type: ♂. Canary Is: Gran Canaria, Maspalomas. Paris Mus.

1. Dericorys minutus   Chopard 1954b: 6, 12.

Desc. ♂.   **Dist. A.I.** Canary Is.

CORYSTODERES I. Bolivar 1936   [p. 204]

3. Corystoderes   Dirsh 1965: 182, 183.

Desc.

escalerai I. Bolivar 1936 [p. 205]
3. Corystoderes escalerai   Dirsh 1965: 183, fig. 134 (♂).

PAMPHAGULUS Uvarov 1929   [p. 203]

8. Pamphagulus   Dirsh 1965: 182, 184.

Desc.

bodenheimeri dumonti Uvarov 1929   [p. 203]
3. Pamphagulus bodenheimeri dumonti   Dirsh 1965: 184, fig. 135a (♀).

mateui Morales Agacino 1949   [p. 204]
2. Pamphagulus mateui   Dirsh 1965: 184, fig. 135b.

ANAMESACRIS Uvarov 1934   [p. 201]

8. Anamesacris   Dirsh 1965: 182, 185.

Desc.

abajoi Morales Agacino 1949   [p. 201]
2. Anamesacris abajoi   Dirsh 1956f: 242, 278, pl. 44, f. 27.
3. Anamesacris abajoi   Dirsh 1965: 185, fig. 136 (♂).

Desc. 2.   Morph. 2.

BOLIVAREMIA Morales Agacino 1949   [p. 202]

2. Bolivaremia   Dirsh 1965: 182, 186.

Desc.

domenechi Morales Agacino 1949   [p. 202]
2. Bolivaremia domenechi   Dirsh 1965: 186, fig. 137 (♀).

ROMALEINAE

1. Romaleinae   Dirsh 1961a: 393.
2. Romaleinae   Dirsh 1965: 180, 187.
3. Romaleinae   Uvarov 1966: 405.

Desc. 1, 2, 3.   Key (genera) 2.

ACROSTEGASTES Karsch 1896   [p. 281]

5. Acrostegastes   Dirsh 1956f: 249.
6. Acrostegastes   Dirsh 1965: 187.

Desc. 5, 6.

glaber Karsch 1896   [p. 281]
4. Acrostegastes glaber   Kevan 1955c: 478.
5. Acrostegastes glaber (?)   Rehn 1959: 1–9, figs. 2, 4, 7.
6. Acrostegastes glaber   Dirsh 1965: 188, fig. 138 (♂).

Desc. 5. **Dist. E.A.** Ethiopia 5; Somalia 4.

glaber forma ***affinis*** Schulthess 1898   [p. 281]
6. Acrostegastes glaber forma affinis   Kevan 1957b: 206.

Dist. E.A. Kenya.

species ?
1. Acrostegastes sp.   Dirsh 1956f: 275, pl. 31, f. 26.

Morph.

ROBECCHIA Schulthess 1898   [p. 282]
4. Robecchia   Dirsh 1965: 187, 188.

Desc.

granulosa Uvarov 1931   [p. 282]
2. Robecchia granulosa   Dirsh 1965: 189, fig. 139 (♂).

EURYNOTACRIS Ramme 1931   [p. 282]
3. Eurynotacris   Dirsh 1965: 187, 189.

Desc.

somalica Ramme 1931   [p. 282]
2. Eurynotacris somalica   Dirsh 1956f: 278, pl. 43, f. 23.
3. Eurynotacris somalica   Dirsh 1965: 189, fig. 140 (♂).

Morph. 2.

LITHIDIINAE

1. Lithidiinae   Dirsh 1961a: 395.
2. Lithidiinae   Dirsh 1965: 180, 190.

Desc. 1, 2. **Key** (genera) 2.

LITHIDIUM Uvarov 1925   [p. 61]
3. Lithidium   Dirsh 1956c: 138, 169.
4. Lithidium   Dirsh 1961a: 395.
5. Lithidium   Brown 1962b: 3, 4, 16, fig. 25.
6. Lithidium   Dirsh 1965: 190.

Desc. 3, 4, 6. **Key** 5. **Ecol.** 5.

ACRIDIDAE   Lithidiinae

bushmanicum Dirsh 1956

Type: ♀. S. Africa: Bushmanland, Viools Drift. Transvaal Mus.

1. Lithidium bushmanicum   Dirsh 1956e: 270, pl. 13.
2. Lithidium bushmanicum   Dirsh 1961a: 396, fig. 21 (1–4).
3. Lithidium bushmanicum   Brown 1962b: 5.
4. Lithidium bushmanicum   Uvarov 1966: 406, fig. 230.

Desc. 1 (♀).   **Dist.** S.A. Namaqualand 3.

desertorum Brown 1962

Type: ♂. S.W. Africa: Namib Game Reserve No. 3, 18 m. N.E. Gorab Mine. Transvaal Mus.

1. Lithidium desertorum   Brown 1962b: 5, figs. 1–7.

Desc. ♂♀.   **Ecol.**   **Dist.** S.A. S.W. Africa.

punctifrons Brown 1962

Type: ♂. S. Africa: Gordonia District, 14 m. W. of Rietfontein. Transvaal Mus.

1. Lithidium punctifrons   Brown 1962b: 8, figs. 8–13.

Desc. ♂♀.   **Ecol.**   **Dist.** S.A. S.W. Africa.

pusillum Uvarov 1925   [p. 61]

4. Lithidium pusillum   Dirsh 1956c: 169, fig. 19 (1–4).
5. Lithidium pusillum   Dirsh 1957b: 108, 111, fig. 22.
6. Lithidium pusillum   Brown 1960: 135, figs. 29–33. ♂. S. Africa: N.W. Cape Province, Fransenhof Station. Transvaal Mus.
7. Lithidium pusillum   Dirsh 1961a: 396, fig. 21 (5–9).
8. Lithidium pusillum   Brown 1962b: 11.
9. Lithidium pusillum   Dirsh 1965: 191, fig. 141 (♂).
10. Lithidium pusillum   Uvarov 1966: 2.

Desc. 5, 6 (♂).   **Morph.** 5, 10.   **Dist.** S.A. Cape Province 4, 6, 8; S.W. Africa 4; Namaqualand 8.

rubripes Uvarov 1929   [p. 62]

2. Lithidium rubripes   Brown 1962b: 11 figs, 14–18. ♂. S.W. Africa: Nossob R., 80 m. S. of Gobabis. Transvaal Mus.

Desc. ♂.   **Ecol.**

MICROTMETHIS Karny 1910   [p. 62]

4. Microtmethis   Dirsh 1965: 190, 194.

Desc.

kuthyi Karny 1910   [p. 62]
3. Microtmethis kuthyi   Dirsh 1958g: 243.
4. Microtmethis kuthyi   Dirsh 1965: 195, fig. 144.

Desc. 3.

*LITHIDIOPSIS Dirsh 1956

Orthotype: **Lithidiopsis carinatus**   Dirsh 1956

1. Lithidiopsis   Dirsh 1956c: 138, 169.
2. Lithidiopsis   Brown 1962b: 3, 13, 16, fig. 25.
3. Lithidiopsis   Dirsh 1965: 190, 192.

Desc. 1, 3.   **Ecol.** 2.

carinatus Dirsh 1956

Type: ♀. S.W. Africa: Richtersveld. Brit. Mus.

1. Lithidiopsis carinatus   Dirsh 1956c: 170, fig. 20 (1–4).
2. Lithidiopsis carinatus   Brown 1962b: 14, figs. 19–24. ♂. S. Africa: Namaqualand, 32 m. N.E. Okiep. Transvaal Mus.
3. Lithidiopsis carinatus   Dirsh 1965: 192, fig. 142. (♀)

Desc. 1 (♀), 2 (♂).   **Ecol.** 2.   **Dist. S.A.** Cape Province 2; S.W. Africa 2.

rugulosus Dirsh 1956

Type: ♀. S.W. Africa: Namib, 15 m. S. Anabib. Lund Mus.

1. Lithidiopsis rugulosus   Dirsh 1956c: 171, fig. 21 (1–4).
2. Lithidiopsis rugulosus   Brown 1962b: 16.

Desc. 1 (♀).

ENEREMIUS Saussure 1888   [p. 61]

7. Eneremius   Dirsh 1956c: 138, 173, 257.
8. Eneremius   Dirsh 1956c: 272.
9. Eneremius   Dirsh 1965: 190, 193.

Desc. 7, 9.

carinatus Dirsh 1956

Type: ♀. S. Africa: Bushmanland, Viools Drift. Transvaal Mus.

1. Eneremius carinatus   Dirsh 1956e: 272, pl. 14.

Desc. ♀.

mendax (Karny 1910)   [p. 61]

5. Eneremius mendax   Dirsh 1956e: 272. *Type:* Lost.

mutus Saussure 1888 [p. 61]

3. Eneremius mutus   Dirsh 1956c: 173, fig. 22 (1–4). *Type:* Geneva Mus.
4. Eneremius mutus   Dirsh 1956e: 272.
5. Eneremius mutus   Dirsh 1965: 194, fig. 143 (♀).

*namaquensis Dirsh 1956

Type: ♀. S. Africa: Namaqualand, Springbok. S. Rhodesia Mus.

1. Eneremius namaquensis   Dirsh 1956e: 276, pl. 16.
2. Eneremius namaquensis   Dirsh 1957b: 108, 111, figs. 20, 21.

Desc. 1 (♀), 2.   **Morph.** 2.

*pallidus Dirsh 1956

Type: ♀. S. Africa: Bushmanland, Pella. Transvaal Mus.

1. Eneremius pallidus   Dirsh 1956e: 274, pl. 15.

Desc. ♀.

HEMIACRIDINAE

1. Hemiacridinae   Dirsh 1956f: 255.
2. Hemiacridinae   Dirsh 1956c: 175.
3. Hemiacridinae   Dirsh 1961a: 397.
4. Hemiacridinae   Dirsh 1965: 180, 196.

Desc. 1, 2, 3, 4.   **Key** (genera) 4.

PRISTOCORYPHA Karsch 1896 [p. 214]

8. Pristocorypha   Dirsh 1965: 196, 198.

Desc.

corneola Karsch 1896 [p. 215]

6. Pristocorypha corneola   Dirsh 1965: 198, fig. 145a (♀).

latruncularia Karsch 1896 [p. 215]

7. Pristocorypha latruncularia   Dirsh 1956f: 279, pl. 49, f. 1.
8. Pristocorypha latruncularia   Dirsh 1965: 198, fig. 145b, c (♂).

Desc. 7.   **Morph.** 7.

HEMIPRISTOCORYPHA Dirsh 1952 [p. 215]

2. Hemipristocorypha   Dirsh 1965: 196, 199.

Desc.

mayidica Dirsh 1952 [p. 216]

2. Hemipristocorypha mayidica   Dirsh 1956f: 279, pl. 49, f. 2.
3. Hemipristocorypha mayidica   Dirsh 1965: 199, fig. 146 (♂).

Desc. 2.   **Morph.** 2.

DIADEMACRIS Ramme 1929 [p. 218]

4. Diademacris   Dirsh 1965: 196, 200.

Desc.

HEMIACRIS Walker 1870 [p. 217]

9. Hemiacris   Dirsh 1961a: 397.
10. Hemiacris   Dirsh 1965: 196, 200.

Desc. 9, 10.

femoralis (Kirby 1902) [p. 218]

7. Hemiacris femoralis   Dirsh 1956c: 258.
8. Hemiacris femoralis   Vesey-Fitzgerald 1964a: 341.
9. Hemiacris femoralis   Pinhey 1965: 7.

Bion. 9.   **Ecol.** 8.   **Dist. C.A.** Rhodesia 9; Zambia 8.

fervens Walker 1870 [p. 218]

8. Hemiacris fervens   Dirsh 1956c: 175.
9. Hemiacris fervens   Dirsh 1956f: 256, 278, 279, pl. 47, pl. 49, f. 5.
10. Hemiacris fervens   Dirsh 1961a: 398, fig. 22 (1-6).
11. Hemiacris fervens   Randell 1963: 255, fig. 37.
12. Hemiacris fervens   Vesey-Fitzgerald 1964a: 341.
13. Hemiacris fervens   Pinhey 1965: 7.
14. Hemiacris fervens   Dirsh 1965: 200, fig. 147 (♂).
15. Hemiacris fervens   Uvarov 1966: 407, 408, fig. 231.

Desc. 9.   **Morph.** 9.   **Ecol.** 12, 13.   **Bion.** 13.   **Dist. E.A.** Port E. Africa 8.   **S.A. S.W.** Africa 8.   **C.A.** Rhodesia 13; Zambia 12.

species ?

1. Hemiacris sp.   Chapman 1962: 35.
2. Hemiacris sp.   Vesey-Fitzgerald 1964a: 342.

Ecol. 2.   **Dist. W.A.** Ghana 1.   **C.A.** Zambia 2.

*PAULIANACRIS Dirsh 1962

Haplotype: **Paulianacris hirsuta**   Dirsh 1962

1. Paulianacris   Dirsh 1962b: 276, 282.

Desc.

hirsuta Dirsh 1962

Type: ♀. S.W. Madagascar: Sakaraha, Lambomakandro. Paris Mus.

1. Paulianacris hirsuta   Dirsh 1962b: 283, fig. 5 (♀).

Desc. ♀.

ACRIDIDAE   Hemiacridinae

PHALINUS Rehn 1944   [p. 216]

4. Phalinus   Jago 1964a: 202.
5. Phalinus   Dirsh 1965: 196, 201.

Desc. 5.   **Ecol.** 4.

dromedarius (Ramme 1929)   [p. 216]

4. Phalinus dromedarius   Dirsh 1964a: 51.

Ecol.   **Dist. C.A.** Congo Rep.

uvarovi (Ramme 1929)   [p. 217]

3. Phalinus uvarovi   Dirsh 1956f: 279, pl. 49, f. 3.
4. Phalinus uvarovi   Jago 1964a: 202.
5. Phalinus uvarovi   Descamps 1965a: 939.

Desc. 3.   **Morph.** 3, 5.   **Ecol.** 4, 5.   **Dist. W.A.** Mali 5.

SPATHOSTERNUM Krauss 1877   [p. 233]

7. Spathosternum   Krauss 1877: 143.
8. Spathosternum   Dirsh 1962b: 276.
9. Spathosternum   Jago 1964a: 197, 202.
10. Spathosternum   Dirsh 1965: 196, 201.

Desc. 7, 8, 10.   **Ecol.** 9.

brevicorne Uvarov 1953   [p. 233]

2. Spathosternum brevicorne   Kevan 1955c: 477.
3. Spathosternum brevicorne   Dirsh 1955a: 69.
4. Spathosternum brevicorne   Dirsh 1956c: 176, 258.
5. Spathosternum brevicorne   Davey *et al.* 1959a: 110.
6. Spathosternum brevicorne   Kevan & Knipper 1961: 384.
7. Spathosternum brevicorne   Vesey-Fitzgerald 1964a: 344.

Ecol. 5, 6, 7.   **Bion.** 7.   **Dist. W.A.** Mali 5.   **E.A.** Kenya 2; Tanzania 6.   **C.A.** Rhodesia 4; Ruanda 3; Zambia 7.   **S.A.** Cape Province 4; Transvaal 4.

**brevipenne* Chopard 1958

Type: ♂. Guinea: Mt Nimba, Grand Nimba. Paris Mus.

1. Spathosternum brevipenne   Chopard 1958a: 131, fig. 3.
2. Spathosternum brevipenne   Roy 1960: 202, 205, fig. 3.
3. Spathosternum brevipenne   Dirsh 1963b: 209.

Desc. 1 (♂ ♀).   **Ecol.** 2.   **Dist. W.A.** Guinea 1, 2, 3.

curtum Uvarov 1953   [p. 233]

2. Spathosternum curtum   Dirsh 1962b: 278.

Desc.

Hemiacridinae ACRIDIDAE

malagassum Dirsh 1962

Type: ♂. Madagascar: Ankazobe, Ambohitantely Forest. Paris Mus.

1. Spathosternum malagassum Dirsh 1962b: 278, fig. 2.

Desc. ♂.

nigrotaeniatum (Stål 1876) [p. 233]

19.	Spathosternum nigrotaeniatum	Krauss 1877: 143.
20.	Spathosternum nigrotaeniatum	Risbec 1950: 317.
21.	Spathosternum nigrotaeniatum	Dirsh 1956c: 176, 258.
22.	Spathosternum nigrotaeniatum	Dirsh 1956f: 279, pl. 50, f. 4.
23.	Spathosternum nigrotaeniatum	Davey et al. 1959a: 110.
24.	Spathosternum nigrotaeniatum	Roy 1962: 110, 113, 120, 121.
25.	Spathosternum nigrotaeniatum	Vesey-Fitzgerald 1964a: 24a: 344.
26.	Spathosternum nigrotaeniatum	Descamps 1965a: 939, 940, 941, 1308.
27.	Spathosternum nigrotaeniatum	Dirsh 1965: 201, fig. 148 (♂).

Desc. 19, 22. **Key** 26. **Morph.** 22. **Ecol.** 23, 24, 25. **Econ.** 20. **Dist. W.A.** Mali 20, 23, 26; Senegal 24. **C.A.** Zambia 21, 25. **S.A.** Natal 21.

pygmaeum Karsch 1893 [p. 234]

15.	Spathosternum pygmaeum	Waloff 1954: 387.
16.	Spathosternum pygmaeum	Descamps 1956: 752.
17.	Spathosternum pygmaeum	Dirsh 1956c: 258.
18.	Spathosternum pygmaeum	Chopard 1958a: 130.
19.	Spathosternum pygmaeum	Davey et al. 1959a: 111.
20.	Spathosternum pygmaeum	Kevan & Knipper 1961: 384.
21.	Spathosternum pygmaeum	Chapman 1961a: 262, 265, fig. 11.
22.	Spathosternum pygmaeum	Chapman 1962: 36, figs. 7, 49.
23.	Spathosternum pygmaeum	Phipps 1962: 14.
24.	Spathosternum pygmaeum	Dirsh 1963b: 209.
25.	Spathosternum pygmaeum	Dirsh 1964a: 53.
26.	Spathosternum pygmaeum	Chapman 1964: 121.
27.	Spathosternum pygmaeum	Roy 1964b: 1189.
28.	Spathosternum pygmaeum	Vesey-Fitzgerald 1964a: 344.

Morph. 15, 21, 23, 26. **Ecol.** 19, 20, 22, 25, 28. **Bion.** 21, 22. **Econ.** 16. **Dist. W.A.** Guinea 18, 24; Mali 19; Sierra Leone 23; Ghana 22. **E.A.** Tanzania 15, 20, 28. **C.A.** Congo Rep. 25. **S.A.** Botswana 17.

pygmaeum rammei Roy 1962

Type: ♀. Dahomey: Cercle de Djougou, Kouande. Paris Mus.

1. Spathosternum pygmaeum rammei   Roy 1962: 110, 114, 120, pl. II, c, map.
2. Spathosternum pygmaeum rammei   Roy 1964b: 1189.

3. Spathosternum pygmaeum rammei   Descamps 1965a: 939, 940, 941, 1308.
4. Spathosternum pygmaeum rammei   Roy 1965: 618.

Desc. 1 (♀).   **Key** 3.   **Ecol.** 1, 2, 3, 4.   **Dist. W.A.** Dahomey 1; Senegal 1, 2, 4; Mali 3.

species ? [p. 234]

2. Spathosternum spp.   Davey 1959: 127.

Bion.   **Dist. W.A.** Mali.

PARASPATHOSTERNUM Ramme 1929   [p. 234]

3. Paraspathosternum   Dirsh 1962b: 276, 279.
4. Paraspathosternum   Dirsh 1965: 196, 202.

Desc. 3, 4.

angringitra Dirsh 1962

Type: ♂. C. Madagascar: Ambalavao, Cirque Boby, Angringitra.
Paris Mus.

1. Paraspathosternum angringitra   Dirsh 1962b: 279, fig. 3.

Desc. ♂ ♀.

pedestre (Miller 1929)   [p. 234]

5. Paraspathosternum pedestre   Dirsh 1956f: 279, pl. 50, f. 15.
6. Paraspathosternum pedestre   Phipps 1959b: 30, 45.
7. Paraspathosternum pedestre   Kevan & Knipper 1961: 385.
8. Paraspathosternum pedestre   Dirsh 1962b: 281.
9. Paraspathosternum pedestris   Dirsh 1965: 202, fig. 149 (♂).
10. Paraspathosternum pedestre   Phipps 1966: 28, table II.

Desc. 5, 8.   **Morph.** 5, 6.   **Ecol.** 6, 7, 10.   **Bion.** 6, 10.   **Dist. E.A.** Tanzania 6, 7, 10.

LORYMA Stål 1878   [p. 246]

3. *Aphanaulacris*   Uvarov 1925 (Dirsh 1956c: 176) [p. 246].
4. Loryma   Dirsh 1956c: 176.
5. Loryma   Dirsh 1965: 196, 203.

Desc. 4, 5.

perficita (Walker 1870)   [p. 246]

5. Loryma perficita   Dirsh 1956c: 176, 258.
6. *Loryma vittipennis* (Stål 1875) (Dirsh 1956c: 176) [p. 247].
7. Loryma perficita   Dirsh 1965: 203, fig. 150 (♀).

Dist. S.A. Cape Province 5.

species ?

1. Loryma sp.   Dirsh 1956c: 177.

Dist. S.A. Cape Province.

*DIRSHACRIS Brown 1959

Haplotype: **Dirshacris aridus** Brown 1959

1. Dirshacris   Brown 1959: 289.
2. Dirshacris   Dirsh 1965: 196, 203.

Desc. 1, 2.

aridus Brown 1959

Type: ♂. S. Africa: Cape Province, Middelburg. Transvaal Mus.

1. Dirshacris aridus   Brown 1959: 290, pl. 2, f. (1–11).
2. Dirshacris aridus   Dirsh 1965: 204, fig. 151 (♂).

Desc. 1 (♂ ♀).   **Ecol.** 1.   **Dist. S.A.** Cape Province 1.

KASSONGIA I. Bolivar 1908   [p. 271]

3. Kassongia   Dirsh 1965: 197, 204.

Desc.

flavovittata I. Bolivar 1908   [p. 271]

4. Kassongia flavovittata   Dirsh 1956*f*: 279, pl. 50, f. 5.
5. Kassongia flavovittata   Dirsh 1965: 205, fig. 152 (♂).

Morph. 4.

orientalis Kevan & Knipper 1961

Type: ♂. Tanganyika: Uzaramo District, Kifumangao. Bremen Mus.

1. Kassongia orientalis   Kevan & Knipper 1961: 385, pl. 5, ff. 1–6, fig. 7.

Desc. ♂ ♀.   **Ecol.**

vittata Kevan & Knipper 1961

Type: ♂. Tanganyika: Morogoro District, Morningside. Brit. Mus.

1. Kassongia vittata   Kevan & Knipper 1961: 387, pl. 5, ff. 7–9, fig. 8.

Desc. ♂ ♀.   **Ecol.**

species ?

1. Kassongia sp.   Phipps 1959*b*: 30.
2. Kassongia sp.   Phipps 1966: 28.

Ecol. 2.   **Bion.** 2.   **Dist.** Tanzania 1, 2.

GLAUNINGIA Ramme 1929   [p. 235]

2. Glauningia   Jago 1964*a*: 202.
3. Glauningia   Dirsh 1965: 197, 205.

Desc. 3.   **Ecol.** 2.

ACRIDIDAE							Hemiacridinae

macrocephala Ramme 1929   [p. 235]
3. Glauningia macrocephala   Dirsh 1956*f*: 279, pl. 50, f. 16.
4. Glauningia macrocephala   Dirsh 1965: 206, fig. 153 (♂).

Desc. 3.   **Morph.** 3.

MESOPSERA I. Bolivar 1908   [p. 235]
4. Mesopsera   Uvarov 1954: 546.
5. Mesopsera   Dirsh 1965: 197, 206.

Desc. 4, 5.

filum (I. Bolivar 1890)   [p. 235]
12. Mesopsera filum   Uvarov 1954: 546, figs. 9–11.
13. Mesopsera filum   Dirsh 1955*a*: 69.
14. Mesopsera filum   Dirsh 1956*f*: 279, pl. 49, f. 18.
15. Mesopsera filum   Kevan & Knipper 1961: 384.
16. Mesopsera filum   Vesey-Fitzgerald 1964*a*: 344.
17. Mesopsera filum   Pinhey 1965: 7.
18. Mesopsera filum   Dirsh 1965: 201, fig. 154 (♂).
19. Mesopsera filum   Uvarov 1966: 2, 190, fig. 115 (4).

Desc. 12, 14.   **Morph.** 14, 19.   **Ecol.** 15, 16, 17.   **Bion.** 16, 17.   **Dist. E.A.** Tanzania 15, 16.   **C.A.** Ruanda 13; Rhodesia 17; Zambia 16.

XENIPPA Stål 1878   [p. 236]
4. Xenippa   Dirsh 1965: 197, 207.
5. Xenippa   Vesey-Fitzgerald 1964*a*: 344.

Desc. 4.   **Ecol.** 5.

viridula Stål 1878   [p. 236]
4. Xenippa viridula   Uvarov 1954: 547, figs. 12–14.
5. Xenippa viridula   Dirsh 1956*f*: 279, pl. 50, f. 3.
6. Xenippa viridula   Dirsh 1965: 208, fig. 155 (♂).

Desc. 4 (♂ ♀), 5.   **Morph.** 5.   **Dist. E.A.** Tanzania 4.

ACANTHOXIA I. Bolivar 1906   [p. 231]
7. *Gonyacanthella*   Giglio-Tos 1907 (Dirsh 1958*g*: 241) [p. 231].
8. Acanthoxia   Dirsh 1958*g*: 241.
9. Acanthoxia   Jago 1964*a*: 202.
10. Acanthoxia   Dirsh 1965: 197, 208.
11. Acanthoxia   Uvarov 1966: 4, fig. 2.

Desc. 10.   **Morph.** 11.   **Ecol.** 9.

cultrifer (Brancsik 1895)   [p. 231]
6. Acanthoxia cultrifer   Dirsh 1956c: 258.

Dist. E.A. Portuguese E. Africa.

ensator (Walker 1870)   [p. 232]
7. Acanthoxia ensator   Dirsh 1956c: 258.

Dist. S.A. Cape Province.

gladiator (Westwood 1841)   [p. 232]
17. Acanthoxia gladiator   Waloff 1954: 387.
18. Acanthoxia gladiator   Dirsh 1955a: 69.
19. Acanthoxia gladiator   Dirsh 1956f: 279, pl. 49, f. 13.
20. Acanthoxia gladiator   Chapman & Robertson 1958: 98, 99.
21. Acanthoxia gladiator   Chopard 1958a: 133.
22. Acanthoxia gladiator   Davey et al. 1959a: 110.
23. Acanthoxia gladiator   Chapman 1962: 35.
24. Acanthoxia gladiator   Phipps 1962: 14.
25. Acanthoxia gladiator   Robertson & Chapman 1962: 62, tables 2, 3, 5, 6, 28, 30.
26. Acanthoxia gladiator   Dirsh 1963b: 209.
27. Acanthoxia gladiator   Dirsh 1964a: 52.
28. Acanthoxia gladiator   Vesey-Fitzgerald 1964a: 343.
29. Acanthoxia gladiator   Descamps 1965a: 939, 940.
30. Acanthoxia gladiator   Dirsh 1965: 209, fig. 156 ($\male$).
31. Acanthoxia gladiator   Uvarov 1966: 2.

Desc. 19.   **Morph.** 17, 19, 20, 24, 31.   **Ecol.** 20, 22, 23, 27, 28, 29.   **Bion.** 20, 23, 25, 28.
Econ. 25.   **Dist. W.A.** Guinea 19, 26; Mali 22, 29; Ghana 23; Sierra Leone 24.   **E.A.** Tanzania 17, 20.   **C.A.** Ruanda 18; Congo Rep. 27; Zambia 28.

lanceolata (I. Bolivar 1890)   [p. 231]
11. Gonyacanthella lanceolata   Kevan 1955a: 66.
12. Gonyacanthella lanceolata   Dirsh 1956f: 279, pl. 49, f. 14.
13. Acanthoxia lanceolata   Dirsh 1958g: 241.
14. Acanthoxia lanceolata   Dirsh 1964a: 52.

Desc. 12, 13.   **Morph.** 12.   **Ecol.** 14.   **Dist. C.A.** Angola 11; Congo Rep. 14.

species ? [p. 232]
2. Acanthoxia sp.   Backlund 1955: 204.

Ecol.   **Dist. E.A.** Tanzania.

ACRIDIDAE Hemiacridinae

LEPTACRIS Walker 1870 [p. 226]

11. *Metapa* Stål 1878 (Dirsh 1958*g*: 239) [p. 228].
12. *Rhamphacrida* Karsch 1893 (Dirsh 1958*g*: 239) [p. 229].
13. *Meruana* Sjöstedt 1909 (Dirsh 1958*g*: 239) [p. 228].
14. Leptacris Dirsh 1958*g*: 239–41.
15. Leptacris Dirsh 1962*b*: 276, 277.
16. Leptacris Jago 1964*a*: 202.
17. Leptacris Dirsh 1965: 197, 209.
18. Leptacris Uvarov 1966: 38.

Desc. 15, 17. **Morph.** 18. **Ecol.** 16.

hova (Karsch 1896) [p. 226]

6. Leptacris hova Dirsh 1962*b*: 277, fig. 1.
7. Leptacris hova Dirsh 1962*c*: 271.
8. Leptacris hova Uvarov 1966: 407, 408, fig. 231.
9. *Leptacris pulchra* (Karny 1907) (Dirsh 1962*b*: 277) [p. 227]

Desc. 6 (♂). **Dist.** Madagascar 6, 7.

kraussi (I. Bolivar 1890) [p. 229]

12. Rhamphacrida kraussi Dirsh 1956*f*: 279, pl. 50, f. 1.
13. Rhamphacrida kraussi Chopard 1958*a*: 132.
14. Rhamphacrida kraussi Roy 1962: 119.
15. Leptacris kraussi Phipps 1962: 14.
16. Rhamphacrida kraussi Chapman 1962: 35.
17. Leptacris kraussi Dirsh 1963*b*: 209.
18. Leptacris kraussi Dirsh 1964*a*: 52.
19. Rhamphacrida kraussi Vesey-Fitzgerald 1964*a*: 343.
20. Leptacris kraussi Descamps 1965*a*: 939, 940.

Desc. 12, 14. **Morph.** 12, 14, 15. **Ecol.** 16, 18, 19, 20. **Bion.** 16, 19. **Dist.** W.A. Guinea 13, 17; Senegal 14; Sierra Leone 15; Ghana 16; Mali 20. C.A. Congo Rep. 18; Zambia 19.

monteiroi (I. Bolivar 1890) [p. 226]

17. Leptacris monteiroi Kevan 1955*a*: 66.
18. Leptacris monteiroi Dirsh 1955*a*: 69.
19. Leptacris monteiroi Chopard 1958*a*: 132.
20. Leptacris monteiroi Robertson & Chapman 1962: 61.
21. Leptacris monteiroi Dirsh 1962*b*: 278.
22. Leptacris monteiroi Dirsh 1964*a*: 51.
23. Leptacris monteiroi Vesey-Fitzgerald 1964*a*: 342.
24. Leptacris monteiroi Pinhey 1965: 7, pl. 2*d*.

Desc. 21. **Bion.** 20, 24. **Econ.** 20. **Ecol.** 23, 24. **Dist.** W.A. Guinea 19. E.A. Tanzania 20. C.A. Angola 17; Ruanda 18; Congo Rep. 22; Rhodesia 23; Zambia 23.

pretoriae (Miller 1932) [p. 229]
4. Metapa pretoriae   Dirsh 1956*f*: 279, pl. 49, f. 17.
5. Leptacris pretoriae   Dirsh 1962*b*: 277.

Desc. 4.   **Morph.** 4.

usambarica (Karsch 1896) [p. 228]
7. Meruana usambarica   Dirsh 1956*f*: 279, pl. 49, f. 12.
8. Meruana usambarica   Phipps 1959*b*: 30.
9. Leptacris usambarica   Dirsh 1958*g*: 240.
10. Meruana usambarica   Phipps 1966: 28.

Desc. 7.   **Morph.** 7, 8.   **Ecol.** 10.   **Bion.** 10.   **Dist. E.A.** Tanzania 8, 10.

violacea (Karny 1907) [p. 227]
8. Leptacris violacea   Dirsh 1956*f*: 279, pl. 50, f. 18.
9. Leptacris violacea   Davey *et al.* 1959*a*: 108.
10. Leptacris violacea   Davey 1959: 127.
11. Leptacris violacea   Chapman 1962: 35.
12. Leptacris violacea   Dirsh 1964*a*: 52.
13. Leptacris violacea   Descamps 1965*a*: 939, 940, 1308.
14. Leptacris violacea   Dirsh 1965: 210, fig. 157 (♂).

Desc. 8.   **Morph.** 8.   **Ecol.** 9, 11, 12, 13.   **Bion.** 10, 11.   **Dist. W.A.** Mali 9, 10, 13; Ghana 11.   **C.A.** Congo Rep. 12.

SUDANACRIS Uvarov 1944   [p. 230]
2. Sudanacris   Dirsh 1965: 197, 210.
3. Sudanacris   Uvarov 1966: 16, fig. 14.

Desc. 2.   **Morph.** 3.

pallida (Burmeister 1838) [p. 230]
21. Sudanacris pallida   Dirsh 1954*b*: 351, figs. 11–13.
22. Sudanacris pallida   Dirsh 1956*f*: 279, pl. 50, f. 10.
23. Sudanacris pallida   Davey 1959: 12.
24. Sudanacris pallida   Davey *et al.* 1959*a*: 109.
25. Sudanacris pallida   Boisson 1961: 28.
26. Sudanacris pallida   Descamps 1965*a*: 939, 1308.
27. Sudanacris pallida   Dirsh 1965: 211, fig. 158 (♂).
28. Sudanacris pallida   Uvarov 1966: 142, 190, figs. 84 (18), 115 (5).

Desc. 21, 22.   **Morph.** 22, 28.   **Ecol.** 24, 26.   **Bion.** 23, 25.   **Dist. W.A.** Mali 23, 24, 26.

| ACRIDIDAE | Hemiacridinae |

schoutedeni Dirsh 1954

Type: ♂. Kenya: Kitilewa, Masailand. Brit. Mus.

1. Sudanacris schoutedeni   Dirsh 1954b: 350, figs. 8–10, 26.

Desc. ♂.

ORAÏSTES Karsch 1896   [p. 225]

3. Oraïstes   Dirsh 1956f: 256.
4. Oraïstes   Dirsh 1965: 197, 211.

Desc. 4.   **Morph.** 3.

luridus Karsch 1896   [p. 225]

8. Oraïstes luridus   Dirsh 1956c: 175, 258.
9. Oraïstes luridus   Dirsh 1956f: 279, pl. 49, f. 9.
10. Oraïstes luridus   Phipps 1959b: 30.
11. Oraïstes luridus   Kevan & Knipper 1961: 384.
12. Oraïstes luridus   Dirsh 1965: 212, fig. 159 (♂).
13. Oraïstes luridus   Phipps 1966: 28.

Desc. 9.   **Morph.** 9, 10.   **Ecol.** 11, 13.   **Bion.** 13.   **Dist.** C.A. Rhodesia 8.   E.A. Tanzania 10, 11, 13.

HIEROGLYPHUS Krauss 1877   [p. 237]

8. Hieroglyphus   Krauss 1877: 143.
9. Hieroglyphus   Dirsh 1956f: 255.
10. Hieroglyphus   Dirsh 1965: 197, 212.

Desc. 8, 10.   **Morph.** 9.

africanus Uvarov 1922   [p. 237]

11. Hieroglyphus africanus   Risbec 1950: 317.
12. Hieroglyphus africanus   Descamps 1956: 52.
13. Hieroglyphus africanus   Davey et al. 1959a: 111.
14. Hieroglyphus africanus   Roy 1962: 122.
15. Hieroglyphus africanus   Descamps 1965a: 939, 941.
16. Hieroglyphus africanus   Forsyth 1966: 96.

Desc. 14.   **Ecol.** 15.   **Econ.** 11, 12, 16.   **Dist.** W.A. Senegal 14; Mali 13, 15; Ghana 16.

daganensis Krauss 1877   [p. 237]

18. Hieroglyphus daganensis   Krauss 1877: 143.
19. Hieroglyphus daganensis   Mallamaire 1955: 40.
20. Hieroglyphus daganensis   Descamps 1956: 752.
21. Hieroglyphus daganensis   Dirsh 1956f: 279, pl. 49, f. 10.
22. Hieroglyphus daganensis   Kevan 1956c: 970.
23. Hieroglyphus daganensis   Davey et al. 1959a: 111.

Hemiacridinae **ACRIDIDAE**

24. Hieroglyphus daganensis   Popov 1959*b*: 92.
25. Hieroglyphus daganensis   Davey 1959: 127.
26. Hieroglyphus daganensis   Boisson 1961: 28.
27. Hieroglyphus daganensis   Descamps 1965*a*: 939, 941, 1308.
28. Hieroglyphus daganensis   Dirsh 1965: 213, fig. 160 (♂).

Desc. 18, 21. **Morph.** 21. **Ecol.** 23, 24, 27. **Bion.** 23, 24, 25, 26. **Econ.** 19, 20. **Dist. W.A.** Chad 24; Mali 23, 25, 27; Cameroon Rep. 22. **E.A. W.** Sudan 24.

HIEROGLYPHODES Uvarov 1922

Haplotype: **Hieroglyphodes assamensis**

1. Hieroglyphodes   Uvarov 1922*c*: 228.
2. Hieroglyphodes   Roy 1962: 123.

Desc. 1.

occidentalis Roy 1962

Type: ♂. Senegal: Niokolo-Koba, Badi. Paris Mus.

1. Hieroglyphodes occidentalis   Roy 1962: 110, 123, pl. II, *d*, figs. 10–14.
2. Hieroglyphodes occidentalis   Roy 1964*b*: 1189.
3. Hieroglyphodes occidentalis   Roy 1965: 618, fig. 1. ♀. Senegal: Basse-Casamance. Paris Mus.
4. Hieroglyphodes occidentalis   Descamps 1965*a*: 939, 941.

Desc. 1 (♂), 3 (♀). **Ecol.** 4. **Dist. W.A.** Senegal 1, 2, 3; Mali 4.

*UVAROVIDIUM Dirsh 1956

Orthotype: **Uvarovidium peninsulare**   Dirsh 1956

1. Uvarovidium   Dirsh 1956*a*: 280, 288.
2. Uvarovidium   Dirsh 1965: 197, 213.

Desc. 1, 2.

peninsulare Dirsh 1956

Type: ♂. S. Africa: Cape Province, Cape Peninsula. Brit. Mus.

1. Uvarovidium peninsulare   Dirsh 1956*a*: 280, pl. 17.
2. Uvarovidium peninsulare   Dirsh 1965: 214, fig. 161 (♂ ♀).

Desc. 1. (♂ ♀).

smiti Dirsh 1956

Type: ♂. S. Africa: Cape Province, Swartberg Mts., between Oudtshoorn & Albert. Brit. Mus.

1. Uvarovidium smiti   Dirsh 1956*a*: 282, pl. 18.

Desc. ♂ ♀.

*LEATETTIX Dirsh 1956

Orthotype: **Leatettix laticornis** Dirsh 1956

1. Leatettix   Dirsh 1956a: 285, 288.
2. Leatettix   Dirsh 1965: 197, 215.

Desc. 1, 2.

laticornis Dirsh 1956

Type: ♂. S. Africa: Cape Province between Aberdeen & Somerset East. Brit. Mus.

1. Leatettix laticornis   Dirsh 1956a: 288, pl. 19.
2. Leatettix laticornis   Brown 1960: 130.
3. Leatettix laticornis   Dirsh 1965: 216, fig. 162 (♂ ♀).

Desc. 1 (♂ ♀), 2.

nasuta Brown 1960

Type: ♂. S. Africa: Cape Province, Sundays River Valley. Transvaal Mus.

1. Leatettix nasuta   Brown 1960: 128, figs. 10–18.

Desc. ♂ ♀. **Ecol.**

*CALVINIACRIS Dirsh 1956

Haplotype: **Calviniacris nuda** Dirsh 1956

1. Calviniacris   Dirsh 1956c: 177.
2. Calviniacris   Dirsh 1965: 197, 217.

Desc. 1, 2.

nuda Dirsh 1956

Type: ♂. S. Africa: Cape Province, Calvinia. Brit. Mus.

1. Calviniacris nuda   Dirsh 1956c: 178, fig. 23 (1–8), pl. 2, f. 5–8.
2. Calviniacris nuda   Dirsh 1956f: 279, pl. 50, f. 6.
3. Calviniacris nuda   Dirsh 1965: 217, fig. 163 (♂ ♀).

Desc. 1 (♂ ♀). **Morph.** 2. **Dist. S.A.** Cape Province 1.

*MEREHANA Kevan 1957

Haplotype: **Merehana gharrei** Kevan 1957

1. Merehana   Kevan 1957b: 203.
2. Merehana   Dirsh 1958g: 241.
3. Merehana   Dirsh 1965: 197, 219.

Desc. 1, 2, 3.

gharrei Kevan 1957

Type: ♂. Kenya: Mandera District, Finno. Brit. Mus.
1. Merehana gharrei   Kevan 1957b: 204, fig. 2.
2. Merehana gharrei   Dirsh 1965: 218, fig. 164 (♂).

Desc. 1 (♂).

EUTHYMIA Stål 1875   [p. 211]

10. Euthymia   Dirsh 1962b: 277, 290.

Desc. Key.

bolivari Finot 1903   [p. 212]
6. Euthymia bolivari   Dirsh 1962b: 293, fig. 9 (13–15).
7. Euthymia bolivari   Dirsh 1962c: 271.

Desc. 6 (♂ ♀).   **Dist.** Madagascar 6.

fasciata (Walker 1870)   [p. 212]
17. Euthymia fasciata   Dirsh 1956f: 277, pl. 41, f. 21.
18. Euthymia fasciata   Dirsh 1962b: 290, 291, fig. 9.

Desc. 18 (♂ ♀).   **Morph.** 17.   **Dist.** Madagascar 18.

polychroma Brancsik 1893   [p. 212]

Type: Lost. Neotype: ♀. Nosi Bé, Lokobe Reserve. Paris Mus. (Dirsh 1962b: 291)

1. Euthymia polychroma   Brancsik 1893a: 190, pl. 11, f. 2.
2. Euthymia polychroma   Dirsh 1962b: 290, 291, fig. 9 (10–12).
3. *Euthymia viridescens*   Sjöstedt 1918 (Dirsh 1962b: 291).

Desc. 1 (♀), 2 (♂ ♀).   **Dist.** Madagascar 2.

PROEUTHYMIA Rehn 1944   [p. 213]

2. Proeuthymia   Dirsh 1962b: 277, 293.

Desc.

saussurei (Finot 1903)   [p. 213]
5. Proeuthymia saussurei   Dirsh 1962b: 294, fig. 10.

Desc. ♂ ♀.   **Dist.** W. & S.W. Madagascar.

LOPHEUTHYMIA Uvarov 1943   [p. 213]

3. Lopheuthymia   Dirsh 1962b: 277, 294.

Desc.

| ACRIDIDAE | Hemiacridinae |

brunneri (Finot 1903)   [p. 213]

5. Lopheuthymia brunneri   Dirsh 1956f: 279, pl. 49, f. 8.
6. Lopheuthymia brunneri   Dirsh 1962b: 296, fig. 11.

Desc. 6 (♂ ♀).   **Morph.** 5.   **Dist.** Madagascar 6.

ONETES Rehn 1944   [p. 214]

2. Onetes   Dirsh 1962b: 277, 284.

Desc.

*fasciatus Dirsh 1962

Type: ♂. Madagascar: Ampijoroa, Ankarafantsika forest. Paris Mus.

1. Onetes fasciatus   Dirsh 1962b: 288, fig. 8.

Desc. ♂.   **Dist.** Madagascar.

kraussi (Finot 1903)   [p. 214]

5. Onetes kraussi   Dirsh 1962b: 286.

Desc.

sanguinolentus Rehn 1944   [p. 214]

2. Onetes sanguinolentus   Dirsh 1962b: 286.

Desc.

scudderi (Finot 1903)   [p. 214]

5. Onetes scudderi   Dirsh 1962b: 286, fig. 7.

Desc. ♀.

MALAGASACRIS Rehn 1944   [p. 213]

2. Malagasacris   Dirsh 1962b: 277, 300.

Desc. Key.

*rugosa Dirsh 1962

Type: ♂. E. Madagascar: Moramanga, Ankasoka. Paris Mus.

1. Malagasacris rugosa   Dirsh 1962b: 302, fig. 14 (6).

Desc. ♂.

strateia Rehn 1944   [p. 213]

2. Malagasacris strateia   Dirsh 1956f: 279, pl. 49, f. 6.
3. Malagasacris strateia   Dirsh 1962b: 302, fig. 14 (1–5).

Desc. 3 (♂).   **Morph.** 2.   **Dist.** Madagascar: Rogez District.

GERGIS Stål 1875 [p. 462]

3. Gergis   Dirsh 1962b: 277, 302.
Desc.

*minor Dirsh 1962

Type: ♂. E. Madagascar: Perinet. Paris Mus. Paratype: Brit. Mus.
1. Gergis minor   Dirsh 1962b: 303, 304, fig. 16.
2. Gergis minor   Dirsh 1962c: 271.
Desc. 1 (♂ ♀).   Dist. Madagascar 1, 2.

pallidinervis Stål 1875 [p. 462]

4. Gergis pallidinervis   Dirsh 1962b: 303, 304, fig. 15.
Desc. ♂ ♀.   Dist. Malagasy.

HYSIELLA I. Bolivar 1906 [p. 225]

6. Hysiella   Dirsh 1962b: 276, 284, 328.
Desc.

nigricornis (Stål 1875) [p. 225]

5. Hysiella nigricornis   Dirsh 1962b: 284, fig. 6. ♀. E. Madagascar: Ambila-Lemaitso. Paris Mus.
Desc. ♂ ♀.

GALIDEUS Finot 1908 [p. 236]

3. Galideus   Dirsh 1962b: 276, 296.
Desc.

*elegans Dirsh 1962

Type: ♂. E. Madagascar: Ambodirafia. Paris Mus. Paratype: Brit. Mus.
1. Galideus elegans   Dirsh 1962b: 298, fig. 12 (8–12).
Desc. ♂.   Dist. E. & C. Madagascar.

mocquerysi Finot 1908 [p. 236]

3. Galideus mocquerysi   Dirsh 1962b: 298, fig. 12 (1–7).
Desc. ♂ ♀.   Dist. E. & C. Madagascar.

XENIPPOIDES Chopard 1952 [p. 463]

2. Xenippoides   Dirsh 1962b: 276, 298.
Desc.

ACRIDIDAE   Hemiacridinae

elongatus Chopard 1952 [p. 463]
2. Xenippoides elongatus   Dirsh 1962b: 300, fig. 13.
Desc. ♂ ♀.

*PACHYCERACRIS Dirsh 1962

Haplotype: **Pachyceracris fusca**   Dirsh 1962
1. Pachyceracris   Dirsh 1962b: 277, 303.
Desc.

fusca Dirsh 1962
Type: ♀. C. Madagascar: Andranotobaka. Paris Mus.
1. Pachyceracris fusca   Dirsh 1962b: 306, fig. 17.
Desc. ♀.

*MORONDAVIA Dirsh 1962

Orthotype: **Morondavia cephalica**   Dirsh 1962
1. Morondavia   Dirsh 1962b: 277, 306.
Desc.

cephalica Dirsh 1962
Type: ♂. W. Madagascar: Antsingy N., 63 km. East of Maintirano Forest. Paris Mus.
1. Morondavia cephalica   Dirsh 1962b: 307, fig. 18 (1–4).
Desc. ♂ ♀.

minor Dirsh 1962
Type: ♂. W. Madagascar: Morondava, Forest S. of Befasy. Paris Mus. Paratype. Brit. Mus.
1. Morondavia minor   Dirsh 1962b: 307, fig. 18 (5–8).
Desc. ♂ ♀.   Dist. N. & W. Madagascar.

*PSEUDOSERPUSIA Dirsh 1962

Haplotype: **Pseudoserpusia polychroma**   Dirsh 1962
1. Pseudoserpusia   Dirsh 1962b: 276, 281.
Desc.

polychroma Dirsh 1962
Type: ♂. E. Madagascar: Maroantsetra, Ambohitsitondroina. Paris Mus.
1. Pseudoserpusia polychroma   Dirsh 1962b: 282, fig. 4 (♂).
Desc. ♂ ♀.   Dist. E. & C. Madagascar.

TROPIDOPOLINAE

1. Tropidopolinae   Dirsh 1961 *a*: 388, 389, 398.
2. Tropidopolinae   Dirsh 1965: 180, 219.

Desc. 1, 2.   **Key** (genera) 2.

TRISTRIA Stål 1873   [p. 242]

12. Tristria   Dirsh 1961 *d*: 387.
13. Tristria   Jago 1964 *a*: 202.
14. Tristria   Dirsh 1965: 219, 220.

Desc. 12, 14.   **Ecol.** 13.

brunneri Karny 1907   [p. 243]

4. Tristria brunneri   Dirsh 1964 *a*: 54.

Ecol.   **Dist. C.A.** Congo Rep.

coeruleipes Uvarov 1923   [p. 243]

4. Tristria coeruleipes   Dirsh 1964 *a*: 55.

Ecol.   **Dist. C.A.** Congo Rep.

conops Karsch 1896   [p. 243]

5. Tristria conops   Chopard 1958 *a*: 132.
6. Tristria conops   Chapman 1961 *a*: 262, 266, fig. 9.
7. Tristria conops   Chapman 1962: 20, fig. 8.
8. Tristria conops   Phipps 1962: 14.
9. Tristria conops   Chapman 1964: 121.
10. Tristria conops   Dirsh 1964 *a*: 54.
11. Tristria conops   Descamps 1965 *a*: 942, 943.

Morph. 6, 8, 9.   **Ecol.** 7, 10, 11.   **Bion.** 6, 7.   **Dist. C.A.** Congo Rep. 10.   **W.A.** Guinea 5; Ghana 6, 7; Sierra Leone 8.

cylindrica Uvarov 1953   [p. 244]

See Pseudotristria cylindrica p. 169.

dimorpha I. Bolivar 1912   [p. 244]

4. Tristria dimorpha   Robertson & Chapman 1962: 64, tables, 2, 3.
5. Tristria dimorpha   Vesey-Fitzgerald 1964 *a*: 346.

Ecol. 4, 5.   **Bion.** 4, 5.   **Dist. E.A.** Tanzania 4, 5.   **C.A.** Zambia 5.

discoidalis I. Bolivar 1890 [p. 244]

4. Tristria discoidalis   Chapman 1961a: 262, 266, fig. 25.
5. Tristria discoidalis   Chapman 1962: 20, fig. 8.
6. Tristria discoidalis   Chapman 1964: 121.
7. Tristria discoidalis   Dirsh 1965: 221, fig. 165 (♂).
8. Tristria discoidalis   Vesey-Fitzgerald 1964a: 346.

Morph. 4, 6.   **Ecol.** 5, 8.   **Bion.** 5, 8.   **Dist. W.A.** Ghana 4, 5.   **C.A.** Zambia 8.

manicae Miller 1949 [p. 244]

See Pseudotristria manicae p. 169.

pallida Karny 1907 [p. 245]

11. Tristria pallida   Risbec 1950: 317.
12. Tristria pallida   Chapman & Robertson 1958: 98, 100.
13. Tristria pallida   Dirsh 1959a: 62.
14. Tristria pallida   Davey et al. 1959a: 86.
15. Tristria pallida   Robertson & Chapman 1962: 64, tables 2, 3.
16. Tristria pallida   Roy 1962: 110, 113, 125.
17. Tristria pallida   Descamps 1965a: 942, 943, 1308.
18. Tristria pallida   Vesey-Fitzgerald 1964a: 346.
19. Tristria pallida   Uvarov 1966: 13, fig. 11 (5).

Morph. 12, 17, 19.   **Ecol.** 12, 14, 15, 17, 18.   **Bion.** 12, 14, 15, 16, 18.   **Econ.** 11.   **Dist. E.A.** Tanzania 12, 15, 18; Ethiopia 13.   **W.A.** Senegal 16; Mali 14, 17.

sudanensis Karny 1907 [p. 245]

8. Tristria sudanensis   Davey et al. 1959a: 86.
9. Tristria sudanensis   Chapman 1962: 20, fig. 8.
10. Tristria sudanensis   Chapman 1964: 121.
11. Tristria sudanensis   Descamps 1965a: 942, 943.

Morph. 10.   **Ecol.** 8, 9, 11.   **Bion.** 8, 9.   **Dist. W.A.** Ghana 9; Mali 8, 9.

suturalis Karsch 1896 [p. 245]

13. Tristria suturalis   Chopard 1958a: 132.
14. Tristria suturalis   Roy 1960: 201.
15. Tristria suturalis   Dirsh 1963b: 209.

Ecol. 14.   **Dist. W.A.** Guinea 13, 14, 15.

species ? [p. 246]

3. Tristria sp.   Phipps 1959b: 31.
4. Tristria sp.   Davey et al. 1959a: 87.
5. Tristria sp.   Phipps 1962: 14.

Morph. 3, 5.   **Dist. E.A.** Tanzania 3.   **W.A.** Mali 4; Sierra Leone 5.

AFROXYRRHEPES Uvarov 1943 [p. 238]

3. Afroxyrrhepes   Dirsh 1965: 220, 222.

Desc.

acuticercus Dirsh 1954

Type: ♂. Tanganyika: Old Shinyanga. Brit. Mus.

1. Afroxyrrhepes acuticercus   Dirsh 1954b: 348, figs. 4–7.
2. Afroxyrrhepes acuticercus   Chapman & Robertson 1958: 98, 100.
3. Afroxyrrhepes acuticercus   Dirsh 1961a: 399, fig. 23 (1–4).
4. Afroxyrrhepes acuticercus   Robertson & Chapman 1962: 63, tables 2, 3.
5. Afroxyrrhepes acuticercus   Dirsh 1965: 222, fig. 166a–e (♂).
6. Afroxyrrhepes acuticercus   Uvarov 1966: 408, 409, fig. 232.

Desc. 1 (♂).   **Morph.** 2.   **Ecol.** 2.   **Bion.** 2, 4.   **Econ.** 4.   **Dist. E.A.** Tanzania 2, 4.

brevifurca Uvarov 1943 [p. 238]

4. Afroxyrrhepes brevifurca   Kevan 1950b: 221.
5. Afroxyrrhepes brevifurca   Phipps 1959b: 31.
6. Afroxyrrhepes brevifurca   Phipps 1966: 28.

Desc. 4 (♀).   **Morph.** 5.   **Ecol.** 6.   **Bion.** 6.   **E.A.** Tanzania 5, 6; Kenya 4.

obscuripes Uvarov 1943 [p. 238]

3. Afroxyrrhepes obscuripes   Dirsh 1955a: 67.
4. Afroxyrrhepes obscuripes   Chopard 1958a: 132.
5. Afroxyrrhepes obscuripes   Chapman 1962: 19.
6. Afroxyrrhepes obscuripes   Phipps 1962: 14.
7. Afroxyrrhepes obscuripes   Dirsh 1963b: 209.
8. Afroxyrrhepes obscuripes   Dirsh 1964a: 53.

Morph. 6.   **Ecol.** 5, 8.   **Bion.** 5.   **Dist. W.A.** Guinea 4, 7; Ghana 5; Sierra Leone 6. **C.A.** Congo Rep. 8; Ruanda 3.   **E.A.** Tanzania 6.

procera (Burmeister 1838) [p. 239]

46. Oxyrrhepes procera   Ballard 1914: 347.
47. Oxyrrhepes procera   Zacher 1949: 318.
48. Afroxyrrhepes procera   Kevan 1950b: 221.
49. Homoxyrrhepes procera   Salfi 1955: 4.
50. Afroxyrrhepes procera   Dirsh 1956c: 216, 261.
51. Afroxyrrhepes procera   Dirsh 1956f: 276, pl. 37, f. 15.
52. Afroxyrrhepes procera   Chapman & Robertson 1958: 98, 99.
53. Afroxyrrhepes procera   Chopard 1958c: 36.
54. Afroxyrrhepes procera   Dirsh 1961a: 399, fig. 23 (8).
55. Afroxyrrhepes procera   Chapman 1961b: 67.

ACRIDIDAE   Tropidopolinae

56. Afroxyrrhepes procera   Chapman 1962: 19.
57. Afroxyrrhepes procera   Robertson & Chapman 1962: 27, 30, 63, tables 2, 3.
58. Afroxyrrhepes procera   Dirsh 1965: 222, fig. 166*f–h* (♂).
59. Afroxyrrhepes procera   Vesey-Fitzgerald 1964*a*: 345.
60. Afroxyrrhepes procera   Uvarov 1966: 19, fig. 17 (13).

Desc. 48, 49, 51.   **Morph.** 49, 51, 52, 60.   **Ecol.** 52, 56, 57, 59.   **Bion.** 52, 57, 59.   **Econ.** 46, 47.   **Dist. W.A.** Ghana 56.   **S.A.** Natal 50.   **E.A.** Kenya 48; Tanzania 55, 57, 59. **C.A.** Zambia 59.   **I.I.** Comoro Is. 53.

species ?

1. Afroxyrrhepes sp.   Kevan & Knipper 1961: 377.

Ecol.   **Dist. E.A.** Tanzania.

PETAMELLA Giglio-Tos 1907   [p. 236]

3. *Anoxyrrhepes*   Uvarov 1925 (Dirsh 1958*g*: 242). [p. 240].
4. Petamella   Dirsh 1958*g*: 242.
5. Petamella   Dirsh 1965: 220, 223.

Desc. 5.

fallax Giglio-Tos 1907   [p. 236]

3. *Anoxyrrhepes cercalis*   Uvarov 1943 (Dirsh 1958*g*: 242). Type lost? [p. 240].
4. *Petamella infumata*   I. Bolivar 1911 (Dirsh 1958*g*: 242) [p. 236].
5. Petamella fallax   Dirsh 1958*g*: 242.
6. Petamella fallax   Dirsh 1965: 223, fig. 167 (♂).

natalensis (Uvarov 1925)   [p. 240]

4. Anoxyrrhepes natalensis   Salfi 1955: 1–4, fig. 1.
5. Petamella natalensis   Dirsh 1958*g*: 242.

Desc. 4 (♂ ♀).   **Morph.** 4.   **Dist. C.A.** Zambia 4.

prosternalis (Karny 1907)   [p. 240]

9. Anoxyrrhepes prosternalis   Waloff 1954: 386.
10. Anoxyrrhepes prosternalis   Salfi 1955: 1–4.
11. Anoxyrrhepes prosternalis   Dirsh 1956*f*: 276, pl. 37, f. 19.
12. Petamella prosternalis   Dirsh 1958*g*: 242.
13. Anoxyrrhepes prosternalis   Davey *et al.* 1959*a*: 86.
14. Anoxyrrhepes prosternalis   Robertson & Chapman 1962: 28, 30, 63, tables 2, 3.
15. Anoxyrrhepes prosternalis   Chapman 1962: 19.
16. Petamella prosternalis   Dirsh 1964*a*: 54.
17. Anoxyrrhepes prosternalis   Anderson, N. L. 1964: 396, 397, 398, 402.
18. Petamella prosternalis   Descamps 1965*a*: 942.
19. Anoxyrrhepes prosternalis   Vesey-Fitzgerald 1964*a*: 345.

Desc. 10.   **Morph.** 9, 10, 11.   **Bion.** 17, 19.   **Ecol.** 16, 19.   **Dist. W.A.** Mali 13, 18; Ghana 15; Togo 16.   **E.A.** Tanzania 14, 19.   **C.A.** Zambia 10, 19; Congo Rep. 16.

species ?

1. Anoxyrrhepes sp.   Robertson & Chapman 1962: 64, tables 2, 3.
2. Anoxyrrhepes sp.   Pinhey 1965: 7.

Ecol. 1.   Bion. 1.   Dist. E.A. Tanzania 1.   C.A. Rhodesia 2.

HOMOXYRRHEPES Uvarov 1926   [p. 241]

3. Homoxyrrhepes   Dirsh 1965: 220, 224.

Desc.

incerta Salfi 1955

Type: ♀. N. Rhodesia: Monze. Naples Mus.

1. Homoxyrrhepes incerta   Salfi 1955: 4, fig. 2.

Desc. ♀.

punctipennis (Walker 1870)   [p. 241]

23. Homoxyrrhepes puncticollis (sic)   Risbec 1950: 317.
24. Homoxyrrhepes punctipennis   Salfi 1955: 4, fig. 2.
25. Homoxyrrhepes punctipennis   Descamps 1956: 752.
26. Homoxyrrhepes punctipennis   Dirsh 1956f: 276, pl. 37, f. 16.
27. Homoxyrrhepes punctipennis   Davey 1959: 12.
28. Homoxyrrhepes punctipennis   Davey et al. 1959a: 85.
29. Homoxyrrhepes punctipennis   Dirsh 1961a: 399, fig. 23 (7).
30. Homoxyrrhepes punctipennis   Roy 1962: 125.
31. Homoxyrrhepes punctipennis   Robertson & Chapman 1962: 64, tables 2, 3.
32. Homoxyrrhepes punctipennis   Chapman 1962: 20.
33. Homoxyrrhepes punctipennis   Dirsh 1964a: 53.
34. Homoxyrrhepes punctipennis   Descamps 1965a: 942, 1308.
35. Homoxyrrhepes punctipennis   Roy 1965: 619.
36. Homoxyrrhepes punctipennis   Dirsh 1965: 224, fig. 168 (♂).
37. Homoxyrrhepes punctipennis   Vesey-Fitzgerald 1964a: 345.

Desc. 24, 26.   Morph. 26.   Ecol. 28, 31, 32, 33, 34, 37.   Bion. 27, 28, 31, 37.   Econ. 23, 25.   Dist. W.A. Mali 26, 27, 28, 34; Senegal 30, 35; Ghana 32.   C.A. Zambia 24; Congo Rep. 33.   E.A. Tanzania 31, 37.

CHLOROXYRRHEPES Uvarov 1943   [p. 241]

2. Chloroxyrrhepes   Dirsh 1965: 220, 225.
3. Chloroxyrrhepes   Jago 1964a: 202.

Desc. 2.   Ecol. 3.

virescens (Stål 1873)   [p. 241]

14. Oxyrrhepes virescens   Risbec 1950: 317.
15. Chloroxyrrhepes virescens   Dirsh 1956f: 276, pl. 37, f. 17.
16. Chloroxyrrhepes virescens   Davey et al. 1959a: 85.

ACRIDIDAE   Tropidopolinae

17. Chloroxyrrhepes virescens   Phipps 1962: 14.
18. Chloroxyrrhepes virescens   Chapman 1962: 20.
19. Chloroxyrrhepes virescens   Dirsh 1964a: 54.
20. Chloroxyrrhepes virescens   Jago 1964a: 196.
21. Chloroxyrrhepes virescens   Roy 1965: 619.
22. Chloroxyrrhepes virescens   Dirsh 1965: 225, fig. 169 (♂).

Morph. 15, 17.   **Ecol.** 18, 19, 20.   **Bion.** 18.   **Econ.** 14.   **Dist.** C.A. Congo Rep. 19. W.A. Ghana 18; Mali 16; Senegal 21; Sierra Leone 17.

TROPIDOPOLA Stål 1873   [p. 247]

16. Tropidopola   Dirsh 1961a: 398.
17. Tropidopola   Dirsh 1965: 220, 226.
18. Tropidopola   Uvarov 1966: 38, 164.

Desc. 16, 17.   **Morph.** 18.

cylindrica (Marschall 1836)   [p. 247]

33. Tropidopola cylindrica cylindrica   La Greca 1948a, 174–6.
34. Tropidopola cylindrica   La Greca 1948b: 83–104, 5 figs.
35. Tropidopola cylindrica   Dirsh 1956f: 276, pl. 37, f. 21.
36. Tropidopola cylindrica   Dirsh 1961a: 399, fig. 23 (5).
37. Tropidopola cylindrica   Dirsh 1965: 226, fig. 170e (♂).

Morph. 35.   **Ecol.** 33.   **Bion.** 34.

longicornis (Fieber 1853)   [p. 249]

16. Tropidopola longicornis   Randell 1963: 255, fig. 38.
17. Tropidopola longicornis longicornis   La Greca 1964: 1–21, figs.
18. Tropidopola longicornis longicornis   Sayed 1964: 260.

Desc. 17.   **Morph.** 16, 17.   **Dist.** N.A. Egypt 18.

nigerica Uvarov 1937   [p. 249]

4. Tropidopola nigerica   Davey *et al.* 1959a: 87.
5. Tropidopola nigerica   Davey 1959: 127.
6. Tropidopola nigerica   Descamps 1965a: 942.
7. Tropidopola nigerica   Dirsh 1965: 226, fig. 170a–d (♂).

Ecol. 4, 6.   **Bion.** 4, 5.   **Dist.** W.A. Mali, 4, 5, 6.

species ?

1. Tropidopola sp.   Agarwala 1953: 66, 68, figs. 88, 89.
2. Tropidopola sp.   Agarwala 1954: 310.

Morph. 1, 2.

*PSEUDOTRISTRIA Dirsh 1961

Haplotype: **Tristria manicae** Miller 1949
1. Pseudotristria   Dirsh 1961*d*: 386.
2. Pseudotristria   Dirsh 1965: 220, 227.

Desc. 1, 2.

cylindrica (Uvarov 1953)   [p. 244]

2. Pseudotristria cylindrica   Dirsh 1961*d*: 387.
3. Tristria cylindrica   Vesey-Fitzgerald 1964*a*: 346.

Ecol. 3.   Bion. 3.   Dist. C.A. Zambia 3.

manicae (Miller 1949)   [p. 244]

2. Pseudotristria manicae   Dirsh 1961*d*: 386, figs. 12, 13.
3. Pseudotristria manicae   Dirsh 1965: 227, fig. 171 (♂ ♀).

Desc. 2.

MUSIMOJA Uvarov 1953   [p. 235]

2. Musimoja   Dirsh 1965: 220, 228.

Desc.

exilis Uvarov 1953   [p. 235]

2. Musimoja exilis   Dirsh 1965: 228, fig. 172 (♀).

MESOPSILLA Ramme 1929   [p. 249]

2. Mesopsilla   Uvarov 1954: 544.
3. Mesopsilla   Dirsh 1965: 220, 229.

Desc. 2 (♂ ♀), 3.

roseoviridis Ramme 1929   [p. 249]

2. Mesopsilla roseoviridis   Uvarov 1954: 545, figs. 1–8.
3. Mesopsilla roseoviridis   Dirsh 1956*f*: 276, pl. 37, f. 23.
4. Mcsopsilla roseoviridis   Dirsh 1965: 229, fig. 173 (♂ ♀).
5. Mesopsilla roseoviridis   Vesey-Fitzgerald 1964*a*: 347.
6. Mesopsilla roseoviridis   Uvarov 1966: 19, fig. 17 (16).

Desc. 2 (♂ ♀).   **Morph.** 3, 6.   **Ecol.** 5.   **Bion.** 5.   **Dist.** E.A. Tanzania 2.   C.A. Zambia 2, 5; Congo Rep. 2.

LIMNIPPA Uvarov 1941   [p. 249]

2. Limnippa   Uvarov 1954: 546.
3. Limnippa   Dirsh 1965: 220, 230.

Desc. 2, 3.

OXYINAE

1. Oxyinae   Dirsh 1961a: 388, 389, 400.
2. Oxyinae   Dirsh 1965: 180, 230.

Desc. 1, 2.   **Key** (genera) 2.

AUSTENIELLA Ramme 1931   [p. 257]

3. Austeniella   Jago 1964a: 202.
4. Austeniella   Dirsh 1965: 230, 231.

Desc. 4.   **Ecol.** 3.

cylindrica (Ramme 1929)   [p. 257]

3. Austeniella cylindrica   Dirsh 1956f: 276, pl. 38, f. 6.
4. Austeniella cylindrica   Chapman 1961a: 261, 267, fig. 13.
5. Austeniella cylindrica   Chapman 1962: 22, fig. 44, table 3.
6. *Badistica flavolateralis*   Chopard 1958a: 129, fig. 2. *Type:* ♂. Guinea: Mt Nimba, Base I.F.A.N. Paris Mus. (Dirsh 1963b: 210).
7. Austeniella cylindrica   Dirsh 1963b: 210.
8. Austeniella cylindrica   Chapman 1964: 120, fig. 7.
9. Austeniella cylindrica   Dirsh 1965: 231, fig. 174 (♂).

Desc. 3, 6 (♂ ♀).   **Morph.** 3, 4, 8.   **Ecol.** 5.   **Bion.** 4, 5.   **Dist. W.A.** Ghana 4, 5; Guinea 6, 7.

BADISTICA Karsch 1891   [p. 255]

5. Badistica   Jago 1964a: 199, 202.
6. Badistica   Dirsh 1965: 230, 231.

Desc. 6.   **Ecol.** 5.

bellula Karsch 1891   [p. 255]

7. Badistica bellula   Dirsh 1956f: 276, pl. 38, f. 8.
8. Badistica bellula   Phipps 1962: 14.
9. Badistica bellula   Dirsh 1965: 232, fig. 175, b, c (♂).

Desc. 7.   **Morph.** 7, 8.   **Dist. W.A.** Sierra Leone 8.

**fascipes* Chopard 1958

Type: ♀. Guinea: Mt Nimba, Nion. Paris Mus.

1. Badistica fascipes   Chopard 1958a: 128, fig. 1.
2. Badistica fascipes   Dirsh 1963b: 210.
3. Badistica fascipes   Jago 1966a: 334, figs. 1c, d; 2b. ♂. Liberia.

Desc. 1 (♀), 3 (♂).

lauta Karsch 1896 [p. 255]

4. Badistica lauta   Chapman 1962: 21.
5. Badistica lauta   Dirsh 1963b: 210.
6. Badistica lauta   Chapman 1964: 120.
7. Badistica lauta   Jago 1966a: 336, figs. 1E, F; 2C.

Desc. 7 (♂ ♀). **Morph.** 6. **Ecol.** 4. **Bion.** 4. **Dist. W.A.** Guinea 5; Ghana 7; Ivory Coast 7; Liberia 7; Togo 7.

*margarita Jago 1966

Type: ♂. Ghana: Western Region, Princes Town.

1. Badistica margarita   Jago 1966a: 331, figs. 1A, B; 2A.

Desc. ♂ ♀.

ornata I. Bolivar 1905 [p. 255]

5. Badistica ornata   Chopard 1958a: 128.
6. Badistica ornata   Chapman 1961a: 261, 267.
7. Badistica ornata   Chapman 1962: 21, fig. 44, table 2.
8. Badistica ornata   Chapman 1964: 120.
9. Badistica ornata   Jago 1966a: 340.

Desc. 9. **Morph.** 6, 8. **Ecol.** 7. **Bion.** 7. **Dist. W.A.** Guinea 5; Ghana 7.

simpsoni Ramme 1929 [p. 256]

2. Badistica simpsoni   Chopard 1958a: 128.
3. Badistica simpsoni   Phipps 1962: 14.
4. Badistica simpsoni   Dirsh 1963b: 210.
5. Badistica simpsoni   Dirsh 1965: 232, fig. 175a (♂).

Morph. 3. **Dist. W.A.** Guinea 2, 4; Sierra Leone 3.

DIBASTICA Giglio-Tos 1907 [p. 253]

5. Dibastica   Dirsh 1965: 230, 232.

Desc.

elegans I. Bolivar 1911 [p. 253]

4. Dibastica elegans   Dirsh 1965: 233, fig. 176, a, b (♂).

major I. Bolivar 1908 [p. 253]

5. Dibastica major   Dirsh 1956f: 276, pl. 38, f. 13.
6. Dibastica major   Dirsh 1961a: 401, fig. 24 (5).
7. Dibastica major   Dirsh 1965: 233, fig. 176c (♂).

Desc. 5. **Morph.** 5.

ACRIDIDAE   Oxyinae

OXYA Serville 1831   [p. 250]

18. Oxya   Dirsh 1961a: 400.
19. Oxya   Dirsh 1965: 230, 233.

Desc. 18, 19.

humeralis (Walker 1870)   [p. 251]

1. Heteracris humeralis   Walker 1870a: 662.
2. Oxya humeralis   Dirsh 1962b: 309, fig. 19. *Type:* ♀. Madagascar. Brit. Mus.
3. Oxya humeralis   Dirsh 1962c: 271.

Desc. 1 (♀), 2 (♂ ♀).   **Dist. I.I.** Madagascar 2, 3.

hyla Serville 1831   [p. 251]
Type: lost (Dirsh 1962b: 309)

36. Oxya hyla   Paulian 1950: 14.
37. *Oxya cyanipes* (Karny 1907) (Dirsh 1956b: 107) [p. 251].
38. Oxya hyla   Dirsh 1956c: 216.
39. Oxya hyla   Dirsh 1956f: 276, pl. 38, f. 1.
40. Oxya hyla   Scott 1958: 27.
41. Oxya hyla   Chopard 1958a: 128.
42. Oxya hyla   Chopard 1958b: 84.
43. Oxya hyla   Phipps 1959b: 30.
44. Oxya hyla   Davey *et al.* 1959a: 88.
45. Oxya hyla   Kevan & Knipper 1961: 377.
46. Oxya hyla   Chapman 1961a: 261, 266, fig. 12.
47. Oxya hyla   Dirsh 1961a: 401, fig. 24 (1–4).
48. Oxya hyla   Chapman 1962: 20, fig. 9.
49. Oxya hyla   Baccetti 1962: 85.
50. Oxya hyla   Roy 1962: 110, 125.
51. Oxya hyla   Dirsh 1962b: 309.
52. Oxya hyla   Randell 1963: 255, fig. 39.
53. Oxya hyla   Dirsh 1963b: 211.
54. Oxya hyla   Chapman 1964: 121.
55. Oxya hyla   Roy 1964b: 1189.
56. Oxya hyla   Dirsh 1964a: 55.
57. Oxya hyla   Vesey-Fitzgerald 1964a: 347.
58. Oxya hyla   Descamps 1965a: 943, 944.
59. Oxya hyla   Dirsh 1965: 234, fig. 177 (♂).
60. Oxya hyla   Uvarov 1966: 142, 408, 409, figs. 84, 233.
61. Oxya hyla   Phipps 1966: 29.

Desc. 39, 53.   **Morph.** 39, 43, 46, 52, 54, 60.   **Ecol.** 40, 41, 44, 45, 48, 55, 56, 57, 58, 61. **Bion.** 46, 48, 57.   **Econ.** 36.   **Dist. W.A.** Guinea 41, 53; Sao Thomé 42; Mali 44, 57; Ghana 48; Senegal 50.   **E.A.** Ethiopia 40; Tanzania 45, 60; Somalia 49, 55.   **C.A.** Congo Rep. 56; Zambia 57.   **S.A.** Cape Province 38; Natal 38; Transvaal 38.

Oxyinae   ACRIDIDAE

species ?
1. Oxya sp.   Davey *et al.* 88.

Desc.   Dist. W.A. Mali.

ZULUA Ramme 1929   [p. 257]

2. Zulua   Dirsh 1961*d*: 387.
3. Zulua   Dirsh 1965: 230, 235.

Desc. 2, 3.

cyanoptera Stål 1873   [p. 251]

8. Oxya cyanoptera   Phipps 1962: 14.
9. Oxya cyanoptera   Roy 1962: 110, 114, 125.
10. Oxya cyanoptera   Chapman 1962: 21.
11. Zulua cyanoptera   Dirsh 1964*a*: 55.
12. Zulua cyanoptera   Roy 1965: 620.

Morph. 8.   Ecol. 11.   Dist. W.A. Senegal 9, 12; Ghana 10.

glabra Ramme 1929   [p. 257]

2. Zulua glabra   Dirsh 1965: 234, fig. 178 (♂).

oxyura (Uvarov 1953)   [p. 252]

2. Zulua oxyura   Dirsh 1965*b*: 210.

Dist. W.A. Guinea.

PTEROTILTUS Karsch 1893   [p. 258]

7. Pterotiltus   Jago 1964*a*: 199, 203.
8. Pterotiltus   Dirsh 1965: 230, 235.

Desc. 8.   Ecol. 7.

berlandi Ramme 1929   [p. 258]

2. Pterotiltus berlandi   Dirsh 1955*a*: 68.

Dist. C.A. Ruanda.

impennis (Karsch 1891)   [p. 259]

6. Pterotiltus impennis   Dirsh 1965: 235, fig. 179*a, b* (♂).

inuncatus (Karsch 1892)   [p. 259]

6. Pterotiltus inuncatus   Dirsh 1956*f*: 276, pl. 38, f. 15.
7. Pterotiltus inuncatus   Dirsh 1961*a*: 401, fig. 24 (6).
8. Pterotiltus inuncatus   Dirsh 1965: 235, fig. 179*c* (♂).

Desc. 6.   Morph. 6.

ACRIDIDAE   Oxyinae

DIGENTIA Stål 1878   [p. 256]

6. Digentia   Jago 1964a: 201, 202.
7. Digentia   Dirsh 1965: 230, 237.

Desc. 7.   **Ecol.** 6.

fasciata Ramme 1929   [p. 256]

2. Digentia fasciata   Kevan 1956c: 963.
3. Digentia fasciata   Dirsh 1965: 256, fig. 180a (♀).

Dist. W.A. Cameroon Rep. 2.

punctatissima (Stål 1875)   [p. 256]

6. Digentia punctatissima   Dirsh 1965: 236, fig. 180 b, c (♂).

GENDITIA I. Bolivar 1911   [p. 254]

5. Genditia   Dirsh 1965: 230, 237.

Desc.

rufogeniculata I. Bolivar 1911   [p. 254]

7. Genditia rufogeniculata   Dirsh 1965: 237, fig. 181 a, b (♂).

versicolor (Ramme 1929)   [p. 254]

4. Genditia versicolor   Dirsh 1956f: 276, pl. 38, f. 16.
5. Genditia versicolor   Dirsh 1965: 237, fig. 181c (♂).

Morph. 4.

GERISTA I. Bolivar 1905   [p. 257]

5. Gerista   Dirsh 1965: 230, 237.

Desc.

dimidiata I. Bolivar 1905   [p. 257]

5. Gerista dimidiata   Dirsh 1958b: 52, figs. 2–7.
6. Gerista dimidiata   Jago 1962: 148. ♀. Nigeria: W. Province, Sapoba forestry station.
7. Gerista dimidiata   Jago 1964a: 201.
8. Gerista dimidiata   Dirsh 1965: 238, fig. 182 (♂).

Desc. 6 (♀).   **Ecol.** 6, 7.   **Dist. W.A.** Nigeria 6.

*DIRSHIA Brown 1962

Haplotype: **Dirshia abbreviata** Brown 1962

1. Dirshia   Brown 1962d: 219.

Desc.

abbreviata Brown 1962

Type: ♂. Natal: Little Switzerland, Bergville District. Transvaal Mus.
1. Dirshia abbreviata   Brown 1962d: 220, figs. 43–53.

Desc. ♂ ♀.   **Ecol.**

COPTACRIDINAE

1. Coptacridinae   Dirsh 1961a: 388, 389, 401.
2. Coptacridinae   Dirsh 1965: 238.

Desc. 1, 2.   **Key** (genera) 2.

CYPHOCERASTIS Karsch 1891   [p. 271]

11. Cyphocerastis   Dirsh 1965: 239.

Desc.

laeta Karsch 1891   [p. 272]

11. Cyphocerastis laeta   Kevan 1956c: 963.
12. Cyphocerastis laeta   Dirsh 1961a: 402, fig. 25 (1–3).
13. Cyphocerastis laeta   Dirsh 1965: 240, fig. 183a–c (♂).
14. Cyphocerastis laeta   Uvarov 1966: 19, 409, 410, fig. 17 (11).

Morph. 14.   **W.A.** Cameroon Rep. 11.

pulcherrima Ramme 1929   [p. 273]

3. Cyphocerastis pulcherrima   Chapman 1962: 23.

Ecol.   **Dist. W.A.** Ghana.

stipatus (Walker 1870)   [p. 323]

4. Catantops stipatus (Walker 1870). Type: ♀. Congo. Brit. Mus. (Kevan 1955a: 65).
5. Cyphocerastis stipatus   Kevan 1955a: 65.

Desc. 5.   **Dist. C.A.** Angola 5.

tristis Karsch 1891   [p. 273]

9. Cyphocerastis tristis   Kevan 1956c: 962.
10. Cyphocerastis tristis   Dirsh 1956f: 277, pl. 39, f. 17.
11. Cyphocerastis tristis   Dirsh 1965: 240, fig. 183d.

Morph. 10.   **W.A.** Cameroon Rep. 9.

| ACRIDIDAE | Coptacridinae |

EUCOPTACRA I. Bolivar 1902 [p. 266]

6. Eucoptacra   Dirsh 1965: 239, 241.

Desc.

anguliflava (Karsch 1893) [p. 266]

20. Eucoptacra anguliflava   Davey *et al.* 1959*a*: 88.
21. Eucoptacra anguliflava   Dirsh 1961*a*: 402, fig. 25 (4).
22. Eucoptacra anguliflava   Chapman 1962: 23, fig. 11.
23. Eucoptacra anguliflava   Dirsh 1963*b*: 211.
24. Eucoptacra anguliflava   Dirsh 1964*a*: 56.
25. Eucoptacra anguliflava   Chapman 1964: 120.
26. Eucoptacra anguliflava   Jago 1964*a*: 198, 199.
27. Eucoptacra anguliflava   Roy 1965: 620.
28. Eucoptacra anguliflava   Descamps 1965*a*: 944, 1308.
29. Eucoptacra anguliflava   Dirsh 1965: 241, fig. 184*c*.
30. Eucoptacra anguliflava   Jago 1966*b*: 344.

Desc. 30. **Morph.** 25. **Ecol.** 22, 24, 26, 28. **Bion.** 22. **Dist. W.A.** Ghana 22; Mali 20, 28; Guinea 23; Senegal 27.

**basidens* Chapman 1960

Type: ♂. Ghana: Eastern Region, Essuboni Forest Reserve. Brit. Mus.

1. Eucoptacra basidens   Chapman 1960: 241, figs. 2, 3.
2. Eucoptacra basidens   Chapman 1961*a*: 261, 267, fig. 24.
3. Eucoptacra basidens   Chapman 1962: 23, fig. 11.
4. Eucoptacra basidens   Chapman 1964: 120, fig. 4.
5. Eucoptacra basidens   Jago 1966*b*: 344, figs. 7, 8.

Desc. 1 (♂ ♀), 5. **Morph.** 2, 4. **Ecol.** 3. **Bion.** 2, 3. **Dist. W.A.** Ghana 3.

bidens Uvarov 1953 [p. 267]

3. Eucoptacra bidens   Dirsh 1965: 241, fig. 184*d* (♂).
4. Eucoptacra bidens   Vesey-Fitzgerald 1964*a*: 347.

Ecol. 4. **Bion.** 4. **Dist. C.A.** Zambia 4.

exigua I. Bolivar 1912 [p. 267]

4. Eucoptacris (*sic*) exigua   Kevan 1955*c*: 478.
5. Eucoptacra exigua   Phipps 1959*b*: 30.
6. Eucoptacra exigua   Dirsh 1964*a*: 56.
7. Eucoptacra exigua   Vesey-Fitzgerald 1964*a*: 347.
8. Eucoptacra exigua   Phipps 1966: 29.

Morph. 5. **Ecol.** 6, 7, 8. **Dist. E.A.** Tanzania 4, 5, 8. **C.A.** Congo Rep. 6; Zambia 7.

Coptacridinae **ACRIDIDAE**

gowdeyi Uvarov 1923 [p. 268]
5. Eucoptacra gowdeyi   Dirsh 1965: 241, fig. 184*e* (♂).
6. Eucoptacra gowdeyi   Vesey-Fitzgerald 1964*a*: 348.

Ecol. 6.   Bion. 6.   Dist. C.A. Zambia 6.

modesta Uvarov 1953 [p. 268]
2. Eucoptacra modesta   Dirsh 1965: 241, fig. 184, *a, b*.
3. Eucoptacra modesta   Vesey-Fitzgerald 1964*a*: 348.

Ecol. 3.   Bion. 3.   Dist. C.A. Zambia 3.

pedestris Uvarov 1925 [p. 268]
4. Eucoptacra pedestris   Dirsh 1965: 241, fig. 184*f*.

poecila Uvarov 1939 [p. 268]
3. Eucoptacra poecila   Vesey-Fitzgerald 1964*a*: 348.

Ecol.   Bion.   Dist. C.A. Zambia.

signata (I. Bolivar 1889) [p. 269]
7. Eucoptacra signata   Vesey-Fitzgerald 1964*a*: 349.

Ecol.   Bion.   Dist. C.A. Zambia.

*spathulacauda Jago 1966
Type: ♂. Ghana: Volta Region, Amedzofe. Brit. Mus.
1. Eucoptacra spathulacauda   Jago 1966*b*: 343, figs. 1–5, 9.

torquata I. Bolivar 1912 [p. 269]
3. Eucoptacra torquata   Waloff 1954: 387.
4. Eucoptacra torquata   Vesey-Fitzgerald 1964*a*: 349.

Morph. 3.   Ecol. 4.   Dist. C.A. Zambia 3, 4.

EPISTAURUS I. Bolivar 1889   [p. 275]
9. Epistaurus   Dirsh 1965: 239, 242.
10. Epistaurus   Descamps 1965*a*: 944.

Desc. 9, 10.   Morph. 10.

bolivari Karny 1907 [p. 275]
7. Epistaurus bolivari   Dirsh 1956*f*: 277, pl. 39, f. 15.
8. Epistaurus bolivari   Davey *et al.* 1959*a*: 89.

ACRIDIDAE — Coptacridinae

9. Epistaurus bolivari   Chapman 1962: 23.
10. Epistaurus bolivari   Roy 1962: 110, 113, 125.
11. Epistaurus bolivari   Vesey-Fitzgerald 1964a: 350.
12. Epistaurus bolivari   Roy 1965a: 620.
13. Epistaurus bolivari   Descamps 1965a: 944, figs. 8–12.
14. Epistaurus bolivari   Dirsh 1965: 242, fig. 185 (♀).

Desc. 7.   **Morph.** 7, 13.   **Ecol.** 11, 12, 13.   **Bion.** 11.   **Dist. W.A.** Mali 8, 13; Ghana 9; Senegal 10, 11.   **C.A.** Zambia 11.

succineus (Krauss 1877)   [p. 276]

11. Coptacra succinea   Krauss 1877: 142.
12. Coptacra succinea   Chopard 1958a: 134.
13. Epistaurus succineus   Phipps 1959a: 138–47.
14. Epistaurus succineus   Chapman 1962: 23, fig. 12, table 20.
15. Epistaurus succineus   Phipps 1962: 14, 16, 17.
16. Epistaurus succineus   Chapman 1964: 120.
17. Epistaurus succineus   Dirsh 1964a: 57.
18. Epistaurus succineus   Descamps 1965a: 944–7, figs. 3–7.

Desc. 11.   **Morph.** 15, 16, 18.   **Ecol.** 14, 17, 18.   **Bion.** 13, 14.   **Dist. W.A.** Guinea 12; Sierra Leone 13, 15; Ghana 14; Mali 18.   **C.A.** Congo Rep. 17.

species ?   [p. 276]

2. Epistaurus sp.   Kevan 1956c: 962.
3. Epistaurus sp.   Chapman & Robertson 1958: 95, 100, fig. 17.
4. Epistaurus sp.   Robertson & Chapman 1962: 65, tables 2, 3.

Morph. 3.   **Ecol.** 3, 4.   **Bion.** 3, 4.   **Dist. W.A.** Cameroon Rep. 2.   **E.A.** Tanzania 3, 4.

PAREPISTAURUS Karsch 1896   [p. 276]

5. *Hinzia*   Ramme 1929 (Dirsh 1958b: 55) [p. 274].
6. Parepistaurus   Dirsh 1965: 239, 243.
7. Parepistaurus   Uvarov 1966: 237.

Desc. 6.   **Morph.** 7.

deses Karsch 1896   [p. 277]

8. Parepistaurus deses   Chopard 1958c: 36.

Dist. I.I. Comoro Is.

felix Kevan 1955

Type: ♂. Kenya: coast near Malindi. Brit. Mus.

1. Parepistaurus felix   Kevan 1955c: 478, fig. 3.

Desc. ♂.

inhaca Dirsh 1959

Type: ♂. Portuguese E. Africa: Inhaca Island. Transvaal Mus.

1. Parepistaurus inhaca   Dirsh 1959c: 35, fig. 7.
2. Parepistaurus inhaca   Dirsh 1965: 243, fig. 186 (♂).

Desc. 1 (♂ ♀).

lindneri Kevan 1955

Type: ♂. Tanganyika: Kilimanjaro, Msingi. Stuttgart Mus.

1. Parepistaurus lindneri   Kevan 1955c: 480, fig. 5.

Desc. ♂ ♀.

lobicercus Uvarov 1953   [p. 277]

2. Parepistaurus lobicercus   Phipps 1959b: 31.
3. Parepistaurus lobicercus   Phipps 1966: 29.

Morph. 2.   Ecol. 3.   Bion. 3.   Dist. E.A. Tanzania 2, 3.

rufijanus Kevan & Knipper 1961

Type: ♂. Tanganyika: Rufiji District, Msala. Brit. Mus.

1. Parepistaurus sp.   Phipps 1959b: 29 et seq.
2. Parepistaurus rufijanus   Kevan & Knipper 1961: 377, pl. 4, ff. 1–6, figs. 11, 12.

Desc. 2 (♂ ♀).   Morph. 1.   Ecol. 1, 2.

squamipterus (Ramme 1929)   [p. 275]

♂. Cameroon Rep., Nean Bouea. Brit. Mus.

3. Parepistaurus squamiptera   Jago 1962: 143.

Desc. ♂.   Dist. W.A. Cameroon Rep.

stigmaticus I. Bolivar 1912   [p. 277]

3. Parepistaurus stigmaticus   Dirsh 1956f: 277, pl. 39, f. 16.
4. Parepistaurus stigmaticus   Vesey-Fitzgerald 1964a: 351.

Desc. 3.   Morph. 3.   Ecol. 4.   Bion. 4.   Dist. C.A. Zambia 4.

vansomereni Kevan 1955

Type: ♂. Kenya: Teita Hills. Coll. van Someren, Kenya.

1. Parepistaurus vansomereni   Kevan 1955c: 479, fig. 4.
2. Parepistaurus vansomereni   Kevan 1956a: 23 footnote.

Desc. 1 (♂ ♀).

zanzibaricus Uvarov 1953   [p. 277]

2. Parepistaurus zanzibaricus   Kevan 1955c: 479.

Dist. E.A. Kenya (Coast region).

ACRIDIDAE   Coptacridinae

                                  species ?
1. Parepistaurus sp.   Kevan & Knipper 1961: 379.
2. Parepistaurus sp.   Phipps 1959b: 29, 31, 43, 44, 50, fig. 1d. See Parepistaurus rufijanus p.
3. Parepistaurus sp. nov.   Phipps 1966: 29, table III.

Morph. 2. **Ecol.** 1, 2, 3. **Bion.** 3. **Dist. E.A.** Tanzania 1, 2, 3.

                      POECILOCERASTIS Ramme 1929   [p. 274]

3. Poecilocerastis   Dirsh 1965: 239, 244.

Desc.
                           rammei Uvarov 1953   [p. 274]
2. Poecilocerastis rammei   Kevan 1955a: 65.

Dist. C.A. Angola.
                       striata striata Ramme 1929   [p. 274]
3. Poecilocerastis striata   Dirsh 1956f: 277, pl. 39, f. 18.
4. Poecilocerastis striata   Chapman & Robertson 1958: 98, 100, fig. 7f.
5. Poecilocerastis striata   Dirsh 1961a: 402, fig. 25 (6).
6. Poecilocerastis striata striata   Robertson & Chapman 1962: 64, tables 2, 3.
7. Poecilocerastis striata   Vesey-Fitzgerald 1964a: 350.
8. Poecilocerastis striata   Dirsh 1965: 244, fig. 187c (♂).

Morph. 3, 4. **Ecol.** 4, 6. 7. **Bion.** 4, 6, 7. **Dist. E.A.** Tanzania 4, 6, 7. **C.A.** Zambia 7.

                        tricolor tricolor I. Bolivar 1912   [p. 274]
4. Poecilocerastis tricolor   Dirsh 1965: 244, fig. 187a, b (♂).
5. Poecilocerastis tricolor   Vesey-Fitzgerald 1964a: 350.

Ecol. 5. **Bion.** 5. **Dist. C.A.** Zambia 5.

                       PARACOPTACRA Karsch 1896   [p. 270]

4. Paracoptacra   Dirsh 1965: 239, 245.

Desc.
                           ascensi Giglio-Tos 1907   [p. 270]
7. Paracoptacra ascensi   Dirsh 1955a: 68.
8. Paracoptacra ascensi   Vesey-Fitzgerald 1964a: 349.

Ecol. 8. **Bion.** 8. **Dist. C.A.** Ruanda 7; Zambia 8.

                            cauta Karsch 1896   [p. 270]
14. Paracoptacra cauta   Dirsh 1955a: 68.
15. Paracoptacra cauta   Dirsh 1956f: 277, pl. 39, f. 13.

16. Paracoptacra cauta   Le Pelley 1959: 93.
17. Paracoptacra cauta   Vesey-Fitzgerald 1964a: 350.
18. Paracoptacra cauta   Dirsh 1965: 245, fig. 188 (♂).

Desc. 15. **Morph.** 15. **Ecol.** 17. **Bion.** 17. **Econ.** 16. **Dist.** C.A. Ruanda 14; Zambia 17.

species ?

1. Paracoptacra spp.   Dirsh 1955a: 68.
2. Paracoptacra sp.   Dirsh 1955a: 68.

Dist. C.A. Congo Rep. 1, 2.

RUWENZORACRIS Rehn 1914   [p. 293]

4. Ruwenzoracris   Dirsh 1965: 239, 246.

Desc.

fasciata Ramme 1929   [p. 293]

2. Ruwenzoracris fasciata   Dirsh 1956f: 277, pl. 39, f. 21.
3. Ruwenzoracris fasciata   Dirsh 1965: 246, fig. 189b (♂).

Desc. 2. **Morph.** 2.

latisignata Rehn 1914   [p. 293]

4. Ruwenzoracris latisignata   Dirsh 1965: 246, fig. 189a (♂).

species ?

1. Ruwenzoracris sp.   Dirsh 1955a: 68.

Dist. C.A. Congo Rep.: Ruanda.

EXOCHODERES I. Bolivar 1881   [p. 278]

4. Exochoderes   Dirsh 1965: 239, 247.

Desc.

aurantiacus I. Bolivar 1881   [p. 278]

7. Exochoderes aurantiacus   Dirsh 1956f: 277, pl. 39, f. 25.
8. Exochoderes aurantiacus   Vesey-Fitzgerald 1964a: 351.
9. Exochoderes aurantiacus   Dirsh 1965: 247, fig. 190 (♂).

Desc. 7. **Morph.** 7. **Ecol.** 8. **Bion.** 8. **Dist.** Zambia 8.

BOCAGELLA I. Bolivar 1889   [p. 277]

5. Bocagella   Dirsh 1965: 239, 248.

Desc.

acutipennis Miller 1932 [p. 277]

2. Bocagella acutipennis   Dirsh 1963b: 211.
3. Bocagella acutipennis   Dirsh 1964a: 57.
4. Bocagella acutipennis   Descamps 1965a: 944, 948.

Ecol. 3, 4.   **Dist. W.A.** Guinea 2; Congo Rep. 3; Mali 4.

acutipennis hirsuta Kevan 1956

Type: ♀. N. Uganda: Madi Opei. Brit. Mus.

1. Bocagella acutipennis hirsuta   Kevan 1956a: 23, fig. 2.

Desc. ♀.   **Dist. E.A.** Uganda.

bolivari Miller 1932 [p. 278]

3. Bocagella bolivari   Robertson & Chapman 1962: 65, tables 2, 3.
4. Bocagella bolivari   Vesey-Fitzgerald 1964a: 351.

Ecol. 3, 4.   **Bion.** 3, 4.   **Dist. E.A.** Tanzania 3.   **C.A.** Zambia 4.

lanuginosa I. Bolivar 1889 [p. 278]

8. Bocagella lanuginosa   Dirsh 1956f: 277, pl. 39, f. 19.
9. Bocagella lanuginosa   Dirsh 1965: 248, fig. 191 (♂).

Morph. 8.

PAMPHAGELLA Bruner 1910 [p. 104]

3. Pamphagella   Dirsh 1962b: 311.

Desc.

comoroensis Bruner 1910 [p. 104]

Lectotype: ♂ (Dirsh 1958a: 32)

2. Pamphagella comoroensis   Dirsh 1958a: 32, figs. 6–14.
3. Pamphagella comoroensis   Chopard 1958c: 36.
4. Pamphagella comoroensis   Dirsh 1962b: 311, fig. 20.

Desc. 4 (♂ ♀).   **Dist. I.I.** S.W. Madagascar 4; Comoro Is. 3, 4.

CALLIPTAMINAE

1. Calliptaminae   Dirsh 1956c: 179.
2. Calliptaminae   Dirsh 1961a: 388, 389, 403.
3. Calliptaminae   Dirsh 1965: 180, 249.

Desc. 1, 2, 3.   **Key** (genera) 3.

CALLIPTAMUS Serville 1831 [p. 436]

35. *Metromerus* Uvarov 1938 (Jago 1963b: 299) [p. 453].
36. Calliptamus Dirsh 1961a: 403.
37. Calliptamus Dirsh 1965: 249, 250.

Desc. 36, 37.

barbarus barbarus (Costa 1836) [p. 437]

14. *Calliptamus ictericus* Serville 1838 (Jago 1963b: 333) [p. 438].
15. Caloptenus discoidalis Walker 1870 (Jago *l.c.*) [p. 440].
16. *Calliptamus barbarus deserticola* Vosseler 1902 (Jago *l.c.*) [p. 438].
17. *Calliptamus barbarus pallidipes* Ramme 1951 (Jago *l.c.*) [p. 438].
18. Calliptamus barbarus Barbut 1954: 338–9.
19. Calliptamus siculus Chopard 1954b: 6.
20. Calliptamus barbarus deserticola Ebner 1956: 20.
21. Calliptamus barbarus barbarus Jago 1963b: 327, 332, 333.
22. Calliptamus barbarus Uvarov 1966: 115.

Desc. 21. **Morph.** 22. **Ecol.** 18. **Dist. N.A.** Algeria 18; Egypt 20; Libya 21; Morocco 21; Algeria 21. **A.I.** Canary Is. 19.

*cyrenaicus Jago 1963

Type: ♂. Libya: Cyrenaica province, Slonta, Jebel Akhdar. Brit. Mus.

1. Calliptamus cyrenaicus Jago 1963b: 310, 312, 335.

Desc. ♂ ♀.

italicus (Linnaeus 1758) [p. 439]

NOTE: *Calliptamus italicus* is 'not found in North Africa or Spain south of the Pyrenees' (Jago 1963b: 318).

madeirae Uvarov 1937 [p. 442]

5. Calliptamus madeirae Chopard 1954b: 6.
6. Calliptamus madeirae Gardner 1960: 191.
7. Calliptamus madeirae Chopard 1962: 68, fig.
8. Calliptamus madeirae Jago 1963b: 347.

Desc. 8. **Morph.** 7. **Dist. A.I.** Canary Is. 5; Madeira 6, 7, 8.

mus I. Bolivar 1936 [p. 442]

See Sphodromerus mus p. 190.

plebeius (Walker 1870) [p. 443]

18. Calliptamus plebeius Chopard 1954b: 6.
19. Calliptamus plebeius Chopard 1962: 68, fig.
20. Calliptamus plebeius Jago 1963b: 308, 347.

Desc. 20 (♂ ♀). **Ecol.** 20. **Morph.** 19. **Dist. A.I.** Canary Is. 18, 19, 20.

wattenwylianus (Pantel 1896) [p. 444]
12. Calliptamus wattenwylianus   Jago 1963b: 320, figs. 2A, 3, 6, 10, 13, 14, 20.
Desc. Dist. N.A. Morocco, Algeria, Tunisia, Libya.

species ?
1. Calliptamus sp.   Rungs 1962: 154.
Econ. Dist. N.A. Morocco.

CALOPTENOPSIS I. Bolivar 1889 [p. 444]
9. Caloptenopsis   Dirsh 1965: 249, 251.
Desc.

baliensis (Brancsik 1893) [p. 445]
See Caloptenopsis decisa *below*.

bimaculatus (Krauss 1902) [p. 438]
3. Caloptenopsis? bimaculatus   Uvarov & Popov 1957: 372.
4. Caloptenopsis? bimaculatus   Jago 1964a: 192, fig. 2.
Desc. 3. Ecol. 3, 4. Bion. 3. Dist. E.A. Socotra 2.

congoensis Sjöstedt 1931 [p. 445]
5. Caloptenopsis congoensis   Jago 1964a: 191, fig. 1.
Ecol.

decisa (Walker 1870) [p. 446]
5. *Caloptenopsis baliensis* (Brancsik 1893). *Type:* lost. (Dirsh 1962b: 311) [p. 445].
6. *Caloptenopsis madagascariensis*   Sjöstedt 1918. (Dirsh *l.c.*) [p. 450].
7. Caloptenopsis decisa   Dirsh 1962b: 311, fig. 21.
8. Caloptenopsis decisa   Dirsh 1962c: 271.
9. Caloptenopsis decisa   Jago 1964a: 192, fig. 2.
Desc. 7 (♂ ♀). Ecol. 9. Dist. I.I. Madagascar 7, 8.

divisa Uvarov 1950 [p. 446]
3. Caloptenopsis divisa   Jago 1964a: 191, fig. 1.
4. Caloptenopsis divisa   Vesey-Fitzgerald 1964a: 370.
Ecol. 3, 4. Bion. 4. Dist. C.A. Zambia 4.

femoralis Kirby 1902 [p. 446]
3. Caloptenopsis femoralis   Dirsh 1956c: 258.
Dist. S.A. Cape Province; Transvaal.

ferrifer (Walker 1870) [p. 447]
22. Caloptenopsis ferrifer Dirsh 1956c: 179, 258.
23. Caloptenopsis ferrifer Phipps 1959b: 33.
24. Caloptenopsis ferrifer Chapman 1962: 35.
25. Caloptenopsis ferrifer Jago 1964a: 192, fig. 2.
26. Caloptenopsis ferrifer Vesey-Fitzgerald 1964a: 370.

Morph. 23. **Ecol.** 25, 26. **Bion.** 26. **Dist. S.A.** Cape Province 22; Natal 22. **E.A.** Tanzania 23. **C.A.** Zambia 26.

gilli Uvarov 1929 [p. 447]
5. Caloptenopsis gilli Dirsh 1956c: 180, 258.
6. Caloptenopsis gilli Jago 1964a: 192, fig. 2.

Ecol. 6. **Dist. S.A.** S.W. Africa 5.

glaucopsis (Walker 1870) [p. 447]
14. Acorypha glaucopsis Chopard & Villiers 1950: 22.
15. Caloptenopsis glaucopsis Risbec 1950: 317.
16. Caloptenopsis glaucopsis Dirsh 1961a: 403, fig. 26 (6).
17. Acorypha glaucopsis Jago 1964a: 195, fig. 5.

Ecol. 15, 17. **Dist. W.A.** Mali 15; Niger 14.

glaucopsis meruensis (Sjöstedt 1909) [p. 448]
9. Caloptenopsis meruensis Slifer 1953a: 48, pl. 11, f. 80.
10. Caloptenopsis meruensis Slifer 1953b: 81, pl. 11, f. 82.
11. Caloptenopsis glaucopsis meruensis Dirsh 1956f: 278, pl. 45, f. 10.
12. Caloptenopsis glaucopsis meruensis Phipps 1959b: 33.
13. Caloptenopsis glaucopsis meruensis Le Pelley 1959: 91.
14. Caloptenopsis glaucopsis meruensis Kevan & Knipper 1961: 381.
15. Caloptenopsis glaucopsis meruensis Dirsh 1965: 251, fig. 193c (δ).
16. Caloptenopsis glaucopsis meruensis Phipps 1966: 34.

Morph. 9, 10, 11, 12. **Ecol.** 14, 16. **Bion.** 16. **Econ.** 13. **Dist. E.A.** Somalia 14; Tanzania 12, 16.

glaucopsis orientalis (Schulthess 1898) [p. 448]
6. *Caloptenus italicus* Burr 1903 nec Linnaeus 1758 (Uvarov & Popov 1957: 372) [p. 440].
7. *Caloptenopsis pachypus* (Krauss 1902) Uvarov & Popov l.c. [p. 451].
8. Caloptenopsis glaucopsis orientalis Uvarov & Popov 1957: 372.
9. Caloptenopsis glaucopsis orientalis Baccetti 1962: 91.

Desc. 8. **Ecol.** 8. **Dist. E.A.** Socotra 8; Somalia 9.

ACRIDIDAE   Calliptaminae

glaucopsis sudanensis Uvarov 1950   [p. 449]
4. Caloptenopsis glaucopsis sudanensis   Roy 1960: 204.
5. Caloptenopsis glaucopsis sudanensis   Boisson 1961: 29.
6. Caloptenopsis glaucopsis sudanensis   Descamps 1965a: 948, 1308.

Ecol. 4, 6.   **Bion.** 5.   **Dist. W.A.** Guinea 4; Mali 5, 6.

hemiptera Uvarov 1950   [p. 449]
2. Caloptenopsis hemipterus   Jago 1964a: 192, fig. 2.

Ecol.

insignis (Walker 1870)   [p. 449]
1. Caloptenopsis insignis   Joyce 1956: 107.
2. Caloptenopsis insignis   Saraiva 1961: 135, 150, 152.
3. Caloptenopsis insignis   Jago 1964a: 192, fig. 2.

Ecol. 3.   **Econ.** 1.   **Dist. E.A.** Sudan 1.   **A.I.** Cape Verde Is. 2.

insignis clara (Walker 1870)   [p. 449]
14. Caloptenopsis insignis clarus   Chopard 1954b: 6.
15. Caloptenopsis insignis clara   Joyce 1955: 91.
16. Caloptenopsis insignis clara   Chopard 1958b: 13.
17. Caloptenopsis insignis clara   Davey et al. 1959a: 106.
18. Caloptenopsis insignis clara   Davey 1959: 127.
19. Caloptenopsis clara   Jago 1964a: 193, 196, 197, fig. 3.
20. Caloptenopsis insignis clara   Descamps 1965a: 948, 1308.

Ecol. 17, 19, 20.   **Bion.** 17, 18.   **Econ.** 15.   **Dist. W.A.** Mali 17, 18, 20; **Ghana** 19.   **E.A.** Sudan 15.   **A.I.** Cape Verde Is. 14, 16.

karschi (Martinez 1902)   [p. 449]
7. Caloptenopsis karschi   Chopard 1958a: 139.
8. Caloptenopsis karschi   Dirsh 1963b: 211.
9. Caloptenopsis karschi   Dirsh 1964a: 57.
10. Caloptenopsis karschi   Jago 1964a: 193, 194, fig. 3.

Ecol. 9, 10.   **Dist. W.A.** Guinea 7, 8.   **C.A.** Congo Rep. 9.

madagascariensis Sjöstedt 1918   [p. 450]
See Caloptenopsis decisa p. 184.

marginipennis (Karsch 1893)   [p. 450]
6. Caloptenopsis marginipennis   Davey et al. 1959a: 107.
7. Caloptenopsis marginipennis   Phipps 1962: 15.

8. Caloptenopsis marginipennis   Jago 1964a: 193.
9. Caloptenopsis marginipennis   Descamps 1965a: 948, 949.

Morph. 7, 9. **Ecol.** 8, 9. **Dist. W.A.** Sierra Leone 7; Mali 6, 9; Ghana 8.

mossambica (Brancsik 1893)   [p. 450]

15. Caloptenopsis mossambica   Vesey-Fitzgerald 1964a: 371.
16. Caloptenus mossambica   Pinhey 1965: 7.

Bion. 15, 16. **Ecol.** 15. **Dist. C.A.** Rhodesia 15; Zambia 15. **E.A.** Tanzania 15.

nigrovariegata (I. Bolivar 1889)   [p. 451]

6. Caloptenopsis nigrovariegata   Kevan 1955a: 70.
7. Caloptenopsis nigrovariegata   Jago 1964a: 191, fig. 1.

Ecol. 7. **Dist. C.A.** Angola 6.

onerosa Uvarov 1950   [p. 451]

3. Caloptenopsis onerosa   Davey *et al.* 1959a: 106.
4. Caloptenopsis onerosa   Jago 1964a: 193, fig. 3.
5. Caloptenopsis onerosa   Descamps 1965a: 948, 949.

Ecol. 4, 5. **Dist. W.A.** Mali 3, 5.

pachypa (Krauss 1902)   [p. 451]

See Caloptenopsis glaucopsis orientalis p. 185.

pulla Uvarov 1950   [p. 451]

2. Caloptenopsis pulla   Kevan & Knipper 1961: 381, fig. 4.

Ecol. 2, 3. **Dist. E.A.** Somalia 2.

*somalica Kevan & Knipper 1961

Type: ♂. Kenya: Wajir District, War Olia. Brit. Mus.

1. Caloptenopsis somalica   Kevan & Knipper 1961: 381, figs. 5, 6.

Desc. ♂ ♀. **Ecol.** **Dist. E.A.** Kenya, Somalia.

speciosa Sjöstedt 1909   [p. 452]

10. Caloptenopsis speciosa   Phipps 1959b: 33.
11. Caloptenopsis speciosa   Le Pelley 1959: 91.
12. Caloptenopsis speciosa   Pinhey 1965: 7.
13. Caloptenopsis speciosa   Phipps 1966: 34.

Morph. 10. **Ecol.** 12, 13. **Bion.** 12, 13. **Econ.** 11. **Dist. C.A.** Rhodesia 12. **E.A.** Tanzania 10, 13.

ACRIDIDAE Calliptaminae

tibialis (Kirby 1902) [p. 452]

5. Caloptenopsis tibialis   Jago 1964a: 191, fig. 1.
6. Caloptenopsis tibialis   Vesey-Fitzgerald 1964a: 371.

Ecol. 5, 6. **Bion.** 6. **Dist.** C.A. Zambia 6.

unicarinata (Krauss 1877) [p. 452]

7. Caloptenus unicarinatus   Krauss 1877: 142.
8. Caloptenopsis unicarinata   Davey et al. 1959a: 107.
9. Caloptenopsis unicarinata   Phipps 1962: 15.
10. Caloptenopsis unicarinata   Chapman 1962: 35.
11. Caloptenopsis unicarinata   Dirsh 1964a: 57.
12. Caloptenopsis unicarinata   Jago 1964a: 191, 193, 197, 199, fig. 1.

Desc. 7 (♀). **Morph.** 9. **Ecol.** 10, 11, 12. **Bion.** 10. **Dist.** W.A. Sierra Leone 9; Ghana 10, 12. C.A. Congo Rep. 11.

voltaensis Sjöstedt 1931 [p. 453]

6. Caloptenopsis voltaensis   Risbec 1950: 317.
7. Caloptenopsis voltaensis   Davey et al. 1959a: 105.
8. Caloptenopsis voltaensis   Dirsh 1965: 251, fig. 193a, b (♂).
9. Caloptenopsis voltaensis   Descamps 1965a: 948.

Ecol. 7, 9. **Bion.** 7. **Econ.** 6. **Dist.** W.A. Mali 6, 7, 9.

species ? [p. 453]

4. Caloptenopsis sp.   Hargreaves 1948: 40.

Econ. **Dist.** E.A. Sudan.

ACORYPHA Krauss 1877 [p. 457]

8. Acorypha   Krauss 1877: 142.
9. Acorypha   Dirsh 1965: 249, 252.

Desc. 8, 9.

brazzavillei (Sjöstedt 1931) [p. 458]

5. Acorypha brazzavillei   Jago 1964a: 195, fig. 5.
6. Acorypha brazzavillei   Vesey-Fitzgerald 1964a: 371.
7. Acorypha brazzavillei   Jago 1966: 348.

Desc. 6. **Ecol.** 5, 6. **Bion.** 6. **Dist.** C.A. Zambia 6.

dipelecia Jago 1966

Type: ♂. Ghana; N. Region, 2 m. S. of Masaka. Brit. Mus.

1. ⚔ Acorypha modesta   Chapman 1962: 35 (Jago 1966b: 349).
2. Acorypha dipelecia   Jago 1966b: 345.

Desc. 2 (♂ ♀). **Ecol.** 1, 2. **Bion.** 1. **Dist.** W.A. Ghana 1, 2.

modesta Uvarov 1950 [p. 458]

3. Acorypha modesta Davey *et al.* 1959*a*: 108.
4. Acorypha modesta Jago 1964: 194, fig. 4.
5. Acorypha modesta Descamps 1965*a*: 948, 949.
6. Acorypha modesta Jago 1966*b*: 348.

Desc. 6. **Ecol.** 4, 5. **Dist. W.A.** Mali 3, 5.

ornatipes Uvarov 1950 [p. 458]

2. Acorypha ornatipes Jago 1964*a*: 195, fig. 5.

Ecol.

pallidicornis (Stål 1876) [p. 458]

24. Acorypha pallidicornis Dirsh 1956*c*: 180.
25. Acorypha pallidicornis Phipps 1959*b*: 33.
26. Acorypha pallidicornis Jago 1964*a*: 192, fig. 2.
27. Acorypha pallidicornis Vesey-Fitzgerald 1964*a*: 371.
28. Acorypha pallidicornis Pinhey 1965: 8, pl. 2*e*.

Morph. 25. **Ecol.** 26, 27. **Bion.** 27, 28. **Dist. W.A.** Mali 26. **C.A.** Rhodesia 28; Zambia 27. **E.A.** Tanzania 25, 27. **S.A.** Natal 24; Lesotho 24.

picta Krauss 1877 [p. 459]

13. Acorypha picta Krauss 1877: 142.
14. Acorypha picta Dirsh 1956*f*: 278, pl. 45, f. 12.
15. Acorypha picta Davey *et al.* 1959*a*: 107.
16. Acorypha picta Boisson 1961: 29.
17. Acorypha picta Jago 1964*a*: 195, fig. 5.
18. Acorypha picta Roy 1964*b*: 1190.
19. Acorypha picta Dirsh 1965: 251, fig. 193*d*.
20. Acorypha picta Descamps 1965*a*: 948.
21. Acorypha picta Jago 1966*b*: 348.

Desc. 13, 21. **Morph.** 14. **Ecol.** 15, 17, 18, 20. **Bion.** 15, 16. **Dist. W.A.** Senegal 18.

recta Uvarov 1950 [p. 459]

3. Acorypha recta Jago 1966*b*: 348.

Desc.

species ?

1. Acorypha sp. Jago 1964*a*: 192, 194, figs. 2, 4.

SPHODROMERUS Stål 1873 [p. 454]

15. Sphodromerus Dirsh 1965: 249, 253.

Desc.

ACRIDIDAE Calliptaminae

mus (I. Bolivar 1936) [p. 442]
4. Sphodromerus mus   Jago 1963*b*: 301.

tuareg Uvarov 1943 [p. 457]
4. Sphodromerus tuareg   Dirsh 1956*f*: 278, pl. 45, f. 8.
5. Sphodromerus tuareg   La Greca 1958: 55.
6. Sphodromerus tuareg   Dirsh 1961*a*: 403, fig. 26 (5).
7. Sphodromerus tuareg   Dirsh 1965: 253, fig. 194 (♂).

Morph. 4, 5. **Dist. N.A.** Tripolitania 5.

STOBBEA Ramme 1929 [p. 460]
3. Stobbea   Descamps 1965*a*: 950.
4. Stobbea   Dirsh 1965: 249, 254.

Desc. 3, 4. **Key** 3 (♀♀).

riggenbachi Ramme 1929 [p. 460]
3. Stobbea riggenbachi   Dirsh 1956*f*: 278, pl. 45, f. 5.
4. Bosumia riggenbachi   Jago 1964*a*: 193.
5. Stobbea riggenbachi   Jago 1964*a*: 204.
6. Stobbea riggenbachi   Dirsh 1965: 254, fig. 95 (♂).
7. Stobbea riggenbachi   Descamps 1965*a*: 950.

Desc. 7 (♀). **Morph.** 3. **Ecol.** 4, 5. **Dist. W.A.** Mali 7; Ghana 4.

togoensis Ramme 1929 [p. 461]
2. Bosumia togoensis   Jago 1964*a*: 193.
3. Stobbea togoensis   Descamps 1965*a*: 948, 950.

Desc. 3 (♀). **Ecol.** 2, 3. **Dist. W.A.** Mali 3; Ghana 2.

undulata Ramme 1929 [p. 461]
2. Stobbea undulata   Descamps 1965*a*: 950.

Desc. ♀. **Dist. W.A.** Mali.

zolotarewskyi Chopard 1947 [p. 461]
2. Stobbea zolotarevskii (*sic*)   Davey *et al.* 1959*a*: 108.
3. Stobbea zolotarevskyi   Roy 1962: 111, 113, 128.
4. Stobbea zolotarevskyi   Descamps 1965*a*: 948, 950.

Desc. 4 (♀). **Ecol.** 4. **Bion.** 3. **Dist. W.A.** Senegal 3, Mali 2, 4.

species ?
1. Stobbea sp.   Davey *et al.* 1959*a*: 108.

Dist. W.A. Mali.

BOSUMIA Ramme 1929 [p. 460]

3. Bosumia   Dirsh 1965: 249, 255.

Desc.

BOTHROCARACRIS Uvarov 1954 [p. 454]

3. Bothrocaracris   Jago 1964a: 196.
4. Bothrocaracris   Dirsh 1965: 249, 255.

Desc. 4.   **Ecol.** 3.

bolivari (Uvarov 1950) [p. 454]

4. Bothrocaracris bolivari   Dirsh 1956f: 278, pl. 45, f. 6.
5. Bothrocaracris bolivari   Dirsh 1965: 255, fig. 196 (♂).

Morph. 4.

EURYPHYMINAE

1. Euryphyminae   Dirsh 1956c: 180.
2. Euryphyminae   Dirsh 1961a: 388, 389, 404.
3. Euryphyminae   Dirsh 1965: 180, 256.

Desc. 1, 2, 3.   **Key (genera)** 1, 2.   **Morph.** 1.

PACHYPHYMUS Uvarov 1922 [p. 435]

2. Pachyphymus   Dirsh 1965: 256, 258.

Desc.

carinatus Dirsh 1956

Type: ♂. S. Africa: Cape Province, Steinweld. Brit. Mus.

1. Pachyphymus carinatus   Dirsh 1956d: 134, figs. 8–12.

Desc. ♂ ♀.

cristulifer (Serville 1838) [p. 435]

8. Pachyphymus cristulifer   Dirsh 1956d: 132, figs. 1–7. *Type:* lost. *Neotype:* ♂. S. Africa: Cape Province, Olifants R. between Citrusdal & Clanwilliam. Cape Mus.
9. Pachyphymus cristulifer   Dirsh 1965: 258, fig. 197 (♂ ♀).

Desc. 8 (♂ ♀).

ANEURYPHYMUS Uvarov 1922 [p. 434]

2. Aneuryphymus   Dirsh 1956c: 181.
3. Aneuryphymus   Dirsh 1965: 256, 259.

Desc. 2, 3.

| ACRIDIDAE | Euryphyminae |

erythropus (Thunberg 1815) [p. 434]

10. *Euryphymus capensis*   Martinez 1896 (Dirsh 1956c: 182) [p. 430].
11. Aneuryphymus erythropus   Dirsh 1956c: 182, 259, fig. 24 (1–3).
12. Aneuryphymus erythropus   Dirsh 1956f: 278, pl. 46, f. 4.
13. Aneuryphymus erythropus   Dirsh 1965: 259, fig. 198 (♂).

Morph. 12.   **Dist. S.A.** Cape Province 11.

*montanus Brown 1960

Type: ♂. S. Africa: Cape Province, Langkloof Valley. Transvaal Mus.

1. Aneuryphymus montanus   Brown 1960: 137, figs. 34–6.
2. Aneuryphymus montanus   Randell 1963: 255, fig. 42.

Desc. 1 (♂ ♀).   **Morph.** 2.   **Ecol.** 1.

rhodesianus Uvarov 1922 [p. 434]

2. Aneuryphymus rhodesianus   Dirsh 1956c: 183, fig. 24 (4, 5).
3. Aneuryphymus rhodesianus   Uvarov 1966: 19, fig. 17 (6).

Morph. 3.   **Dist. C.A.** Rhodesia.

EURYPHYMUS Stål 1873 [p. 430]

9. Euryphymus   Dirsh 1956c: 181, 183, 259.
10. Euryphymus   Dirsh 1958g: 242.
11. Euryphymus   Dirsh 1961a: 404.
12. *Ostracina*   Saussure 1888 (Dirsh 1958g: 242) [p. 529].
13. Euryphymus   Dirsh 1965: 256, 260.

Desc. 9, 10, 11, 13.

bipunctatus I. Bolivar 1922 [p. 430]

See Phymeurus granulatus, p. 196.

capensis Martinez 1896 [p. 430]

See Aneuryphymus erythropus, p. *above*.

haematopus (Linnaeus 1758) [p. 431]

24. Euryphymus haematopus   Dirsh 1956c: 184, 259, fig. 25 (1–3). *Type:* lost.
25. Euryphymus haematopus   Dirsh 1956f: 278, pl. 46, f. 3.
26. *Ostracina terrea*   Saussure 1888a (Dirsh 1958g: 243) [p. 529].
27. Euryphymus haematopus   Dirsh 1961a: 405, fig. 27 (1).
28. Euryphymus haematopus   Dirsh 1965: 260, fig. 199 (♂).
29. Euryphymus haematopus   Uvarov 1966: 411, fig. 236.

Morph. 25.   **Dist. S.A.** Cape, Transvaal 24.

natalensis Sjöstedt 1913   [p. 432]
See Calliptamulus natalensis p. 199.

tuberculatus Martinez 1898   [p. 432]
5. Euryphymus tuberculatus   Dirsh 1956c: 184, fig. 25 (4–6). *Type:* lost.
6. Euryphymus tuberculatus   Pinhey 1965: 8.

Ecol. 6. **Bion.** 6. **Dist.** C.A. Rhodesia 6. S.A. Cape Province 5.

xanthocnemis Brancsik 1897   [p. 432]
Type: lost. (Dirsh 1965: 557)
4. Euryphymus xanthocnemis   Bünzli & Büttiker 1956: 357.
5. Euryphymus xanthocnemis   Dirsh 1956c: 183.
6. Euryphymus xanthocnemis   Dirsh 1965: 557 (see Appendix I).

Econ. 4.

PLATACANTHOIDES Kirby 1910   [p. 427]

5. Platacanthoides   Dirsh 1956c: 181, 184.
6. Platacanthoides   Dirsh 1965: 256, 261.

Desc. 5, 6.

bituberculatus Uvarov 1922   [p. 428]
3. Platacanthoides bituberculatus   Dirsh 1956c: 185, 259, fig. 26 (1–3).
4. Platacanthoides bituberculatus   Dirsh 1956f: 278, pl. 46, f. 10.
5. Platacanthoides bituberculatus   Brown 1962b: 218.
6. Platacanthoides bituberculatus   Dirsh 1965: 262, fig. 200 (♂).
7. Platacanthoides bituberculatus   Uvarov 1966: 19.

Morph. 4, 7. **Ecol.** 5. **Dist.** S.A. Lesotho 3, 5; Cape Province 3; O.F.S. 3.

morosus (Walker 1870)   [p. 428]
4. Platacanthoides morosus   Dirsh 1956c: 185, 259.

Dist. S.A. 'Cape'.

*reductus Dirsh 1956
Type: ♂. S. Africa: O.F.S., Witzieshoek. Brit. Mus.
1. Platacanthoides reductus   Dirsh 1956c: 185, 259, fig. 26 (4–6).

Desc. ♂. **Dist.** S.A. O.F.S., Cape Province, Lesotho.

RHACHITOPIS Uvarov 1922   [p. 422]

2. Rhachitopis   Dirsh 1956c: 181, 186.
3. Rhachitopis   Dirsh 1965: 256, 262.

Desc. 2, 3. **Key** 2.

adspersus (I. Bolivar 1890) [p. 422]

See Amblyphymus adspersus *below*.

**brincki* Dirsh 1956

Type: ♂. S.W. Africa: Kaokoveld, Anabib (Oropembe). Lund Mus.
1. Rhachitopis brincki   Dirsh 1956c: 187, fig. 27 (6–8).
2. Rhachitopis brincki   Dirsh 1965: 263, fig. 201 (♂).

Desc. 1 (♂ ♀).

ceraseus Uvarov 1922 [p. 422]

3. Rhachitopis ceraseus   Dirsh 1956c: 187, 189, 259, fig. 27 (1, 2).
4. Rhachitopis ceraseus   Brown 1962c: 219.

Ecol. 4.   **Dist. S.A.** Lesotho 3; Cape Province 3.

crassus (Walker 1870) [p. 422]

7. Rhachitopis crassus   Dirsh 1956c: 187, 190, 259, fig. 27 (12, 13).

Dist. S.A. S.W. Africa.

curvipes (Stål 1876) [p. 423]

10. Rhachitopis curvipes   Dirsh 1956c: 187, 190, fig. 27 (3–5).
11. Rhachitopis curvipes   Dirsh 1956f: 278, pl. 46, f. 13.

Morph. 11.   **Dist. S.A.** S.W. Africa.

nigripes Uvarov 1922 [p. 423]

3. Rhachitopis nigripes   Dirsh 1956c: 187, 190, 259, fig. 27 (9–11).

Dist. S.A. Cape Province.

**sanguinipes* Brown 1960

Type: ♂. S. Africa; Cape Province, Langkloof Valley, Transvaal Mus.
1. Rhachitopis sanguinipes   Brown 1960: 139, figs. 37–9.

Desc. ♂ ♀.   **Ecol.**

AMBLYPHYMUS Uvarov 1922 [p. 421]

2. Amblyphymus   Dirsh 1956c: 181, 190.
3. Amblyphymus   Dirsh 1965: 257, 263.

Desc. 2, 3.   **Key** 2.

adspersus I. Bolivar 1890 [p. 422]

5. Amblyphymus adspersus   Dirsh 1956c: 187, 191, 259, fig. 28 (13–15).

Desc. ♂.   **Dist. C.A.** Rhodesia.   **E.A.** Mozambique.

Euryphyminae ACRIDIDAE

matopo Dirsh 1956

Type: ♂. S. Rhodesia: Matopo Hills. Brit. Mus.

1. Amblyphymus matopo   Dirsh 1956c: 191, 195, fig. 28 (16–18).

Dist. C.A. Rhodesia.

miniatus Uvarov 1922   [p. 422]

2. Amblyphymus miniatus   Dirsh 1956c: 190, 191, 259, fig. 28 (3–5).
3. Amblyphymus miniatus   Dirsh 1956f: 278, pl. 46, f. 9.
4. Amblyphymus miniatus   Dirsh 1961a: 405, fig. 27 (4, 7, 9).

Desc. 2.   **Morph.** 3.   **Dist.** E.A. Mozambique 2.

roseus Uvarov 1922   [p. 422]

2. Amblyphymus roseus   Dirsh 1956c: 190, 191, 259, fig. 28 (1, 2).
3. Amblyphymus roseus   Dirsh 1965: 264, fig. 202 (♂).

Dist. S.A. Transvaal 2.

rubidus Brown 1959

Type: ♂. S. Africa: N.W. Transvaal, Zoutpan. Transvaal Mus.

1. Amblyphymus rubidus   Brown 1959: 293, pl. 3, f. 1–10.
2. Amblyphymus rubidus   Pinhey 1965: 8.

Desc. 1 (♂ ♀).   **Ecol.** 1.   **Bion.** 1.   **Dist.** S.A. Transvaal 1.   **C.A.** Rhodesia 2.

rubripes Dirsh 1956

Type: ♂. S. Africa: Transvaal, Kruger National Park, Skukuzo. Lund Mus.

1. Amblyphymus rubripes   Dirsh 1956c: 191, 193, 259, fig. 28.
2. Amblyphymus rubripes   Dirsh 1961a: 405, fig. 27 (2).

Desc. 1 (♂ ♀).

transvaalicus Dirsh 1956

Type: ♂. S. Africa: Transvaal, Johannesburg, Modder Fontein.

1. Amblyphymus transvaalicus   Dirsh 1956c: 190, 194, fig. 28 (10–12).

Desc. ♂ ♀.   **Dist.** S.A. Transvaal, O.F.S.

species ?

1. Amblyphymus sp.   Vesey-Fitzgerald 1964a: 369.

Ecol.   **Bion.**   **Dist.** E.A. Tanzania.   **C.A.** Zambia.

PHYMEURUS Giglio-Tos 1907   [p. 424]

6. Phymeurus   Dirsh 1956c: 181, 196.
7. Phymeurus   Dirsh 1965: 257, 264.
8. Phymeurus   Mason 1966: 397.

Desc. 6 (in key), 7, 8.   **Key** 8.   **Morph.** 8.

ACRIDIDAE   Euryphyminae

angolensis Mason 1966
Type: ♂. Angola: Sombo. Brit. Mus.
1. Phymeurus angolensis   Mason 1966: 405, figs. 1, 4.
Desc. ♂ ♀. **Dist. C.A.** Angola.

bigranosus (Uvarov 1922)   [p. 424]
4. Phymeurus bigranosus   Mason 1966: 443, figs. 2, 18, 23.
Desc. ♂ ♀. **Dist. E.A.** Kenya.

brachypterus (I. Bolivar 1889)   [p. 424]
Type: Lost. Neotype: ♂. 'Tanganyika: Mbisi'. Brit Mus. (Mason 1966: 437)
9. Phymeurus brachypterus   Mason 1966: 437, figs. 2, 16, 23.
Desc. ♂ ♀. **Dist. E.A.** Tanzania.

chianga Mason 1966
Type: ♂. Angola, Chianga. Brit. Mus.
1. Phymeurus chianga   Mason 1966: 411, figs. 1, 6.
Desc. ♂ ♀. **Dist. C.A.** Angola.

fitzgeraldi Mason 1966
Type: ♂. Tanganyika: Malagarasi. Brit. Mus.
1. Phymeurus fitzgeraldi   Mason 1966: 408, figs. 1, 5.
Desc. ♂ ♀. **Dist. E.A.** Tanzania.

granulatus Uvarov 1922   [p. 424]
9. *Euryphymus bipunctatus*   I. Bolivar 1922 (Dirsh 1956c: 183) [p. 430].
10. Phymeurus granulatus   Vesey-Fitzgerald 1964a: 369.
11. Phymeurus granulatus   Mason 1966: 440, figs. 2, 17, 23.
Ecol. 10. **Bion.** 10. **Dist. E.A.** Kenya 11; Uganda 11; S. Sudan 11; Tanzania 10. **C.A.** Zambia 10.
Desc. ♂ ♀.

hamatus (Ramme 1931)   [p. 425]
4. Phymeurus hamatus   Mason 1966: 416, figs. 1, 8.
Desc. ♂.

illepidus Walker 1870   [p. 425]
8. Phymeurus illepidus   Dirsh 1956c: 197, 259, fig. 29 (1, 2).
9. Phymeurus illepidus   Mason 1966: 430, figs. 2, 13, 23.
Desc. 9 (♂ ♀).

lomaensis Roy 1964

Type: ♂. Sierra Leone: Loma Mts., Mt. Bintumane. Paris Mus.

1. Phymeurus lomaensis   Roy 1964b: 1156–62, figs. 1–6.
2. Phymeurus loamensis (*sic*)   Mason 1966: 448, figs. 2, 20, 23.

Desc. 1 (♂ ♀), 2 (♂ ♀).   Ecol. 1.   Bion. 1.   Dist. W.A. Sierra Leone 1, 2.

machadoi Mason 1966

Type: ♂. Angola: Luimbale, Sierra do Moco. Brit. Mus.

1. Phymeurus machadoi   Mason 1966: 414, figs. 1, 7.

Desc. ♂ ♀.

macropterus Ramme 1929   [p. 425]

5. Phymeurus macropterus   Mason 1966: 422, figs. 1, 10.

Desc. ♂ ♀.

nimbaensis Chopard 1958

Type: ♂. Guinea: Mt Nimba. Paris Mus.

1. Platyphymus nimbaensis   Chopard 1958a: 139.
2. Phymeurus nimbaensis   Dirsh 1963b: 212, fig. 6.
3. Phymeurus nimbaensis   Roy 1964b: 1161, fig. 6c.
4. Phymeurus nimbaensis   Mason 1966: 451, figs. 2, 21, 23.

Desc. 1 (♂ ♀), 4 (♂ ♀).   Dist. W.A. Guinea 1, 2.

ocellatus (Ramme 1929)   [p. 425]

5. Phymeurus ocellatus   Mason 1966: 425, figs. 1, 11.

Desc. ♂ ♀.

pardalis Giglio-Tos 1907   [p. 425]

5. Phymeurus pardalis   Mason 1966: 402, figs. 1, 3.

Desc. ♂ ♀.   Dist. C.A. Congo Rep.

reductus (Ramme 1929)   [p. 426]

4. Phymeurus reductus   Mason 1966: 446, figs. 2, 19, 23.

(Type: ♂. Cameroon: Uamgebiet, Ssanga. Brit. Mus.)

Desc. ♂.

rhodesianus Mason 1966

Type: ♂. Zambia: Abercorn, Chiyanga. Brit. Mus.

1. Phymeurus rhodesianus   Mason 1966: 419, figs. 1, 9.

Desc. ♂ ♀.   Dist. C.A. Zambia.

ACRIDIDAE Euryphyminae

rufipes (Ramme 1929)   [p. 426]
5. Amblyphymus ocellatus rufipes   Kevan 1955a: 70, fig. 2.
6. Phymeurus rufipes   Mason 1966: 428, figs. 2, 12, 23.
   Type: ♂. 'Tanganyika, Congost, Kakoma'. Brit. Mus.

Desc. ♂ ♀.   **Dist.** C.A. Angola 5.

tricostatus (I. Bolivar 1889)   [p. 426]
7. *Phymeurus stolidus* (I. Bolivar 1889) [p. 426].
   Type: Lost. Neotype: ♂. E. Angola: Moxico District, R. Munilango (Mason 1966: 436)
8. Phymeurus stolidus   Dirsh 1956c: 197.
9. Phymeurus stolidus   Dirsh 1956f: 278, pl. 46, f. 2.
10. Phymeurus tricostatus   Dirsh 1965: 265, fig. 203 (♂).
11. Phymeurus tricostatus   Mason 1966: 433, figs. 2, 14, 15, 23.
    Type: Lost. Neotype: ♂. Angola: Bihe District, Cohemba. Brit. Mus. (Mason *l.c.*)

Desc. 11 (♂ ♀).   **Morph.** 9.   **Dist.** C.A. Angola 11.

species ?
1. Phymeurus sp.   Dirsh 1955a: 69.

Dist. C.A. Ruanda.

BRACHYPHYMUS Uvarov 1922   [p. 430]

2. Brachyphymus   Dirsh 1956c: 181, 197.
3. *Karasicola*   Sjöstedt 1932 (Dirsh 1956c: 197) [p. 428].
4. Brachyphymus   Dirsh 1965: 257, 266.

Desc. 2, 4.

*basuto Dirsh 1956
   Type: ♂. S. Africa: Basutoland, Teyateyaneng. Lund Mus.
1. Brachyphymus basuto   Dirsh 1956c: 199, fig. 30 (1–3).

Desc. ♂ ♀.   **Dist.** S.A. Lesotho, Transvaal.

vylderi (Stål 1876)   [p. 429]
8. *Brachyphymus sulfuripes*   Uvarov 1922 (Dirsh 1956c: 198) [p. 430].
9. *Karasicola örtendahli*   Sjöstedt 1932 (Dirsh 1956c: 198) [p. 429].
10. Karasicola vylderi   Dirsh 1956c: 198.
11. Brachyphymus vylderi   Dirsh 1956f: 278, pl. 46, f. 6.
12. Brachyphymus vylderi   Dirsh 1956c: 198, 259, fig. 30 (4–6).
13. Brachyphymus vylderi   Dirsh 1961a: 405, fig. 27 (3, 6).
14. Brachyphymus vylderi   Dirsh 1965: 266, fig. 204 (♂).

Desc. 12.   **Morph.** 11.   **Dist.** S.A. Cape Province; Botswana; S.W. Africa 12.

CALLIPTAMULUS Uvarov 1922 [p. 429]

2. Calliptamulus   Dirsh 1956c: 181, 202.
3. Calliptamulus   Dirsh 1965: 257, 267.

Desc. 2, 3.   **Key** 2.

hyalinus Uvarov 1922 [p. 429]

2. Calliptamulus hyalinus   Dirsh 1956c: 202, 259.

Dist. S.A. Cape Province.

natalensis Sjöstedt 1913 [p. 432]

3. Calliptamulus natalensis   Dirsh 1956c: 183, 202, 259.
4. *Calliptamulus roseipennis*   Uvarov 1922 (Dirsh 1956c: 202) [p. 429].

Dist. Cape Province 3; Lesotho 3.

sulfurescens Uvarov 1922 [p. 429]

2. Calliptamulus sulfurescens   Dirsh 1956c: 202, 259, fig. 31 (1–3).
3. Calliptamulus sulfurescens   Dirsh 1956f: 278, pl. 46, f. 12.
4. Calliptamulus sulfurescens   Dirsh 1965: 267, fig. 205 (♂).

Desc. 2, 3.   **Morph.** 3.   **Dist.** S.A. Cape Province 2; Lesotho 2.

CALLIPTAMICUS Uvarov 1922 [p. 426]

2. Calliptamicus   Dirsh 1956c: 181, 200.
3. Calliptamicus   Dirsh 1965: 257, 268.

Desc. 2, 3.

antennatus (Kirby 1902) [p. 427]

4. Calliptamicus antennatus   Dirsh 1956c: 201, 259, fig. 32 (4, 5).

Dist. S.A. Cape Province, Natal.

semiroseus (Serville 1838) [p. 427]

19. Calliptamicus semiroseus   Dirsh 1956c: 200, 259, fig. 32 (1–3).
20. Calliptamicus semiroseus   Dirsh 1956f: 278, pl. 46, f. 7.
21. Calliptamicus semiroseus   Dirsh 1965: 268, fig. 206 (♂).

Morph. 20.   **Dist.** S.A. Lesotho 19; Cape Province 19.

ACORYPHELLA Giglio-Tos 1907 [p. 435]

3. Acoryphella   Dirsh 1965: 257, 269.

Desc.

ACRIDIDAE   Euryphyminae

punctata Giglio-Tos 1907 [p. 435]
3. Acoryphella punctata   Kevan & Knipper 1961: 384.
4. Acoryphella punctata   Dirsh 1965: 269, fig. 207a (♀).

Ecol. 3.   **Dist. E.A.** Somalia 3.

zonata Giglio-Tos 1907 [p. 435]
3. Acoryphella zonata   Dirsh 1965: 269, fig. 207b (♀).

*ANABIBIA Dirsh 1956

Haplotype: **Anabibia thoracica**   Dirsh 1956

1. Anabibia   Dirsh 1956c: 181, 203.
2. Anabibia   Dirsh 1965: 257, 271.

Desc. 1, 2.

thoracica Dirsh 1956

Type: ♂. S.W. Africa: Kaokoveld, Anabib (Orupembe). Lund Mus.

1. Anabibia thoracica   Dirsh 1956c: 203, pl. 2, f. 9, 10, figs. 33 (1–3).
2. Anabibia thoracica   Dirsh 1956f: 278, pl. 46, f. 5.
3. Anabibia thoracica   Dirsh 1965: 270, fig. 208 (♂ ♀).
4. Anabibia thoracica   Uvarov 1966: 19, fig. 17 (1).

Desc. 1 (♂ ♀).   **Morph.** 2, 4.   **Dist. S.A.** S.W. Africa 1.

*RHODESIANA Dirsh 1959

Haplotype: **Rhodesiana maculata**   Dirsh 1959

1. Rhodesiana   Dirsh 1959c: 25.
2. Rhodesiana   Dirsh 1965: 257, 271.

Desc. 1, 2.

maculata Dirsh 1959

Type: ♂. Rhodesia: Beit Bridge. Brit. Mus.

1. Rhodesiana maculata   Dirsh 1959c: 27, fig. 3.
2. Rhodesiana maculata   Dirsh 1965: 272, fig. 209 (♂).
3. Rhodesiana maculata   Pinhey 1965: 8.

Desc. 1 (♂ ♀).   **Ecol.** 3.   **Bion.** 3.   **Dist. C.A.** Rhodesia 3.

ACROPHYMUS Uvarov 1922 [p. 432]

3. Acrophymus   Dirsh 1956c: 181, 205.
4. Acrophymus   Dirsh 1963d: 64.
5. Acrophymus   Dirsh 1965: 257, 272.

Desc. 3, 4, 5.   **Key** 4.

cochleatus Uvarov 1953 [p. 432]

See Acrophymus cuspidatus.

cuspidatus (Karsch 1900) [p. 432]

7. Acrophymus cuspidatus   Salfi 1955: 8.
8. Acrophymus cuspidatus   Dirsh 1956*f*: 278, pl. 46, f. 1.
9. *Acrophymus cochleatus*   Uvarov 1953 (Dirsh 1963*d*: 68) [p. 432].
10. Acrophymus cuspidatus   Dirsh 1963*a*: 68, fig. 2. *Type:* ♂.
11. Acrophymus cuspidatus   Dirsh 1965: 273, fig. 210 (♂).
12. Acrophymus cuspidatus   Uvarov 1966: 19, 142, figs. 17 (3), 84 (3).

Desc. 7, 10 (♂ ♀).   **Morph.** 8, 12.

lobipennis Miller 1949 [p. 433]

2. Acrophymus lobipennis   Dirsh 1946*c*: 206, fig. 34 (3, 4).
3. Acrophymus lobipennis   Dirsh 1963*d*: 71, fig. 4.

Desc. 2, 3 (♂).   **Dist. S.A.** Rhodesia 2; Botswana 3.

obesus (I. Bolivar 1889) [p. 433]

6. Acrophymus obesus   Kevan 1955*a*: 71.
7. Acrophymus obesus   Dirsh 1963*d*: 74, fig. 6. *Type:* lost.

Desc. 7 (♂ ♀).

ocreatus Uvarov 1953 [p. 433]

2. Acrophymus ocreatus   Dirsh 1961*a*: 405, fig. 27 (5, 8).
3. Acrophymus ocreatus   Dirsh 1963*d*: 75, fig. 7.

Desc. 3 (♂ ♀).

rhodesianus Miller 1936 [p. 433]

See Acrophymus squamipennis p. 202.

**rossi* Dirsh 1963

Type: ♂. S. Rhodesia: 54 m. S. of Umtali. Calif. Acad.

1. Acrophymus rossi: Dirsh 1963*d*: 72, fig. 5.

Desc. ♂ ♀.

sigmoidalis (I. Bolivar 1889) [p. 433]

6. Acrophymus sigmoidalis   Dirsh 1963*d*: 77. *Type:* lost.

ACRIDIDAE   **Euryphyminae**

squamipennis (Brancsik 1897)   [p. 433]

Type: lost. Neotype: ♀. S. Rhodesia, Shamva. Brit. Mus.
(Dirsh 1963d: 66)

8. Acrophymus rhodesianus   Miller 1936 (Dirsh 1956c: 205).
9. Acrophymus rhodesianus   Salfi 1955: 8, fig. 3.
10. Acrophymus squamipennis   Salfi 1955: 8.
11. Acrophymus squamipennis   Dirsh 1956c: 205, fig. 34 (1, 2).
12. Acrophymus squamipennis   Dirsh 1963d: 66, fig. 1.
13. Acrophymus squamipennis   Pinhey 1965: 8, pl. 2.

Desc. 9, 10, 12 (♂ ♀). **Ecol.** 13. **Bion.** 13. **Dist. E.A.** Tanzania 12; Mozambique 9. **C.A.** Zambia 9; Rhodesia 11, 13.

veseyi Dirsh 1963

Type: ♂. N. Rhodesia: Luangwa. Brit. Mus.

1. Acrophymus veseyi   Dirsh 1963d: 70, fig. 3.
2. Acrophymus veseyi   Vesey-Fitzgerald 1964a: 369.

Desc. 1 (♂ ♀). **Ecol.** 2. **Bion.** 2. **Dist. E.A.** Tanzania 1. **C.A.** Zambia 1, 2.

*KEVANACRIS Dirsh 1961

Haplotype: **Surudia squamiptera**   Kevan 1956

1. Kevanacris   Dirsh 1961d: 388.
2. Kevanacris   Dirsh 1965: 257, 275.

Desc. 1, 2.

squamiptera Kevan 1956

Type: ♂. Ethiopia: Ogaden, near El Mara. Brit. Mus.

1. 'Sp. n.' 1951 Kevan. *Ann. Mag. nat. Hist.* (12) 4: 717.
2. Surudia squamiptera   Kevan 1956a: 24, fig. 3.
3. Kevanacris squamiptera   Dirsh 1961d: 388, figs. 14–19.
4. Kevanacris squamiptera   Dirsh 1965: 274, fig. 211 (♂).

Desc. 2 (♂ ♀), 3. **Dist. E.A.** Ethiopia 2; Kenya 2; Somalia 2.

*CALLIPTAMULOIDES Dirsh 1956

Haplotype: **Calliptamuloides minimus**   Dirsh 1956

1. Calliptamuloides   Dirsh 1956c: 181, 206.
2. Calliptamuloides   Dirsh 1965: 257, 275.

Desc. 1, 2.

minimus Dirsh 1956

Type: ♂. S. Africa: Cape Province, 15 m. S. Middleton. Lund Mus.

1. Calliptamuloides minimus   Dirsh 1956c: 206, fig. 35 (1–3).
2. Calliptamuloides minimus   Dirsh 1956f: 278, pl. 46, f. 14.
3. Calliptamuloides minimus   Dirsh 1965: 276, fig. 212 (♂ ♀).

Desc. 1 (♂ ♀). **Morph. 2.**

*PLEGMAPTEROIDES Dirsh 1959

Haplotype: **Plegmapteroides minutus**   Dirsh 1959

1. Plegmapteroides   Dirsh 1959c: 23.
2. Plegmapteroides   Dirsh 1965: 257, 277.

Desc. 1, 2.

minutus Dirsh 1959

Type: ♂. S. Africa: Soebatsfontein. Transvaal Mus.

1. Plegmapteroides minutus   Dirsh 1959c: 25, fig. 2.
2. Plegmapteroides minutus   Dirsh 1965: 277, fig. 213 (♂).

Desc. 1 (♂).

PLEGMAPTERUS Martinez 1898   [p. 434]

5. Plegmapterus   Dirsh 1956c: 181, 207, 213.
6. Plegmapterus   Dirsh 1965: 257, 278.
7. *Martinezius*   Uvarov 1922 (Dirsh 1956c: 208) [p. 428].

fernandezi Uvarov 1922   [p. 428]

2. Plegmapterus fernandezi   Dirsh 1956c: 208, 212, 260, fig. 36 (3–6).
3. Martinezius fernandezi   Dirsh 1956f: 278, pl. 46, f. 11.

Morph. 3.

irisus (Serville 1838)   [p. 434]

Type: lost. Neotype: ♀. Cape Province, Prince Albert Road. Brit. Mus. (Dirsh 1956c: 211)

13. Plegmapterus irisus   Dirsh 1956c: 208, 211.
14. Plegmapterus irisus   Dirsh 1965: 279, fig. 214a (♂).

saturatus Walker 1870   [p. 434]

1. Plegmapterus saturatus   Dirsh 1956c: 208, 211, fig. 36 (11, 12).

Desc. Dist. S.A. Cape Province.

sinuosus Martinez 1898   [p. 428]

5. Plegmapterus sinuosus   Dirsh 1956c: 208, 212, fig. 36 (1, 2).

Desc.

splendens Dirsh 1956

Type: ♂. S. Africa: Cape Province, Upington, Orange R. Lund Mus.

1. Plegmapterus splendens   Dirsh 1956c: 208, fig. 36 (7–10).
2. Plegmapterus splendens   Dirsh 1965: 279, fig. 214 (b–e) (♂ ♀).
3. Plegmapterus splendens   Uvarov 1966: 18, fig. 16 (4).

Desc. 1 (♂ ♀).   **Morph.** 3.

*PLEGMAPTEROPSIS Dirsh 1956

Haplotype: **Plegmapteropsis gracilis**   Dirsh 1956

1. Plegmapteropsis   Dirsh 1956c: 181, 212, 213.
2. Plegmapteropsis   Dirsh 1965: 257, 280.

Desc. 1, 2.

gracilis Dirsh 1956

Type: ♂. S.W. Africa: Auas. Brit. Mus.

1. Plegmapteropsis gracilis   Dirsh 1956c: 213, fig. 37 (1–3).
2. Plegmapteropsis gracilis   Dirsh 1956f: 278, pl. 46, f. 8.
3. Plegmapteropsis gracilis   Dirsh 1965: 280, fig. 215 (♂).
4. Plegmapteropsis gracilis   Uvarov 1966: 18, fig. 16 (5).

Desc. 1 (♂).   **Morph.** 2, 4.

*SOMALIACRIS Dirsh 1959

Haplotype: **Somaliacris rugosa**   Dirsh 1959

1. Somaliacris   Dirsh 1959c: 28.
2. Somaliacris   Dirsh 1965: 257, 281.

Desc. 1, 2.

rugosa Dirsh 1959

Type: ♂. Somalia: Near Bender Beila, Mijertein. Brit. Mus.

1. Somaliacris rugosa   Dirsh 1959c: 30, fig. 4.
2. Somaliacris rugosa   Dirsh 1965: 282, fig. 216 (♂).

Desc. 1 (♂ ♀).

SURUDIA Uvarov 1930   [p. 436]

3. Surudia   Dirsh 1956c: 181.
4. Surudia   Dirsh 1965: 257, 282.

Desc. 3, 4.

aptera Kevan 1956

Type: ♂. British Somaliland. Brit. Mus.

1. Surudia aptera   Kevan 1956a: 27, fig. 4.
2. Surudia aptera   Dirsh 1961a: 392.

Desc. 1 (♂ ♀), 2.

loboptera Uvarov 1930   [p. 436]

2. Surudia loboptera   Dirsh 1961d: 392.

Desc.

somalica Dirsh 1961

Type: ♂. Somaliland: Erigavo Scarp. Brit. Mus.

1. Surudia somalica   Dirsh 1961d: 390, figs. 20–4.
2. Surudia somalica   Dirsh 1965: 283, fig. 217 (♂).

Desc. 1 (♂ ♀).

squamiptera Kevan 1956

See Kevanacris squamiptera p. 202.

EYPREPOCNEMIDINAE

1. Eyprepocnemidinae   Dirsh 1961a: 388, 389, 407.
2. Eyprepocnemidinae   Dirsh 1965: 180, 284.

Desc. 1, 2.   **Key** (genera) 2.

EYPREPOCNEMIS Fieber 1853   [p. 386]

27. Eyprepocnemis   Dirsh 1958c: 33.
28. Eyprepocnemis   Dirsh 1961a: 407.
29. Eyprepocnemis   Dirsh 1962b: 314.
30. Eyprepocnemis   Dirsh 1965: 284, 285.
31. Eyprepocnemis   Uvarov 1966: 60, 155.

Desc. 27, 28, 29, 30.   **Key** 27.   **Morph.** 31.

abyssinica Uvarov 1921   [p. 387]

2. Eyprepocnemis abyssinica   Dirsh 1958c: 43, fig. 12.

brachyptera Bruner 1910   [p. 387]

Lectotype: ♂ (Dirsh 1958c: 43)

3. Eyprepocnemis brachyptera   Dirsh 1958c: 43.
4. Eyprepocnemis brachyptera   Dirsh 1962b: 314, fig. 22.

Desc. 4 (♂ ♀).

ACRIDIDAE Eyprepocnemidinae

burtti Dirsh 1958

Type: ♂. Tanganyika: Kibarioni-Mpwapwa. Brit. Mus.

1. Eyprepocnemis burtti   Dirsh 1958c: 45, fig. 14.

Desc. ♂♀.

calceata (Serville 1838)   [p. 387]

Type: lost. Neotype: ♂. Cape Peninsula, Rondebosch, Wynberg Hill (Dirsh 1958c: 40)

8. Eyprepocnemis calceata   Dirsh 1956c: 214, 260.
9. Eyprepocnemis calceata   Dirsh 1958c: 40, fig. 2.

Desc. 9.   **Dist. C.A.** Rhodesia 9; Zambia 9.   **S.A.** Cape Province 8; Natal 8.

capitata Miller 1929   [p. 387]

See Eyprepocnemis plorans meridionalis p. 208.

djeboboensis Jago 1962

Type: ♂. Ghana: Trans-Volta, Nkwanta, Keti Krachi, Brit. Mus.

1. Eyprepocnemis djeboboensis   Jago 1962: 137, figs. 2, 3, 5, 6, 8.

dorsalensis Roy 1964

Type: ♂. Sierra Leone: Loma Mts., Bandankoro forest. Paris Mus.

1. Eyprepocnemis dorsalensis   Roy 1964b: 1167, figs. 13–16.

Desc. ♂♀.   **Morph.**   **Ecol.**   **Dist. W.A.** Sierra Leone; Guinea.

Eyprepocnemis ibandana Giglio-Tos 1907   [p. 388]

Eyprepocnemis ibandana longipennis Uvarov 1921   [p. 388]

Eyprepocnemis ibandana nigromaculata Uvarov 1921   [p. 389]

See Eyprepocnemis plorans ibandana p. 208.

keniensis Johnston 1937   [p. 389]

4. Eyprepocnemis keniensis   Dirsh 1958c: 45, fig. 15.

Eyprepocnemis malagassus I. Bolivar 1914   [p. 389]

See Eyprepocnemis smaragdipes p. 209.

montana Chopard 1945   [p. 389]

Lectotype: ♂. (Dirsh 1958c: 45)

2. Eyprepocnemis montana   Chopard 1958a: 139.
3. Eyprepocnemis montana   Dirsh 1958c: 45.

Dist. W.A. Guinea 2.

montigena Johnston 1937   [p. 389]
2. Eyprepocnemis montigena   Dirsh 1958c: 45, fig. 13.
Dist. E.A. Kenya.

noxia Dirsh 1950   [p. 389]
3. Eyprepocnemis noxius   Evans 1952: 62.
4. Eyprepocnemis noxia   Dirsh 1958c: 41, fig. 6.
5. Eyprepocnemis noxius   Davey *et al.* 1959: 100.
6. Eyprepocnemis noxius   Descamps 1965a: 951, 1308.

Ecol. 5, 6.   **Econ.** 3.   **Dist. W.A.** Mali 5, 6.   **E.A.** Eritrea, Ethiopia, Kenya, Uganda, Tanzania 4; Mali 5, 6.

plorans (Charpentier 1825)   [p. 390]
Type: lost. (Dirsh 1958c: 36)

87. Euprepocnemis plorans   Codina 1926: 128.
88. Euprepocnemis plorans   Hayward 1927: Suppl.
89. Euprepocnemis plorans   Hargreaves 1948: 41.
90. Euprepocnemis plorans   Zacher 1949: 346.
91. Euprepocnemis plorans   Agarwala 1953: 59, 68.
92. Euprepocnemis plorans   Agarwala 1954: 310.
93. Eyprepocnemis plorans   Dirsh 1956f: 277, pl. 40, f. 9.
94. Euprepocnemis plorans   Khalifa 1956a: 175, 179, 181–4, fig. 6.
95. Euprepocnemis plorans   Khalifa 1956b: 217–29.
96. Euprepocnemis plorans   Khalifa 1957: 299–330, figs. 1, 2, 4, 5.
97. Eyprepocnemis plorans   Garcia *et al.* 1646–9, 2 figs.
98. Eyprepocnemis plorans   Dirsh 1958c: 36, figs. 1, 17–27.
99. Eyprepocnemis plorans   Phipps 1959b: 31.
100. Eyprepocnemis plorans   Davey 1959: 127.
101. Eyprepocnemis plorans   Dirsh 1961a: 406, fig. 28 (1, 2, 5, 8).
102. Eyprepocnemis plorans   Chapman 1961b: 67.
103. Eyprepocnemis plorans   Le Gall 1961: 77.
104. Eyprepocnemis plorans   Alicata 1962: 263–337, figs. 1–24.
105. Euprepocnemis plorans   Rungs 1962: 154.
106. Eyprepocnemis plorans   Phipps 1962: 14, 16, 17, 18.
107. Eyprepocnemis plorans   Randell 1963: 255, fig. 43.
108. Eyprepocnemis plorans   Gangwere & Morales Agacino 1964: 215, 243.
109. Eyprepocnemis plorans   Vesey-Fitzgerald 1964a: 367.
110. Eyprepocnemis plorans   Chapman 1964: 120, fig. 6.
111. Eyprepocnemis plorans   Jago 1964: 198.
112. Eyprepocnemis plorans   Sayed *et al.* 1964: 260.
113. Eyprepocnemis plorans   Anderson, N. L. 1964: 396, 397, 398, 403.
114. Eyprepocnemis plorans   Dirsh 1965: 286, fig. 218 (♂).
115. Eyprepocnemis plorans   John & Lewis 1965: 308–44, figs.

ACRIDIDAE   Eyprepocnemidinae

116. Eyprepocnemis plorans   De Luca 1965: 533–50, 2 pls., 1 fig.
117. Eyprepocnemis plorans   Phipps 1966, 31.

Desc. 98. **Key** 98. **Morph.** 91, 92, 93, 94, 97, 99, 104, 106, 107, 108, 115, 116. **Ecol.** 91, 94, 95, 109, 111, 113. **Bion.** 95, 96, 100, 108, 109, 117. **Econ.** 89, 90, 103, 105. **Dist. N.A.** Morocco 87, 103, 105; Egypt 112. **W.A.** Mali 100. **E.A.** Tanzania 99, 102, 113, 117.

plorans plorans (Charpentier 1825)

1. Eyprepocnemis plorans plorans   La Greca 1948a, 176, 177.
2. Eyprepocnemis plorans plorans   Nakhla 1957: 411–27, 9 figs.
3. Eyprepocnemis plorans plorans   Dirsh 1958c: 38, figs. 22, 23, 24, 27.
4. Eyprepocnemis plorans plorans   Blackith & Verdier 1961: 266, 268.

Desc. 2, 3. **Morph.** 4. **Ecol.** 1, 2. **Econ.** 2.

plorans ibandana Giglio-Tos 1907   [p. 388]

18. *Eyprepocnemis ibandana longipennis*   Uvarov 1921 (Dirsh 1958c: 39) [p. 388].
19. *Eyprepocnemis ibandana nigromaculata*   Uvarov 1921 (Dirsh 1958c: 39) [p. 389].
20. Eyprepocnemis ibandana   Giglio-Tos 1907 (Dirsh 1958c: 39) [p. 388].
21. Eyprepocnemis ibandana longipennis   Kevan 1956c: 970.
22. Eyprepocnemis plorans ibandana   Dirsh 1958c: 40, figs. 21, 27.
23. Eyprepocnemis ibandana nigromaculata   Le Pelley 1959: 92.
24. Eyprepocnemis plorans ibandana   Chapman 1961a: 262, 270.
25. Eyprepocnemis plorans ibandana   Chapman 1962: 30, figs. 20, 47, tables 4, 20.
26. Eyprepocnemis plorans ibandana   Dirsh 1963b: 212.
27. Eyprepocnemis plorans ibandana   Dirsh 1964a: 58.

Desc. 22. **Morph.** 24. **Ecol.** 27. **Bion.** 24, 25. **Econ.** 23, 25. **Dist. W.A.** Ghana 22; Sao Thomé 22; Guinea 26; Sierra Leone 27; Cameroon Rep. 27; S. Nigeria 27. **C.A.** Congo Rep. 27.

plorans meridionalis Uvarov 1921 [p. 392]

2. *Eyprepocnemis capitata*   Miller 1929 (Dirsh 1958c: 39) [p. 387].
3. Eyprepocnemis capitata   Antoniou & Hunter-Jones 1956: 364–8.
4. Eyprepocnemis capitatus   Chapman & Robertson 1958: 96, 101, figs. 4, 11.
5. Eyprepocnemis plorans meridionalis   Dirsh 1958c: 39, figs. 26, 27.
6. Eyprepocnemis plorans meridionalis   Blackith & Verdier 1961: 266, 268, 269.
7. Eyprepocnemis plorans meridionalis   Kevan & Knipper 1961: 379.
8. Eyprepocnemis plorans meridionalis   Robertson & Chapman 1962: 71, tables 2, 3, 14, 15, 30.
9. Eyprepocnemis plorans meridionalis   Jago 1963a: 113–24, figs.
10. Eyprepocnemis plorans meridionalis   Uvarov 1966: 255, 286, 321, 328, 375.

Morph. 4, 6, 9, 10. **Key** 9 (nymphs). **Ecol.** 4, 7. **Bion.** 3, 4, 9. **Dist. C.A.** Malawi; Zambia 5. **E.A.** Kenya; Tanzania; Somalia 5. **S.A.** Zululand 5.

plorans ornatipes (Walker 1870)   [p. 390]
2. Eyprepocnemis plorans ornatipes   Dirsh 1958c: 39, figs. 24, 25, 27.
3. *Euprepocnemis senegalensis*   I. Bolivar 1914 (Dirsh 1958c: 39) [p. 392].
4. *Euprepocnemis plorans pallida*   Uvarov 1921 (Dirsh 1958c: 39) [p. 392].
5. Eyprepocnemis senegalensis   Descamps 1956: 752.
6. Eyprepocnemis plorans ornatipes   Dirsh 1958c: 39, figs. 24, 25, 27.
7. Eyprepocnemis plorans ornatipes   Banerjee & Kevan 1959: 399–401, 3 figs.
8. Eyprepocnemis senegalensis   Davey et al.: 1959, 100.
9. Eyprepocnemis plorans ornatipes   Chapman 1962, 31.
10. Eyprepocnemis plorans ornatipes   Roy 1964b, 1190.
11. Eyprepocnemis plorans ornatipes   Descamps 1965a: 951, 1308.
12. Eyprepocnemis plorans ornatipes   Roy 1965: 620.
13. Eyprepocnemis plorans ornatipes   Uvarov 1966: 255, 286, 412, fig. 237.
14. *Heteracris consobrina*   Walker 1870 (Dirsh 1958c: 39) [p. 390].

Morph. 7.   **Ecol.** 8, 9, 10, 11.   **Bion.** 8, 13.   **Econ.** 5.   **Dist. W.A.** Ghana 9; Senegal 6, 10, 12; Mali 6, 8, 11; N. Nigeria 6; Chad 6; Cameroon Rep. 6.   **E.A.** Sudan 6; Kenya 6; Eritrea 6; Ethiopia 6; Somalia 6.

*schulzei Roy 1964

Type: ♂. Sierra Leone: Mt. Loma, R. Bintumane. Paris Mus.

1. Eyprepocnemis schulzei   Roy 1964b: 1164, figs. 10–12.

Desc. ♂ ♀; nymph.

smaragdipes Bruner 1910   [p. 406]

Type designated: ♂ (Dirsh 1958c: 41)

3. Eyprepocnemis smaragdipes   Dirsh 1958c: 41, fig. 4.
4. *Euprepocnemis malagassus*   I. Bolivar 1914 *Lectotype:* ♂. (Dirsh 1958c: 41) [p. 389].
5. Thisoicetrus smaragdipes   Chopard 1958c: 37.
6. Eyprepocnemis smaragdipes   Dirsh 1962b: 315.
7. Eyprepocnemis smaragdipes   Dirsh 1962c: 271.

Desc. 3, 6 (♂ ♀).

*vulcanigena Jago 1962

Type: ♂. Cameroon Rep. Post & Telegraph Road. Brit. Mus.

1. Eyprepocnemis vulcanigena   Jago 1962: 139, figs. 1, 4, 7.

Desc. ♂.   **Ecol.**

species ? [p. 392]

7. Eyprepocnemis sp.   Kevan 1955c: 481.
8. Eyprepocnemis sp.   Kevan 1956c: 970.
9. Eyprepocnemis sp.   Kevan & Knipper 1961: 380.

Ecol. 9.   **Dist. E.A.** Tanzania 7, 9.   **W.A.** Cameroon Rep. 8.

ACRIDIDAE   Eyprepocnemidinae

OXYAEIDA I. Bolivar 1914   [p. 393]

3. Oxyaeida   Dirsh 1958*b*: 55.
4. *Neritius*   I. Bolivar 1914 (Dirsh 1958*b*: 55) [p. 394].
5. Oxyaeida   Dirsh 1965: 284, 286.

Desc. 3, 5.

carli I. Bolivar 1914   [p. 393]

5. Oxyaeida carli   Dirsh 1955*a*: 69.
6. Oxyaeida carli   Le Pelley 1959: 93.
7. Oxyaeida carli   Dirsh 1964*a*: 58.

Ecol. 7.   **Econ.** 6.   **Dist.** C.A. Congo Rep. 7; Ruanda 5.

poultoni Ramme 1929   [p. 393]

3. Oxaeida (*sic*) poultoni   Kevan 1955*c*: 477.
4. Oxyaeida poultoni   Dirsh 1956*f*: 277, pl. 40, f. 24.
5. Oxyaeida poultoni   Phipps 1959*b*: 32, 45.
6. Oxaeida poultoni   Kevan & Knipper 1961: 381.
7. Oxyaeida poultoni   Dirsh 1965: 286, fig. 219 (♂).
8. Oxyaeida poultoni   Phipps 1966: 31, table VI.

Morph. 4, 5.   **Ecol.** 5, 6, 8.   **Bion.** 5, 8.   **Dist.** E.A. Tanzania 3, 5, 6, 8.

rothschildi (I. Bolivar 1914)   [p. 394]

3. *Neritius abyssinicus*   Uvarov 1934 (Dirsh 1958*b*: 55) [p. 394].
4. Neritius abyssinicus   Dirsh 1956*f*: 277, pl. 40, f. 22.
5. Neritius abyssinicus   Scott 1958: 27.
6. Oxyaeida rothschildi   Dirsh 1958*b*: 55.

Desc. 6.   **Morph.** 4.   **Ecol.** 5.   **Dist.** E.A. Ethiopia 5.

semialata (Sjöstedt 1933)   [p. 393]

4. Oxyaeida semialata   Dirsh 1956*b*: 107.

Desc.

JUCUNDACRIS Uvarov 1921   [p. 394]

2. Jucundacris   Dirsh 1965: 284, 287.

Desc.

pictipes (Walker 1870)   [p. 394]

7. Jucundacris pictipes   Dirsh 1956*f*: 277, pl. 40, f. 8.
8. Jucundacris pictipes   Dirsh 1965: 287, fig. 220 (♂)

Desc. 7.   **Morph.** 7.

*TENEBRACRIS Dirsh 1962

Haplotype: **Tenebracris splendens** Dirsh 1962
1. Tenebracris   Dirsh 1962b: 314, 318.

Desc.

*splendens Dirsh 1962

Type: ♂. W. Madagascar: Antsalova, Antsingy forest, Andobo. Paris Mus.
1. Tenebracris splendens   Dirsh 1962b: 319, fig. 24 (♂).

Desc. ♂. **Dist.** W. & C. Malagasy.

*MALAGACETRUS Dirsh 1962

Haplotype: **Paracaloptenus rubripes** Chopard 1919 [p. 460]
1. Malagacetrus   Dirsh 1962b: 314, 316.

Desc.

rubripes (Chopard 1919) [p. 460]

2. Malagacetrus rubripes   Dirsh 1962b: 317, fig. 23.

Desc. ♂. **Dist.** C. Malagasy.

HETERACRIS Walker 1870 [p. 394]

9. *Thisoicetrus*   Brunner 1893 (Dirsh 1958b: 53) [p. 396].
10. Heteracris   Dirsh 1962b: 314, 319.
11. Heteracris   Dirsh 1965: 284, 288.

Desc. 10, 11. **Key** 10.

acuminata Uvarov 1921 [p. 395]

4. Heteracris acuminata   Dirsh 1955c: 214, 260.

Dist. S.A. Natal, Cape Province, Lesotho.

adspersus (Redtenbacher 1889) [p. 396]

19. Heteracris adspersa   Uvarov 1966: 19, fig. 17 (5).

Morph.

annulosus (Walker 1870) [p. 397]

29. Thisoicetrus annulosus   Slifer 1953a: 61, pl. 17, f. 129.
30. Thisoicetrus annulosus   Slifer 1953b: 81, pl. 18, f. 126.
31. Thisoicetrus annulosus   Chopard 1954a: 13.
32. Thisoicetrus annulosus   Dekeyser & Villiers 1956: 29, 202.
33. Heteracris annulosus annulosus   Davey *et al.* 1959: 102.

ACRIDIDAE   Eyprepocnemidinae

34. Thisoicetrus annulosus Baccetti 1962: 86.
35. Thisoicetrus annulosus Chopard 1963: 568.
36. Thisoicetrus annulosus Gangwere & Morales Agacino 1964: 215, 244.
37. Heteracris annulosus Descamps 1965a: 951, 1308.

Morph. 29, 30, 36. **Ecol.** 32, 37. **Bion.** 36. **Dist. W.A.** Mali 33, 37; Mauretania 32. **E.A.** Somalia, 34; Ethiopia, 34; Sudan 34. **N.A.** Algeria 31; Ennedi 35.

attenuatus Uvarov 1921 [p. 398]

5. Thisoicetrus attenuatus Vesey-Fitzgerald 1964a: 367.

Ecol. Bion. Dist. C.A. Zambia.

calliptamoides Uvarov 1921 [p. 395]

3. Heteracris calliptamoides Dirsh 1956c: 215, 260.
4. Heteracris calliptamoides Dirsh 1961a: 406, fig. 28 (6).
5. Heteracris calliptamoides Dirsh 1956f: 277, pl. 40, f. 2.

Morph. 5. **Dist. S.A.** Cape Province 3.

coerulescens (Stål 1876) [p. 399]

22. ⚢ Cataloipus oberthûri Burr 1903 (nec I. Bolivar 1890) (Uvarov & Popov 1957: 375) (partim).
23. Thisoicetrus coerulescens Uvarov & Popov 1957: 375.
24. Heteracris coerulescens Dirsh 1959a: 62.
25. Thisoicetrus coerulescens Phipps 1959b: 32.
26. Heteracris coerulescens Davey *et al.* 1959a: 102.
27. Thisoicetrus coerulescens Kevan & Knipper 1961: 380.
28. Heteracris coerulescens Descamps 1965a: 951.
29. Heteracris coerulescens Roy 1965: 620.
30. Heteracris coerulescens Uvarov 1966: 144.
31. Heteracris coerulescens Phipps 1966: 31.

Morph. 25, 30. **Ecol.** 27, 28, 31. **Bion.** 31. **Dist. W.A.** Senegal 29; Mali 26, 28. **E.A.** Ethiopia 24; Somalia 27; Tanzania 25, 27, 31.

consobrina Walker 1870 [p. 390]

See Eyprepocnemis plorans ornatipes p. 209.

finoti I. Bolivar 1914 [p. 400]

2. *Thisoicetrus praestans* Carl 1916. (*Lectotype:* ♂. Dirsh 1962b: 319.) [p. 404].
3. Heteracris finoti Dirsh 1962b: 319, fig. 25.

Desc. 3 (♂ ♀). **Dist. E.** Malagasy.

guineensis (Krauss 1890) [p. 400]

19. Thisoicetrus pulchripes guineensis   Kevan 1955*a*: 70.
20. Thisoicetrus pulchripes guineensis   Kevan 1956*c*: 970.
21. Thisoicetrus guineensis   Chopard 1958*a*: 139.
22. Thisoicetrus pulchripes guineensis   Chapman 1961*a*: 261, 270.
23. Thisoicetrus pulchripes guineensis   Chapman 1962: 32, fig. 21, table 20.
24. Thisoicetrus guineensis   Chapman 1964: 120.
25. Heteracris guineensis   Dirsh 1964*a*: 58.

Morph. 22, 24.   **Ecol.** 20, 23, 25.   **Bion.** 22, 23.   **Dist. W.A.** Guinea 21; Cameroon Rep. 20. **C.A.** Angola 19; Congo Rep. 25.

harterti I. Bolivar 1913 [p. 401]

26. Thisoicetrus harterti   Chopard 1954*a*: 12.
27. Thisoicetrus harterti   Dekeyser & Villiers 1956: 29, 203.
28. Heteracris harterti   Davey *et al.* 102.
29. Heteracris harterti   Davey 1959: 127.
30. Thisoicetrus harterti   Chopard 1963: 568.
31. Heteracris harterti   Descamps 1965*a*: 951.

Ecol. 27, 31.   **Bion.** 29.   **Dist. N.A.** Algeria 26; Ennedi 30. **W.A.** Mauretania 27; Mali 28, 29, 31.

herbacea (Serville 1838) [p. 395]

6. Heteracris herbacea   Dirsh 1956*c*: 260.
7. Heteracris herbacea   Dirsh 1961*a*: 406, fig. 28 (4).
8. Heteracris herbacea   Dirsh 1965: 288, fig. 221 (♂).

Dist. S.A. O.F.S. 6; S.W. Africa 6.

leani Uvarov 1941 [p. 401]

6. Heteracris leani   Davey *et al.* 1959*a*: 102.
7. Heteracris leani   Davey 1959: 127.
8. Heteracris leani   Roy 1964*b*: 1190.
9. Heteracris leani   Descamps 1965*a*: 951, 1308.

Ecol. 8, 9.   **Bion.** 7.   **Dist. W.A.** Senegal 8.   Mali 6, 7, 9.

littoralis (Rambur 1838) [p. 402]

46. Thisoicetrus littoralis   Hayward 1927: Suppl.
47. Thisoicetrus littoralis   Hargreaves 1948: 42.
48. Thisoicetrus littoralis   Zacher 1949: 346.
49. Thisoicetrus littoralis   Dirsh 1956*f*: 277, pl. 40, f. 18.
50. Thisoicetrus littoralis   Khalifa 1956*b*: 217–29.
51. Thisoicetrus littoralis   Khalifa 1957: 324.
52. Thisoicetrus littoralis   Chopard 1958*d*: 13.

53. Heteracris littoralis   Davey *et al.* 1959*a*: 103.
54. Thisoicetrus littoralis   Saraiva 1961: 134, 150, 151.
55. Thisoicetrus littoralis   Sayed *et al.* 1964: 260.

Morph. 49.   **Ecol.** 50.   **Bion.** 50, 51.   **Econ.** 47, 48.   **Dist. N.A.** Egypt 55.   **W.A.** Mali 53.   **A.I.** Cape Verde Is. 52, 54.

littoralis minutus Uvarov 1921   [p. 403]

6. Thisoicetrus littoralis minutus   La Greca 1958: 56.

Desc. 6.   **Dist. N.A.** Tripolitania 6.

nobilis (Brancsik 1893)   [p. 404]

Type: Lost (Dirsh 1962*b*: 322)

5. Heteracris nobilis   Dirsh 1962*b*: 319, 322.

Desc.

prasinatus (Stål 1876)   [p. 405]

7. Thisoicetrus prasinatus   Dirsh 1956*c*: 215, 260.
8. Heteracris prasinatus   Dirsh 1958*b*: 54.

Dist. S.A. S.W. Africa 7.

pulchripes (Schaum 1853)   [p. 405]

10. Thisoicetrus pulchripes   Phipps 1959*b*: 32.
11. Thisoicetrus pulchripes pulchripes   Kevan & Knipper 1961: 380.
12. Heteracris pulchripes   Uvarov 1966: 144.

Morph. 10, 12.   **Ecol.** 11.   **Dist. E.A.** Tanzania 10; Somalia 11.

pulchripes coerulipes (Sjöstedt 1909)   [p. 400]

5. Thisoicetrus coerulipes   Sjöstedt 1909 (Dirsh 1958*b*: 54) [p. 400].
6. *Thisoicetrus usambaricus*   I. Bolivar 1914 (Dirsh *l.c.* 54) [p. 406].
7. Thisoicetrus coerulipes   Phipps 1959*b*: 32.
8. Heteracris coerulipes   Phipps 1966: 31.

Morph. 7.   **Ecol.** 8.   **Bion.** 8.   **Dist. E.A.** Tanzania 7, 8.

pulchripes jeanneli I. Bolivar 1914   [p. 405]

5. *Thisoicetrus pulchripes* ab. *coeruleipennis*   Uvarov 1921 (Dirsh 1958*b*: 54) [p. 405].
6. Heteracris pulchripes jeanneli   Dirsh 1958*b*: 54. *Lectotype*: ♂. Togoland. Inst. ent. Madrid.
7. Thisoicetrus pulchripes jeanneli   Chapman 1961*a*: 261, 270, fig. 3.
8. Thisoicetrus pulchripes jeanneli   Chapman 1962: 32, fig. 21, tables 5, 6, 20.
9. Thisoicetrus jeanneli   Chapman 1964: 120.

Morph. 7, 9.   **Ecol.** 8.   **Bion.** 8.   **Dist. W.A.** Ghana 8.

reducta Dirsh 1962

Type: ♂. S. Madagascar: 'Reserve naturelle xi', Mt Andohahelo. Paris Mus.

1. Heteracris reducta   Dirsh 1962b: 319, 323, fig. 28.

Desc. ♂ ♀.

sikorai (I. Bolivar 1914)   [p. 406]

2. *Thisoicetrus brevicornis*   Carl 1916 (Dirsh 1962b: 321). Lectotype: ♂. (Dirsh l.c.) [p. 398].
3. Heteracris sikorai   Dirsh 1962b: 319, 321, fig. 26.

Desc. 3 (♂ ♀).   Dist. E. Madagascar.

speciosus (Sjöstedt 1913)   [p. 395]

6. Heteracris speciosus   Dirsh 1956c: 260.

Dist. E.A. Port. E. Africa.

vinaceus (Sjöstedt 1923)   [p. 407]

6. Thisoicetrus vinaceus   Dirsh 1955a: 69.
7. Heteracris vinaceus   Dirsh 1958b: 54.

Dist. C.A. Ruanda.

zolotarevskyi Dirsh 1962

Type: ♂. S. Madagascar: Ejeda. Brit. Mus.

1. Heteracris zolotarevskyi   Dirsh 1962b: 319, 322, fig. 27.
2. Heteracris zolotarevskyi   Dirsh 1962c: 271.

Desc. 1 (♂ ♀).   Dist. Madagascar.

species ?

1. Heteracris sp.   Uvarov & Popov 1957: 375.
2. Heteracris sp.   Cloudsley-Thomson 1963: 161.
3. Heteracris sp.   Descamps 1965a: 951.

Ecol. 3.   Dist. W.A. Mali 3.   E.A. E. Sudan 2.   Socotra 1.

HORAEOCERUS Saussure 1899   [p. 407]

4. Horaeocerus   Dirsh 1962b: 314, 324.

Desc.

antennatus (I. Bolivar 1914)   [p. 407]

7. Horaeocerus antennatus   Dirsh 1962b: 326, fig. 29 (8–10). Lectotype: ♂.

Desc.

ACRIDIDAE   Eyprepocnemidinae

nigricornis Saussure 1899   [p. 407]

Type: Geneva Mus. *Lectotype:* ♂ (Dirsh 1962b: 324)

3. Horaeocerus nigricornis   Dirsh 1962b: 324, fig. 29 (1–7).
4. Horaeocerus nigricornis   Dirsh 1962c: 271.

Desc. 3 (♂ ♀).   **Dist.** C., E. & W. Malagasy 3.

CYCLOPTERNACRIS Ramme 1928   [p. 408]

4. Cyclopternacris   Dirsh 1965: 284, 289.

Desc.

etbaica Ramme 1928   [p. 408]

2. Cyclopternacris etbaica   Ebner 1957: 120.

Desc.   **Dist.** N.A. Egypt.

morbosa (Serville 1838)   [p. 408]

11. Cyclopternacris morbosa   Dirsh 1956f: 277, pl. 40, f. 20.
12. Cyclopternacris morbosa   Uvarov 1959: 24.
13. Cyclopternacris morbosa   Dirsh 1965: 290, fig. 222 (♀).

Desc. 12.   **Morph.** 11.

*BROWNACRIS Dirsh 1958

Orthotype: **Brownacris microptera**   Dirsh 1958

1. Brownacris   Dirsh 1958e: 328.
2. Brownacris   Dirsh 1965: 284, 291.

Desc. 1, 2.

*brachyptera Dirsh 1958

Type: ♂. S. Africa: Cape Province, Great Karroo, Koup Area. Transvaal Mus.

1. Brownacris brachyptera   Dirsh 1958e: 329, fig. 25.

Desc. ♂ ♀.

*microptera Dirsh 1958

Type: ♂. S. Africa: Cape Province, Karroo Region, Groot Vloor. Transvaal Mus.

1. Brownacris microptera   Dirsh 1958e: 329, figs. 18–24.
2. Brownacris microptera   Dirsh 1965: 291, fig. 223.

Desc. 1 (♂ ♀).   **Ecol.**

PARATHISOICETRUS Ramme 1929   [p. 407]

2. Parathisoicetrus   Dirsh 1965: 284, 292.

Desc.

aethiopicus Ramme 1929 [p. 407]
2. Parathisoicetrus aethiopicus   Kevan 1955c: 481.
3. Parathisoicetrus aethiopicus   Dirsh 1956f: 277, pl. 40, f. 13.
4. Parathisoicetrus aethiopicus   Dirsh 1965: 292, fig. 224 (♂).

Morph. 3.   **Dist. E.A.** Kenya 2; Ethiopia 4; Tanzania 4.

ASMARA I. Bolivar 1914   [p. 392]

2. Asmara   Dirsh 1965: 284, 293.

Desc.

caloptenoides I. Bolivar 1914 [p. 393]
2. Asmara caloptenoides   Dirsh 1965: 293, fig. 225 (♂).

TARAMASSUS Giglio-Tos 1907   [p. 409]

7. Taramassus   Dirsh 1965: 285, 293.

Desc.

cunctator (Karsch 1900) [p. 409]
8. Taramassus cunctator   Dirsh 1956f: 277, pl. 40, f. 11.
9. Taramassus cunctator   Dirsh 1959a: 62.
10. Taramassus cunctator   Phipps 1959b: 32.
11. Taramassus cunctator   Dirsh 1965: 294, fig. 226 (♂).
12. Taramassus cunctator   Phipps 1966: 31.

Morph. 8, 10.   **Ecol.** 12.   **Bion.** 12.   **Dist. E.A.** Ethiopia 9; Tanzania 10, 12.

*dirshi Baccetti 1962

Type: ♂. Somalia: Badadda & L. Baduna. Florence Mus.

1. Taramassus dirshi   Baccetti 1962: 86, figs. 1–4.

Desc. ♂.

zavattarii (Salfi 1939) [p. 410]
4. Taramassus zavattarii   Baccetti 1962: 90, figs. 5, 6. *Type:* lost.

Desc.   **Dist. E.A.** Somalia.

CATALOIPUS I. Bolivar 1890   [p. 411]

6. Cataloipus   Dirsh 1965: 285, 294.

Desc.

abyssinicus Uvarov 1921 [p. 411]
4. Cataloipus abyssinicus   Hargreaves 1948: 40.

Econ.

ACRIDIDAE Eyprepocnemidinae

brunneri Kirby 1910 [p. 414]

3. ⚦ Cataloipus oberthüri Burr 1903*b*: 420 (partim) nec I. Bolivar 1890. (Uvarov & Popov 1957: 375.)
4. Cataloipus brunneri Kirby 1910: 557 (Uvarov & Popov *l.c.*) [p. 414].
5. Cataloipus brunneri Uvarov & Popov 1957: 375.

Desc. 5. **Ecol.** 5. **Dist.** Socotra 5.

cognatus (Walker 1870) [p. 412]

7. Cataloipus cognatus Pinhey 1965: 8.

Ecol. Bion. Dist. C.A. Rhodesia.

cymbiferus (Krauss 1877) [p. 412]

18. Euprepocnemis cymbiferus Krauss 1877: 142.
19. Cataloipus cymbiferus Risbec 1950: 317.
20. Cataloipus cymbiferus Davey *et al.* 1959: 103.
21. Cataloipus cymbiferus Davey 1959: 127.
22. Cataloipus cymbiferus Boisson 1961: 29.
23. Cataloipus cymbiferus Chapman 1962: 33, fig. 22, table 20.
24. Cataloipus cymbiferus Chapman 1964: 120.
25. Cataloipus cymbiferus Descamps 1965*a*: 951, 952, 1309.

Desc. 18 (♂ ♀). **Morph.** 24. **Ecol.** 20, 23, 25. **Bion.** 20, 21, 22, 23. **Econ.** 19. **Dist.** W.A. Mali 20, 21, 25; Ghana 23.

fuscocoeruleipes Sjöstedt 1923 [p. 413]

7. Cataloipus fuscocoeruleipes Davey *et al.* 1959*a*: 104.
8. Cataloipus fuscocoeruleipes Le Pelley 1959: 91.
9. Cataloipus fuscocoeruleipes Roy 1962: 128.
10. Cataloipus fuscocoeruleipes Descamps 1965*a*: 951.

Ecol. 7, 10. **Econ.** 8. **Dist.** W.A. Senegal 9; Mali 7, 10.

oberthüri I. Bolivar 1890 [p. 413]

14. Cataloipus oberthüri Harris 1949: 1.
15. Cataloipus oberthüri Agarwala 1953: 59, 68.
16. Cataloipus oberthüri Agarwala 1954: 310, fig. 97.
17. Cataloipus oberthüri Dirsh 1956*f*: 277, pl. 40, f. 5.
18. Cataloipus oberthüri Chapman & Robertson 1958: 95, 101.
19. Cataloipus oberthüri Phipps 1959*b*: 32.
20. Cataloipus oberthüri Le Pelley 1959: 91.
21. Cataloipus oberthüri Kevan & Knipper 1961: 380.
22. Cataloipus oberthüri Robertson & Chapman 1962: 72, tables 2, 3, 16, 27, 30.
23. Cataloipus oberthüri Chapman 1961*b*: 67–8.

24. Cataloipus oberthüri   Anderson, N. L. 1964: 396, 397, 398, 403.
25. Cataloipus oberthüri   Vesey-Fitzgerald 1964a: 367.
26. Cataloipus oberthüri   Pinhey 1965: 8.
27. Cataloipus oberthüri   Dirsh 1965: 295, fig 227 (♂).
28. Cataloipus oberthüri   Uvarov 1966: 142, fig. 84 (19).
29. Cataloipus oberthüri   Phipps 1966: 31.

Morph. 15, 16, 17, 18, 19, 28. **Ecol.** 15, 18, 21, 22, 24, 25, 26, 29. **Bion.** 14, 18, 22, 23, 24, 25, 26, 29. **Econ.** 20. **Dist. E.A.** Uganda 14; Tanzania 18, 19, 21, 22, 25, 27. **C.A.** Rhodesia 26; Zambia 25.

pulcher Sjöstedt 1929   [p. 413]

3. Cataloipus pulcher pulcher   Dirsh 1956c: 215, 260.
4. Cataloipus pulcher pulcher   Vesey-Fitzgerald 1964a: 368.

Ecol. 4. **Bion.** 4. **Dist. C.A.** Rhodesia 3; Zambia 4. **S.A.** Transvaal 3.

roseipennis Uvarov 1921   [p. 414]

3. Cataloipus roseipennis   Pinhey 1965: 9.

Ecol. Bion. Dist. C.A. Rhodesia.

tanaensis Sjöstedt 1929   [p. 414]

6. Cataloipus tanaensis   Dirsh 1959a: 62.
7. Cataloipus tanaensis   Kevan & Knipper 1961: 380.

Ecol. 7. **Dist. E.A.** Ethiopia 6; Somalia 7.

species ?   [p. 415]

5. Cataloipus sp.   Popov 1959b: 92.
6. Cataloipus sp.   Davey et al. 1959a: 104.

Econ. 5. **Dist. W.A.** Mali 6. **E.A.** Sudan 5. **C.A.** Chad 5.

CYATHOSTERNUM I. Bolivar 1881   [p. 415]

7. Cyathosternum   Dirsh 1965: 285, 296.

Desc.

prehensile I. Bolivar 1881   [p. 415]

12. Cyathosternum prehensile   Dirsh 1956f: 277, pl. 40, f. 14.
13. Cyathosternum prehensile   Vesey-Fitzgerald 1964a: 368.
14. Cyathosternum prehensile   Pinhey 1965: 8, pl. 2, g.
15. Cyathosternum prehensile   Dirsh 1965: 296, fig. 228 (♂).

Desc. 13. **Morph.** 12. **Ecol.** 13, 14. **Bion.** 13, 14. **Dist. C.A.** Rhodesia 14; Zambia 13.

roseum (I. Bolivar) 1914   [p. 415]
1. Cyathosternum roseum   Bünzli & Büttiker 1956: 357.
Econ.

THISOICETRELLUS Uvarov 1921   [p. 408]
2. Thisoicetrellus   Dirsh 1965: 285, 297.
Desc.

recurvus Uvarov 1921   [p. 408]
2. Thisoicetrellus recurvus   Dirsh 1956*f*: 277, pl. 40, f. 4.
3. Thisoicetrellus recurvus   Dirsh 1965: 297, fig. 229 (♂).
Morph. 2.

AMPHIPROSOPIA Uvarov 1921   [p. 416]
2. Amphiprosopia   Dirsh 1965: 285, 298.
Desc.

adjuncta (Walker 1870)   [p. 416]
8. Amphiprosopia adjuncta   Dirsh 1956*f*: 277, pl. 40, f. 12.
9. Amphiprosopia adjuncta   Dirsh 1965: 298, fig. 230*c* (♂).
Morph. 8.

gwynni Uvarov 1941   [p. 416]
4. Amphiprosopia gwynni   Dirsh 1965: 298, fig. 230 *a, b*.
5. Amphiprosopia gwynni   Descamps 1965*a*: 951, 952, 1309.
Ecol. 5.   **Dist. W.A.** Mali; Chad Rep. 5.

PHYLLOCERCUS Uvarov 1941   [p. 411]
2. Phyllocercus   Dirsh 1965: 285, 299.
Desc.

bicoloripes Uvarov 1941   [p. 411]
5. Phyllocercus bicoloripes   Davey *et al.* 1959*a*: 103.
6. Phyllocercus bicoloripes   Davey 1959: 127.
7. Phyllocercus bicoloripes   Dirsh 1961*a*: 406, fig. 28 (3, 7).
8. Phyllocercus bicoloripes   Descamps 1965*a*: 951, 952, 1309.
9. Phyllocercus bicoloripes   Dirsh 1965: 299, fig. 231 (♂).
Ecol. 5, 8.   **Bion.** 6.   **Dist. W.A.** Mali 5, 6, 8.

Eyprepocnemidinae   ACRIDIDAE

TYLOTROPIDIUS Stål 1873 [p. 417]

13. Tylotropidius   Dirsh 1961 d: 388.
14. *Metaxymecus*   Karsch 1893 (Dirsh 1961 d: 388) [p. 421].
15. Tylotropidius   Dirsh 1965: 285, 300.
16. Tylotropidius   Uvarov 1966: 148, 184.

Desc. 13, 15. **Morph.** 16.

gracilipes Brancsik 1895 [p. 418]

29. *Tylotropidius laxus*   Karsch 1896 (Dirsh 1961 d: 388) [p. 419].
30. Metaxymecus laxus   Risbec 1950: 317.
31. Tylotropidius gracilipes   Dirsh 1955 a: 69.
32. Tylotropidius gracilipes   Dirsh 1956 c: 215, 260.
33. Tylotropidius gracilipes   Chapman & Robertson 1958: 95, 101, fig. 15.
34. Tylotropidius gracilipes   Davey et al. 1959 a: 104.
35. Tylotropidius gracilipes   Davey 1959: 127.
36. Tylotropidius gracilipes   Chapman 1961 a: 261, 271, 282.
37. Tylotropidius gracilipes   Boisson 1961: 29.
38. Tylotropidius gracilipes   Chapman 1962: 33, figs. 23, 48, tables 7, 20.
39. Tylotropidius gracilipes   Roy 1962: 110, 113, 128.
40. Tylotropidius gracilipes   Robertson & Chapman 1962: 74, tables 2, 3, 30.
41. Tylotropidius laxus   Phipps 1962: 15.
42. Tylotropidius gracilipes   Dirsh 1963 b: 212.
43. Tylotropidius gracilipes   Jago 1964 a: 196.
44. Tylotropidius gracilipes   Chapman 1964: 120.
45. Tylotropidius gracilipes   Roy 1964 b: 1190.
46. Tylotropidius gracilipes   Dirsh 1964 a: 59.
47. Tylotropidius gracilipes   Vesey-Fitzgerald 1964 a: 368.
48. Tylotropidius gracilipes   Dirsh 1965: 300, fig. 232 (♂).
49. Tylotropidius gracilipes   Pinhey 1965: 9.
50. Tylotropidius gracilipes   Roy 1965: 621.
51. Tylotropidius gracilipes   Descamps 1965 a: 951, 952, 1309.

Morph. 33, 36, 41, 44. **Ecol.** 33, 34, 38, 40, 43, 45, 46, 47, 49, 50, 51. **Bion.** 33, 34, 35, 36, 37, 38, 40, 47, 50. **Econ.** 30. **Dist. W.A.** Mali 34, 35, 50, 51; Ghana 38; Sierra Leone 41; Senegal 39, 45, 50; Guinea 42. **C.A.** Ruanda 31; Rhodesia 32, 49; Congo Rep. 46; Zambia 47. **E.A.** Tanzania 33, 40, 47. **S.A.** Transvaal 32.

patagiatus (Karsch 1893) [p. 421]

5. Tylotropidius patagiatus   Jago 1964: 198, 199.
6. Tylotropidius patagiatus   Descamps 1965 a: 951, 952.

Ecol. 5, 6. **Dist. W.A.** Mali 6.

ACRIDIDAE Eyprepocnemidinae

speciosus (Walker 1870) [p. 420]

20. Tylotropidius speciosus Waloff 1954: 386.
21. Tylotropidius speciosus Dirsh 1955a: 69.
22. Tylotropidius speciosus Backlund 1955: 204.
23. Tylotropidius speciosus Dirsh 1956f: 277, pl. 40, f. 17.
24. Tylotropidius speciosus Chapman & Robertson 1958: 95, 101, fig. 15.
25. Tylotropidius speciosus Chopard 1958a: 139.
26. Tylotropidius speciosus Laub-Drost 1959: 1–27, fig. 6.
27. Tylotropidius speciosus Davey et al. 1959: 105.
28. Tylotropidius speciosus Phipps 1959b: 32.
29. Tylotropidius speciosus Laub-Drost 1960: 614–26 *passim*.
30. Tylotropidius speciosus Boisson 1961: 29.
31. Tylotropidius speciosus Chapman 1961a: 261, 271.
32. Tylotropidius speciosus Chapman 1961b: 67.
33. Tylotropidius speciosus Robertson & Chapman 1962: 74, tables 2, 3, 18, 30.
34. Tylotropidius speciosus Phipps 1962: 15.
35. Tylotropidius speciosus Chapman 1962: 34, fig. 24, table 20.
36. Tylotropidius speciosus Roy 1962: 110, 113, 128.
37. Tylotropidius speciosus Dirsh 1963b: 212.
38. Tylotropidius speciosus Dirsh 1964a: 59.
39. Tylotropidius speciosus Chapman 1964: 120.
40. Tylotropidius speciosus Vesey-Fitzgerald 1964a: 368.
41. Tylotropidius speciosus Descamps 1965a: 951, 953.
42. Tylotropidius speciosus Uvarov 1966: 54.

Morph. 20, 23, 24, 28, 31, 34, 39, 42. **Ecol.** 22, 24, 33, 35, 38, 40, 41. **Bion.** 24, 26, 29, 30, 31, 33, 35, 40. **Dist. W.A.** Guinea 25, 37; Mali 27, 41; Ghana 31, 35; Senegal 36; Sierra Leone 34. **E.A.** Tanzania 20, 22, 24, 28, 32, 33. **C.A.** Ruanda 21; Congo Rep. 38; Zambia 40.

species ? [p. 421]

9. Tylotropidius sp. Backlund 1955: 204.

Ecol. Dist. E.A. Tanzania.

TROPIDIOPSIS I. Bolivar 1911 [p. 416]

4. Tropidiopsis Dirsh 1965: 289, 301.

Desc.

haasi (I. Bolivar 1908) [p. 416]

5. Tropidiopsis haasi Kevan 1955a: 70.
6. Tropidiopsis haasi Vesey-Fitzgerald 1964a: 368.
7. Tropidiopsis haasi Dirsh 1965: 301, fig. 233 (♂).
8. Tropidiopsis haasi Uvarov 1966: 19, 327, fig. 17 (8).

Morph. 8. **Ecol.** 6. **Bion.** 6. **Dist. C.A.** Angola 5. **E.A.** Tanzania 6.

pendulus (Karsch 1896) [p. 417]
6. Tropidiopsis pendulus   Dirsh 1956*f*: 277, pl. 40, f. 3.
7. Tropidiopsis pendulus   Phipps 1959*b*: 32.
8. Tropidiopsis pendulus   Kevan & Knipper 1961: 380.
9. Tropidiopsis pendulus   Phipps 1966: 31.

Morph. 6, 7. **Ecol.** 8, 9. **Bion.** 9. **Dist.** E.A. Tanzania 7, 8, 9.

species ?
1. Tropidiopsis sp.   Chapman & Robertson 1958: 95, 102.
2. Tropidiopsis sp.   Kevan & Knipper 1961: 380.
3. Tropidiopsis sp.   Robertson & Chapman 1962: 73, tables 2, 3, 17, 27, 30.
4. Tropidiopsis sp.   Pinhey 1965: 9.

Morph. 1. **Ecol.** 1, 2, 3. **Bion.** 1, 3, 4. **Dist.** E.A. Tanzania 1, 2, 3. C.A. Rhodesia 4.

CATANTOPINAE

1. Catantopinae   Dirsh 1961*a*: 388, 389, 407.
2. Catantopinae   Dirsh 1965: 180, 302.

Desc. 1, 2. **Key** 2 (genera).

BAROMBIA Karsch 1891 [p. 265]
3. Barombia   Rehn 1958: 1.
4. Barombia   Jago 1964*b*: 203.
5. Barombia   Dirsh 1965: 302, 307.

Desc. 3, 5. **Key** 3. **Ecol.** 4.

nassaui Rehn 1958

Type: ♂. Cameroon Rep.: Ja river, Bitje. Acad. Philad.

1. Barombia nassaui   Rehn 1958: 3, figs. 3, 4.

Desc. ♂.

tuberculosa Karsch 1891 [p. 266]
7. Barombia tuberculosa   Rehn 1958: 2, figs. 1, 2.
8. Barombia tuberculosa   Dirsh 1965: 307, fig. 234 (♂).

Desc. 7 (♂ ♀). **Dist.** W.A. Cameroon Rep. 7.

EUBOCOANA Sjöstedt 1931 [p. 266]
2. Eubocoana   Dirsh 1965: 302, 308.

Desc.

tristis Sjöstedt 1931 [p. 266]
3. Eubocoana tristis   Dirsh 1965: 309, fig. 235 (♀).

MAZAEA Stål 1876 [p. 265]

4. Mazaea   Dirsh 1965: 302, 309.

Desc.

granulosa Stål 1876 [p. 265]

8. Mazaea granulosa   Kevan 1956c: 969, fig. 5.
9. Mazaea granulosa   Dirsh 1965: 310, fig. 236 (♂).

Desc. 8.   **Ecol.** 8.   **Dist. W.A.** Cameroon Rep. 8.

ARMINDA Krauss 1892 [p. 263]

6. Arminda   Dirsh 1965: 302, 310.

Desc.

appenhageni Enderlein 1929 [p. 263]

4. Arminda appenhageni   Chopard 1954b: 6.

Dist. A.I. Canary Is.

brunneri Krauss 1892 [p. 263]

10. Arminda brunneri   I. Bolivar 1915: 76.
11. Arminda brunneri   Chopard 1954b: 6.
12. Arminda brunneri   Dirsh 1956f: 252, 276, pl. 37, f. 13.
13. Arminda brunneri   Gardner 1960: 129.
14. Arminda brunneri   Dirsh 1965: 311, fig. 237 (♂).

Desc. 12.   **Morph.** 12.   **Dist. A.I.** Canary Is. 11, 13.

burri Uvarov 1935 [p. 263]

4. Arminda burri   Chopard 1954b: 6.

Dist. A.I. Canary Is.

hierroënsis Enderlein 1930 [p. 263]

3. Arminda hierroënsis   Chopard 1954b: 6.

Dist. A.I. Canary Is.

latifrons Enderlein 1930 [p. 264]

3. Arminda latifrons   Chopard 1954b: 6.

Dist. A.I. Canary Is.

CHOPARDMINDA Morales Agacino 1941 [p. 264]

2. Chopardminda   Dirsh 1965: 302, 311.

Desc.

canariensis Morales Agacino 1941 [p. 264]

2. Chopardminda canariensis   Dirsh 1965: 312, fig. 238 (♂).

KINANGOPA Uvarov 1938 [p. 264]

2. Kinangopa   Dirsh 1965: 302, 311.

Desc.

jeanneli Uvarov 1938 [p. 265]

2. Kinangopa jeanneli   Kevan 1956*a*: 23 note.
3. Kinangopa jeanneli   Dirsh 1965: 313, fig. 239 (♂ ♀).

Dist. E.A. Kenya 2.

PEZOTETTIX Burmeister 1840 [p. 260]

21. Pezotettix   Dirsh 1965: 302, 314.

Desc.

giornae (Rossi 1794) [p. 261]

45. Pelecyclus giornae   I. Bolivar 1915: 66.
46. Pezotettix giornae   Dirsh 1956*f*: 278, pl. 43, f. 24.
47. Pezotettix giornae   Verdier 1959.
48. Pezotettix giornae   Blackith & Verdier 1961: 266, 267, 269.
49. Pezotettix giornae   Gangwere & Morales Agacino 1964: 215, 244.
50. Pezotettix giornae   Dirsh 1965: 314, fig. 240 (♂).
51. Pezotettix giornae   Uvarov 1966: 54, 101, 287.

Morph. 46–9, 51.   Bion. 49, 51.

CARYDANA I. Bolivar 1918 [p. 254]

4. Carydana   Dirsh 1965: 302, 314.

Desc.

agomena (Karsch 1896) [p. 255]

5. Carydana agomena   Dirsh 1956*f*: 278, pl. 43, f. 25.
6. * *Microcatantops nigrithorax*   Chopard 1958 (Dirsh 1963*b*: 210).
7. Microcatantops nigrithorax   Chopard 1958*a*: 137, fig. 5. *Type:* ♂. Guinea: Mt. Nimba, Bossou. Paris Mus.
8. Caryanda agomena   Chapman 1961*a*: 261, 266.
9. Caryanda agomena   Chapman 1962: 21, fig. 10.
10. Carydana agomena   Phipps 1962: 14.
11. Carydana agomena   Dirsh 1963*b*: 210.
12. Carydana agomena   Chapman 1964: 121.
13. Carydana agomena   Dirsh 1965: 315, fig. 241 (♂).

Desc. 7 (♂ ♀).   Morph. 5, 8, 10, 12.   Ecol. 9.   Bion. 8, 9.   Dist. W.A. Guinea 7, 11; Ghana 8, 9; Sierra Leone 10.

PODODULA Karsch 1896 [p. 256]

4. Pododula   Dirsh 1965: 302, 315.
Desc.

ancisa Karsch 1896 [p. 256]
7. Pododula ancisa   Dirsh 1956*f*: 278, pl. 44, f. 11.
8. Pododula ancisa   Chapman 1962: 22.
9. Pododula ancisa   Dirsh 1965: 316, fig. 242 (♂).
Morph. 7. **Ecol.** 8. **Bion.** 8. **Dist. W.A.** Ghana 8.

*MANANARA Dirsh 1962

Haplotype: **Mananara fasciata**   Dirsh 1962
1. Mananara   Dirsh 1962*b*: 326, 340.
Desc.

*fasciata Dirsh 1962
Type: ♂. E. Madagascar: Nosy Mangabe. Paris Mus.
1. Mananara fasciata   Dirsh 1962*b*: 341, fig. 37.
Desc. ♂ ♀.

*PERINETA Dirsh 1962

Haplotype: **Perineta bicolor**   Dirsh 1962
1. Perineta   Dirsh 1962*b*: 326, 342.
Desc.

*bicolor Dirsh 1962
Type: ♂. C. Madagascar: Perinet. Paris Mus.
1. Perineta bicolor   Dirsh 1962*b*: 342, fig. 38 (♂).
Desc. ♂.

*PSEUDOHYSIELLA Dirsh 1962

Haplotype: **Hysiella inermis**   Karsch 1896 [p. 225]
1. Pseudohysiella   Dirsh 1962*b*: 326, 328.
Desc.

inermis (Karsch 1896) [p. 225]
4. Pseudohysiella inermis   Dirsh 1962*b*: 330, fig. 31 (♂).
Desc. ♂.

SEYRIGACRIS C. Bolivar 1932 [p. 463]

2. Seyrigacris   Dirsh 1962*b*: 326, 327.
Desc.

Catantopinae	ACRIDIDAE

nigrofasciatus C. Bolivar 1932 [p. 463]
2. Seyrigacris nigrofasciatus Dirsh 1962b: 328, fig. 30.
Desc. ♂ (unique).

OSHWEA Ramme 1929 [p. 463]
2. Oshwea Dirsh 1965: 303, 316.
Desc.

dubiosa Ramme 1929 [p. 463]
2. Oshwea dubiosa Dirsh 1965: 317, fig. 243 (♀).

BURTTIA Dirsh 1951 [p. 296]
2. Burttia Dirsh 1965: 303, 318.
Desc.

sylvatica Dirsh 1951 [p. 296]
2. Burttia sylvatica Dirsh 1956f: 278, pl. 43, f. 22.
3. Burttia sylvatica Dirsh 1965: 318, fig. 244 (♂).
Morph. 2.

IXALIDIUM Gerstaecker 1869 [p. 294]
6. Ixalidium Dirsh 1965: 303, 319.
Desc.

usambaricum Ramme 1929 [p. 295]
2. Ixalidium usambaricum Dirsh 1956f: 278, pl. 43, f. 7.
3. Ixalidium usambaricum Dirsh 1965: 319, fig. 245a, b (♂).
Morph. 2.

TANGANA Ramme 1929 [p. 294]
2. Tangana Dirsh 1965: 303, 320.
Desc.

asymmetrica Ramme 1929 [p. 294]
3. Ixalidium asymmetricum Phipps 1959b: 31.
4. Tangana asymmetrica Dirsh 1965: 319, fig. 245c (♂).
5. Ixalidium asymmetricum Phipps 1966: 29.
Morph. 3. **Ecol.** 5. **Bion.** 5. **Dist. E.A.** Tanzania 3, 5.

GEMENETA Karsch 1892 [p. 295]
3. *Escalera* I. Bolivar 1905 (Dirsh 1958a: 26) [p. 216].
4. Gemeneta Dirsh 1956f: 244.
5. Gemeneta Dirsh 1965: 303, 320.
Desc. 4, 5. **Morph.** 4.

| ACRIDIDAE | Catantopinae |

opilionoides I. Bolivar 1905   [p. 216]

3. Gemeneta opilionoides   Dirsh 1958a: 26. *Type*: Madrid Mus.
4. * *Gemeneta rostrotuberculata*   Kevan 1956. *Type:* ♀. Cameroon: Réserve forestière du Nyong. 16 km. S. of Makak. Copenhagen Mus. (Dirsh *l.c.* 26.)
5. Gemeneta rostrotuberculata   Kevan 1956c: 965, fig. 3 (A–F).

Desc. 5 (♀).

terrea Karsch 1892   [p. 296]

6. Gemeneta terrea   Dirsh 1956f: 278, pl. 43, f. 21.
7. Gemeneta terrea   Kevan 1956c: 968, fig. 4.
8. Gemeneta terrea   Dirsh 1965: 320, fig. 246 (♂).

Desc. 7.   **Morph.** 6.

FRONTIFISSIA Key 1937   [p. 209]

2. Frontifissia   Dirsh 1965: 303, 321.

Desc.

elegans Key 1937   [p. 209]

2. Frontifissia elegans   Dirsh 1956c: 217, 261, fig. 38 (1).
3. Frontifissia elegans   Dirsh 1956f: 278, pl. 43, f. 26.
4. Frontifissia elegans   Dirsh 1965: 321, fig. 247 (♀).

Morph. 3.

**laevata* Dirsh 1956*

Type: ♀. S. Africa: Cape Province, Cape Agulhas. Lund Mus.

1. Frontifissia laevata   Dirsh 1956c: 216, 261, fig. 38 (2).
2. Frontifissia laevata   Brown 1959: 296.
3. Frontifissia laevata   Brown 1960: 141, figs. 40–5. ♂. S. Africa: Cape Province, Outeniqua Mts., Prince Alfred Pass. Transvaal Mus.

Desc. 1 (♀), 3 (♂).   **Ecol.** 2, 3.   **Bion.** 3.

STENOCROBYLUS Gerstaecker 1869   [p. 344]

12. Stenocrobylus   Dirsh 1956b: 16, 143.
13. Stenocrobylus   Dirsh 1965: 303, 322.

Desc. 12, 13.

antennatus Dirsh 1956   [p. 345]

5. Stenocrobylus antennatus   Dirsh 1956b: 145. *Type:* Brussels Mus.

catantopoides Bruner 1920   [p. 345]

3. Stenocrobylus catantopoides   Dirsh *l.c.*

Catantopinae ACRIDIDAE

cervinus Gerstaecker 1869 [p. 345]
10. Stenocrobylus cervinus   Dirsh *l.c.* 144, figs. 513–18.
11. Stenocrobylus cervinus   Dirsh 1956*f*: 275, pl. 34, f. 28.
12. Stenocrobylus cervinus   Phipps 1959*b*: 31.
13. Stenocrobylus cervinus   Dirsh 1965: 322, fig. 248 *b–g* (♂).
14. Stenocrobylus cervinus   Phipps 1966: 30.

Morph. 11, 12.   **Ecol.** 14.   **Bion.** 14.   **Dist. E.A.** Tanzania 12, 14.

cinnabarinus Ramme 1929 [p. 345]
2. Stenocrobylus cinnabarinus   Dirsh 1956*b*: 144.
3. Stenocrobylus cinnabarinus   Descamps 1965*a*: 953, 958–9, figs. 19–23. ♂. Mali: Klela. Paris Mus.

Desc. 3 (♂).   **Ecol.** 3.

crassus Miller 1929 [p. 346]
3. Stenocrobylus crassus   Dirsh 1956*b*: 145.

diversicornis Uvarov 1923 [p. 346]
2. Stenocrobylus diversicornis   Dirsh 1956*b*: 145.

festivus Karsch 1891 [p. 346]
18. *Stenocrobylus festivus magnicercus*   Uvarov 1953 (Dirsh 1956*b*: 144) [p. 347].
19. *Stenocrobylus festivus ornatus*   Giglio-Tos 1907. Type: ♀ (Dirsh *l.c.*) [p. 347].
20. Stenocrobylus festivus   Golding 1940: 130.
21. Stenocrobylus festivus magnicercus   Kevan 1955*a*: 65.
22. Stenocrobylus festivus festivus   Kevan 1956*c*: 962.
23. Stenocrobylus festivus   Dirsh 1956*b*: 144.
24. Stenocrobylus festivus   Chopard 1958*a*: 138.
25. Stenocrobylus festivus   Phipps 1962: 14.
26. Stenocrobylus festivus   Chapman 1962: 29.
27. Stenocrobylus festivus   Dirsh 1963*b*: 214.
28. Stenocrobylus festivus magnicercus   Vesey-Fitzgerald 1964*a*: 359.
29. Stenocrobylus festivus   Dirsh 1965: 322, fig. 248*a* (♂).
30. Stenocrobylus festivus festivus   Descamps 1965*a*: 953, 960, figs. 24–6.

Morph. 25.   **Ecol.** 26, 28, 30.   **Bion.** 20, 26, 28.   **Dist. W.A.** Guinea 24, 27; Ghana 26; Mali 30; Cameroon Rep. 22.   **C.A.** Angola 21; Zambia 28.

ACRIDIDAE   Catantopinae

junior Uvarov 1953   [p. 347]
2. Stenocrobylus junior   Dirsh 1956b: 145.
3. Stenocrobylus junior   Vesey-Fitzgerald 1964a: 359.

Ecol. 3.   **Bion.** 3.   **Dist.** C.A. Zambia 3.

roseus Giglio-Tos 1907   [p. 347]
11. Stenocrobylus roseus   Dirsh 1956b: 145.
12. Stenocrobylus roseus   Vesey-Fitzgerald 1964a: 360.

Ecol. 12.   **Bion.** 12.   **Dist.** C.A. Zambia 12.

AMISMIZIA I. Bolivar 1914   [p. 262]

7. Amismizia   Dirsh 1965: 303, 323.

Desc.

puppa I. Bolivar 1914   [p. 262]
10. Amismizia puppa   I. Bolivar 1915: 72.
11. Amismizia puppa   Dirsh 1965: 323, fig. 249 (♂).

PHYSOCROBYLUS Dirsh 1951   [p. 348]

2. Physocrobylus   Dirsh 1965: 303, 324.

Desc.

burtti Dirsh 1951   [p. 348]
2. Physocrobylus burtti   Dirsh 1965: 324, fig. 250 (♀).

*DIOSCORIDUS Popov 1957

Haplotype: **Dioscoridus depressus**   Popov 1957

1. Dioscoridus   Uvarov & Popov 1957: 373.

Desc.

*depressus Popov 1957

Type: ♂. Socotra: 10 m. S. of R.A.F. Camp. Brit. Mus.

1. Dioscoridus depressus   Uvarov & Popov 1957: 373, fig. 23.

Desc. ♂ ♀.   **Ecol.**

ALLAGA Karsch 1896   [p. 298]

7. Allaga   Popov 1959a: 8.
8. Allaga   Dirsh 1965: 303, 325.

Desc. 7, 8.

Allaga (*partim*) *see* Sauracris p. 231.

ambigua Karsch 1896 [p. 298]
4. Allaga ambigua   Popov 1959a: 9, figs. 6A, 7A, 11A, 12A.
5. Allaga ambigua   Dirsh 1965: 326, fig. 251 (♂).
Desc. 4. **Dist.** Zanzibar only.

pigra (Carl 1916) [p. 299]
See Appendix II.

SAURACRIS Burr 1900 [p. 298]

1. Sauracris   Popov 1959a: 10–13.
2. Sauracris   Dirsh 1965: 303, 325.
3. *Allaga* (*partim*)   Karsch 1896 (Popov 1959: 1 *et seq.*).

Desc. 1, 2. **Key** 1.

crypta Popov 1959
Type: ♂. Somalia: Hargeisa. Brit. Mus.
1. Sauracris crypta   Popov 1959a: 5, 12, 21, figs. 2–5, 7f–10f, 17.

Desc. ♂ ♀. **Ecol. Bion. Dist.** E.A. Somalia, Ethiopia.

lacerta Burr 1900 [p. 298]
6. Allaga lacerta   Dirsh 1956f: 278, pl. 43, f. 27.
7. Sauracris lacerta   Popov 1959a: 12–16, figs. 6s, 7b–10b, 11s, 12s.
8. Sauracris lacerta   Dirsh 1965: 327, fig. 252 (♂).

Desc. 7. **Morph.** 6. **Ecol.** 7. **Dist.** E.A. Somalia 7.

*ornata Popov 1959
Type: ♂. Somalia: Hills N. of Erigavo. Brit. Mus.
1. Sauracris ornata   Popov 1959a: 12, 19, figs. 7e–10e, 16.

Desc. ♂ ♀. **Ecol.**

parvula (Ramme 1929) [p. 299]
4. Sauracris parvula parvula   Popov 1959a: 13, 18, figs. 7g–10g, 15.

Desc. Ecol. Dist. E.A. Somalia.

pigra (Carl 1916) [p. 299]
Doubtful species. *See* Appendix II.

striolata (Ramme 1929)
2. Sauracris striolata   Popov 1959a: 12, 17, figs. 7d–10d, 14.

Desc. Dist. E.A. Kenya.

ACRIDIDAE   Catantopinae

*zinae Popov 1959

Type: ♀ (unique). Somalia: 25 m. N. of Galkayu. Brit. Mus.

1. Sauracris zinae   Popov 1959a: 13, 22, figs. 7h–9h, 18.

Desc. ♀.

species ?

1. * Sauracris sp. n.   Popov 1959a: 23, figs. 7i, 19.

Desc. Nymph.   **Ecol.**   **Dist.** E.A. Somalia.

CROBYLOSTENUS Ramme 1929   [p. 304]

4. Crobylostenus   Dirsh 1956b: 16, 137.
5. Crobylostenus   Dirsh 1965: 303, 328.

Desc. 4, 5.

indecisus (I. Bolivar 1912)   [p. 304]

5. Crobylostenus indecisus   Dirsh 1956b: 138, figs. 498–502.
6. Crobylostenus indecisus   Dirsh 1956f: 275, pl. 34, f. 22.
7. Crobylostenus indecisus   Vesey-Fitzgerald 1964a: 352.
8. Crobylostenus indecisus   Dirsh 1965: 328, fig. 253 (♂).
9. Crobylostenus indecisus   Uvarov 1966: 19, fig. 17 (4).

Morph. 6, 9.   **Ecol.** 7.   **Bion.** 7.   **Dist.** C.A. Zambia 7; Congo Rep. 7.

pudicus Uvarov 1953   [p. 304]

2. Crobylostenus pudicus   Dirsh 1956b: 138.

*DUPLESSISIA Dirsh 1956

Haplotype: **Duplessisia sulcata**   Dirsh 1956

1. Duplessisia   Dirsh 1956d: 140.
2. Duplessisia   Dirsh 1965: 303, 329.

Desc. 1, 2.

*sulcata Dirsh 1956

Type: ♂. S.W. Africa: Keetmanshoep. Brit. Mus.

1. Duplessisia sulcata   Dirsh 1956d: 140, figs. 18–24.
2. Duplessisia sulcata   Dirsh 1965: 330, fig. 254 (♂).

Desc. 1 (♂ ♀).

APOBOLEUS Karsch 1891   [p. 283]

6. *Phialosphaera*   Karsch 1896 (Kevan 1955a: 66) [p. 283].
7. *Ptemoblax*   Karsch 1896 (Kevan l.c.) [p. 284].
8. Apoboleus   Dirsh 1955a: 66.
9. Apoboleus   Jago 1964b: 199, 203.
10. Apoboleus   Dirsh 1965: 303, 330.

Desc. 8, 10.   **Ecol.** 9.

affinis Kevan 1955

Type: ♂. Angola: Piri, Dembos. Hamburg Mus.

1. Apoboleus affinis   Kevan 1955a: 66, figs. 1 A, B, C, F–I.
2. Apoboleus affinis   Dirsh 1963b: 214.

Desc. 1 (♂ ♀).   **Dist.** C.A. Angola 1.   W.A. Guinea 2.

degener Karsch 1891   [p. 283]

7. Apoboleus degener   Dirsh 1956f: 276, pl. 37, f. 2.

Morph.

globulifera (Karsch 1896)   [p. 283]

5. Apoboleus globulifera   Kevan 1955a: 66, figs. 1 D, J, K, L, M.   Lectotype: ♂.

Desc.

ludius (Karsch 1896)   [p. 284]

4. Apoboleus ludius   Kevan 1955a: 66, figs. 1 E, N, O.
5. Ptemoblax ludius   Chopard 1958a: 136.
6. Apoboleus ludius   Phipps 1962: 14.
7. Apoboleus ludius   Jago 1962: 141, figs. 9, 11, 12, 14.
8. Apoboleus ludius   Chapman 1962: 24.

Desc. 4, 7 (♂ ♀).   **Morph.** 6.   **Ecol.** 8.   **Bion.** 8.   **Dist.** W.A. Guinea 5; Sierra Leone 6; Ghana 7, 8.

sudanensis Dirsh 1952   [p. 283]

2. Apoboleus sudanensis   Dirsh 1965: 331, fig. 255.

Dist. E.A. Sudan; Uganda.

sylvatica Chapman 1961

See Pseudophialosphera sylvatica p. 234.

COENONA Karsch 1896   [p. 290]

3. Coenona   Dirsh 1965: 304, 331.

Desc.

brevipedalis Karsch 1896   [p. 290]

3. Coenona brevipedalis   Dirsh 1956f: 276, pl. 37, f. 3.
4. Coenona brevipedalis   Dirsh 1965: 332, fig. 256 (♂).

Morph.   **Dist.** E.A. Tanzania 4.

PSEUDOPHIALOSPHERA Dirsh 1952   [p. 289]

2. Pseudophialosphera   Dirsh 1965: 304, 332.

Desc.

ACRIDIDAE   Catantopinae

sylvatica (Chapman 1960)

Type: ♂. Ghana: Eastern Region, Essuboni forest reserve. Brit. Mus.

1. Apoboleus sylvatica   Chapman 1960: 242, figs. 4, 5-9.
2. Apoboleus sylvatica   Chapman 1962: 24, table 20.
3. Apoboleus sylvatica   Chapman 1964: 120.
4. Pseudophialosphera sylvatica   Jago 1966b: 344.

Desc. 1 (♂ ♀), 4. Morph. 3. Ecol. 2. Bion. 2. Dist. W.A. Ghana 1, 2, 4.

tectifera Ramme 1929 [p. 289]

3. Pseudophialosphera tectifera   Dirsh 1956f: 276, pl. 37, f. 5.
4. Pseudophialosphera tectifera   Phipps 1959b: 31, 36, 38, 43.
5. Pseudophialosphera tectifera   Dirsh 1965: 333, fig. 257 (♀).
6. Pseudophialosphera tectifera   Phipps 1966: 29.

Morph. 3, 4. Ecol. 6. Bion. 6. Dist. E.A. Tanzania 4, 6.

ANTITA I. Bolivar 1908 [p. 284]

4. Antita   Dirsh 1965: 304, 333.

Desc.

SERPUSIA Karsch 1891 [p. 285]

6. Serpusia   Jago 1964b: 199, 203.
7. Serpusia   Dirsh 1965: 304, 334.

Desc. 7. Ecol. 6.

blanchardi I. Bolivar 1905 [p. 285]

3. Serpusia blanchardi   Jago 1964b: 200.

Ecol.

catamita Karsch 1893 [p. 285]

4. Serpusia catamita   Chopard 1958a: 135.
5. Serpusia catamita   Roy 1960: 202.
6. Serpusia catamita   Jago 1962: 141.
7. Serpusia catamita   Chapman 1962: 24, figs. 13, 45, table 20.
8. Serpusia catamita   Dirsh 1963b: 214.
9. Serpusia catamita   Jago 1964b: 200.
10. Serpusia catamita   Chapman 1964: 120.

Desc. 6. Morph. 10. Ecol. 5, 7, 9. Bion. 7. Dist. W.A. Guinea 4, 5, 8; Ghana 7.

inflata Ramme 1929 [p. 285]

2. Serpusia inflata   Jago 1964b: 200.

Ecol.

lemarineli (I. Bolivar 1911) [p. 286]
8. Serpusia lemarineli   Dirsh 1955a: 68.
9. Serpusia lemarineli   Jago 1964b: 200.
10. Serpusia lemarineli   Dirsh 1965: 334, fig. 258 (♂).

Ecol. 9. **Dist. C.A.** Ruanda 8. **E.A.** Uganda 10.

opacula Karsch 1891 [p. 286]
8. Serpusia opacula   Kevan 1956c: 963, fig. 1.
9. Serpusia opacula   Jago 1964b: 200.

Desc. 8. **Ecol.** 9. **Dist. W.A.** Cameroon Rep. 8.

pygmaea Karny 1909 [p. 286]
2. Serpusia pygmaea   Jago 1964b: 200.

Ecol. **Dist. C.A.** Congo Rep.

succursor (Karsch 1896) [p. 286]
7. *Serpusia succursor deminuta*   Ramme 1929 (Kevan 1956c: 965) [p. 287].
8. Serpusia succursor   Kevan 1956c: 963, fig. 2.
9. Serpusia succursor   Dirsh 1956f: 276, pl. 37, f. 7.
10. Serpusia succursor   Jago 1964b: 200.

Desc. 8. **Morph.** 9. **Ecol.** 10. **Dist. W.A.** Cameroon Rep. 8.

species ?
1. Serpusia sp.   Dirsh 1955a: 69.

Dist. C.A. Congo Rep., Ruanda.

*PARASERPUSILLA Dirsh 1962

Haplotype: **Paraserpusilla furcata**   Dirsh 1962

1. Paraserpusilla   Dirsh 1962b: 326, 338.

Desc.

*furcata Dirsh 1962
Type: ♂. N. Madagascar: Montagne des Français. Paris Mus.
Paratype (♂), Brit. Mus.

1. Paraserpusilla furcata   Dirsh 1962b: 340, fig. 36 (♂).

Desc. ♂♀.

SERPUSILLA Ramme 1931 [p. 287]

2. Serpusilla   Dirsh 1962b: 326, 334.

Desc. Key.

| ACRIDIDAE | Catantopinae |

erythropyga Chopard 1952   [p. 287]

2. Serpusilla erythropyga   Dirsh 1962*b*: 335, 338, fig. 35 (♂).
Desc. ♂ ♀.

*glabra Dirsh 1962

Type: ♂. W. Madagascar: Morafenobe, Mahajeby Forest. Paris Mus. Paratypes (♂ ♀). Brit. Mus.

1. Serpusilla glabra   Dirsh 1962*b*: 335, fig. 34 (6, 7).
Desc. ♂ ♀.

malagassa (Bruner 1910)   [p. 287]

3. Serpusilla malagassa   Dirsh 1962*b*: 335, fig. 34 (1–5). *Lectotype:* ♂.
Desc. ♂ ♀.   **Dist.** E. & C. Madagascar.

*ochreopyga Dirsh 1962

Type: ♂. E. Madagascar: Andapa, Mt. Anjanaharibe. Paris Mus. Paratypes (♂ ♀). Brit. Mus.

1. Serpusilla ochreopyga   Dirsh 1962*b*: 335, 337, fig. 34 (8).
Desc. ♂ ♀.

*AMBREA Dirsh 1962

Haplotype: **Ambrea acuticerca**   Dirsh 1962

1. Ambrea   Dirsh 1962*b*: 326, 331.
Desc.

*acuticerca Dirsh 1962

Type: ♂. N. Madagascar: Montagne d'Ambre, Les Roussettes. Paris Mus. Paratypes (♂ ♀). Brit. Mus.

1. Ambrea acuticerca   Dirsh 1962*b*: 334, fig. 33 (♂).
Desc. ♂ ♀.

ARESCEUTICA Karsch 1896   [p. 287]

4. Aresceutica   Dirsh 1965: 304, 335.
Desc.

*morogorica Dirsh 1954

Type: ♂. Tanganyika: Morogoro. Brit. Mus.

1. Aresceutica morogorica   Dirsh 1954*b*: 351, figs. 14–16, 27.
Desc. ♂ ♀.

Catantopinae   ACRIDIDAE

subnuda Karsch 1896   [p. 287]

6. Aresceutica subnuda   Dirsh 1954b: 353, figs. 17–19.
7. Aresceutica subnuda   Dirsh 1956f: 276, pl. 37, f. 4.
8. Aresceutica subnuda   Kevan 1956a: 23 note.
9. Aresceutica subnuda   Phipps 1959b: 31.
10. Aresceutica subnuda Dirsh 1965: 335, fig. 260 (♂).
11. Aresceutica subnuda Phipps 1966: 29.

Desc. 6. **Morph.** 7, 9. **Ecol.** 11. **Bion.** 11. **Dist. E.A.** Kenya 8; Tanzania 9, 11.

*vansomereni Kevan 1956

Type: ♂. Kenya: S. Aberdare Mts., Katamayu. Brit. Mus.

1. Aresceutica vansomereni   Kevan 1956a: 20, fig. 1.

Desc. ♂ ♀.

AULOSERPUSIA Rehn 1914   [p. 288]

6. *Rehnacris*   Ramme 1929 (Dirsh 1962a: 83) [p. 290].
7. Auloserpusia   Dirsh 1962a: 83.
8. Auloserpusia   Jago 1964b: 199, 203.
9. Auloserpusia   Jago 1964a: 205.
10. Auloserpusia Dirsh 1965: 304, 336.

Desc. 7, 9, 10. **Key** 7, 9. **Ecol.** 8.

albifrons Ramme 1929   [p. 288]

2. Auloserpusia albifrons   Dirsh 1962a: 85.

Desc. (in key).

*charadrophila Jago 1964

Type: ♂. Guinea: Col de Seredou, W. of Irié. Brit. Mus.

1. Auloserpusia charadrophila   Jago 1964b: 222, figs. 9, 15, 16, 20, 24, 29, 35.

Desc. ♂ ♀. **Ecol.**

*chopardi Dirsh 1963

1. * Macroscrpusia olivacea   Chopard 1958a: 135, fig. 4. nom. preoc. Type: ♀. Guinea: Mt Nimba, Mont Tô. Paris Mus.
2. Auloserpusia olivacea   Dirsh 1962a: 85.
3. Auloserpusia chopardi   Dirsh 1963b: 214 (nom. nov.). ♂. Paris Mus.
4. Auloserpusia chopardi   Jago 1964b: 208, figs. 1, 25, 33.

Desc. 1 (♀), 2 (in key), 3 (♂), 4 (in key). **Dist. W.A.** Guinea 1, 3.

ACRIDIDAE   Catantopinae

impennis Rehn 1914   [p. 288]

4. *Auloserpusia schoutedeni* Ramme 1929 (Dirsh 1962a: 85) [p. 289].
5. *Auloserpusia schoutedeni* f. *laeta* Ramme 1929 (Dirsh 1962a: 85) [p. 289].
6. Auloserpusia schoutedeni Dirsh 1955a: 68.
7. Auloserpusia schoutedeni Dirsh 1956f: 276, pl. 37, f. 6.
8. Auloserpusia impennis Dirsh 1962a: 84, 85, fig. 1 (1).
9. Auloserpusia impennis Dirsh 1965: 336, fig. 261 (♂).

Desc. 8. **Morph.** 7. **Dist.** C.A. Ruanda 6.

lacustris (Rehn 1914)   [p. 290]

5. Rhenacris (*sic*) lacustris Dirsh 1955a: 68.
6. Auloserpusia lacustris Dirsh 1962a: 83.

Dist. C.A. Ruanda 5.

*malasmanota Jago 1964

Type: ♂. Liberia: Bomi Hills. Brit. Mus.

1. Auloserpusia malasmanota Jago 1964b: 225, figs. 10, 17, 21, 26, 30, 34.

Desc. ♂ ♀. **Ecol.**

*ochrobalia Jago 1964

Type: ♂. Ivory Coast: Monts des Dans, 8 m. N. of Man. Brit. Mus.

1. Auloserpusia ochrobalia Jago 1964b: 215, figs. 12, 14, 19, 23, 28, 32, 36.

Desc. ♂ ♀. **Ecol.** **Dist.** W.A. Ivory Coast; Guinea.

picta Ramme 1929   [p. 288]

2. *Auloserpusia miniaticeps* Ramme 1929 (Dirsh 1962a: 85) [p. 288].
3. Auloserpusia picta Dirsh 1955a: 68.
4. Auloserpusia picta Dirsh 1962a: 84, 85, fig. 1 (4).

Desc. 4. **Dist.** C.A. Ruanda 3.

*potamites Jago 1964

Type: ♂. Ghana: Atewa Hills, Pusa Pusa R. Brit. Mus.

1. Auloserpusia potamites Jago 1964b: 219, figs. 2, 11, 13, 18, 22, 27, 31.

Desc. ♂ ♀. **Ecol.**

sagonai Ramme 1929   [p. 288]

2. Auloserpusia sagonai Dirsh 1962a: 85, fig. 1 (3).

Desc. (in key).

squamiptera (Ramme 1929)   [p. 289]

3. Auloserpusia squamiptera Dirsh 1962a: 85.

Desc. (in key).

sylvestris Rehn 1914   [p. 289]

3. Auloserpusia sylvestris Dirsh 1962a: 85. Type damaged.

zeuneri Ramme 1929   [p. 289]
2. Auloserpusia zeuneri   Dirsh 1962*a*: 85, fig. 1 (2).
Desc.
species ?
1. Auloserpusia spp.   Dirsh 1955*a*: 68.
Dist. C.A. Ruanda.

SEGELLIA Karsch 1891   [p. 284]

5. Segellia   Jago 1964*b*: 199, 200, 203.
6. Segellia   Dirsh 1965: 304, 337.
Desc. 6.   Ecol. 5.

lepida Karsch 1893   [p. 285]
3. Segellia lepida   Dirsh 1956*f*: 278, pl. 43, f. 8.
Morph.

nitidula Karsch 1891   [p. 285]
3. Segellia nitidula   Jago 1964*b*: 203.
4. Segellia nitidula   Dirsh 1965: 337, fig. 262 (♂ ♀).
Ecol. 3.   Dist. W.A. Nigeria 3.

PTEROPERA Karsch 1891   [p. 291]

5. Pteropera   Dirsh 1965: 304, 338.
Desc.

carnapi Ramme 1929   [p. 291]
2. Pteropera carnapi   Kevan 1956*c*: 963.
3. Pteropera carnapi   Dirsh 1956*f*: 278, pl. 43, f. 20.
4. Pteropera carnapi   Dirsh 1965: 338, fig. 263 (♂ ♀).
Morph. 3.   Dist. W.A. Cameroon Rep. 2.

zenkeri Ramme 1929   [p. 292]
2. Pteropera zenkeri   Kevan 1956*c*: 963.
Dist. W.A. Cameroon Rep.

KWIDSCHWIA Rehn 1914   [p. 296]

3. Kwidschwia   Dirsh 1965: 304, 335.
Desc.

kivuensis Rehn 1914   [p. 296]
4. Kwidschwia kivuensis   Dirsh 1965: 335, fig. 259.

ACRIDIDAE   Catantopinae

BRACHYCATANTOPS Dirsh 1953   [p. 307]

2. Brachycatantops   Dirsh 1956b: 15, 113.
3. Brachycatantops   Dirsh 1965: 304, 339.

Desc. 2, 3.   **Key** (subspp.) 2.

emalicus emalicus (Kevan 1950)   [p. 307]

4. Brachycatantops emalicus emalicus   Dirsh 1956b: 115, figs. 382–8, 422.

Desc.

emalicus gracilis Dirsh 1956

Type: ♂. Somalia: Hargeisa. Brit. Mus.

1. Brachycatantops emalicus gracilis   Dirsh 1956b: 116, figs. 395–400, 422.
2. Brachycatantops emalicus gracilis   Dirsh 1956f: 275, pl. 34, f. 15.
3. Brachycatantops emalicus gracilis   Dirsh 1965: 339, fig. 264 (♂).

Desc. 1 (♂).   **Morph.** 2.   **Dist. E.A.** Somalia 1.

emalicus robustus Kevan 1955

Type: ♂. Kenya: Moyale District, Yasere.

1. Catantops (Brachycatantops) emalicus robustus   Kevan 1955b: 199, fig. 1.
2. Brachycatantops emalicus robustus   Dirsh 1956b; 389–394, 422. *Type:* Brit. Mus.

Desc. 1 (♂ ♀), 2.   **Dist. E.A.** Kenya; Ethiopia.

PEZOCATANTOPS Dirsh 1953   [p. 306]

2. Pezocatantops   Dirsh 1956b: 15, 116.
3. Pezocatantops   Dirsh 1965: 304, 340.

Desc. 2, 3.   **Key** 2.

impotens (Johnston 1937)   [p. 307]

4. Pezocatantops impotens   Dirsh 1956b: 118, figs. 410–13.
5. Pezocatantops impotens   Dirsh 1965: 340, fig. 265d (♂).
6. Pezocatantops impotens   Uvarov 1966: 19, 414, fig. 17 (7).

Morph. 6.

kinangopi (Uvarov 1941)   [p. 307]

3. Pezocatantops kinangopi   Dirsh 1956b: 118, figs. 401–17.

lobipennis (Sjöstedt 1933)   [p. 307]

7. Pezocatantops lobipennis   Dirsh 1954c: 299 (Type correction).
8. Pezocatantops lobipennis   Dirsh 1956b: 118, figs. 414–17.
9. Pezocatantops lobipennis   Dirsh 1956f: 275, pl. 34, f. 16.
10. Pezocatantops lobipennis   Dirsh 1965: 340, fig. 265a–c (♂).

Morph. 9.   **Dist. E.A.** Uganda 8.

ngongi (Uvarov 1941)   [p. 307]
3. Pezocatantops ngongi   Dirsh 1956b: 118, 119, figs. 406–9.

CERECHTA I. Bolivar 1922   [p. 264]

2. *Microcatantops*   Ramme 1929 (partim) (Dirsh 1958b: 55) [p. 308].
3. Microcatantops   Dirsh 1956b: 15, 113.
4. Cerechta   Dirsh 1965: 304, 341.

Desc. 3, 4.

bouvieri I. Bolivar 1922   [p. 264]

Type: Lost (Dirsh 1958b: 55)

2. *Microcatantops brachypterus*   Ramme 1929 (Dirsh 1958b: 55) [p. 308]
3. Microcatantops brachypterus   Dirsh 1956b: 113, figs. 376–81.
4. Microcatantops brachypterus   Dirsh 1956f: 275, pl. 34, f. 20.
5. Cerechta bouvieri   Dirsh 1965: 341, fig. 266 (♂ ♀).

Desc. 3 (♀).   **Morph.** 4.   **Dist. E.A.** Tanzania 3; Kenya 3.

Microcatantops nigrithorax Chopard 1958
See Carydana agomena   Karsch 1896, p. 225.

*VESEYACRIS Dirsh 1959

Haplotype: **Veseyacris ufipae**   Dirsh 1959

1. Veseyacris   Dirsh 1959c: 30.
2. Veseyacris   Dirsh 1965: 305, 342.

Desc. 1, 2.

**ufipae* Dirsh 1959*

Type: ♂. Tanganyika: Ufipa. Brit. Mus.

1. Veseyacris ufipae   Dirsh 1959c: 32, fig. 5.
2. Veseyacris ufipae   Dirsh 1965: 342, fig. 267 (♂).

Desc. 1 (♂).   **Dist. E.A.** Tanzania 1.

PTEROPERINA Ramme 1929   [p. 292]

2. Pteroperina   Dirsh 1965: 305, 343.

Desc.

steini (Rehn 1914)   [p. 292]

4. Pteropera steini   Dirsh 1956f: 278, pl. 43, f. 19.
5. Pteroperina steini   Dirsh 1965: 343, fig. 268 (♂).

Morph. 4.   **Dist. E.A.** Uganda 5; Kenya 5; Tanzania 5.   **C.A.** Ruanda 5; Congo Rep. 5.

PARACARDENIUS I. Bolivar 1912   [p. 343]

4. Paracardenius   Dirsh 1956b: 14, 19.
5. Paracardenius   Dirsh 1965: 305, 345.

Desc. 4, 5.

ACRIDIDAE   Catantopinae

confusus I. Bolivar 1912   [p. 343]

3. Paracardenius confusus   Dirsh 1956b: 19.

lineatus Uvarov 1953   [p. 343]

2. Paracardenius lineatus   Dirsh 1956b: 20, figs. 11, 12.
3. Paracardenius lineatus   Dirsh 1956f: 275, pl. 34, f. 4.

Morph. 3.

schoutedeni I. Bolivar 1912   [p. 344]

3. Paracardenius schoutedeni   Dirsh 1956b: 19.
4. Paracardenius schoutedeni   Dirsh 1965: 344, fig. 269 (♂).

*MAYOTTEA Rehn 1959

Haplotype: **Mayottea insolens**   Rehn 1959

1. Mayottea   Rehn 1959: 1–3.

Desc.

*insolens Rehn 1959

Type: ♀. Comoro Islands: Mayotte. Acad. Philad.

1. Mayottea insolens   Rehn 1959: 4–5, figs. 1, 2.

Desc. ♀.

ABISARES Stål 1878   [p. 279]

11. Abisares   Dirsh 1965: 305, 345.

Desc.

viridipennis (Burmeister 1838)   [p. 279]

18. Abisares viridipennis   Golding 1940: 130.
19. Abisares viridipennis   Waloff 1954: 387.
20. Abisares viridipennis   Dirsh 1955a: 67.
21. Abisares viridipennis   Dirsh 1956f: 278, pl. 44, f. 12.
22. Abisares viridipennis   Chapman & Robertson 1958: 96, 103.
23. Abisares viridipennis   Robertson & Chapman 1962: 65, tables 2, 3.
24. Abisares viridipennis   Chapman 1962: 24.
25. Abisares viridipennis   Dirsh 1964a: 64.
26. Abisares viridipennis   Vesey-Fitzgerald 1964a: 351.
27. Abisares viridipennis   Dirsh 1965: 345, fig. 270 (♀).
28. Abisares viridipennis   Forsyth 1966: 96.

Morph. 19, 21, 22.   **Ecol.** 22–5, 26.   **Bion.** 22–4, 26.   **Econ.** 18, 28.   **Dist. W.A.** Nigeria 18; Ghana 24, 28.   **C.A.** Ruanda 20; Congo Rep. 25; Zambia 26.   **E.A.** Tanzania 19, 22, 23.

Catantopinae **ACRIDIDAE**

viridipennis azureus Sjöstedt 1909   [p. 280]
10. Abisares viridipennis azureus   Kevan 1955c: 477.
11. Abisares viridipennis azureus   Phipps 1959b: 31.
12. Abisares viridipennis azureus   Kevan & Knipper 1961: 381.
13. Abisares viridipennis azureus   Phipps 1966: 29.
Morph. 11.   **Ecol.** 12, 13.   **Bion.** 13.   **Dist. E.A.** Kenya 10; Tanzania 10, 11, 12, 13.

viridipennis hylaeus (Rehn 1914)   [p. 280]
4. Abisares viridipennis hylaeus   Kevan 1956c: 962.
5. Abisares viridipennis hylaeus   Chopard 1958a: 134.
Dist. W.A. Guinea 5; Cameroon Rep. 4.

viridipennis rufispinus Uvarov 1943   [p. 281]
3. Abisares viridipennis rufispinis (*sic*)   Kevan 1955a: 65.
Dist. C.A. Angola.

STAUROCLEIS Uvarov 1923   [p. 344]
2. Staurocleis   Dirsh 1956b: 13, 16.
3. Staurocleis   Dirsh 1965: 305, 346.
Desc. 2, 3.

magnifica magnifica Uvarov 1923   [p. 344]
2. Staurocleis magnifica magnifica   Dirsh 1956b: 16, figs. 1–4.
3. Staurocleis magnifica   Dirsh 1956f: 275, pl. 34, f. 1.
4. Staurocleis magnifica   Dirsh 1964a: 59.
5. Staurocleis magnifica   Dirsh 1965: 346, fig. 271 (♂).
Morph. 3.   **Ecol.** 4.   **Dist. C.A.** Congo Rep. 4.

magnifica occidentalis Uvarov 1923   [p. 344]
6. Staurocleis magnifica occidentalis   Dirsh 1956b: 17.
7. Staurocleis magnifica occidentalis   Davey *et al.* 1959a: 93.
8. Staurocleis magnifica occidentalis   Chapman 1962: 29.
9. Staurocleis magnifica occidentalis   Descamps 1965a: 953, 958.
Ecol. 8, 9.   **Dist. W.A.** Mali 7, 9; Ghana 8.

ALLOTRIUSIA Karsch 1896   [p. 296]
4. Allotriusia   Dirsh 1965: 305, 347.
Desc.

luteipennis Ramme 1929 [p. 297]
2. Allotriusia luteipennis   Dirsh 1956*f*: 278, pl. 43, f. 18.
3. Allotriusia luteipennis   Dirsh 1965: 347, fig. 272 (♂).

Morph. 2.

PYRGANTHERMUS Dirsh 1953 [p. 335]

2. Pyrganthermus   Dirsh 1956*b*: 14, 24.
3. Pyrganthermus   Dirsh 1965: 305, 348.

Desc. 2, 3.

cephalicus (I. Bolivar 1889) [p. 335]
9. Pyrganthermus cephalicus   Dirsh 1956*b*: 25, figs. 30–33.
10. Pyrganthermus cephalicus   Dirsh 1956*f*: 275, pl. 34, f. 7.
11. Pyrganthermus cephalicus   Chapman 1962: 29.
12. Pyrganthermus cephalicus   Vesey-Fitzgerald 1964*a*: 357.
13. Pyrganthermus cephalicus   Dirsh 1965: 348, fig. 273 (♂).
14. Pyrganthermus longiceps   Dirsh 1956*b*: 25. *Type:* ♀. Katanga: la Panda. Tervuren Mus. [p. 335].

Desc. 9.   **Morph.** 10.   **Ecol.** 11, 12.   **Bion.** 11, 12.   **Dist. W.A.** Ghana 11.   **C.A.** Zambia 9, 12.   **E.A.** Tanzania 11, 12.

*ANISCHNANSIS Dirsh 1959

Haplotype: **Ischnansis burtti**   Uvarov 1941 [p. 297]
1. Anischnansis   Dirsh 1959*c*: 33.
2. Anischnansis   Dirsh 1965: 305, 349.

Desc. 1, 2.

burtti (Uvarov 1941) [p. 297]
2. Ischnansis burtti   Phipps 1959*b*: 31.
3. Anischnansis burtti   Dirsh 1959*c*: 34, fig. 6.
4. Anischnansis burtti   Dirsh 1965: 349, fig. 274 (♂).
5. Anischnansis burtti   Uvarov 1966: 18, fig. 16 (3).
6. Anischnansis burtti   Phipps 1966: 29.

Desc. 3.   **Morph.** 2, 5.   **Ecol.** 6.   **Bion.** 6.   **Dist.** Tanzania 2, 6.

ISCHNANSIS Karsch 1896 [p. 297]

3. Ischnansis   Dirsh 1965: 305, 350.

Desc.

burtti Uvarov 1941 [p. 297]
See Anischnansis burtti *above*.

curvicerca Uvarov 1938 [p. 297]
3. Ischnansis curvicerca   Dirsh 1956f: 278, pl. 43, f. 17.
Morph.

gracilis (Schulthess 1898) [p. 297]
5. Ischnansis gracilis   Dirsh 1965: 350, fig. 275 (♂).

OXYCATANTOPS Dirsh 1953 [p. 308]

2. Oxycatantops   Dirsh 1956b: 15, 111.
3. Oxycatantops   Dirsh 1965: 305, 351.

Desc. 2, 3.

congoensis (Sjöstedt 1929) [p. 308]
7. Oxycatantops congoensis   Kevan 1955a: 64.
8. Oxycatantops congoensis   Dirsh 1956b: 112, figs. 370–5, 422.
9. Oxycatantops congoensis   Dirsh 1956f: 275, pl. 34, f. 14.
10. Oxycatantops congoensis   Dirsh 1965: 351, fig. 276 (♂).

Desc. 8. **Morph.** 9. **Dist. W.A.** Cameroon Rep. 8. **E.A.** Uganda 8. **C.A.** Angola 7; Niger 8.

CATANTOPSILUS Ramme 1929 [p. 331]

4. Catantopsilus   Dirsh 1956b: 14, 27.
5. Catantopsilus   Dirsh 1965: 305, 352.

Desc. 4, 5.

*angulatus Descamps 1965

Type: ♂. Mali: San, Ban Markala. Paris Mus.

1. Catantopsilus angulatus   Descamps 1965a: 953, 955–7, figs. 13–18.

Desc. ♂ ♀. **Ecol.**

carli Ramme 1929 [p. 331]
2. Catantopsilus carli   Dirsh 1956b: 28.
3. Catantopsilus carli   Dirsh 1964a: 62.

Ecol. 3. **Dist. C.A.** Congo Rep. 3.

defurcatus Ramme 1929 [p. 331]
2. Catantopsilus defurcatus   Dirsh 1956b: 28.

elongatus Ramme 1929 [p. 331]
6. Catantopsilus elongatus   Dirsh 1956b: 28.
7. Catantopsilus elongatus   Davey et al. 1959a: 93.
8. Catantopsilus elongatus   Dirsh 1964a: 62.
9. Catantopsilus elongatus   Descamps 1965a: 953, 958.

Desc. 6. **Ecol.** 8, 9. **Dist. W.A.** Mali 7, 9. **C.A.** Congo Rep. 6, 8. **E.A.** Uganda 6.

ACRIDIDAE   Catantopinae

grammicus (I. Bolivar 1889)   [p. 331]
9. Catantopsilus grammicus   Dirsh 1956b: 29.

hintzi Ramme 1929   [p. 332]
2. Catantopsilus hintzi   Dirsh 1956b: 28.

plagiatus plagiatus (Uvarov 1926)   [p. 332]
4. *Catantopsilus plagiatus voltaensis*   Sjöstedt 1931 (Dirsh 1956b: 29) [p. 332].
5. Catantopsilus plagiatus   Dirsh 1956b: 29.
6. Catantopsilus plagiatus plagiatus   Davey et al. 1959a: 93.
7. Catantopsilus plagiatus plagiatus   Dirsh 1964a: 62.
8. Catantopsilus plagiatus plagiatus   Descamps 1965a: 953.

Ecol. 6, 7, 8.   **Dist. W.A.** Mali 6, 8.   **C.A.** Congo Rep. 7.

taeniolatus (Karsch 1893)   [p. 332]
11. Catantopsilus taeniolatus   Golding 1940: 130.
12. Catantops taeniolatus   Risbec 1950: 317.
13. Catantopsilus taeniolatus   Dirsh 1956b: 27, figs. 38–40.
14. Catantopsilus taeniolatus   Dirsh 1956f: 275, pl. 34, f. 9.
15. Catantopsilus taeniolatus   Chapman 1961a: 261, 268, fig. 10.
16. Catantopsilus taeniolatus   Roy 1962: 110, 113, 127.
17. Catantopsilus taeniolatus   Chapman 1962: 28, fig. 18, table 20.
18. Catantopsilus taeniolatus   Dirsh 1963b: 213.
19. Catantopsilus taeniolatus   Chapman 1964: 120.
20. Catantopsilus taeniolatus   Dirsh 1964a: 62.
21. Catantopsilus taeniolatus   Dirsh 1965: 352, fig. 277 (♂).
22. Catantopsilus taeniolatus   Descamps 1965a: 953, 958.

Desc. 13.   **Morph.** 14, 15, 19.   **Ecol.** 17, 18, 20, 22.   **Bion.** 15, 16, 17.   **Econ.** 11, 12.
Dist. W.A. Mali 12, 22; Ghana 13, 14, 17; Senegal 16; Guinea 18.   **C.A.** Congo Rep. 20.

ugandanus (Uvarov 1923)   [p. 332]
7. Catantopsilus ugandanus   Dirsh 1956b: 29.

OXYCARDENIUS Uvarov 1953   [p. 344]

3. Oxycardenius   Dirsh 1956b: 14, 17.
4. Oxycardenius   Dirsh 1965: 305, 353.

Desc. 3, 4.

tinctipennis Uvarov 1953   [p. 344]
3. Oxycardenius tinctipennis   Dirsh 1956b: 17, figs. 5–8.
4. Oxycardenius tinctipennis   Dirsh 1956f: 275, pl. 34, f. 2.
5. Oxycardenius tinctipennis   Dirsh 1965: 353, fig. 278 (♂).

Morph. 4.

TRICHOCATANTOPS Uvarov 1953 [p. 336]

3. Trichocatantops   Dirsh 1956b: 14, 20.
4. Trichocatantops   Dirsh 1965: 305, 354.

Desc. 3, 4.

angolensis Uvarov 1953 [p. 336]

2. Trichocatantops angolensis   Dirsh 1965b: 22, fig. 17.
3. Trichocatantops angolensis   Vesey-Fitzgerald 1964a: 358.

Ecol.   Bion.   Dist. C.A. Zambia 3.

digitatus (I. Bolivar 1889) [p. 336]

5. Trichocatantops digitatus   Dirsh *l.c.* 22, fig. 17. *Lectotype:* ♂. Madrid Mus.

Desc.

hirtus (Miller 1929) [p. 336]

4. Trichocatantops hirtus   Dirsh *l.c.* 22, fig. 17.

pachycercus (Ramme 1929) [p. 336]

4. Trichocatantops pachycercus   Dirsh *l.c.* 22, fig. 17.

Dist. E.A. Zanzibar; Tanganyika.

swynnertoni (Uvarov 1925) [p. 337]

5. Trichocatantops swynnertoni   Dirsh *l.c.* 22, fig. 17.

tukuyuensis (Miller 1925) [p. 337]

6. Trichocatantops tukuyensis (*sic*)   Dirsh 1956f: pl. 34, f. 5.
7. Trichocatantops tukuyensis (*sic*)   Dirsh 1956b: 20, figs. 13–17.
8. *Trichocatantops simplex elgonensis*   Dirsh *l.c.* 20. *Lectotype:* ♀.
9. Trichocatantops tukuyuensis   Dirsh 1963b: 213.
10. Trichocatantops tukuyuensis   Vesey-Fitzgerald 1964a: 357.
11. Trichocatantops tukuyuensis   Dirsh 1965: 354, fig. 279.

Morph. 6.   Ecol. 10.   Dist. W.A. Guinea 9.   E.A. Ethiopia 7; Kenya 7; Uganda 7; Tanzania 7, 10.   C.A. Malawi 7; Zambia 10.

villosus (Karsch 1893) [p. 337]

10. Trichocatantops villosus   Dirsh 1956b: 21, fig. 17.
11. Trichocatantops villosus   Chapman 1962: 29.
12. Trichocatantops villosus   Roy 1965: 623.

Ecol. 11.   Bion. 11.   Dist. W.A. Ghana 11; Senegal 12.

violaceipennis (Ramme 1929) [p. 337]

4. Trichocatantops violaceipennis   Dirsh 1956b: 21.

MADIMBANIA Dirsh 1953 [p. 335]

2. Madimbania   Dirsh 1956*b*: 14, 23.
3. Madimbania   Dirsh 1965: 306, 355.

Desc. 2, 3.   **Key** 2.

fumipennis (Ramme 1929) [p. 335]

3. Madimbania fumipennis   Vesey-Fitzgerald 1964*a*: 357.
4. Madimbania fumipennis   Dirsh 1956*b*: 24, figs. 17, 24–6.

Ecol. 3.   **Dist. C.A.** Congo Rep. 4; Zambia 3.   **E.A.** Tanzania 3.

madimbana (Giglio-Tos 1907) [p. 335]

10. Madimbania madimbana   Kevan 1955*a*: 64.
11. Madimbania madimbana   Dirsh 1956*b*: 24, figs. 17–23.
12. Madimbania madimbana   Dirsh 1956*f*: 275, pl. 34, f. 6.
13. Madimbania madimbana   Vesey-Fitzgerald 1964*a*: 357.
14. Madimbania madimbana   Dirsh 1965: 355, fig. 280 (♂ ♀).

Desc. 11.   **Morph.** 12.   **Ecol.** 13.   **Dist. C.A.** Zambia 11, 13; Angola 10.

obesa Uvarov 1953 [p. 336]

2. Madimbania obesa (?)   Kevan 1955*a*: 64.
3. Madimbania obesa (?)   Dirsh 1956*b*: 24, figs. 17, 27–9.

Dist. C.A. Congo Rep. 3; Malawi 3.

species ?

1. Madimbania aff. fumipennis   Kevan 1955*a*: 64.

Dist. C.A. Angola.

ANTHERMUS Stål 1878 [p. 333]

7. Anthermus   Dirsh 1956*b*: 14, 26.
8. Anthermus   Dirsh 1965: 306, 356.

Desc. 7, 8.

comis (Karsch 1893) [p. 333]

12. Anthermus comis   Dirsh 1956*b*: 26.
13. Anthermus comis   Chapman 1962: 29.
14. Anthermus comis   Chapman 1964: 120.
15. Anthermus comis   Vesey-Fitzgerald 1964*a*: 356.

Morph. 14.   **Ecol.** 13, 15.   **Bion.** 13, 15.   **Dist. W.A.** Ghana 13.   **C.A.** Zambia 15.

ebneri Ramme 1929 [p. 333]

7. Anthermus ebneri   Dirsh 1956*b*: 26.

granosus Stål 1878   [p. 334]
7. Anthermus granosus   Dirsh 1956b: 26, figs. 34–7.
8. Anthermus granosus   Dirsh 1956c: 218, 262.
9. Anthermus granosus   Dirsh 1956f: 275, pl. 34, f. 8.
10. Anthermus granosus   Dirsh 1965: 356, fig. 281 (♂).

Morph. 9.   **Dist. S.A.** Lesotho 8; Natal 8.   **C.A.** Rhodesia 8.

violaceus I. Bolivar 1889   [p. 334]
9. Anthermus violaceus   Dirsh 1956b: 27.
10. Anthermus violaceus   Dirsh 1964a: 64.
11. Anthermus violaceus   Vesey-Fitzgerald 1964a: 356.

Ecol. 11.   **Dist. C.A.** Congo Rep. 10; Zambia 11.   **E.A.** Tanzania 11.

viridipes (Karny 1915)   [p. 334]
4. Anthermus viridipes   Dirsh 1956b: 27.
5. Anthermus viridipes   Chapman & Robertson 1958: 96, 102.
6. Anthermus viridipes   Robertson & Chapman 1962: 68, tables 2, 3.
7. Anthermus viridipes   Dirsh 1964a: 64.
8. Anthermus viridipes   Vesey-Fitzgerald 1964a: 357.
9. Anthermus viridipes   Pinhey 1965: 9.

Morph. 5.   **Ecol.** 5, 6, 7, 8, 9.   **Bion.** 5, 6, 8, 9.   **Dist. C.A.** Congo Rep. 7; Rhodesia 8; Zambia 8.   **E.A.** Tanzania 5, 6, 8.

OENOCATANTOPS Dirsh 1953   [p. 462]

2. Oenocatantops   Dirsh 1956b: 108.
3. Oenocatantops   Dirsh 1965: 306, 357.

Desc. 2, 3.

miles (Giglio-Tos 1907)   [p. 463]
4. Oenocatantops miles   Dirsh 1956b: 108, figs. 359–61.
5. Oenocatantops miles   Dirsh 1965: 357, fig. 282.

Desc. 4.

CATANTOPSIS I. Bolivar 1912   [p. 329]

4. Catantopsis   Dirsh 1956b: 14, 33.
5. Catantopsis   Dirsh 1965: 306, 357.

Desc. 4, 5.

ACRIDIDAE   Catantopinae

asthmaticus (Karsch 1893)   [p. 329]

9. Catantopsis asthmaticus   Dirsh 1956b: 35, fig. 61.
10. Catantopsis asthmaticus   Roy 1962: 110, 113, 127.
11. Catantopsis asthmaticus   Dirsh 1964a: 61.
12. Catantopsis asthmaticus   Descamps 1965a: 955.

Desc. 9.   **Ecol.** 10, 11.   **Morph.** 12.   **Dist. W.A.** Mali 12; Senegal 10.   **E.A.** Sudan 9, 11.

basalis (Walker 1870)   [p. 330]

14. Catantopsis basalis   Dirsh 1956b: 34, fig. 61.
15. Catantopsis basalis   Davey *et al.* 1959a: 92.
16. Catantopsis basalis   Phipps 1962: 14.
17. Catantopsis basalis   Roy 1962: 110, 113, 127.
18. Catantopsis basalis   Descamps 1965a: 953, 955.

Morph. 16.   **Ecol.** 15, 18.   **Dist. W.A.** Mali 15, 18; Sierra Leone 16; Senegal 17.

opomaliformis I. Bolivar 1912   [p. 330]

7. Catantopsis opomaliformis   Dirsh 1956b: 33, figs. 55–61.
8. Catantopsis opomaliformis   Dirsh 1956f: 275, pl. 34, f. 11.
9. Catantopsis opomaliformis   Davey *et al.* 1959a: 92.
10. Catantopsis opomaliformis   Chapman 1962: 28.
11. Catantopsis opomaliformis   Dirsh 1964a: 61.
12. Catantopsis opomaliformis   Vesey-Fitzgerald 1964a: 356.
13. Catantopsis opomaliformis   Dirsh 1965: 358, fig. 283 (♂).

Morph. 8.   **Ecol.** 9, 10, 11, 12.   **Bion.** 9.   **Dist. W.A.** Mali 9; Ghana 10.   **C.A.** Zambia 7, 11, 12; Congo Rep. 11.

*CARDENIOPSIS Dirsh 1955

Orthotype: **Catantops putidus** (Karsch 1896) [p. 342]

1. Cardeniopsis   Dirsh 1955b: 86, fig. 85.
2. Cardeniopsis   Dirsh 1956b: 14, 18.
3. Cardeniopsis   Dirsh 1965: 306, 358.

Desc. 1, 2, 3.   **Key** 1.

baumei (?) (Karny 1910)   [p. 338]

3. Cardeniopsis baumei   Dirsh 1955b: 108. *Type location:* unknown.

bigutta Ramme 1929   [p. 338]

2. Cardeniopsis bigutta   Dirsh 1955b: 88, 96, figs. 43–5. *Type* ♂.

Desc. ♂ ♀.

Catantopinae   ACRIDIDAE

chloronotus (I. Bolivar 1912) [p. 339]

Lectotype: ♂. Congo Rep.: Kanikiri. Tervuren Mus. (Dirsh 1955b: 89)

3. Cardeniopsis chloronotus   Dirsh 1955b: 88, 89, figs. 5, 7–25.
4. *Cardenius dubiosus*   I. Bolivar 1912 (Dirsh 1955b: 89, 91, figs. 13, 14) [p. 339].
5. *Cardenius aurora*   Ramme 1929 (Dirsh *ibid.* figs. 18, 19) [p. 338].
6. *Cardenius neglectus*   Ramme 1929 (Dirsh *l.c.* 89, fig. 12) [p. 341].
7. *Cardenius charliersi*   Ramme 1929 (Dirsh *l.c.* 89, 91, figs. 23–5) [p. 339].
8. *Cardenius amabilis*   Ramme 1929 (Dirsh *l.c.* 89, 91, figs. 15–17) [p. 338].
9. *Cardenius variopictus*   Ramme 1929 (Dirsh *l.c.* 89, 92, figs. 20, 21, 22) [p. 343].
10. Cardeniopsis chloronotus   Dirsh 1965: 359, fig. 284a (♂).

Desc. 3 (♂ ♀). **Dist. C.A.** Zambia 3. **E.A.** Tanzania 3.

diabolicus (Ramme 1929) [p. 339]

2. Cardeniopsis diabolicus (?)   Dirsh 1955b: 107, figs. 82–4.
3. Cardeniopsis diabolicus   Vesey-Fitzgerald 1964a: 358.

Desc. 2. **Ecol.** 3. **Dist. E.A.** Tanzania 2, 3.

fumosus (I. Bolivar 1889) [p. 339]

7. Cardeniopsis fumosus   Dirsh 1955b: 88, 93, figs. 26–42.
8. *Cardenius magnificus*   Ramme 1929 (Dirsh *l.c.* 93, 96, figs. 26–8) [p. 340].
9. *Cardenius vicinus*   Ramme 1929 (Dirsh *l.c.* 93, 96, figs. 29–31) [p. 343].
10. Cardeniopsis angolensis   Dirsh *l.c.* 96, figs. 32, 33 [p. 339].

Desc. 7 (♂ ♀). **Dist. E.A.** Zambia 7.

nigripes (Miller 1929) [p. 341]

2. Cardeniopsis nigripes   Dirsh 1955b: 89, 105, figs. 77–81.
3. *Cardenius oxycephalus*   Ramme 1929 (Dirsh *l.c.* 105) [p. 341].
4. Cardeniopsis nigripes   Vesey-Fitzgerald 1964a: 358.

Desc. 2. **Ecol.** 4. **Dist. E.A.** Kenya 2; Tanzania 4.

nigropunctatus (I. Bolivar 1881) [p. 341]

7. Cardeniopsis nigropunctatus (?)   Dirsh 1955b: 107.
8. Cardeniopsis nigropunctatus   Dirsh 1956f: 275, pl. 34, f. 3.
9. Cardeniopsis nigropunctatus   Dirsh 1965: 359, fig. 284c.

Morph. 8.

opulentus (Karsch 1896) [p. 341]

8. Catantops opulentus   Ballard 1914: 347.
9. Catantops opulentus   Zacher 1949: 335.
10. Cardeniopsis opulentus   Dirsh 1955b: 88, 100, figs. 55–60. *Type:* ♂.

251

ACRIDIDAE — Catantopinae

11. *Cardenius femoralis* Ramme 1929 (Dirsh *op. cit.* 100, 101, figs. 58–60). *Type:* Mus. Tervuren. [p. 339].
12. Cardeniopsis opulentus Vesey-Fitzgerald 1964a: 358.

Desc. 10 (♂ ♀). **Ecol.** 12. **Econ.** 8, 9. **Dist. C.A.** Malawi 8, 9; Congo Rep. 11; Zambia 12. **E.A.** Tanzania 10, 12.

pauperatus (Karny 1907) [p. 341]
Lectotype: ♂ (Dirsh 1955b: 102)

5. Cardeniopsis pauperatus Dirsh 1955b: 88, 101, figs. 6, 61–6.
6. *Cardenius guttatus* Uvarov 1923 (Dirsh *l.c.* 101, figs. 64–6) [p. 340].
7. Cardenius pauperatus Phipps 1959b: 31.
8. Cardeniopsis pauperatus Dirsh 1964a: 60.
9. Cardenius pauperatus Phipps 1966: 30.

Desc. 5 (♂ ♀). **Morph.** 7. **Ecol.** 8, 9. **Bion.** 9. **Dist. W.A.** Cameroon Rep. 5; Chad 5; N. Nigeria 5. **E.A.** Uganda 5; Kenya 5; Tanzania 5, 7, 9. **C.A.** Congo Rep. 5, 8; Malawi 5. **S.A.** Transvaal 5.

putidus (Karsch 1896) [p. 342]

11. Cardeniopsis putidus Dirsh 1955b: 88, 99, figs. 51–4. *Lectotype:* ♂.
12. Cardeniopsis putidus Dirsh 1956b: 18, figs. 9, 10.
13. Stenocrobylus (?) whytei Dirsh 1955b: 99. *Lectotype:* ♂.

Desc. 11 (♂ ♀).

rammei (Uvarov 1953) [p. 342]

2. Cardeniopsis rammei Dirsh 1955b: 89, 103, figs. 67–72.
3. Cardeniopsis rammei Kevan 1955a: 65.

Desc. 2. **Dist. C.A.** Congo Rep. 2; Angola 3.

regalis (Karny 1907) [p. 342]

6. Cardeniopsis regalis Dirsh 1955b: 88, 97, figs. 46–50. *Type:* ♂.
7. *Cardenius formosus* Miller 1929 (Dirsh *l.c.* 97, figs. 48–50) [p. 339].

Desc. 6 (♂ ♀). **Dist. E.A.** Tanzania 6.

trifasciatus (Kirby 1902) [p. 343]
Lectotype: ♂. (Dirsh 1955b: 105)

5. Cardeniopsis trifasciatus Dirsh 1955b: 89, 104, figs. 73–6.
6. *Cardenius abbreviatus* (Karny 1907). *Lectotype:* ♀ (Dirsh *l.c.* 105, figs. 75, 76) [p. 338].

Desc. 5 (♂ ♀). **Dist. E.A.** Mozambique 5. **S.A.** Natal 5, 6; Botswana 5; Zululand 5; Swaziland 5.

CARDENIUS I. Bolivar 1912 [p. 338]

6. Cardenius Dirsh 1955b: 85, 86.
7. Cardenius Dirsh 1956b: 14, 18.

Desc. 6, 7.

bivittatus I. Bolivar 1911 [p. 338]

Doubtful species. *See* Appendix I.

*CARDENIOIDES Dirsh 1955

Orthotype: **Cardenius sheffieldi** I. Bolivar 1912 [p. 342]

1. Cardenioides   Dirsh 1955*b*: 108, fig. 86.
2. Cardenioides   Dirsh 1956*b*: 14, 19.
3. Cardenioides   Dirsh 1965: 306, 360.

Desc. 1, 2, 3.

ineptus (Karsch 1896) [p. 340]

7. Cardenioides ineptus   Dirsh 1955*b*: 109, 111, figs. 97–101. *Type:* ♀.
8. *Cardenius sanguinolentus*   Ramme 1929 (Dirsh *l.c.* 111, figs. 99–101) [p. 342].
9. Cardenioides ineptus   Vesey-Fitzgerald 1964*a*: 359.

Desc. 7 (♂ ♀).   **Ecol.** 9.   **Dist. E.A.** Tanzania 7, 9.   **C.A.** Angola 7; Zambia 9.

lucrosus (Karsch 1896) [p. 340]

6. Cardenioides lucrosus   Dirsh 1955*b*: 109, 110, figs. 94–6. *Type:* ♂.

Desc. ♂ ♀.   **Dist. C.A.** Congo Rep.

sheffieldi (I. Bolivar 1912) [p. 342]

4. Cardenioides sheffieldi   Dirsh 1955*b*: 109, figs. 87–93. *Lectotype:* ♂.
5. *Cardenius dilutus*   Ramme 1929 (Dirsh *l.c.* 109, 110, figs. 90–2) [p. 339].
6. Cardenioides sheffieldi   Vesey-Fitzgerald 1964*a*: 359.
7. Cardenioides sheffieldi   Dirsh 1965: 359, fig. 284*d, e*.

Desc. 4 (♂ ♀).   **Ecol.** 6.   **Bion.** 6.   **Dist. E.A.** Tanzania 4, 6.   **C.A.** Zambia 6.

ANACATANTOPS Dirsh 1953 [p. 328]

2. Anacatantops   Dirsh 1956*b*: 29.
3. Anacatantops   Dirsh 1965: 306, 360.

Desc. 2, 3.

notatus (Karsch 1891) [p. 328]

33. Catantops simplex   Golding 1940: 130 [p. 328].
34. Anacatantops notatus   Dirsh 1955*a*: 67.
35. Catantops notatus   Mallamaire 1956: 34.
36. Anacatantops notatus   Dirsh 1956*b*: 30, figs. 41–52, 54.
37. Anacatantops notatus   Dirsh 1956*f*: 275, pl. 34, f. 10.
38. Anacatantops notatus   Chopard 1958*a*: 136.
39. Anacatantops notatus   Davey *et al.* 1959*a*: 92.

40. Anacatantops notatus   Phipps 1959b: 31.
41. Catantops notatus   Le Pelley 1959: 91.
42. Anacatantops notatus   Chapman 1962: 28, fig. 17.
43. Anacatantops notatus   Dirsh 1963b: 213.
44. Anacatantops notatus   Chapman 1964: 120.
45. Anacatantops notatus   Dirsh 1964a: 64.
46. Anacatantops notatus   Vesey-Fitzgerald 1964a: 356.
47. Anacatantops notatus   Descamps 1965a: 953.
48. Anacatantops notatus   Dirsh 1965: 361, fig. 285a–e (♂).

Desc. 36 (♂ ♀).   **Morph.** 37, 40, 44.   **Ecol.** 42, 45, 46, 47.   **Bion.** 33, 42, 46.   **Econ.** 35, 41.
Dist. W.A. Mali 39, 46; Guinea 38; Ghana 42.   **C.A.** Ruanda 34; Congo Rep. 45.
E.A. Tanzania 40, 46.

nudulus (Karsch 1893)   [p. 329]

9. Anacatantops nudulus   Dirsh 1956b: 32, figs. 53, 54.
10. Anacatantops nudulus   Vesey-Fitzgerald 1964a: 356.
11. Anacatantops nudulus   Dirsh 1965: 361, fig. 285j (♂).

Desc. 9 (♂ ♀).   **Ecol.** 10.   **Dist. W.A.** Cameroon Rep. 9.   **C.A.** Zambia 9, 10.

PACHYCATANTOPS Dirsh 1953   [p. 328]

2. Pachycatantops   Dirsh 1956b: 15, 35.
3. Pachycatantops   Dirsh 1965: 306, 361.

Desc. 2, 3.

crassipes (Ramme 1929)   [p. 328]

3. Catantops (Pachycatantops) crassipes   Kevan 1955b: 201, fig. 2.
4. Pachycatantops crassipes   Dirsh 1956b: 35, figs. 61–5.
5. Pachycatantops crassipes   Dirsh 1956f: 275, pl. 34, f. 19.
6. Pachycatantops crassipes   Dirsh 1965: 362, fig. 286 (♂).

Desc. 3 (♂ ♀), 4 (♂ ♀).   **Morph.** 5.   **Dist. E.A.** Somalia 3, 4.

PHAEOCATANTOPS Dirsh 1953   [p. 324]

2. Phaeocatantops   Dirsh 1956b: 15, 36.
3. Phaeocatantops   Dirsh 1965: 306, 362.

Desc. 2, 3.

decoratus decoratus (Gerstaecker 1869)   [p. 325]

28. Catantops solitarius   Ballard 1914: 347.
29. Catantops solitarius   Zacher 1949: 335.
30. Phaeocatantops decoratus decoratus   Dirsh 1956b: 37, 38, figs. 66–71, 84.
31. Phaeocatantops decoratus decoratus   Dirsh 1956c: 219, 262.
32. Phaeocatantops decoratus   Dirsh 1956f: 275, pl. 34, f. 12.
33. Catantops decoratus   Bünzli & Büttiker 1956: 357.
34. Phaeocatantops decoratus decoratus   Chapman & Robertson 1958: 96, 102.

35. Phaeocatantops decorus (*sic*) Dirsh 1959a: 62.
36. Phaeocatantops decoratus Phipps 1959b: 31, 45.
37. Phaeocatantops decoratus decoratus Kevan & Knipper 1961: 377.
38. Phaeocatantops decoratus Chapman 1961b: 67.
39. Phaeocatantops decoratus decoratus Robertson & Chapman 1962: 67, tables 2, 3, 28, 30.
40. Phaeocatantops decoratus Vesey-Fitzgerald 1964a: 355.
41. Phaeocatantops decoratus Dirsh 1965: 363, fig. 287 (♂).
42. Phaeocatantops decoratus Phipps 1966: 30, table v.

Desc. 30 (♂ ♀). **Key** 30 (subspp.). **Morph.** 32, 34, 36. **Ecol.** 34, 36, 37, 39, 40, 42. **Bion.** 34, 36, 39, 42. **Econ.** 28, 29, 33. **Dist. E.A.** Ethiopia 35; Tanzania 36, 37, 38, 39, 40, 42. **S.A.** Transvaal 31; Botswana 30. **C.A.** Zambia 40; Rhodesia 33.

decoratus aurantius (Uvarov 1942) [p. 324]

3. Phaeocatantops decoratus aurantius Dirsh 1956b: 40, 42.

Desc.

decoratus fretus (Giglio-Tos 1907) [p. 325]

7. Phaeocatantops decoratus fretus Dirsh 1956b: 40, 43, fig. 84.

Desc.

decoratus hemipterus (Miller 1929) [p. 326]

6. Phaeocatantops decoratus hemipterus Dirsh 1956b: 40, fig. 84.
7. Phaeocatantops decoratus hemipterus Vesey-Fitzgerald 1964a: 355.

Desc. 6. **Ecol.** 7. **Bion.** 7. **Dist. E.A.** Tanzania 7.

decoratus rosaceus (Uvarov 1942) [p. 326]

3. Phaeocatantops decoratus rosaceus Dirsh 1956b: 40, 42, figs. 74, 84.
4. Phaeocatantops decoratus rosaceus Dirsh 1956c: 219, 262.

Desc. 3. **Dist. C.A.** Rhodesia 3, 4. **S.A.** Lesotho 4; O.F.S. 4.

decoratus rufipes (Karny 1907) [p. 326]

9. Phaeocatantops decoratus rufipes Dirsh 1956b: 40, figs. 72, 84.

Desc.

decoratus sulphureus (Walker 1870) [p. 326]

16. Catantops decoratus sulphureus Hargreaves 1948: 40.
17. Phaeocatantops decoratus sulphureus Dirsh 1956c: 219, 262.
18. Phaeocatantops decoratus sulphureus Dirsh 1956b: 40, 41, figs. 73, 84.

Desc. 18. **Econ.** 16. **Dist. S.A.** Cape Province 17, 18; Natal 18. **C.A.** Malawi 16.

johnstoni (Uvarov 1942) [p. 327]

3. Phaeocatantops johnstoni Dirsh 1956b: 37, 44, figs. 78–80, 85.
4. Phaeocatantops johnstoni Dirsh 1965: 363, fig. 287h (♂).

Desc. 3 (♂ ♀). **Dist. W.A.** Cameroon Rep. 3.

ACRIDIDAE   Catantopinae

neumanni (Ramme 1929) [p. 327]

5. Phaeocatantops neumanni   Dirsh 1956b: 37, 43, figs. 75–7, 85.
6. Phaeocatantops neumanni   Dirsh 1965: 363, fig. 287g (♂).

Desc. 5 (♂ ♀).   **Dist. E.A.** Tanzania 5; Kenya 5.

signatus (Karsch 1891) [p. 327]

10. Phaeocatantops signatus   Kevan 1956a: 64.
11. Phaeocatantops signatus   Dirsh 1956b: 37, 44, figs. 81–3, 85.
12. Phaeocatantops signatus   Dirsh 1964a: 63.
13. Phaeocatantops signatus   Dirsh 1965: 363, fig. 287i (♂).

Desc. 11 (♂ ♀).   **Ecol.** 12.   **Dist. E.A.** Sudan 11, 12.   **C.A.** Angola 10; Zambia 11, 12.

species ?

1. Phaeocatantops sp.   Kevan 1955a: 64.

Dist. C.A. Angola.

*PSEUDOFINOTINA Dirsh 1962

Haplotype: **Pseudofinotina keiseri**   Dirsh 1962

1. Pseudofinotina   Dirsh 1962c: 272.

Desc.

keiseri Dirsh 1962

Type: ♂. N. Madagascar: Mt. d'Ambre, Les Roussettes. Paris Mus.
Paratype: Basel Mus.

1. Pseudofinotina keiseri   Dirsh 1962c: 272, figs. 1–8.

Desc. ♂ ♀.

CATANTOPS Schaum 1853   [p. 309]

21. Catantops   Dirsh 1956b: 15, 46.
22. Catantops   Dirsh 1961a: 407.
23. Catantops   Roy 1962: 125.
24. Catantops   Dirsh 1962b: 326.
25. Catantops   Dirsh 1965: 306, 363.

Desc. 21, 22, 23 (nymphs), 24, 25.   **Key** 21.

alessandricus Sjöstedt 1931 [p. 310]

3. Catantops (Catantops) alessandricus   Kevan 1955b: 202, fig. 3.
4. Catantops alessandricus   Dirsh 1956b: 48, 79, figs. 233–40, 249.

Desc. 3 (♂), 4 (♂ ♀).   **Dist. E.A.** Tanzania 4; Kenya 4; Uganda 4.

annulatus Uvarov 1926   [p. 310]

6. Catantops annulatus   Dirsh 1956*b*: 48, 67, figs. 173–8, 197.
7. Catantops annulatus   Phipps 1962: 14.
8. Catantops annulatus   Chapman 1962: 26, fig. 15, table 20.

Desc. 6 (♂ ♀).   **Morph.** 7.   **Ecol.** 8.   **Bion.** 8.   **Dist. W.A.** Ivory Coast 6; Ghana 6, 8; Chad Rep. 6; Sierra Leone 7.   **E.A.** Sudan 6; Uganda 6; Tanzania 6.

axillaris axillaris (Thunberg 1815)   [p. 311]

38. Catantops axillaris   Joyce 1952: 86, 87.
39. Catantops axillaris   Slifer 1953*a*: 48, pl. 11, f. 83.
40. Catantops axillaris   Slifer 1953*b*: 81, pl. 12, f. 85.
41. Catantops axillaris   Joyce 1953: 104, 107.
42. Catantops axillaris   Chopard 1954*b*: 6.
43. Catantops versicolor. *Lectotype:* ♂. Vienna Mus. (Dirsh 1956*b*: 101).
44. Catantops axillaris axillaris   Dirsh 1956*b*: 50, 99, figs. 320–8, 336–41.
45. Acridium debilitatum. *Type:* Lost (Dirsh 1956*b*: 99).
46. Catantops axillaris   Dekeyser & Villiers 1956: 29, 205.
47. Catantops axillaris   Joyce 1956: 107.
48. Catantops axillaris   Uvarov & Popov 1957: 371.
49. Catantops axillaris   Chopard 1958*d*: 11.
50. Catantops axillaris axillaris   Chapman & Robertson 1958: 96, 103.
51. Catantops axillaris axillaris   Phipps 1959*b*: 31.
52. Catantops axillaris axillaris   Davey *et al.* 1959*a*: 89.
53. Catantops axillaris   Davey 1959: 12.
54. Catantops axillaris   Roy 1960: 204.
55. Catantops axillaris   Boisson 1961: 28.
56. Catantops axillaris   Chapman 1961*b*: 67.
57. Catantops axillaris axillaris   Robertson & Chapman 1962: 65, tables 2, 3, 7, 8, 28.
58. Catantops axillaris   Anderson, N. L. 1964: 396, 397, 398, 403, fig. 1.
59. Catantops axillaris axillaris   Roy 1964*b*: 1190.
60. Catantops axillaris   Vesey-Fitzgerald 1964*a*: 352.
61. Catantops axillaris axillaris   Descamps 1965*a*: 953, 1309.
62. Catantops axillaris axillaris   Phipps 1966: 30.
63. Catantops axillaris   Uvarov 1966: 2, 3.

Desc. 44 (♂ ♀).   **Key** 44 (subspp.).   **Morph.** 39, 40, 50, 51, 56, 63.   **Ecol.** 46, 48, 50, 52, 54, 57–62.   **Bion.** 50, 52, 53, 55, 56, 57, 58, 60, 62.   **Econ.** 38, 41, 47.   **Dist. W.A.** Mauretania 46; Mali 52, 53, 61; Guinea 54; Senegal 59.   **E.A.** Socotra 48; Tanzania 50, 51, 56, 57, 58, 62; Sudan 38, 47.   **C.A.** Zambia 60.   **A.I.** Cape Verde Is. 42, 49.

axillaris libericus Uvarov 1943   [p. 312]

3. Catantops axillaris libericus   Dirsh 1956*b*: 101, 103, figs. 329, 341.

Desc.

ACRIDIDAE Catantopinae

axillarius saucius (Burmeister 1838) [p. 312]

29. Catantops saucius Hargreaves 1948: 40.
30. Catantops saucius Waloff 1954: 387.
31. Catantops saucius Backlund 1955: 204.
32. Catantops saucius Chapman 1955: 76–81.
33. Catantops saucius Kevan 1955c: 478.
34. Catantops axillaris saucius Dirsh 1956b: 101, 102, figs. 330–5, 341.
35. Catantops axillaris saucius Chopard 1958c: 36.
36. Catantops axillaris saucius Kevan & Knipper 1961: 376.
37. Catantops axillaris saucius Baccetti 1962: 85.
38. Catantops axillaris saucius Vesey-Fitzgerald 1964a: 353.

Desc. 34. **Morph.** 30. **Ecol.** 31, 36, 38. **Bion.** 32, 38. **Econ.** 29. **Dist. E.A.** Tanzania 30, 31, 36, 38; Somalia 33, 36, 37. **I.I.** Comoro Is. 35.

bifidus Karsch 1896 [p. 313]

8. Catantops bifidus Dirsh 1956b: 47, 65, figs. 164–7, 359.
9. Catantops bifidus Dirsh 1965: 364, fig. 288g (♂).

Desc. 8 (♂ ♀). **Dist. S.A.** Cape Province 8.

**burtti* Dirsh 1956

Type: ♂. Tanganyika: Mpwapwa, Kibariani Mts. Brit. Mus.

1. Catantops burtti Dirsh 1956b: 47, 61, figs. 144–7.

Desc. ♂ ♀.

clathratus Ramme 1929 [p. 313]

2. Catantops clathratus Dirsh 1956b: 48, 68, figs. 179–90, 197.
3. Catantops clathratus Dirsh 1964a: 60.

Desc. 2 (♂ ♀). **Ecol.** 3. **Dist. W.A.** Togo 2; Cameroon Rep. 2. **E.A.** Sudan 2; Uganda 2. **C.A.** Congo Rep. 2; Angola 2.

curvicercus Miller 1929 [p. 313]

13. Catantops curvicercus Slifer 1953a: 48, 53, pl. 11, f. 84.
14. Catantops curvicercus Slifer 1953b: 81, pl. 12, f. 86.
15. Catantops curvicercus Dirsh 1955a: 67.
16. Catantops curvicercus Dirsh 1956b: 48, 77, figs. 218–30, 232.
17. Catantops curvicercus Dirsh 1964a: 60.
18. Catantops curvicercus Vesey-Fitzgerald 1964a: 353.

Morph. 13. **Ecol.** 18. **Bion.** 18. **Dist. E.A.** Uganda 16; Ethiopia 16; Tanzania 18. **C.A.** Ruanda 15; Congo Rep. 16.

Catantopinae ACRIDIDAE

debilis Krauss 1901 [p. 314]
Type lost? (Dirsh 1956b: 82)
9. Catantops debilis   Dirsh 1956b: 49, 85, figs. 259–62, 264.
10. Catantops debilis   Dirsh 1956c: 219, 261.

Desc. 9 (♂ ♀). **Dist. S.A.** Cape Province 10.

decipiens Karsch 1900 [p. 314]
9. Catantops decipiens   Dirsh 1956b: 48, 82, figs. 245–8, 264.
10. Catantops decipiens   Chapman & Robertson 1958: 96, 103.
11. Catantops decipiens   Robertson & Chapman 1962: 66, tables 2, 3.
12. Catantops decipiens   Vesey-Fitzgerald 1964a: 353.

Desc. 9 (♂ ♀). **Morph.** 10. **Ecol.** 10, 11, 12. **Bion.** 10, 11, 12. **Dist. C.A.** Congo Rep. 9; Zambia 12. **E.A.** Tanzania.

distinguendus Stål 1861 [p. 314]
11. Catantops distinguendus   Kevan 1955a: 64.
12. Catantops distinguendus   Dirsh 1956b: 48, 70, figs. 191–7.

Desc. 12 (♂ ♀). **Dist. W.A.** Niger Rep. 12. **C.A.** Angola 11.

fasciatus Karny 1907 [p. 315]
13. Catantops fasciatus   Dirsh 1956b: 47, 58, figs. 132–9, 148. *Type:* ♂.
14. Catantops fasciatus   Dirsh 1956c: 218, 261.
15. Catantops fasciatus   Vesey-Fitzgerald 1964a: 354.
16. Catantops fasciatus   Pinhey 1965: 9.

Desc. 13 (♂ ♀). **Ecol.** 15, 16. **Bion.** 15, 16. **Dist. C.A.** Zambia 13, 15. **S.A.** Cape Province 13, 14; Natal 14; Lesotho 14; Swaziland 13.

haemorrhoidalis Krauss 1877 [p. 315]
16. Catantops haemorrhoidalis   Krauss 1877: 142.
17. Catantops haemorrhoidalis   Hargreaves 1948: 40.
18. Catantops haemorrhoidalis   Dirsh 1956b: 49, 84, figs. 250–4, 263. *Type:* ♂.
19. Catantops haemorrhoidalis   Davey et al. 1959a: 90.
20. Catantops haemorrhoidalis   Davey 1959: 127.
21. Catantops haemorrhoidalis   Roy 1962: 110, 126.
22. Catantops haemorrhoidalis   Roy 1964b: 1191.
23. Catantops haemorrhoidalis   Descamps 1965a: 953, 954, 1309.

Desc. 16 (♂ ♀), 18 (♂ ♀). **Ecol.** 19, 21, 22, 23. **Bion.** 19, 20. **Econ.** 17. **Dist. W.A.** Mali 19, 20, 23; Senegal 21, 22.

ACRIDIDAE Catantopinae

humeralis (Thunberg 1815) [p. 316]

27. Catantops humeralis   Dirsh 1956b: 47, 60, figs. 140–3, 148.
28. Catantops humeralis   Dirsh 1956c: 218, 261.
29. Catantops humeralis   Le Pelley 1959: 91.
30. Catantops humeralis   Dirsh 1965: 364, fig. 288h (♂).

Desc. 27 (♂ ♀).   **Econ.** 29.

kilimandjaricus Ramme 1929 [p. 317]

6. Catantops kilimandjaricus   Dirsh 1956b: 48, 74, figs. 208–11.

Desc. ♂ ♀.

kissenjianus Rehn 1914 [p. 317]

14. Catantops kissenjanus (*sic*)   Kevan 1955a: 64.
15. Catantops kissenjianus   Dirsh 1956b: 48, 72, figs. 198–207, 212.
16. Catantops kissenjianus   Jago 1962: 149.
17. Catantops kissenjianus   Dirsh 1964a: 60.
18. Catantops kissenjianus   Vesey-Fitzgerald 1964a: 354.
19. Catantops kissenjianus   Dirsh 1965: 364, fig. 288i (♂).

Desc. 15 (♂ ♀).   **Ecol.** 17, 18.   **Bion.** 18.   **Dist. E.A.** Sudan 15.   **C.A.** Zambia 15, 18; Angola 14.   **S.A.** Cape 15.

magnicercus Uvarov 1953 [p. 317]

2. Catantops magnicercus   Dirsh 1956b: 47, 63, figs. 149–51.

Desc.

malagassus Karny 1907 [p. 317]

4. Catantops malagassus   Dirsh 1956b: 49, 89, figs. 264, 273–6.
5. Catantops malagassus   Dirsh 1962b: 327.

Desc. 4 (♂ ♀).   **Dist.** C., E., & W. Madagascar 5.

melanostictus melanostictus Schaum 1853 [p. 318]

66. Catantops melanostictus   Ballard 1914: 347.
67. Catantops melanostictus   Hargreaves 1948: 40.
68. Catantops melanostictus   Zacher 1949: 335.
69. Catantops melanostictus   Risbec 1950: 317.
70. Catantops melanostictus   Waloff 1954: 387.
71. Catantops melanostictus   Kevan 1955a: 63.
72. Catantops melanostictus   Kevan 1955c: 478.
73. Catantops melanostictus   Chapman 1955: 76–81.
74. Catantops melanostictus   Bünzli & Büttiker 1956: 357.
75. Catantops melanostictus melanostictus   Dirsh 1956b: 47, 54, figs. 98–106, 109–24, 131.

Catantopinae	ACRIDIDAE

76. Catantops melanostictus   Dirsh 1956c: 218, 261.
77. Catantops melanostictus   Dirsh 1956f: 250, 275, pls. 32, 34.
78. Catantops melanostictus   Kevan 1956c: 962.
79. Catantops melanostictus   Chopard 1958a: 136.
80. Catantops melanostictus   Chapman & Robertson 1958: 96, 102.
81. Catantops melanostictus   Phipps 1959b: 31, 44.
82. Catantops melanostictus melanostictus   Dirsh 1959a: 63.
83. Catantops melanostictus melanostictus   Davey *et al.* 1959a: 90.
84. Catantops melanostictus melanostictus   Le Pelley 1959: 91.
85. Catantops melanostictus melanostictus   Kevan & Knipper 1961: 376.
86. Catantops melanostictus   Dirsh 1961a: 408, fig. 29 (1-6).
87. Catantops melanostictus   Phipps 1961a: 290.
88. Catantops melanostictus   Chapman 1961a: 261, 268, fig. 8.
89. Catantops melanostictus   Chapman 1961b: 67.
90. Catantops melanostictus   Phipps 1962: 14, 16, 18.
91. Catantops melanostictus   Chapman 1962: 26, figs. 15, 46, table 20.
92. Catantops melanostictus   Robertson & Chapman 1962: 66, tables 2, 3, 28, 30.
93. Catantops melanostictus melanostictus   Roy 1962: 110, 114, 126.
94. Catantops melanostictus   Randell 1963: 255, fig. 44.
95. Catantops melanostictus   Dirsh 1963b: 212.
96. Catantops melanostictus   Chapman 1964: 120.
97. Catantops melanostictus   Dirsh 1964a: 60.
98. Catantops melanostictus   Vesey-Fitzgerald 1964a: 354.
99. Catantops melanostictus melanostictus   Roy 1964b: 1191.
100. Catantops melanostictus melanostictus   Roy 1965: 621.
101. Catantops melanostictus melanostictus   Pinhey 1965: 9.
102. Catantops melanostictus melanostictus   Descamps 1965a: 953, 954, 1309.
103. Catantops melanostictus   Dirsh 1965: 364, fig. 288a-f (♂).
104. Catantops melanostictus   Uvarov 1966: 142, 412, figs. 84, 239.
105. Catantops melanostictus   Phipps 1966: 30, table IV.

Desc. 75 (♂ ♀). **Morph.** 70, 77, 80, 81, 88, 90, 94, 96, 104. **Ecol.** 80, 81, 83, 85, 91, 92, 93, 97, 98, 100, 101, 102, 105. **Bion.** 73, 80, 81, 87, 88, 91, 92, 98, 101, 105. **Econ.** 66-9, 78, 84. **Dist. W.A.** Cameroon Rep. 78; Guinea 79, 95; Mali 83, 102; Ghana 88, 91; Sierra Leone 90; Senegal 93, 98, 100. **E.A.** Ethiopia 82; Tanzania 70, 80, 81, 85, 89, 92, 98, 105; Kenya 72. **C.A.** Angola 71; Rhodesia 100; Congo Rep. 97; Zambia 98. **S.A.** Cape Province 75; Lesotho 75; Natal 75; Transvaal 75.

melanostictus minor Dirsh 1956

Type: ♂. Gabon: Libreville. Paris Mus.

1. Catantops melanostictus minor   Dirsh 1956b: 57, figs. 108, 125-7, 131.
Desc. ♂.

melanostictus sordidus (Walker 1870) [p. 319]

4. Catantops melanostictus sordidus   Dirsh 1956b: 56, figs. 107, 128-31.
Desc.

ACRIDIDAE   Catantopinae

pulchripes Karny 1915   [p. 320]

4. Catantops pulchripes   Dirsh 1956b: 47, 66, figs. 168–72, 197.
5. Catantops pulchripes   Roy 1962: 110, 113, 126.
6. Catantops pulchripes   Descamps 1965a: 953, 954.
7. Catantops pulchripes   Roy 1965: 622.

Desc. 4 (♂).   **Morph.** 7.   **Ecol.** 5, 6.   **Dist. W.A.** Senegal 5, 7; Mali 6; Togo 4; Nigeria 4. **E.A.** Uganda 4; S. Sudan 4.   **C.A.** Congo Rep. 4.

quadratus (Walker 1870)   [p. 320]

24. Catantops quadratus   Dirsh 1956b: 48, 75, figs. 213–27, 231.
25. Catantops quadratus   Kevan 1956c: 962.
26. Catantops quadratus   Chopard 1958a: 136.
27. Catantops quadratus   Chapman 1962: 27, fig. 15.
28. Catantops quadratus   Roy 1962: 110, 126.
29. Catantops quadratus   Dirsh 1963b: 213.
30. Catantops quadratus   Chapman 1964: 120.
31. Catantops quadratus   Dirsh 1964a: 61.
32. Catantops quadratus   Roy 1965: 622.

Desc. 24 (♂ ♀).   **Morph.** 30.   **Ecol.** 25, 27, 28, 31.   **Bion.** 27.   **Dist. W.A.** Ivory Coast 24; Guinea 24, 26, 29; Ghana 27; Senegal 28, 32.   **E.A.** Sudan 24.

sacalava Brancsik 1893   [p. 321]

9. Catantops sacalava   Dirsh 1956b: 49, 87, figs. 264–8. *Type:* ♂. Nossibé.
10. Catantops acuticercus   Locality incorrect (Dirsh *l.c.* 87) [p. 321].
11. Catantops sacalava   Chopard 1958c: 37.
12. Catantops sacalava   Dirsh 1962c: 272.
13. Catantops sacalava   Dirsh 1962b: 326, 327.

Desc. 9 (♂ ♀).   **Dist. I.I.** Malagasy 13; Comoro Is. 11.

somalicus Sjöstedt 1931   [p. 321]

6. Catantops joycei   Evans 1952: 62.
7. Catantops joycei   Joyce 1952: 87 [p. 321].
8. Catantops joycei   Joyce 1953: 107.
9. Catantops somalicus   Dirsh 1956b: 48, 81, figs. 241–4, 249.
10. Catantops somalicus   Kevan & Knipper 1961: 376.

Desc. 9 (♂ ♀).   **Ecol.** 10.   **Econ.** 6, 7, 8.   **Dist. E.A.** Ethiopia 9; Somalia 10.

spissus spissus (Walker 1870)   [p. 322]

41. Catantops spissa   Kevan 1956c: 962.
42. Catantops spissus spissus   Dirsh 1956b: 49, 92, figs. 288–93, 295, 296, 298–302. *Designated type locality:* 'Gold Coast'.

Catantopinae   **ACRIDIDAE**

43. Catantops humilis var. interruptus, type locality incorrect, not India (Dirsh *l.c.* 92).
44. Catantops spissus   Chopard 1958*a*: 137.
45. Catantops spissus spissus   Davey *et al.* 1959*a*: 91.
46. Catantops spissus spissus   Chapman 1961*a*: 261, 268.
47. Catantops spissus spissus   Phipps 1962: 14, 16–18.
48. Catantops spissus spissus   Chapman 1962: 27, fig. 16, table 20.
49. Catantops spissus spissus   Dirsh 1963: 213.
50. Catantops spissus spissus   Chapman 1964: 120.
51. Catantops spissus spissus   Descamps 1965*a*: 953, 954.

Desc. 42 (♂ ♀).   **Morph.** 46, 47, 50, 51.   **Ecol.** 45, 48, 51.   **Bion.** 46, 48.   **Dist.** Mali 45, 51.

spissus adustus (Walker 1870)   [p. 321]

18. Catantops adustus   Agarwala 1953: 59, 68, figs.
19. Catantops adustus   Agarwala 1954: 98, 310, figs.
20. Catantops adustus   Waloff 1954: 387.
21. Catantops spissus adustus   Dirsh 1956*b*: 49, 94, figs. 294, 297, 302.
22. Catantops spissus adustus   Dirsh 1956*c*: 219.
23. Catantops spissus adustus   Chapman & Robertson 96, 103.
24. Catantops spissus adustus   Phipps 1959*b*: 31.
25. Catantops spissus adustus   Chapman 1962: 27.
26. Catantops spissus adustus   Roy 1962: 110, 127.
27. Catantops spissus adustus   Robertson & Chapman 1962: 67, tables 2, 3, 28, 30.
28. Catantops spissus adustus   Jago 1964*b*: 198.
29. Catantops spissus adustus   Dirsh 1964*a*: 61.
30. Catantops spissus adustus   Vesey-Fitzgerald 1964*a*: 354.
31. Catantops spissus adustus   Pinhey 1965: 9.
32. Catantops spissus adustus   Roy 1965: 622.

Desc. 21.   **Morph.** 18, 19, 20, 23, 24.   **Ecol.** 23, 25, 27–31.   **Bion.** 23, 25, 27, 30, 31.   **Dist.** W.A. Ghana 25; Dahomey 26; Senegal 26, 31; Liberia 26; Guinea 26; Ivory Coast 26. C.A. Congo Rep. 29; Angola 21; Zambia 30.   E.A. Port. E. Africa 21; Tanzania 30. S.A. Cape 21.

stenocrobyloides Karny 1907   [p. 323]

3. Catantops stenocrobyloides   Dirsh 1956*b*: 49, 87, figs. 264, 269–72. *Type:* ♂.
4. Catantops stenocrobyloides   Dirsh 1962*b*: 327.
5. Catantops stenocrobyloides   Dirsh 1962*c*: 272.

Desc. 3 (♂ ♀).   **Dist.** Madagascar.

stylifer Krauss 1877   [p. 323]

Lectotype: ♂ (Dirsh 1956*b*: 90)

16. Catantops stylifer   Krauss 1877: 142.
17. Catantops stylifer   Risbec 1950: 317.
18. Catantops stylifer   Dirsh 1956*b*: 49, 89, figs. 277–82, 287.

ACRIDIDAE   Catantopinae

19. Catantops stylifer   Davey et al. 1959a: 91.
20. Catantops stylifer   Le Pelley 1959: 91.
21. Catantops stylifer   Davey 1959: 127.
22. Catantops stylifer   Boisson 1961: 28.
23. Catantops stylifer   Chapman 1962: 27, fig. 15, table 20.
24. Catantops stylifer   Roy 1962: 110, 113, 127.
25. Catantops stylifer   Chapman 1964: 120.
26. Catantops stylifer   Jago 1964b: 198.
27. Catantops stylifer   Roy 1965: 622.
28. Catantops stylifer   Descamps 1965a: 953, 955, 1309.
29. Catantops stylifer   Forsyth 1966: 96.

Desc. 16 (♂ ♀), 18 (♂ ♀). **Morph.** 25. **Ecol.** 19, 23, 24, 26, 27. **Bion.** 19, 21, 22, 23. **Econ.** 17, 20, 29. **Dist. W.A.** Mali 17, 19, 21, 22; Senegal 24, 27; Ghana 29.

tanganus Dirsh 1956

Type: ♂. Tanganyika: Tabora, Kakoma. Brit. Mus.

1. Catantops tanganus   Dirsh 1956b: 47, 53, figs. 90–3, 148.

Desc. ♂ ♀.

terminalis Ramme 1929   [p. 324]

3. Catantops terminalis   Dirsh 1956b: 46, 52, figs. 86–9.

Desc. ♂.

trimaculatus Uvarov 1953   [p. 324]

2. Catantops trimaculatus   Kevan 1955a: 63.
3. Catantops trimaculatus   Dirsh 1956b: 47, 54, figs. 94–7, 232.

Desc. 3.   **Dist. C.A.** Congo Rep. 3.

uvarovi Dirsh 1956

Type: ♂. Somalia: Borama. Brit. Mus.

1. Catantops uvarovi   Dirsh 1956b: 49, 85, figs. 254–8, 264.
2. Catantops uvarovi   Dirsh 1965: 364, fig. 288j (♂).

Desc. 1 (♂ ♀).   **Dist. E.A.** Somalia 1; Ethiopia 1.

zernyi Ramme 1929   [p. 324]

2. Catantops zernyi   Dirsh 1956b: 47, 63, figs. 152–7, 249.

Desc. 1 (♂ ♀).   **Dist. C.A.** Zambia.

species ?   [p. 324]

8. Catantops sp.   Davey et al. 1959a: 90.
9. Catantops sp. aff. melanostictus   Kevan & Knipper 1961: 376.

Ecol. 9.   **Dist. W.A.** Mali 8.   **C.A.** Zambia 9.

Catantopinae   ACRIDIDAE

CALDERONIA I. Bolivar 1908 [p. 290]

4. Calderonia   Dirsh 1962b: 326, 331.

Desc.

biplagiata I. Bolivar 1908 [p. 290]

4. Calderonia biplagiata   Dirsh 1962b: 331, fig. 32 (♂ ♀).

Desc. ♂ ♀.   Dist. Madagascar.

PSEUDOPROPACRIS Dirsh 1953 [p. 309]

2. Pseudopropacris   Dirsh 1956b: 15, 110.
3. Pseudopropacris   Dirsh 1965: 306, 365.

Desc. 2, 3.

rammei (Miller 1936) [p. 309]

3. Pseudopropacris rammei   Dirsh 1956b: 110, figs. 364, 366.
4. Pseudopropacris rammei   Dirsh 1965: 365, fig. 289 (♂).

Dist. C.A. Zambia 3.

vana (Karsch 1896) [p. 309]

15. Pseudopropacris vana   Dirsh 1956b: 110.
16. Pseudopropacris vana   Phipps 1959b: 31, 38.
17. Pseudopropacris vana   Phipps 1966: 30.
18. Catantops viridulus   Karny 1907. *Lectotype:* ♂ (Dirsh 1956b: 111) [p. 309].

Morph. 16.   Ecol. 17.   Bion. 17.   Dist. E.A. Tanzania 16, 17.

PARAPROPACRIS Ramme 1929 [p. 308]

2. Parapropacris   Dirsh 1956b: 15, 111.
3. Parapropacris   Dirsh 1965: 306, 366.

Desc. 2, 3.

graueri (Sjöstedt 1929) [p. 308]

3. Parapropacris graueri   Dirsh 1956b: 111.

rhodoptera (Uvarov 1923) [p. 308]

4. Parapropacris rhodoptera   Dirsh 1956b: 111, figs. 367–9.
5. Parapropacris rhodoptera   Dirsh 1956f: 275, pl. 34, f. 26.
6. Parapropacris rhodoptera   Dirsh 1965: 366, fig. 290 (♂).

Morph. 5.

CALLICATANTOPS Uvarov 1953 [p. 306]

3. Callicatantops   Dirsh 1956b: 15, 119.
4. Callicatantops   Dirsh 1965: 306, 367.

Desc. 3, 4.

ACRIDIDAE   Catantopinae

cephalotes (I. Bolivar 1889) [p. 306]
7. Callicatantops cephalotes   Dirsh 1956b: 119, 120, figs. 418–22. *Lectotype:* ♂.
8. Callicatantops cephalotes   Dirsh 1965: 367, fig. 291 (♂).

Dist. C.A. Congo Rep. 7.

EXOPROPACRIS Dirsh 1951   [p. 304]

3. Exopropacris   Dirsh 1956b: 16, 129.
4. Exopropacris   Dirsh 1965: 307, 368.

Desc. 3, 4. **Key** 3.

modica mellita (Karsch 1893) [p. 305]
20. Exopropacris modica mellita   Dirsh 1956b: 132, 133, figs. 472–85.
21. Exopropacris modica mellita   Chapman 1962: 26.
22. Exopropacris modica mellita   Dirsh 1963b: 213.
23. Exopropacris modica mellita   Dirsh 1964a: 63.
24. Exopropacris modica mellita   Jago 1964b: 198.
25. Exopropacris modica mellita   Vesey-Fitzgerald 1964a: 352.

Ecol. 21, 23, 24, 25. **Dist.** W.A. Senegal 20, 23; Guinea 20, 22, 23; Mali 20; Ivory Coast 20, 23; Ghana 21. C.A. Angola 20, 23; Zambia 20, 23, 25.

modica modica (Karsch 1893) [p. 305]
11. Catantops modicus   Risbec 1950: 317.
12. Exopropacris modica modica   Dirsh 1956b: 130, figs. 472–85.
13. Exopropacris modica   Chopard 1958a: 137.
14. Exopropacris modica modica   Chapman 1962: 25.
15. Exopropacris modica modica   Phipps 1962: 14.
16. Exopropacris modica   Vesey-Fitzgerald 1964a: 352.
17. Exopropacris modica modica   Dirsh 1964a: 63.
18. Exopropacris modica modica   Descamps 1965a: 953, 954.
19. Exopropacris modica modica   Roy 1965: 621.
20. Exopropacris modica   Forsyth 1966: 96.

Desc. 1 (♂♀). **Morph.** 15. **Ecol.** 14, 16, 17, 18, 19. **Bion.** 14. **Econ.** 11, 20. **Dist.** W.A. Guinea 12, 13; Ivory Coast 12, 17; Cameroon Rep. 12, 17; Ghana 14, 20; Mali 11, 18; Sierra Leone 15; Senegal 19. E.A. Uganda 12, 17; Sudan 12. C.A. Zambia 16.

rehni (Sjöstedt 1923) [p. 306]
7. Exopropacris rehni   Dirsh 1956b: 129, figs. 459–71, 485.
8. *Exopropacris sudanica*   Dirsh 1951 (Dirsh *l.c.* 130, fig. 469) [p. 306].
9. Exopropacris rehni   Dirsh 1956f: 275, pl. 34, f. 17.
10. Exopropacris rehni   Dirsh 1965: 368, fig. 292 (♂).

Morph. 9. **Dist.** E.A. Sudan 7.

ORBILLUS Stål 1873 [p. 303]

9. Orbillus   Dirsh 1956b: 16, 139.
10. Orbillus   Dirsh 1965: 307, 369.

Desc. 9, 10.

coeruleus (Drury 1773) [p. 303]

22. Orbillus coeruleus   Kevan 1955a: 65.
23. Orbillus coeruleus   Dirsh 1956b: 139, figs. 503–5. *Type:* lost.
24. Orbillus coeruleus   Dirsh 1956f: 275, pl. 34, f. 23.
25. Orbillus coeruleus   Chopard 1958a: 138.
26. Orbillus coeruleus   Chapman 1961a: 260, 267, 283, fig. 15.
27. Orbillus coeruleus   Chapman 1962: 24, fig. 14, table 20.
28. Orbillus coeruleus   Phipps 1962: 14.
29. Orbillus coeruleus   Dirsh 1963b: 213.
30. Orbillus coeruleus   Dirsh 1965: 369, fig. 293 ($\male$).
31. Orbillus coeruleus   Chapman 1964: 120, fig. 2.

Morph. 24, 26, 28, 31. **Ecol.** 27. **Bion.** 26, 27. **Dist. W.A.** Sierra Leone 28; Guinea 25, 29; Ghana 26, 27. **C.A.** Angola 22.

sulcifer Karny 1907 [p. 304]

5. Orbillus sulcifer   Dirsh 1956b: 139.

Desc.

ANAPROPACRIS Uvarov 1953 [p. 302]

3. Anapropacris   Dirsh 1956b: 16, 139.
4. Anapropacris   Dirsh 1965: 307, 370.

Desc. 3, 4.

elegantula (I. Bolivar 1908) [p. 303]

6. Anapropacris elegantula   Dirsh 1956b: 140, figs. 506–10.
7. Anapropacris elegantula   Dirsh 1956f: 275, pl. 34, f. 24.
8. Anapropacris elegantula   Vesey-Fitzgerald 1964a: 352.
9. Anapropacris elegantula   Dirsh 1965: 370, fig. 294 ($\male$ $\female$).

Morph. 7. **Ecol.** 8. **Dist. C.A.** Zambia 8.

EUPROPACRIS Walker 1870 [p. 299]

7. Europacris   Dirsh 1956b: 16, 110, 140.
8. Europacris   Dirsh 1965: 307, 371.

Desc. 7, 8.

Following species are listed by Dirsh (1956b: 141–3) with bibliographical references and type locations only. See Catalogue pp. 299–302:

Europacris abbreviata   Miller 1929.
Europacris cardenioides   Ramme 1929.

ACRIDIDAE Catantopinae

Eupropacris clathrata   Ramme 1929.
Eupropacris congica   Ramme 1929.
Eupropacris cylindricollis (Schaum 1853).
Eupropacris furcata   Ramme 1929.
Eupropacris namaqua (Krauss 1901).
Eupropacris obscura   Miller 1929.
Eupropacris oculata   Ramme 1929.
Eupropacris pompalis (Karsch 1896).
Eupropacris roseoviridis (I. Bolivar 1908).
Eupropacris swynnertoni   Ramme 1929.

fumida (Walker 1870)   [p. 300]

(2) Eupropacris spectabilis   Walker 1870. *Type:* lost (Dirsh 1956*b*: 141). [p. 300].
 7. Eupropacris fumida   Dirsh 1956*b*: 141.
 8. Eupropacris fumida   Le Pelley 1959: 92.

Econ. 8.

nigricornis (Karny 1907)   [p. 301]

 4. Eupropacris nigricornis   Dirsh 1956*b*: 143. *Lectotype:* ♂.

ornata (Karny 1907)   [p. 301]

 4. Eupropacris ornata   Dirsh 1956*b*: 141, figs. 511–12.
 5. Eupropacris ornatus   Dirsh 1956*f*: 275, pl. 34, f. 25.
 6. Eupropacris ornata   Phipps 1959*b*: 31.
 7. Eupropacris ornata   Kevan & Knipper 1961: 377.
 8. Eupropacris ornata   Vesey-Fitzgerald 1964*a*: 351.
 9. Eupropacris ornata   Dirsh 1965: 371, fig. 295 (♂).
10. Eupropacris ornata   Phipps 1966: 29.

Morph. 5, 6. **Ecol.** 8. **Econ.** 7, 9. **Bion.** 9. **Dist. E.A.** Tanzania 6, 7, 9. **C.A.** Zambia 8.

uniformis Ramme 1929   [p. 302]

 4. Eupropacris uniformis   Morstatt 1936: 273.
 5. Eupropacris uniformis   Dirsh 1956*b*: 143.
 6. Eupropacris uniformis   Le Pelley 1959: 92.

Econ. 4, 6.

ENOPLOTETTIX I. Bolivar 1913

gardineri (I. Bolivar 1912)   [p. 250]

 3. Enoplotettix gardineri   Dirsh 1956*f*: 277, pl. 41, f. 15.

Morph.

XENOTETTIX Uvarov 1925 [p. 499]

2. Xenotettix   Dirsh 1956d: 136.
3. Xenotettix   Dirsh 1965: 307, 372.

Desc. 2, 3.   Key 2.

albicans Miller 1932 [p. 499]

2. Xenotettix albicans   Dirsh 1956d: 138. ♂. S. Africa: Cape Province, Jagbult, 75 m. E. of Kenhart. Brit. Mus.

Desc. ♂.

armipes Uvarov 1925 [p. 499]

2. Xenotettix armipes   Dirsh 1956d: 137, fig. 17.
3. Xenotettix armipes   Dirsh 1965: 372, fig. 296 (♂).

Desc. 2.   Dist. S.A. Cape Province 2.

calcaratus Uvarov 1925 [p. 499]

See Paraxenotettix *below*.

*PARAXENOTETTIX Dirsh 1961

Orthotype: **Xenotettix rugulosus**   Dirsh 1956

1. Paraxenotettix   Dirsh 1961d: 392.
2. Paraxenotettix   Dirsh 1965: 307, 373.

Desc. 1, 2.

calcaratus Uvarov 1925 [p. 499]

3. Xenotettix calcarata   Dirsh 1956d: 137.
4. Paraxenotettix calcaratus   Dirsh 1961d: 393.

Desc. 3.

rugulosa Dirsh 1956

Type: ♀. S. Africa: Cape Province, Matjesfontein. Brit. Mus.

1. Xenotettix rugulosa   Dirsh 1956d: 138, figs. 13–16.
2. Paraxenotettix rugulosa   Dirsh 1961d: 393.
3. Paraxenotettix rugulosa   Dirsh 1965: 373, fig. 297.

Desc. 1 (♀).

CYRTACANTHACRIDINAE

1. Cyrtacanthacridinae   Dirsh 1961a: 388, 389, 409.
2. Cyrtacanthacridinae   Dirsh 1965: 181, 374.

Desc. 1, 2.   Key (genera) 2.

ACRIDIDAE Cyrtacanthacridinae

PHYXACRA Karny 1907 [p. 348]

6. Phyxacra   Vesey-Fitzgerald 1964a: 360.
7. Phyxacra   Dirsh 1965: 374, 376.

Desc. 7.   **Ecol.** 6.

arthriticus (Serville 1838) [p. 310]

4. Phyxacra (?) arthritica   Dirsh 1956b: 107.

coerulans Karny 1907 [p. 348]

5. Phyxacra coerulans   Davey et al. 1959a: 93.

Ecol.   **Dist. W.A.** Mali.

strenua (Walker 1870) [p. 349]

24. Coptacra variolosa   Krauss 1877: 141.
25. Phyxacra strenua   Dirsh 1956f: 275, pl. 33, f. 12.
26. Phyxacra strenua   Chopard 1958a: 133.
27. Phyxacra strenua   Davey et al. 1959a: 93.
28. Phyxacra strenua   Roy 1962: 110, 113, 128.
29. Phyxacra strenua   Chapman 1962: 29.
30. Phyxacra strenua   Dirsh 1963b: 215.
31. Phyxacra strenua   Dirsh 1964a: 65.
32. Phyxacra strenua   Dirsh 1965: 376, fig. 298 (♂ ♀).
33. Phyxacra strenua   Descamps 1965a: 960, 961, 1309.
34. Phyxacra strenua   Roy 1965: 623.

Desc. 24 (♀).   **Morph.** 25.   **Ecol.** 27, 29, 31, 33.   **Bion.** 29.   **Dist. W.A.** Senegal 28, 34; Guinea 26, 30; Mali 27, 33; Ghana 29.   **C.A.** Congo Rep. 31.

ACRIDODERES I. Bolivar 1889 [p. 350]

7. *Anacridoderes*   Uvarov 1923 (Dirsh 1958b: 56).
8. Acridoderes   Dirsh 1965: 374, 377. [p. 351]

Desc. 2.

crassus I. Bolivar 1889 [p. 350]

8. Acridoderes crassus   Kevan 1955a: 71.
9. Acridoderes crassus   Dirsh 1956f: 275, pl. 33, f. 4.
10. Acridoderes crassus   Dirsh 1958b: 56.
11. Acridoderes crassus   Vesey-Fitzgerald 1964a: 360.
12. Acridoderes crassus   Dirsh 1965: 377, fig. 299.

Morph. 9.   **Ecol.** 11.   **Bion.** 11.   **Dist. C.A.** Angola 8; Zambia 11.   **E.A.** Tanzania 11.

laevigatus I. Bolivar 1911 [p. 351]

4. Acridoderes laevigatus   Dirsh 1958b: 56.

Desc.

RHYTIDACRIS Uvarov 1923 [p. 353]

2. Rhytidacris   Dirsh 1965: 375, 377.

Desc.

punctata (Kirby 1902) [p. 353]

9. Rhytidacris punctata   Kevan 1955*a*: 71.
10. Rhytidacris punctata   Vesey-Fitzgerald 1964*a*: 361.
11. Rhytidacris punctata   Dirsh 1965: 378, fig. 300, *a–c*.
12. Rhytidacris punctata   Pinhey 1965: 10.

Desc. 10. Ecol. 10, 12. Bion. 10, 12. Dist. C.A. Rhodesia 12; Angola 9; Zambia 10. E.A. Tanzania 10.

tectifera (Karsch 1896) [p. 353]

14. Rhytidacris tectifera   Dirsh 1956*f*: 275, pl. 33, f. 1.
15. Rhytidacris tectifera   Chopard 1958*a*: 133.
16. Rhytidacris tectifera   Robertson & Chapman 1962: 68, tables 2, 3.
17. Rhytidacris tectifera   Phipps 1962: 14.
18. Rhytidacris tectifera   Chapman 1962: 29.
19. Rhytidacris tectifera   Dirsh 1964*a*: 65.
20. Rhytidacris tectifera   Vesey-Fitzgerald 1964*a*: 361.
21. Rhytidacris tectifera   Dirsh 1965: 378, fig. 300*d*.
22. Rhytidacris tectifera   Descamps 1965*a*: 960, 961.

Morph. 14, 17. Ecol. 16, 18, 19, 20, 22. Bion. 16, 18. Dist. W.A. Mali 22; Guinea 15; Sierra Leone 17; Ghana 18. E.A. Tanzania 16, 20. C.A. Congo Rep. 19; Zambia 20.

BRYOPHYMA Uvarov 1923 [p. 352]

2. Bryophyma   Dirsh 1965: 375, 378.

Desc.

debilis (Karsch 1896) [p. 352]

7. Bryophyma debilis   Waloff 1954: 386.
8. Bryophyma debilis   Dirsh 1956*f*: 275, pl. 33, f. 20.
9. Bryophyma debilis   Vesey-Fitzgerald 1964*a*: 361.
10. Bryophyma debilis   Dirsh 1965: 379, fig. 301.

Morph. 7. Ecol. 9. Dist. E.A. Tanzania 7. C.A. Zambia 9.

debilis picta Uvarov 1923 [p. 352]

4. Bryophyma debilis picta   Kevan 1955*c*: 477.
5. Bryophyma debilis picta   Forsyth 1966: 96.

Econ. 5. Dist. E.A. Kenya 4. W.A. Ghana 5.

debilis robusta Miller 1925 [p. 352]

4. Bryophyma debilis robusta   Kevan 1955*a*: 71.

Dist. C.A. Angola.

ORTHACANTHACRIS Karsch 1896 [p. 364]

7. Orthacanthacris   Dirsh 1965: 375, 379.

Desc.   *humilicrus* (Karsch 1896) [p. 364]

10. Orthacanthacris humilicrus   Risbec 1950: 317.
11. Orthacanthacris humilicrus   Dirsh 1956*f*: 275, pl. 33, f. 23.
12. Orthacanthacris humilicrus   Chapman & Robertson 1958: 96, 104.
13. Orthacanthacris humilicrus   Davey 1959: 127.
14. Orthacanthacris humilicrus   Davey *et al.* 1959*a*: 95.
15. Orthacanthacris humilicrus   Robertson & Chapman 1962: 68, tables 2, 3.
16. Orthacanthacris humilicrus   Roy 1962: 110, 128.
17. Orthacanthacris humilicrus   Vesey-Fitzgerald 1964*a*: 362.
18. Orthacanthacris humilicrus   Descamps 1965*a*: 960, 961, 1309.
19. Orthacanthacris humilicrus   Dirsh 1965: 379, fig. 302.
20. Orthacanthacris humilicrus   Uvarov 1966: 327.

Morph. 11, 12. **Ecol.** 12, 14, 15, 17, 18. **Bion.** 12, 13, 15, 17, 20. **Econ.** 10. **Dist. W.A.** Mali 10, 13, 14, 18; Senegal 16. **E.A.** Tanzania 12, 15. **C.A.** Zambia 17.

PACHYNOTACRIS Uvarov 1923 [p. 351]

2. Pachynotacris   Dirsh 1965: 375, 380.

Desc.   *amethystina* (I. Bolivar 1908) [p. 351]

5. Pachynotacris amethystina   Dirsh 1955*a*: 67.
6. Pachynotacris amethystina   Dirsh 1956*f*: 275, pl. 33, f. 11.
7. Pachynotacris amethystina   Dirsh 1965: 380, fig. 303.

Morph. 6. **Dist. C.A.** Ruanda 5.

GOWDEYA Uvarov 1923 [p. 365]

3. Gowdeya   Dirsh 1965: 375, 381.

Desc.   *picta* Uvarov 1923 [p. 365]

4. Gowdeya picta   Dirsh 1956*f*: 275, pl. 33, f. 19.
5. Gowdeya picta   Dirsh 1965: 381, fig. 304.

Morph. 4. **Dist. C.A.** Congo Rep. 5.

picta rubrispina Uvarov 1953 [p. 365].

2. Gowdeya picta-rubrispina   Vesey-Fitzgerald 1964*a*: 362.

Ecol. Bion. Dist. C.A. Zambia.

KINKALIDIA Sjöstedt 1931 [p. 365]

2. Kinkalidia   Dirsh 1965: 375, 381.

Desc.

robusta Sjöstedt 1931 [p. 365]
2. Kinkalidia robusta   Dirsh 1965: 382, fig. 303.

SCHISTOCERCA Stål 1873   [p. 354]

15. Schistocerca   Dirsh 1965: 375, 382.
Desc.

gregaria Forskål 1775   [p. 354]
118. Schistocerca peregrina   Hayward 1927: Suppl.
119. Schistocerca gregaria   Paoli 1934: 27, fig.
120. Schistocerca gregaria   Volkonsky 1939: 194–220, 1 pl.
121. Schistocerca gregaria   Morales Agacino 1951: 99, 109, fig. 18.
122. Schistocerca gregaria   Agarwala 1952b: 61–75, figs. 36–41.
123. Schistocerca gregaria   Agarwala 1953: 55.
124. Schistocerca gregaria   Waloff 1954: 388.
125. Schistocerca gregaria   Chopard 1954a: 13.
126. Schistocerca gregaria   Chopard 1954b: 6.
127. Schistocerca gregaria   Agarwala 1954: 310.
128. Schistocerca gregaria flaviventris   Dirsh 1956c: 221.
129. Schistocerca gregaria   Dirsh 1956f: 275, pl. 33, f. 22.
130. Schistocerca gregaria   Dirsh 1957c: 193, figs. 1, 2.
131. Schistocerca gregaria   Chopard 1958d: 12.
132. Schistocerca flaviventris   Korsakoff 1958: 140.
133. Schistocerca gregaria   La Greca 1958: 55.
134. Schistocerca gregaria   Phipps 1959b: 31.
135. Schistocerca gregaria   Davey *et al.* 1959a: 94.
136. Schistocerca gregaria   Le Pelley 1959: 93.
137. Schistocerca gregaria   Gardner & Classey 1960: 192.
138. Schistocerca gregaria   Gardner 1960: 128.
139. Schistocerca gregaria   Boisson 1961: 28.
140. Schistocerca gregaria   Saraiva 1961: 126, fig. 151.
141. Schistocerca gregaria   Thomas 1962: 107, fig. 6.
142. Schistocerca gregaria   Roy 1962: 128.
143. Schistocerca gregaria   Chapman 1962: 29.
144. Schistocerca gregaria   Dirsh 1965: 382, fig. 306.
145. Schistocerca gregaria   Forsyth 1966: 96.

Desc. 119.   **Key** 121.   **Morph.** 121, 122, 123, 124, 127, 129, 134, 141.   **Bion.** 120, 135, 139.
Econ. 119, 136, 145.   **Dist. W.A.** Senegal 142; Mali 135, 139; Ghana 143, 145.

ANACRIDIUM Uvarov 1923   [p. 358]

5. Anacridium   Brown 1962a: 182.
6. Anacridium   Dirsh 1965: 375, 383.

Desc. 6.   **Ecol.** 5.

ACRIDIDAE

Cyrtacanthacridinae

aegyptium (Linnaeus 1764) [p. 358]

117. Acridium aegyptium   Hayward 1927: Suppl.
118. Acridium aegyptium   La Greca 1947b: 274.
119. Acridium aegyptium   Hargreaves 1948: 40.
120. Acridium aegyptium   Zacher 1949: 329, fig.
121. Acridium aegyptium   Colombo 1950: 443–7.
122. Acridium aegyptium   Morales Agacino 1951: 99, 108, fig. 17.
123. Acridium aegyptium   Colombo 1950: 191–232.
124. Acridium aegyptium   Ellis 1953: 237.
125. Anacridium aegyptium   Chopard 1954: 13.
126. Anacridium aegyptium   Colombo 1954: 105–15, 2 pls.
127. Anacridium aegyptium   Colombo 1955: 333–9, 9 figs.
128. Anacridium aegyptium   Colombo 1955b: 235, figs. 1–4.
129. Anacridium aegyptium   Khalifa 1956b: 217–29.
130. Anacridium aegyptium   Baccetti 1956: 75–104, pls. 1–6.
131. Anacridium aegyptium   Dirsh 1956f: 275, pl. 33, f. 18.
132. Anacridium aegyptium   Colombo & Moccellin 1956: 277–313, 5 figs.
133. Anacridium aegyptium   Colombo *et al.* 1955: 309, figs. 1, 2.
134. Anacridium aegyptium   Colombo 1956: 235–63, fig., 1 pl.
135. Anacridium aegyptium   Colombo & Bassato 1957: 275–84, 2 pls.
136. Anacridium aegyptium   La Greca 1958: 55.
137. Anacridium aegyptium   Leheta 1959: 155–63.
138. Anacridium aegyptium   Laub-Drost 1959: 1–27 *passim*, fig. 5.
139. Anacridium aegyptium   Laub-Drost 1960: 614–26 *passim*.
140. Anacridium aegyptium   Gardner 1960: 128.
141. Anacridium aegyptium   Blackith & Verdier 1961: 266, 268, 269.
142. Anacridium aegyptium   Dirsh 1961a: 410, fig. 30 (5).
143. Anacridium aegyptium   Sayed *et al.* 1964: 260.
144. Anacridium aegyptium   Saraiva 1961: 127.
145. Anacridium aegyptium   Norris 1965: 19–29, 1 fig.

Morph. 118, 122, 123, 126, 130, 131, 133, 134, 141. **Key** 122. **Ecol.** 125. **Bion.** 121, 124, 127, 128, 129, 132, 135, 137, 138, 139, 145. **Econ.** 119, 120, 129, 137. **Dist. N.A.** Algerian Sahara 125; Egypt 129; Tripolitania 136. **A.I.** Canary Is. 140; Cape Verde Is. 144.

melanorhodon arabafrum Dirsh 1953 [p. 361]

2. *Acridium tataricum* var. *moestum*   Burr 1903 (Uvarov & Popov 1957: 375) [p. 363].
3. Anacridium melanorhodon arabafrum   Uvarov & Popov 1957: 375.
4. Anacridium melanorhodon arabafrum   La Greca 1958: 55.
5. Anacridium melanorhodon arabafrum   Le Pelley 1959: 91.
6. Anacridium melanorhodon arabafrum   Kevan & Knipper 1961: 376.

Ecol. 3, 6. **Econ.** 5. **Dist. N.A.** Tripolitania 4. **E.A.** Socotra 3.

melanorhodon melanorhodon (Walker 1870) [p. 362]

36. Anacridium moestum melanorhodon   Volkonsky 1939: 203, fig.
37. Anacridium moestum melanorhodon   Hargreaves 1948: 40.
38. Anacridium moestum melanorhodon   Zacher 1949: 330.
39. Anacridium moestum melanorhodon   Chopard & Villiers 1950: 24.
40. Anacridium melanorhodon   Evans 1952: 61.
41. Anacridium melanorhodon   Chopard 1954b: 6.
42. Anacridium moestum melanorhodon   Mallamaire 1955: 44.
43. Anacridium melanorhodon   Dekeyser & Villiers 1956: 28, 205.
44. Anacridium melanorhodon   Chopard 1958d: 12.
45. Anacridium melanorhodon   Davey 1959: 127.
46. Anacridium melanorhodon melanorhodon   Popov 1959b: 90–2.
47. Anacridium melanorhodon melanorhodon   Davey et al. 1959a: 94.
48. Anacridium melanorhodon   Blackith & Verdier 1961: 266, 267, 269.
49. Anacridium melanorhodon   Boisson 1961: 28.
50. Anacridium melanorhodon   Saraiva 1961: 128, 150, 152.
51. Anacridium melanorhodon melanorhodon   Descamps 1965a: 960, 1309.
52. Anacridium melanorhodon melanorhodon   Dirsh 1965b: 41.
53. Anacridium melanorhodon   Dirsh 1965: 383, fig. 307.
54. Anacridium melanorhodon   Uvarov 1966: 143, 149, 255, 278, fig. 85.

Morph. 48, 54.   **Ecol.** 39, 43, 46, 47, 51.   **Bion.** 36, 45, 46, 47, 49.   **Econ.** 37, 38, 40, 42, 46.   **Dist. W.A.** Mali 45, 47, 49, 51; Chad 46; Mauretania 43; Niger 39.   **E.A.** Sudan 46.   **A.I.** Cape Verde Is. 41, 44, 50.

moestum (Serville 1838) [p. 363]

21. Anacridium moestum   Hargreaves 1948: 40.
22. Anacridium moestum   Risbec 1950: 317.
23. Anacridium moestum   Pearson 1958: 304.
24. Anacridium moestum   Pinhey 1965: 10, pl. 3d.
25. Anacridium moestum   Uvarov 1966: 143, fig. 85.

Morph. 25.   **Ecol.** 24.   **Bion.** 24.   **Econ.** 21, 22, 23.   **Dist. W.A.** Mali 22.

wernerellum (Karny 1907) [p. 363]

26. Anacridium wernerellum   Joyce 1954: 132.
27. Anacridium wernerellum   Dirsh 1955a: 67.
28. Anacridium wernerellum   Davey et al. 1959a: 95.
29. Anacridium wernerellum   Phipps 1959b: 31.
30. Anacridium wernerellum   Le Pelley 1959: 91.
31. Anacridium wernerellum   Saraiva 1961: 131, 151.
32. Anacridium wernerellum   Dirsh 1964a: 65.
33. Anacridium wernerellum   Vesey-Fitzgerald 1964a: 362.
34. Anacridium wernerellum   Descamps 1965a: 960, 961.

ACRIDIDAE
Cyrtacanthacridinae

35. Anacridium wernerellum   Uvarov 1966: 143.
36. Anacridium wernerellum   Phipps 1966: 30.

Morph. 29, 35. **Ecol.** 33, 34, 36. **Bion.** 36. **Econ.** 26, 30. **Dist. W.A.** Mali 28, 34. **C.A.** Congo Rep. 27, 32; Zambia 33. **E.A.** Tanzania 29, 33, 34, 36; Sudan 26. **A.I.** Cape Verde Is. 31.

RHADINACRIS Uvarov 1923 [p. 357]

2. Rhadinacris   Dirsh 1962b: 343, 344.

Desc.

schistocercoides (Brancsik 1893) [p. 357]

10. Rhadinacris schistocercoides   Dirsh 1956f: 275, pl. 33, f. 8.
11. Rhadinacris schistocercoides   Dirsh 1962c: 273.
12. Rhadinacris schistocercoides   Dirsh 1962b: 344, fig. 39 (♂).

Desc. 12 (♂ ♀). **Morph.** 10. **Dist.** C. & S. Malagasy, 11, 12.

NOMADACRIS

3. Nomadacris   Dirsh 1965: 375, 384. [p. 365]

Desc.

septemfasciata Serville 1838 [p. 366]

47. Nomadacris septemfasciata   Waloff 1954: 387.
48. Nomadacris septemfasciata   Dirsh 1956f: 275, pl. 33, f. 10.
49. Nomadacris septemfasciata   Chopard 1957: 50.
50. Nomadacris septemfasciata   Orian 1957: 514.
51. Nomadacris fascifera   Orian 1957: 514.
52. Nomadacris septemfasciata   Chopard 1958a: 133.
53. Nomadacris septemfasciata   Chopard 1958c: 37.
54. Nomadacris septemfasciata   Davey *et al.* 1959a: 96.
55. Nomadacris septemfasciata   Le Pelley 1959: 93.
56. Nomadacris septemfasciata   Saraiva 1961: 132, 151.
57. Nomadacris septemfasciata   Robertson & Chapman 1962: 68, tables 2, 3, 9, 10, 11, 12, 28, 30.
58. Nomadacris septemfasciata   Dirsh 1962b: 348.
59. Nomadacris septemfasciata   Dirsh 1962c: 274.
60. Nomadacris septemfasciata   Anderson, N. L. 1964: 396, 397.
61. Nomadacris septemfasciata   Vesey-Fitzgerald 1964a: 362.
62. Nomadacris septemfasciata   Dirsh 1965: 384, fig. 308.
63. Nomadacris septemfasciata   Pinhey 1965: 10.
64. Nomadacris septemfasciata   Descamps 1965a: 960, 961.

Morph. 47, 48. **Ecol.** 54, 57, 60, 61, 63, 64. **Bion.** 57, 60, 61, 63. **Econ.** 50, 55. **Dist. W. A.** Mali 54, 64; Guinea 52. **E.A.** Tanzania 57, 60. **C.A.** Rhodesia 63. **I.I.** Malagasy 58, 59; Mauritius 50, 51; Comoro Is. 53. **A.I.** Cape Verde Is. 56.

septemfasciata insularis Chopard 1936   [p. 367]
2. Nomadacris septemfasciata insularis   Chopard 1954b: 6.
3. Nomadacris septemfasciata insularis   Chopard 1958d: 12.

Dist. A.I. Cape Verde Is. 2, 3.

FINOTINA Uvarov 1924   [p. 384]

3. Finotina   Dirsh 1962b: 343, 344.

Desc.

radama (Brancsik 1893)   [p. 384]
9. Finotina radama   Zacher 1949: 333.
10. Finotina radama   Dirsh 1962b: 346, fig. 40.
11. Finotina radamae (*sic*)   Dirsh 1962c: 274.

Desc. 10 (♂ ♀).   **Econ.** 9.   **Dist. I.I.** Malagasy 10.

ranavaloae (Finot 1907)   [p. 385]
5. Finotina ranavaloae   Dirsh 1962b: 346.

Desc. ♂ ♀.   **Dist. I.I.** Malagasy.

CYRTACANTHACRIS Walker 1870   [p. 376]

11. Cyrtacanthacris   Dirsh 1961a: 409.
12. Cyrtacanthacris   Dirsh 1965: 375, 385.

Desc. 11, 12.

aeruginosa (Stoll 1813)   [p. 377]
41. Cyrtacanthacris aeruginosa   Hargreaves 1948: 40.
42. Cyrtacanthacris aeruginosa   Descamps 1956: 52.
43. Cyrtacanthacris aeruginosa   Davey *et al.* 1959a: 98.
44. Cyrtacanthacris aeruginosa   Le Pelley 1959: 92.
45. Cyrtacanthacris aeruginosa   Chapman 1964: 120.
46. Cyrtacanthacris aeruginosa   Anderson, N. L. 1964: 396, 397, 400, 403.
47. Cyrtacanthacris aeruginosa   Vesey-Fitzgerald 1964a: 366.
48. Cyrtacanthacris aeruginosa   Descamps 1965a: 960, 1309.

Morph. 45.   **Ecol.** 43, 46, 47, 48.   **Bion.** 46, 47.   **Econ.** 41, 42, 44.   **Dist. W.A.** Mali 43, 48.   **E.A.** Tanzania 46, 47.   **C.A.** Zambia 47.   **S.A.** Botswana 47.

aeruginosa aeruginosa (Stoll 1813)   [p. 378]
10. Cyrtacanthacris aeruginosa aeruginosa   Dirsh 1956c: 220, 262.
11. Cyrtacanthacris aeruginosa aeruginosa   Chapman & Robertson 1958: 90, 104, fig. 10.

ACRIDIDAE   Cyrtacanthacridinae

12. Cyrtacanthacris aeruginosa aeruginosa   Robertson & Chapman 1962: 71, tables 2, 3, 13.
13. Cyrtacanthacris aeruginosa aeruginosa   Pinhey 1965: 10.

Morph. 11.   **Ecol.** 11, 12, 13.   **Bion.** 11, 12, 13.   **Dist.** E.A. Tanzania 11, 12.   C.A. Rhodesia 13.   S.A. Lesotho 10; Natal 10; O.F.S. 10.

aeruginosa flavescens Walker 1870   [p. 378]

8. *Cyrtacanthacris aeruginosa unicolor*   Uvarov 1924 (Dirsh 1961*d*: 392) [p. 379].
9. Cyrtacanthacris aeruginosa unicolor   Golding 1940: 130.
10. Cyrtacanthacris aeruginosa flavescens   Kevan 1956*c*: 970.
11. Cyrtacanthacris aeruginosa flavescens   Kevan & Knipper 1961: 375.
12. Cyrtacanthacris aeruginosa flavescens   Dirsh 1961*d*: 392.
13. Cyrtacanthacris aeruginosa unicolor   Dirsh 1956*c*: 220, 262.
14. Cyrtacanthacris aeruginosa unicolor   Chapman 1962: 30, fig. 19.
15. Cyrtacanthacris aeruginosa flavescens   Roy 1964*b*: 1191.
16. Cyrtacanthacris aeruginosa unicolor   Dirsh 1964*a*: 66.

Desc. 12.   **Ecol.** 11, 14, 15, 16.   **Bion.** 9, 14.   **Dist.** W.A. Cameroon Rep. 10; Gaboon 10; Ghana 14; Senegal 15.   E.A. Tanzania 11.   C.A. Congo Rep. 10.   S.A. Cape Province 13.

sulphurea Johnston 1935   [p. 379]

3. Cyrtacanthacris sulphurea Zacher 1949: 334.

Econ.   **Dist.** E.A. Sudan.

tatarica abyssinica Uvarov 1941   [p. 379]

3. Cyrtacanthacris tatarica abyssinica   Slifer 1953*b*: 81; pl. 12, f. 90.

Morph.

tatarica tatarica (Linnaeus 1758)   [p. 380]

92. Cyrtacanthacris tatarica   Paoli 1934: 27, figs.
93. Cyrtacanthacris tatarica   Hargreaves 1948: 41.
94. Cyrtacanthacris tatarica   Zacher 1949: 334.
95. Cyrtacanthacris tatarica   Evans 1952: 62.
96. Cyrtacanthacris tatarica   Ellis 1953: 237 *et seq.*
97. Cyrtacanthacris tatarica   Bigi 1953: 162.
98. Cyrtacanthacris tatarica   Randell 1963: 255, fig. 45.
99. Cyrtacanthacris tatarica   Slifer 1953*b*: 81, pl. 12, ff. 88, 89.
100. Cyrtacanthacris tatarica   Joyce 1954: 120.
101. Cyrtacanthacris tatarica   Slifer 1954*b*: 265–71.
102. Cyrtacanthacris tatarica   Kevan 1955*a*: 71.
103. Cyrtacanthacris tatarica   Backlund 1955: 204.
104. Cyrtacanthacris tatarica   Kevan 1955*c*: 477.
105. Cyrtacanthacris tatarica   Dirsh 1956*c*: 220, 262.
106. Cyrtacanthacris tatarica   Dirsh 1956*f*: 275, pl. 33, f. 13.
107. Cyrtacanthacris tatarica   Uvarov & Popov 1957: 376.

| Cyrtacanthacridinae | ACRIDIDAE |

108. Cyrtacanthacris tatarica Chopard 1958c: 37.
109. Cyrtacanthacris tatarica Dirsh 1959a: 63.
110. Cyrtacanthacris tatarica Phipps 1959b: 31.
111. Cyrtacanthacris tatarica Le Pelley 1959: 92.
112. Cyrtacanthacris tatarica Dirsh 1961a: 410, fig. 30 (1, 3).
113. Cyrtacanthacris tatarica Kevan & Knipper 1961: 375.
114. Cyrtacanthacris tatarica tatarica Saraiva 1961: 133.
115. Cyrtacanthacris tatarica Dirsh 1962b: 346.
116. Cyrtacanthacris tatarica Dirsh 1962c: 274.
117. Cyrtacanthacris tatarica Robertson & Chapman 1962: 71, tables 2, 3.
118. Cyrtacanthacris tatarica tatarica Baccetti 1962: 86.
119. Cyrtacanthacris tatarica Vesey-Fitzgerald 1964a: 366.
120. Cyrtacanthacris tatarica tatarica Pinhey 1965: 10, pl. 3c.
121. Cyrtacanthacris tatarica Dirsh 1965: 385, fig. 309.
122. Cyrtacanthacris tatarica Uvarov 1966: 13, 144, 255, 370, 375, 412, figs. 11 (6), 238.
123. Cyrtacanthacris tatarica Phipps 1966: 31.

Desc. 92 (nymph). **Morph.** 98, 99, 101, 106, 110, 132. **Ecol.** 103, 113, 117, 119, 120, 123. **Bion.** 96, 117, 120, 123. **Econ.** 92, 93, 94, 95, 97, 100, 111. **Dist. E.A.** Somalia 92, 113, 118; Tanzania 102, 113, 117, 123; Socotra 107; Ethiopia 109; Sudan 95, 100. **C.A.** Angola 102; Rhodesia 120. **S.A.** S.W. Africa 105. **I.I.** Comoro Is. 108; Malagasy 115, 116. **A.I.** Cape Verde Is. 114.

ORNITHACRIS Uvarov 1924 [p. 367]

5. Ornithacris Dirsh 1965: 375, 386.

Desc.

cyanea (Stoll 1813) [p. 368]

17. Ornithacris cyanea Hargreaves 1948: 41.
18. Ornithacris cyanea Backlund 1955: 204.
19. Ornithacris cyanea Dirsh 1956f: 275, pl. 33, f. 17.
20. Ornithacris cyanea Chopard 1958a: 134.
21. Ornithacris cyanea Dirsh 1961a: 410, fig. 30 (4).
22. Ornithacris cyanea Vesey-Fitzgerald 1964a: 364.
23. Ornithacris cyanea Dirsh 1965: 386, fig. 310.

Morph. 19. **Ecol.** 18, 22. **Bion.** 22. **Econ.** 17. **Dist. W.A.** Guinea 20. **C.A.** Zambia 17, 22. **E.A.** Tanzania 18, 22.

cyanea cyanea (Stoll 1813) [p. 368]

7. Ornithacris cyanea cyanea Chapman & Robertson 1958: 96, 104, fig. 7e.
8. Ornithacris cyanea cyanea Robertson & Chapman 1962: 70, tables 2, 3, 28, 30.

Morph. 7. **Ecol.** 7, 8. **Bion.** 7, 8. **Dist. E.A.** Tanzania 8.

ACRIDIDAE — Cyrtacanthacridinae

cyanea imperialis Rehn 1943 [p. 368]

5. Ornithacris cyanea imperialis   Dirsh 1963b: 215.
6. Ornithacris cyanea imperialis   Dirsh 1964a: 65.

Ecol. 6. **Dist. W.A.** Nigeria 6; Cameroon Rep. 6; Guinea 5. **E.A.** Somalia 6; Ethiopia 6. **C.A.** Congo Rep. 6.

magnifica (I. Bolivar 1881) [p. 368]

10. Ornithacris cyanea magnifica   Morstatt 1936: 273.
11. Ornithacris magnifica   Vesey-Fitzgerald 1964a: 365.
12. Ornithacris magnifica   Kevan 1955a: 71.
13. Ornithacris cyanea magnifica   Dirsh 1955a: 67.

Desc. 11. **Ecol.** 11. **Econ.** 10. **Dist. C.A.** Zambia 10, 11; Angola 12; Ruanda 13. **E.A.** Tanzania 11.

orientalis (Sjöstedt 1909) [p. 369]

6. Ornithacris cyanea rosea   Laub-Drost 1960: 614–26.
7. Ornithacris orientalis   Kevan & Knipper 1961: 375.
8. Ornithacris rosea   Vesey-Fitzgerald 1964a: 365.
9. Ornithacris orientalis   Pinhey 1965: 9, pl. 3a.

Ecol. 6, 7, 8. **Bion.** 6, 9. **E.A.** Tanzania 7, 8. **C.A.** Rhodesia 9; Zambia 8.

pictula pictula (Walker 1870) [p. 369]

23. Ornithacris cyanea pictula   La Greca 1947a: 63–9.

Morph.

turbida turbida (Walker 1870) [p. 371]

11. Ornithacris turbida   Davey 1959: 127.
12. Ornithacris turbida turbida   Chapman 1961a: 261, 268.
13. Ornithacris turbida turbida   Chapman 1962: 29, fig. 19.
14. Ornithacris turbida   Chapman 1964: 120.
15. Ornithacris turbida turbida   Dirsh 1964a: 66.
16. Ornithacris turbida turbida   Descamps 1965a: 960, 961.
17. Ornithacris turbida   Uvarov 1966: 255, 287, 370.

Morph. 12, 14. **Ecol.** 13, 15. **Bion.** 11, 12, 13, 17. **Dist. N.A.** Libya 15. **W.A.** Mali 11, 16; Togo 11; Ghana 13. **C.A.** Congo Rep. 11; Congo 11.

turbida cavroisi (Finot 1907) [p. 370]

18. Ornithacris cyanea cavroisi   Risbec 1950: 317.
19. Ornithacris cyanea cavroisi   Chopard 1958d: 12.
20. Ornithacris cyanea cavroisi   Popov 1959b: 92.
21. Ornithacris turbida cavroisi   Davey *et al.* 1959a: 96.
22. Ornithacris cyanea cavroisi   Saraiva 1961: 133, 151.

23. Ornithacris turbida cavroisi   Dirsh 1963b: 215.
24. Ornithacris turbida cavroisi   Dirsh 1964a: 66.
25. Ornithacris turbida cavroisi   Descamps 1965a: 960, 961, 1309.
26. Ornithacris turbida cavroisi   Forsyth 1966: 96.

Ecol. 20, 21, 24, 25.   **Bion.** 20, 21.   **Econ.** 18, 26.   **Dist. W.A.** Mali 18, 21, 25; Guinea 23, Ghana 26.   **E.A.** W. Sudan 20; Tanzania 24.   **C.A.** Congo Rep. 24.   **A.I.** Cape Verde Is. 19, 22.

species ?

1. Ornithacris sp.   Phipps 1959b: 31.
2. Ornithacris sp.   Phipps 1966: 31.

Morph. 1.   **Ecol.** 2.   **Bion.** 2.   **Dist. E.A.** Tanzania 1, 2.

CHONDRACRIS Uvarov 1923   [p. 385]

3. Chondracris   Dirsh 1965: 375, 387.

Desc.

asperata (I. Bolivar 1881)   [p. 385]

6. Chondracris asperata   Kevan 1955a: 72.

Dist. C.A. Angola.

baumanni (Karsch 1896)   [p. 385]

9. Chondracris baumanni   Risbec 1950: 317.
10. Chondracris baumanni   Chopard 1958a: 134.
11. Chondracris baumanni   Davey *et al.* 1959a: 100.
12. Chondracris baumanni   Chapman 1962: 30.

Ecol. 10.   **Econ.** 9.   **Dist. W.A.** Mali 9, 11; Guinea 10; Ghana 12.

sanguinea Sjöstedt 1912   [p. 386]

7. Chondracris sanguinea   Dirsh 1965: 387, fig. 311.

ACANTHACRIS Uvarov 1924   [p. 371]

5. Acanthacris   Dirsh 1965: 376, 388.
6. Acanthacris   Uvarov 1966: 60, 63, 148, 155.

Desc. 5.   **Morph.** 6.

deckeni (Gerstaecker 1869)   [p. 383]

8. Krassaria deckeni   (Gerstaecker 1869) Kevan 1955c: 477.

ruficornis (Fabricius 1787)   [p. 371]

70. Acanthacris ruficornis   Zacher 1949: 333.
71. Acanthacris ruficornis   Risbec 1950: 317.
72. Acanthacris ruficornis   Ewer 1953: 367–81, figs. 1–13.

ACRIDIDAE Cyrtacanthacridinae

73. Acanthacris ruficornis   Ewer 1954a: 79–89, figs. 1, 2, 4–6.
74. Acanthacris ruficornis   Ewer 1954b: 27–37, 6 figs.
75. Acanthacris ruficornis   Ewer 1954c: 232–6, figs. 1, 2.
76. Acanthacris ruficornis   Waloff 1954: 386.
77. Acanthacris ruficornis   Dirsh 1955a: 67.
78. Acanthacris ruficornis   Ewer 1955: 42, fig.
79. Acanthacris ruficornis   Dirsh 1956f: 275, pl. 33, f. 5.
80. Acanthacris ruficornis   Ewer 1957a: 195–204, figs. 1–5.
81. Acanthacris ruficornis   Ewer 1957b: 204–16, figs. 6, 7.
82. Acanthacris ruficornis   Ewer 1957c: 230.
82a. Acanthacris ruficornis   Ewer 1957d: 260 et seq. fig.
83. Acanthacris ruficornis   Chopard 1958c: 36.
84. Acanthacris ruficornis   Le Pelley 1959: 91.
85. Acanthacris ruficornis   Phipps 1962: 14, 16.
86. Acanthacris ruficornis   Vesey-Fitzgerald 1964a: 365.
87. Acanthacris ruficornis   Dirsh 1965: 388, fig. 312.
88. Acanthacris ruficornis   Uvarov 1966: 94, 95, 287.
89. Acanthacris ruficornis   Forsyth 1966: 96.

Morph. 72, 73, 74, 75, 76, 78, 79, 80, 81, 82, 82a, 85, 88. **Ecol.** 86. **Bion.** 86, 88. **Econ.** 70, 71, 84, 89. **Dist. W.A.** Mali 71; Ghana 89; Sierra Leone 85. **E.A.** Tanzania 86. **C.A.** Zambia 86. **S.A.** Lesotho 76. **I.I.** Comoro Is. 83.

ruficornis citrina (Serville 1838)   [p. 373]

21. Acanthacris ruficornis var. citrina   Mallamaire 1956: 40.
22. Acanthacris ruficornis citrina   Davey et al. 1959a: 98.
23. Acanthacris ruficornis citrina   Boisson 1961: 29.
24. Acanthacris ruficornis citrina   Descamps 1965a: 960, 961, 1309.
25. Acanthacris ruficornis citrina   Roy 1965: 623.

Bion. 22, 23. **Ecol.** 24. **Econ.** 24. **Dist. W.A.** Mali 22, 23, 24.

ruficornis lineata (Stoll 1813)   [p. 374]

46. Acanthacris lineatum   Ballard 1914: 347.
47. Acanthacris ruficornis lineata   Hudson 1945: 85–90.
48. Acanthacris ruficornis fulva   Hargreaves 1948: 40.
49. Acanthacris ruficornis fulva   Zacher 1949: 333.
50. Acanthacris ruficornis lineata   Kevan 1955c: 477.
51. Acanthacris ruficornis fulva   Bünzli & Büttiker 1956: 357.
52. Acanthacris ruficornis lineata   Dirsh 1956c: 220, 262.
53. Acanthacris ruficornis lineata   Chapman & Robertson 1958: 96, 104.
54. Acanthacris ruficornis fulva   Laub-Drost 1959: 1–27, figs. 3, 4.
55. Acanthacris ruficornis lineata   Le Pelley 1959: 91.
56. Acanthacris ruficornis fulva   Laub-Drost 1960: 614–26.
57. Acanthacris lineata   Kevan & Knipper 1961: 375.
58. Acanthacris ruficornis lineata   Chapman 1961a: 260, 270.

59. Acanthacris ruficornis lineata   Chapman 1962: 30.
60. Acanthacris ruficornis lineata   Robertson & Chapman 1962: 71, tables 2, 3.
61. Acanthacris ruficornis lineata   Pinhey 1965: 10, pl. 3b.

Morph. 47, 53, 58.   **Ecol.** 53, 57, 59, 60, 61.   **Bion.** 53, 54, 56, 58, 59, 60, 61.   **Econ.** 46, 48, 49, 51.   **Dist. W.A.** Ghana 58, 59.   **S.A.** Lesotho 52; Natal 52; Transvaal 52.

ruficornis ruficornis Fabricius 1787   [p. 376]

11. *Acanthacris ruficornis gyldenstolpei*   Sjöstedt 1923   Uvarov 1924b: 17, 18.
12. Acanthacris ruficornis ruficornis   Kevan 1956c: 970.
13. Acanthacris ruficornis ruficornis   Chopard 1958a: 133.
14. Acanthacris ruficornis ruficornis   Chapman 1962: 30.
15. Acanthacris ruficornis ruficornis   Dirsh 1963b: 215.
16. Acanthacris ruficornis ruficornis   Dirsh 1964a: 66.

Ecol. 12, 14, 16.   **Bion.** 14.   **Dist. W.A.** Guinea 13, 15; Ghana 14.

species ?   [p. 376]

2. Acanthacris ruficornis subsp.   Kevan & Knipper 1961: 375.

Ecol.   **Dist. E.A.** Tanzania.

KRAUSSARIA Uvarov 1923   [p. 382]

4. Kraussaria   Dirsh 1965: 376, 389.

Desc.

angulifera (Krauss 1877)   [p. 382]

25. Acridium anguliferum   Krauss 1877: 141.
26. Kraussaria angulifera   Hargreaves 1948: 41.
27. Kraussaria angulifera   Zacher 1949: 333.
28. Kraussaria angulifera   Chopard & Villiers 1950: 22.
29. Kraussaria angulifera   Mallamaire 1955: 24.
30. Kraussaria angulifera   Dirsh 1956f: 275, pl. 33, f. 6.
31. Kraussaria angulifera   Davey et al. 1959a: 99.
32. Kraussaria angulifera   Davey 1959: 127.
33. Kraussaria angulifera   Popov 1959b: 92.
34. Kraussaria angulifera   Popov 1959c: 50.
35. Kraussaria angulifera   Boisson 1961: 29.
36. Kraussaria angulifera   Roy 1964b: 1192.
37. Kraussaria angulifera   Descamps 1965a: 960, 962, 1309.
38. Kraussaria angulifera   Roy 1965: 623.
39. Kraussaria angulifera   Dirsh 1965: 389, fig. 313.

Desc. 25 (♂ ♀).   **Morph.** 30.   **Ecol.** 28, 31, 33, 37.   **Bion.** 31, 32, 33, 34, 35.   **Econ.** 26, 27, 29, 33.   **Dist. W.A.** Senegal 36; Mali 31, 32, 35, 37; Aïr 28.   **C.A.** Chad 33.

ACRIDIDAE   Egnatiinae

deckeni Kevan 1950   [p. 383]

Type: ♀. Kenya: Teita. Nairobi Mus.

1. Kraussaria deckeni   Kevan 1950b: 220, pl. 34, f. 5b.
2. Kraussaria deckeni   Kevan 1955c: 477.

Desc. 1 (♀), 2.   **Dist. E.A.** Kenya 1; Tanzania 2.

deckeni Gerstaecker 1869   [p. 383]

See Acanthacris deckeni p. 281.

dius (Karsch 1896)   [p. 383]

7. Kraussaria dius   Phipps 1959b: 31.
8. Kraussaria dius   Vesey-Fitzgerald 1964a: 366.
9. Kraussaria dius   Phipps 1966: 31.

Morph. 7.   **Ecol.** 8, 9.   **Bion.** 8, 9.   **Dist. E.A.** Tanzania 7, 9.   **C.A.** Zambia 8.

prasina (Walker 1870)   [p. 384]

20. Kraussaria prasina   Dirsh 1956c: 221, 262.

Dist. C.A. Rhodesia.

CONGOA I. Bolivar 1911   [p. 351]

3. Congoa   Dirsh 1965: 376, 390.

Desc.

katangae I. Bolivar 1911   [p. 351]

3. Congoa katangae   Dirsh 1965: 390, fig. 314.

EGNATIINAE

1. Egnatiinae   Dirsh 1961a: 388, 390, 410.
2. Egnatiinae   Dirsh 1965: 180, 391.

Desc. 1, 2.   **Key** (genera) 2.

EGNATIOIDES Vosseler 1902   [p. 595]

10. Egnatioides   Dirsh 1965: 391.

Desc.

coerulans (Krauss 1893)   [p. 596]

12. Egnatioides coerulans   Dirsh 1965: 391, fig. 315 (♂).

       striatus Vosseler 1902 [p. 596]
18. Egnatioides striatus Dirsh 1956*f*: 281, pl. 60, f. 4.
19. Egnatioides striatus Korsakoff 1958: 141, figs. 14–16.

Morph. 18. **Ecol.** 19. **Dist. N.A.** Algeria 19.

     EGNATIELLA I. Bolivar 1914 [p. 596]
5. Egnatiella Dirsh 1965: 391, 392.

Desc.

       cabrerai I. Bolivar 1914 [p. 597]
7. Egnatiella cabrerai Dirsh 1956*f*: 281, pl. 60, f. 3.
8. Egnatiella cabrerai Dirsh 1961*a*: 411, fig. 31 (5).
9. Egnatiella cabrerai Dirsh 1965: 392, fig. 316 (♂).

Morph. 7.

      modestior I. Bolivar 1914 [p. 598]
4. Egnatiella modestior I. Bolivar 1915: 62.

     LEPTOSCIRTUS Saussure 1888 [p. 594]
13. Leptoscirtus Dirsh 1956*f*: 259.
14. Leptoscirtus Dirsh 1965: 391, 392.

Desc. 14. **Morph.** 13.

      aviculus Saussure 1888 [p. 594]
11. Leptoscirtus aviculus Dirsh 1965: 393, fig. 317 (♀).

       ACRIDINAE
1. Acridinae Dirsh 1961*a*: 388, 390, 412.
2. Acridinae Dirsh 1965: 393.

Desc. 1, 2. **Key** (genera) 2.

     ACRIDA Linnaeus 1758 [p. 654]
28. Acrida Hemming 1954: 299.
29. Acrida Dirsh 1961*a*: 412.
30. Acrida Dirsh 1963*a*: 245, 246.
31. Acrida Dirsh 1965: 394, 400.

Desc. 29, 30, 31. **Key** 30.

ACRIDIDAE   Acridinae

acuminata Stål 1873   [p. 654]
21. Acrida acuminata   Dirsh 1956c: 241, 267.
22. Acrida acuminata   Steinmann 1963: 406.

Desc. 22 (in key). **Dist. S.A.** Lesotho 21; O.F.S. 21; Cape Province 21; Natal 21; Transvaal 21.

*bara Steinmann 1963

Type: ♂. Tanganyika: Usambara, Lushato. Budapest Mus.

1. Acrida bara   Steinmann 1963: 408, 425, figs. 80–4.

Desc. ♂.

bicolor (Thunberg 1815)   [p. 655]
42. Acrida bicolor   Slifer 1953a: 44, pl. 2, f. 9, fig. 3.
43. Acrida bicolor   Slifer 1953b: 78, pl. 2, f. 11.
44. Acrida bicolor   Slifer 1954a: 122–8, fig. 2.
45. Acrida bicolor   Kevan 1955c: 483.
46. Acrida bicolor   Dirsh 1955a: 70.
47. Acrida bicolor   Dirsh 1956c: 242, 267.
48. Acrida bicolor   Okay 1956a: 67–71.
49. Acrida bicolor   Okay 1956b: 80–91.
50. Acrida bicolor   Scott 1958: 27.
51. Acrida bicolor   Chapman & Robertson 1958: 98, 109, figs. 2, 13.
52. Acrida pellucida   Hafez & Ibrahim 1958a: 163, 4 figs.
53. Acrida pellucida   Hafez & Ibrahim 1958b: 183–98, 2 figs.
54. Acrida bicolor   Dirsh 1959a: 65.
55. Acrida pellucida   Hafez & Ibrahim 1959: 115–31, 21 figs.
56. Acrida bicolor   Davey et al. 1959b: 570.
57. Acrida pellucida   Hafez & Ibrahim 1960: 451–76, 18 figs.
58. Acrida bicolor   Blackith & Verdier 1961: 266, 268.
59. Acrida bicolor   Robertson & Chapman 1962: 85, tables 2, 3, 27, 30.
60. Acrida bicolor   Roy 1962: 111, 114, 133.
61. Acrida bicolor   Steinmann 1963: 407, fig. 1 (24).
62. Acrida pellucida pellucida   Sayed et al. 1964: 260.
63. Acrida bicolor   Roy 1964c: 122, figs. 4b, 5d, 6h.
64. Acrida bicolor   Descamps 1965a: 1260, 1271, 1309.
65. Acrida bicolor   Pinhey 1965: 11.
66. Acrida bicolor   Uvarov 1966: 2, 3, 101, 158, fig. 95.
67. Acrida pellucida   Uvarov 1966: 118, 255, 256, 287.

Desc. 61 (in key), 63. **Morph.** 42, 43, 44, 51, 55, 57, 58, 66, 67. **Bion.** 48, 49, 51, 52, 53, 59, 65, 67. **Ecol.** 50, 51, 52, 56, 59, 64, 65. **Dist. W.A.** Mali 56, 63; Senegal 60. **E.A.** Kenya 45; Ethiopia 50, 54. **C.A.** Ruanda 46; Rhodesia 65. **S.A.** Cape Province 47; Natal 47; Lesotho 47.

carinulata I. Bolivar 1889   [p. 656]
6. Acrida carinulata   Saraiva 1961: 147.

Dist. A.I. Cape Verde Is.

confusa Dirsh 1954

Type: ♂. Sudan: Gallard Forest. Brit. Mus.

1. Acrida confusa   Dirsh 1954d: 122, 131, fig. 4, map 3.
2. Acrida confusa   Kevan 1955a: 75.
3. Acrida confusa   Chapman 1961a: 262, 276.
4. Acrida confusa   Chapman 1962: 51, fig. 42.
5. Acrida confusa   Steinmann 1963: 406, fig. 1 (11).
6. Acrida confusa   Dirsh 1964a: 67.
7. Acrida confusa   Roy 1964c: 122, fig. 5b.

Desc. 1 (♂ ♀), 5, 7. **Morph.** 3. **Ecol.** 4, 6. **Bion.** 3, 4. **Dist. W.A.** Cameroon Rep. 1; Togo 1; Ghana 1, 3, 4; Mali 7; Sierra Leone 1. **E.A.** Kenya 1; Uganda 1; Tanzania 1; Sudan 1. **C.A.** Malawi 1; Zambia 1; Congo Rep. 1, 6; Angola 1, 2. **S.A.** S.W. Africa 1.

coronata Steinmann 1963

Type: ♂. E. Africa: Kawizu. Budapest Mus.

1. Acrida coronata   Steinmann 1963: 407, 421, figs. 68–71.

Desc. ♂.

crassicollis Chopard 1921   [p. 656]

3. Acrida crassicollis   Baccetti 1962: 95.
4. Acrida crassicollis   Steinmann 1963: 407, fig. 1 (16).

Desc. 4. **Dist. E.A.** Somalia 3.

crida Steinmann 1963

Type: ♂. Natal: Bor, Lake Stalucia. Budapest Mus.

1. Acrida crida   Steinmann 1963: 406, 416, figs. 51–5.

Desc. ♂.

exota Steinmann 1963

Type: ♂. Guinea: Conakry. Budapest Mus.

1. Acrida exota   Steinmann 1963: 406, 419, figs. 62–7.

Desc. ♂ ♀.

fumata Steinmann 1963

Type: ♂. Swaziland: Umbukiri. Budapest Mus.

1. Acrida fumata   Steinmann 1963: 404, 408, figs. 27–30.

Desc. ♂.

gyarosi Steinmann 1963

Type: ♂. Guinea: Conakry. Budapest Mus.

1. Acrida gyarosi   Steinmann 1963: 406, 417, figs. 56–61.

Desc. ♂ ♀.

herbacea I. Bolivar 1922   [p. 657]

6. Acrida herbacea   Steinmann 1963: 406, fig. 1 (8).

Desc. (in key).

ACRIDIDAE Acridinae

madecassa (Brancsik 1893) [p. 657]

6. Acrida madecassa Dirsh 1962c: 274.
7. Acrida madecassa Steinmann 1963: 408.
8. Acrida madecassa Dirsh 1963a: 248, figs. 1 (1–10), 9.

Desc. 7 (in key), 8 (♂ ♀). **Dist.** Madagascar 6, 8.

maroccana Dirsh 1949 [p. 657]

3. Acrida maroccana Steinmann 1963: 404, fig. 1 (4).

Desc. (in key).

propinqua Burr 1902 [p. 657]

8. Acrida propinqua Dirsh 1956c: 241, 267.
9. Acrida propinqua Steinmann 1963: 407, fig. 1 (13).

Desc. 9 (in key). **Dist.** S.A. Transvaal 8; O.F.S. 8; Natal 8; Lesotho 8; Cape Province 8.

subtilis Burr 1902 [p. 657]

5. Acrida subtilis Steinmann 1963: 406.
6. Acrida subtilis Dirsh 1963a: 248, figs. 2 (1–11), 9.

Desc. 5 (in key), 6 (♂ ♀). **Dist.** Malagasy 6.

sulphuripennis (Gerstaecker 1869) [p. 658]

37. Acrida sulphuripennis Kevan 1955c: 483.
38. Acrida sulphuripennis Kevan 1955a: 75.
39. Acrida sulphuripennis Dirsh 1956c: 241, 267.
40. Acrida sulphuripennis Chopard 1958a: 145.
41. Acrida sulphuripennis Dirsh 1959a: 65.
42. Acrida sulphuripennis Phipps 1959b: 33.
43. Acrida sulphuripennis Davey et al. 1959b: 571.
44. Acrida sulphuripennis Le Pelley 1959: 91.
45. Acrida sulphuripennis Kevan & Knipper 1961: 388.
46. Acrida sulphuripennis Steinmann 1963: 407, fig. 1 (12).
47. Acrida sulphuripennis Roy 1964c: 122.
48. Acrida sulphuripennis Pinhey 1965: 11.
49. Acrida sulphuripennis Descamps 1965a: 1200.
50. Acrida sulphuripennis Phipps 1966: 54.

Desc. 46 (in key), 47. **Morph.** 42. **Ecol.** 45, 48, 49, 50. **Bion.** 48, 50. **Econ.** 44.
Dist. W.A. Guinea 40; Mali 43, 47, 49. S.A. Lesotho 39; Natal 39; Transvaal 39.
E.A. Ethiopia 41; Kenya 37; Tanzania 45. C.A. Angola 38; Rhodesia 48.

testacea (Thunberg 1815) [p. 659]

5. Acrida testacea Dirsh 1956c: 242, 267.
6. Acrida testacea Steinmann 1963: 407, fig. 1 (17, 19).

Desc. 6 (♂ ♀). **Dist.** S.A. Cape Province 6; Natal 6; Transvaal 6; Lesotho 6.

turrita (Linnaeus 1758) [p. 659]

107. Acrida turrita   Ballard 1914: 347.
108. Acrida turrita   La Greca 1947b: 273.
109. Acrida turrita   Hargreaves 1948: 40.
110. Acrida turrita   Zacher 1949: 284.
111. Acrida rufescens   Risbec 1950: 317.
112. Acrida turrita   Ergene 1952: 69–74, fig.
113. Acrida turrita   Mason 1954: 228, fig. A.
114. Acrida turrita   Kevan 1955a: 75.
115. Acrida turrita   Kevan 1955c: 483.
116. Acrida turrita   Kevan 1956c: 961.
117. Acrida turrita   Dirsh 1956f: 257, 279, pls. 51, 53, f. 4.
118. Acrida turrita   Chopard 1958a: 145.
119. Acrida turrita   Monod 1958: 256.
120. Acridella turrita   Korsakoff 1958: 142.
121. Acrida turrita   Davey *et al.* 1959b: 571.
122. Acrida turrita   Popov 1959c: 48.
123. Acrida turrita   Dirsh 1961a: 412, fig. 32 (1–6).
124. Acrida turrita   Boisson 1961: 29.
125. Acrida turrita   Kevan & Knipper 1961: 388.
126. Acrida turrita   Chapman 1961a: 262, 278.
127. Acrida turrita   Phipps 1962: 15, 16, 17.
128. Acrida turrita   Robertson & Chapman 1962: 85, 86, tables 2, 3.
129. Acrida turrita   Chapman 1962: 51, fig. 42, tables 16, 20.
130. Acrida turrita   Roy 1962: 133.
131. Acrida turrita   Dirsh 1963b: 215.
132. Acrida turrita   Dirsh 1963a: 284.
133. Acrida turrita   Randell 1963: 255, fig. 48.
134. Acrida turrita   Steinmann 1963: 404, fig. 1 (2, 3).
135. Acrida turrita   Dirsh 1964a: 67.
136. Acrida turrita   Roy 1964c: 122, figs. 1, 2, 4, 5a, 6a.
137. Acrida turrita   Gangwere & Morales Agacino 1964a: 215.
138. Acrida turrita   Roy 1964b: 1195.
139. Acrida turrita   Anderson, N. L. 1964: 396, 397, 401.
140. Acrida turrita   Dirsh 1965: 401, fig. 318 (♂).
141. Acrida turrita   Roy 1965: 627.
142. Acrida turrita   Pinhey 1965: 11.
143. Acrida turrita   Descamps 1965a: 1260, 1271, 1309.
144. Acrida turrita   Uvarov 1966: 142, 415, figs. 84, 241.

Desc. 134 (in key), 136. **Morph.** 108, 112, 113, 117, 126, 133, 137, 144. **Ecol.** 119, 120, 121, 125, 126, 128, 129, 130, 135, 139, 141, 143. **Bion.** 121, 122, 124, 126, 128, 129, 130, 131, 139, 142. **Econ.** 107, 109, 110, 111. **Dist. W.A.** Cameroon Rep. 116; Gaboon 116; Guinea 118, 131; Mali 121, 136, 143; Ghana 129; Senegal 130, 138, 141. **E.A.** Kenya 115; Tanzania 115, 125, 127, 139. **C.A.** Angola 114; Congo Rep. 135; Rhodesia 142.

ACRIDIDAE

Acridinae

species ? [p. 662]

9. Acrida sp. Kevan 1955*a*: 75.
10. Acrida sp. Bünzli & Büttiker 1956: 357.
11. Acrida spp. Davey 1959: 127.
12. Acrida sp. Robertson & Chapman 1962: 86.
13. Acrida sp. Robertson & Chapman 1962: 84, tables 2, 3, 25, 30.
14. Acrida sp. Chapman 1964: 121.

Morph. 14. **Ecol.** 12, 13. **Bion.** 11, 12, 13. **Econ.** 10. **Dist. W.A.** Mali 11. **C.A.** Angola 9; Rhodesia 10. **E.A.** Tanzania 12, 13.

CHROMACRIDA Dirsh 1952 [p. 662]

3. Chromacrida   Dirsh 1963*a*: 245, 250.

Desc. Key.

brunneriana (I. Bolivar 1893) [p. 662]

14. Chromacrida brunneriana   Dirsh 1956*f*: 280, pl. 53, f. 16.
15. Chromacrida brunneriana   Dirsh 1963*a*: 250, 252, figs. 4 (1–7), 9.

Desc. 15 (♂ ♀). **Morph.** 14. **Dist. I.I.** Malagasy 15.

radamae (Saussure 1899) [p. 663]

3. Chromacrida radamae   Dirsh 1962*c*: 274.
4. Chromacrida radamae   Dirsh 1963*a*: 250, 251, figs. 3 (1–8), 9.

Desc. 4 (♂ ♀). **Dist. I.I.** Malagasy 3, 4.

BRACHYACRIDA Dirsh 1952 [p. 653]

3. Brachyacrida   Dirsh 1965: 394, 401.

Desc.

distanti Dirsh 1952 [p. 653]

3. Brachyacrida distanti   Dirsh 1956*c*: 242.
4. Brachyacrida distanti   Pinhey 1965: 16.
5. Brachyacrida distanti   Dirsh 1965: 402, fig. 319 (♂ ♀).

Ecol. 4. **Bion.** 4. **Dist. S.A.** Cape Province 3; Transvaal 3; O.F.S. 3; Lesotho 3. **C.A.** Rhodesia 4.

AMPHICREMNA Karsch 1896 [p. 644]

6. Amphicremna   Dirsh 1956*f*: 258.
7. Amphicremna   Dirsh 1965: 394, 402.
8. Amphicremna   Uvarov 1966: 185.

Desc. 7. **Morph.** 6, 8.

flavipennis I. Bolivar 1912 [p. 645]
6. *Amphicremna brevipennis* Miller 1932 (Dirsh 1961*d*: 394) [p. 644].
7. Amphicremna flavipennis Dirsh 1961*d*: 394. *Lectotype:* ♀.

scalata Karsch 1896 [p. 645]
Lectotype: ♂. Togo: Misahohe. Berlin Mus. (Dirsh 1958*b*: 58)
10. Amphicremna scalata Chopard 1958*a*: 146.
11. Amphicremna scalata Dirsh 1958*b*: 58, figs. 12, 13.
12. Amphicremna scalata Davey 1959*b*: 569.
13. Amphicremna sp. aff. scalata Kevan & Knipper 1961: 390.
14. Amphicremna scalata Chapman 1962: 50, fig. 40, table 20.
15. Amphicremna scalata Phipps 1962: 15.
16. Amphicremna scalata Dirsh 1964*a*: 67.
17. Amphicremna scalata Roy 1964*b*: 1195.
18. Amphicremna scalata Chapman 1964: 121.

Desc. 11. **Morph.** 15, 18. **Ecol.** 12, 13, 14, 16, 17. **Bion.** 14. **Dist.** W.A. Guinea 10; Mali 12; Ghana 14; Sierra Leone 15; Senegal 17. E.A. Tanzania 13. C.A. Congo Rep. 16.

tschoffeni I. Bolivar 1908 [p. 645]
3. Amphicremna tschoffeni Dirsh 1956*f*: 279, pl. 52, f. 2.
4. Amphicremna tschoffeni Davey *et al.* 1959*b*: 570.
5. Amphicremna tschoffeni Dirsh 1963*b*: 215.
6. Amphicremna tschoffeni Dirsh 1965: 403, fig. 320 (♂).
7. Amphicremna tschoffeni Descamps 1965*a*: 1260, 1270.

Morph. 3. **Ecol.** 7. **Dist.** W.A. Mali 4, 7; Guinea 5. C.A. Congo Rep. 6.

species ? [p. 645]
2. Amphicremna sp. Dirsh 1959*a*: 64.
3. Amphicremna sp. Davey 1959: 127.

Bion. 3. **Dist.** W.A. Mali 3. E.A. Ethiopia 2.

PARGA Walker 1870 [p. 635]

15. Parga Dirsh 1965: 394, 404.
16. Parga Uvarov 1966: 10, fig. 7.

Desc. 15. **Morph.** 16.

angusticornis Sjöstedt 1931 [p. 636]
4. Parga angusticornis Dirsh 1955*a*: 70.
5. Parga angusticornis Robertson & Chapman 1962: 84, tables 2, 3.

Ecol. 5. **Bion.** 5. **Dist.** C.A. Ruanda 4.

ACRIDIDAE Acridinae

cyanoptera Uvarov 1926 [p. 637]

9. Parga cyanoptera   Risbec 1950: 317.
10. Parga cyanoptera   Dirsh 1956*f*: 279, pl. 52, f. 5.
11. Parga cyanoptera   Chopard 1958*a*: 146.
12. Parga cyanoptera   Davey *et al.* 1959*b*: 569.
13. Parga cyanoptera   Dirsh 1964*a*: 68.
14. Parga cyanoptera   Chapman 1964: 121.
15. Parga cyanoptera   Dirsh 1965: 405, fig. 321*c* (♂).
16. Parga cyanoptera   Descamps 1965*a*: 1259, 1270.

Morph. 10, 14.   **Ecol.** 12, 13, 16.   **Econ.** 9.   **Dist.** W.A. Mali 9, 12, 16; Guinea 11.   C.A. Congo Rep. 13.

lamottei Chopard 1947 [p. 638]

2. Parga lamottei   Chopard 1958*a*: 146.
3. Parga lamottei   Roy 1960: 202, 204, 205, fig. 3.
4. Parga lamottei   Dirsh 1963: 216.

Morph. 2.   **Ecol.** 3.   **Dist.** W.A. Guinea 2, 3, 4.

xanthoptera (Stål 1855) [p. 639]

21. Parga xanthoptera   Dirsh 1956*c*: 241, 267.
22. Parga xanthoptera   Chapman 1962: 49, fig. 38.
23. Parga xanthoptera   Robertson & Chapman 1962: 84, tables 2, 3, 30.
24. Parga xanthoptera   Dirsh 1965: 405, fig. 321*a, b* (♂).
25. Parga xanthoptera   Pinhey 1965: 11.

Ecol. 22, 23, 25.   **Bion.** 22, 23, 25.   **Dist.** W.A. Ghana 22.   E.A. Tanzania 23.   S.A. Cape Province 21; Transvaal 21; Zululand 21.   C.A. Rhodesia 25.

species ?

1. Parga sp.   Davey *et al.* 1959*b*: 569.

Dist. W.A. Mali.

PARAPARGA I. Bolivar 1909 [p. 640]

3. Paraparga   Dirsh 1965: 394, 406.

Desc.

breviceps Uvarov 1953 [p. 640]

2. Paraparga breviceps   Dirsh 1965: 406, fig. 322 *a, b*.

brevipennis Uvarov 1922 [p. 640]

2. Paraparga brevipennis   Dirsh 1956*f*: 279, pl. 52, f. 4.
3. Paraparga brevipennis   Dirsh 1965: 406, fig. 322*c* (♀).

Morph. 2.

MACHAERIDIA Stål 1873 [p. 643]

9. *Wilverthia* I. Bolivar 1908 (Hollis 1965b: 495) [p. 641].
10. Machaeridia   Dirsh 1961d: 394.
11. Machaeridia   Dirsh 1965: 394, 408.
12. Machaeridia   Hollis 1965b: 495.

Desc. 10, 11, 12.   **Key** 12.

bilineata Stål 1873   [p. 643]

16. *Machaeridia coerulans*   Karny 1907. *Type:* Lost. (Hollis 1965b: 497) [p. 643].
17. *Machaeridia congonica*   Sjöstedt 1931 (Hollis *l.c.*) [p. 644].
18. *Machaeridia fragilis*   Sjöstedt 1931 (Hollis *l.c.*) [p. 644].
19. Machaeridia bilineata   Dirsh 1956f: 279, pl. 52, f. 3.
20. Machaeridia bilineata   Davey et al. 1959b: 569.
21. Machaeridia bilineata   Chapman 1961a: 261, 276, 281.
22. Machaeridia bilineata   Phipps 1962: 15.
23. Machaeridia bilineata   Chapman 1962: 49, fig. 39, tables 15, 20.
24. Machaeridia bilineata   Chapman 1964: 121.
25. Machaeridia bilineata   Dirsh 1965b: 216.
26. Machaeridia bilineata   Pinhey 1965: 11.
27. Machaeridia bilineata   Dirsh 1965: 408, fig. 324 (♀).
28. Machaeridia bilineata   Descamps 1965a: 1259, 1270.
29. Machaeridia bilineata   Hollis 1965b: 497, figs. 1–9.

Desc. 29 (♂ ♀).   **Morph.** 19, 21, 22, 24.   **Ecol.** 20, 23, 26, 28.   **Bion.** 21, 23, 26.   **Dist.** **W.A.** Mali 20, 28, 29; Ghana 21, 23, 29; Sierra Leone 22, 29; Guinea 25; Liberia 29; Nigeria 29. **C.A.** Rhodesia 26; Angola 29; Zambia 29; Congo Rep. 29. **E.A.** Ethiopia 29; Sudan 29; Tanzania 29; Uganda 29.

conspersa I. Bolivar 1889   [p. 644]

Type: Lost. (Hollis 1965b: 500)

4. *Wilverthia acuminata*   I. Bolivar 1908 (Hollis 1965b: 500) [p. 642].
5. *Wilverthia ugandana*   Uvarov 1938 (Hollis *l.c.*) [p. 642].
6. Wilverthia acuminata   Dirsh 1956f: 279, pl. 52, f. 6.
7. Wilverthia acuminata   Chopard 1958a: 146.
8. Wilverthia acuminata   Roy 1962: 111, 113, 132.
9. Wilverthia acuminata   Phipps 1962: 15.
10. Machaeridia acuminata   Dirsh 1964a: 68.
11. Machaeridia conspersa   Hollis 1965b: 500, figs. 10–18.
12. Machaeridia conspersa   Uvarov 1966: 142, fig. 84 (11).

Morph. 6, 9, 12.   **Ecol.** 10.   **Dist. W.A.** Guinea 7; Senegal 8; Sierra Leone 9.   **E.A.** Kenya 11; Port. E.A. 11; Tanzania 11; Uganda 11; Zanzibar 11.   **C.A.** Congo Rep. 10, 11; Angola 11; Zambia 11; Malawi 11; Rhodesia 11.   **S.A.** Transvaal 11; Natal 11; Swaziland 11; Cape Province 11.

| ACRIDIDAE | Acridinae |

                         species ? [p. 644]

3. Machaeridia sp.   Chapman & Robertson 1958: 98, 108.
4. Machaeridia sp.   Phipps 1959b: 33.
5. Machaeridia sp.   Kevan & Knipper 1961: 391.
6. Machaeridia sp.   Robertson & Chapman 1962: 84, tables 2, 3, 28.
7. Machaeridia sp.   Phipps 1966: 34.

Morph. 3, 4. **Ecol.** 3, 5, 6, 7. **Bion.** 3, 6, 7. **Dist. E.A.** Tanzania 3, 4, 5, 6, 7.

GELASTORHINUS Brunner 1893   [p. 635]

7. Gelastorhinus   Dirsh 1958b: 61.
8. Gelastorhinus   Dirsh 1963a: 245, 253.
9. Gelastorhinus   Dirsh 1965: 394, 409.

Desc. 7, 8, 9.

                       africanus Uvarov 1941   [p. 635]

2. Gelastorhinus africanus   Davey et al. 1959b: 568.
3. Gelastorhinus africanus   Roy 1965: 627.
4. Gelastorhinus africanus   Dirsh 1965: 409, fig. 325 (♀).
5. Gelastorhinus africanus   Descamps 1965a: 1259, 1267.

Ecol. 2, 5. **Dist. W.A.** Mali 2, 5; Senegal 3.

                       edax Saussure 1899   [p. 635]

5. Gelastorhinus edax   Dirsh 1962c: 274.
6. Gelastorhinus edax   Dirsh 1963a: 254, figs. 5 (1–9), 10.

Desc. 6 (♂ ♀). **Dist. I.I.** Malagasy 5, 6.

GONISTA I. Bolivar 1898

        Haplotype: **Gonista antennata** Genoa Mus.

1. Gonista   I. Bolivar 1898 (*Ann. Mus. civ. Stor. nat. Genova* (2) **19** (39): 27). Sumatra.
2. Gonista   Descamps 1965a: 1267.

Desc. 1, 2.

                       *occidentalis Descamps 1965

        Type: ♂. Mali: Klela. Paris Mus.

1. Gonista occidentalis   Descamps 1965a: 1267, figs. 32–8.

Desc. ♂ ♀.

PARGAELLA I. Bolivar 1909   [p. 641]

3. Pargaella   Dirsh 1965: 394, 407.

Desc.

Acridinae　　　　　　　　　　　　　　　　　　　　　　　ACRIDIDAE

luctuosa I. Bolivar 1912　[p. 641]
3. Pargaella luctuosa　Dirsh 1965: 407, fig. 323 (♂).

ODONTOMELUS I. Bolivar 1890　[p. 646]
9. Odontomelus　Dirsh 1965: 394, 410.
Desc.

brachypterus (Gerstaecker 1869)　[p. 646]
12. Odontomelus brachypterus　Dirsh 1955*a*: 70.
13. Odontomelus brachypterus　Phipps 1959*b*: 33.
14. Odontomelus brachypterus　Phipps 1966: 34.
Morph. 13.　**Ecol.** 14.　**Bion.** 14.　**Dist. E.A.** Tanzania 13, 14.　**C.A.** Ruanda 12.

kamerunensis Ramme 1929　[p. 647]
4. Odontomelus kamerunensis　Kevan 1956*c*: 961.
Dist. W.A. Cameroon Rep.

romi I. Bolivar 1908　[p. 647]
6. Odontomelus romi　Chapman 1962: 50.
Ecol.　**Bion.**　**Dist. W.A.** Ghana.

togoensis Ramme 1929　[p. 648]
2. Odontomelus togoensis　Chopard 1958*a*: 147.
3. Odontomelus togoensis　Dirsh 1963*b*: 216.
Dist. W.A. Guinea 2, 3; Ivory Coast 2.

usambaricus Ramme 1929　[p. 648]
3. Odontomelus usambaricus　Dirsh 1956*f*: 279, pl. 53, *f.* 2.
4. Odontomelus usambaricus　Dirsh 1965: 410, fig. 326 (♂).

species ?
1. Odontomelus sp.　Dirsh 1955*a*: 70.
2. Odontomelus sp.　Phipps 1959*b*: 33.
Morph. 2.　**Dist. E.A.** Tanzania 2.　**C.A.** Ruanda 1.

PARODONTOMELUS Ramme 1929　[p. 609]
2. Parodontomelus　Dirsh 1965: 394, 411.
Desc.

ACRIDIDAE   Acridinae

brachypterus (Karny 1915)   [p. 609]

4. Parodontomelus brachypterus   Dirsh 1965: 410, fig. 326d.
5. Parodontomelus nigrogeniculatus   Kevan & Knipper 1961: 389 & footnote.

Ecol. 5.   **Bion.** 5.   **Dist. E.A.** Tanzania 5.

CANNULA I. Bolivar 1906   [p. 650]

11. Cannula   Dirsh 1965: 394, 412.

Desc.

karschi (Kirby 1910)   [p. 651]

7. Cannula karschi   Chopard 1958a: 145.
8. Cannula karschi   Chapman 1961a: 262, 276, fig. 1d.
9. Cannula karschi   Chapman 1962: 50, fig. 41, table 20.
10. Cannula karschi   Phipps 1962: 15.
11. Cannula karschi   Dirsh 1963b: 216.
12. Cannula karschi   Chapman 1964: 121.

Desc. 7.   **Morph.** 8, 10, 12.   **Ecol.** 9.   **Bion.** 8, 9.   **Dist. W.A.** Guinea 7, 11; Ghana 8, 9; Sierra Leone 10.

linearis (Saussure 1861)   [p. 651]

29. Cannula linearis   Dirsh 1956c: 267.
30. Cannula linearis   Dirsh 1956f: 280, pl. 53, f. 9.
31. Cannula linearis   Davey et al. 1959b: 570.
32. Cannula linearis   Kevan & Knipper 1961: 388.
33. Cannula linearis   Roy 1962: 111, 113, 133.
34. Cannula linearis   Robertson & Chapman 1962: 84, tables 2, 3.
35. Cannula linearis   Dirsh 1964a: 67.
36. Cannula linearis   Jago 1964a: 197.
37. Cannula linearis   Dirsh 1965: 413, fig. 328 ($\male$).
38. Cannula linearis   Roy 1965: 627.
39. Cannula linearis   Descamps 1965a: 1260, 1270.

Morph. 30.   **Ecol.** 31, 32, 34, 35, 36, 39.   **Bion.** 34.   **Dist. W.A.** Mali 31, 39; Senegal 33, 38.   **E.A.** Tanzania 32.   **C.A.** Congo Rep. 35.   **S.A.** Cape Province 29.

tesselata Sjöstedt 1923   [p. 652]

3. Cannula tesselata   Descamps 1965a: 1260, 1270.

Morph.   **Ecol.**   **Dist. W.A.** Mali.

species ?   [p. 653]

3. Cannula sp. aff. linearis   Kevan 1955c: 483.

Nymph.   **Dist. E.A.** Kenya.

GLYPHOCLONUS Karsch 1896 [p. 649]

5. Glyphoclonus   Dirsh 1965: 394, 413.

Desc.

miripennis Karsch 1896 [p. 649]

13. Glyphoclonus miripennis   Dirsh 1955*a*: 70.
14. Glyphoclonus miripennis   Dirsh 1956*f*: 280, pl. 53, f. 7.
15. Glyphoclonus miripennis   Chopard 1958*a*: 146.
16. Glyphoclonus miripennis   Phipps 1962: 15.
17. Glyphoclonus nigrescens   Chapman 1962: 50.
18. Glyphoclonus miripennis   Dirsh 1963*b*: 215.
19. Glyphoclonus miripennis   Dirsh 1964*a*: 68.
20. Glyphoclonus miripennis   Descamps 1965*a*: 1260, 1270.
21. Glyphoclonus miripennis   Dirsh 1965: 414, fig. 329 (♀).

Morph. 14, 16.   **Ecol.** 17, 19, 20.   **Bion.** 17.   **Dist. W.A.** Guinea 15, 18; Sierra Leone 16; Mali 20; Ghana 17.   **C.A.** Congo Rep. 19; Ruanda 13.

OXYOLENA Karsch 1893 [p. 649]

6. Oxyolena   Dirsh 1965: 394, 414.

Desc.

mucronata Karsch 1893 [p. 649]

3. Oxyolena mucronata   Dirsh 1958*b*: 61, figs. 18–27.
4. Oxyolena mucronata   Dirsh 1965: 415, fig. 330 (♀).

Desc. 3.

HYPEROCNOCERUS Uvarov 1953 [p. 618]

2. Hyperocnocerus   Dirsh 1965: 394, 415.

Desc.

angolensis Uvarov 1953 [p. 618]

2. Hyperocnocerus angolensis   Dirsh 1964*a*: 69.

Ecol.   **Dist. C.A.** Congo Rep.

sulculatus (Karsch 1893) [p. 618]

5. Hyperocnocerus sulculatus   Dirsh 1965: 416, fig. 331*c*.

OCNOCERUS I. Bolivar 1889 [p. 617]

5. Ocnocerus   Dirsh 1965: 395, 416.

Desc.

bayaoi I. Bolivar 1889   [p. 618]
3. Ocnocerus bayaoi   Kevan 1955a: 73, fig. 3.
Desc. Dist. C.A. Angola.

*burri Kevan 1955
Type: ♂. E. Angola: Moxico District, Villa Luso. Brit. Mus.
1. Ocnocerus bayaoi   Uvarov 1953 (nec I. Bolivar 1889)   [p. 618].
2. Ocnocerus burri   Kevan 1955a: 74.
Desc. 1, 2 (♂ ♀).   **Dist. C.A.** Angola 2.

diabolicus Karsch 1893   [p. 618]
6. Ocnocerus diabolicus   Dirsh 1956f: 280, pl. 54, f. 23.
7. Ocnocerus diabolicus   Davey et al. 1959b: 565.
8. Ocnocerus diabolicus   Phipps 1962: 15.
9. Ocnocerus diabolicus   Chapman 1962: 47, table 20.
10. Ocnocerus diabolicus   Chapman 1964: 121.
11. Ocnocerus diabolicus   Descamps 1965a: 1259, 1262.
12. Ocnocerus diabolicus   Dirsh 1965: 416, fig. 331, a, b (♂).
Morph. 6, 8, 10.   **Ecol.** 9, 11.   **Bion.** 9.   **Dist. W.A.** Mali 7, 11; Sierra Leone 8; Ghana 9.

ACTEANA Karsch 1896   [p. 609]

6. Acteana   Dirsh 1965: 395, 417.
Desc.

alazonica Karsch 1896   [p. 609]
4. Acteana alazonica   Dirsh 1956f: 279, pl. 52, f. 1.
5. Acteana alazonica   Dirsh 1965: 417, fig. 332 (♂).
Morph. 4.

CULMULUS Uvarov 1953   [p. 653]

2. Culmulus   Dirsh 1965: 395, 418.
Desc.

stramineus Uvarov 1953   [p. 653]
2. Culmulus stramineus   Dirsh 1956f: 280, pl. 53, f. 8.
3. Culmulus stramineus   Dirsh 1965: 418, fig. 333 (♂).
Morph. 2.   **Dist. C.A.** Angola.

Acridinae   ACRIDIDAE

COHEMBIA Uvarov 1953 [p. 616]

2. *Oxyparga* Uvarov 1953 (Dirsh 1958*b*: 59) [p. 641].
3. Cohembia Dirsh 1958*b*: 59.
4. Cohembia Dirsh 1965: 395, 419.

Desc. 3, 4.

parabolica Uvarov 1953 [p. 641]

2. Oxyparga parabolica Dirsh 1956*f*: 280, pl. 53, f. 11.
3. Cohembia parabolica Dirsh 1965: 420, fig. 334 (♂).

Morph. 2. **Dist. C.A.** Angola 3.

PANZIA Miller 1929 [p. 617]

2. Panzia Dirsh 1965: 395, 419.

Desc.

uvarovi Miller 1929 [p. 617]

2. Panzia uvarovi Dirsh 1965: 421, fig. 335 (♂).

SUMBA I. Bolivar 1909 [p. 615]

4. Sumba Dirsh 1965: 395, 422.

Desc.

roseipennis I. Bolivar 1912 [p. 616]

3. Sumba roseipennis Dirsh 1956*f*: 280, pl. 54, f. 22.
4. Sumba roseipennis Dirsh 1964*a*: 69.
5. Sumba roseipennis Dirsh 1965: 422, fig. 336 (♂).

Morph. 3. **Ecol.** 4. **Dist. C.A.** Congo Rep. 4.

species ? [p. 616]

2. Sumba sp. Le Pelley 1959: 93.

Econ. **Dist. E.A.**

RHABDOPLEA Karsch 1893 [p. 614]

7. Rhabdoplea Dirsh 1965: 395, 423.

Desc.

angusticornis Uvarov 1953 [p. 614]

2. Rhabdoplea angusticornis Dirsh 1955*a*: 70.

Dist. C.A. Ruanda.

ACRIDIDAE
Acridinae

klaptoczi (Karny 1915) [p. 615]
4. Rhabdoplea klaptoczi   Phipps 1962: 15, 17.
5. Rhabdoplea klaptoczi   Chapman 1962: 46.
6. Rhabdoplea klaptoczi   Dirsh 1963b: 217.
7. Rhabdoplea klaptoczi   Jago 1964a: 197.

Morph. 4.   **Ecol.** 5, 7.   **Bion.** 5.   **Dist. W.A.** Sierra Leone 4; Guinea 6; Ghana 5.

mira Karsch 1893 [p. 615]
8. Rhabdoplea mira   Chopard 1958a: 148.
9. Rhabdoplea mira   Dirsh 1964a: 69.
10. Rhabdoplea mira   Descamps 1965a: 1259, 1262.

Ecol. 9, 10.   **Dist. W.A.** Guinea 8; Mali 10.   **C.A.** Congo Rep. 9.

munda Karsch 1893 [p. 615]
5. Rhabdoplea munda   Dirsh 1956f: 280, pl. 53, f. 15.
6. Rhabdoplea munda   Chopard 1958a: 148.
7. Rhabdoplea munda   Chapman 1962: 47.
8. Rhabdoplea munda   Phipps 1962: 15.
9. Rhabdoplea munda   Roy 1962: 111, 113, 131.
10. Rhabdoplea munda   Dirsh 1963b: 217.
11. Rhabdoplea munda   Dirsh 1964a: 68.
12. Rhabdoplea munda   Dirsh 1965: 424, fig. 337 (♂).
13. Rhabdoplea munda   Descamps 1965a: 1259, 1262.

Morph. 5, 8.   **Ecol.** 7, 11, 13.   **Bion.** 7.   **Dist. W.A.** Ghana 7; Mali 13; Guinea 6, 10; Sierra Leone 8; Senegal 9.   **C.A.** Congo Rep. 11.

species ?
1. Rhabdoplea sp.   Kevan & Knipper 1961: 389.
2. Rhabdoplea sp.   Robertson & Chapman 1962: 82, tables 2, 3.

Ecol. 1, 2.   **Bion.** 2.   **Dist. E.A.** Tanzania 1.

PLAGIACRIS Sjöstedt 1931 [p. 617]
2. Plagiacris   Dirsh 1965: 395, 425.

Desc.

bimaculata Sjöstedt 1931 [p. 617]
3. Plagiacris bimaculata   Dirsh 1961d: 395. *Lectotype*: ♂.
4. Plagiacris bimaculata   Dirsh 1965: 425, fig. 338 (♂).

HOLOPERCNA Karsch 1891 [p. 611]

6. Holopercna   Dirsh 1965: 395, 426.

Desc.

gerstaeckeri (I. Bolivar 1890) [p. 611]

11. Holopercna gerstaeckeri   Golding 1940: 130.
12. Holopercna gerstaeckeri   Dirsh 1956*f*: 280, pl. 54, f. 21.
13. Holopercna gerstaeckeri   Kevan 1956*c*: 961.
14. Holopercna gerstaeckeri   Chopard 1958*a*: 148.
15. Holopercna gerstaeckeri   Roy 1960: 202.
16. Holopercna gerstaeckeri   Chapman 1961*a*: 262, 275, figs. 1*c*, 23.
17. Holopercna gerstaeckeri   Chapman 1962: 45, figs. 35, 53, tables 13, 20.
18. Holopercna gerstaeckeri   Phipps 1962: 15.
19. Holopercna gerstaeckeri   Dirsh 1963*b*: 218.
20. Holopercna gerstaeckeri   Chapman 1964: 120.
21. Holopercna gerstaeckeri   Jago 1964*a*: 197.
22. Holopercna gerstaeckeri   Dirsh 1965: 426, fig. 339 (♂).

Morph. 12, 16, 18, 20.   **Ecol.** 13, 15, 17, 21.   **Bion.** 11, 16, 17.   **Dist. W.A.** Guinea 14, 15, 19; Ghana 16, 17; Sierra Leone 18; Cameroon Rep. 13.

DURONIELLA I. Bolivar 1908 [p. 612]

9. Duroniella   Uvarov 1953: 157.
10. Duroniella   Dirsh 1965: 395, 427.

Desc. 10.   **Ecol.** 9.

cooperi Uvarov 1943 [p. 612]

2. Duroniella cooperi   Dirsh 1965: 428, fig. 340*a* (♂).

lucasi (I. Bolivar 1881) [p. 613]

28. Duroniella lucasi   Ebner 1957: 118.
29. Duroniella lucasi   Gangwere & Morales Agacino 1964*a*: 215, 246.
30. Duroniella lucasi   Sayed *et al*. 1964: 260.

Morph. 29.   **Bion.** 29.   **Dist. N.A.** Egypt 28, 30.

WEENENIA Miller 1932 [p. 634]

2. Weenenia   Brown 1962*d*: 224.
3. Weenenia   Dirsh 1965: 395, 427.

Desc. 2, 3.

ACRIDIDAE   Acridinae

lineata Brown 1962

Type: ♂. S. Africa: O.F.S., Bethlehem District, Sunnyside Farm, 10 m. E. of Clarens. Transvaal Mus.

1. Weenenia lineata   Brown 1962d: 224, figs. 54–9.

Desc. ♂ ♀. **Ecol.**

thomasseti Miller 1932   [p. 634]

2. Weenenia thomasseti   Dirsh 1956f: 280, pl. 54, f. 10.
3. Weenenia thomasseti   Brown 1962d: 226, figs. 60–2.
4. Weenenia thomasseti   Dirsh 1965: 428, fig. 341 (♀).

Desc. 3. **Morph.** 2.

PARALOBOPOMA Rehn 1914   [p. 648]

4. Paralobopoma   Dirsh 1963a: 246, 256.
5. Paralobopoma   Dirsh 1965: 395, 411.

Desc. 4, 5.

bugoiensis Rehn 1914   [p. 648]

5. *Paralobopoma gracilis* (Ramme 1929) (Dirsh 1961d: 395)   [p. 648].
6. Paralobopoma gracilis   Dirsh 1956f: 280, pl. 53, f. 17.
7. Paralobopoma bugoiensis   Dirsh 1965: 412, fig. 327 (♂).

Morph. 6.

tananarive Dirsh 1963

Type: ♂. C. Madagascar: Tananarive. Calif. Acad. Sci.

1. Paralobopoma tananarive   Dirsh 1963a: 256, fig. 6 (1–9).

Desc. ♂ ♀.

EUPREPOPTERA Uvarov 1953   [p. 626]

2. Euprepoptera   Dirsh 1965: 396, 429.

Desc.

polychroma Uvarov 1953   [p. 626]

2. Euprepoptera polychroma   Dirsh 1965: 430, fig. 342 (♂).

DURONIA Stål 1876   [p. 624]

15. Duronia   Dirsh 1962a: 86.
16. Duronia   Dirsh 1963a: 246, 255.
17. Duronia   Dirsh 1965: 396, 431.

Desc. 15, 16, 17.

chloronota (Stål 1876)   [p. 624]

14. *Duronia liturata* (I. Bolivar 1889) (Dirsh 1962a: 86, figs. II, 7; III, 7)   [p. 625].
15. *Duronia laeta* (I. Bolivar 1890) (Dirsh 1963a: 255)   [p. 625].
16. *Duronia tricolor* (Karny 1907) (Dirsh 1962a: 86, figs. II, 3, 4; III, 3, 4)   [p. 625].

17. *Duronia acuminata* (I. Bolivar 1912) (Dirsh 1962a: 86, figs. II, 5; III, 5 [p. 624].
18. *Duronia victoriana* Rehn 1914 (Dirsh 1962a: 86, figs. II, 6; III, 6) [p. 626].)
19. Duronia tricolor Slifer 1953a: 59, pl. 3, f. 19.
20. Duronia tricolor Slifer 1953b: 78, pl. 3, f. 22.
21. Duronia tricolor Kevan 1955c: 485.
22. Duronia tricolor Kevan 1955a: 74.
23. Duronia tricolor Dirsh 1956c: 240, 267.
24. Duronia acuminata Dirsh 1956c: 239, 266.
25. Duronia tricolor Dirsh 1956f: 280, pl. 54, f. 1.
26. Duronia tricolor Chapman & Robertson 1958: 98, 109.
27. Duronia chloronota Ossowski & Wortmann 1959: 47.
28. Duronia tricolor Dirsh 1959a: 65.
29. Duronia liturata Phipps 1959b: 33.
30. Duronia tricolor Phipps 1959b: 33.
31. Duronia tricolor Davey et al. 1959b: 566.
32. Duronia tricolor Davey 1959: 127.
33. Duronia tricolor Le Pelley 1959: 92.
34. Duronia tricolor Kevan & Knipper 1961: 389.
35. Duronia chloronota Dirsh 1962a: 86, figs. II, 1, 2; III, 1, 2.
36. Duronia chloronota Dirsh 1962c: 274.
37. Duronia tricolor Chapman 1962: 48.
38. Duronia tricolor Robertson & Chapman 1962: 82, tables 2, 3, 30.
39. Duronia tricolor Roy 1962: 111, 113, 114, 132.
40. Duronia chloronota Dirsh 1963a: 255, fig. 10.
41. Duronia chloronota Dirsh 1964a: 70.
42. Duronia chloronota Descamps 1965a: 1259, 1266, 1309.
43. Duronia chloronota Pinhey 1965: 11.
44. Duronia tricolor Roy 1965: 626.
45. Duronia chloronota Dirsh 1965: 431, fig. 343 (♂).
46. Duronia liturata Phipps 1966: 34.
47. Duronia tricolor Uvarov 1966: 3.

Desc. 35, 40 (♂ ♀). **Morph.** 19, 20, 25, 26, 29, 30, 47. **Ecol.** 26, 31, 34, 37, 38, 41, 42, 43, 46. **Bion.** 26, 31, 32, 37, 38, 43, 46. **Econ.** 27, 33. **Dist. W.A.** Ghana 37; Senegal 39, 44; Mali 31, 32, 42. **C.A.** Angola 22; Congo Rep. 24, 41; Zambia 24; Rhodesia 24, 43. **E.A.** Tanzania 29, 30. **S.A.** Natal 24; Transvaal 23, 24; Lesotho 24. **I.I.** Madagascar 36, 40.

curta Uvarov 1953 [p. 625]

2. Duronia curta Dirsh 1956c: 240, 267.
3. Duronia curta Dirsh 1962a: 89, figs. II, 8, 9; III, 8, 9.

Desc. 3. **Dist. S.A.** Cape 2; O.F.S. 2; Lesotho 2.

species ? [p. 626]

3. Duronia sp. Davey et al. 1959b: 567.

Dist. W.A. Mali.

ACRIDIDAE	Acridinae

XEROPHLAEOBA Uvarov 1936 [p. 642]

2. Xerophlaeoba   Dirsh 1961b: 245.
3. Xerophlaeoba   Dirsh 1965: 396, 432.

Desc. 2, 3.

schulthessi (I. Bolivar 1908) [p. 642]

10. Xerophlaeoba schulthessi   Dirsh 1965: 432, fig. 344, a, b (♂).

ORTHOCHTHA Karsch 1891 [p. 628]

15. *Macrocymochtha*   Sjöstedt 1931 (Kevan 1956a: 31.   Dirsh 1958b: 60) [p. 632].
16. *Rasperecta*   Sjöstedt 1931 (Dirsh 1958b: 60)   [p. 633].
17. Orthochtha   Kevan 1956a: 30.
18. Orthochtha   Dirsh 1958b: 60.
19. Orthochtha   Dirsh 1965: 396, 433.

Desc. 17, 18, 19.

alca I. Bolivar 1908 [p. 628]

3. Orthochtha alca   Chapman & Robertson 1958: 98, 109, fig. 7h.
4. Orthochtha alca   Robertson & Chapman 1962: 83, tables 2, 3, 24, 27, 30.

Morph. 3.   **Ecol.** 3, 4.   **Bion.** 3, 4.   **Dist.** Tanzania 3, 4.

ampla Sjöstedt 1931 [p. 633]

3. Orthochtha ampla   Davey et al. 1959b: 568.
4. Orthochtha ampla   Descamps 1965: 1259, 1266.

Ecol. 4.   **Dist. W.A.** Mali 3, 4.

bisulcata (Krauss 1877) [p. 628]

10. Phlaeoba bisulcata   Krauss 1877: 144.
11. Rasperecta bisulcata   Dirsh 1956f: 280, pl. 54, f. 8.
12. Orthochtha bisulcata   Davey et al. 1959b: 567.
13. Orthochtha bisulcata   Chapman 1962: 48, fig. 37, table 20.
14. Orthochtha bisulcata   Roy 1962: 111, 113, 132.
15. Orthochtha bisulcata   Phipps 1962: 15.
16. Orthochtha bisulcata   Chapman 1964: 121.
17. Orthochtha bisulcata   Descamps 1965a: 1259, 1266.
18. Orthochtha bisulcata   Roy 1965: 627.

Desc. 10 (♂).   **Morph.** 11, 15, 16.   **Ecol.** 13, 17.   **Bion.** 13.   **Dist. W.A.** Senegal 14, 18; Mali 12, 17; Ghana 13; Sierra Leone 15.

brachycnemis Karsch 1893 [p. 629]

8. Orthochtha brachycnemis Chopard 1958*a*: 148.
9. Orthochtha brachycnemis Chapman 1961*a*: 262, 276, fig. 17.
10. Orthochtha brachycnemis Chapman 1962: 48, fig. 37, table 20.
11. Orthochtha brachycnemis Dirsh 1963*b*: 216.
12. Orthochtha brachycnemis Chapman 1964: 121.
13. Orthochtha brachycnemis Descamps 1965*a*: 1259, 1266.

Morph. 9, 12. **Ecol.** 10, 13. **Bion.** 9, 10. **Dist. W.A.** Ghana 9, 10; Guinea 8, 11; Mali 13.

dasycnemis (Gerstaecker 1869) [p. 629]

34. Orthochtha dasycnemis Dirsh 1956*c*: 240, 267.
35. Orthochtha dasycnemis Dirsh 1956*f*: 280, pl. 54, f. 4.
36. Orthochtha dasycnemis Dirsh 1965: 433, fig. 345 (♂).
37. Orthochtha dasycnemis Pinhey 1965: 11.

Morph. 35. **Ecol.** 37. **Bion.** 37. **Dist. S.A.** Cape 34; Natal 34. **C.A.** Rhodesia 34, 37.

dimorphipes Uvarov 1953 [p. 630]

2. Orthochtha dimorphipes Kevan 1955*a*: 75.

Dist. C.A. Angola.

elongata Kevan 1956

Type: ♂. Kenya: near Kibwezi. Brit. Mus.

1. Orthochtha sp.nov. Kevan 1950 (*Ent. mon. Mag.* **86**: 318).
2. Orthochtha elongata Kevan 1956*a*: 31, fig. 7.

Desc. 2 (♂ ♀).

lindneri Kevan 1955

Type: ♂. Tanganyika: Torina. Stuttgart Mus.

1. Orthochtha lindneri Kevan 1955*c*: 483, fig. 6.
2. Orthochtha lindneri Kevan & Knipper 1961: 389, pl. 6, ff. 1–4. ♀. Tanzania: Msala.

Desc. 1 (♂), 2 (♀). **Ecol.** 2. **Dist. E.A.** Tanzania 1, 2.

nigricornis (Karsch 1893) [p. 631]

10. Orthochtha nigricornis Dirsh 1964*a*: 72.

Ecol. **Dist. C.A.** Congo Rep.

pachycerca (Karny 1915) [p. 631]

6. Orthochtha pachycerca Roy 1964*b*: 1195.
7. Orthochtha pachycerca Roy 1965: 627.

Ecol. 6. **Dist. W.A.** Senegal 6, 7.

ACRIDIDAE
Acridinae

prasina (I. Bolivar 1912) [p. 631]

6. Orthochtha prasina   Davey *et al.* 1959*b*: 568.
7. Orthochtha prasina   Davey 1959: 127.
8. Orthochtha prasina   Descamps 1965*a*: 1259.

Ecol. 6, 8. **Bion.** 7, 8. **Dist. W.A.** Mali 6, 7, 8.

rosacea (Walker 1871) [p. 632]

6. Orthochtha rosacea   Dirsh 1956*c*: 267.

Dist. S.A. Cape Province.

venosa (Ramme 1929) [p. 632]

3. *Macrocymochtha speciosa*   Sjöstedt 1931 (Kevan 1956*a*: 31) [p. 633].
4. Macrocymochtha speciosa   Dirsh 1956*f*: 280, pl. 54, f. 14.
5. Orthochtha speciosa   Davey *et al.* 1959*b*: 568.
6. Orthochtha speciosa   Descamps 1965*a*: 1259, 1267, 1309.

Morph. 4. **Ecol.** 5, 6. **Dist. W.A.** Mali 5, 6.

species ? [p. 632]

10. Orthochtha sp.   Slifer 1963*b*: 78.
11. Orthochtha sp.   Phipps 1959*b*: 33.
12. Orthochtha sp.   Kevan & Knipper 1961: 390, pl. 6, f. 5.
13. Orthochtha sp.   Anderson, N. L. 1964: 396, 397, 401.
14. Orthochtha sp.   Descamps 1965*a*: 1309.
15. Orthochtha sp.   Phipps 1966: 34.

Morph. 10, 11. **Ecol.** 12, 13, 15. **Bion.** 13, 15. **Dist.** Tanzania 11, 12, 13, 15; Mali 14.

*BAMBESA Dirsh 1961

Haplotype: **Bambesa bredoi**   Dirsh 1961

1. Bambesa   Dirsh 1961*b*: 244.
2. Bambesa   Dirsh 1965: 396, 434.

Desc. 1, 2.

bredoi Dirsh 1961

Type: ♂. Congo Rep: Bambesa. Tervuren Mus.

1. Bambesa bredoi   Dirsh 1961*b*: 245, fig. II.
2. Bambesa bredoi   Dirsh 1965: 435, fig. 346 (♂).

Desc. 1 (♂ ♀).

SHERIFURIA Uvarov 1926 [p. 627]

2. Sherifuria   Dirsh 1965: 396, 435.

Desc.

Acridinae ACRIDIDAE

haningtoni Uvarov 1926 [p. 627]
4. Sherifuria haningtoni   Dirsh 1956*f*: 280, pl. 54, f. 9.
5. Sherifuria haningtoni   Davey 1959: 127.
6. Sherifuria haningtoni   Popov 1959*c*: 50.
7. Sherifuria haningtoni   Roy 1962: 132.
8. Sherifuria haningtoni   Descamps 1965*a*: 1259, 1266.
9. Sherifuria haningtoni   Dirsh 1965: 436, fig. 347 (♂).
10. Sherifuria haningtoni   Roy 1965: 627.

Morph. 4. **Ecol.** 8. **Bion.** 5, 6. **Dist. W.A.** Mali 5, 6, 8; Senegal 7, 10.

KEYA Uvarov 1941 [p. 608]

2. Keya   Dirsh 1965: 396, 436.

Desc.
capicola Uvarov 1941 [p. 608]
2. Keya capicola   Dirsh 1956*c*: 237.
3. Keya capicola   Dirsh 1956*f*: 280, pl. 53, f. 18.
4. Keya capicola   Dirsh 1965: 437, fig. 348 (♂).

Morph. 3. **Dist. S.A.** Cape Province 2.

RODUNIELLA I. Bolivar 1914 [p. 626]

2. Roduniella   Dirsh 1965: 396, 438.

Desc.
insipida (Karsch 1896) [p. 626]
17. Roduniella insipida   Dirsh 1956*f*: 279, pl. 52, f. 9.
18. Roduniella insipida   Dirsh 1964*a*: 70.
19. Roduniella insipida   Dirsh 1965: 437, fig. 349 (♂).

Morph. 17. **Ecol.** 18. **Dist. C.A.** N.E. Congo Rep. 18.

species ? [p. 627]
2. Roduniella sp.   Le Pelley 1959: 93.
Econ.

LOBOPOMA Karsch 1896 [p. 633]

5. Lobopoma   Dirsh 1965: 396, 438.

Desc.
ambages Karsch 1896 [p. 634]
5. Lobopoma ambages   Dirsh 1956*f*: 280, pl. 54, f. 12.
6. Lobopoma ambages   Kevan & Knipper 1961: 390.
7. Lobopoma ambages   Dirsh 1965: 439, fig. 350 (♂).

Morph. 5. **Ecol.** 6. **Dist. E.A.** Tanzania 6.

carterocera Jago 1964

Type: ♂. S. Sudan; Yei. Brit. Mus.

1. Lobopoma carterocera   Jago 1964b: 211, figs. 3–8, 37–9.

Desc. ♂♀.

longicornis Chopard 1958

Types: ♂ ♀. Guinea: Mt Nimba, High prairie (1,000 m.). Paris Mus.

1. Lobopoma longicornis   Chopard 1958a: 151, fig. 7.
2. Lobopoma longicornis   Dirsh 1963b: 216.

Desc. 1 (♂ ♀).   **Dist. W.A.** Guinea 1, 2.

CHOKWEA Uvarov 1953   [p. 634]

2. Chokwea   Dirsh 1965: 396, 439.

Desc.

bredoi Uvarov 1953   [p. 634]

2. Chokwea bredoi   Dirsh 1965: 440, fig. 351 a, b (♂).

burri Uvarov 1953   [p. 634]

2. Chokwea burri   Dirsh 1956f: 280, pl. 53, f. 6.
3. Chokwea burri   Dirsh 1965: 440, fig. 351 c (♂).

Morph. 2.

PAMACRIS Ramme 1929   [p. 617]

3. Pamacris   Dirsh 1965: 396, 440.

Desc.

diversipennis Ramme 1929   [p. 617]

2. Pamacris diversipennis   Dirsh 1956f: 280, pl. 54, f. 11.
3. Pamacris diversipennis   Dirsh 1964a: 73.
4. Pamacris diversipennis   Dirsh 1965: 441, fig. 352 (♀).

Morph. 2.   **Ecol.** 3.   **Dist. E.A.** S. Sudan 3.   **C.A.** Congo Rep. 3.

CORYPHOSIMA Karsch 1893   [p. 618]

5. *Paracomacris* Karsch 1900 (Dirsh 1958b: 60)   [p. 619].
6. Paracomacris   Dirsh 1958b: 60.
7. Coryphosima   Dirsh l.c.
8. Coryphosima   Dirsh 1965: 396, 441.
9. Coryphosima   Descamps 1965a: 1262.
10. Paracomacris   Jago 1964a: 190.

Desc. 6, 7, 8, 9.   **Key** 9.   **Ecol.** 10.

Acridinae   **ACRIDIDAE**

abyssinica (Uvarov 1934)   [p. 619]

3. Coryphosima abyssinica   Descamps 1965*a*: 1262.

Desc. (in key).

acuta Uvarov 1953   [p. 619]

2. Paracomacris acuta   Dirsh 1956*c*: 238, 266.

Dist. S.A. Cape Province.

amplificata Johnston 1937   [p. 620]

3. Coryphosima amplificata   Descamps 1965*a*: 1263.

Desc. (in key).

*bintumana Roy 1964

Type: ♂. Sierra Leone: Loma Mts, Bintumane. Paris Mus.

1. Coryphosima bintumana   Roy 1964*a*: 1162, figs. 7–9.
2. Coryphosima bintumana   Descamps 1965*a*: 1263.

Desc. 1 (♂ ♀), 2 (in key).

brevicornis Karsch 1893   [p. 619]

4. Coryphosima brevicornis   Dirsh 1958*b*: 60.   *Type:* specimen designated.

centralis centralis Rehn 1914   [p. 620]

12. Paracomacris centralis centralis   Dirsh 1955*a*: 70.
13. Paracomacris centralis   Kevan 1955*c*: 485.
14. Coryphosima centralis centralis   Davey *et al.* 1959*b*: 566.
15. Paracomacris centralis centralis   Phipps 1959*a*: 138–47.
16. Paracomacris centralis centralis   Phipps 1961*a*: 285–92, 4 tables.
17. Coryphosima centralis   Chapman 1961*a*: 262, 275.
18. Coryphosima centralis   Phipps 1961*b*: 608.
19. Coryphosima centralis   Chapman 1962: 47, fig. 36, tables 14, 20.
20. Paracomacris centralis centralis   Phipps 1962: 15, 16, 17.
21. Coryphosima centralis   Chapman 1964: 121.

Morph. 17, 20, 21.   **Ecol.** 19.   **Bion.** 15, 16, 17, 18, 19.   **Dist. W.A.** Mali 14; Sierra Leone 15, 16, 20; Ghana 17, 19.   **C.A.** Ruanda 12.

elgonensis (Uvarov 1930)   [p. 620]

7. Coryphosima elgonensis   Descamps 1965*a*: 1262.

Desc. (in key).

*maliensis Descamps 1965

Type: ♂. Mali: Klela. Paris Mus.

1. Coryphosima maliensis   Descamps 1965*a*: 1259, 1263, figs. 27–31.

Desc. ♂ ♀.   **Ecol.**

ACRIDIDAE   Acridinae

nimbana Chopard 1958

Type: ♂ ♀. Guinea: Mt Nimba, 'Piste de Bie', 1,200 m. Paris Mus.

1. Paracomacris nimbana   Chopard 1958a: 149.
2. Paracomacris nimbana   Roy 1960: 202.
3. Coryphosima nimbana   Descamps 1965a: 1263.

Desc. 1 (♂ ♀), 3 (in key). **Ecol.** 2. **Dist. W.A.** Guinea 1, 2.

producta (Walker 1870)   [p. 621]

28. Paracomacris producta   Dirsh 1955a: 70.
29. Paracomacris deceptor   Chopard 1958a: 149.
30. Coryphosima producta   Dirsh 1959a: 65.
31. Coryphosima producta   Davey et al. 1959b: 566.
32. Coryphosima producta   Boisson 1961: 29.
33. Coryphosima producta   Roy 1962: 111, 114, 131.
34. Coryphosima producta   Chapman 1962: 48, fig. 36, table 20.
35. Coryphosima producta   Dirsh 1963b: 217.
36. Coryphosima producta   Dirsh 1964a: 71.
37. Coryphosima producta   Roy 1964b: 1194.
38. Coryphosima producta   Descamps 1965a: 1259, 1266, 1309.
39. Coryphosima producta   Roy 1965: 626.
40. Coryphosima producta   Pinhey 1965: 11.
41. Coryphosima producta   Dirsh 1965: 441, fig. 353 (♂).

Desc. 33. **Ecol.** 31, 33, 36, 37, 38, 40. **Bion.** 32, 40. **Dist. W.A.** Guinea 29, 35; Mali 31, 38; Senegal 33, 37, 39. **C.A.** Rhodesia 40; Ruanda 28. **E.A.** Ethiopia 30.

stenoptera stenoptera (Schaum 1853)   [p. 622]

15. Paracomacris stenoptera stenoptera   Dirsh 1956c: 237.
16. Paracomacris stenoptera   Dirsh 1956f: 279, pl. 52, f. 11.
17. Paracomacris stenoptera stenoptera   Kevan & Knipper 1961: 389.

Morph. 16. **Ecol.** 17. **Dist. S.A.** Cape 15; Natal 15; Transvaal 15. **E.A.** Kenya 17.

vicina Dirsh 1956

Type: ♂. S. Africa: Cape Province, Elands Height, 15 m. S.W. of
Mt. Fletcher. Lund Mus.

1. Paracomacris vicina   Dirsh 1956c: 238.

Desc. ♂ ♀. **Dist. S.A.** Cape; Lesotho.

vumbaensis (Miller 1949)   [p. 623]

3. Coryphosima vumbaensis   Chapman 1962: 48, fig. 36.
4. Coryphosima vumbaensis   Descamps 1965a: 1263.

Desc. 4 (in key). **Ecol.** 3. **Bion.** 3. **Dist. W.A.** Ghana 3.

Acridinae   ACRIDIDAE

COMACRIS I. Bolivar 1890 [p. 623]

7. Comacris   Dirsh 1965: 396, 442.

Desc.

lamottei Chopard 1947 [p. 623]

2. Comacris lamottei   Chopard 1958a: 150.
3. Comacris lamottei   Dirsh 1963b: 217.

Desc. 3 (♀).   **Dist. W.A.** Guinea 2, 3.

semicarinatus (Gerstaecker 1869) [p. 623]

12. Comacris semicarinatus   Dirsh 1956f: 279, pl. 52, f. 13.
13. Comacris semicarinatus   Phipps 1959b: 33.
14. Comacris semicarinatus   Dirsh 1965: 443, fig. 354 (♂).
15. Comacris semicarinatus   Phipps 1966: 33.

Morph. 12, 13.   **Ecol.** 15.   **Bion.** 15.   **Dist. E.A.** Tanzania 13, 15.

CHIRISTA Karsch 1893 [p. 609]

11. Chirista   Dirsh 1965: 396, 443.

Desc.

compta (Walker 1870) [p. 610]

25. Chirista compta   Dirsh 1956f: 279, pl. 52, f. 12.
26. Chirista compta   Kevan 1956c: 961.
27. Chirista compta   Chopard 1958a: 148.
28. Chirista compta   Roy 1960: 201.
29. Chirista compta   Chapman 1961a: 263, 275, fig. 26.
30. Chirista compta   Roy 1962: 111, 131.
31. Chirista compta   Phipps 1962: 15, 16, 17.
32. Chirista compta   Chapman 1962: 45, fig. 34, tables 12, 20.
33. Chirista compta   Dirsh 1963b: 218.
34. Chirista compta   Dirsh 1964a: 71.
35. Chirista compta   Chapman 1964: 121.
36. Chirista compta   Jago 1964a: 197.
37. Chirista compta   Roy 1964b: 1194.
38. Chirista compta   Roy 1965: 626.
39. Chirista compta   Dirsh 1965: 444, fig. 355 (♂).
40. Chirista compta   Descamps 1965a: 1259, 1261.

Morph. 25, 29, 31, 35, 40.   **Ecol.** 28, 30, 32, 34, 36, 40.   **Bion.** 29, 32.   **Dist. W.A.** Guinea 27, 28, 33; Ghana 29, 32; Senegal 30, 37, 38; Sierra Leone 31; Mali 40; Cameroon Rep. 26. **C.A.** Congo Rep. 34.

ACRIDIDAE	Acridinae

ZACOMPSA Karsch 1893 [p. 607]

9. Zacompsa   Dirsh 1965: 396, 444.

Desc.

bivittata Uvarov 1926 [p. 607]

7. Zacompsa bivittata   Davey et al. 1959b: 565.
8. Zacompsa bivittata   Roy 1962: 111, 131.
9. Zacompsa bivittata   Roy 1964b: 1194.
10. Zacompsa bivittata   Dirsh 1964a: 72.
11. Zacompsa bivittata   Descamps 1965a: 1259, 1261, 1309.
12. Zacompsa bivittata   Roy 1965: 626.

Ecol. 7, 10, 11.   **Dist. W.A.** Mali 7, 11; Senegal 8, 9, 12.   **C.A.** Congo Rep. 10.

*helonoma Jago 1966

Type: ♂. Ghana: N. Region, 6 m. N. of R. Mole, Busunu-Doboye road. Brit. Mus.

1. Zacompsa helonoma   Jago 1966b: 351, figs. 26–32.

Desc. ♂ ♀.   **Ecol.**

festa Karsch 1893 [p. 607]

7. Zacompsa festa   Dirsh 1956f: 279, pl. 52, f. 10.
8. Zacompsa festa   Descamps 1965a: 1259, 1261.
9. Zacompsa festa   Dirsh 1965: 445, fig. 356 (♂).

Morph. 7.   **Ecol.** 8.   **Dist. W.A.** Mali 8.

karschi Ramme 1929 [p. 607]

6. Zacompsa karschi   Chopard 1958a: 149.

Dist. W.A. Guinea.

GYMNOBOTHRUS I. Bolivar 1889 [p. 598]

22. Gymnobothrus   Dirsh 1963a: 246, 258.
23. Gymnobothrus   Dirsh 1965: 397, 445.

Desc. 22, 23.   **Key** 22.

anchietae I. Bolivar 1889 [p. 599]

5. Gymnobothrus anchietae   Kevan 1955a: 72.

carinatus Uvarov 1941 [p. 599]

3. Gymnobothrus carinatus   Dirsh 1956c: 237, 266.

Dist. S.A. Natal; O.F.S.; Transvaal; Lesotho.

cruciatus I. Bolivar 1889 [p. 599]

4. Gymnobothrus cruciatus   Kevan 1961: 389.

Ecol.   **Dist. E.A.** Tanzania.

emini (Rehn 1914) [p. 599]

5. Gymnobothrus emini   Le Pelley 1959: 92.

Econ.   **Dist. E.A.** Kenya; Tanzania.

**ephippinotus* Jago 1966

Type: ♂. Ghana: N. Region: 2 m. S. of Masaka. Brit. Mus.

1. Gymnobothrus ephippinotus   Jago 1966b: 349, figs. 18–25.

Desc. ♂ ♀.

fallax elongatus (Miller 1925) [p. 600]

3. Gymnobothrus fallax elongatus   Phipps 1959b: 32.

Morph.   **Dist.** Tanzania.

fallax fallax (Karny 1907) [p. 600]

18. Gymnobothrus fallax fallax   Phipps 1959b: 32.

Morph.   **Dist. E.A.** Tanzania.

gracilis (Ramme 1931) [p. 600]

10. Gymnobothrus gracilis   Kevan 1955c: 485.
11. Gymnobothrus gracilis   Dirsh 1955a: 70.
12. Gymnobothrus gracilis   Chapman & Robertson 1958: 98, 108.
13. Gymnobothrus gracilis   Robertson & Chapman 1962: 81, tables 2, 3, 28, 30.

Morph. 12. **Ecol.** 12, 13. **Bion.** 12, 13. **Dist. C.A.** Ruanda 11. **E.A.** Kenya 10; Tanzania 13.

inflexus Uvarov 1934 [p. 601]

4. Gymnobothrus inflexus   Baccetti 1962: 95.

Dist. E.A. Somalia.

lineaalba I. Bolivar 1889 [p. 601]

9. Gymnobothrus lineaalba   Kevan 1955a: 72.
10. Gymnobothrus lineaalba   Dirsh 1956c: 236, 266.
11. Gymnobothrus lineaalba   Dirsh 1956f: 279, pl. 52, f. 15.
12. Gymnobothrus lineaalba   Phipps 1959b: 32.
13. Gymnobothrus lineaalba   Phipps 1962: 15, 16.
14. Gymnobothrus lineaalba   Dirsh 1965: 446, fig. 357b (♂).

Morph. 11. **Dist. W.A.** Sierra Leone 13. **E.A.** Tanzania 12. **S.A.** Lesotho 10; Transvaal 10. **C.A.** Angola 9.

ACRIDIDAE
Acridinae

longicornis (Ramme 1931) [p. 601]

4. Gymnobothrus longicornis Chapman 1962: 44, fig. 33.
5. Gymnobothrus longicornis Dirsh 1964a: 72.
6. Gymnobothrus longicornis Chapman 1964: 121.
7. Gymnobothrus longicornis Descamps 1965a: 1259, 1261.

Morph. 6. **Ecol.** 4, 5, 7. **Bion.** 4. **Dist. W.A.** Ghana 4; Mali 7. **C.A.** Congo Rep. 5.

madacassus Bruner 1910 [p. 601]

Lectotype: ♂. Madagascar: Tamatave. Berlin Mus. (Dirsh 1963a: 260).

3. Gymnobothrus madacassus Chopard 1958c: 37.
4. Gymnobothrus madacassus Dirsh 1963a: 258, figs. 7 (1–7), 10.

Desc. 4 (♂ ♀).

scapularis I. Bolivar 1889 [p. 602]

6. Gymnobothrus scapularis Dirsh 1956c: 266.

sellatus Uvarov 1953 [p. 602]

2. Gymnobothrus sellatus Kevan 1955a: 72.

Dist. C.A. Angola.

subparallelus (Rehn 1914) [p. 603]

8. Gymnobothrus subparallelus Phipps 1959a: 138–47.
9. Gymnobothrus subparallelus Le Pelley 1959: 92.
10. Gymnobothrus subparallelus Phipps 1962: 15, 16, 17.
11. Gymnobothrus subparallelus Chapman 1962: 44, fig. 33.
12. Gymnobothrus subparallelus Dirsh 1963b: 217.
13. Gymnobothrus subparallelus Dirsh 1964a: 72.

Morph. 10. **Ecol.** 11, 13. **Bion.** 8, 11. **Econ.** 9. **Dist. W.A.** Sierra Leone 8, 10; Ghana 11; Guinea 12. **C.A.** N.E. Congo Rep. 13.

temporalis flexuosus (Schulthess 1898) [p. 603]

10. Gymnobothrus temporalis flexuosus Kevan 1955c: 485.
11. Gymnobothrus temporalis flexuosus Dirsh 1959a: 65.
12. Gymnobothrus temporalis flexuosus Phipps 1959b: 33, 47.
13. Gymnobothrus temporalis flexuosus Kevan & Knipper 1961: 389.
14. Gymnobothrus temporalis flexuosus Phipps 1966: 33, table XI.

Ecol. 12, 13, 14. **Morph.** 12. **Bion.** 12, 14. **Dist. E.A.** Tanzania 10, 12, 14; Ethiopia 11. Somalia 13.

temporalis temporalis (Stål 1876) [p. 603]

51. Gymnobothrus temporalis Risbec 1950: 317.
52. Gymnobothrus temporalis Waloff 1954: 381.
53. Gymnobothrus temporalis temporalis Dirsh 1956c, 236, 266.
54. Gymnobothrus temporalis temporalis Chapman & Robertson 1958: 98, 108.

55. Gymnobothrus temporalis temporalis   Davey *et al.* 1959*b*: 565.
56. Gymnobothrus temporalis   Le Pelley 1959: 92.
57. Gymnobothrus temporalis   Chapman 1961*a*: 262, 275, fig. 22.
58. Gymnobothrus temporalis temporalis   Robertson & Chapman 1952: 82, tables 2, 3, 28, 30.
59. Gymnobothrus temporalis temporalis   Phipps 1962: 15, 16, 17, 18.
60. Gymnobothrus temporalis temporalis   Roy 1962: 111, 113, 131.
61. Gymnobothrus temporalis   Chapman 1962: 44, fig. 33, table 20.
62. Gymnobothrus temporalis temporalis   Dirsh 1963*b*: 217.
63. Gymnobothrus temporalis   Chapman 1964: 121.
64. Gymnobothrus temporalis   Dirsh 1964*a*: 71.
65. Gymnobothrus temporalis temporalis   Descamps 1965*a*: 1259, 1261.
66. Gymnobothrus temporalis   Dirsh 1965: 446, fig. 357*a* (♂).
67. Gymnobothrus temporalis temporalis   Pinhey 1965: 10.
68. Gymnobothrus temporalis temporalis   Roy 1965: 625.

Morph. 52, 54, 57, 59, 63. **Ecol.** 54, 58, 60, 61, 64, 65. **Bion.** 54, 57, 58, 61, 67. **Econ.** 51, 56. **Dist. W.A.** Mali 51, 55, 65; Ghana 57, 61, 62; Sierra Leone 59; Senegal 60, 68. **C.A.** Zambia 52. **S.A.** Zululand 53; Transvaal 53; Natal 53.

variabilis Bruner 1910   [p. 605]

Lectotype: ♂. Madagascar. Berlin Mus.

3. Gymnobothrus variabilis   Dirsh 1962*c*: 274.
4. Gymnobothrus variabilis   Dirsh 1963*a*: 260, figs. 8 (1–6), 10.

Desc. 4 (♂ ♀). **Dist.** Madagascar 3, 4.

species ?   [p. 605]

4. Gymnobothrus sp.   Phipps 1959*b*: 33.
5. Gymnobothrus sp.   Davey *et al.* 1959*b*: 565.
6. Gymnobothrus sp.   Robertson & Chapman 1962: 82, tables 2, 3, 30.

Morph. 4. **Bion.** 6. **Dist. W.A.** Mali 5. **E.A.** Tanzania 4, 6.

GYMNOBOTHROIDES Karny 1915   [p. 605]

5. *Rastafaria*   Ramme 1931 (Dirsh 1958*b*: 60)   [p. 606].
6. Gymnobothroides   Dirsh 1965: 397, 447.

Desc. 6.

abessinica (Ramme 1931)   [p. 606]

2. Gymnobothroides abessinicus   Dirsh 1958*b*: 60.

Desc.

hemipterus Miller 1932   [p. 605]

3. Gymnobothroides hemipterus   Dirsh 1956*c*: 237, 266.

Dist. S.A. Natal.

ACRIDIDAE   Acridinae

pullus Karny 1915   [p. 606]
4. Gymnobothroides pullus   Dirsh 1956f: 279, pl. 52, f. 14.
5. Gymnobothroides pullus   Phipps 1959b: 33.
6. Gymnobothroides pullus   Dirsh 1965: 447, fig. 358 (♂).
7. Gymnobothroides pullus   Phipps 1966: 33.

Morph. 4, 5.   **Ecol.** 7.   **Bion.** 7.   **Dist. E.A.** Tanzania 5, 7.

species ?
1. Gymnobothroides sp.   Dirsh 1955a: 70.
2. Gymnobothroides sp.   Phipps 1959b: 33.

Morph. 2.   **Dist. E.A.** Tanzania 2.   **C.A.** Ruanda 1.

KALOA I. Bolivar 1909   [p. 612]
3. Kaloa   Dirsh 1965: 397, 447.

Desc.

tabellifera I. Bolivar 1912   [p. 612]
3. Kaloa tabellifera   Dirsh 1958b: 60, figs. 14–17.
4. Kaloa tabellifera   Dirsh 1965: 448, fig. 359 (♀).

Desc. 3.

*GUICHARDIPPUS Dirsh 1959

Haplotype: **Guichardippus somalicus**   Dirsh 1959

1. Guichardippus   Dirsh 1959c: 37.
2. Guichardippus   Dirsh 1965: 397, 448.

Desc. 1, 2.

somalicus Dirsh 1959

Type: ♂. Somalia: Hargeisa. Brit. Mus.

1. Guichardippus somalicus   Dirsh 1959c: 38, fig. 8.
2. Guichardippus somalicus   Dirsh 1965: 449, fig. 360 (♂).

Desc. 1 (♂ ♀).

OXYBOTHRUS Uvarov 1953   [p. 608]
2. Oxybothrus   Dirsh 1965: 397, 450.

Desc.

punctifrons Uvarov 1953   [p. 608]
2. Oxybothrus punctifrons   Dirsh 1965: 450, fig. 361 (♂).

Acridinae ACRIDIDAE

HULSTAERTIA Ramme 1931 [p. 608]

2. Hulstaertia   Dirsh 1965: 397, 451.

Desc.

cinnabarina Ramme 1931 [p. 608]

2. Hulstaertia cinnabarina   Dirsh 1965: 451, fig. 362 (♀).

Dist. C.A. Congo Rep.

*PHLOEOCHOPARDIA Dirsh 1958

Haplotype: **Phloeobida abbreviata**   Chopard 1921 [p. 612]

1. Phloeochopardia   Dirsh 1958b: 58.
2. Phloeochopardia   Dirsh 1965: 397, 452.

Desc. 1, 2.

abbreviata (Chopard 1921) [p. 612]

2. Phloeochopardia abbreviata   Dirsh 1958b: 58, figs. 8–11. *Type:* Paris Mus.
3. Phloeochopardia abbreviata   Dirsh 1965: 452, fig. 363 (♂).

Desc. 2.

MALCOLMBURRIA Uvarov 1953 [p. 608]

2. Malcolmburria   Dirsh 1965: 397, 453.

Desc.

angolensis Uvarov 1953 [p. 608]

2. Malcolmburria angolensis   Dirsh 1956f: 279, pl. 52, f. 7.
3. Malcolmburria angolensis   Dirsh 1965: 453, fig. 364 (♂).

Morph. 2.   **Dist. C.A.** Angola 3.

PARACINEMA Fischer 1853 [p. 586]

23. Paracinema   Dirsh 1963a: 246, 262.
24. Paracinema   Dirsh 1965: 397, 454.

Desc. 23, 24.

luculenta Karsch 1896 [p. 587]

8. Paracinema luculenta   Chopard 1958a: 150.
9. Paracinema luculenta   Phipps 1962: 15.
10. Paracinema luculenta   Chapman 1962: 42, fig. 32, table 20.
11. Paracinema luculenta   Dirsh 1963c: 218.
12. Paracinema luculenta   Chapman 1964: 121.

Morph. 9, 12.   **Ecol.** 10.   **Bion.** 10.   **Dist. W.A.** Guinea 8, 11; Sierra Leone 9.

ACRIDIDAE — Acridinae

tricolor (Thunberg 1815) [p. 587]

64. Paracinema tricolor   La Greca 1947b: 273.
65. Paracinema tricolor tricolor   Kevan 1955c: 483.
66. Paracinema tricolor   Dirsh 1955a: 71.
67. Paracinema tricolor tricolor   Dirsh 1956c: 235, 266.
68. Paracinema tricolor   Dirsh 1956f: 281, pl. 59, f. 3.
69. Paracinema tricolor   Descamps 1956: 752.
70. Paracinema tricolor   Chopard 1958b: 85.
71. Paracinema tricolor tricolor   Chapman & Robertson 1958: 95, 108, fig. 16.
72. Paracinema tricolor tricolor   Scott 1958: 27.
73. Paracinema tricolor   Davey 1959: 127.
74. Paracinema tricolor   Phipps 1959b: 32.
75. Paracinema tricolor   Chapman 1961a: 262, 274, 281, 282, fig. 19.
76. Paracinema tricolor tricolor   Kevan & Knipper 1961: 401.
77. Paracinema tricolor tricolor   Baccetti 1962: 95.
78. Paracinema tricolor   Phipps 1962: 15, 18.
79. Paracinema tricolor   Chapman 1962: 43, figs. 32, 52, table 20.
80. Paracinema tricolor   Dirsh 1962c: 274.
81. Paracinema tricolor tricolor   Robertson & Chapman 1962: 81, tables 2, 3, 30.
82. *Paracinema tricolor madecassa*   Key 1936 (Dirsh 1963a: 262) [p. 589].
83. Paracinema tricolor   Dirsh 1963a: 262, fig. 14.
84. Paracinema tricolor   Roy 1964b: 1193.
85. Paracinema tricolor   Chapman 1964: 121.
86. Paracinema tricolor   Dirsh 1964a: 73.
87. Paracinema tricolor   Descamps 1965a: 1260, 1291, 1310.
88. Paracinema tricolor   Dirsh 1965: 455, fig. 365 (♂).
89. Paracinema tricolor   Pinhey 1965: 14.
90. Paracinema tricolor   Uvarov 1966: 51, 180, fig. 107.
91. Paracinema tricolor   Phipps 1966: 33.

Desc. 83 (♂ ♀). **Morph.** 64, 68, 71, 74, 75, 78, 85, 90. **Ecol.** 71, 72, 76, 79, 81, 86, 87, 89, 91. **Bion.** 71, 73, 75, 76, 79, 81, 89, 91. **Econ.** 69. **Dist. W.A.** Mali 73, 87; Sao Thomé 70; Ghana 75, 79; Sierra Leone 78; Senegal 84. **C.A.** Rhodesia 89; Ruanda 66. **E.A.** Somalia 77; Tanzania 74, 91. **S.A.** O.F.S. 67; Lesotho 67; Natal 67; Cape Province 67. **I.I.** Madagascar 80, 83.

tricolor sudanensis Key 1936 [p. 589]

5. Paracinema tricolor sudanensis   Davey *et al.* 1959b: 584.

Ecol. Bion. Dist. W.A. Mali.

tricolor sylvestris (Thunberg 1815) [p. 590]

5. Paracinema tricolor sylvestre   Dirsh 1956c: 236, 266.

Dist. S.A. Lesotho; O.F.S.; Cape Province.

species ?
1. Paracinema sp.   Backlund 1955: 204.
Ecol.   **Dist. E.A.** Tanzania.

UGANDA I. Bolivar 1909   [p. 590]

3. Uganda   Dirsh 1965: 397, 455.
Desc.

kilimandjarica (Sjöstedt 1909)   [p. 591]
4. Uganda kilimandjarica   Dirsh 1956*f*: 281, pl. 59, f. 4.
5. Uganda kilimandjarica   Dirsh 1965: 455, fig. 366 (♀).
Morph. 4.

JASOMENIA I. Bolivar 1914   [p. 512]

4. Jasomenia   Dirsh 1965: 397, 456.
Desc.

cinctipes Miller 1932   [p. 512]
2. Jasomenia cinctipes   Dirsh 1956*f*: 281, pl. 59, f. 5.
3. Jasomenia cinctipes   Dirsh 1965: 456, f. 367*d*.
Morph. 2.

dimidiata (I. Bolivar 1912)   [p. 512]
Type: Tervuren Mus. (Dirsh in litt.).
9. Jasomenia dimidiata   Kevan 1955*c*: 483.
10. Jasomenia dimidiata   Kevan & Knipper 1955: 312.
11. Jasomenia dimidiata   Dirsh 1956*c*: 226, 264.
12. Jasomenia dimidiata   Kevan & Knipper 1961: 400.
13. Jasomenia dimidiata   Baccetti 1962: 93.
14. Jasomenia dimidiata   Dirsh 1965: 456, fig. 367 *a–c* (♂).

Ecol. 12.   **Bion.** 9, 10.   **Dist. E.A.** Tanzania 12; Kenya 9, 10; Somalia 13.   **S.A.** Transvaal 11.   **C.A.** Rhodesia 11.

species ?   [p. 512]
2. Jasomenia sp.   Phipps 1959*b*: 32.
3. Jasomenia sp.   Phipps 1966: 32.
Morph. 2.   **Ecol.** 3.   **Bion.** 3.   **Dist. E.A.** Tanzania 2, 3.

PLATYPYGIUS Uvarov 1942   [p. 513]

3. Platypygius   Dirsh 1965: 398, 457.
Desc.

ACRIDIDAE   Acridinae

platypygius (Pantel 1886)   [p. 513]
6. Platypygius platypygius   Dirsh 1965: 457, fig. 368.

ANAEOLOPUS Uvarov 1922   [p. 512]

3. Anaeolopus   Dirsh 1965: 398, 458.

Desc.

socius (Stål 1861)   [p. 512]

16. Anaeolopus socius   Waloff 1954: 384.
17. Anaeolopus socius   Dirsh 1956c: 226, 264.
18. Anaeolopus socius   Dirsh 1956f: 281, pl. 59, f. 16.
19. Anaeolopus socius   Dirsh 1965: 458, fig. 369 (♀).

Morph. 16, 18.   **Dist. S.A.** Lesotho 17; Cape 16, 17; O.F.S. 17.

AIOLOPUS Fieber 1853   [p. 501]

31. Aiolopus   Dirsh 1963a: 246, 264.
32. Aiolopus   Dirsh 1965: 398, 459.

Desc. 31, 32.

femoralis Uvarov 1953   [p. 502]

2. Aiolopus femoralis   Robertson & Chapman 1962: 75, tables 2, 3.

Ecol. Bion. Dist. E.A. Tanzania.

longicornis Sjöstedt 1909   [p. 502]

8. Aiolopus longicornis   Kevan 1955c: 483.
9. Aiolopus longicornis   Chapman & Robertson 1958: 98, 107.
10. Aiolopus longicornis   Phipps 1959b: 32.
11. Aiolopus longicornis   Le Pelley 1959: 91.
12. Aiolopus longicornis   Kevan & Knipper 1961: 399.
13. Aiolopus longicornis   Robertson & Chapman 1962: 75, tables 2, 3, 28, 30.
14. Aiolopus longicornis   Phipps 1966: 31.

Morph. 9, 10.   **Ecol.** 9, 12, 13, 14.   **Bion.** 9, 13, 14.   **Econ.** 11.   **Dist. E.A.** Kenya 8; Tanzania 9, 10, 12, 13, 14.

luridus (Brancsik 1895)   [p. 503]

5. Aiolopus luridus. *Type:* Mozambique (Dirsh in litt.)

rodericensis (Butler 1876)   [p. 503]

5. Aiolopus rodericensis   Dirsh 1962c: 274.
6. Aiolopus rodericensis   Dirsh 1963a: 264, figs. 11 (1–7), 14.
7. *Aeolopus perpusillus* (I. Bolivar 1912). *Lectotype:* ♂. Seychelles, Mahe. Type not in Brit. Mus. (Dirsh 1963a: 266) [p. 503].

Acridinae **ACRIDIDAE**

8. *Aeolopus laticosta*   I. Bolivar 1912. *Lectotype:* ♂. Seychelles: Diego Garcia. (Dirsh 1963*a*; 264, 267.) [p. 502].
9. *Aeolopus aldabrensis*   I. Bolivar 1912. *Lectotype:* ♀. Seychelles: Aldabra. (Dirsh 1963*a*: 264, 267.) [p. 502].
10. *Aeolopus dociostauroides*   I. Bolivar 1912. *Lectotype:* ♂. Seychelles: Coetivy. (Dirsh 1963*a*: 264, 267.) [p. 502].
11. *Aeolopus fasciatipes*   I. Bolivar 1912. *Lectotype:* ♀. Seychelles: Farquhar Atoll. (Dirsh 1963*a*: 264, 267.)

Desc. 6 (♂ ♀).   **Dist. I.I.** Madagascar 5, 6.

sansibarus (Karsch 1896)   [p. 503]

6. Aiolopus sansibarus   Chopard 1858*c*: 37.

Dist. I.I. Comoro Is.

savignyi (Krauss 1890)   [p. 504]

23. Aiolopus savignyi   Joyce 1952: 85, 90.
24. Aiolopus savignyi   Joyce 1953: 105.
25. Aiolopus savignyi   Slifer 1953*a*: 59, pl. 5, f. 33.
26. Aiolopus savignyi   Slifer 1953*b*: 79, pl. 6, f. 36.
27. Aiolopus savignyi   Joyce 1954: 134.
28. Aiolopus savignyi   Joyce 1955: 106.
29. Aiolopus savignyi   Kevan & Knipper 1955: 312.
30. Aiolopus savignyi   Joyce 1956: 108.
31. Aiolopus savignyi   Khalifa 1956*a*: 175, 177, 180, 184, fig. 1.
32. Aiolopus savignyi   Khalifa 1957: 310, 324, figs.
33. Aiolopus savignyi   Dirsh 1959*a*: 63.
34. Aiolopus savignyi   Davey *et al.* 1959*b*: 574.
35. Aiolopus savignyi   Kevan & Knipper 1961: 399.
36. Aiolopus savignyi   Boisson 1961: 29.
37. Aiolopus savignyi   Sayed *et al.* 1964: 260.
38. Aiolopus savignyi   Descamps 1965*a*: 1260, 1275, 1309.
39. Aiolopus savignyi   Uvarov 1966: 371.

Morph. 25, 26, 31.   **Ecol.** 27, 31, 34, 35, 38.   **Bion.** 29, 32, 36, 39.   **Econ.** 23, 24, 27, 28, 30.
Dist. W.A. Mali 34, 38.   **E.A.** Sudan 23, 24, 27, 28, 30; Ethiopia 33; Somalia 35.

strepens (Latreille 1804)   [p. 504]

83. Aiolopus strepens   La Greca 1947*b*: 273.
84. Aiolopus strepens   Leouffre 1953: 329.
85. Aiolopus strepens   Chopard 1954*b*: 6, 13.
86. Aiolopus strepens   Hammad 1956: 123.
87. Aiolopus strepens   Chopard 1958*d*: 14.
88. Aiolopus strepens   Korsakoff 1958: 139.
89. Aiolopus strepens   Gardner 1960: 128.

ACRIDIDAE
Acridinae

90. Aiolopus strepens   Gardner & Classey 1960: 193.
91. Aiolopus strepens   Saraiva 1961: 140.
92. Aiolopus strepens   Chopard 1962: 69.
93. Aiolopus strepens   Baccetti 1962: 91.

Morph. 83. **Ecol.** 84. **Econ.** 86. **Dist. E.A.** Somalia 93. **A.I.** Cape Verde Is. 87, 91; Canary Is. 85, 89; Madeira 85, 90, 92.

thalassinus (Fabricius 1781)   [p. 506]

154. Epacromia thalassina   Hayward 1927: Suppl.
155. Aiolopus thalassinus   Waloff 1954: 382.
156. Aiolopus thalassinus   Chopard 1954a: 13.
157. Aiolopus thalassinus   Chopard 1954b: 6, 13.
158. Aiolopus thalassinus   Dirsh 1956c: 225, 263.
159. Aiolopus thalassinus   Dirsh 1956f: 281, pl. 59, f. 10.
160. Aiolopus thalassinus   Khalifa 1956a: 176, 180, 184, fig. 1.
161. Aiolopus thalassinus   Khalifa 1956b: 217–29, fig.
162. Aiolopus thalassinus   Chopard 1957: 52.
163. Aiolopus thalassinus   Khalifa 1957: 307, 324, figs.
164. Aiolopus thalassinus   Orian 1957: 514.
165. Aiolopus thalassinus   Uvarov & Popov 1957: 379.
166. Aiolopus thalassinus   Chapman & Robertson 1958: 98, 107.
167. Aiolopus thalassinus   Chopard 1958a: 144.
168. Aiolopus thalassinus   La Greca 1958: 62.
169. Aiolopus thalassinus   Scott 1958: 27.
170. Aiolopus thalassinus   Chopard 1958d: 14.
171. Aiolopus thalassinus   Dirsh 1959a: 63.
172. Aiolopus thalassinus   Davey et al. 1959b: 575.
173. Aiolopus thalassinus   Gardner & Classey 1960: 193.
174. Aiolopus thalassinus   Gardner 1960: 129.
175. Aiolopus thalassinus   Kevan & Knipper 1961: 399, 400.
176. Aiolopus thalassinus   Chapman 1961a: 262, 271.
177. Aiolopus thalassinus   Saraiva 1961: 139.
178. Aiolopus thalassinus   Baccetti 1962: 93.
179. Aiolopus thalassinus   Chopard 1962: 69.
180. Aiolopus thalassinus   Chopard 1962: 69.
181. Aiolopus thalassinus   Chapman 1962: 37, fig. 25, table 20.
182. Aiolopus thalassinus   Roy 1962: 111, 114, 129.
183. Aiolopus thalassinus   Hafez & Ibrahim 1962a: 189, 214.
184. Aiolopus thalassinus   Hafez & Ibrahim 1962b: 271–82, fig.
185. Aiolopus thalassinus   Dirsh 1963b: 218.
186. Aiolopus thalassinus   Chopard 1963: 570.
187. Aiolopus thalassinus   Hafez & Ibrahim 1963a: 75–96.
188. Aiolopus thalassinus   Hafez & Ibrahim 1963b: 105–16.
189. Aiolopus thalassinus   Ibrahim 1963: 97–103.
190. Aiolopus thalassinus   Dirsh 1964a: 73.

191. Aiolopus thalassinus   Chapman 1964: 121.
192. Aiolopus thalassinus   Jago 1964a: 197.
193. Aiolopus thalassinus   Hafez & Ibrahim 1964d: 245–57.
194. Aiolopus thalassinus   Dirsh 1965: 459, fig. 370 (♀).
195. Aiolopus thalassinus   Pinhey 1965: 14.
196. Aiolopus thalassinus   Descamps 1965a: 1260, 1275, 1309.
197. Aiolopus thalassinus   Roy 1965: 624.
198. Aiolopus thalassinus   Uvarov 1966: 171, 287.

Morph. 155, 159, 160, 166, 176, 191, 193, 198. **Ecol.** 161, 165, 166, 169, 172, 173, 175, 181, 182, 183, 190, 192, 196. **Bion.** 161, 163, 166, 172, 176, 181, 183, 184, 187, 188, 189, 195, 198. **Econ.** 161. **Dist. N.A.** Tripolitania 168; Ennedi 186. **W.A.** Guinea 167, 185; Mali 172, 196; Ghana 176, 181; Senegal 182, 197. **C.A.** Rhodesia 195; Congo Rep. 190. **E.A.** Socotra 165. **S.A.** Lesotho 158. **I.I.** Reunion 162; Mauritius 164. **A.I.** Cape Verde Is. 177.

species ?   [p. 510]

9. Aiolopus sp.   Dirsh 1955a: 71.
10. Aiolopus sp.   Baccetti 1955: 204.
11. Aiolopus sp.   Dirsh 1956c: 226.
12. Aiolopus sp.   Davey 1959: 127.
13. Aiolopus sp.   Phipps 1959b: 32, 46.
14. Aiolopus sp.   Kevan & Knipper 1961: 400.
15. Aiolopus sp.   Robertson & Chapman 1962: 75, tables 2, 3, 28, 30.
16. Aiolopus sp.   Phipps 1966: 31, table VII.

Morph. 13. **Ecol.** 10, 13, 14, 15, 16. **Bion.** 12, 13, 15, 16. **Dist. W.A.** 12. **C.A.** Ruanda 9. **E.A.** Tanzania 10, 14, 15, 16.

HILETHERA Uvarov 1923   [p. 499]

4. *Lerinnia*   Uvarov 1940 (Dirsh 1958b: 56)   [p. 500].
5. Hilethera   Dirsh 1965: 398, 460.
6. Hilethera   Descamps 1965a: 1272.

Desc. 5, 6.   **Key** 6.

aeolopoides (Uvarov 1922)   [p. 500]

6. Hilethera aeolopoides   Dirsh 1956f: 281, pl. 59, f. 11.
7. Hilethera aeolopoides   Dirsh 1965: 460, fig. 37, b, c.
8. Hilethera aeolopoides   Descamps 1965a: 1272.

Desc. 8 (in key).   **Morph.** 6.

demangei Descamps 1965

Type: ♂. Mali: Niedougou. Paris Mus.

1. Hilethera demangei   Descamps 1965a: 1272, figs. 39–44.

Desc. ♂.

| ACRIDIDAE | Acridinae |

nigerica (Uvarov 1926) [p. 500]
4. Hilethera nigerica   Davey et al. 1959b: 573.
5. Hilethera nigerica   Roy 1962: 111, 113, 129.
6. Hilethera nigerica   Dirsh 1965: 460, fig. 371a (♂).
7. Hilethera nigerica   Descamps 1965a: 1272, 1275, 1309.
8. Lerinnia nigerica   Forsyth 1966: 96.

Desc. 7 (in key).   **Econ.** 8.   **Dist. W.A.** Mali 4, 7; Senegal 5; Ghana 8.

sudanica Uvarov 1925 [p. 500]
2. Hilethera sudanica   Descamps 1965a: 1272.

Desc. (in key).   **Dist. W.A.** Mali.

species ?
1. Hilethera sp.   Davey et al. 1959b: 573.

Dist. W.A. Mali.

AULOCAROIDES Werner 1913   [p. 500]

3. Aulocaroides   Dirsh 1965: 398, 461.

Desc.

capicolus Dirsh 1956
Type: ♀. S. Africa: Cape Province, Obobogorop. Lund Mus.
1. Aulocaroides capicolus   Dirsh 1956c: 224, 263, fig. 40 (1).

Desc. ♀.

leroii Werner 1913   [p. 500]
3. Aulocaroides leroii   Dirsh 1956f: 281, pl. 59, f. 12.
4. Aulocaroides leroii   Dirsh 1965: 461, fig. 372 (♂).

Morph. 3.

nigericus Dirsh 1949   [p. 501]
3. Aulocaroides nigericus   Dirsh 1956c: 224, fig. 40 (2) ♀.
4. Aulocaroides nigericus   Davey et al. 1959b: 574.
5. Aulocaroides nigericus   Davey 1959: 127.
6. Aulocaroides nigericus   Descamps 1965a: 1260.

Ecol. 4, 6.   **Bion.** 5.   **Dist. W.A.** Mali 4, 5, 6.

HELIOSCIRTUS Saussure 1884   [p. 494]

17. Helioscirtus   Dirsh 1965: 398, 462.
18. Helioscirtus   Uvarov 1966: 183.

Desc. 17.   **Morph.** 18.

capsitanus (Bonnet 1884)   [p. 494]
15. Helioscirtus capsitanus   Dirsh 1965: 463, fig. 373 (♂).

capsitanus algericus Chopard 1943 [p. 495]
3. Helioscirtus capsitanus algericus   Korsakoff 1958: 140.
Ecol.

grandii La Greca 1958
  Type: ♂. Tripolitania: Hamada el Hamra. Bologna Mus.
1. Helioscirtus sp.   Fiori 1956: 281 footnote.
2. Helioscirtus grandii   La Greca 1958: 58, figs. 2, 3.
Desc. 2 (♂ ♀).

VOSSELERIANA Uvarov 1924   [p. 496]

5. Vosseleriana   Dirsh 1965: 398, 463.
6. *Mistshenkoa*   Bey-Bienko 1950 (Dirsh 1961d: 396)   [p. 496].
Desc. 5.

fonti (I. Bolivar 1902) [p. 496]
13. Vosseleriana fonti   Dirsh 1965: 464, fig. 374 (♂).

korsakovi (Chopard 1943) [p. 496]
3. Sphingonotus korsakovi   Korsakoff 1958: 139, figs. 1–9.
4. Vosseleriana korsakovi   Dirsh 1961d: 396.
Desc. 3.   **Dist. N.A.** Algeria 3; Tripolitania 4.

strepens (Uvarov 1938) [p. 496]
5. Sphingonotus strepens   Dekeyser & Villiers 1956: 29, 210.
6. Vosseleriana strepens   Dirsh 1961d: 396.
Ecol. 5.   **Dist. W.A.** Mauretania 5.

somali Uvarov 1923 [p. 497]
7. Vosseleriana somali   Dirsh 1956f: 280, pl. 56, f. 10.
8. Vosseleriana somali   Baccetti 1962: 91.
Morph. 7.   **Dist. E.A.** Somalia 8.

THALPOMENA Saussure 1884   [p. 464]

10. Thalpomena   Dirsh 1965: 398, 465.
Desc.

algeriana (Lucas 1849) [p. 464]
27. Thalpomena algeriana   Codina 1926: 128.
28. Thalpomena algeriana   Dirsh 1956f: 280, pl. 56, f. 4.
29. Thalpomena algeriana   Gangwere & Morales Agacino 1964: 215, 245.
30. Thalpomena algeriana   Dirsh 1965: 465, fig. 375 (♀).
Morph. 28, 29.   **Bion.** 29.   **Dist. N.A.** Morocco 27.

ACRIDIDAE   Acridinae

coeruleipennis Finot 1895   [p. 465]
8. Thalpomena algeriana coeruleipennis   I. Bolivar 1915: 71.

SOMALELLA Dirsh 1949   [p. 498]

2. Somalella   Dirsh 1965: 398, 466.
Desc.
thalpomenoides Dirsh 1949   [p. 498]
2. Somalella thalpomenoides   Dirsh 1956*f*: 280, pl. 56, f. 5.
3. Somalella thalpomenoides   Dirsh 1965: 467, fig. 376.
Morph. 2.   **Dist. E.A.** Somalia 3.

PTERNOSCIRTUS Saussure 1884   [p. 467]

8. Pternoscirtus   Dirsh 1963*a*: 246, 267.
9. Pternoscirtus   Dirsh 1965: 398, 467.
Desc. 8, 9.
calcaratus (Saussure 1884)   [p. 468]
12. *Acrotylus bicornis*   Sjöstedt 1918 (Dirsh 1961*d*: 397)   [p. 531].
13. Pternoscirtus calcaratus   Dirsh 1962*c*: 275.
14. Pternoscirtus calcaratus   Dirsh 1963*a*: 268, fig. 15.
Desc. 12 (♂ ♀).   **Dist. I.I.** Malagasy 13, 14.

gracilis (Miller 1929)   [p. 468]
6. Pternoscirtus gracilis   Dirsh 1956*c*: 230, 265.
7. Pternoscirtus gracilis   Dirsh 1956*f*: 281, pl. 59, f. 20.
8. Pternoscirtus gracilis   Dirsh 1959*a*: 64.
9. Pternoscirtus gracilis   Davey *et al.* 1959*b*: 572.
10. Pternoscirtus gracilis   Kevan & Knipper 1961: 399.
11. Pternoscirtus gracilis   Phipps 1962: 15, 16, 17.
12. Pternoscirtus gracilis   Roy 1962: 111, 129.
13. Pternoscirtus gracilis   Roy 1964*b*: 1192.
14. Pternoscirtus gracilis   Dirsh 1964*a*: 74.
15. Pternoscirtus gracilis   Descamps 1965*a*: 1260.
16. Pternoscirtus gracilis   Pinhey 1965: 13.
17. Pternoscirtus gracilis   Dirsh 1965: 468, fig. 377 (♂).
Morph. 7, 11.   **Ecol.** 10, 13, 14, 15, 16.   **Bion.** 16.   **Dist. W.A.** Mali 9, 15; Sierra Leone 11; Senegal 12, 13.   **C.A.** Congo Rep. 14; Rhodesia 16.   **E.A.** Ethiopia 8; Tanzania 10. **S.A.** Natal 6; Transvaal 6.

Acridinae **ACRIDIDAE**

pallidus (Walker 1870)   [p. 468]

7. Pternoscirtus pallidus   Davey *et al.* 1959*b*: 571.
8. Pternoscirtus pallidus   Descamps 1965*a*: 1260, 1271.

Ecol. 8.   **Dist. W.A.** Mali 7, 8.

HYALORRHIPIS Saussure 1884   [p. 492]

10. Hyalorrhipis   Dirsh 1965: 398, 468.

Desc.

calcarata (Vosseler 1902)   [p. 492]

14. Hyalorrhipis calcarata   Chopard 1954*a*: 13.
15. Hyalorrhipis calcarata   Dekeyser & Villiers 1956: 29, 59, 202.
16. Hyalorrhipis calcarata   Korsakoff 1958: 140, figs. 20, 21, 23.
17. Hyalorrhipis calcarata   La Greca 1958: 62.
18. Hyalorrhipis calcarata   Pierre 1958: 151, 165, 253.
19. Hyalorrhipis calcarata   Monod 1958: 256.
20. Hyalorrhipis calcarata   Davey *et al.* 1959*b*: 573.
21. Hyalorrhipis calcarata   Dirsh 1965: 469, fig. 378 (♀).
22. Hyalorrhipis calcarata   Descamps 1965*a*: 1260.

Ecol. 15, 16, 18, 19, 22.   **Dist. N.A.** Tripolitania 17; Sahara 18, 19.   **W.A.** Mauretania 15; Mali 20, 22.

canescens (Saussure 1888)   [p. 493]

15. Hyalorrhipis canescens   Agarwala 1953: 59, figs. 76, 77.
16. Hyalorrhipis canescens   Agarwala 1954: 311, figs. 106, 107.

Morph. 15. 16.

SPHINGODERUS Bei-Bienko 1950   [p. 489]

2. Sphingoderus   Dirsh 1965: 398, 469.

Desc.

carinatus Saussure 1888   [p. 489]

21. Sphingonotus carinatus   Korsakoff 1958: 140.
22. Sphingonotus carinatus   Hafez & Ibrahim 1964*a*: 193–217, 3 figs.
23. Sphingonotus carinatus   Hafez & Ibrahim 1964*b*: 219–27.
24. Sphingonotus carinatus   Hafez & Ibrahim 1964*c*: 229–43.
25. Sphingonotus carinatus   Hafez & Ibrahim 1964*d*: 245–57, 2 figs.
26. Sphingonotus carinatus   Sayed *et al.* 1964: 260.
27. Sphingoderus carinatus   Dirsh 1965: 470, fig. 379*c*.
28. Sphingonotus carinatus   Uvarov 1966: 171.

Morph. 25, 28.   **Ecol.** 22.   **Bion.** 22, 23, 24.   **Dist. N.A.** Egypt 22–26; Algeria 21.

ACRIDIDAE   Acridinae

SPHINGONOTUS Fieber 1852 [p. 469]

35. Sphingonotus   Dirsh 1965: 398, 469.
36. Sphingonotus   Uvarov 1966: 72, 198, figs. 44, 120.

Desc. 35. **Morph.** 36.

albipennis Krauss 1902 [p. 470]

4. Sphingonotus albipennis   Uvarov & Popov 1957: 376.

Desc.

azurescens (Rambur 1838) [p. 471]

61. Sphingonotus azurescens   Zacher 1949: 308.
62. Sphingonotus azurescens   Leouffre 1953: 330.
63. Sphingonotus azurescens   Chopard 1958*d*: 13 (see Appendix, Corrigenda).

Ecol. 62. **Econ.** 61.

balteatus latifasciatus (Walker 1870) [p. 472]

14. Sphingonotus balteatus latifasciatus   Cloudsley-Thomson 1963: 161.

Dist. E.A. Sudan.

caerulans (Linnaeus 1767) [p. 473]

70. Sphingonotus caerulans   Hayward 1927: Suppl.
71. Sphingonotus caerulans   Leouffre 1953: 329.
72. Sphingonotus caerulans   Dirsh 1956*f*: 280, pl. 56, f. 15.
73. Sphingonotus caerulans   Dirsh 1957*c*: 194, fig. 3.
74. Sphingonotus coerulans   Korsakoff 1958: 140.
75. Sphingonotus coerulans   Gardner & Classey 1960: 193.
76. Sphingonotus caerulans   Uvarov 1966: 149, 180, fig. 107.

Morph. 72, 73, 76. **Ecol.** 71. **Dist. N.A.** Algeria 74. **A.I.** Madeira 75.

canariensis (Saussure 1884) [p. 475]

27. Sphingonotus canariensis   Chopard 1954*b*: 6, 12.
28. Sphingonotus canariensis   Uvarov & Popov 1957: 376.
29. Sphingonotus canariensis   Chopard 1958*d*: 13.
30. Sphingonotus canariensis canariensis   Davey *et al.* 1959*b*: 572.
31. Sphingonotus canariensis   Gardner 1960: 128.
32. Sphingonotus canariensis   Saraiva 1961: 135.
33. Sphingonotus canariensis   Chopard 1963: 569.
34. Sphingonotus canariensis canariensis   Descamps 1965*a*: 1260, 1271.

Ecol. 30, 34. **Dist. W.A.** Mali 30, 34. **E.A.** Socotra 28. **N.A.** Ennedi 33. **A.I.** Canary Is. 27, 31; Cape Verde Is. 27, 29, 32.

capensis Saussure 1884 [p. 476]

5. Sphingonotus capensis   Dirsh 1956*c*: 222, 263.

Dist. S.A. Cape.

freyi Uvarov 1948 [p. 478]
3. Sphingonotus freyi   Chopard 1954*b*: 6.
Dist. A.I. Canary Is.

ganglbaueri Krauss 1907 [p. 478]
3. Sphingonotus ganglbaueri   Uvarov & Popov 1957: 377.
Desc. ♀.   **Ecol.**   **Dist. E.A.** Socotra.

nigripennis (Serville 1838) [p. 480]
6. Sphingonotus nigripennis   Dirsh 1956*c*: 221, 263.
Dist. S.A. Cape.

obscuratus lameerei Finot 1902 [p. 480]
15. Sphingonotus obscuratus lameerei   Leouffre 1953: 329.
16. Sphingonotus obscuratus lameerei   Korsakoff 1958: 140, 148.
Ecol. 15.   **Dist. N.A.** Algeria 16.

obscuratus obscuratus (Walker 1870) [p. 481]
15. Sphingonotus obscuratus obscuratus   La Greca 1958: 58.
Dist. N.A. Tripolitania.

octofasciatus (Serville 1838) [p. 481]
34. Sphingonotus octofasciatus   Leouffre 1953: 330.
35. Sphingonotus octofasciatus   Chopard 1954*a*: 13.
36. Sphingonotus octofasciatus   Korsakoff 1958: 140, 148.
Ecol. 36.   **Dist. N.A.** Algeria 34, 35.

rubescens rubescens (Walker 1870) [p. 482]
56. Sphingonotus pubescens (*sic*)   Hayward 1927: Suppl.
57. Sphingonotus rubescens   Chopard 1954*a*: 13.
58. Sphingonotus rubescens   Chopard 1954*b*: 6, 12.
59. Sphingonotus rubescens   Dekeyser & Villiers 1956: 29, 204.
60. Sphingonotus rubescens rubescens   Fiori 1956: 281.
61. Sphingonotus rubescens rubescens   La Greca 1958: 57.
62. Sphingonotus rubescens   Chopard 1958*d*: 13.
63. Sphingonotus rubescens   Korsakoff 1958; 140.
64. Sphingonotus rubescens   Gardner 1960: 128.
65. Sphingonotus rubescens   Gardner & Classey 1960: 192.
66. Sphingonotus rubescens   Saraiva 1961: 137, 152.
67. Sphingonotus rubescens   Chopard 1962: 68.
68. Sphingonotus rubescens   Cloudsley-Thomson 1963: 161.
69. Sphingonotus rubescens   Sayed *et al.* 1964: 260.

Desc. 68.   **Ecol.** 59.   **Dist. N.A.** Tripolitania 60, 61.   **W.A.** Mauretania 59.   **E.A.** E. Sudan 68.   **A.I.** Cape Verde Is. 58, 62, 66.

ACRIDIDAE   Acridinae

rubescens burri Chopard 1936   [p. 482]
3. Sphingonotus rubescens burri   Chopard 1958*d*: 14.
4. Sphingonotus rubescens burri   Saraiva 1961: 138.

Dist. A.I. Cape Verde Is. 3, 4.

savignyi Saussure 1884   [p. 484]
55. Sphingonotus savignyi   Zacher 1949: 308.
56. Sphingonotus savignyi   Slifer 1953*a*: 59, pl. 10, f. 73.
57. Sphingonotus savignyi   Slifer 1953*b*: 79, pl. 10, f. 75.
58. Sphingonotus savignyi   Chopard 1954*b*: 6.
59. Sphingonotus savignyi   Dekeyser & Villiers 1956: 29, 204.
60. Sphingonotus savignyi   La Greca 1958: 57.
61. Sphingonotus savignyi   Korsakoff 1958: 140.
62. Sphingonotus savignyi   Dirsh 1959*a*: 64.
63. Sphingonotus savignyi   Davey *et al.* 1959*b*: 572.
64. Sphingonotus savignyi   Chopard 1963: 569.
65. Sphingonotus savignyi   Dirsh 1965: 470, fig. 379*a*, *b* (♂).
66. Sphingonotus savignyi   Uvarov 1966: 183.

Morph. 56, 57, 66.   **Ecol.** 59.   **Econ.** 55.   **Dist. N.A.** Tripolitania 60; Ennedi 64.   **W.A.** Mali 63; Mauretania 59.   **E.A.** Ethiopia 62.   **A.I.** Canary Is. 58.

scabriculus Stål 1876   [p. 485]
15. Sphingonotus scabriculus   Waloff 1954: 383.
16. Sphingonotus scabriculus   Dirsh 1956*c*: 221.
17. Sphingonotus scabriculus   Brown 1962*a*: 181.

Morph. 15.   **Ecol.** 17.   **Dist. S.A.** Cape 15, 16; O.F.S. 16; S.W. Africa 16, 17.

teydei Uvarov 1948   [p. 486]
3. Sphingonotus teydei   Chopard 1954*b*: 6.

Dist. A.I. Canary Is.

tricinctus (Walker 1870)   [p. 486]
30. Sphingonotus tricinctus tricinctus   La Greca 1958: 57.
31. Sphingonotus tricinctus   Gangwere & Morales Agacino 1964: 215, 245.

Morph. 31.   **Bion.** 31.   **Dist. N.A.** Tripolitania 30.

turkanae Uvarov 1938   [p. 487]
3. Sphingonotus turkanae   Uvarov & Popov 1957: 376.
4. Sphingonotus turkanae   Dirsh 1959*a*: 64.

Dist. E.A. Somalia 3; Socotra 3; Ethiopia 4.

*vitreus brevipes La Greca 1958

Type: ♀. Tripolitania: Hamada el Hamra. Bologna Mus.

1. Sphingonotus vitreus subsp. nov.   Fiori 1956: 281.
2. Sphingonotus vitreus brevipes   La Greca 1958: 57, fig. 1.

Desc. 2 (♀).

vosseleri Krauss 1902   [p. 487]

12. Sphingonotus vosseleri   Leouffre 1953: 329.
13. Sphingonotus vosseleri   Korsakoff 1958: 140.

Ecol. 12.   **Dist. N.A.** Algeria 13.

willemsei Mistshenko 1937   [p. 488]

7. Sphingonotus willemsei   Chopard 1954b: 6.

Dist. A.I. Canary Is.

species ?   [p. 488]

12. Sphingonotus sp.   Codina 1926: 128.
13. Sphingonotus sp.   Davey et al. 1959b: 572.

Dist. N.A. Morocco 12.   **W.A.** Mali 13.

COPHOTYLUS Krauss 1902   [p. 490]

4. Cophotylus   Dirsh 1965: 399, 471.

Desc.

aurora (Karny 1907)   [p. 490]

5. Cophotylus aurora   Dirsh 1956f: 280, pl. 56, f. 7.
6. Cophotylus aurora   Davey et al. 1959b: 571.
7. Cophotylus aurora   Descamps 1965a: 1260, 1271.
8. Cophotylus aurora   Dirsh 1965: 472, fig. 380.

Morph. 5.   **Ecol.** 7.   **Dist. W.A.** Mali 6, 7.

LEPTOPTERNIS Saussure 1884   [p. 490]

16. Leptopternis   Dirsh 1965: 399, 472.

Desc.

gracilis (Eversmann 1848)   [p. 491]

21. Leptopternis gracilis   Dirsh 1956f: 280, pl. 56, f. 12.
22. Leptopternis gracilis   La Greca 1958: 61.
23. Leptopternis gracilis   Dirsh 1965: 473, fig. 381 (♀).

Morph. 21.   **Dist. N.A.** Tripolitania 32.

ACRIDIDAE Acridinae

rothschildi I. Bolivar 1913 [p. 492]

4. Leptopternis rothschildi Korsakoff 1958: 13.

Dist. N.A. Algeria.

WERNERELLA Karny 1907 [p. 497]

9. Wernerella Dirsh 1965: 399, 473.

Desc.

aspera (Brullé 1840) [p. 497]

9. Sphingonotus asper Chopard 1954b: 6.

*basutensis Dirsh 1956

Type: ♂. Basutoland: Mount Morosi, 15 m. N.E. Quthing. Lund Mus.

1. Wernerella basutensis Dirsh 1956c: 222, figs. 39 (1–7).
2. Wernerella basutensis Dirsh 1965: 471, fig. 382 (♂).

Desc. 1 (♂ ♀).

*insularis Popov 1957

Type: ♀. Socotra: Limestone plateau, S. of Ras Karma. Brit. Mus.

1. Wernerella insularis Uvarov & Popov 1957: 377, figs. 24–6.

Desc. ♂ ♀. **Ecol.**

pachecoi (I. Bolivar 1908) [p. 497]

7. Wernerella pachecoi Chopard 1954b: 6.
8. Wernerella pachecoi Davey et al. 1959b: 573.

Dist. W.A. Mali 8. **A.I.** Canary Is. 7.

picteti (Krauss 1892) [p. 498]

6. Wernerella picteti Chopard 1954b: 6.

Dist. A.I. Canary Is.

sublaevis (I. Bolivar 1908) [p. 498]

5. Wernerella sublaevis Chopard 1954b: 6.

Dist. A.I. Canary Is.

species ?

1. Wernerella sp. Dirsh 1956f: 280, pl. 56, f. 9.

Morph.

EURYSTERNACRIS Chopard 1947 [p. 489]

2. Eurysternacris Dirsh 1965: 399, 474.

Desc.

brevipes Chopard 1947   [p. 489]

4. Eurysternacris brevipes   Davey *et al.* 1959*b*: 572.
5. Eurysternacris brevipes   Davey 1959: 127.
6. Eurysternacris brevipes   Descamps 1965*a*: 1260, 1309.

Ecol. 4, 6.   **Bion.** 5.   **Dist. W.A.** Mali 4, 5, 6.

zolotarewskyi Chopard 1947   [p. 490]

4. Eurysternacris zolotarevskyi   Davey *et al.* 1959*b*: 573.
5. Eurysternacris zolotarevskyi   Davey 1959: 127.
6. Eurysternacris zolotarevskyi   Dirsh 1965: 475, fig. 383 (♂).
7. Eurysternacris zolotarevskyi   Descamps 1965*a*: 1260.

Ecol. 4, 7.   **Bion.** 5.   **Dist. W.A.** Mali 4, 5, 7.

HETEROPTERNIS Stål 1873   [p. 580]

16. Heteropternis   Dirsh 1965: 399, 475.
17. Heteropternis   Descamps 1965*a*: 1284.

Desc. 16.   **Key** 17.

cheesmanae Uvarov 1935   [p. 581]

3. Heteropternis cheesmanae   Descamps 1965*a*: 1285.

Desc. (in key).   **Dist. W.A.** Mali.

coerulea (Schulthess 1899)   [p. 581]

6. Heteropternis coerulea   Dirsh 1956*c*: 266.

Dist. E.A. Port E. Africa.

couloniana (Saussure 1884)   [p. 581]

36. Heteropternis couloniana   Zacher 1949: 297.
37. Heteropternis couloniana   Dirsh 1956*c*: 235, 266.
38. Heteropternis couloniana   Chopard 1958*a*: 143.
39. Heteropternis couloniana   Chapman 1962: 41, fig. 31.
40. Heteropternis couloniana   Dirsh 1963*b*: 218.
41. Heteropternis couloniana   Chapman 1964: 121.
42. Heteropternis couloniana   Jago 1964*a*: 197.
43. Heteropternis couloniana   Roy 1965: 625.
44. Heteropternis couloniana   Descamps 1965*a*: 1285, figs. 61–4.

Desc. 44 (in key).   **Morph.** 41.   **Ecol.** 39, 42.   **Bion.** 39.   **Econ.** 36.   **Dist. W.A.** Guinea 38, 40; Ghana 39; Senegal 43.   **S.A.** Cape 37.

guttifera Kirby 1902   [p. 582]

3. Heteropternis guttifera   Dirsh 1956*c*: 266.

Dist. S.A. Transvaal.

junodiana Schulthess 1899 [p. 583]

4. Heteropternis junodiana Dirsh 1956c: 266.
5. Heteropternis junodiana Kevan & Knipper 1961: 399.
6. Heteropternis junodiana Pinhey 1965: 12.

Ecol. 5. **Bion.** 6. **Dist. E.A.** Tanzania 5. **C.A.** Rhodesia 6.

minor (Saussure 1899) [p. 586]

4. Pternoscirta minor Dirsh 1958g: 244.
5. *Heteropternis saussurei* Kirby 1902 (Dirsh 1958g: 244) [p. 584].
6. Heteropternis saussurei Dirsh 1956c: 235, 266.
7. Heteropternis minor Dirsh 1958g: 244.
8. Heteropternis saussurei Phipps 1959b: 32.
9. Heteropternis saussurei Kevan & Knipper 1961: 399.
10. Heteropternis minor Pinhey 1965: 12.
11. Heteropternis saussurei Pinhey 1965: 12.
12. Heteropternis saussurei Phipps 1966: 33.

Morph. 8. **Ecol.** 9, 10, 11, 12. **Bion.** 10, 11, 12. **Dist. C.A.** Rhodesia 10, 11. **S.A.** Lesotho 6.

pudica (Serville 1838) [p. 583]

8. Heteropternis pudica Dirsh 1956c: 235, 266.
9. Heteropternis pudica Orian 1957: 514.

Dist. I.I. Mauritius 9. **S.A.** Cape Province 8.

pugnax I. Bolivar 1912 [p. 583]

3. Heteropternis pugnax Dirsh 1955a: 71.
4. Heteropternis pugnax Dirsh 1956c: 266.

Dist. C.A. Ruanda 3.

thoracica (Walker 1870) [p. 584]

37. Heteropternis thoracica Waloff 1954: 384.
38. Heteropternis hyalina Chopard 1958a: 143.
39. Heteropternis thoracica Phipps 1959b: 32.
40. Heteropternis thoracica Davey et al. 1959b: 583.
41. Heteropternis thoracica Davey 1959: 127.
42. Heteropternis thoracica Chapman 1961a: 263, 274, fig. 21.
43. Heteropternis thoracica Chapman 1962: 42, figs. 31, 51, tables 11, 20.
44. Heteropternis thoracica Phipps 1962: 15, 16, 18.
45. Heteropternis thoracica Dirsh 1963b: 218.
46. Heteropternis thoracica Dirsh 1964a: 73.
47. Heteropternis thoracica Jago 1964a: 197.
48. Heteropternis thoracica Roy 1964b: 1193.
49. Heteropternis thoracica Chapman 1964: 121.

Acridinae **ACRIDIDAE**

50. Heteropternis thoracica Descamps 1965a: 1260, 1285, figs. 72–5.
51. Heteropternis thoracica Dirsh 1965: 476, fig. 384a, b (♂).
52. Heteropternis thoracica Pinhey 1965: 12.
53. Heteropternis thoracica Roy 1965: 625.
54. Heteropternis thoracica Phipps 1966: 33.

Desc. 50 (in key). **Morph.** 37, 39, 42, 44, 49. **Ecol.** 40, 43, 46, 47, 52, 54. **Bion.** 40, 41, 42, 43, 54. **Dist. W.A.** Guinea 38, 45; Mali 40, 41; Ghana 42, 43; Sierra Leone 44; Senegal 48, 53. **C.A.** Rhodesia 52. **E.A.** Tanzania 37, 39, 54.

violaceipennis Ramme 1929 [p. 585]

2. Heteropternis violaceipennis Descamps 1965a: 1285.

Desc. (in key).

species ? [p. 585]

3. Heteropternis sp. Kevan 1955c: 483.
4. Heteropternis species 1. Descamps 1965a: 1260, 1286, figs. 54–60.
5. Heteropternis species 2. Descamps 1965a: 1260, 1289, figs. 65–71.

Desc. 4 (♂ ♀), 5 (♂ ♀). **Dist. W.A.** Mali 4, 5. **E.A.** Kenya 3.

HOMOEOPTERNIS Uvarov 1953 [p. 585]

2. Homoeopternis Dirsh 1965: 399, 477.

Desc.

crassiceps Uvarov 1953 [p. 585]

2. Homoeopternis crassiceps Dirsh 1956f: 281, pl. 59, f. 18.
3. Homoeopternis crassiceps Dirsh 1965: 476, fig. 384c (♂).

*PYCNODELLA Descamps 1965

Haplotype: **Pycnodella pictula** Descamps 1965

1. Pycnodella Descamps 1965a: 1278.

Desc.

**pictula* Descamps 1965

Type: ♂. Mali: Loutana. Paris Mus.

1. Pycnodella pictula Descamps 1965a: 1279, figs. 48a, 49–53.

Desc. ♂ ♀.

PYCNODICTYA Stål 1873 [p. 547]

7. Pycnodictya Dirsh 1958b: 58.
8. Pycnodictya Dirsh 1965: 399, 477.

Desc. 8. **Key** 7.

citripennis Saussure 1888 [p. 547]

5. Pycnodictya citripennis   Chopard 1958a: 143.
6. Pycnodictya citripennis   Chapman 1962: 40.
7. Pycnodictya citripennis   Phipps 1962: 15.
8. Pycnodictya citripennis   Chapman 1964: 121.
9. Pycnodictya citripennis   Descamps 1965a: 1260, 1278.

Morph. 7, 8.   **Ecol.** 6, 9.   **Dist. W.A.** Guinea 5; Ghana 6; Sierra Leone 7; Mali 9.

diluta Ramme 1929 [p. 548]

4. Pycnodictya diluta   Davey et al. 1959b: 580.
5. Pycnodictya diluta   Chapman 1962: 40.
6. Pycnodictya diluta   Jago 1962: 148.
7. Pycnodictya diluta   Descamps 1965a: 1260, 1278.

Ecol. 5, 6, 7.   **Bion.** 5.   **Dist. W.A.** Mali 4, 7.   Ghana 5, 6.

flavipes Miller 1932 [p. 548]

2. Pycnodictya flavipes   Dirsh 1956c: 231, 265.
3. Pycnodictya flavipes   Pinhey 1965: 12.

Ecol. 3.   **Bion.** 3.   **Dist. C.A.** Rhodesia 3.   **S.A.** Lesotho 2; Transvaal 2.

galinieri (Reiche & Fairmaire 1847) [p. 548]

21. Pycnodictya galinieri   Dirsh 1956f: 281, pl. 58, f. 17.
22. Pycnodictya galinieri   Scott 1958: 27.
23. Pycnodictya galinieri   Kevan & Knipper 1961: 396.
24. Pycnodictya galinieri   Dirsh 1961c: 317.
25. *Humbe miniatipennis*   Karsch 1896. *Type:* lost. (Dirsh 1961c: 317)   [p. 560].
26. *Humbe hyalodes*   Karsch 1896. *Type:* lost. (Dirsh l.c.)   [p. 560].
27. Pycnodictya galinieri   Jago 1962: 148.
28. Pycnodictya galinieri   Baccetti 1962: 94.
29. Pycnodictya galinieri   Dirsh 1965: 478, fig. 385 (♀).

Desc. 24.   **Morph.** 21.   **Ecol.** 22, 23, 27.   **Dist. W.A.** Ghana 27.   **E.A.** Somalia 23, 28; Ethiopia 22.

*galinieri ab. citrina Kevan & Knipper 1961

Type: ♂. Somalia: Mogadiscio. Bremen Mus.

1. Pycnodictya galinieri ab. citrina   Kevan & Knipper 1961: 397.

Desc. ♂ ♀.   **Ecol.**

kelleri (Schulthess 1894) [p. 549]

7. Humbe kelleri   Paoli 1934: 27.
8. Pycnodictya kelleri   Baccetti 1962: 94.

Econ. 7.   **Dist. E.A.** Somalia.

Acridinae ACRIDIDAE

kilosana Miller 1929 [p. 549]
3. Pycnodictya kilosana   Pinhey 1965: 12.
Ecol. Bion. Dist. C.A. Rhodesia.

obscura (Linnaeus 1758) [p. 549]
28. Pycnodictya obscura   Dirsh 1956c: 231, 265.
Dist. S.A. Cape Province.

CHLOEBORA Saussure 1884   [p. 551]

7. *Pycnoderus*   Uvarov 1941 (Dirsh 1958b: 56)   [p. 547].
8. Chloebora   Dirsh 1958b: 56, 58.
9. Chloebora   Dirsh 1965: 399, 478.
Desc. 8, 9.

dimorpha (Uvarov 1930) [p. 551]
3. Chloebora dimorpha   Dirsh 1965: 479, fig. 386 (♀).
Dist. E.A. Kenya.

sanguinipes Uvarov 1941   [p. 547]
2. Chloebora sanguinipes   Dirsh 1958b: 56.

*turkanae masaica Kevan 1955
Type: ♀. Kenya: Masai District, 'Olgasalie'. Coryndon Mus.
1. Chloebora turkanae masaica   Kevan 1955c: 482.
Desc. ♀.

SCINTHARISTA Saussure 1884   [p. 577]

20. *Conistica*   Saussure 1884 (Dirsh 1958b: 57, 58)   [p. 580].
21. Scintharista   Dirsh 1965: 399, 479.
Desc. 20, 21.

forbesi (Burr 1899) [p. 578]
7. Scintharista forbesi   Uvarov & Popov 1957: 379. *Type:* Brit. Mus.
Ecol.

*lithophila Jago 1962
Type: ♂. Ghana: Trans Volta region, Amedjofe. Brit. Mus.
1. Scintharista lithophila   Jago 1962: 144.
2. Scintharista lithophila   Jago 1964a: 197.
Desc. 1 (♂ ♀).   **Ecol.** 1, 2.

magnifica Uvarov 1922 [p. 578]

4. Scintharista magnifica   Dirsh 1956c: 234, 265.

Dist. S.A. Cape Province.

**notabilis capricornica* Vesey-Fitzgerald 1964

Type: ♂. Tanzania: Ufipa. Brit. Mus.

1. Scintharista notabilis capricornica   Vesey-Fitzgerald 1964: 257–61, 6 figs.

Desc. ♂ ♀.

notabilis lateritia Uvarov 1941 [p. 578]

7. Scintharista notabilis lateritia   Ebner 1956: 19.

Dist. N.A. Egypt.

notabilis notabilis (Walker 1870) [p. 578]

32. Scintharista notabilis   Chopard 1954b: 6, 12.
33. Scintharista notabilis   Dirsh 1956f: 281, pl. 58, f. 21.
34. Scintharista notabilis   Gardner 1960: 128.
35. Scintharista notabilis   Chopard 1963: 569.
36. Scintharista notabilis   Vesey-Fitzgerald 1964: 259, fig. 4.
37. Scintharista notabilis   Dirsh 1965: 479, fig. 387 (♂).

Desc. 36.   **Morph.** 33.   **Dist. N.A.** Ennedi 35.   **A.I.** Canary Is. 32, 34.

rosacea (Kirby 1902) [p. 579]

4. Scintharista rosacea   Dirsh 1956c: 234, 266.

Dist. S.A. Cape Province.

saucia (Stål 1873) [p. 580]

10. Conistica saucia   Dirsh 1956c: 235, 266.
11. Conistica saucia   Dirsh 1956f: 281, pl. 58, f. 20.
12. Scintharista saucia   Dirsh 1958b: 56.

Morph. 11.   **Dist. S.A.** Lesotho 10; Cape Province 10.

zolotarevskyi Uvarov 1941 [p. 579]

3. Scintharista zolotarevskyi   Davey *et al.* 1959b: 583.
4. Scintharista zolotarevskyi   Descamps 1965a: 1260.

Ecol. 4.   **Dist. W.A.** Mali 3, 4.

OREACRIS I. Bolivar 1911 [p. 562]

2. Oreacris   Dirsh 1965: 399, 480.

Desc.

luctuosa I. Bolivar 1911 [p. 562]
3. Oreacris luctuosa   Dirsh 1965: 480, fig. 388 (♂).

PYCNOCRANIA Uvarov 1941 [p. 550]
2. Pycnocrania   Dirsh 1963a: 246, 270.
Desc.
grandidieri (Saussure 1888) [p. 550]
4. Pycnocrania grandidieri   Dirsh 1956f: 281, pl. 58, f. 18.
5. Pycnocrania grandidieri   Dirsh 1963a: 271, figs. 13 (1–7), 15.
Desc. 5 (♂ ♀).   Morph. 4.   Dist. Madagascar 5.

GASTRIMARGUS Saussure 1884 [p. 562]
7. Gastrimargus   Dirsh 1963a: 246, 271.
8. Gastrimargus   Dirsh 1965: 399, 481.
Desc. 7, 8.
acutangulus acutangulus (Stål 1873) [p. 562]
13. Gastrimargus acutangulus acutangulus   Dirsh 1956c: 233, 265.
Dist. S.A. Lesotho.
africanus (Saussure 1888) [p. 563]
53. Gastrimargus marmoratus   Ballard 1914: 347.
54. Gastrimargus africanus   Slifer 1953a: 59, pl. 7, f. 49.
55. Gastrimargus africanus   Slifer 1953b: 79, pl. 8, f. 1.
56. Gastrimargus africanus   Slifer 1954b: 265.
57. Gastrimargus africanus   Dirsh 1956c: 233, 265.
58. Gastrimargus africanus   Dirsh 1956f: 281, pl. 58, f. 3.
59. *Gastrimargus africanus* var. *madagascariensis*   Sjöstedt 1928 (Dirsh 1963a: 273) [p. 564].
60. Gastrimargus africanus var. madagascariensis   Chopard 1957: 51.
61. Gastrimargus africanus   Chapman & Robertson 1958: 98, 106, fig. 14.
62. Gastrimargus africanus   Chopard 1958a: 144.
63. Gastrimargus africanus   Chopard 1958c: 37.
64. Gastrimargus africanus   Davey et al. 1959b: 581.
65. Gastrimargus africanus   Davey 1959: 127.
66. Gastrimargus africanus   Phipps 1959b: 32.
67. Gastrimargus africanus   Hunter-Jones 1959: 169.
68. Gastrimargus africanus   Blackith & Verdier 1961: 266, 268.
69. Gastrimargus africanus   Kevan & Knipper 1961: 397.
70. Gastrimargus africanus   Chapman 1961a: 262, 274.
71. Gastrimargus africanus   Phipps 1962: 15, 18.

ACRIDIDAE Acridinae

72. Gastrimargus africanus   Robertson & Chapman 1962: 79, tables 2, 3, 30.
73. Gastrimargus africanus   Chapman 1962: 40, fig. 30, table 20.
74. Gastrimargus africanus   Dirsh 1962c: 274.
75. Gastrimargus africanus   Roy 1962: 111, 130.
76. Gastrimargus africanus   Dirsh 1963a: 273, fig. 15.
77. Gastrimargus africanus   Dirsh 1963b: 218.
78. Gastrimargus africanus   Dirsh 1964a: 74.
79. Gastrimargus africanus   Chapman 1964: 121.
80. Gastrimargus africanus   Anderson, N. L. 1964: 396, 397, 400.
81. Gastrimargus africanus   Descamps 1965a: 1260, 1282, 1310.
82. Gastrimargus africanus   Dirsh 1965: 481, fig. 389 (♂).
83. Gastrimargus africanus   Jago 1964a: 197.
84. Gastrimargus africanus   Phipps 1966: 33.
85. Gastrimargus africanus   Uvarov 1966: 255, 287, 370, 375.

Desc. 76 (♂ ♀).   **Morph.** 54, 55, 56, 58, 61, 66, 68, 70, 71, 79, 84.   **Ecol.** 61, 64, 69, 72, 73, 78, 80, 81, 83, 84.   **Bion.** 61, 64, 65, 67, 70, 72, 73, 80, 81, 84, 85.   **Econ.** 53.   **Dist. W.A.** Guinea 62, 77; Mali 64, 65, 81; Ghana 70, 73; Senegal 75; Sierra Leone 71.   **E.A.** Tanzania 66, 80, 84.   **S.A.** Natal 57.   **I.I.** Madagascar 74, 76, 78; Reunion 60; Comoro Is. 63.

amplus Sjöstedt 1928   [p. 565]

5. Gastrimargus amplus   Chopard 1958a: 144.
6. Gastrimargus amplus   Davey *et al.* 1959b: 582.
7. Gastrimargus amplus   Dirsh 1963b: 219.
8. Gastrimargus amplus   Descamps 1965a: 1260, 1284.

Ecol. 8.   **Dist. W.A.** Guinea 5, 7; Mali 6, 8.

brevipes Sjöstedt 1928   [p. 565]

16. Gastrimargus brevipes   Dirsh 1955a: 71.
17. Gastrimargus brevipes   Le Pelley 1959: 92.
18. Gastrimargus brevipes   Dirsh 1964a: 74.

Ecol. 18.   **Econ.** 17.   **Dist. C.A.** Ruanda 16; Congo Rep. 18.

clepsydrae Sjöstedt 1928   [p. 566]

3. Gastrimargus clepsydrae   Dirsh 1956c: 234, 265.

Dist. S.A. Cape Province; Lesotho.

crassicollis Saussure 1888   [p. 566]

4. Gastrimargus crassicollis   Le Pelley 1959: 92.

Econ.

crassipes Sjöstedt 1928   [p. 566]

2. Gastrimargus crassipes   Dirsh 1956c: 233, 265.

Dist. S.A. Lesotho, Natal, Transvaal.

Acridinae ACRIDIDAE

determinatus (Walker 1871) [p. 567]
6. Gastrimargus determinatus   Dirsh 1956c: 265.
Dist. S.A. Zululand.

longipes Sjöstedt 1928 [p. 568]
5. Gastrimargus longipes   Dirsh 1956c: 233, 265.
Dist. S.A. Zululand.

procerus (Gerstaecker 1889) [p. 560]
3. *Gastrimargus nigericus*   Uvarov 1926 (Dirsh 1961c: 318). *Type:* lost. [p. 569].
4. Gastrimargus nigericus   Davey *et al.* 1959b: 582.
5. Gastrimargus nigericus   Dirsh 1959b: 65–72, figs. 1–10A.
6. Gastrimargus nigericus   Chapman 1961a: 262, 274, 281, fig. 16.
7. Gastrimargus procerus   Dirsh 1961c: 318.
8. Gastrimargus nigericus   Descamps 1961a: 187, 1 fig.
9. Gastrimargus nigericus   Phipps 1962: 15.
10. Gastrimargus nigericus   Chapman 1962: 41, figs. 30, 51, table 20.
11. Gastrimargus nigericus   Chapman 1964: 121.
12. Gastrimargus procerus   Dirsh 1964a: 74.
13. Gastrimargus nigericus   Descamps 1965a: 1260.
14. Gastrimargus nigericus   Uvarov 1966: 284, 287.

Desc. 7. **Morph.** 6, 9, 11, 14. **Ecol.** 4, 8, 10, 12, 13. **Bion.** 4, 5, 6, 8, 10. **Dist. W.A.** Mali 4, 8, 13; Ghana 6, 10; Sierra Leone 12; Cameroon Rep. 12. **C.A.** Congo Rep. 12.

rothschildi montanus Uvarov 1934 [p. 569]
2. Gastrimargus rothschildi montanus   Scott 1958: 27.
Ecol.

verticalis Saussure 1884 [p. 570]
10. Gastrimargus verticalis   Dirsh 1956c: 265.
Dist. S.A. Cape; Zululand.

volkensi Sjöstedt 1909 [p. 571]
14. *Gastrimargus femoralis*   Sjöstedt 1928 (Dirsh 1961d: 395) [p. 567].
15. Gastrimargus volkensi   Kevan 1955a: 72.
16. Gastrimargus femoralis   Dirsh 1956c: 233, 265.
17. Gastrimargus volkensi   Dirsh 1959a: 63.
18. Gastrimargus volkensi   Kevan & Knipper 1961: 397.
19. Gastrimargus volkensi   Dirsh 1961d: 395.
20. Gastrimargus volkensi   Pinhey 1965: 12.

Desc. 19, 20. **Ecol.** 18, 20. **Dist. E.A.** Ethiopia 17. **C.A.** Angola 15, 17. **S.A.** Natal 16; Transvaal 17.

ACRIDIDAE   Acridinae

wahlbergi (Stål 1873)   [p. 572]

13. Gastrimargus wahlbergi   Ballard 1914: 347.
14. Gastrimargus wahlbergi   Chopard 1958c: 37.

Econ. 13.   **Dist. I.I.** Comoro Is. 14.

LOCUSTA Linnaeus 1758   [p. 572]

20. Locusta   Dirsh 1963a: 246, 277.
21. Locusta   Dirsh 1965: 399, 483.

Desc. 20, 21.

migratoria (Linnaeus 1758)   [p. 573]

85. Locusta migratoria   Volkonsky 1939: 194, 1 pl., 1 fig.
86. Locusta danica   Grassé & Hollande 1946: 141, fig. 6A, B.
87. Locusta migratoria   Morales Agacino 1951: 99, 105, fig. 15.
88. Locusta migratoria   Agarwala 1952: 147–81, figs. 1–35.
89. Locusta migratoria   Agarwala 1953: 55.
90. Locusta migratoria   Agarwala 1954: 311.
91. Locusta migratoria   Chopard 1954b: 6, 12.
92. Locusta migratoria   Waloff 1954: 383.
93. Locusta migratoria ph. solitaria   Carthy 1956: 832.
94. Locusta migratoria   Dirsh 1956f: 281, pl. 58, f. 5.
95. Locusta migratoria ph. solitaria   Orian 1957: 514.
96. Locusta migratoria   Ewer 1957d: 260, fig.
97. Locusta migratoria   Chopard 1957: 51.
98. Locusta migratoria ph. solitaria   Chopard 1958d: 16.
99. Locusta migratoria   Chopard 1958b: 85.
100. Locusta migratoria danica   Gardner 1960: 128.
101. Locusta migratoria   Saraiva 1961: 145.
102. Locusta migratoria   Dirsh 1965: 483, fig. 390 (♀).

Morph. 86, 87, 88, 89, 90, 92, 96.   **Key** 87.   **Bion.** 85.   **Dist. W.A.** Guinea 99.   **I.I.** Mauritius 95.   **A.I.** Cape Verde Is. 101.

migratoria capito (Saussure 1884)   [p. 576]

9. Locusta migratoria capito   Dirsh 1962c: 274.
10. Locusta migratoria capito   Dirsh 1963a: 277, 278, figs. 17, 20.

Desc. 10 (♂ ♀).

migratoria migratorioides (Reiche & Fairmaire 1850) [p. 575]

40. Locusta migratoria migratorioides   Ewer 1954a: 79.
41. Locusta migratoria migratorioides   Ewer 1955: 42, fig.
42. Locusta migratoria migratorioides   Chapman & Robertson 1958: 106, fig. 12.
43. Locusta migratoria migratorioides   Le Pelley 1959: 92.
44. Locusta migratoria migratorioides   Davey 1959: 127.

Acridinae ACRIDIDAE

45. Locusta migratoria migratorioides   Robertson & Chapman 1962: 80, tables 2, 3, 30.
46. Locusta migratoria   Thomas 1962: 107.
47. Locusta migratoria migratorioides   Pinhey 1965: 14.
48. Locusta migratoria migratorioides   Descamps 1965a: 1260, 1284, 1310.
49. Locusta migratoria migratorioides   Forsyth 1966: 96.

Morph. 40, 41, 42, 46, 47.   **Ecol.** 45, 47, 48.   **Bion.** 42, 44, 45, 47.   **Econ.** 43, 49.   **Dist.** W.A. Mali 44; Ghana 49.

LOCUSTANA Uvarov 1921   [p. 576]

2. Locustana   Dirsh 1965: 399, 484.

Desc.

pardalina Walker 1870   [p. 576]

21. Locustana pardalina   Agarwala 1953: 55.
22. Locustana pardalina   Agarwala 1954: 311, figs. 108, 109.
23. Locustana pardalina   Ewer 1955: 42, fig.
24. Locustana pardalina   Dirsh 1956c: 234.
25. Locustana pardalina   Dirsh 1956f: 281, pl. 58, f. 6.
26. Locustana pardalina   Chopard 1958c: 37.
27. Locustana pardalina   Dirsh 1965: 484, fig. 391 (♂).

Morph. 21, 22, 23, 25.   **Dist.** S.A. Lesotho 24; Cape Province 24.   **I.I.** Comoro Is. 26.

HUMBE I. Bolivar 1881   [p. 558]

7. Humbe   Dirsh 1965: 399, 485.

Desc.

H. flava (Linnaeus 1758) *see* Oedaleus flavus p.
H. gracilis (Schulthess 1894) *see* Humbe tenuicornis.
H. hyalodes (Karsch 1896) *see* Pycnodictya galinieri p. 336. *Type:* lost.
H. miniatipennis (Karsch 1896) *see* Pycnodictya galinieri p. 336. *Type:* lost.
H. procera (Gerstaecker 1889) *see* Gastrimargus procerus p. 341. *Type:* lost.

tenuicornis (Schaum 1853)   [p. 560]

52. Humbe tenuicornis   Risbec 1950: 317.
53. Humbe tenuicornis   Slifer 1953a: 60, pl. 8, f. 54.
54. Humbe tenuicornis   Slifer 1953b: 80, pl. 8, f. 57.
55. Humbe tenuicornis   Slifer 1954: 265–71.
56. Humbe tenuicornis   Waloff 1954: 384.
57. Humbe tenuicornis   Dirsh 1955a: 71.
58. Humbe tenuicornis   Dirsh 1956c: 232, 265.
59. Humbe tenuicornis   Dirsh 1956f: 281, pl. 58, f. 16.

ACRIDIDAE   Acridinae

60. Humbe tenuicornis   Chapman & Robertson 1958: 98, 106.
61. Humbe tenuicornis   Dirsh 1959*a*: 63.
62. Humbe tenuicornis   Phipps 1959*b*: 32.
63. Humbe tenuicornis   Davey *et al.* 1959*b*: 581.
64. Humbe tenuicornis   Le Pelley 1959: 92.
65. *Humbe gracilis* (Schulthess 1894) (Karsch 1900: 277; Dirsh 1961*c*: 315) [p. 559].
66. Humbe gracilis   Dirsh 1959*a*: 64.
67. Humbe pachytyloide. *Type:* lost (Dirsh 1961*c*: 315).
68. Pachytylus (Oedaleus) punctifrons. *Type:* Stockholm Mus. (Dirsh *l.c.*).
69. Humbe tenuicornis   Dirsh 1961*c*: 315, fig. 1. *Type:* ♀.
70. Humbe tenuicornis   Hunter-Jones & Lambert 1961: 75–80, 3 figs.
71. Humbe tenuicornis   Kevan & Knipper 1961: 397, pl. 9, ff. 1–7.
72. Humbe tenuicornis   Chapman 1961*a*: 262, 272.
73. Humbe tenuicornis   Baccetti 1962: 95.
74. Humbe tenuicornis   Robertson & Chapman 1962: 79, tables 2, 3, 23.
75. Humbe tenuicornis   Chapman 1962: 40, fig. 29, table 20.
76. Humbe tenuicornis   Jago 1964*a*: 197.
77. Humbe tenuicornis   Dirsh 1964*a*: 74.
78. Humbe tenuicornis   Chapman 1964: 121.
79. Humbe tenuicornis   Descamps 1965*a*: 1260, 1282, 1310.
80. Humbe tenuicornis   Pinhey 1965: 11, fig. 4*a*.
81. Humbe tenuicornis   Dirsh 1965: 485, fig. 392 (♂).
82. Humbe tenuicornis   Phipps 1966: 33.
83. Humbe tenuicornis   Uvarov 1966: 255, 262.

Desc. 69 (♂ ♀), 71. **Morph.** 54, 55, 56, 59, 60, 62, 72, 78. **Ecol.** 60, 71, 74–7, 79, 80, 82.
Bion. 60, 70, 72, 74, 75, 80, 82, 83. **Econ.** 52, 64. **Dist. W.A.** Mali 63, 79; Ghana 75.
E.A. Ethiopia 61, 66; Somalia 71, 73; Tanzania 71. **C.A.** Zambia 56; Ruanda 57; Congo Rep. 77; Rhodesia 80. **S.A.** Cape Province 58; Natal 58; Transvaal 58.

OEDALEUS Fieber 1853   [p. 551]

18. Oedaleus   Dirsh 1963*a*: 246, 274.
19. Oedaleus   Dirsh 1965: 399, 486.

Desc. 18, 19.

carvalhoi I. Bolivar 1889   [p. 552]

6. Oedaleus carvalhoi   Waloff 1954: 384.
7. Oedaleus carvalhoi   Dirsh 1956*c*: 232, 265.
8. Oedaleus carvalhoi   Pinhey 1965: 12.

Morph. 6. **Ecol.** 8. **Bion.** 8. **Dist. S.A.** Natal 7; Transvaal 7. **C.A.** Rhodesia 7, 8.

decorus (Germar 1826)   [p. 553]

44. Oedaleus decorus   Zacher 1949: 297.
45. Oedaleus decorus   Morales Agacino 1951: 99, 104, fig. 14.
46. Oedaleus decorus   Ergene 1954: 110–13.

47. Oedaleus decorus   Chopard 1954b: 6.
48. Oedaleus decorus   Dirsh 1956f: 281, pl. 58, f. 2.
49. Oedaleus decorus   Korsakoff 1958: 141.
50. Oedaleus decorus   Gardner & Classey 1960: 192.
51. Oedaleus decorus   Chopard 1962: 68.
52. Oedaleus decorus   Uvarov 1966: 54, 115, 204, 287, 319.

Morph. 45, 48, 52.   **Key** 45 (oothecae).   **Ecol.** 50.   **Bion.** 46, 52.   **Econ.** 44.   **Dist. N.A.** Algeria 49.   **A.I.** Canary Is. 47; Madeira 47, 50, 51.

dilutus Miller 1929   [p. 554]

3. Oedaleus dilutus   Pinhey 1965: 12.

Ecol.   **Bion.**   **Dist. C.A.** Rhodesia.

flavus (Linnaeus 1758)   [p. 559]

Lectotype: ♀. Linn. Soc. London (Dirsh 1961c: 317)

26. *Oedaleus citrinus*   Saussure 1888. *Type:* ♂. Geneva Mus. (Dirsh 1961c: 317) [p. 552].
27. Oedaleus citrinus   Ballard 1914: 347.
28. Oedaleus citrinus   Slifer 1953a: 59, pl. 9, f. 63.
29. Oedaleus citrinus   Slifer 1953b: 79.
30. Oedaleus citrinus   Dirsh 1956c: 232, 265.
31. Oedaleus citrinus   Phipps 1959b: 32.
32. Oedaleus citrinus   Dirsh 1961c: 317.
33. Oedaleus flavus   Dirsh 1961c: 317, pl. x, fig. 2 (1, 2). *Type:* ♀. Linn. Soc. London.
34. Oedaleus citrinus   Pinhey 1965: 12, pl. 4b.
35. Oedaleus citrinus   Phipps 1966: 33.

Morph. 28, 29, 31.   **Ecol.** 35.   **Bion.** 34, 35.   **Econ.** 27.   **Dist. E.A.** Tanzania 31, 35.   **C.A.** Malawi 27; Rhodesia 34.   **S.A.** Natal 30; Cape Province 30.

*immaculatus Chopard 1957

Type: ♀. Réunion: Plaine des Cafres. Paris Mus.

1. Oedaleus immaculatus   Chopard 1957: 51.

Desc. ♂ ♀.

instillatus Burr 1900   [p. 554]

5. Oedaleus instillatus   Kevan & Knipper 1955: 312.

Bion.   **Dist. E.A.** Kenya.

interruptus (Kirby 1902)   [p. 554]

4. Oedaleus interruptus   Dirsh 1956c: 265.

Dist. S.A. Cape Province.

ACRIDIDAE

Acridinae

johnstoni Uvarov 1941 [p. 554]

4. Oedaleus johnstoni Joyce 1956: 107, 109.
5. Oedaleus johnstoni Davey et al. 1959b: 580.
6. Oedaleus johnstoni Roy 1962: 111, 130.
7. Oedaleus johnstoni Descamps 1965a: 1260.

Ecol. 5, 7. **Econ.** 4. **Dist. W.A.** Senegal 6; Mali 5, 7. **E.A.** Sudan 4.

nigeriensis Uvarov 1926 [p. 555]

12. Oedaleus nigeriensis Risbec 1950: 317.
13. Oedaleus nigeriensis Mallamaire 1955: 24.
14. Oedaleus nigeriensis Chapman & Robertson 1958: 98, 106.
15. Oedaleus nigeriensis Davey et al. 1959b: 580.
16. Oedaleus nigeriensis Robertson & Chapman 1962: 78, tables 2, 3, 22, 30.
17. Oedaleus nigeriensis Chapman 1962: 40.
18. Oedaleus nigeriensis Roy 1964b: 1193.
19. Oedaleus nigeriensis Roy 1965: 625.
20. Oedaleus nigeriensis Descamps 1965a: 1260, 1282, 1310.
21. Oedaleus nigeriensis Forsyth 1966: 96.

Morph. 14. **Ecol.** 14, 15, 16, 17, 20. **Bion.** 14, 16, 17. **Econ.** 12, 13, 21. **Dist. W.A.** Mali 12, 15, 20; Ghana 17, 21; Senegal 18, 19. **E.A.** Tanzania 14, 16.

nigrofasciatus (Degeer 1773) [p. 555]

31. Oedaleus nigrofasciatus Codina 1926: 128 (=Oe. decorus ?).
32. Oedaleus nigrofasciatus Barbut 1954: 339 (=Oe. decorus ?).
33. Oedaleus nigrofasciatus Waloff 1954: 384.
34. Oedaleus nigrofasciatus Bünzli & Buttiker 1956: 357.
35. Oedaleus nigrofasciatus Dirsh 1956c: 231, 265.
36. Oedaleus nigrofasciatus Rungs 1962: 154 (=Oe. decorus ?).
37. Oedaleus nigrofasciatus Dirsh 1965: 486, fig. 393 (♀).
38. Oedaleus nigrofasciatus Uvarov 1966: 287.

Morph. 33. **Ecol.** 32. **Bion.** 38. **Econ.** 34, 36. **Dist. N.A.** Morocco (?) 31, 36; Algeria (?) 32. **C.A.** Rhodesia 34. **S.A.** Lesotho 35; Cape Province 35; Natal 35.

plenus (Walker 1870) [p. 556]

10. Oedaleus plenus Dirsh 1956c: 232, 265.
11. Oedaleus plenus Pinhey 1965: 12.

Bion. 11. **Dist. C.A.** Rhodesia 11. **S.A.** Lesotho 10; Cape Province 10.

senegalensis (Krauss 1877) [p. 556]

52. Pachytylus senegalensis Krauss 1877: 144.
53. Oedaleus senegalensis Paoli 1934: 27.
54. Oedaleus senegalensis Hargreaves 1948: 41.

55. Oedaleus senegalensis   Risbec 1950: 317.
56. Oedaleus senegalensis   Slifer 1953a: 59, pl. 9, f. 64, 65.
57. Oedaleus senegalensis   Slifer 1953b: 79, pls. 9, f. 67; 10, f. 68.
58. Oedaleus senegalensis   Chopard 1954b: 6.
59. Oedaleus senegalensis   Mallamaire 1955: 24.
60. Oedaleus senegalensis   Kevan & Knipper 1955: 312.
61. Oedaleus senegalensis   Uvarov & Popov 1957: 378.
62. Oedaleus senegalensis   Chopard 1958d: 15.
63. Oedaleus senegalensis   La Greca 1958: 56.
64. Oedaleus senegalensis   Dirsh 1959a: 63.
65. Oedaleus senegalensis   Davey et al. 1959b: 580.
66. Oedaleus senegalensis   Davey 1959: 127 et seq.
67. Oedaleus senegalensis   Phipps 1959b: 32.
68. Oedaleus senegalensis   Descamps 1961b: 132 footnote.
69. Oedaleus senegalensis   Kevan & Knipper 1961: 397.
70. Oedaleus senegalensis   Saraiva 1961: 143.
71. Oedaleus senegalensis   Baccetti 1962: 95.
72. Oedaleus senegalensis   Saraiva 1962: 61.
73. Oedaleus senegalensis   Chopard 1963: 569.
74. Oedaleus senegalensis   Descamps 1965a: 1260, 1310.
75. Oedaleus senegalensis   Uvarov 1966: 371.
76. Oedaleus senegalensis   Phipps 1966: 33.

Desc. 52 (♂ ♀).   **Morph.** 56, 57, 67.   **Ecol.** 61, 65, 68, 69, 74, 76.   **Bion.** 60, 65, 66, 68, 75, 76.   **Econ.** 53, 54, 55, 59, 72.   **Dist. N.A.** Tripolitania 63; Ennedi 73.   **W.A.** Mali 55, 65, 66, 68, 74.   **E.A.** N.E. Kenya 60; Socotra 61; Ethiopia 64; Somalia 69, 71; Tanzania 67, 76.   **A.I.** Cape Verde Is. 58, 62, 70, 72; Canary Is. 58.

virgula (Snellan van Vollenhoven 1869)   [p. 558]

Type: ♀. Leiden Mus. (Dirsh 1961d: 398)

10. Oedaleus virgula   Dirsh 1962c: 275.
11. Oedaleus virgula   Dirsh 1963a: 275, figs. 16 (1–7), 20.

Desc. 11 (♂ ♀).   **Dist. I.I.** Madagascar 10, 11.

species ?   [p. 558]

4. Oedaleus sp.   Le Pelley 1959: 93.

Econ.   Dist. E.A.

ELMISIA Dirsh 1949   [p. 524]

2. Elmisia   Dirsh 1965: 400, 487.

Desc.

camelina Dirsh 1949   [p. 524]

2. Elmisia camelina   Baccetti 1962: 93.
3. Elmisia camelina   Dirsh 1965: 488, fig. 394 (♂).

Dist. E.A. Somalia 2.

MORPHACRIS Walker 1870 [p. 521]

13. Morphacris Dirsh 1965: 400, 488.
14. Morphacris Uvarov 1966: 35.

Desc. 13. **Morph.** 14.

costata (Saussure 1888) [p. 521]

5. Morphacris costata Dirsh 1956c: 228, 264.

Dist. S.A. Cape Province.

fasciata (Thunberg 1815) [p. 521]

55. Morphacris fasciatus Ballard 1914: 347.
56. Morphacris sanguinea Zacher 1949: 297.
57. Morphacris sanguinea Risbec 1950: 317.
58. Morphacris fasciata Slifer 1953a: 59, pl. 8, f. 60.
59. Morphacris fasciata Slifer 1953b: 79, pl. 9, f. 63.
60. Morphacris fasciata Waloff 1954: 384.
61. Morphacris sanguinea Dirsh 1955a: 71.
62. Morphacris fasciata Kevan 1955c: 483.
63. Morphacris sanguinea Bünzli & Büttiker 1956: 357.
64. Morphacris fasciata forma flava Dirsh 1956c: 227, 264.
65. Morphacris fasciata forma rubra Dirsh *l.c.*
66. Morphacris sanguinea Dirsh 1956f: 280, pl. 57, f. 9.
67. Morphacris fasciata Dirsh 1956c: 264.
68. Morphacris fasciata Dirsh 1959a: 64.
69. Morphacris fasciata Chapman & Robertson 1958: 98, 107, fig. 7d.
70. Morphacris fasciata Phipps 1959b: 32, 46.
71. Morphacris fasciata Davey *et al.* 1959b: 576.
72. Morphacris fasciata Davey 1959: 127 *et seq.*
73. Morphacris fasciata Le Pelley 1959: 93.
74. Morphacris fasciata Phipps 1959a: 138–47.
75. Morphacris fasciata Kevan & Knipper 1961: 396.
76. Morphacris fasciata Phipps 1961a: 290.
77. Morphacris fasciata Boisson 1961: 29.
78. Morphacris fasciata Roy 1962; 111, 129.
79. Morphacris fasciata Robertson & Chapman 1962: 76, tables 19, 23, 30.
80. Morphacris fasciata Phipps 1962: 15, 16, 17, 18.
81. Morphacris fasciata Baccetti 1962: 93.
82. Morphacris fasciata Dirsh 1963b: 219.
83. Morphacris fasciata Chapman 1964: 121.
84. Morphacris fasciata Dirsh 1964a: 75.
85. Morphacris fasciata Roy 1964b: 1192.
86. Morphacris fasciata Jago 1964a: 197.
87. Morphacris fasciata Pinhey 1965: 14, pl. 4, *e, f*.

88. Morphacris fasciata   Roy 1965: 624.
89. Morphacris fasciata   Dirsh 1965: 489, fig. 395 (♂).
90. Morphacris fasciata   Phipps 1966: 32, table viii.

Morph. 58, 59, 60, 66, 69, 70, 80, 83.   **Ecol.** 69, 70, 75, 78, 79, 84, 86, 87, 88, 90.   **Bion.** 69, 70, 71, 72, 74, 76, 77, 87, 90.   **Econ.** 55, 56, 57, 63, 73.   **Dist. W.A.** Mali 57, 71, 72; Senegal 78, 85, 88; Guinea 82.   **E.A.** Kenya 62; Ethiopia 68; Somalia 75, 81; Tanzania 74, 75, 79, 90.   **C.A.** Zambia 60; Ruanda 61; Congo Rep. 84; Rhodesia 87.   **S.A.** Cape Province 64, 65; Lesotho 65; Natal 65; Transvaal 65.

fasciata ab. *aurantiaca* Uvarov 1921   [p. 523]

4. Morphacris fasciata ab. aurantiaca   Kevan & Knipper 1961: 396.

Ecol.

fasciata ab. *sulcata* (Thunberg 1815)   [p. 523]

38. Morphacris fasciata ab. sulcata   Golding 1940: 130.
39. Morphacris fasciata ab. sulcata   Kevan 1956c: 961.
40. Morphacris fasciata ab. sulcata   Chopard 1958a: 143.
41. Morphacris fasciata ab. sulcata   Chapman 1961a: 263, 271.
42. Morphacris fasciata ab. sulcata   Chapman 1962: 37, figs. 26, 50, tables 9, 20.
43. Morphacris fasciata ab. sulcata   Descamps 1965a: 1260, 1275, 1309.

Morph. 41.   **Ecol.** 42, 43.   **Bion.** 38, 41, 42.   **Dist. W.A.** Guinea 40; Mali 43; Cameroon Rep. 39; Ghana 42.

MIOSCIRTUS Saussure 1888   [p. 250]

7. Mioscirtus   Dirsh 1965: 400, 490.

Desc.

wagneri (Eversmann 1859) [p. 250]

14. Mioscirtus wagneri   Dirsh 1956f: 280, pl. 57, f. 12.
15. Mioscirtus wagneri   Dirsh 1965: 490, fig. 396 (♀).

Morph. 14.

OEDIPODA Latreille 1829   [p. 513]

36. Oedipoda   Dirsh 1965: 400, 491.

Desc.

canariensis Krauss 1892   [p. 514]

9. Oedipoda canariensis   Chopard 1954b: 6, 12.
10. Oedipoda canariensis   Carthy 1956: 832.
11. Oedipoda canariensis   Gardner 1960: 128.
12. Oedipoda canariensis   Kevan 1965a: 40.

Ecol. 12.   **Dist.** Canary Is. 9, 11; Azores 10, 12.

ACRIDIDAE   Acridinae

coerulescens (Linnaeus 1758)   [p. 515]

38. Oedipoda caerulescens   I. Bolivar 1937: 56–60.
39. Oedipoda coerulescens   La Greca 1947b: 274.
40. Oedipoda coerulescens   Zacher 1949: 307.
41. Oedipoda coerulescens   Morales Agacino 1951: 99, 103, fig. 13.
42. Oedipoda coerulescens   Pichler 1956: 526, figs. 7, 9.
43. Oedipoda coerulescens   Dirsh 1956f: 258, 280, pls. 55, 57, f. 10.
44. Oedipoda coerulescens   Atzinger 1957: 201 et seq.
45. Oedipoda coerulescens   Ergene 1957: 38–43.
46. Oedipoda coerulescens   Kevan 1965a: 41.

Morph. 39, 41, 42 (nymphs), 43, 44.   **Key** 41 (oothecae).   **Bion.** 45.   **Econ.** 40.   **Dist. A.I.** Azores 46.

fuscocincta Lucas 1849   [p. 517]

44. Oedipoda fusco-cincta   I. Bolivar 1894: 3.
45. Oedipoda fusco-cincta   Chopard 1954b: 6.
46. Oedipoda fuscocincta ssp. coerulea (*see* Saussure 1884: 150)   Carthy 1956: 832.
47. Oedipoda fuscocincta   Korsakoff 1958: 139.

Ecol. 47.   **Dist. N.A.** Algeria 47.   **A.I.** Azores 44, 45, 46; Canary Is. 45.

miniata (Pallas 1771)   [p. 518]

67. Oedipoda miniata   Agarwala 1953: 56, fig. 66.
68. Oedipoda miniata   Agarwala 1954: 311.
69. Oedipoda miniata   La Greca 1958: 56.
70. Oedipoda miniata   Dirsh 1961a: 412, fig. 32 (7).
71. Oedipoda miniata   Dirsh 1965: 491, fig. 397 (♂).
72. Oedipoda miniata   Uvarov 1966: 49, 115, 204, 416, fig. 242.

Morph. 67, 68, 72.   **Dist. N.A.** Tripolitania 69.

species ?

1. Oedipoda sp.   Codina 1926: 128.

Dist. N.A. Morocco.

TRILOPHIDIA Stål 1873   [p. 524]

8. Trilophidia   Dirsh 1963a: 246, 269.
9. Trilophidia   Dirsh 1965: 400, 492.
10. Trilophidia   Hollis 1965a: 245–50.

Desc. 8, 9, 10.   **Key** 10.   **Bion.** 10.   **Dist.** 10.

annulata Thunberg 1815   [p. 525]

Dist. Oriental and E. Palaearctic only (Hollis 1965a: 250, 251).

burtti Hollis 1965

Type: ♂. Tanzania: Ngudu d. Lunele. Brit. Mus.

1. Trilophidia burtti   Hollis 1965a: 250, 260, figs. 10, 27, 31–3.

Desc. ♂ ♀.

cinnabarina Brancsik 1893   [p. 526]

Type: Lost. Neotype: ♂. Madagascar: Tulear. Brit. Mus. (Hollis 1965a: 256)

6. Trilophidia cinnabarina   Dirsh 1962c: 275.
7. Trilophidia cinnabarina   Dirsh 1963a: 269, figs. 12 (1–7), 15.
8. Trilophidia cinnabarina   Hollis 1965a: 250, 256, figs. 2, 11, 13, 23–6.

Desc. 7 (♂ ♀), 8 (♂ ♀).   **Dist.** I.I. Madagascar.

conturbata (Walker 1870)   [p. 526]

19. *Trilophidia angustipennis* (Kirby 1902) (Hollis 1965a: 253)   [p. 525].
20. *Acrotylus annulatus*   Kirby 1902 (Hollis *l.c.*)   [p. 525].
21. *Trilophidia minor*   Bruner 1910 (Hollis *l.c.*). Type: Berlin Mus.   [p. 526].
22. *Trilophidia nebulosa*   I. Bolivar 1912 (Hollis *l.c.*)   [p. 525].
23. Trilophidia angustipennis   Waloff 1954: 383.
24. Trilophidia angustipennis   Dirsh 1955a: 71.
25. Trilophidia angustipennis   Dirsh 1956c: 228, 264.
26. Trilophidia angustipennis   Chapman & Robertson 1958: 98, 107.
27. Trilophidia angustipennis   Scott 1958: 27.
28. Trilophidia conturbata   Dirsh 1956c: 264.
29. Trilophidia conturbata   Chopard 1958d: 14.
30. Trilophidia conturbata   Chopard 1958a: 144.
31. Trilophidia angustipennis   Davey et al. 1959b: 577.
32. Trilophidia conturbata   Davey 1959: 127 et seq.
33. Trilophidia conturbata   Phipps 1959b: 32, 46.
34. Trilophidia conturbata   Davey et al. 1959b: 577.
35. Trilophidia angustipennis   Le Pelley 1959: 93.
36. Trilophidia conturbata   Kevan & Knipper 1961: 396.
37. Trilophidia conturbata   Chapman 1961a: 263, 272.
38. Trilophidia conturbata   Saraiva 1961: 141.
39. Trilophidia angustipennis   Robertson & Chapman 1962: 76, tables 2, 3, 28, 30.
40. Trilophidia angustipennis   Brown 1962d: 200.
41. Trilophidia conturbata   Robertson & Chapman 1962: 77, tables 2, 3.
42. Trilophidia conturbata   Phipps 1962: 15, 16, 17.
43. Trilophidia conturbata   Chapman 1962: 38, figs. 27, 50, tables 10, 20.
44. Trilophidia conturbata   Roy 1962: 111, 114, 130.
45. Trilophidia conturbata   Baccetti 1962: 94.
46. Trilophidia conturbata   Dirsh 1964a: 74.

ACRIDIDAE Acridinae

47. Trilophidia conturbata   Jago 1964a: 197.
48. Trilophidia conturbata   Chapman 1964: 121.
49. Trilophidia conturbata   Roy 1964b: 1192.
50. Trilophidia angustipennis   Pinhey 1965: 13.
51. Trilophidia conturbata   Roy 1965: 624.
52. Trilophidia conturbata   Hollis 1965a: 250, 253, figs. 5, 9, 20, 22, 26.
53. Trilophidia conturbata   Descamps 1965a: 1260, 1275, 1309.
54. Trilophidia conturbata   Uvarov 1966: 287.
55. Trilophidia conturbata   Phipps 1966: 32, table ix.
56. Trilophidia conturbata   Forsyth 1966: 96.

Desc. 52 (♂ ♀).   **Morph.** 23, 26, 33, 37, 42, 48.   **Ecol.** 26, 27, 33, 34, 36, 39, 41, 43, 44, 46, 47, 53, 55.   **Bion.** 26, 32, 33, 34, 37, 39, 41, 43, 50, 54, 55.   **Econ.** 35, 56.   **Dist.** W.A. Mauretania 52; Senegal 44, 49, 51, 52; Mali 31, 32, 34, 52, 53; Niger 52; Chad 52; Sierra Leone 42, 52; Ivory Coast 52; Ghana 37, 52, 56; Togo 52; Nigeria 52; Guinea 30.   C.A. Congo Rep. 46, 52; Angola 52; Zambia 52; Rhodesia 50, 52.   E.A. Ethiopia 27, 52; Somalia 45, 52; Uganda 52; Kenya 52; Zanzibar 52; Tanganyika 52; Mozambique 52; Tanzania 26, 33, 36, 39, 41, 55.   S.A. S.W. Africa 52; Transvaal 25, 52; Natal 25, 52; O.F.S. 25, 52; Cape 25, 52; Lesotho 25.   A.I. Cape Verde Is. 29, 38.

repleta (Walker 1870)   [p. 527]

12. Trilophidia antennata   Krauss 1877: 144.
13. Trilophidia repleta   Risbec 1950: 317.
14. Trilophidia repleta   Dirsh 1956f: 280, pl. 57, f. 19.
15. Trilophidia repleta   Dirsh 1959a: 64.
16. Trilophidia repleta   Davey 1959b: 577.
17. Trilophidia repleta   Le Pelley 1959: 93.
18. Trilophidia repleta   Roy 1962: 111, 130.
19. Trilophidia repleta   Chapman 1962: 39.
20. Trilophidia repleta   Dirsh 1963b: 219.
21. Trilophidia repleta   Chapman 1964: 121.
22. Trilophidia repleta   Jago 1964a: 197.
23. Trilophidia repleta   Roy 1964b: 1193.
24. Trilophidia repleta   Dirsh 1965: 492, fig. 398 (♂).
25. Trilophidia repleta   Roy 1965: 624.
26. Trilophidia repleta   Descamps 1965a: 1260, 1275, 1309.
27. Trilophidia repleta   Hollis 1965a: 250, 258, figs. 1, 6, 7, 27–30.

Desc. 12 (♀), 27 (♂ ♀).   **Morph.** 14, 21.   **Ecol.** 16, 19, 22, 26.   **Bion.** 19.   **Econ.** 13, 17. **Dist.** W.A. Senegal 18, 23, 25, 27; Gambia 27; Ghana 19, 27; Nigeria 27; Cameroon Rep. 27; Mali 13, 16, 26, 27; Guinea 20.   C.A. C. Afr. Rep. 27; Congo Rep. 27.   E.A. Uganda 27; Ethiopia 15.

species ?   [p. 527]

6. Trilophidia sp.   Slifer 1953b: 94, pl. 11, f. 78.
7. Trilophidia sp.   Phipps 1959a: 138–47.

Morph. 6.   **Bion.** 7.   **Dist.** W.A. Sierra Leone 7.

TMETONOTA Saussure 1884   [p. 527]

4. Tmetonota   Dirsh 1965: 400, 493.
Desc.

abrupta (Walker 1870)   [p. 528]
9. Tmetonota abrupta   Pinhey 1965: 13.
Ecol. Bion. 7. **Dist. C.A.** Rhodesia.

dispar Miller 1929   [p. 528]
2. Tmetonota dispar   Dirsh 1956*f*: 280, pl. 57, f. 20.
3. Tmetonota dispar   Dirsh 1965: 493, fig. 299 (♀).
Morph. 2.

peregrina Karny 1915   [p. 528]
3. Tmetonota peregrina   Slifer 1953*b*: 94, pl. 11, f. 76.
4. Tmetonota peregrina   Davey *et al.* 1959*b*: 578.
5. Tmetonota peregrina   Descamps 1965*a*: 1260, 1276.
Morph. 3.   **Ecol.** 5.   **Dist. W.A.** Mali 4, 5.

terrosa Saussure 1888   [p. 529]
8. Tmetonota terrosa   Dirsh 1956*c*: 228, 264.
Dist. S.A. Natal; O.F.S.; Lesotho.

verrucosa Saussure 1888   [p. 529]
6. Tmetonota verrucosa   Dirsh 1956*c*: 264.
Dist. S.A. Transvaal.

species ?   [p. 529]
2. Tmetonota sp.   Kevan 1955*c*: 483.
Dist. E.A. Kenya.

ACROTYLUS Fieber 1853   [p. 530]

25. Acrotylus   Dirsh 1963*a*: 246, 278.
26. Acrotylus   Dirsh 1965: 400, 493.
Desc. 25, 26.   **Key** 25.

aberrans Bruner 1910   [p. 530]
2. Acrotylus aberrans   Dirsh 1962*c*: 275.
3. Acrotylus aberrans   Dirsh 1963*a*: 280, figs. 18 (1–7), 21.
Desc. 3 (♂ ♀). Madagascar 2, 3.

ACRIDIDAE

Acridinae

angulatus Stål 1876 [p. 530]

12. Acrotylus angulatus   Waloff 1954: 383.
13. Acrotylus angulatus   Uvarov 1966: 287.

Morph. 12. **Bion.** 13. **Dist. S.A.** Lesotho 12; Cape Province 12.

apricarius Stål 1873 [p. 531]

8. Acrotylus apricarius   Kevan 1956a: 29, 30, fig. 6 (♂).
9. Acrotylus apricarius   Dirsh 1956c: 264.
10. Acrotylus apricarius   Phipps 1959b: 32.
11. Acrotylus apricarius   Pinhey 1965: 13.
12. Acrotylus apricarius   Phipps 1966: 32.

Morph. 10. **Ecol.** 11, 12. **Bion.** 11, 12. **Dist. E.A.** Tanzania 10, 12. **C.A.** Rhodesia 11. **S.A.** Natal 9.

blondeli Saussure 1884 [p. 532]

21. Acrotylus blondeli   Risbec 1950: 317.
22. Acrotylus blondeli   Joyce 1956: 109.
23. Acrotylus blondeli   Dekeyser & Villiers 1956: 29, 206.
24. Acrotylus blondeli   Davey et al. 1959b: 578.
25. Acrotylus blondeli   Davey 1959: 127.
26. Acrotylus blondeli   Chapman 1962: 39, fig. 28, table 20.
27. Acrotylus blondeli   Roy 1962: 111, 114, 130.
28. Acrotylus blondeli   Chopard 1963: 570.
29. Acrotylus blondeli   Dirsh 1964a: 75.
30. Acrotylus blondeli   Roy 1964b: 1193.
31. Acrotylus blondeli   Chapman 1964: 121, fig. 5.
32. Acrotylus blondeli   Jago 1964a: 197.
33. Acrotylus blondeli   Descamps 1965: 1260, 1275, 1309.
34. Acrotylus blondeli   Roy 1965: 624.

Morph. 31. **Ecol.** 23, 24, 26, 29, 32–4. **Bion.** 24–6. **Econ.** 21, 22. **Dist. N.A.** Ennedi 28. **W.A.** Mali 21, 24, 25, 33; Mauretania 23; Ghana 26; Senegal 27, 30, 34. **C.A.** Congo Rep. 29.

blondeli ab. *rosescens* Uvarov 1926 [p. 532]

2. Acrotylus blondeli ab. rosescens   Davey et al. 1959b: 579.
3. Acrotylus blondeli ab. rosescens   Descamps 1965a: 1260, 1276.

Ecol. 3. **Dist. W.A.** Mali 2, 3.

cabaceira Brancsik 1893 [p. 532]

4. Acrotylus cabaceira   Dirsh 1956c: 230, 264.

Dist. S.A. Cape Province.

crassus Saussure 1884 [p. 533]

5. Acrotylus crassus   Dirsh 1956c: 230, 264.
6. Acrotylus crassus   Pinhey 1965: 13.

Ecol. 6.   **Bion.** 6.   **Dist. C.A.** Rhodesia 6.   **S.A.** Cape Province 5.

*daveyi Mason 1959

Type: ♂. Mali: Kodaga. Brit. Mus.

1. Acrotylus daveyi   Mason 1959: 77, 4 figs.
2. Acrotylus daveyi   Roy 1964b: 1193.
3. Acrotylus daveyi   Descamps 1965a: 1260, 1276, figs. 41–8.

Desc. 1 (♂ ♀).   **Ecol.** 3.   **Dist. W.A.** Mali 1, 3.   Senegal 2.

*daveyi hyalinus Descamps 1965

Type: ♂. Niger: Zinder. Paris Mus.

1. Acrotylus daveyi hyalinus   Descamps 1965a: 1260, 1277, figs. 45, 46.

Desc. ♂.

deustus (Thunberg 1815)   [p. 533]

17. Acrotylus deustus   Waloff 1954: 384.
18. Acrotylus deustus   Dirsh 1956c: 230, 264.

Dist. E.A. S.W. Tanzania 17.   **S.A.** Cape Province 18.

diana Karny 1910   [p. 534]

3. Acrotylus diana   Dirsh 1956c: 230, 264.
4. Acrotylus diana   Pinhey 1965: 13.

Bion. 4.   **Dist. C.A.** Rhodesia 4.   **S.A.** Cape Province 3.

elgonensis Sjöstedt 1933   [p. 534]

6. Acrotylus elgonensis   Dirsh 1955a: 71.
7. Acrotylus elgonensis   Phipps 1959b: 32.
8. Acrotylus elgonensis   Le Pelley 1959: 91.

Morph. 7.   **Econ.** 8.   **Dist. E.A.** Tanzania 7.   **C.A.** Ruanda 6.

furcifer furcifer Saussure 1888   [p. 535]

8. Acrotylus furcifer furcifer   Dirsh 1956c: 229, 264.
9. Acrotylus furcifer   Pinhey 1965: 13.

Ecol. 9.   **Bion.** 9.   **Dist. S.A.** Lesotho 8; Natal 8; O.F.S. 8; Cape Province 8.

furcifer aurantius Uvarov 1953   [p. 535]

2. Acrotylus furcifer aurantius   Dirsh 1956c: 229, 264.
3. Acrotylus furcifer aurantius   Phipps 1959b: 32.

ACRIDIDAE   Acridinae

4. Acrotylus furcifer aurantius   Pinhey 1965: 13.
5. Acrotylus furcifer aurantius   Phipps 1966: 32.

Morph. 3.   **Ecol.** 5.   **Bion.** 4, 5.   **Dist. E.A.** Tanzania 3, 5.   **S.A.** Cape 2; Natal 2; Lesotho 2.

hirtus Dirsh 1956

Type: ♂. S. Africa: Cape Province, Coega. Brit. Mus.

1. Acrotylus hirtus   Dirsh 1956a: 115, figs. 1–3.
2. Acrotylus hirtus   Callan 1956: 116.

Desc. 1 (♂ ♀).   **Ecol.** 2.   **Bion.** 2.

hottentottus Saussure 1884   [p. 535]

4. Acrotylus hottentottus   Waloff 1954: 383.

Morph.

incarnatus Krauss 1907   [p. 542]

5. *Acrotylus longipes*   Burr 1903: 419 (nec Charpentier 1843).
6. *Acrotylus longipes* var. *meruensis*   Sjöstedt 1932 (Uvarov & Popov 1957: 378)   [p. 542].
7. Acrotylus incarnatus   Uvarov & Popov 1957: 378.
8. Acrotylus longipes incarnatus   Kevan & Knipper 1961: 393.
9. Acrotylus longipes incarnatus   Baccetti 1962: 94.

Desc. 7.   **Ecol.** 7, 8.   **Dist. E.A.** Socotra 7; Somalia 8, 9.

insubricus (Scopoli 1786)   [p. 536]

115. Acrotylus insubricus   Codina 1926: 128.
116. Acrotylus insubricus   Hayward 1927: Suppl.
117. Acrotylus insubricus   Chopard 1954b: 6.
118. Acrotylus insubricus   Dirsh 1956f: 280, pl. 56, f. 19.
119. Acrotylus insubricus   Khalifa 1956a: 176, 178, 180, 184–5, fig. 2.
120. Acrotylus insubricus   Khalifa 1956b: 217–29.
121. Acrotylus insubricus   La Greca 1958: 56.
122. Acrotylus insubricus   Nagy 1959: 369–91, 1 pl.
123. Acrotylus insubricus   Gangwere & Morales Agacino 1964: 215, 244.
124. Acrotylus insubricus   Sisli 1964: 56–91, 25 figs.
125. Acrotylus insubricus   Uvarov 1966: 49, 146, 255.

Desc. 121.   **Morph.** 118, 119, 123, 125.   **Ecol.** 119, 122.   **Bion.** 120, 122–5.   **Econ.** 120.
Dist. A.I. Cape Verde Is. 117.

insubricus biskrensis Mařan 1958

Type: ♂. Algeria: Biskra. Prague Mus.

1. Acrotylus patruelis   Chopard 1943 (nec Herrich-Schäffer)   [p. 545].
2. Acrotylus insubricus biskrensis   Mařan 1958: 174, 177.

Desc. 2 (♂ ♀).

Acridinae   ACRIDIDAE

insubricus inficitus (Walker 1870) [p. 539]
9. Acrotylus insubricus inficitus   Mařan 1958: 174, 176.
10. Acrotylus insubricus inficitus   Sayed *et al.* 1964: 260.
Desc.

insubricus innotatus Uvarov 1933 [p. 539]
2. Acrotylus insubricus innotatus   Mařan 1958: 174, 177.
Desc.

insubricus insubricus (Scopoli 1786) [p. 539]
7. Acrotylus insubricus insubricus   Mařan 1958: 175.
Desc.

junodi Schulthess 1899 [p. 540]
4. Acrotylus junodi   Waloff 1954: 384.
5. Acrotylus junodi   Knipper & Kevan 1954: 213–26, 1 pl., 6 figs.
6. Acrotylus junodi   Dirsh 1956c: 264.
7. Acrotylus junodi   Kevan & Knipper 1961: 391.
Morph. 5. **Ecol.** 5, 7. **Bion.** 5. **Dist. E.A.** Tanzania 7. **S.A.** Cape 4, 6.

*junodi ab. *aureus* Knipper & Kevan 1954
Type: ♂. Tanganyika: Rufiji District, Msala. Bremen Mus.
1. Acrotylus junodi ab. aureus   Knipper & Kevan 1954: 215, footnote.
Desc. ♂. Ecol.

junodi ab. *rubescens* Miller 1929 [p. 540]
2. Acrotylus junodi ab. rubescens   Kevan & Knipper 1961: 391.
Ecol. Dist. E.A. Somalia.

*knipperi Kevan & Knipper 1961
Type: ♂. Somalia: Mogadiscio. Bremen Mus.
1. Acrotylus knipperi   Kevan & Knipper 1961: 391, pl. 7, figs. 1–4.
Desc. ♂ ♀. Ecol.

longipes (Charpentier 1843) [p. 540]
65. Acrotylus longipes   Slifer 1953a: 59, pl. 5, f. 29.
66. Acrotylus longipes   Slifer 1953b: 72, 79, pl. 5, f. 32.
67. Acrotylus longipes   Chopard 1954b: 6.
68. Acrotylus longipes   Knipper & Kevan 1954: 215.
69. Acrotylus longipes   Dekeyser & Villiers 1956: 29, 144, 185, 202.
70. Acrotylus longipes   Ebner 1956: 19.
71. Acrotylus longipes   Dirsh 1959a: 64.
72. Acrotylus longipes   Davey *et al.* 1959b: 579.

ACRIDIDAE
Acridinae

73. Acrotylus longipes   Nagy 1959: 369–91 passim, pls. 1, 2.
74. Acrotylus longipes   Chopard 1963: 570.
75. Acrotylus longipes   Descamps 1965a: 1260, 1277.

Desc. 70. **Morph.** 65, 66, 68. **Ecol.** 69, 72, 73, 75. **Bion.** 73. **Dist. N.A.** Egypt 70; Ennedi 74. **W.A.** Mali 72, 75. **E.A.** Ethiopia 71. **A.I.** Cape Verde Is. 67, 71; Canary Is. 67.

meruensis Sjöstedt 1932   [p. 542]

3. Acrotylus meruensis   Cloudsley-Thomson 1963: 161.

Dist. E.A. E. Sudan.

*ndoloi Kevan 1956

Type: ♂. Kenya: Kitui District, Ndolo's Corner. Brit. Mus.

1. Acrotylus ndoloi   Kevan 1956a: 28, fig. 5.

Desc. ♂ ♀. **Dist. E.A.** Kenya; Ethiopia.

**ndoloi ab. roseipennis* Kevan 1956

Type: ♀. N. Kenya: Near Adau. Brit. Mus.

1. Acrotylus ndoloi ab. roseipennis   Kevan 1956a: 30.

Desc. ♀.

nigripennis Uvarov 1922   [p. 542]

2. Acrotylus nigripennis—Pinhey 1965: 13.

Ecol. Bion. Dist. C.A. Rhodesia.

patruelis (Herrich-Schäffer 1838)   [p. 543]

112. Acrotylus patruelis   Ballard 1914: 347.
113. Acrotylus patruelis   Hayward 1927: Suppl.
114. Acrotylus patruelis   Paoli 1934: 27, fig.
115. Acrotylus patruelis   Hargreaves 1948: 40.
116. Acrotylus patruelis   Zacher 1949: 308.
117. Acrotylus patruelis   Risbec 1950: 317.
118. Acrotylus patruelis   Morales Agacino 1950: 27.
119. Acrotylus patruelis   Leouffre 1953: 329.
120. Acrotylus patruelis   Slifer 1953a: 59, pl. 5, f. 30.
121. Acrotylus patruelis   Slifer 1953b: 79, pl. 5, f. 33.
122. Acrotylus patruelis   Knipper & Kevan 1954: 216.
123. Acrotylus patruelis   Waloff 1954: 384.
124. Acrotylus patruelis   Chopard 1954a: 13.
125. Acrotylus patruelis   Chopard 1954b: 6, 12.
126. Acrotylus patruelis   Dirsh 1956c: 228, 264.
127. Acrotylus patruelis   Chopard 1958d: 15.
128. Acrotylus patruelis   Chopard 1958c: 37.
129. Acrotylus patruelis   Chapman & Robertson 1958: 98, 107, fig. 76.

Acridinae **ACRIDIDAE**

130. Acrotylus patruelis Chopard 1958a: 144.
131. Acrotylus patruelis Korsakoff 1958: 140.
132. Acrotylus patruelis Chopard 1958b: 85.
133. Acrotylus patruelis Phipps 1959b: 32, 46.
134. Acrotylus patruelis Davey et al. 1959b: 579.
135. Acrotylus patruelis Le Pelley 1959: 91.
136. Acrotylus patruelis Gardner 1960: 129.
137. Acrotylus patruelis Kevan & Knipper 1961: 393.
138. Acrotylus patruelis Chapman 1961a: 262, 272, fig. 18.
139. Acrotylus patruelis Saraiva 1961: 143.
140. Acrotylus patruelis Roy 1962: 111, 114, 130.
141. Acrotylus patruelis Chapman 1962: 39, fig. 28, table 20.
142. Acrotylus patruelis Robertson & Chapman 1962: 77, tables 2, 3, 21, 30.
143. Acrotylus patruelis Dirsh 1962c: 275.
144. Acrotylus patruelis Dirsh 1963a: 279, fig. 21.
145. Acrotylus patruelis Dirsh 1964a: 75.
146. Acrotylus patruelis Chapman 1964: 121.
147. Acrotylus patruelis Jago 1964a: 197.
148. Acrotylus patruelis Gangwere & Morales Agacino 1964: 215, 245.
149. Acrotylus patruelis Roy 1965: 625.
150. Acrotylus patruelis Pinhey 1965: 13, pl. 4d.
151. Acrotylus patruelis Dirsh 1965: 494, fig. 400 (♀).
152. Acrotylus patruelis Descamps 1965a: 1260, 1277, 1309.
153. Acrotylus patruelis Phipps 1966: 32, table x.

Desc. 144 (♂♀). **Morph.** 120–3, 129, 133, 138, 146, 148. **Ecol.** 119, 129, 131, 133, 134, 137, 140, 141, 142, 145, 147, 150, 152, 153. **Bion.** 122, 129, 133, 138, 141, 142, 148, 150, 153. **Econ.** 112, 114, 115, 116, 117, 135. **Dist. W.A.** Mali 117, 134, 152; Guinea 130, 132; Ghana 138, 141; Senegal 140, 149. **C.A.** Malawi 112. **N.E.** Congo Rep. 145; Rhodesia 150. **S.A.** Cape 126; Natal 126. **E.A.** Tanzania 142, 153. **A.I.** Cape Verde Is. 127, 139. **I.I.** Comoro Is. 128.

patruelis rosea I. Bolivar 1908 [p. 546]

6. Acrotylus patruelis rosea I. Bolivar 1915: 71.

*trifasciatus Kevan & Knipper 1961

Type: ♂. Somalia: Upper Juba, Lugh Ferrand Dist., Serenli. Brit. Mus.

1. Acrotylus trifasciatus Kevan & Knipper 1961: 393, pls. 7, 8, fig. 9.

Desc. ♂♀. **Ecol. Dist. E.A.** Somalia; Kenya; Tanzania.

*trifasciatus ab. roseus Kevan & Knipper 1961

Type: ♀. Kenya: Mandera District, El Wak. Brit. Mus.

1. Acrotylus trifasciatus ab. roseus Kevan & Knipper 1961: 395.

Desc. ♀. **Ecol.**

ACRIDIDAE   Acridinae

variegatus Brancsik 1893   [p. 546]

13. Acrotylus variegatus   Slifer 1953*a*: 47, pl. 5, f. 31.
14. Acrotylus variegatus   Slifer 1953*b*: 72, 79, pl. 5, f. 34.
15. Acrotylus variegatus   Waloff 1954: 384.
16. Acrotylus variegatus   Phipps 1959*b*: 32.
17. Acrotylus variegatus   Kevan & Knipper 1961: 394, 395, 396, pl. 8 (ff. 5–8), fig. 10.
18. Acrotylus variegatus   Robertson & Chapman 1962: 78, tables 2, 3.
19. Acrotylus variegatus   Pinhey 1965: 13.
20. Acrotylus variegatus   Phipps 1966: 33.

Desc. 17.   **Morph.** 13–16.   **Ecol.** 17–20.   **Bion.** 18, 19.   **Dist.** E.A. Tanzania 15, 16, 17, 18, 20.   C.A. Rhodesia 19.

species ?   [p. 547]

3. Acrotylus sp.   Phipps 1959*b*: 32.
4. Acrotylus sp.   Davey *et al.* 1959*b*: 580.
5. Acrotylus sp.   Davey 1959: 127.
6. Acrotylus sp.   Le Pelley 1959: 91.
7. Acrotylus sp.   Gardner & Classey 1960: 192.
8. Acrotylus sp.   Phipps 1966: 33.

Morph. 3, 4.   **Ecol.** 4, 8.   **Bion.** 5, 8.   **Econ.** 6.   **Dist.** W.A. Mali 4, 5.   E.A. Tanzania 8.   A.I. Madeira 7.

ZIMBABWEA Miller 1949   [p. 547]

2. Zimbabwea   Dirsh 1965: 400, 496.

Desc.

saxicola Miller 1949   [p. 547]

2. Zimbabwea saxicola   Dirsh 1965: 496, fig. 401 ($\male$).

CALEPHORUS Fieber 1853   [p. 591]

20. Calephorus   Dirsh 1963*a*: 246, 281.
21. Calephorus   Dirsh 1965: 400, 497.

Desc. 20, 21.

compressicornis (Latreille 1804)   [p. 591]

43. Oxycoryphus compressicornis   Hayward 1927: Suppl.
44. Calephorus compressicornis   Morales Agacino 1950: 21.
45. Calephorus compressicornis   Dirsh 1956*f*: 281, pl. 59, f. 23.
46. Calephorus compressicornis   Scott 1958: 27.
47. Calephorus compressicornis   Dirsh 1965: 497, fig. 402 ($\female$).

Morph. 45.   **Ecol.** 46.   **Dist.** E.A. Ethiopia 46.

ornatus (Walker 1870)   [p. 593]

5. Calephorus ornatus   Dirsh 1963a: 281, figs. 19 (1–8), 21.

Desc. ♂ ♀.   **Dist.** I.I. Madagascar.

venustus (Walker 1870)   [p. 593]

12. Calephorus venustus   Khalifa 1956a: 176, 178, fig. 3.
13. Calephorus venustus   Khalifa 1956b: 217, 229.
14. Calephorus venustus   Davey et al. 1959b: 584.
15. Calephorus venustus   Roy 1964b: 1194.
16. Calephorus venustus   Dirsh 1964a: 75.
17. Calephorus venustus   Descamps 1965a: 1260, 1310.

Desc. 15.   **Morph.** 12.   **Ecol.** 12, 14, 16, 17.   **Bion.** 13, 14.   **Econ.** 13.   **Dist.** W.A. Mali 14, 17; Senegal 15.   C.A. N.E. Congo Rep. 16.

EREMOGRYLLINAE

1. Eremogryllinae   Dirsh 1956f: 259.
2. Eremogryllinae   Dirsh 1961a: 388, 390, 413.
3. Eremogryllinae   Dirsh 1965: 498.

Desc. 1, 2, 3.   **Key** (genera) 3.

NOTOPLEURA Krauss 1902   [p. 684]

9. Notopleura   Dirsh 1965: 498, 499.

Desc.

rothschildi Uvarov 1923   [p. 685]

11. Notopleura rothschildi   Dirsh 1965: 500, fig. 404a (♂).

saharica Krauss 1902   [p. 685]

11. Notopleura saharica   Dirsh 1956f: 281, pl. 60, f. 6.
12. Notopleura saharica   Dirsh 1961a: 414, fig. 33 (5).
13. Notopleura saharica   Dirsh 1965: 500, fig. 404b.
14. Notopleura saharica   Uvarov 1966: 142, fig. 84 (15).

Morph. 11, 14.

EREMOGRYLLUS Krauss 1902   [p. 683]

7. Eremogryllus   Dirsh 1961a: 413.
8. *Sphingonotina*   Chopard 1943 (Dirsh 1958b: 63) [p. 498].
9. Eremogryllus   Dirsh 1965: 498.

Desc. 7, 9.

hammadae Krauss 1902   [p. 683]

19. Eremogryllus hammadae   Leouffre 1953: 329.
20. Eremogryllus hammadae   Dirsh 1956*f*: 281, pl. 60, f. 7.
21. Eremogryllus hammadae   Ebner 1956: 19.
22. Eremogryllus hammadae   Dirsh 1957*b*: 108, 111, fig. 28.
23. *Sphingonotina ochracea*   Chopard 1943 (Dirsh 1958*b*: 63)   [p. 498].
24. Eremogryllus hammadae   Korsakoff 1958: 140, 145, figs. 17–19, 22, 24, 25.
25. Eremogryllus hammadae   Pierre 1958: 151, 254.
26. Eremogryllus hammadae   Dirsh 1961*a*: 414, fig. 33 (1, 4).
27. Eremogryllus hammadae   Gangwere & Morales Agacino 1964: 215, 246, 248.
28. Eremogryllus hammadae   Dirsh 1965: 499, fig. 403 (♂).
29. Eremogryllus hammadae   Uvarov 1966: 187, 420, fig. 245.

Desc. 21.   **Morph.** 20, 27, 29.   **Ecol.** 19, 24, 25.   **Bion.** 27.   **Dist. N.A.** Egypt 21.

TRUXALINAE

1. Truxalinae   Dirsh 1961*a*: 388, 390, 417.
2. Truxalinae   Dirsh 1965: 181, 500.

Desc. 1, 2.   **Key** (genera) 2.

YENDIA Ramme 1929   [p. 742]

3. Yendia   Dirsh 1965: 501, 504.

Desc.

thrymmatoptera (Karsch 1893)   [p. 742]

6. Yendia thrymmatoptera   Roy 1964*c*: 122.
7. Yendia thrymmatoptera   Dirsh 1965: 504, fig. 405 (♂).

Desc. 6.   **Dist. W.A.** Mali 6.

ACRIDARACHNEA I. Bolivar 1908   [p. 742]

6. Acridarachnea   Dirsh 1965: 501, 505.

Desc.

ophthalmica I. Bolivar 1908   [p. 742]

4. Acridarachnea ophthalmica   Dirsh 1956*f*: 281, pl. 60, f. 14.
5. Acridarachnea ophthalmica   Davey *et al.* 1959*b*: 596.
6. Acridarachnea ophthalmica   Roy 1964*c*: 123, fig. 7*a*.
7. Acridarachnea ophthalmica   Descamps 1965*a*: 1293.
8. Acridarachnea ophthalmica   Dirsh 1965: 505, fig. 406 (♂).

Desc. 6.   **Morph.** 4.   **Ecol.** 7.   **Dist. W.A.** Mali 5, 6, 7.

OXYTRUXALIS Dirsh 1951 [p. 741]

ensis (Burr 1899) [p. 741]

6. Oxytruxalis ensis   Uvarov & Popov 1957: 384, 388.

Type: Brit. Mus.

Desc. Nymph.   **Dist. E.A.** Socotra.

CHROMOTRUXALIS Dirsh 1951 [p. 740]

2. Chromotruxalis   Dirsh 1965: 501, 506.

Desc.

cockerelli (Uvarov 1932) [p. 740]

4. Chromotruxalis cockerelli   Dirsh 1956f: 281, pl. 60, f. 9.
5. Chromotruxalis cockerelli   Davey et al. 1959b: 596.
6. Chromotruxalis cockerelli   Roy 1964c: 123.
7. Chromotruxalis cockerelli   Descamps 1965a: 1293.

Desc. 6.   **Morph.** 4.   **Ecol.** 7.   **Dist. W.A.** Mali 5, 6, 7.

crocea (I. Bolivar 1889) [p. 741]

14. Chromotruxalis crocea   Kevan & Knipper 1961: 402.
15. Chromotruxalis crocea   Dirsh 1965: 506, fig. 407 (♀).

Ecol. 14.   **Dist. E.A.** Tanzania 14.

liberta (Burr 1902) [p. 741]

7. Chromotruxalis liberta   Chopard 1958a: 145.
8. Chromotruxalis liberta   Dirsh 1963b: 220.
9. Chromotruxalis liberta   Roy 1964c: 123, fig. 8a.
10. Chromotruxalis liberta   Dirsh 1964a: 83.

Desc. 9.   **Ecol.** 10.   **Dist. W.A.** Guinea 7, 8; Mali 9.   **C.A.** Congo Rep. 10.

TRUXALIS Fabricius 1775 [p. 728]

58. Truxalis   Dirsh 1961a: 414.
59. Truxalis   Dirsh 1965: 501, 507.

Desc. 58, 59.

annulata Thunberg 1815 [p. 729]

21. Truxalis annulata   Baccetti 1962: 96.

Dist. E.A. Somalia.

bolivari Dirsh 1951 [p. 730]

2. Truxalis bolivari   Kevan & Knipper 1961: 402.
3. Truxalis bolivari   Pinhey 1965: 15.

Ecol. 2, 3.   **Bion.** 3.   **Dist. E.A.** Somalia 2.   **C.A.** Rhodesia 3.

burtti Dirsh 1951   [p. 730]

2. Truxalis burtti   Kevan 1955*c*: 485.
3. Truxalis burtti   Dirsh 1956*c*: 246, 269.
4. Truxalis burtti   Chapman & Robertson 1958: 98, 111.
5. Truxalis burtti   Robertson & Chapman 1962: 89, tables 2, 3.

Morph. 4.   **Ecol.** 4, 5.   **Bion.** 4, 5.   **Dist. C.A.** Rhodesia 3.   **S.A.** Transvaal 3; Natal 3; S.W. Africa 3.   **E.A.** Kenya 2; Tanzania 5.

conspurcata somalia (Burr 1902)   [p. 730]

7. Truxalis conspurcata somalia   Dirsh 1959*a*: 66.
8. Truxalis conspurcata somalia   Phipps 1959*b*: 33.
9. Truxalis conspurcata somalia   Kevan & Knipper 1961: 402.
10. Truxalis conspurcata somalia   Baccetti 1962: 96.

Morph. 8.   **Ecol.** 9.   **Dist. E.A.** Somalia 9, 10; Ethiopia 7; Tanzania 8.

grandis Klug 1830   [p. 731]

20. Truxalis grandis   Dirsh 1961*a*: 415, fig. 34 (1–7).
21. Truxalis grandis   Roy 1964*c*: 123, fig. 10*a*.
22. Truxalis grandis   Dirsh 1965: 507, fig. 408 (*a–g*) (♂).
23. Truxalis grandis   Descamps 1965*a*: 1293.
24. Truxalis grandis   Uvarov 1966: 417, fig. 243.

Desc. 21.   **Morph.** 23.   **Ecol.** 23.   **Dist. W.A.** Mali 21, 23.

johnstoni Dirsh 1951   [p. 731]

3. Truxalis johnstoni   Davey *et al.* 1959*b*: 596.
4. Truxalis johnstoni   Roy 1964*c*: 123, figs. 8*b*, 10*b*.
5. Truxalis johnstoni   Descamps 1965*a*: 1293, 1310.

Desc. 4.   **Ecol.** 3, 5.   **Dist. W.A.** Mali 3, 4, 5.

longicornis (Krauss 1902)   [p. 732]

4. Truxalis longicornis   Roy 1964*c*: 123.

Desc.   **Dist. W.A.** Mali.

nasuta (Linnaeus 1758)   [p. 732]

198. Acridella nasuta   Hayward 1927: Suppl.
199. Acridella nasuta   Hudson 1945: 85.
200. Acridella variabilis   Zacher 1949: 284.
201. Truxalis nasutus   Chopard 1954*a*: 13.
202. Truxalis nasuta   Chopard 1954*b*: 6, 13.
203. Truxalis nasutus   Dirsh 1956*f*: 259, 281, pls. 60, f. 8, 61.
204. Truxalis nasuta   La Greca 1958: 62.
205. Acridella nasuta   Gardner 1960: 129.
206. Tryxalis nasuta   Saraiva 1961: 149, fig.

Truxalinae ACRIDIDAE

207. Truxalis nasuta   Chopard 1963: 571.
208. Acridella nasuta   Gangwere & Morales Agacino 1964: 215, 246.
209. Tryxalis nasuta   Sayed *et al.* 1964: 260.
210. Truxalis nasuta   Uvarov 1966: 118.

Morph. 199, 203, 208, 210.   **Econ.** 200.   **Dist. N.A.** Algeria 201; Tripolitania 204; Ennedi 207; Egypt 198, 209.   **A.I.** Canary Is. 202, 205; Cape Verde Is. 206.

procera Klug 1830   [p. 737]

13. Truxalis procera   Dekeyser & Villiers 1956: 29, 78, 190, 206.
14. Truxalis procera   Davey *et al.* 1959 b: 596.
15. Truxalis procera   Roy 1964 c: 123, fig. 10 c.
16. Truxalis procera   Descamps 1965 a: 1293.

Desc. 15.   **Ecol.** 13, 16.   **Dist. W.A.** Mali 14, 15, 16; Mauretania 13.

viridifasciata (Krauss 1902)   [p. 737]

4. *Truxalis nasuta*   Burr 1903 (nec Linnaeus 1758) (Uvarov & Popov 1957: 383) [p. 734].
5. Truxalis viridifasciata   Uvarov & Popov 1957: 383, 388, figs. 37, 38.

Desc. 5 (♂).   **Dist. E.A.** Socotra 5.

species ?   [p. 737]

6. Truxalis spp.   Davey 1959: 127.

Bion.   **Dist. W.A.** Mali.

TRUXALOIDES Dirsh 1951   [p. 738]

2. Truxaloides   Dirsh 1965: 501, 508.

Desc.

braziliensis braziliensis (Drury 1773)   [p. 738]

23. Acridella rendalli   Risbec 1950: 317.
24. Truxaloides braziliensis   Slifer 1953 b: 71, 78, pl. 5, f. 31.
25. Truxaloides braziliensis   Dirsh 1954 b: 354, fig. 25.
26. Truxaloides braziliensis braziliensis   Dirsh 1956 c: 246, 269.
27. Truxaloides braziliensis   Phipps 1959 b: 33.
28. Truxaloides braziliensis   Roy 1964 c: 124.
29. Truxaloides braziliensis braziliensis   Pinhey 1965: 15, pl. 4 h.

Desc. 25, 28.   **Morph.** 24, 27.   **Ecol.** 29.   **Bion.** 29.   **Econ.** 23.   **Dist. W.A.** Mali 23, 28. **S.A.** Cape Province 26; Natal 26.   **C.A.** Rhodesia 29.   **E.A.** Tanzania 27.

braziliensis eos Dirsh 1951   [p. 739]

2. Truxaloides braziliensis eos   Dirsh 1954 b: 355.
3. Truxaloides braziliensis eos   Davey *et al.* 1959 b: 596.
4. Truxaloides braziliensis eos   Phipps 1962: 15.
5. Truxaloides braziliensis eos   Descamps 1965: 1293.

Morph. 4.   **Ecol.** 5.   **Dist. W.A.** Sierra Leone 4; Mali 3, 5.

ACRIDIDAE   Truxalinae

burttianus Dirsh 1954

Type: ♀. Tanganyika: Old Shinyanga. Brit. Mus.

1. Truxaloides burttianus   Dirsh 1954b: 353, 355, figs. 20–4.

Desc. ♂ ♀. **Bion.**

constrictus (Schaum 1853)   [p. 739]

7. Truxaloides constrictus   Dirsh 1956c: 246.
8. Truxaloides constrictus   Pinhey 1965: 15.

Ecol. 8. **Bion.** 8. **Dist. S.A.** Cape Province 7; O.F.S. 7; Transvaal 7. **C.A.** Rhodesia 8.

serratus (Thunberg 1815)   [p. 739]

23. Truxaloides serratus   Dirsh 1956c: 247, 269.
24. Truxaloides serratus   Dirsh 1956f: 281, pl. 60, f. 11.
25. Truxaloides serratus   Roy 1964c: 124.

Desc. 25. **Morph.** 24. **Dist. W.A.** Mali 25. **S.A.** Cape 23.

tessmanni (Ramme 1929)   [p. 737]

3. Truxaloides tessmanni   Dirsh 1964a: 84.

Ecol. **Dist. C.A.** Congo Rep.

XENOTRUXALIS Dirsh 1951   [p. 740]

2. Xenotruxalis   Dirsh 1965: 501, 509.

Desc.

fenestrata (Ramme 1929)   [p. 740]

3. Xenotruxalis fenestrata   Davey et al. 1959b: 596.
4. Xenotruxalis fenestrata   Roy 1964c: 124, fig. 9c.
5. Xenotruxalis fenestrata   Dirsh 1965: 509, fig. 409 (♂).
6. Xenotruxalis fenestrata   Descamps 1965a: 1293.

Desc. 4. **Ecol.** 6. **Dist. W.A.** Mali 3, 4, 6.

MESOPSIS I. Bolivar 1906   [p. 725]

14. Mesopsis   Dirsh 1965: 501, 510.
15. Mesopsis   Uvarov 1966: 177.

Desc. 14. **Morph.** 15.

abbreviatus (Beauvois 1806)   [p. 725]

17. Mesopsis abbreviatus   Slifer 1953b: 71, 78.

Morph.

gracilicornis (Krauss 1877) [p. 726]

10. Mesops gracilicornis   Krauss 1877: 143.
11. Mesopsis gracilicornis   Dirsh 1955*a*: 71.
12. Mesopsis gracilicornis   Dirsh 1956*f*: 282, pl. 63, f. 8.
13. Mesopsis gracilicornis   Chopard 1958*a*: 147.
14. Mesopsis gracilicornis   Dirsh 1959*a*: 66.
15. Mesopsis gracilicornis   Davey *et al.* 1959*b*: 594.
16. Mesopsis gracilicornis   Roy 1960: 201.
17. Mesopsis gracilicornis   Chapman 1962: 56, table 20.
18. Mesopsis gracilicornis   Roy 1962: 134.
19. Mesopsis gracilicornis   Roy 1964*b*: 1196.
20. Mesopsis gracilicornis   Chapman 1964: 121.
21. Mesopsis gracilicornis   Dirsh 1964*a*: 79.
22. Mesopsis gracilicornis   Descamps 1965*a*: 1293, 1307.
23. Mesopsis gracilicornis   Roy 1965: 630.
24. Mesopsis gracilicornis   Pinhey 1965: 15.

Desc. 10. **Morph.** 12, 20. **Ecol.** 15, 16, 17, 21, 22, 24. **Bion.** 15, 17, 24. **Dist. W.A.** Guinea 13, 16; Mali 15, 22; Senegal 18, 19, 23. **C.A.** Rhodesia 24.

laticornis (Krauss 1877) [p. 726]

35. Mesops laticornis   Krauss 1877: 143.
36. Mesopsis laticornis   Risbec 1950: 317.
37. Mesopsis laticornis   Waloff 1954: 382.
38. Mesopsis laticornis   Dirsh 1955*a*: 72.
39. Mesopsis laticornis   Dirsh 1956*c*: 246, 269.
40. Mesopsis laticornis   Chapman 1958: 98, 110.
41. Mesopsis laticornis   Phipps 1959*b*: 33.
42. Mesopsis laticornis   Davey *et al.* 1959*b*: 594.
43. Mesopsis laticornis   Boisson 1961: 29.
44. Mesopsis laticornis   Roy 1962: 134.
45. Mesopsis laticornis   Robertson & Chapman 88, tables 2, 3, 28, 30.
46. Mesopsis laticornis   Chapman 1962: 56.
47. Mesopsis laticornis   Dirsh 1964*a*: 79.
48. Mesopsis laticornis   Descamps 1965*a*: 1293, 1307, 1310.
49. Mesopsis laticornis   Pinhey 1965: 15.
50. Mesopsis laticornis   Dirsh 1965: 510, fig. 410 (♂).
51. Mesopsis laticornis   Uvarov 1966: 299, fig. 176.
52. Mesopsis laticornis   Phipps 1966: 34.

Desc. 35. **Morph.** 37, 40, 41, 42, 51. **Ecol.** 40, 42, 45, 46, 47, 48, 49, 52. **Bion.** 40, 42, 43, 45, 46, 49, 52. **Econ.** 36. **Dist. W.A.** Mali 36, 42, 43; Senegal 44; Ghana 46. **C.A.** Rhodesia 49; Congo Rep. 47. **S.A.** Lesotho 37; S.W. Africa 39.

ACRIDIDAE   Truxalinae

longicornis Chopard 1958

Type: ♀. Guinea: Mt. Nimba, Keoulenta. Paris Mus.

1. Mesopsis longicornis   Chopard 1958a: 147.
2. Mesopsis longicornis   Dirsh 1963b: 219.

Desc. 1 (♀). **Dist. W.A.** Guinea 1, 2.

species ?   [p. 728]

3. Mesopsis sp.   Backlund 1955: 204.

Ecol. Dist. E.A. N. Tanzania.

AZAREA Uvarov 1926   [p. 721]

3. Azarea   Dirsh 1965: 501, 511.

Desc.

lloydi Uvarov 1926   [p. 722]

3. Azarea lloydi   Dirsh 1956f: 282, pl. 63, f. 2.
4. Azarea lloydi   Davey et al. 1959b: 592.
5. Azarea lloydi   Chapman 1962: 55.
6. Azarea lloydi   Phipps 1962: 16.
7. Azarea lloydi   Roy 1962: 111, 113, 134.
8. Azarea lloydi   Dirsh 1964a: 76.
9. Azarea lloydi   Descamps 1965a: 1292, 1306.
10. Azarea lloydi Dirsh 1965: 511, fig. 411 (♂).

Desc. 7. **Morph.** 3, 6. **Ecol.** 4, 5, 8, 9. **Bion.** 5. **Dist. W.A.** Mali 4, 9; Ghana 5; Sierra Leone 6; Senegal 7.   **C.A.** Congo Rep. 8.

verticula Jago 1966

Type: ♂. Ghana: N. Region, 4 m. N. of R. Mole, Busumu–Doboye Road, Brit. Mus.

1. Azarea verticula   Jago 1966a: 364, figs. 56–61.

Desc. ♂ ♀. **Ecol.**

BAIDOCERACRIS Chopard 1947   [p. 720]

2. Baidoceracris   Dirsh 1965: 501, 512.

Desc.

zolotarevskyi Chopard 1947   [p. 720]

2. Baidoceracris zolotarevskyi   Dirsh 1958b: 63, figs. 28–34.
3. Baidoceracris zolotarevskyi   Davey 1959b: 591.
4. Baidoceracris zolotarevskyi   Chapman 1962: 55.
5. Baidoceracris zolotarevskyi   Descamps 1965a: 1292.
6. Baidoceracris zolotarevskyi   Dirsh 1965: 512, fig. 412 (♂).

Desc. 3. **Ecol.** 3, 5. **Bion.** 3. **Dist. W.A.** Ghana 4; Mali 3, 5.

MILLERIOLA Uvarov 1953 [p. 668]

2. Milleriola   Dirsh 1965: 501, 544.

Desc.

vitripennis (Miller 1932) [p. 668]

3. Milleriola vitripennis   Dirsh 1965: 545, fig. 442 (♂).

BRACHYCROTAPHUS Krauss 1877 [p. 722]

8. Brachycrotaphus   Krauss 1877: 143.
9. Brachycrotaphus   Dirsh 1965: 501, 513.

Desc. 8, 9.

büttneri Karsch 1896 [p. 722]

4. Brachycrotaphus büttneri   Phipps 1962: 15.
5. Brachycrotaphus büttneri   Dirsh 1963b: 219.
6. Brachycrotaphus büttneri   Dirsh 1964a: 80.
7. Brachycrotaphus büttneri   Jago 1966: 370.

Morph. 4.   **Ecol.** 6.   **Dist. W.A.** Sierra Leone 4; Guinea 5.   **C.A.** Congo Rep. 6.

karschi Uvarov 1926 [p. 722]

5. Brachycrotaphus karschi   Risbec 1950: 317.
6. Brachycrotaphus karschi   Davey *et al.* 1959b: 593.
7. Brachycrotaphus karschi   Descamps 1965a: 1292, 1306.
8. Brachycrotaphus karschi   Jago 1966: 370.

Desc. 8.   **Ecol.** 6, 7.   **Bion.** 6.   **Econ.** 5.   **Dist. W.A.** Mali 5, 6, 7.

lloydi Uvarov 1926 [p. 723]

4. Brachycrotaphus lloydi   Chopard 1958a: 147.
5. Brachycrotaphus lloydi   Dirsh 1959a: 66.
6. Brachycrotaphus lloydi   Davey *et al.* 1959b: 593.
7. Brachycrotaphus lloydi   Phipps 1962: 16.
8. Brachycrotaphus lloydi   Dirsh 1964a: 80.
9. Brachycrotaphus lloydi   Descamps 1965a: 1292, 1306.

Ecol. 6, 8, 9.   **Morph.** 7.   **Dist. W.A.** Guinea 4; Mali 6, 9; Sierra Leone 7.   **E.A.** Ethiopia 5.   **C.A.** Congo Rep. 8.

**longicornis* Jago 1966

Type: ♂. Ghana: N. Region, 4 m. N. of R. Mole, Busunu–Duboye road. Brit. Mus.

1. Brachycrotaphus longicornis   Jago 1966a: 368, figs. 47–54.

Desc. ♂ ♀.

ACRIDIDAE   Truxalinae

rammei Uvarov 1932 [p. 723]

2. Brachycrotaphus rammei   Davey *et al.* 1959b: 593.
3. Brachycrotaphus rammei   Descamps 1965a: 1292.

Ecol. 3.   **Dist. W.A.** Mali 2, 3.

sjöstedti Uvarov 1932 [p. 723]

6. Brachycrotaphus sjöstedti   Phipps 1959b: 33.
7. Brachycrotaphus sjöstedti   Uvarov 1966: 177, fig. 106B.

Morph. 6, 7.   **Dist. E.A.** Tanzania 6.

steindachneri Krauss 1877 [p. 724]

8. Brachycrotaphus steindachneri   Krauss 1877: 143.
9. Brachycrotaphus steindachneri   Davey *et al.* 1959b: 593.
10. Brachycrotaphus steindachneri   Chapman 1961a: 262, 279.
11. Brachycrotaphus steindachneri   Roy 1962: 111, 134.
12. Brachycrotaphus steindachneri   Chapman 1962: 55, table 20.
13. Brachycrotaphus steindachneri   Chapman 1964: 121.
14. Brachycrotaphus steindachneri   Descamps 1965a: 1292, 1306.
15. Brachycrotaphus steindachneri   Jago 1966a: 369.

Desc. 8, 15.   **Morph.** 13.   **Ecol.** 12, 14.   **Bion.** 12.   **Dist. W.A.** Mali 9, 14; Ghana 12; Senegal 11.

tryxalicerus (Fischer 1853) [p. 724]

29. Brachycrotaphus tryxalicera   Kevan 1955c: 485.
30. Brachycrotaphus tryxalicerus   Dirsh 1956f: pl. 60, f. 13.
31. Brachycrotaphus tryxalicerus   Chopard 1958d: 16.
32. Brachycrotaphus tryxalicerus   Davey *et al.* 1959b: 593.
33. Brachycrotaphus tryxalicerus   Chapman 1961a: 260, 278.
34. Brachycrotaphus tryxalicerus   Saraiva 1961: 148.
35. Brachycrotaphus tryxalicerus   Chapman 1962: 55, table 20.
36. Brachycrotaphus tryxalicerus   Chapman 1964: 121.
37. Brachycrotaphus tryxalicerus   Pinhey 1965: 15.
38. Brachycrotaphus tryxalicerus   Descamps 1965a: 1292, 1307, 1310.
39. Brachycrotaphus tryxalicerus   Dirsh 1965: 513, fig. 413 (♂).
40. Brachycrotaphus tryxalicerus   Uvarov 1966: 177, fig. 106A.
41. Brachycrotaphus tryxalicerus   Jago 1966: 369.

Desc. 41.   **Morph.** 30, 33, 36, 40.   **Ecol.** 32, 33, 35, 37, 38.   **Bion.** 32, 33, 35, 37.   **Dist. W.A.** Mali 32, 38; Ghana 35.   **C.A.** Rhodesia 37.   **E.A.** Kenya 29.   **A.I.** Cape Verde Is. 31, 34.

species ?

1. Brachycrotaphus sp.   Davey 1959: 127.
2. Brachycrotaphus sp.   Kevan & Knipper 1961: 402.

Ecol. 2.   **Bion.** 1.   **Dist. W.A.** Mali 1.   **E.A.** Tanzania 2.

AMESOTROPIS Karsch 1893 [p. 709]

4. Amesotropis   Dirsh 1964a: 76.
5. Amesotropis   Dirsh 1965: 501, 514.

Desc. 5.   Key 4.

basilewskyi Dirsh 1961

Type: ♂. Congo. Elizabethville. Tervuren Mus.

1. Amesotropis basilewskyi   Dirsh 1961b: 246, fig. III (1–3).
2. Amesotropis basilewskyi   Dirsh 1964a: 78.
3. Amesotropis basilewskyi   Dirsh 1965: 515, fig. 414 (♂).

Desc. 1 (♂ ♀) 2.   **Dist.** C.A. Congo; Zambia 1; Congo Rep. 2.

desaegeri Dirsh 1964

Type: ♂. Congo Rep.: Parc National Garamba, Ndelele. Inst. Parcs Nat. Rep. Congo. *Paratype:* Brit. Mus.

1. Amesotropis desaegeri   Dirsh 1964a: 76, fig. 1.

Desc. ♂.

valga Karsch 1893 [p. 710]

3. Amesotropis valga   Dirsh 1961b: 248, fig. III (4).
4. Amesotropis valga   Chapman 1962: 55.
5. Amesotropis valga   Dirsh 1964a: 78.

Desc. 3, 5 (in key).   **Ecol.** 4.   **Bion.** 4.   **Dist.** W.A. Ghana 4.   C.A. Congo Rep. 5.

THYRIDOTA Uvarov 1925 [p. 720]

3. Thyridota   Dirsh 1965: 502, 515.

Desc.

dispar Uvarov 1925 [p. 720]

3. Thyridota dispar   Dirsh 1956c: 245, 269.
4. Thyridota dispar   Dirsh 1956f: 282, pl. 63, f. 3.
5. Thyridota dispar   Dirsh 1965: 516, fig. 415 (♂).

Morph. 4.   **Dist.** S.A. S.W. Africa 3.

SPOROBOLIUS Uvarov 1941 [p. 719]

2. Sporobolius   Dirsh 1965: 502, 516.

Desc.

darlingi Uvarov 1941 [p. 719]

3. Sporobolius darlingi   Dirsh 1956f: 282, pl. 63, f. 4.
4. Sporobolius darlingi   Dirsh 1965: 517, fig. 416 (♂).

Morph. 3.

| ACRIDIDAE | Truxalinae |

jacksoni Kevan 1956

Type: ♂. S.W. Ethiopia: Omo Valley. Brit. Mus.

1. Sporobolius jacksoni   Kevan 1956a: 33, fig. 8.
2. Sporobolius jacksoni   Dirsh 1959a: 65.

Desc. 1 (♂).   **Dist.** E.A. Ethiopia 2.

species ?

1. Sporobolius sp.   Davey et al. 1959b: 591.
2. Sporobolius sp.   Descamps 1965a: 1292, 1306.

Ecol. Dist. W.A. Mali 1, 2.

OCHRILIDIA Stål 1873   [p. 710]

37. *Platypternopsis*   Chopard 1947 (Dirsh 1958b: 62)   [p. 719].
38. *Platypternella*   Salfi 1928 (Dirsh 1958g: 244)   [p. 710].
39. Ochrilidia   Dirsh 1958b: 62.
40. Ochrilidia   Dirsh 1958g: 244.
41. Ochrilidia   Davey et al. 1959b: 590.
42. Ochrilidia   Dirsh 1965: 502, 517.

Desc. 39, 40, 42.   **Ecol.** 41.

cretacea (I. Bolivar 1914)   [p. 710]

3. Platypternella cretacea   Dirsh 1956f: 282, pl. 63, f. 7.
4. Ochrilidia cretacea   Dirsh 1958g: 244.

Desc. 4.   **Morph.** 3.

geniculata (I. Bolivar 1913)   [p. 712]

19. Platypterna geniculata   Chopard 1954a: 13.
20. Ochrilidia geniculata   Dekeyser & Villiers 1956: 29, 59, 144, 181, 185, 194, 204.
21. Ochrilidia geniculata   Chopard 1958d: 16.
22. Ochrilidia geniculata   Monod 1958: 256.
23. Ochrilidia geniculata   Saraiva 1961: 148.
24. Platypterna geniculata   Chopard 1963: 570.
25. Ochrilidia geniculata   Dirsh 1965: 518, fig. 417 (♂).
26. Ochrilidia geniculata   Uvarov 1966: 418, fig. 244 (3).

Ecol. 20, 22.   **Dist. A.I.** Cape Verde Is. 21, 23.   **N.A.** Algeria 19, 22; Ennedi 24.   **W.A.** Mauretania 20.

gracilis (Krauss 1902)   [p. 712]

29. Platypterna gracilis   Chopard 1954a: 13.
30. Ochrilidia gracilis   Dirsh 1956f: 282, pl. 62, f. 6.
31. Ochrilidia gracilis   Dekeyser & Villiers 1956: 29, 204.
32. Ochrilidia gracilis   Davey et al. 1959b: 590.

Truxalinae   ACRIDIDAE

33. Platypterna gracilis   Chopard 1963: 571.
34. Platypterna gracilis   Sayed *et al*. 1964: 260.
35. Ochrilidia gracilis   Descamps 1965*a*: 1292.
36. Ochrilidia gracilis   Uvarov 1966: 142, fig. 84 (13).

Morph. 30, 36.   **Ecol.** 31, 32, 35.   **Dist. N.A.** Egypt 34; Ennedi 33; Algeria 29.   **W.A.** Mauretania 31; Mali 32, 35.

harterti (I. Bolivar 1913)   [p. 713]

11. Platypterna harterti   Chopard 1954*a*: 13.
12. Ochrilidia harterti   Dekeyser & Villiers 1956: 29, 59, 204.
13. Ochrilidia harterti   Davey *et al*. 1959*b*: 590.
14. Ochrilidia sp. aff. harterti   Descamps 1965*a*: 1292.

Ecol. 11, 12, 14.   **Dist. N.A.** Algeria 11.   **W.A.** Mali 13.

johnstoni (Salfi 1931)   [p. 714]

2. Ochrilidia johnstoni   Davey *et al*. 1959*b*: 590.
3. Ochrilidia johnstoni   Descamps 1965*a*: 1292.

Ecol. 3.   **Dist. W.A.** Mali 2, 3.

kraussi (I. Bolivar 1913)   [p. 714]

14. *Platypternopsis bivittata*   Chopard 1947 (Dirsh 1958*b*: 62)   [p. 719].
15. Ochrilidia kraussi   Dekeyser & Villiers 1956: 29, 204.
16. Ochrilidia kraussi   Uvarov & Popov 1957: 379.
17. Ochrilidia kraussi   Davey *et al*. 1959*b*: 590.
18. Platypterna kraussi   Chopard 1963: 571.
19. Ochrilidia kraussi   Roy 1964*b*: 1195.
20. Ochrilidia kraussi   Descamps 1965*a*: 1292, 1299, 1310.

Desc. 14.   **Ecol.** 15, 16, 20.   **Dist.** Senegal 19; Somalia 16; Socotra 16.

nilotica (Salfi 1931)   [p. 715]

7. Ochrilidia nilotica   Davey *et al*. 1959*b*: 590.
8. Ochrilidia nilotica   Descamps 1965*a*: 1292.

Ecol. 8.   **Dist. W.A.** Mali 7, 8.

nubica (Werner 1913)   [p. 715]

5. Ochrilidia nubica   Davey *et al*. 1959*b*: 590.
6. Ochrilidia nubica   Descamps 1965*a*: 1292.

Ecol. 6.   **Dist. W.A.** Mali 5, 6.

nyuki Sjöstedt 1909   [p. 715]

5. Ochrilidia nyuki   Kevan 1955*c*: 485.

Dist. E.A. Kenya.

ACRIDIDAE   Truxalinae

species ? [p. 716]

38. Ochrilidia sp.   Davey *et al.* 1959*b*: 591.
39. Ochrilidia sp.   Davey 1959: 127.
40. Ochrilidia sp.   Kevan & Knipper 1961: 402.

Ecol. 38, 40. **Bion.** 39. **Dist. W.A.** Mali 38, 39. **E.A.** Tanzania 40.

PLATYPTERNODES I. Bolivar 1908 [p. 717]

6. Platypternodes   Dirsh 1965: 502, 519.
7. Platypternodes   Descamps 1965*a*: 1300.

Desc. 6. **Key** 7.

brevipes (Stål 1876) [p. 717]

13. Platypternodes brevipes   Dirsh 1956*c*: 246, 269.
14. Platypternodes brevipes   Dirsh 1956*f*: 282, pl. 63, f. 1.
15. Platypternodes brevipes   Descamps 1965*a*: 1300, fig. 94.

Desc. 15 (in key). **Morph.** 14. **Dist. S.A.** Natal 13; Cape 13; Transvaal 13. **W.A.** Mali 15.

costulata (Cazurro 1886) [p. 718]

8. Platypternodes sp. costulata   Descamps 1965*a*: 1300.

Desc. in key. **Dist. W.A.** Mali.

rudolfi Uvarov 1938 [p. 718]

4. Platypternodes rudolfi   Descamps 1965*a*: 1300, figs. 89–93.

Desc. in key.

savannae Uvarov 1926 [p. 718]

6. Platypternodes savannae   Davey *et al.* 1959*b*: 591.
7. Platypternodes savannae   Chapman 1961*a*: 263, 279.
8. Platypternodes savannae   Chapman 1962: 55, table 20.
9. Platypternodes savannae   Chapman 1964: 121.
10. Platypternodes savannae   Descamps 1965*a*: 1292, 1300, 1310, figs. 85–8.
11. Platypternodes savannae   Dirsh 1965: 519, fig. 418 (♂).

Desc. 10 (in key). **Morph.** 7, 9. **Ecol.** 6, 8. **Bion.** 7, 8. **Dist. W.A.** Ghana 8; Mali 6, 10.

voltaensis Sjöstedt 1931 [p. 719]

3. Platypternodes voltaensis   Descamps 1965*a*: 1292, 1300, 1302.

Desc. 3 (♀). **Dist. W.A.** Mali 3.

species ? [p. 719]

4. Platypternodes sp.   Phipps 1959*b*: 33.
5. Platypternodes sp.   Kevan & Knipper 1961: 402.
6. Platypternodes sp.   Phipps 1966: 34.

Morph. 4. **Ecol.** 5, 6. **Bion.** 6. **Dist. E.A.** Tanzania 4, 5, 6.

QUANGULA Uvarov 1953 [p. 721]

2. Quangula   Dirsh 1965: 502, 519.

Desc.

minuta Uvarov 1953 [p. 721]

2. Quangula minuta   Dirsh 1956*f*: 281, pl. 60, f. 10.
3. Quangula minuta   Dirsh 1965: 520, fig. 419 (♂).

Morph. 2.

*ERMIA Popov 1957

Type species of genus not designated

1. Ermia   Uvarov & Popov 1957: 379.
2. Ermia   Dirsh 1965: 502, 520.

Desc. 1, 2.

somalica Popov 1957

Type: ♂. Somalia: Erigavo (6000 ft). Brit. Mus.

1. Ermia somalica   Uvarov & Popov 1957: 382, pl. 2, figs. 33–5.
2. Ermia somalica   Dirsh 1965: 520, fig. 420 (♂).

Desc. 1 (♂).   **Ecol.** 1.

variabilis Popov 1957

Type: ♂. Socotra: Homhil. Brit. Mus.

1. Ermia variabilis   Uvarov & Popov 1957: 380, pl. 1, figs. 27–32.

Desc. ♂ ♀.   **Ecol.**

DIABLEPIA Kirby 1902 [p. 719]

4. Diablepia   Dirsh 1965: 502, 521.

Desc.

viridis Kirby 1902 [p. 720]

6. Diablepia viridis   Dirsh 1956*c*: 245, 269.
7. Diablepia viridis   Dirsh 1956*f*: 282, pl. 63, f. 5.
8. Diablepia viridis   Dirsh 1965: 521, fig. 421 (♀).

Morph. 7.   **Dist. S.A.** Cape Province 6.

ANABLEPIA Uvarov 1938 [p. 708]

5. Anablepia   Dirsh 1965: 502, 523.

Desc.

angolensis (Ramme 1929) [p. 708]

4. Anablepia angolensis   Kevan 1955*a*: 75.

Dist. C.A. Angola.

| ACRIDIDAE | Truxalinae |

                    angusta Uvarov 1953   [p. 708]
2. Anablepia angusta   Dirsh 1965: 522, fig. 422 *b–d*.

                    brevis Uvarov 1938   [p. 708]
3. Anablepia brevis   Dirsh 1965: 522, fig. 422*a* (♀).

                    dregei (Ramme 1929)   [p. 708]
3. Anablepia dregei   Dirsh 1956*c*: 245, 269.
Dist. S.A. Lesotho.

                    granulata (Ramme 1929)   [p. 709]
4. Anablepia granulata   Dirsh 1956*f*: 282, pl. 63, f. 6.
5. Anablepia sp. aff. granulata   Kevan & Knipper 1961: 402.
6. Anablepia granulata   Chapman 1961*a*: 262, 278, fig. 20.
7. Anablepia granulata   Chapman 1962: 54.
8. Anablepia granulata   Chapman 1964: 121.
9. Anablepia granulata   Dirsh 1964*a*: 79.
10. Anablepia granulata   Descamps 1965*a*: 1292, 1299.

Morph. 4, 6, 8. **Ecol.** 5, 6, 7, 9, 10. **Bion.** 6, 7. **Dist. W.A.** Ghana 6, 7; Mali 10. **E.A.** Tanzania 5. **C.A.** Congo Rep. 9.

KOMANDIA Uvarov 1953   [p. 721]

2. Komandia   Dirsh 1965: 502, 523.
Desc.

                    granosa Uvarov 1953   [p. 721]
2. Komandia granosa   Dirsh 1965: 524, fig. 423 (♂).

GONIOCARA Uvarov 1953   [p. 721]

2. Goniocara   Dirsh 1965: 502, 524.
Desc.

                    brevipes Uvarov 1953   [p. 721]
2. Goniocara brevipes   Dirsh 1956*f*: 281, pl. 60, f. 18.
3. Goniocara brevipes   Dirsh 1964*a*: 76.
4. Goniocara brevipes   Dirsh 1965: 525, fig. 424 *b, c*.

Morph. 2. **Ecol.** 3. **Dist. C.A.** Congo Rep. 3.

                    fitzgeraldi Uvarov 1953   [p. 721]
2. Goniocara fitzgeraldi   Dirsh 1965: 525, fig. 424*a* (♀).

Truxalinae   ACRIDIDAE

PARARCYPTERA Tarbinsky 1930

1. Pararcyptera   Tarbinsky 1930: 334.
2. Pararcyptera   Dirsh 1965: 502, 525.

Desc. 1, 2.

maroccana (Werner 1931)   [p. 681]

7. Pararcyptera maroccana   Dirsh 1965: 526, fig. 425 (♂).

RAMBURIELLA I. Bolivar 1906   [p. 681]

11. Ramburiella   Dirsh 1965: 502, 526.

Desc.

garambana Dirsh 1964

Type: ♂. Congo Rep.: Parc National Garamba, Iso. Inst. Parcs Nat. Rep. Congo. Paratype: Brit. Mus.

1. Ramburiella garambana   Dirsh 1964a: 87, fig. 2.

Desc. ♂. **Ecol.**

hispanica (Rambur 1838)   [p. 681]

34. Ramburiella hispanica   Barbut 1954: 339.
35. Ramburiella hispanica   Dirsh 1956f: 282, pl. 63, f. 24.
36. Ramburiella hispanica   La Greca 1958: 62.
37. Ramburiella hispanica   Dirsh 1965: 527, fig. 426 (♂).

Morph. 35. **Ecol.** 34. **Bion.** 34. **Dist. N.A.** Tripolitania 36; Algeria 34.

KRAUSSELLA I. Bolivar 1909   [p. 682]

3. Kraussella   Dirsh 1965: 502, 527.

Desc.

amabile Krauss 1877   [p. 682]

14. Kraussella amabile   Krauss 1877: 144.
15. Kraussella amabile   Risbec 1950: 317.
16. Kraussella amabile   Dirsh 1956f: 282, pl. 63, f. 25.
17. Kraussella amabile   Popov 1959: 50.
18. Kraussella amabile   Davey et al. 1959b: 586.
19. Kraussella amabile   Roy 1962: 111, 113, 134.
20. Kraussella amabile   Dirsh 1965: 527, fig. 427 (♂).
21. Kraussella amabile   Descamps 1965a: 1292, 1297, 1310.
22. Kraussella amabile   Roy 1965: 630.

Desc. 14 (♀). **Morph.** 16. **Ecol.** 18, 21. **Bion.** 17, 18. **Econ.** 15. **Dist. W.A.** Mali 17, 18, 21; Senegal 19, 22.

DOCIOSTAURUS Fieber 1853 [p. 701]

29. Dociostaurus   Dirsh 1965: 502, 528.

Desc.

genei (Ocskay 1833) [p. 702]

55. Dociostaurus genei   Slifer 1957: 497.

Morph.

maroccanus (Thunberg 1815) [p. 703]

64. Dociostaurus maroccanus   Morales Agacino 1951: 94, 99, 102, figs. 2, 7, 11, 12.
65. Dociostaurus maroccanus   Agarwala 1953: 56, figs. 67, 68.
66. Dociostaurus maroccanus   Agarwala 1954: 311, figs. 70–5.
67. Dociostaurus maroccanus   Mason 1954: 228, fig. D.
68. Dociostaurus maroccanus   Chopard 1954b: 7.
69. Dociostaurus maroccanus   Dirsh 1956f: 282, pl. 63, f. 19.
70. Dociostaurus maroccanus   Gardner & Classey 1960: 193.
71. Dociostaurus maroccanus   Dirsh 1965: 528, fig. 428 (♀).

Morph. 64, 65, 66, 67, 69.   **Ecol.** 64.   **Key** (oothecae) 64.   **Dist. A.I.** Canary Is. 68; Madeira 68, 70.

STENOBOTHRUS Fischer 1853 [p. 690]

21. Stenobothrus   Dirsh 1965: 503, 529.
22. Stenobothrus   Uvarov 1966: 76, 77, 78, 191, 194, 287.

Desc. 21.   **Morph.** 22.

maroccanus Uvarov 1942 [p. 691]

6. Stenobothrus maroccanus   Uvarov 1966: 7.

Morph.

palpalis Uvarov 1927 [p. 692]

7. Stenobothrus palpalis   Dirsh 1965: 530, fig. 429 (♂).
8. Stenobothrus palpalis   Uvarov 1966: 418, fig. 244 (1).

Figs.

OMOCESTUS I. Bolivar 1878 [p. 692]

9. Omocestus   Dirsh 1965: 503, 530.

Desc.

lucasi (Brisout 1851) [p. 693]

19. Omocestus lucasii   Dirsh 1965: 531, fig. 430 (♀).

simonyi (Krauss 1892) [p. 694]

7. Omocestus simonyi   Chopard 1954b: 7.

Dist. A.I. Canary Is.

ventralis (Zetterstedt 1821) [p. 695]
9. Omocestus ventralis   Uvarov 1966: 177, 299, fig. 105.
Morph.

CHORTHIPPUS Fieber 1852 [p. 695]
14. Chorthippus   Dirsh 1965: 503, 531.
Desc.

albomarginatus (De Geer 1773) [p. 695]
10. Chorthippus albomarginatus   Dirsh 1956*f*: 282, pl. 62, f. 19.
11. Chorthippus albomarginatus   Slifer 1957: 497.
12. Chorthippus albomarginatus   Gärdefors 1964: 71–84, 9 figs.
13. Chorthippus albomarginatus   Uvarov 1966: 93, 95, 330, 370.
Morph. 10, 11, 13.   **Bion.** 12, 13.

apicalis (Herrich-Schäffer 1840) [p. 696]
20. Chorthippus apicalis   Chopard 1954*b*: 7.
21. Chorthippus apicalis   Gardner & Classey 1960: 193.
Dist. A.I. Madeira 20, 21.

biguttulus (Linnaeus 1758) [p. 696]
52. Chorthippus biguttulus   Klingstedt 1939: 389–420, pls. 1, 2, figs.
53. Chorthippus biguttulus   Atzinger 1957: 201 *et seq.*
54. Chorthippus biguttulus   Peřdeck 1958: 1–72, figs.
55. Chorthippus biguttulus   Uvarov 1966: 177, 178, 225, fig. 105.
Desc. 54.   **Morph.** 52, 53, 55.

brunneus (Thunberg 1815) [p. 698]
29. Chorthippus bicolor   Agarwala 1953: 60, fig. 79.
30. Chorthippus bicolor   Agarwala 1954: 311, fig. 101.
31. Chorthippus brunneus   La Greca 1956: 183–204, figs. 1–4.
32. Chorthippus brunneus   Atzinger 1957: 201.
33. Chorthippus brunneus   Peřdeck 1958: 1–74, figs.
34. Chorthippus brunneus   Choudhuri 1958: 201, 5 figs.
Desc. 33.   **Morph.** 29, 30–3.   **Bion.** 34.

jucundus (Fischer 1853) [p. 699]
18. Chorthippus jucundus   Dirsh 1965: 532, fig. 431 (♂).

ACRIDIDAE   Truxalinae

EUCHORTHIPPUS Tarbinsky 1925 [p. 700]

3. Euchorthippus Dirsh 1965: 503, 532.

Desc.

albolineatus (Lucas 1849) [p. 700]

34. Euchorthippus pulvinatus La Greca 1947b: 273.
35. Euchorthippus albolineatus Dirsh 1965: 533, fig. 432 (♂).

Morph. 34.

madeirae Uvarov 1935 [p. 701]

5. Euchorthippus madeirae Chopard 1954b: 7.
6. Euchorthippus madeirae Gardner & Classey 1960: 193.
7. Euchorthippus madeirae Chopard 1962: 69.

Dist. A.I. Madeira 5, 6, 7.

LEVA I. Bolivar 1909 [p. 705]

6. Leva Dirsh 1965: 503, 534.

Desc.

parva Uvarov 1922 [p. 706]

2. Leva parva Dirsh 1965: 535, fig. 434 (♂).

**socotrana* Popov 1957

Type: ♂. Socotra: Hadibo plain. Brit. Mus.

1. Leva socotrana Uvarov & Popov 1957: 382, fig. 36.

Desc. ♂ ♀. **Ecol.**

**soudanensis* Descamps 1965

Type: ♂. Mali: Klela. Paris Mus.

1. Leva soudanensis Descamps 1965a: 1292, 1297, figs. 80–4.

Desc. ♂ ♀.

species ?

1. Leva sp. Brown 1962: 228.

Desc. ♀. **Ecol.** **Dist. S.A.** Lesotho.

STENOHIPPUS Uvarov 1926 [p. 687]

4. Dirsh 1965: 503, 533.

Desc.

aequus Uvarov 1926 [p. 687]

5. Stenohippus aequus Davey *et al.* 1959b: 588.
6. Stenohippus aequus Descamps 1965a: 1292.

Ecol. 5, 6. **Bion.** 5. **Dist. W.A.** Mali 5, 6.

bonneti (I. Bolivar 1885) [p. 687]

16. *Stenobothrus epacromioides* Krauss 1877: 144 (I. Bolivar 1918: 380). (Nom. preoc. Walker 1870) (Hollis in litt.) [p. 688].
17. Stauroderus epacromioides I. Bolivar 1915b: 81.
18. Stenohippus epacromioides Chopard 1954b: 7.
19. Stenohippus bonneti Chopard 1958d: 16.
20. Stenohippus epacromioides Davey et al. 1959b: 589.
21. Stenohippus bonneti Davey et al. 1959b: 589.
22. Stenohippus bonneti Saraiva 1961: 148.
23. Stenohippus bonneti Chopard 1963: 570.
24. Stenohippus epacromioides Descamps 1965a: 1292, 1297, 1310.
25. Stenohippus bonneti Descamps l.c. 1292.

Desc. 16 (♀). **Ecol.** 24, 25. **Dist. N.A.** Ennedi 23. **W.A.** Senegal 16; Mali 20, 21, 24, 25. **A.I.** Cape Verde Is. 18, 19, 22; Canary Is. 18.

epacromioides (Krauss 1877) [p. 688]

See Stenohippus bonneti.

gracilis (Werner 1913) [p. 688]

5. Stenohippus gracilis Davey et al. 1959b: 589.
6. Stenohippus gracilis Descamps 1965a: 1292.

Ecol. 5, 6. **Dist. W.A.** Mali 5, 6.

mundus (Walker 1871) [p. 689]

9. Stenohippus mundus Joyce 1956: 109.

Econ. Dist. E.A. Sudan.

obscurus Chopard 1947 [p. 689]

2. Stenohippus obscurus Chopard 1958a: 150.

Desc. Dist. W.A. Guinea Rep.

xanthus (Karny 1907) [p. 689]

14. Stenohippus xanthus Risbec 1950: 317.
15. Stenohippus xanthus Kevan 1955c: 485.
16. Stenohippus xanthus Dekeyser & Villiers 1956: 29, 206.
17. Stenohippus xanthus Davey et al. 1959b: 589.
18. Stenohippus xanthus Chapman 1962: 54.
19. Stenohippus xanthus Baccetti 1962: 96.
20. Stenohippus xanthus Chapman 1964: 121.
21. Stenohippus xanthus Descamps 1965a: 1292, 1297, 1310.
22. Stenohippus xanthus Roy 1965: 630.
23. Stenohippus xanthus Dirsh 1965: 534, fig. 433 (♂).

Morph. 20. **Ecol.** 16, 17, 18, 21. **Bion.** 18. **Econ.** 14. **Dist. W.A.** Senegal 22; Mauretania 16; Mali 14, 17, 21; Ghana 18. **E.A.** Somalia 19; Kenya 15.

ACRIDIDAE	Truxalinae

species ? [p. 689]
4. Stenohippus sp.   Davey *et al.* 1959*b*: 589.
5. Stenohippus sp.   Davey 1959: 127.
Bion. 5.   **Dist. W.A.** Mali 4, 5.

PSEUDOGMOTHELA Karny 1910   [p. 678]
6. Pseudogmothela   Dirsh 1965: 503, 535.
Desc.

cheradophila Jago 1966
Type: ♂. Mali: S. of Mopti, Togo–Safara road. Brit. Mus.
1. Pseudogmothela cheradophila   Jago 1966: 355, figs. 33–8.
Desc. ♂ ♀.   **Ecol.**   **Dist. W.A.** Mali, Ghana, Senegal.

foveolata Roy 1965
Type: ♂. Senegal: Basse Casamance, Tali near Bignona. Paris Mus.
1. Pseudogmothela foveolata   Roy 1965: 628, figs. 2, 3.
2. Pseudogmothela foveolata   Descamps 1965*a*: 1292, 1295, figs. 76–9.
   ♀. Mali, Klela. Brit. Mus.
Desc. 1 (♂), 2 (♀).   **Ecol.** 2.   **Dist. W.A.** Senegal 1; Mali 2.

megalocephala Kevan 1955
Type: ♂. Angola: Nova Lisboa Highlands, Sanguengue 30 km. from Bela Vista. Hamburg Mus.
1. Pseudogmothela megalocephala   Kevan 1955*a*: 75, fig. 4.
Desc. ♂ ♀.

pedestris Uvarov 1953   [p. 679]
2. Pseudogmothela pedestris   Dirsh 1965: 536, fig. 435 (♂).

rehni Karny 1910   [p. 679]
4. Pseudogmothela rehni   Dirsh 1956*c*: 268.
Dist. S.A. Transvaal; Botswana.

stauronotus (Uvarov 1921)   [p. 679]
4. Pseudogmothela stauronotus   Dirsh 1956*c*: 245, 268.
5. Pseudogmothela stauronotus   Dirsh 1956*f*: 282, pl. 62, f. 24.
6. Pseudogmothela stauronotus   Pinhey 1965: 15.
Morph. 5.   **Bion.** 6.   **Dist. C.A.** Rhodesia 6.   **S.A.** S.W. Africa 4.

species ?

1. Pseudogmothela sp.   Phipps 1959b: 33.

Morph. Dist. E.A. Tanzania.

COPHOHIPPUS Uvarov 1953   [p. 677]

2. Cophohippus   Dirsh 1965: 503, 536.

Desc.

burri Uvarov 1953   [p. 677]

2. Cophohippus burri   Dirsh 1956f: 281, pl. 60, f. 17.
3. Cophohippus burri   Dirsh 1965: 537, fig. 436 (♀).

Morph. 2.

ELEUTHEROTHECA Karny 1907   [p. 672]

9. Eleutherotheca   Dirsh 1965: 503, 538.

Desc.

concolor Karny 1907   [p. 673]

4. Eleutherotheca concolor   Descamps 1965a: 1292, 1294.

Ecol. Dist. W.A. Mali.

fungosa (I. Bolivar 1889)   [p. 673]

8. Eleutherotheca fungosa   Dirsh 1956f: 282, pl. 62, f. 22.
9. Eleutherotheca fungosa   Davey et al. 1959b: 587.
10. Eleutherotheca fungosa   Kevan & Knipper 1961: 402.
11. Eleutherotheca fungosa   Chapman 1962: 54.
12. Eleutherotheca fungosa   Phipps 1962: 16.
13. Eleutherotheca fungosa   Dirsh 1964a: 79.
14. Eleutherotheca fungosa   Dirsh 1965: 538, fig. 437 (♀).

Morph. 8, 12.   **Ecol.** 10, 13.   **Dist. W.A.** Mali 9; Sierra Leone 12; Ghana 11.   **C.A.** Congo Rep. 13; Zambia 13.   **E.A.** Tanzania 10.

PNORISA Stål 1861   [p. 674]

11. Pnorisa   Dirsh 1965: 503, 539.

Desc.

carinata Uvarov 1941   [p. 674]

6. Pnorisa carinata   Davey et al. 1959b: 587.
7. Pnorisa carinata   Davey 1959: 127.
8. Pnorisa carinata   Descamps 1965a: 1292, 1295, 1310.

Ecol. 6, 8.   **Bion.** 6, 7.   **Dist. W.A.** Mali 6, 7, 8.

| ACRIDIDAE | Truxalinae |

fasciatipes I. Bolivar 1912   [p. 675]

3. Pnorisa fasciatipes   Waloff 1954: 381.

Morph. Dist. C.A. Zambia.

*orientalis Kevan 1956

Type: ♀. Kenya: near Kibwezi. Brit. Mus.

1. Pnorisa orientalis   Kevan 1956a: 34, fig. 9.

Desc. ♀.

squalus Stål 1861   [p. 675]

38. Pnorisa squalus   Waloff 1954: 381.
39. Pnorisa squalus   Kevan 1955c: 485.
40. Pnorisa squalus   Dirsh 1956c: 244, 268.
41. Pnorisa squalus   Dirsh 1956f: 282, pl. 63, f. 18.
42. Pnorisa squalus   Chapman & Robertson 1958: 98, 110, fig. 3.
43. Pnorisa squalus   Phipps 1959b: 33, 39.
44. Pnorisa squalus   Le Pelley 1959: 93.
45. Pnorisa squalus   Davey et al. 1959b: 588.
46. Pnorisa squalus   Robertson & Chapman 1962: 87, tables 2, 3, 30.
47. Pnorisa squalus   Brown 1962: 200.
48. Pnorisa squalus   Dirsh 1964a: 80.
49. Pnorisa squalus   Roy 1964b: 1195.
50. Pnorisa squalus   Dirsh 1965: 540, fig. 438 (♀).
51. Pnorisa squalus   Pinhey 1965: 15.
52. Pnorisa squalus   Descamps 1965a: 1292, 1295.
53. Pnorisa squalus   Phipps 1966: 34.

Morph. 38, 41, 42, 43.   **Ecol.** 42, 45, 46, 48, 51, 52, 53.   **Bion.** 42, 46, 51, 53.   **Econ.** 44. **Dist. W.A.** Mali 45, 52; Senegal 49.   **C.A.** Congo Rep. 48; Rhodesia 40, 51.   **S.A.** Natal 40; Lesotho 40; Cape Province 40; Transvaal 40.

DNOPHERULA Karsch 1896   [p. 671]

7. Dnopherula   Dirsh 1958a: 28, 30.
8. Phorenula   Dirsh 1958a: 28.   [p. 663].
9. *Berengueria*   I. Bolivar 1909 (Dirsh 1958a: 30)   [p. 667].
10. *Luenia*   Uvarov 1953 (Dirsh 1961d: 396)   [p. 668].
11. Phorenula   Dirsh 1965: 503, 541.
12. Dnopherula   Dirsh 1965: 503, 540.
13. *Phorenula*   I. Bolivar 1909 (Hollis 1966: 269)   [p. 663].
14. Dnopherula   Hollis 1966: 269.

Desc. 7, 8, 11, 12, 14.   **Key** 14.

acerosa Jago 1966
Type: ♂. Ghana: N. Region, Momo. Brit. Mus.
1. Phorenula acerosa   Jago 1966: 359, figs. 43–6.
Desc. ♂ ♀.   Ecol.   Dist. W.A. Ghana; Nigeria.

aethiopicus (I. Bolivar 1922)   [p. 663]
See Dnopherula cruciata p. 386.

africanus Uvarov 1921 [p. 664]
See Rhaphotittha levis p. 390.

backlundi Hollis 1966
Type: ♂. Central African Rep.: Elizabethville. Brit. Mus.
1. Dnopherula backlundi   Hollis 1966: 272, 307, figs. 88–92.
Desc. ♂ ♀.

bifoveolata (Karsch 1893)   [p. 667]
5. Berengueria bifoveolata   Dirsh 1956f: 282, pl. 62, f. 23.
6. Phorenula bifoveolata   Dirsh 1958a: 29.
7. Phorenula bifoveolata   Davey et al. 1959b: 586.
8. Dnopherula bifoveolata   Chapman 1962: 54.
9. Berengueria bifoveolata   Phipps 1962: 16.
10. Phorenula bifoveolata   Dirsh 1964a: 81.
11. Phorenula bifoveolata   Descamps 1965a: 1292, 1293.
12. Dnopherula bifoveolata   Hollis 1966: 272, 281, figs. 17, 39–43.

Morph. 5, 9.   Ecol. 8, 10, 11.   Bion. 8.   Dist. W.A. Senegal 12; Guinea 12; Sierra Leone 9, 12; Mali 7, 11, 12; Ivory Coast 12; Upper Volta 12; Ghana 8, 12; Togo 12; Dahomey 12; Nigeria 12; Cameroon Rep. 12; C. African Rep. 12.   C.A. Congo Rep. 10. E.A. Sudan 12. Uganda 12.

burri Uvarov 1953   [p. 668]
2. Luenia burri   Dirsh 1956f: 282, pl. 62, f. 21.
3. Phorenula burri   Dirsh 1961d: 396.
4. Dnopherula burri   Hollis 1966: 275, 288, figs. 24, 52–6.
Desc. 4 (♂ ♀).   Morph. 2.

callosa Karsch 1896   [p. 672]
6. *Dnopherula marshalli* Miller 1932 (Hollis 1966: 321) [p. 672].
7. *Dnopherula plagiata* Uvarov 1953 (Hollis 1966: 321)   [p. 672].
8. Aulacobothrus marshalli   Bünzli & Büttiker 1956: 357.
9. Dnopherula marshalli   Dirsh 1956c: 244, 268.

ACRIDIDAE   Truxalinae

10. Dnopherula marshalli   Dirsh 1956*f*: 282, pl. 63, f. 23.
11. Phorenula plagiata   Dirsh 1958*a*: 30.
12. Dnopherula marshalli   Robertson & Chapman 1962: 87, tables 2, 3.
13. Aulacobothrus marshalli   Pinhey 1965: 14.
14. Dnopherula callosa   Hollis 1966: 278, 321, figs. 27, 111–15.

Desc. 14 (♂ ♀).   **Morph.** 10.   **Ecol.** 12.   **Bion.** 12, 13.   **Econ.** 8.   **Dist. E.A.** Kenya 14; Mozambique 14; Tanzania 12.   **C.A.** Congo Rep. 14; Angola 14; Zambia 7, 14; Malawi 14; Rhodesia 14.   **S.A.** Natal 7, 14; Transvaal 14; Zululand 14.

crassipes Uvarov 1921   [p. 664]

4. *Aulacobothrus rugulosus* (Uvarov 1925)   Hollis 1966: 290   [p. 666].
5. Aulacobothrus rugulosus   Dirsh 1956*c*: 243.
6. Phorenula rugulosa   Dirsh 1958*a*: 29.
7. Phorenula crassipes   Dirsh 1958*a*: 29.
8. Dnopherula crassipes   Hollis 1966: 275, 290, figs. 31, 52, 57–60.

Desc. 8 (♂ ♀).   **Dist. S.A.** S.W. Africa 8.

cruciata (I. Bolivar 1912)   [p. 664]

4. *Aulacobothrus gracilis* (Uvarov 1921)   Hollis 1966: 313 [p. 665].
5. Aulacobothrus gracilis   Dirsh 1956*c*: 243.
6. *Aulacobothrus vittatus* (Uvarov 1921)   Hollis 1966: 313 [p. 667].
7. Aulacobothrus vittatus   Dirsh 1956*c*: 243.
8. Phorenula vittata   Dirsh 1958*a*: 29.
9. Phorenula gracilis   Dirsh 1958*a*: 29.
10. *Aulacobothrus aethiopicus* (I. Bolivar 1922)   Hollis 1966: 313   [p. 663].
11. Phorenula aethiopica   Dirsh 1958*a*: 29.
12. *Aulacobothrus calcaratus* Sjöstedt 1933 (Hollis 1966: 313)   [p. 664].
13. Phorenula cruciata   Dirsh 1958*a*: 29.
14. Dnopherula cruciata   Hollis 1966: 275, 313, figs. 14, 26, 98–102.

Desc. 14 (♂ ♀).   **Dist. E.A.** Sudan; Ethiopia; Uganda; Kenya; Tanzania 14.   **C.A.** Congo Rep.; Zambia; Angola; Malawi; Rhodesia 14.   **S.A.** Transvaal 5, 14; Natal 5, 14.

**descampsi* Hollis 1966

Type: ♂. Sierra Leone: Kukuna. Brit. Mus.

1. Dnopherula descampsi   Hollis 1966: 278, 302, figs. 11, 25, 79–83.

Desc. ♂ ♀.

dorsata (I. Bolivar 1912)   [p. 664]

Lectotype: ♂. Zambia: Mpika (Dirsh 1958*a*: 29)

3. Phorenula dorsata   Dirsh 1958*a*: 29, 30.
4. Phorenula dorsata   Dirsh 1965: 542, fig. 440.
5. Phorenula dorsata   Uvarov 1966: 418, fig. 244 (2).

6. *Phorenula marshalli*   Uvarov 1921 (Hollis 1966: 283)   [p. 665].
7. *Phorenula subsinuatus*   (Miller 1929) Hollis 1966: 283   [p. 666].
8. Dnopherula dorsata   Hollis 1966: 274, 283, figs. 2, 4, 13, 23, 44–7, 52.

Desc. 8 (♂ ♀).   **Dist. E.A.** Ethiopia; Kenya; Tanzania 8.   **C.A.** Zambia; Angola; Rhodesia 8.   **S.A.** Transvaal 8.

dubia Hollis 1966

Type: ♀. Zambia: Mwera wa Ntipa, Nasma. Brit. Mus.

1. Dnopherula dubia   Hollis 1966: 272, 308, fig. 88.

Desc. ♀.

emalica Uvarov 1941   [p. 665]

3. Phorenula emalica   Dirsh 1958a: 29.
4. Dnopherula emalica   Hollis 1966: 274, 286, figs. 30, 48–52.

Desc. 4 (♂ ♀).

gilloni Hollis 1966

Type: ♂. Ivory Coast: Seguela. Brit. Mus.

1. Dnopherula gilloni   Hollis 1966: 278, 317, figs. 20, 102–6.

Desc. ♂ ♀.

invenusta (Karsch 1893)   [p. 665]

9. Phorenula invenusta   Dirsh 1958a: 29.
10. Phorenula invenusta   Davey et al. 1959b: 586.
11. Phorenula invenusta   Chapman 1962: 51.
12. Phorenula invenusta   Descamps 1965a: 1292, 1293.
13. Dnopherula invenusta   Hollis 1966: 275, 318, figs. 32, 107–10, 115.

Ecol. 11, 12.   **Bion.** 11.   **Dist. W.A.** Senegal; Ivory Coast; Mali; Ghana; Togo; Dahomey; Nigeria; Cameroon Rep. 13.   **E.A.** Sudan 13.

leionota Jago 1966

Type: ♂. Ghana: N. Region, 6 m. N. of Pongeri, Sawla to Wa road. Brit. Mus.

1. Dnopherula leionota   Jago 1966: 357, figs. 39–42.

Desc. ♂ ♀.

obliquifrons (I. Bolivar 1912)   [p. 665]

Lectotype: ♂ (Dirsh 1958a: 30)

3. Aulacobothrus obliquifrons   Dirsh 1956c: 242, 268.
4. Berengueria obliquifrons   Dirsh 1958a: 30.
5. Phorenula obliquifrons   Dirsh 1958a: 29.
6. Phorenula obliquifrons   Roy 1962: 111, 113, 133.
7. Phorenula obliquifrons   Chapman 1962: 52, table 20.
8. *Aulacobothrus brazzavillei*   Sjöstedt 1931 (Hollis 1966: 310)   [p. 664].
9. Dnopherula obliquifrons   Hollis 1966: 310.

Desc. 9 (♂ ♀).   **Ecol.** 7.   **Bion.** 7.   **Dist. W.A.** Senegal 6; Ghana 7.   **C.A.** Congo Rep. 9; Congo 9; Zambia 9; Angola 9.   **E.A.** Uganda 9; Kenya 9; Tanzania 9.   **S.A.** Natal 3; Lesotho 3.

obscura (Chopard 1947) [p. 689]

2. Phorenula obscura   Dirsh 1963b: 219.
3. Dnopherula obscura   Hollis 1966: 275, 292, figs. 6, 34, 61–5.

Desc. 3 (♂ ♀).   **Dist. W.A.** Guinea 2; Liberia 3; Ghana 3; Ivory Coast 3; Togo 3.

*phippsi Llorente 1963

Type: ♂. Sierra Leone: Kabala, Kondenbaia. Brit. Mus.

1. Phorenula phippsi   Llorente 1963: 51–6, figs. 1–3.
2. Phorenula phippsi   Descamps 1965a: 1292, 1293.
3. Dnopherula phippsi   Hollis 1966: 277, 299, figs. 19, 75–9.

Desc. 1 (♂ ♀), 3 (♂ ♀).   **Ecol.** 2.   **Dist. W.A.** Senegal 3; Mali 2, 3; Sierra Leone 1, 3; Ivory Coast 3; Ghana 3.

pictipes I. Bolivar 1912 [p. 672]

1. Ticra pictipes I. Bolivar 1912c [p. 672]. Lectotype: ♂ (Hollis 1966: 325).
2. *Dnopherula crucigera*   Uvarov 1953 (Hollis 1966: 324) [p. 672].
3. Dnopherula crucigera   Chapman & Robertson 1958: 98, 110.
4. Dnopherula crucigera   Robertson & Chapman 1962: 87, tables 2, 3, 30.
5. Dnopherula crucigera   Dirsh 1965: 541, fig. 439 (♂).
6. Dnopherula pictipes   Hollis 1966: 277, 324, figs. 1, 29, 115–19.

Desc. 1 (♂ ♀), 6 (♂ ♀).   **Morph.** 3.   **Ecol.** 3, 4.   **Bion.** 3, 4.   **Dist. E.A.** Sudan 6; Kenya 6; Tanzania 3, 4, 6.   **C.A.** Congo Rep. 6; Zambia 6.

*planifoveola Hollis 1966

Type: ♀. Angola: 6 m. N.W. of Chibia. Brit. Mus.

1. Dnopherula planifoveola   Hollis 1966: 272, 309, figs. 10, 21.

Desc. ♀.

punctata (Uvarov 1926) [p. 666]

4. Phorenula punctata   Dirsh 1958a: 29.
5. Phorenula punctata   Dirsh 1964a: 80.
6. Dnopherula punctata   Hollis 1966: 275, 294, figs. 28, 65–9.

Desc. 6 (♂ ♀).   **Ecol.** 5.   **Dist. W.A.** Mali 6; Ghana 6; Nigeria 6.   **C.A.** Congo Rep. 5.

richardsi (Uvarov 1953) [p. 666]

2. Phorenula richardsi   Dirsh 1958a: 29.
3. Dnopherula richardsi   Hollis 1966: 272, 304, figs. 12, 18, 84–8.

Desc. 3 (♂ ♀).   **Dist. E.A.** Tanzania 3.   **C.A.** Zambia 3; Rhodesia 3.

rotundifrons (I. Bolivar 1912)   [p. 668]

Lectotype: ♂. Congo Rep.: Kalumba (Dirsh 1958a: 32)

4. Dnopherula rotundifrons   Dirsh 1958a: 31, 32.
5. Dnopherula rotundifrons   Hollis 1966: 272, 278, figs. 3, 9, 16, 35–9.
6. *Berengueria citrina* (Miller 1932)   Hollis 1966: 278.

Desc. 5 (♂ ♀).

targui (Chopard 1941)   [p. 666]

See Rhaphotittha targui p. 390.

werneriana (Karny 1907)   [p. 667]

Type: lost. (Hollis 1966: 296)

10. Aulacobothrus wernerianus   Risbec 1950: 317.
11. Aulacobothrus wernerianus   Waloff 1954: 382.
12. Aulocabothrus wernerianus   Chapman & Robertson 1958: 98, 110.
13. Phorenula werneriana   Dirsh 1958a: 29.
14. Phorenula werneriana   Dirsh 1959a: 65.
15. Phorenula werneriana   Davey et al. 1959b: 585.
16. Aulacobothrus wernerianus   Robertson & Chapman 1962: 86, tables 2, 3, 28, 30.
17. Phorenula werneriana   Chapman 1962: 52, table 20.
18. Phorenula werneriana   Roy 1962: 111, 113, 133.
19. Phorenula werneriana   Llorente 1963: 53, figs. 2B, 3C.
20. Phorenula werneriana   Dirsh 1964a: 81.
21. Phorenula werneriana   Descamps 1965a: 1292, 1294.
22. Phorenula werneriana   Uvarov 1966: 54.
23. Dnopherula werneriana   Hollis 1966: 275, 296, figs. 5, 33, 70–4.

Desc. 19, 23 (♂ ♀). **Key** 19. **Morph.** 11, 12, 22. **Ecol.** 12, 15, 16, 17, 20, 21. **Bion.** 12, 16, 17. **Econ.** 10. **Dist. W.A.** Senegal 18, 23; Mali 10, 15, 21, 23; Ivory Coast 23; Ghana 17, 23; Dahomey 23; Nigeria 23; Cameroon Rep. 23. **C.A.** Congo Rep. 20, 23; Zambia 23. **E.A.** Sudan 23; Uganda 23; Kenya 23; Tanzania 11, 12, 16, 23; Ethiopia 14.

species ?   [p. 667]

2. Phorenula spp.   Davey et al. 1959b: 586.
3. Dnopherula sp.   Davey et al. 1959b: 587.
4. Phorenula sp. B.   Chapman 1961a: 263, 279.
5. Phorenula sp. A.   Chapman 1962: 52, fig. 54, tables 17, 20. (*See* Jago 1966b: 359.)
6. Phorenula sp. B.   Chapman 1962: 53, fig. 55, table 20. (*See* Jago *l.c.*)
7. Phorenula sp. C.   Chapman 1962: 54. (*See* Jago *l.c.*)
8. Dnopherula sp.   Roy 1962: 111, 113, 134.
9. Phorenula spp.   Roy 1962: 111, 134.
10. Aulacobothrus sp.   Robertson & Chapman 1962: 86, tables 2, 3.

| ACRIDIDAE | Truxalinae |

11. Aulacobothrus sp.   Phipps 1962: 16, 17.
12. Phorenula sp.   Jago 1964b: 197.
13. Phorenula spp.   Chapman 1964: 121.
14. Phorenula spp.   Descamps 1965a: 1292, 1294.

Morph. 4, 13.   **Ecol.** 2, 5, 6, 7, 10, 12, 14.   **Bion.** 4, 5, 6, 7, 10.   **Dist. W.A.** Sierra Leone 11; Mali 2, 3, 14; Ghana 4, 5, 6, 7; Senegal 8, 9.   **E.A.** Tanzania 10.

PHORENULA I. Bolivar 1909   [p. 663]

See Dnopherula p. 384.

RHAPHOTITTHA Karsch 1896

7. Rhaphotittha   Dirsh 1965: 503, 543.
8. Rhaphotittha   Hollis 1966: 326.

Desc. 7.

levis Karsch 1896   [p. 706]

5. *Aulacobothrus africanus*   Uvarov 1921 (Hollis 1966: 326)   [p. 664].
6. Aulacobothrus africanus   Dirsh 1956c: 267.
7. Rhaphotittha levis   Dirsh 1956f: 282, pl. 63, f. 9.
8. Phorenula africana   Dirsh 1958a: 29.
9. Rhaphotittha levis   Dirsh 1965: 543, fig. 441 (♂).
10. Rhaphotittha levis   Hollis 1966: 326.

Morph. 7.   **Dist. S.A.** Cape Province; O.F.S.; Natal; Botswana 6.

flavipennis Sjöstedt 1929   [p. 706]

See Faureia milanjica p. 392.

nyuki Sjöstedt 1909   [p. 707]

6. *Rhaphotittha meruensis*   Sjöstedt 1909 (Hollis 1966: 326)   [p. 707].
7. Rhaphotittha meruensis   Le Pelley 1959: 93.
8. Rhaphotittha nyuki   Hollis 1966: 326.

Econ. 7.

targui (Chopard 1941)   [p. 666]

5. Phorenula targui   Dirsh 1959a: 65.
6. Aulacobothrus targui   Chopard 1963: 570.
7. Phorenula targui   Descamps 1965a: 1292, 1294.
8. Rhaphotittha targui   Hollis 1966: 327.

Ecol. 7.   **Dist. W.A.** Mali 7.   **E.A.** Ethiopia 5.   **N.A.** Ennedi 6.

PARAGYMNOBOTHRUS Karny 1910 [p. 677]

6. Paragymnobothrus   Dirsh 1965: 503, 545.
Desc.

rectus Karny 1910   [p. 678]

8. Paragymnobothrus rectus   Pinhey 1965: 15.
Ecol.   Bion.   Dist. C.A. Rhodesia.

rufipes (Uvarov 1925)   [p. 678]

3. Paragymnobothrus rufipes   Dirsh 1956c: 244, 268.
4. Paragymnobothrus rufipes   Dirsh 1956f: 282, pl. 63, f. 17.
5. Paragymnobothrus rufipes   Dirsh 1965: 545, fig. 443.
Morph. 4.   **Dist. S.A.** Cape Province 3.

PSEUDOARCYPTERA I. Bolivar 1909   [p. 669]

10. Pseudoarcyptera   Dirsh 1965: 503, 546.
Desc.

carvalhoi (I. Bolivar 1890)   [p. 670]

6. Pseudoarcyptera carvalhoi   Dirsh 1956c: 268.
7. Pseudoarcyptera carvalhoi   Dirsh 1965: 546, fig. 444 (♂).
Dist. S.A. Botswana 6.

cephalica (I. Bolivar 1914)

8. Pseudoarcyptera cephalica   Dirsh 1956c: 243, 268.
9. Pseudoarcyptera cephalica   Dirsh 1956f: 281, pl. 60, f. 22.
10. Pseudoarcyptera cephalica   Pinhey 1965: 14.
Ecol. 10.   **Bion.** 10.   **Dist. S.A.** Lesotho 8; Natal 8; Transvaal 8.   **C.A.** Rhodesia 10.

palpalis (Uvarov 1929)   [p. 671]

3. Pseudoarcyptera palpalis   Dirsh 1956c: 243, 268.
4. Pseudoarcyptera palpalis   Brown 1962: 227.
5. Pseudoarcyptera palpalis   Uvarov 1966: 7, 8, fig. 5D.
Morph. 5.   **Ecol.** 4.   **Dist. S.A.** Cape 3; Lesotho 3, 4.

platypternoides (Karny 1910)   [p. 671]

5. Pseudoarcyptera platypternoides   Dirsh 1956c: 244, 268.
Dist. S.A. Transvaal.

ACRIDIDAE   Truxalinae

AFROHIPPUS Uvarov 1941   [p. 679]

2. Afrohippus   Dirsh 1965: 503, 547.

Desc.

brevipennis (Miller 1929)   [p. 679]

4. Afrohippus brevipennis   Phipps 1959*b*: 33.
5. Afrohippus brevipennis   Phipps 1966: 34.

Morph. 4.   **Ecol.** 5.   **Bion.** 5.

keyi Uvarov 1941   [p. 680]

2. Afrohippus keyi   Kevan & Knipper 1961: 402.

leai Uvarov 1941   [p. 680]

2. Afrohippus leai   Dirsh 1956*f*: 281, pl. 60, f. 24.
3. Afrohippus leai   Chapman & Robertson 1958: 98, 110, fig. 5.
4. Afrohippus leai   Robertson & Chapman 1962: 88, tables 2, 3, 26, 27, 30.
5. Afrohippus leai   Anderson, N. L. 1964: 396, 397, 402.
6. Afrohippus leai   Dirsh 1965: 548, fig. 445 (♂).

Morph. 2, 3.   **Ecol.** 3, 4, 5.   **Bion.** 3, 4, 5.   **Dist. E.A.** Tanzania 5.

FAUREIA Uvarov 1921   [p. 668]

4. Faureia   Dirsh 1965: 503, 548.

Desc.

coerulescens Miller 1929   [p. 669]

4. Faureia coerulescens   Chapman & Robertson 1958: 98, 110.
5. Faureia coerulescens   Robertson & Chapman 1962: 86, tables 2, 3, 28, 30.
6. Faureia coerulescens   Chapman 1962: 54.
7. Faureia coerulescens   Dirsh 1963*b*: 219.
8. Faureia coerulescens   Chapman 1964: 121.
9. Faureia coerulescens   Dirsh 1964*a*: 81.
10. Faureia coerulescens   Pinhey 1965: 14.

Morph. 4, 8.   **Ecol.** 4, 5, 6, 9, 10.   **Bion.** 4, 5, 6, 10.   **Dist. W.A.** Ghana 6; Guinea 7. **C.A.** Congo Rep. 9; Rhodesia 10.

milanjica (Karsch 1896)   [p. 669]

9. Faureia milanjica   Michelmore 1954: 340.
10. Faureia milanjica   Dirsh 1955*a*: 72.
11. Faureia milanjica   Le Pelley 1959: 92.
12. Faureia milanjica   Davey *et al.* 1959*b*: 587.
13. Faureia milanjica   Chapman 1962: 54.
14. Faureia milanjica   Anderson, N. L. 1964: 396, 397, 402.

15. Faureia milanjica   Descamps 1965a: 1292.
16. *Rhaphotittha flavipennis*   Sjöstedt 1929 (Hollis 1966: 327)   [p. 706].
17. Faureia milanjica   Uvarov 1966: 371.

Ecol. 14.   **Bion.** 14, 17.   **Econ.** 9, 11, 15.   **Dist. W.A.** Ghana 13; Mali 12, 15.   **E.A.** Uganda 9; Tanzania 14.   **C.A.** Ruanda 10.

rosea Uvarov 1921   [p. 669]

4. Faureia rosea   Dirsh 1956c: 243, 268.
5. Faureia rosea   Dirsh 1956f: 282, pl. 63, f. 26.
6. Faureia rosea   Dirsh 1965: 549, fig. 446 (♂).

Morph. 5.   **Dist. S.A.** Natal 4.

TINARIA Stål 1861   [p. 685]

5. Tinaria   Dirsh 1965: 504, 549.

Desc.

viridipes (Walker 1875)   [p. 686]

3. Tinaria viridipes   Dirsh 1965: 549, fig. 447 (♀).

PRIMNIA Stål 1873   [p. 686]

3. Primnia   Dirsh 1965: 504, 550.

Desc.

sanctae-helenae (Stål 1861)   [p. 687]

6. Primnia sanctae-helenae   Dirsh 1956f: 281, pl. 60, f. 20.
7. Primnia sanctae-helenae   Dirsh 1965: 551, fig. 448 (♂).

Morph. 6.

LOUNSBURYNA Uvarov 1922   [p. 690]

2. Lounsburyna   Dirsh 1965: 504, 551.
3. Lounsburyna   Dirsh 1956c: 248, 268.

Desc. 2, 3.

capensis Uvarov 1922   [p. 690]

2. Lounsburyna capensis   Dirsh 1965: 552, fig. 449 (♂).

*PSEUDEGNATIUS Dirsh 1956

Haplotype: **Pseudegnatius reyneckei**   Dirsh 1956

1. Pseudegnatius   Dirsh 1956c: 247.
2. Pseudegnatius   Dirsh 1965: 504, 553.

Desc. 1, 2.

ACRIDIDAE   Truxalinae

reyneckei Dirsh 1956

Type: ♂. S. Africa: Cape Province, Middelburg. Brit. Mus.

1. Pseudegnatius reyneckei   Dirsh 1956c: 248, fig. 42 (1–4).
2. Pseudegnatius reyneckei   Brown 1959: 296.
3. Pseudegnatius reyneckei   Dirsh 1965: 553, fig. 450 (♂).

Desc. 1 (♂ ♀).   **Ecol.** 2.

ACOCKSACRIS Dirsh 1958

Orthotype: **Acocksacris karruensis**   Dirsh 1958

1. Acocksacris   Dirsh 1958c: 331.
2. Acocksacris   Brown 1962: 182.
3. Acocksacris   Dirsh 1965: 504, 554.

Desc. 1, 3.   **Key** 2.   **Morph.** 2.   **Ecol.** 2.

carpi Brown 1962

Type: ♂. S.W. Africa: Middle Kuiseb R., 18 m. N.E. of Goreb Mine. Transvaal Mus.

1. Acocksacris carpi   Brown 1962: 188, 190, figs. 12–18.

Desc. ♂ ♀.   **Ecol.**

geyeri Brown 1962

Type: ♂. S. Africa: Cape Province, 2 m. E. of De Aar. Transvaal Mus.

1. Acocksacris geyeri   Brown 1962: 190, figs. 19–23.

Desc. ♂ ♀.   **Ecol.**

karasensis Brown 1962

Type: ♂. S.W. Africa: Karasberg Mts., 29 m. S. of Aroab. Transvaal Mus.

1. Acocksacris karasensis   Brown 1962: 192, figs. 24–30.

Desc. ♂ ♀.   **Ecol.**

karruensis Dirsh 1958

Type: ♂. S. Africa: Cape Province, Great Karroo. Transvaal Mus.

1. Acocksacris karruensis   Dirsh 1958e: 331, figs. 26–31.
2. Acocksacris karruensis   Brown 1962: 185, figs. 1–6.
3. Acocksacris karruensis   Dirsh 1965: 555, fig. 451 (♂).

Desc. 1 (♂ ♀).   **Dist. S.A.** Cape Province 1, 2, 3.

namibensis Brown 1962

Type: ♂. S.W. Africa: C. Namib, Kuiseb R., 18 m. N.E. of Goreb Copper Mine. Transvaal Mus.

1. Acocksacris namibensis   Brown 1962: 186, 190, figs. 7–11.

Desc. ♂ ♀.   **Ecol.**

BRAINIA Uvarov 1922 [p. 499]

2. Brainia   Dirsh 1965: 504, 555.

Desc.

hirsuta Uvarov 1922 [p. 499]

3. Brainia hirsuta   Dirsh 1958b: 63.
4. Brainia hirsuta   Brown 1962: 181.
5. Brainia hirsuta   Dirsh 1965: 556, fig. 452 (♂).

Desc. 3. **Ecol.** 4. **Dist.** S.A. S.W. Africa 4.

*KLELACRIS Descamps 1965

Haplotype: **Klelacris infuscata**   Descamps 1965

1. Klelacris   Descamps 1965a: 1303.

Desc.

**infuscata* Descamps 1965

Type: ♂. Mali: Klela. Paris Mus.

1. Klelacris infuscata   Descamps 1965a: 1304, figs. 95–102.

Desc. ♂ ♀.

APPENDICES
I. AFRICAN SPECIES, THE TAXONOMIC POSITION OF WHICH IS NOT DETERMINABLE [p. 743]

PNEUMORIDAE

Macrothiria capensis   [p. 744].   Dirsh 1965: 557.

PAMPHAGIDAE
PORTHETINAE

Pamphagus euryscelis   Schaum 1853 (Dirsh 1958*f*: 400)   [p. 44].
Xiphocera menyharthi   Brancsik 1895 (Dirsh 1958*f*: 399)   [p. 49].
Xiphocera peringueyi   Saussure 1888 (*ibid.*)   [p. 46].
Xiphocera spinulosa   Saussure 1887 (*ibid.*)   [p. 49].
Xiphocera angolensis   Saussure 1887 (nymph) (*ibid.*)   [p. 42].
Xiphocera paupercula   Kirby 1902 (nymph) (*ibid.*)   [p. 46].
Xiphocera obsoleta   Kirby 1902 (nymph) (*ibid.*)   [p. 46].

PYRGOMORPHIDAE

Buyssoniella madecassa   1. Bolivar 1905   [p. 198].
   Dirsh 1963*c*: 102 see p. 122.

ACRIDIDAE
EURYPHYMINAE

Calliptamus saphiripes   [p. 423].
   Serville 1838: 690.
   Dirsh 1965: 557.
Caloptenus melanopus   [p. 423].
   Burmeister 1838: 640.
   Dirsh 1965: 557.
Euryphymus xanthocnemis   [p. 432].
   Brancsik 1897: 78.
   Dirsh 1965: 557.

EYPREPOCNEMIDINAE

Calliptamus mutator   [p. 404].
   Walker 1870*a*: 689.
   Dirsh 1965: 557.
Caloptenus turbidus   [p. 406].
   Walker 1870*a*: 688.
   Dirsh 1965: 557.

APPENDICES

CATANTOPINAE

Acridium arthriticum   [p. 310].
  Serville 1838: 685.
  Dirsh 1956b: 107.
  Dirsh 1965: 557.
Catantops areolatus   [p. 310].
  I. Bolivar 1908e: 119.
  Dirsh 1956b: 106.
  Dirsh 1965: 557.
Catantops ituriensis   [p. 316].
  Rehn 1914: 140.
  Dirsh 1946b: 107.
  Dirsh 1965: 557.
Catantops janus   [p. 316].
  Rehn 1914: 141.
  Dirsh 1956b: 106.
  Dirsh 1965: 557.
Catantops modestus   [p. 320].
  Karny 1915: 139.
  Dirsh 1956b: 106.
  Dirsh 1965: 557.
Cardenius bivittatus   [p. 338].
  I. Bolivar 1911: 305.
  Dirsh 1955b: 85, 88, figs. 1, 2.
  Dirsh 1965: 557.

CYRTACANTHACRIDINAE

Acridoderes prasinus   [p. 352].
  Karsch 1891: 182.
  Dirsh 1965: 557.

ACRIDINAE

Phlaeoba sanguinolenta   [p. 625].
  I. Bolivar 1889: 96.
  Dirsh 1962a: 86.
  Dirsh 1965: 557.
Fossiferus transvaalensis   [p. 619].
  I. Bolivar 1914a: 82.
  Dirsh 1965: 557.

TRUXALINAE

Peringueyina pallida [p. 720].
  I. Bolivar 1914a: 68.
  Dirsh 1965: 558.
Stauronotus australis [p. 702].
  I. Bolivar 1889: 102.
  Dirsh 1965: 558.

II. SPECIES ERRONEOUSLY OR DOUBTFULLY RECORDED FROM AFRICA [p. 745]

PYRGOMORPHIDAE

Atractomorpha crenulata crenulata (Fabricius 1793) (Asiasic).
  Kevan 1963d: 78 [p. 195].
  Dirsh 1965: 152, fig. 112b (Asiatic).

ACRIDIDAE
CALLIPTAMINAE

Paracaloptenus caloptenoides (Brunner 1861) [p. 460] (Europe, Asia).
  Dirsh 1956f: 278, pl. 45, f. 11.
  Dirsh 1961 in litt.
Caloptenus coelesyriensis (Giglio-Tos 1893) [p. 454] (Asiatic).
  Dirsh 1956f: 278, pl. 45, f. 2 (Metromerus coelesyriensis).
  Jago 1963b: 344.
Calliptamus italicus (Linnaeus 1758) [p. 439] (S. Europe and C. Asia).
  Jago 1963b: 318.

CATANTOPINAE

Sauracris pigra (Carl 1916) [p. 299].
  Popov 1959a: 12, 16, figs. (Arabia).
  Desc. Ecol.
Acridium cinereum Blanchard 1853: 372 [p. 388].
Catantops splendens Thunberg 1815 (Chopard 1954b: 3) (Asia).
Caloptenus basifer Walker 1870a: 713 [p. 746].
  Dirsh 1956b: 107 (Melanoplus mexicanus).
Mesambria ferrugata Brancsik 1893 [p. 294].
  Dirsh 1961: in litt. (Asia).

APPENDICES

ACRIDINAE

Epacromius tergestinus (Charpentier 1825) [p. 511]
   Chopard 1958*d*: 14.
   Saraiva 1961: 140.
   Dirsh in litt. (S. Europe).

III. *NOMINA NUDA* [p. 751]

2. Atractomorpha congensis   Saussure 1893.
   (Kevan 1960: 40) [p. 124].
20. Phymateus speciosus   Zacher 1949: 311.
21. Phymateus superbus   Anderson 1914: 128.
   Phymateus superbus   Morstatt 1936: 273.
   Phymateus superbus   Zacher 1949: 311.
   Phymateus viridipes   Kevan 1957*b*: 197.
22. Pyrgomorpha madagascariensis   I. Bolivar 1905*c*: 209. (Banerjee & Kevan 1960: 183.)
23. Acinipe hesperica var. melillensis   I. Bolivar 1912*b*: 6. (I. Bolivar 1914*b*: 205) [p. 93].
24. Catantops vittipes   Ballard 1914: 347.
   Catantops vittipes   Zacher 1949: 335 (Malawi).

IV. SPECIES DOUBTFULLY RECORDED FROM MADAGASCAR

PYRGOMORPHIDAE

Rutidoderes squarrosus (Linnaeus 1771) (Dirsh 1963*c*: 101) [p. 145, no. 23].
Phymateus morbillosus (Linnaeus 1758) (Dirsh *l.c.*) [p. 151, no. 25].
Zonocerus hova   Saussure 1899 (Dirsh *l.c.*) [p. 160].
Buyssoniella madecassa   I. Bolivar 1905 (Dirsh *l.c.*) [p. 198].

CATANTOPINAE

Ixalidium haematoscelis   Gerstaecker 1869 (Dirsh 1963*c*: 102) [p. 295, no. 6].

ACRIDIDAE
ACRIDINAE

Aiolopus thalassinus (Fabricius 1781) (Dirsh 1963a: 284)   *See* Catalogue p. 510.
Aiolopus sansibarus (Karsch 1896) (Dirsh 1963a: 284)   [p. 503, no. 2].
Morphacris fasciata (Thunberg 1815) (Dirsh *l.c.*)   [p. 521, no. 12].
Pycnodictya galinieri (Reiche & Fairmaire 1847) (Dirsh *l.c.*)   [p. 548, no. 9].
Gastrimargus marmoratus (Thunberg 1815) (Dirsh 1963a: 285)   [p. 568, no. 5].
Acrotylus deustus (Thunberg 1815) (Dirsh *l.c.*)   [p. 533, no. 4].
Acrotylus multispinosus   Brancsik 1893 (Dirsh *l.c.*)   [p. 542].
Calephorus compressicornis   Latreille 1804 (Dirsh *l.c.*)   [p. 591, no. 23].
Brancsikellus gracilis   Brancsik 1897 (Dirsh *l.c.*)   [p. 511].
Acrida turrita (Linnaeus 1758) (Dirsh 1963a: 284)   [p. 659, no. 24].

TRUXALINAE

Truxalis nasutus (Linnaeus 1758) (Dirsh 1963a: 285)   [p. 732, nos. 131, 149].

ADDITIONS AND CORRECTIONS TO THE CATALOGUE

p. 24 line 26 read: Asmara. Type lost. Jannone 1948: 286.
p. 71 line 26 read: *Types* lost.
p. 105 line 8 read: Uvarov 1929.
p. 139 last line read: *Types:* ♂ ♀. Abyssinia. Paris Mus. (Kevan 1956c: 974).
p. 143 line 14 read: Transvaal. Stockholm Mus. (Kevan 1955a: 79).
p. 166 line 9 read: Socotra. Oxford Mus.
p. 172 line 18 read: Ethiopia.
p. 207 line 21 read: (Brullé 1840).
p. 216 line 10 read: Biafra. Inst. ent. Madrid.
p. 227 line 19 read: Karny 1907a: 300.
p. 256 last line read: Digentia punctatissima   Karsch 1893: 109.
p. 275 line 28 read: *Type:* ♀. Angola. Type lost.
p. 279 line 26 read: (Burmeister 1838).
p. 303 line 25 read: Fantee, Gold Coast.
p. 308 line 14 read: Beni Forest. Stockholm Mus.
p. 308 line 26 read: N.W. Tanganyika. Stockholm Mus.
p. 309 line 15 read: *Type:* ♂. Tanganyika.
p. 311 line 5 read: Type lost. Senegal.
p. 332 line 33 read: Kindu. Tervuren Mus.
p. 335 line 13 read: *Type:* ♀. Katanga, la Panda. Tervuren Mus.
p. 337 line 17 read: (Karsch 1893).
p. 339 line 32 read: Angola, 'Serpo Pinto'.
p. 345 penultimate line read: Cameroons: Bosum.
p. 347 line 22 read: B. Congo: Luluabourg, Leopoldville.
p. 354 line 35 read: *Acridium flaviventre.*
p. 363 line 39 read: ⚥. Acridium tataricum var. moestum.
p. 366 line 1 read: (Serville 1838).
p. 368 line 21 read: **Key** (subsp.) 2, 3.
p. 438 after line 12 add:
  10. Calliptamus barbarus deserticola   Ramme 1951a: 311.
p. 438 line 18 read: Ramme 1951a: 311.
p. 472 line 27 delete '**A.I.** Cape Verde Is. 48.' (*See* Chopard 1958d: 13.)
p. 492 line 14 read: Larache.
p. 525 line 23 read: (Thunberg 1815).
p. 526 line 5 read: Pemba Island. Berlin Mus.
p. 529 line 30 read: Cape of Good Hope. Geneva Mus.
p. 551 line 15 read: **2a. turkanae turkanae.**
p. 558 line 10 read: Paris Mus.
p. 560 line 19 read: *Type:* ♀.

p. 568 line 29 read: **I.I.** Madagascar 5.
p. 578 line 2 read: *Type:* ♂ ♀. Socotra. Brit. Mus.
p. 578 line 16 read: (Walker 1870).
p. 645 line 23 read: Zambi. Brussels Mus.
p. 645 line 27 read: Boma. Brussels Mus.
p. 655 line 24 read: *Tryxalis ståli.*
p. 656 line 8 read: (Dirsh 1954*a*: 140).
p. 659 line 15 read: Linnaeus 1758: 427.
p. 659 line 22 read: Beauvois 1805: 17, pl. 2, f. 3.
p. 684 line 23 read: *Type:* ♂. Spanish Morocco.
p. 739 line 5 delete Tanganyika. (*See* Dirsh 1954*b*: 355.)
p. 741 under **1. ensis** read: *Type:* ♀. Socotra. Brit. Mus.
p. 780 read: Swynnerton, C. F. M. 1919.
p. 781 read under Uvarov 1922*c*: *Hieroglyphus.*

BIBLIOGRAPHY

NOTE. Certain papers, published before 1954 and which were overlooked in preparing the Catalogue, have been included in the Supplement. Moreover it has been necessary to refer again to some papers already dealt with in the Catalogue. The titles of these latter papers are not given in the following bibliography but only in that of the Catalogue.

AGARWALA, S. B. D. 1952*a*. A comparative study of the ovipositor in the Acrididae. *Indian J. Ent.* **13** (1951): 147–81, 35 figs.

1952*b*. A comparative study of the ovipositor in the Acrididae. *Indian J. Ent.* **14**: 61–75, 23 figs.

1953. A comparative study of the ovipositor in the Acrididae. *Indian J. Ent.* **15**: 53–69, 20 figs.

1954. A comparative study of the ovipositor in the Acrididae. *Indian J. Ent.* **15**: 299–318, 25 figs.

AKBAR, S. S. & KEVAN, D. K. McE. 1964. Two subgenera of Pyrgomorphidae (Orth., Acridoidea) raised to generic status on the basis of their phallic structures. *Ent. mon. Mag.* **99**: 90–5, fig.

ALICATA, P. 1962. Muscolatura e sistema nervoso del torace di *Eyprepocnemis plorans* (Charp.) e considerazioni sul sistema nervoso cervico-toracico degli Insetti. *Arch. zool. ital.* **47**: 263–337, 24 figs.

ANDERSON, D. S. 1965. Observations on female accessory glands of some Acridoidea with particular reference to *Pyrgomorpha dispar* I. Bolivar. *Ent. mon. Mag.* **101**: 16–17.

ANDERSON, N. L. 1964. Observations on some grasshoppers of the Rukwa Valley, Tanganyika. *Proc. zool. Soc. Lond.* **143** (3): 395–403, 1 fig.

ANDERSON, T. J. 1914. Report of the Entomologist. *Ann. Rep. Dep. Agric. Brit. E. Afr.* 1912–13: 124–31.

ANTONIOU, A. & HUNTER-JONES, P. 1956. The life-history of *Eyprepocnemis capitata* Miller (Orth., Acrididae) in the laboratory. *Ent. mon. Mag.* **92**: 364–8, fig.

ATZINGER, L. 1957. Vergleichende Untersuchungen über die Beziehungen zwischen Ausbildung der Flügel der Flugmuskulatur und des Flugvermögens bei Feldheuschrecken. *Zool. Jb. Jena (Anat.),* **76**: 199–222, 14 figs.

BACCETTI, B. 1956. Ricerche preliminari sui connettivi e sulle membrane basali degli insetti. *Redia,* **41**: 75–104, 6 pls.

1958. Notulae Orthopterologicae. VII. *Redia,* **43**: 297–309, 5 figs.

1962. Spedizione biologica in Somalia dell'Università di Firenze (1959). Risultati zoologici. Orthoptera (Notulae Orthopterologicae XVI). *Redia,* (2) **47**: 81–98, 6 figs.

BACKLUND, H. O. 1955. Small patches with permanent Red Locust populations in Northern Tanganyika Territory. *E. Afr. agric. J.* **20** (3): 202–4, 2 figs.

BALLARD, E. 1914. A list of the more important insect pests of crops in the Nyasaland protectorate. *Bull. ent. Res.* **4**: 347–51.

BANERJEE, S. K. & KEVAN, D. K. McE. 1959. A supernumerary compound eye in the grasshopper *Eyprepocnemis plorans ornatipes* (Walker, 1870) (Orthoptera: Acrididae). *Canad. Ent.* **91**: 399–401, 3 figs.

1960. A preliminary revision of the genus *Atractomorpha* Saussure, 1862 (Orthoptera: Acridoidea: Pyrgomorphidae). *Treubia,* **25**: 165–89, 44 figs.

1962. Notes on the morphology of *Atractomorpha* Saussure, 1862. *Eos, Madr.* **38**: 415–33, 8 figs.

BARBUT. 1954. Rapport du Conseil de l'experimentation et des Recherches Agronomiques pour 1953. Algiers. 366 pp. (Acrididae, pp. 338–9).

BIGI, F. 1954. Gli ambienti, i parassiti e le malattie del cotone in Africa orientale (Eritrea, Etiopia, Somalia Italiana). *Riv. Agric. subtrop.* **47** (1953): 162–76; **48** (1954): 25–42, 113–29.

BLACKITH, R. E. & VERDIER, M. 1961. Quelques nouvelles techniques utilisables en analyse morphométrique chez les Acridiens. II. Utilisation du fémur antérieur pour diverses discriminations. *Bull. Soc. ent. Fr.* **65**: 260–73.

BOISSON, C. 1961. Quelques Orthoptéroïdes du Mali et leurs Sporozoaires. *Verh. XI. int. Kongr. Ent. Wien*, **1**: 28–30.

BOLIVAR, I. 1894. Ortopteros recogidos en las Azores por el Sr. Alfonso Chaves. *Act. Soc. esp. Hist. nat.* **23**: 1–7.

— 1898. Contributions à l'étude des Acridiens espèces de la faune Indo-et Austromalaisienne du museo civico di storia naturale di Genova. *Ann. mus. civ. Stor. nat. Genova* (2), **19** (39): 66–101.

— 1915. Extension de la fauna paleártica en Marruecos. *Trab. Mus. nac. Cienc. nat., Madr.* (Ser. zool.), no. 10, 83 pp.

— 1918. Contribución al conocimiento de la fauna indica. Orthoptera: Locustidae vel Acridiidae. *Revist. R. Acad. Cienc. exact. fis. nat. Madr.* **16**: 278–89, 374–412.

— 1937. Orthoptères provenants des voyages de S.A. le Prince de Monaco dans les Archipels de Madère et des Açores. *Résult. camp. sci. Monaco*, **96**: 56–60.

BREDO, H. J. 1939. Catalogue des principaux insectes et nématodes parasites des caféiers au Congo Belge. *Bull. agric. Congo Belge*, **30**: 266–307.

BROWN, H. DICK. 1959. New and interesting grasshoppers (Acridoidea) from South Africa. *J. ent. Soc. S. Afr.* **22**: 283–97, 3 pls.

— 1960. New grasshoppers (Acridoidea) from the Great Karroo and the South Eastern Cape Province. *J. ent. Soc. S. Afr.* **23**: 126–43, 45 figs.

— 1961. A remarkable new genus of the family Lentulidae (Orthoptera: Acridoidea). *J. ent. Soc. S. Afr.* **24**: 253–8, 7 figs.

— 1962a. New species of the genus *Acocksacris* Dirsh (Orthoptera: Acridoidea). *Ann. Transvaal Mus.* **24**: 181–95, 30 figs.

— 1962b. New and interesting grasshoppers from Southern Africa. 2. (Orthoptera: Acridoidea). *J. ent. Soc. S. Afr.* **25**: 3–19, 25 figs.

— 1962c. The male of *Crypsicerus cubicus* Saussure, 1888 (Orthoptera: Lathiceridae). *J. ent. Soc. S. Afr.* **25** (2): 192–7, 7 figs.

— 1962d. New and interesting grasshoppers from Southern Africa. 3. (Orthoptera: Acridoidea). *J. ent. Soc. S. Afr.* **25** (2): 198–229, 62 figs., 1 pl., 1 map.

— 1963. The male of *Crypsicerus cubicus* Saussure 1888 (Orthoptera: Lathiceridae). *Sci. Pap. Namib Desert Res. Sta. Pretoria* (1962), no. 21; 192–7, 7 figs.

BÜNZLI, G. H. & BÜTTIKER, W. W. 1956. Insects in Southern Rhodesian tobacco culture. Part I. Insects occurring in seed beds. *Acta trop., Basle*, **13**: 352–65.

CALLAN, E. McC. 1956. Observations on self-burial in *Acrotylus hirtus* Dirsh (Orth., Acrididae). *Ent. mon. Mag.* **92**: 116–17.

CARNEGIE, A. J. M. 1961. Insect pests of deciduous fruit in the Eastern district of Southern Rhodesia. *Rhod. agric. J.* **58** (4): 240–6.

CARPENTER, G. D. H. 1938. Audible emission of defensive froth by insects. *Proc. zool. Soc. Lond.* (A), **108**: 243–52, 2 pls.

CARTHY, J. D. 1955. Aspects of the fauna and flora of the Azores. VIII. Orthoptera. *Ann. Mag. nat. Hist.* (12) **8**: 831–3.

BIBLIOGRAPHY

CHAPMAN, R. F. 1955. Roosting behaviour of some African grasshoppers. *Ent. mon. Mag.* **91**: 76–81, 6 figs.

—— 1960. Some new and little-known Acridoidea (Orthoptera) from West Africa. *Ent. mon. Mag.* **96**: 240–2, 9 figs.

—— 1961a. The egg-pods of some African grasshoppers (Orthoptera: Acridoidea). Egg-pods from grasshoppers collected in Southern Ghana. *J. ent. Soc. S. Afr.* **24**: 259–84, 26 figs., 1 table.

—— 1961b. *Blaesoxipha binodosa* Curran (Diptera: Calliphoridae) parasitising *Cataloipus oberthüri* I. Bolivar (Orthoptera: Acrididae). *Proc. R. ent. Soc. Lond.* (A), **36**: 67–8.

—— 1962. The ecology and distribution of grasshoppers in Ghana. *Proc. zool. Soc. Lond.* **139**: 1–66, 55 figs., 20 tables.

—— 1964. The structure and wear of the mandibles in some African grasshoppers. *Proc. zool. Soc. Lond.* **142** (1): 107–21, 11 figs.

CHAPMAN, R. F. & ROBERTSON, I. A. D. 1958. The egg-pods of some tropical African grasshoppers. *J. ent. Soc. S. Afr.* **21**: 85–112, 17 figs.

CHOPARD, L. 1954a. Orthoptéroïdes de la région de Béni-Abbès. *Bull. Soc. ent. Fr.* **59**: 10–13.

—— 1954b. Contributions entomologiques de l'expédition finlandaise aux Canaries 1947–1951. No. 7. Insectes Orthoptéroïdes récoltés aux îles Canaries par M. H. Lindberg. *Commentat. biol., Helsingfors*, **14** (no. 7): 1–15.

—— 1957. La faune entomologique de l'île de la Réunion. Orthoptéroïdes. *Mém. Inst. sci. Madagascar* (E), **8**: 31–56, 11 figs.

—— 1958a. La réserve naturelle intégrale du Mont Nimba. III. Acridiens. *Mém. Inst. franç. Afr. noire*, **53**: 127–53, 7 figs.

—— 1958b. Mission du Muséum dans les îles du Golfe de Guinée. Entomologie, VI. Orthoptéroïdes. *Bull. Soc. ent. Fr.* **63**: 73–85, 2 figs.

—— 1958c. Les Orthoptéroïdes des Comores. *Mém. Inst. sci. Madagascar* (E), **10**: 3–40, 33 figs.

—— 1958d. Orthoptéroidea. Résultats de l'expédition zoologique du Professeur Dr Hakan Lindberg aux îles du Cap Vert durant l'hiver 1953–1954. No. 16. *Commentat. biol., Helsingfors*, **17**: 1–17, 5 figs.

—— 1962. Insectes orthoptéroïdes récoltés par le Professeur Dr H. Lindberg à Madère et dans les îles voisines. *Notul. ent., Helsinki*, **42**: 67–70, 1 fig.

—— 1963. Orthoptéroïdes récoltés par M. J. Mateu dans l'Ennedi et au Tchad. *Bull. Inst. franç. Afr. noire*, (A), **25**: 559–71, 4 figs.

CHOPARD, L. & VILLIERS, A. 1950. Contribution à l'étude de l'Air. Introduction et Bibliographie. *Mém. Inst. franç. Afr. noire*, no. 10: 11–28, 2 maps, 7 pls.

CHOUDHURI, J. C. B. 1958. Experimental studies on the choice of oviposition sites by two species of *Chorthippus* (Orthoptera: Acrididae). *J. Anim. Ecol.* **27**: 201–16, 5 figs.

CLOUDSLEY-THOMSON, J. L. Some aspects of the fauna of the Red Sea hills and coastal plain. *Ent. mon. Mag.* **98**: 159–61.

CODINA, A. 1926. De la excursión Codina-Nonelles del Museo de Ciencias naturales de Barcelona a Algeciras (Cádiz) y Marruecos. *Bol. Soc. ent. Esp.* **9**: 127–9.

COLOMBO, G. 1950. Osservazioni sulla biologia dell'*Anacridium aegyptium*. *Boll. Zool. Torino*, **17** (Suppl.): 443–7.

—— 1953. L'oogenesi negli Ortotteri. I. Ricerche istologiche e citometriche in *Anacridium aegyptium* L. dalla schiusa all'imagine. *Acta zool. Stockh.* **34**: 191–232, 27 figs.

—— 1954. Eterocromosomi e differenzione del sesso. Osservazioni sulle cellule germinali di *Anacridium aegyptium*. *Riv. Biol. Roma* (n.s.) **46**: 105–15, 2 pls.

COLOMBO, G. 1955a. Sulla struttura microscopica dei cromosomi. *Experientia, Basle*, **11**: 333–9, 9 figs.
— 1955b. Osservazioni sui nuclei isolati degli oociti in accrescimento di *Anacridium aegyptium* L. (Orth., Acrid.). *Boll. Zool., Torino*, **21**: 235–9, 4 figs.
— 1956. L'oogenesi negli Ortotteri. II. Ricerche sull'accrescimento degli oociti di *Anacridium aegyptium* L. *Arch. zool. ital.* **40**: 235–63.
COLOMBO, G. & BASSATO, M. 1957. La differenziazione delle gonadi negli embrioni delle cavallette. Ricerche istologiche su embrioni di *Anacridium aegyptium* (Orth., Acrid.). *Boll. Zool., Torino*, **24**: 275–84, 2 pls.
COLOMBO, G., FRANCO, P. & MOCCELLIN, E. 1955. Sulla pigmentazione degli Acridoidei. Ricerche sulla pigmentazione delle larve di *Anacridium aegyptium* L. *Boll. Zool., Torino*, **22**: 309–22, 2 figs.
COLOMBO, G. & MOCCELIN, E. 1956. Ricerche sulla biologia dell'*Anacridium aegyptium* (Orthoptera, Catantopinae). *Redia*, **41**: 277–313, 5 figs.
DADD, R. H. 1963. Feeding behaviour and nutrition in grasshoppers and locusts. In: Beament, Treherne & Wigglesworth: *Advances in Insect Physiology*, **1**: 47–109.
DASILVA, D. & PERAL, A. 1949. O gafanhoto elegante (*Zonocerus elegans* Th.) seu combate. *Gazeta. Agric. Moçamb.* **1**: 105–11, 5 figs.
DAVEY, J. T. 1959. The African Migratory Locust (*Locusta migratoria migratorioides* Rch. & Frm.) Orth. in the Central Niger Delta. Part two. The ecology of *Locusta* in the semi-arid lands and seasonal movements of populations. *Locusta*, no. 7: 1–180, 16 figs.
DAVEY, J. T., DESCAMPS, M. & DEMANGE, R. 1959a. Notes on the Acrididae of the French Sudan with special reference to the Central Niger Delta. Part I. *Bull. Inst. franç. Afr. noire*, **21**, Ser. A, no. 1: 60–112, 1 map.
— 1959b. Notes on the Acrididae of the French Sudan, with special reference to the Central Niger Delta. Part II. *Bull. Inst. franç. Afr. noire*, **21**, Ser. A, no. 2: 565–600.
DEKEYSER, P. L. & VILLIERS, A. 1956. Contributions à l'étude du peuplement de la Maurétanie. Notations écologiques et biogéographiques sur la faune de l'Adrar. *Mém. Inst. franç. Afr. noire*, no. 44: 1–222, 25 pls.
DESCAMPS, M. 1956. Insectes nuisibles au riz dans le Nord Cameroun. *Agron. trop., Nogent*, **11**: 732–55, 6 figs.
— 1961a. Le cycle biologique de *Gastrimargus nigericus* Uv. (Orth. Acrididae) dans la vallée du Bani (Mali). *Rev. Path. vég. Ent. agric. France*, **40**: 187–99, 1 fig.
— 1961b. Comportement du Criquet migrateur africain (*Locusta migratoria migratorioides*, Rch. & Frm.) en 1957 dans la partie septentrionale de son aire de grégarisation sur le Niger, Région de Niafunke. *Locusta*, no. 8, p. 132 footnote.
— 1964. Révision préliminaire des Euschmidtiinae (Orthoptera: Eumastacidae). *Mém. Mus. nat. Hist. nat. Paris*, **30** (A): 321 pp., 586 figs.
— 1965a. Acridoïdes du Mali (Deuxième Contribution). Régions de San et Sikasso (Zone Soudanaise). 1re & 2e parties. *Bull. Inst. franç. Afr. noire*, **27** (A): 922–1314, 102 figs.
— 1965b. Contribution à l'étude des Eumastacides malgaches (Orthoptera, Eumastacidae). 1. Révision des Miraculinae. *Mém. Mus. nat. Hist. nat. Paris*, **34** (A): 3–58, 125 figs.
DESCAMPS, M. & WINTREBERT, D. 1965. Contribution à l'étude des Eumastacides malgaches (Orthoptera, Eumastacidae). II Pseudoschmidtiinae: Notes biologiques et espèces nouvelles. *Mém. Mus. nat. Hist. nat. Paris*, **34** (A): 59–187, figs. 126–388.

BIBLIOGRAPHY

DESCAMPS, M. & WINTREBERT, D. 1966. Revue et diagnose préliminaire de quelques Pyrgomorphidae et Acrididae de Madagascar. *Bull. Soc. ent. Fr.* **71**: 24–34.

DIRSH, V. M. 1954*a*. Lathicerinae, a new subfamily of Acrididae. *Ann. Mag. nat. Hist.* (12) **7**: 670–2, 4 figs.

1954*b*. Five new African Acrididae (Orthoptera). *Ann. Mus. Congo Belge, Tervuren* (N.S. in 4to) *Sci. zool.* **1**: 348–55, 28 figs.

1954*c*. The type of the genus *Pezocatantops* Dirsh 1953. *Tijdschr. Ent.* **97**: 299.

1954*d*. Revision of species of the genus *Acrida* Linné. *Bull. Soc. Fouad Ent.* **38**: 107–60, 22 figs., 8 maps.

1955*a*. Contributions à l'étude de la faune entomologique du Ruanda-Urundi (Mission P. Basilewsky 1953). LIII. Orthoptera, Acrididae. *Ann. Mus. Congo Belge, Tervuren* (Ser. 8vo) *Sci. zool.* **40**: 67–72.

1955*b*. Revision of the genera *Cardenius* I. Bolivar, *Cardeniopsis* gen.n. and *Cardenioides* gen. n. (Acridoidea, Orthoptera). *Publ. cult. Comp. Diam. Angola*, no. 24: 85–113, 101 figs.

1956*a*. On a new species of the genus *Acrotylus* Fieber, 1853 (Orth., Acrididae) from South Africa. *Ent. mon. Mag.* **92**: 115–16, 3 figs.

1956*b*. Preliminary revision of the genus *Catantops* Schaum and review of the group Catantopini (Orthoptera, Acrididae). *Publ. cult. Comp. Diam. Angola*, no. 28: 1–151, 518 figs.

1956*c*. Orthoptera, Acridoidea. In: Hanstrom, B., Brinck, P. and Rudebeck, G. *South African Animal Life*, **3**: 121–272, 2 pls., 42 figs.

1956*d*. The South African genera *Pachyphymus* Uvarov, *Xenotettix* Uvarov and *Duplessisia* gen.n. (Orthoptera, Acridoidea). *J. ent. Soc. S. Afr.* **19**: 132–42, 24 figs.

1956*e*. Some new and little-known South African Acridoidea (Orthoptera). *J. ent. Soc. S. Afr.* **19**: 250–88, 19 pls.

1956*f*. The phallic complex in Acridoidea (Orthoptera) in relation to taxonomy. *Trans. R. ent. Soc. Lond.* **108**: 223–356, 66 line pls.

1957*a*. Review of the genus *Mecostibus* Karsch (Orthoptera, Acridoidea). *Publ. cult. Comp. Diam. Angola*, no. 34: 69–84, 59 figs., 1 map.

1957*b*. The spermatheca as a taxonomic character in Acridoidea (Orthoptera). *Proc. R. ent. Soc. Lond.* (A), **32**: 107–14, 28 figs.

1957*c*. Two cases of gynandromorphs in Acridoidea (Orthoptera). *Ent. mon. Mag.* **93**: 193–4, 3 figs.

1958*a*. Synonymic and taxonomic notes on Acridoidea (Orthoptera). *Eos, Madr.* **34**: 25–32, 14 figs.

1958*b*. Acridological Notes. *Tijdschr. Ent.* **101**: 51–63, 34 figs.

1958*c*. Revision of the genus *Eyprepocnemis* Fieber, 1853 (Orthoptera: Acridoidea). *Proc. R. ent. Soc. Lond.* (B), **27**: 33–45, 27 figs.

1958*d*. Two new genera of Acridoidea (Orthoptera). *Ann. Mag. nat. Hist.* (12) **10** (1957): 860–2, 9 figs.

1958*e*. New Acridoidea (Orthoptera) from the Karroo Region, South Africa. *J. ent. Soc. S. Afr.* **21**: 323–32, 31 figs.

1958*f*. Revision of the group *Portheti* (Orthoptera, Acridoidea). *Eos, Madr.* **34**: 299–400, 37 figs.

1958*g*. Synonymic and systematic notes on African Acridoidea (Orthoptera). *Rev. Ent. Moçambique*, **1**: 239–44.

1959*a*. Acridoidea. In: Zavattari, E. Missione biologica Sagan-Omo. *Riv. Biol. colon.* **16**: 61–6.

DIRSH, V. M. 1959b. The early stages of *Gastrimargus nigericus* Uvarov 1926 (Acridoidea: Orthoptera). *Locusta*, no. 6: 65–72, figs. 1–10, 1A–10A.

— 1959c. New genera and species of Acridoidea from Tropical Africa (Orthoptera). *Eos, Madr.* **35**: 21–39, 8 figs.

— 1961a. A preliminary revision of the families and sub-families of Acridoidea (Orthoptera, Insecta). *Bull. Brit. Mus. (Nat. Hist.) Ent.*, **10** (9): 351–419, 34 figs.

— 1961b. Descriptions of a new genus and three new species of Acridoidea from Central Africa. *Rev. Zool. Bot. Afr.* **63**: 242–8, 3 figs.

— 1961c. Review of the genus *Humbe* I. Bolivar 1881 (Acridoidea, Orthoptera). *Ann. Mag. nat. Hist.* (13) **4**: 315–18, pl. x, 3 figs.

— 1961d. Note on Acridoidea of Africa, Madagascar and Asia. *Eos, Madr.* **37**: 379–98, 24 figs.

— 1962a. Synonymic notes on African Acridoidea (Orthoptera). *Rev. Zool. Bot. afr.* **65**: 81–9, figs. I–III.

— 1962b. The Acridoidea (Orthoptera) of Madagascar. I. Acrididae (except Acridinae). *Bull. Brit. Mus. (Nat. Hist.) Ent.* **12** (6): 275–350, 40 figs.

— 1962c. Acridoidea (Orthoptera) collected by Dr F. Keiser in Madagascar. *Verh. naturf. Ges. Basel*, **73**: 270–5, 1 fig.

— 1963a. The Acridoidea (Orthoptera) of Madagascar. II. Acrididae, Acridinae. *Bull. Brit. Mus. (Nat. Hist.) Ent.* **13** (8): 243–86, 21 figs.

— 1963b. La réserve naturelle intégrale du Mont Nimba. VI. Orthoptera, Acridoidea (Second Contribution). *Mem. Inst. franç. Afr. noire*, **66**: 207–20.

— 1963c. The Acridoidea (Orthoptera) of Madagascar. III. Pyrgomorphidae. *Bull. Brit. Mus. (Nat. Hist.) Ent.* **14** (2): 51–103, 29 figs.

— 1963d. A revision of the genus *Acrophymus* Uvarov (Orthoptera: Acridoidea). *J. ent. Soc. S. Afr.* **26**: 64–77, 7 figs.

— 1963e. Three new genera and species of the family *Pneumoridae* (Orth. Acridoidea). *Eos, Madr.* **39**: 177–84, 3 figs.

— 1964a. Acridoidea: *Explor. Parc. natn. Garamba Miss. H. de Saeger*, fasc. **44** (3): 49–96, 2 figs.

— 1964b. The structure of the phallic complex in the genus *Thericles* (Preliminary report). *Eos, Madr.* **40**: 117–21, 2 figs.

— 1965. *The African Genera of Acridoidea*. Anti-Locust Research Centre and Cambridge University Press, London. 579 pp., 452 figs.

— 1965a. Revision of the family Pneumoridae (Orthoptera: Acridoidea). *Bull. Brit. Mus. (Nat. Hist.) Ent.* **15** (10): 325–96, 38 figs.

— 1965b. Preliminary note for the revision of the genus *Schistocerca* Stål 1873 (Orth. Acridoidea). *Eos, Madr.* **41**: 31–43.

DUARTE, A. J. 1954. Primeira lista de algunas especies de insectos de interesse economico en Angola. *Agron. angol.* **9**: 107–20.

EADES, D. C. 1962. Phallic structures, relationships and components of the Dericorythinae (Orthoptera: Acrididae). *Notul. Nat. Philad.* no. 354: 1–9, 17 figs.

— 1963. Observation on *Charilaus* and Charilainae (Orthoptera, Pamphagidae). *Ent. News*, **74**: 131–3.

EBNER, R. 1956. Ueber einige für Aegypten neue oder seltene Orthopteren. *Bull. Soc. ent. Egypte*, **40**: 11–20, 2 figs.

— 1957. Ueber einige seltene Orthopteren aus Aegypten. (2. Teil). *Bull. Soc. ent. Egypte*, **41**: 117–20.

BIBLIOGRAPHY

ELLIS, P. E. 1953. Social aggregation and gregarious behaviour in hoppers of *Locusta migratoria migratorioides* (R. & F.). *Behaviour*, **5**: 225–60, 10 figs.

ERGENE, S. 1952. Farbanpassung entsprechend der jeweiligen Substratfärbung bei *Acrida turrita*. *Z. vergl. Physiol.* **34**: 69–74, 1 fig.

— 1954. Homochromer Farbwechsel bei *Oedaleus*—Imagines. *Zool. Anz.* **153**; 110–13.

— 1957. Homochromie und Dressierbarkeit nach Versuchen mit *Oedipoda coerulescens*, Imagines. *Zool. Anz.* **158**: 38–44.

— 1965. Die Funktion der ocellen bei *Anacridium aegyptium*. *Z. vergl. Physiol.* **49**: 465–74, 11 graphs.

EVANS, J. W. 1952. *The Injurious Insects of the British Commonwealth (except the British Isles, India and Pakistan) with a Section on the Control of Weeds by Insects*. London. viii+242 pp., 1 pl.

EWER, D. W. 1953. The anatomy of the nervous system of the Tree Locust, *Acanthacris ruficornis* (Fab.). I. The adult metathorax. *Ann. Natal Mus.* **12**: 367–81, 13 figs.

— 1954a. On the nymphal musculature of the pterothorax of certain Acrididae (Orthoptera). *Ann. Natal Mus.* **13**: 79–89, 7 figs.

— 1954b. The anatomy of the nervous system of the Tree Locust, *Acanthacris ruficornis* (Fab.). II. The adult mesothorax. *J. ent. Soc. S. Afr.* **17**: 27–37, 6 figs.

— 1954c. The anatomy of the nervous system of the Tree Locust, *Acanthacris ruficornis* (Fab.). III. The innervation of the nymphal muscles of the pterothorax and first abdominal segment. *J. ent. Soc. S. Afr.* **17**: 232–6, 2 figs.

— 1954d. A note on the comparative anatomy of the pterothorax of macropterous and brachypterous forms of the grasshopper *Zonocerus elegans* Thunb. *J. ent. Soc. S. Afr.* **17**: 237–40, 2 figs.

— 1955. Notes on acridid anatomy. I. The prothoracic musculature of certain acridids. *J. ent. Soc. S. Afr.* **18**: 42–7, 7 figs.

— 1957a. The anatomy of the nervous system of the Tree Locust, *Acanthacris ruficornis* (Fab.). IV. The prothorax. *J. ent. Soc. S. Afr.* **20**: 195–204, 5 figs.

— 1957b. The anatomy of the nervous system of the Tree Locust, *Acanthacris ruficornis* (Fab.). V. The homologies of the thoracic musculature. *J. ent. Soc. S. Afr.* **20**: 204–16, 2 figs.

— 1957c. Notes on acridid anatomy. II. A sexual dimorphism in the thorax of certain acridids. *J. ent. Soc. S. Afr.* **20**: 229–31, fig.

— 1957d. Notes on acridid anatomy. IV. The anterior abdominal musculature of certain acridids. *J. ent. Soc. S. Afr.* **20**: 260–79, 8 figs.

— 1958. Notes on acridid anatomy. V. The pterothoracic musculature of *Lentula callani* Dirsh. *J. ent. Soc. S. Afr.* **21**: 132–8, 5 figs.

— 1964. Notes on acridid anatomy. VI. On the pterothoracic musculature of *Bullacris* Roberts and *Pneumora* Stål (Orthoptera: Pneumoridae). *J. ent. Soc. S. Afr.* **26** (2): 411–24, 8 figs., 1 table.

FERNANDES, J. DE A. 1959. Tipos entomologicos do Museu Bocage. Listas dos tipos das coleções entomologicas do museu e laboratorio zoologico e antropologico da Faculdade Ciências de Lisboa (2ª nota). *Rev. port. Zool. Biol. gen.* **2**: 37–49.

FERRÃO, A. J. S. F. 1951. Insectos do café. *Agron. angolana*, **5**: 13–84.

FIORI, G. 1956. Risultati delle missioni entomologiche dell'Istituto di Entomologia dell'Università di Bologna nel Nord-Africa compiuti dai Dottori G. Fiori ed E. Mellini. X. Appunti ecologici ed etologici sul'entomofauna estiva della 'Hamada-el-Hamra'. *Boll. Ist. Ent. Univ. Bologna*, **21**: 277–95, 5 pls., 9 figs.

FISHELSON, L. 1960. The biology and behaviour of *Poekilocerus bufonius* Klug, with special reference to the repellant gland (Orth., Acridoidea). *Eos, Madr.* **36**: 41–62, 7 figs.

FORSYTH, J. 1966. *Agricultural Insects of Ghana*. Ghana University Press. 163 pp.

GANGWERE, S. K. & MORALES AGACINO, E. 1964a. The feculae ('feces') of some Orthoptera (sens. lat.) of Tunisia. *Ent. News*, **75** (8): 209–19, 4 figs.

— 1964b. The feculae ('feces') of some Orthoptera (sens. lat.) of Tunisia. *Ent. News*, **75** (9): 242–51.

GARCIA, I., COUERBE, J. & ROCHE, J. 1958. Sur la présence d'arginase chez les sauterelles *Schistocerca gregaria* (Forsk.) et *Eyprepocnemis plorans* Charpentier. *C.R. Soc. Biol.* **152**: 1646–9, 2 figs.

GÄRDEFORS, D. 1964. The influence of rapid temperature changes on the activity of *Chorthippus albomarginatus* De Geer (Acrididae, Orthoptera). *Ent. exp. appl.* **7**: 71–84, 9 figs.

GARDNER, A. E. 1960. Odonata, Saltatoria and Dictyoptera collected by Mr E. S. A. Baynes in the Canary Islands 1957 to 1959. *Entomologist*, **93**: 128–9.

GARDNER, A. E. & CLASSEY, E. W. 1960. Report on the insects collected by the E. W. Classey and R. E. Gardner Expedition to Madeira in December 1957. Part 1. *Proc. S. Lond. ent. nat. Hist. Soc.* 1959: 184–206.

GIARDINA, A. 1901. Funzionamento dell'armatura genitale femminile e considerazioni intorno alle ooteche degli Acridii. *G. Sci. nat. econ., Palermo*, **23**: 54–61, 8 figs.

GOLDING, F. D. 1940. Further notes on the food-plants of Nigerian insects. V. *Bull. ent. Res.* **31**: 127–30.

GRASSÉ, P. & HOLLANDE, A. 1946. Structure de l'appareil copulateur mâle des Acridiens et ses principaux types. *Rev. franç. Ent.* **12**: 137–46, 7 figs.

HAFEZ, M. & IBRAHIM, M. M. 1958a. Ecological and biological studies of *Acrida pellucida* Klug in Egypt (Orthoptera, Acrididae). *Bull. Soc. ent. Egypte*, **42**: 163–81, 4 figs.

— 1958b. Studies on the egg and nymphal stages of *Acrida pellucida* Klug in Egypt (Orthoptera, Acrididae). *Bull. Soc. ent. Egypte*, **42**: 183–98, 2 figs.

— 1959. Histology of the alimentary canal of *Acrida pellucida* Klug (Orthoptera, Acrididae). *Bull. Soc. ent. Egypte*, **43**: 115–31, 21 figs.

— 1960. Anatomical studies on *Acrida pellucida* Klug. *Bull. Soc. ent. Egypte*, **44**: 451–76, 18 figs.

— 1962a. On the ecology and biology of the grasshopper *Aiolopus thalassinus* F. in Egypt. *Bull. Soc. ent. Egypte*, **46**: 189–214, 2 figs., 3 tables.

— 1962b. On the biology of the immature forms of the grasshopper *Aiolopus thalassinus* F. in Egypt. *Bull. Soc. ent. Egypte*, **46**: 271–82, 1 fig., 4 tables.

— 1963a. Field and laboratory studies on the behaviour of *Aiolopus thalassinus* F. towards humidity (Orthoptera: Acrididae). *Bull. Soc. ent. Egypte*, **47**: 75–96.

— 1963b. The temperature reactions of *Aiolopus thalassinus* F. (Orthoptera: Acrididae). *Bull. Soc. ent. Egypte*, **47**: 105–16.

— 1964a. On the ecology and biology of the desert grasshopper *Sphingonotus carinatus* Sauss. in Egypt (Orthoptera: Acrididae). *Bull. Soc. ent. Egypte*, **48**: 193–217.

— 1964b. On the biology of the immature forms of the desert grasshopper *Sphingonotus carinatus* Sauss. in Egypt (Orthoptera: Acrididae). *Bull. Soc. ent. Egypte*, **48**: 219–27.

— 1964c. Studies on the behaviour of the desert grasshopper *Sphingonotus carinatus* Sauss. toward humidity and temperature (Orthoptera: Acrididae). *Bull. Soc. ent. Egypte*, **48**: 229–43.

— 1964d. The possible receptors of humidity and temperature in two Egyptian grasshoppers *Aiolopus thalassinus* F. and *Sphingonotus carinatus* Sauss. (Orthoptera: Acrididae). *Bull. Soc. ent. Egypte*, **48**: 245–57.

HAMMAD, S. M. 1956. Die Hauptprobleme der angewandten Entomologie in Aegypten. *Anz. Schädlingsk.* **29**: 122–6, 8 figs.

HANSTROM, B., BRINCK, P. & RUDEBECK, G. *See* Dirsh 1956c.

HARGREAVES, H. 1939. Notes on some pests of maize and millet in Uganda. *E. Afr. agric. J.* **5**: 104–9.

—— 1948. *List of the Recorded Cotton Insects of the World*. London. Commonwealth Inst. Ent. 50 pp.

HARRIS, W. V. 1949. Report of the Senior Entomologist. *Ann. Rep. Uganda Dep. Agric.* Pt. 2 (1946–7): 5 pp.

HARTWIG, E. K. 1955. The Elegant Grasshopper. *Fmg S. Afr.* **30** (no. 355): 430–2, 450, 1 map, 5 figs.

HAYWARD, K. J. 1927. A list of insects of various orders taken at Reservoir, Aswan, Egypt during 1919–1922. *Ent. Rec.* **39** (n.s.): Suppl. 4 pp.

HEMMING, F. 1953. *Copenhagen Decisions on Zoological Nomenclature* 1953: 53–4, para. 89.

—— 1954. Opinion 299. Validation under plenary powers of the generic names *Tettigonia* and *Acrida* in the Order Orthoptera (Class Insecta) as from Linnaeus, 1758. (Ruling supplementary to the Ruling given in Opinion 124.)

HESSE, A. J. 1936. The sound-producing or stridulating organs of a few Peninsula insects. *Cape Nat.* **1**: 70–6, 7 figs.

—— 1938. Some adaptive responses of insect life to semi-arid conditions in South Africa. *S. Afr. J. Sci.* **35**: 69–91.

HIGGINS, L. G. 1958. A precise collation of Rambur, M. P., Faune entomologique de l'Andalusie (1837–40). *J. Soc. Bibl. nat. Hist.* **3**: 311–18.

HOLLIS, D. 1965a. A revision of the genus *Trilophidia* Stål (Orthoptera: Acridoidea). *Trans. R. ent. Soc. Lond.* **117** (8): 245–62, 33 figs.

—— 1965b. A revision of the genus *Machaeridia* (Orth. Acridoidea). *Eos, Madr.* **40**: 495–505, 18 figs., 1 map.

—— 1966. A revision of the genus *Dnopherula* Karsch (Orth. Acridoidea). *Eos, Madr.* **41**: 267–329, 119 figs.

HUDSON, G. B. 1945. A study of the tentorium in some Orthopteroid Hexapoda. *J. ent. Soc. S. Afr.* **8**: 71–90, figs.

HUNTER-JONES, P. & LAMBERT, J. 1961. Egg development of *Humbe tenuicornis* Schaum (Orthoptera, Acrididae) in relation to availability of water. *Proc. R. ent. Soc. Lond.* (A), **36**: 75–80, 3 figs.

HUNTER-JONES, P. & WARD, V. K. 1959. The life-history of *Gastrimargus africanus* Saussure (Orth., Acrididae) in the laboratory. *Ent. mon. Mag.* **95**: 169–72.

IBRAHIM, M. M. 1963a. Anatomical and histological studies on the digestive tract of *Chrotogonus lugubris* Blanchard (Orthoptera: Acrididae). *Bull. Soc. ent. Egypte*, **46** (1962): 419–27, 11 figs.

—— 1963b. Further investigations into the humidity behaviour of *Aiolopus thalassinus* F. (Orthoptera: Acrididae). *Bull. Soc. ent. Egypte*, **47**: 97–103.

JAGO, N. D. 1962. New species and new records of Acrididae (Orthoptera) from West Africa. *Proc. R. ent. Soc. Lond.* (B), **31**: 137–50, 37 figs.

—— 1963a. Some observations on the life-cycle of *Eyprepocnemis plorans meridionalis* Uvarov, 1921, with a key for the separation of nymphs at any instar. *Proc. R. ent. Soc. Lond.* (A), **38**: 113–24, figs, graphs.

JAGO, N. D. 1963b. A revision of the genus *Calliptamus* Serville (Orthoptera: Acrididae). *Bull. Brit. Mus. (Nat. Hist.) Ent.*, **13**: 289–350, 26 figs.

1964a. Aspects of the ecology and distribution of grasshoppers in Ghana as a contribution to the zoogeography of West Africa. *J. W. Afr. Sci. Ass.* **8** (2): 190–204.

1964b. Five new grasshoppers from Africa with notes on the genera *Auloserpusia* Rehn, 1914 and *Lobopoma* Karsch, 1896 (Orth. Acrididae). *Eos, Madr.* **40** (1–2): 205–28, 1 map, 39 figs.

1966a. A new species of the genus *Badistica* Karsch, 1891 from West Africa (Orth. Acridoidea). *Eos, Madr.* **41**: 331–41, 2 figs.

1966b. Descriptions of new species of West African grasshoppers with Taxonomic notes on some species recently mentioned in the literature (Orth. Acridoidea). *Eos, Madr.* **41**: 343–71, 61 figs.

JANNONE, G. 1948. Studie ricerche di entomologia agraria in Eritrea e in Etiopia. VI. Rassegna dei casi entomologici piu notevoli riscontrati in Eritrea durante el 1945. *Ann. Fac. Agr. Pisa*, **9**: 279–312.

1956. Contributi alla conoscenza morfo-biologica e sistematica dell'Ortotterofauna dell'Eritrea. VIII. Descrizione dell'adulto, ovo, ultimo stadio dell'embrione e alcuni stadi larvali e ninfali di *Symbellia biplagiata* (nec Burr) Bolivar in Burr 1899 (Orthop., Eumastacidae) vivente specialmente nelle regioni di Altopiano. *Boll. Lab. Zool. Portici*, **33**: 513–41, 13 figs.

JERATH, M. L. 1965. Note on the biology of *Zonocerus variegatus* (Linnaeus) from Eastern Nigeria. *Rev. Zool. Bot. afr.* **72**: 243–51.

JOHN, B. & LEWIS, K. R. 1965. Genetic speciation in the grasshopper *Eyprepocnemis plorans*. *Chromosoma*, **16** (3): 308–44, 62 figs.

JOYCE, R. J. V. 1952. Entomological Section. *Ann. Rep. Res. Div. Sudan Govt. Min. Agric.* 1949–50: 81–99.

1953. Entomological Section. *Ann. Rep. Res. Div. Sudan Govt. Min. Agric.* 1950–1: 93–132.

1954. Entomological Section. *Ann. Rep. Res. Div. Sudan Govt. Min. Agric.* 1951–2: 106–60.

1955. Entomological Section. *Ann. Rep. Res. Div. Sudan Govt. Min. Agric.* 1952–3: 90–158.

1956. Entomological Section. *Ann. Rep. Res. Div. Sudan Govt. Min. Agric.* 1953–4: 94–158.

KAMAL EL DIN. 1964. List of localities, dates and hosts of the Order Orthoptera as recorded in the entomological collection, Ministry of Agriculture. *Agric. Res. Rev. Cairo*, **42** (3): 100–15.

KAUFMANN, T. 1965. Observations on Aggregation, Migration and Feeding Habits of *Zonocerus variegatus* in Ghana (Orthoptera: Acrididae). *Ann. ent. Soc. Amer.* **58** (4): 426–36, 5 figs.

KEVAN, D. K. McE. 1953. On the gender of the generic name *Ommexecha* Serville, 1831, and the correct rendering of the name *Chrotogonus homalodemus* (Blanchard, 1836) (Orth., Acrididae). *Ent. mon. Mag.* **89**: 221–3.

1954a. A study of the genus *Chrotogonus* Audinet-Serville 1839. II. Preliminary notes on synonymy and distribution in the Belgian Congo and adjacent territories. *Ann. Mus. Congo Tervuren, Zool.* (n.s. in 4to) **1**: 446–56.

1954b. Méthodes inhabituelles de production de son chez les Orthoptères. *Ann. Epiphyt. Fasc. spécial de 1954*: 103–42, 23 figs.

KEVAN, D. K. MCE. 1954c. A study of the genus *Chrotogonus* Audinet-Serville 1839 (Orthoptera: Acrididae). III. A review of available information on its economic importance, biology etc. *Indian J. Ent.* **16**: 145–72.

1954d. A note on the Acridid sub-family name Catantopinae. *J. Soc. Brit. Ent.* **4**: 223–5.

1955a. A further contribution to our knowledge of the Acrididae (Orthoptera) of Angola. *Publ. cult. Comp. Diam. Angola*, no. 24: 61–82, 5 figs.

1955b. A new sub-species and two little-known African species of the genus *Catantops* Schaum 1853 (sens. lat.). Orthoptera, Acrididae. *Entomologist*, **88**: 199–203, 3 figs.

1955c. East African Blattoidea, Phasmatodea and Orthoptera (Ergebnisse der Deutschen Zoologischen Ostafrika-expedition 1951/52, Gruppe Lindner, Stuttgart, Nr. 5). *Beitr. Ent.* **5**: 472–85, 6 figs.

1956a. New East African Acrididae (Orthoptera). *Ann. Mag. nat. Hist.* (12) **9**: 20–35, 9 figs.

1956b. Flightless African genera of Pyrgomorphine grasshoppers allied, or superficially similar, to *Parasphena* I. Bolivar, 1884, with descriptions of certain new forms (Orthoptera: Acrididae). *Publ. cult. Comp. Diam. Angola*, no. 29: 109–33, 16 figs.

1956c. Results from the Danish Expedition to the French Cameroons 1949–50. XV. Orthoptera: Acrididae. *Bull. Inst. franç. Afr. noire*, **18** (A) (3): 960–77, 7 figs.

1957a. A study of the genus *Chrotogonus* Audinet-Serville, 1839 (Orthoptera: Acridoidea). IV. Wing polymorphism, technical designations and preliminary synonymy. *Tijdschr. Ent.* **100**: 43–60, 1 fig.

1957b. Orthoptera: Caelifera from Northern Kenya and Jubaland. II. Pamphagidae, Pyrgomorphidae, Lentulidae and Romaleinae. *Opusc. Ent.* **22**: 193–208, 2 figs.

1959a. Distribution of the genus *Chrotogonus* (Orthoptera, Pyrgomorphidae). *Proc. 15th int. Congr. Zool.* 1958: 967–9, 1 map.

1959b. A study of the genus *Chrotogonus* Audinet-Serville 1839 (Orthoptera, Acridoidea, Pyrgomorphidae). V. A revisional monograph of the Chrotogonini. *Publ. cult. Comp. Diam. Angola*, no. 43: 15–199, 148 figs.

1959c. A study of the genus *Chrotogonus* Audinet-Serville, 1839 (Orthoptera, Acridoidea, Pyrgomorphidae). VI. The history and biogeography of the Chrotogonini. *Publ. cult. Comp. Diam. Angola*, no. 43: 201–46, 3 figs.

1960. On the identity of *Minorissa alata* Thomas, 1874, and *Atractomorpha congensis* Saussure, 1893 (Nomen Nudum) (Orthoptera: Pyrgomorphidae). *Bull. Brooklyn ent. Soc.* **55**: 36–41, 1 pl.

1961a. Spurious records of the genus *Pyrgomorpha* Audinet-Serville, 1839 in the Americas. *Proc. ent. Soc. Wash.* **63**: 13–16.

1961b. A new micropterous African Pyrgomorphid genus, with comments on related or superficially similar forms (Orthoptera: Acridoidea). *J. ent. Soc. S. Afr.* **24**: 154–64, 6 figs.

1961c. Taxonomy and distribution of Atractomorphini and Omurini, Trib. nov. (Orth., Acridoidea, Pyrgomorphidae). *Ent. mon. Mag.* **96**: 204–7, 6 figs.

1961d. Errata. (Changes to be made in: Kevan, *Proc. ent. Soc. Wash.* **63**: 13–16.) *Proc. ent. Soc. Wash.* **63**: 137.

1962a. Pyrgomorphidae (Orthoptera: Acridoidea) collected in Africa by E. S. Ross and R. E. Leech, 1957–58, with descriptions of new species. *Proc. Calif. Acad. Sci.* **31** (9): 227–48, 6 figs.

1962b. Pyrgomorphidae (Orthoptera) in the Linnean Collection, London. *Proc. Linn. Soc. Lond.* **173** (2): 133–6, 2 pls.

KEVAN, D. K. McE. 1962c. A revision of the tribe Pyrgomorphini, other than *Pyrgomorpha* and the flightless genera (Orthoptera, Acridoidea, Pyrgomorphidae). *Publ. cult. Comp. Diam. Angola*, no. 60: 115–61, 51 figs.

1962d. Short-winged *Pyrgomorpha* species in Western Asia (Orth., Acridoidea). *Ent. mon. Mag.* **98**: 4–7, 2 pls., 14 figs.

1963a. The genus *Pyrgophyma* Giglio-Tos, 1907 (Acridoidea: Pyrgomorphidae). *Proc. R. ent. Soc. Lond.* (B), **32**: 108–10.

1963b. A new species of *Pyrgomorpha* (Orthoptera: Acridoidea) from South Africa. *Proc. R. ent. Soc. Lond.* (B), **32**: 175–7, 4 figs.

1963c. Pyrgomorphidae (Orthoptera; Acridoidea) described by Lawrence Bruner from Madagascar and the Comoro Islands. *Proc. R. ent. Soc. Lond.* (B), **32**: 145–52, 1 pl., 13 figs.

1963d. Pyrgomorphidae (Orthoptera; Acridoidea) in the collection of C. P. Thunberg, Uppsala, with notes of type material of the species represented. *Ark. Zool.* (2) **16**: 69–96, 15 pls.

1963e. Pyrgomorphidae and Gryllidae (Orthoptera) in the Linnean Collection. Correction and comment. *Proc. Linn. Soc. Lond.* **174**: 73.

1963f. Supplement to 'A revision monograph of the Chrotogonini' (Orth.: Pyrgomorphidae). *Eos, Madr.* **38**: 549–66.

1965a. Some Orthopteroid Insects from the Island of Santa Maria, Azores. *Ent. Rec., Lond.* **77**: 39–42.

1965b. A new species of *Pseudogelouis* Dirsh, 1963 from Madagascar (Orth.: Pyrgomorphidae). *Eos, Madr.* **40**: 515–20, pls. ix–xii.

KEVAN, D. K. McE. & AKBAR, S. S. 1963. Three new genera of flightless Pyrgomorphini erected on the basis of their phallic structures. *Eos, Madr.* **39**: 405–22, 3 figs.

1964. The Pyrgomorphidae (Orthoptera, Acridoidea): their systematics, tribal divisions and distribution. *Canad. Ent.* **96** (12): 1505–36, 7 figs.

KEVAN, D. K. McE. & BANERJEE, S. K. 1961. Taxonomy and distribution of Old World Atractomorphini (Orthoptera: Acridoidea: Pyrgomorphidae). *Verh. XI. Kongr. Ent. Wien*, **1**: 24–6, 6 figs.

KEVAN, D. K. McE. & KNIPPER, H. 1955. Zur Systematik, Biologie, insbesondere Schwärmbildung und Morphometrie afrikanischer *Homorocoryphus* (Orth. Tettigon. Conocephalidae). *Veröff. Überseemus. Bremen* (A) **2**; 277–318, 8 figs.

1959. Zur Kenntnis der Gattung *Chrotogonus* Audinet-Serville, 1839 (Orthopt., Acrid., Pyrgomorphidae). VII. Erste Beobachtungen über das Sicheinscharren. *Zeitschr. Tierpsychol.* **16**: 267–83, 8 figs.

1961. Geradflügler aus Ostafrika (Orthopteroidea, Dermapteroidea, Blattopteroidea). *Beitr. Ent.* **11**: 356–413, 9 pls., 12 figs.

KEVAN, D. K. McE., SYED S., AKBAR S. S. & ASKET SINGH. 1964. A new genus and two new species of Pyrgomorphidae (Orthoptera: Acridoidea) from Madagascar, with notes on the genus Gelouis Saussure. *Trans. Amer. ent. Soc.* **90**: 111–29, 3 pls., 5 figs.

KHALIFA, A. 1956a. The egg-pods of some Egyptian grasshoppers and the preference of females for soils of different moisture contents. *Bull. Soc. ent. Egypte*, **40**: 175–86, 6 figs.

1956b. The incidence of grasshoppers during winter months and the influence of irrigation of fallow land on grasshopper population. *Bull. Soc. ent. Egypte*, **40**: 217–29, 2 figs.

KHALIFA, A. 1957. The development of eggs of some Egyptian species of grasshoppers, with a special reference to the incidence of diapause in the eggs of *Euprepocnemis plorans* Charp. (Orthoptera: Acrididae). *Bull. Soc. ent. Egypte*, **41**: 299–330, 7 figs.

KLINGSTEDT, H. 1939. Taxonomic and cytological studies on grasshopper hybrids. I. Morphology and spermatogenesis of *Chorthippus bicolor* Charp. x. *Ch. biguttulus* L. *J. Genet.* **37**: 389–420, 2 pls., 52 figs.

KNIPPER, H. & KEVAN, D. K. McE. 1954. Über Flügelfärbung und Sicheingraben von *Acrotylus junodi* Schulthess (Orth. Acrid. Oedipodinae). *Veröff. Überseemus. Bremen* (A) **2**: 213–26, 1 pl., 6 figs.

KORSAKOFF, M. N. 1958. Notes sur quelques insectes de Beni-Ounif. *Eos, Madr.* **34**: 135–48, 27 figs.

KRAUSS, H. 1877. Orthoptera von Senegal. *Anz. Akad. Wiss. Wien*, **14**, no. xvi: 141–6.

LE GALL, J. 1961. Les problèmes phytosanitaires posés par la culture du cotonnier au Maroc. *Awamia, Rabat*, **1**: 75–105, 3 figs.

LA GRECA, M. 1947 a. Su di alcuni casi teratologici negli Ortotteri. *Boll. Soc. Nat. Napoli*, **55**: 63–7.

1947 b. Morfologia funzionale dell'articolazione alare degli Ortotteri. *Arch. zool. ital. Torino*, **32**: 271–327, 28 figs.

1948 a. Su due specie di Cyrtacanthacrinae (Orthoptera) nuove per l'Italia peninsulare con note ecologiche. *Boll. Soc. Nat. Napoli*, **56**: 174–7.

1948 b. Su una particolare maniera di deambulazione di un Acridide: *Tropidopola cylindrica* (Marsch.). *Boll. zool. Torino*, **14**: 83–104, 5 figs.

1956. Studio biometrico di popolazioni italiani di *Chorthippus brunneus* (Thunb.) e di *Chorthippus mollis* (Charp.) (Orthoptera, Acrididae). *Arch. zool. ital. Torino*, **40** (1955): 183–204, 4 figs.

1958. Risultati delle missioni entomologiche dell'Istituto di Entomologia dell'Università di Bologna nel Nord-Africa compiute dai Dottori G. Fiori ed E. Mellini. XIII. Blattoidea, Mantoidea, Orthoptera. *Boll. Ist. Ent. Univ. Bologna*, **22** (1957): 51–62, 3 figs.

1964. Le *Tropidopola* (Orthoptera, Catantopidae) italiane con osservazioni sulli specie presenti nella regione mediterranea. *Ann. Ist. Mus. Zool. Univ. Napoli*, **16**: 1–21.

LAUB-DROST, I. 1959. Verhaltensbiologie, besonders Ausdrucksäusserungen (einschliesslich Lautäusserungen) einiger Wanderheuschrecken und anderer Orthopteren (Orthopt., Acrid.: Catantopinae und Oedipodinae). *Stuttgart. Beitr. Naturkund.* no. 30: 27 pp., 11 figs.

1960. Verhaltensweisen in Zustand niederer Aktivität bei einigen Wanderschrecken und anderen Acridiern (Orthopt.). *Zeitschr. Tierpsychol.* **17**: 614–26, 3 figs.

LAWRENCE, R. F. 1953. *The Biology of the Cryptic Fauna of Forests with Special Reference to the Indigenous Forests of South Africa.* Cape Town & Amsterdam, A. A. Balkema 1953, 408 pp., 18 pls., figs.

LEHETA, M. F. 1959. Some observations on the behaviour of the Egyptian locust *Anacridium aegyptium* L., Orthoptera, Acrididae. *Bull. Soc. ent. Egypte*, **43**: 155–63.

LEOUFFRE, A. 1953. Phénologie des insectes du Sud-Oranais. In: *Desert Research. Spec. Publ. Res. Counc. Israel*, no. 2: 325–31.

LE PELLEY, R. H. 1959. *Agricultural Insects of East Africa.* E. Afr. High Commission, Nairobi. x + 307 pp.

LEVITA, B. 1963. Élevage au laboratoire d'un Acridien homachromique: *Oedipoda caerulescens* Linné. *Bull. Soc. ent. Fr.* **68**: 56–60.

LEWIS, K. R. & JOHN, B. 1959. Breakdown and restoration of chromosome stability following interbreeding of a locust. *Chromosoma*, **10**: 589–618, 47 figs.

LLORENTE, V. 1963. Una nueva especie de *Phorenula* de Sierra Leone (Orthoptera: Acrididae). *Bol. R. Soc. esp. Hist. nat.* (B) **61**: 51–6, 3 figs.

LUCA, V. DE. 1965. Struttura della spermateca di *Eyprepocnemis plorans* (Charp.) (Orthoptera: Catantopidae). *Bull. Accad. Gioenia Sci. nat. Catania* (4) **8**: 533–50, 2 pls., 3 figs.

MALLAMAIRE, A. 1934. Étude systématique et biologique des principaux animaux et insectes parasites des plantes cultivées en Côte d'Ivoire. *Bull. Com. d'Étude hist. scient. A. O. F.* **17**: 433–95, 6 pls.

—— 1937. Les principaux nématodes et insectes parasites des caféiers cultivés dans l'Ouest Africain Français. *Ann. agr. Afr. Occident.* **1**: 1–45.

—— 1956. Catalogue des principaux insectes, nématodes, myriopodes et acridiens nuisible aux plantes cultivées en Afriques Occidentale Français et au Togo. *Bull. Prot. Vég.*, no. 1–2: 23–60.

MANCION, J. & ALIBERT, H. 1936. La production du café au Togo et quelques insectes déprédateurs du caféier. *Agron. colon.* **25**: 33–43, 2 pls.

MANSFIELD-ADERS, W. 1920. Insects injurious to economic crops in the Zanzibar Protectorate. *Bull. ent. Res.* **10**: 145–55.

MARAN, J. 1958. Beitrag zur Kenntnis der geographischen Variabilität von *Acrotylus insubricus* (Scop.) Orthoptera, Acrididae. *Act. ent. Mus. Prague*, **32**: 171–9.

MASON, J. B. 1954. The number of antennal segments in adult Acrididae (Orthoptera). *Proc. R. ent. Soc. Lond.* (B), **23**: 228–38, 4 figs.

—— 1959. A new species of the genus *Acrotylus* Fieber, 1853 (Orthoptera: Acridoidea). *Proc. R. ent. Soc. Lond.* (B), **28**: 77–8, 4 figs.

—— 1966. Revision of the genus *Phymeurus* Giglio-Tos, 1907 (Orth.: Acridoidea). *Eos, Madr.* **41**: 395–457, 23 figs.

MICHELMORE, A. P. G. 1954. Uganda. Review of agricultural entomology. 1948–54. *Rep. 6th Commonw. ent. Conf.* 339–40.

MIÈGE, J. 1950. Contribution à l'étude des parasites du cotonnier en Côte d'Ivoire. *C. R. Ier Conf. int. Africanistes Ouest, Dakar & Paris*, **1**: 267–8.

MONOD, T. 1958. Majabat Al-Koubra. Contribution à l'étude de l' 'empty quarter' ouest-saharien. *Mém. Inst. franç. Afr. noire*, **52**, 406 pp., 81 pls.

MOORE, W. 1913. The effect of poisons on the Elegant Grasshopper. *Agric. J. Union S. Afr.* **6**: 60–3.

MORALES AGACINO, E. 1950. Algunos datos sobre acrididos de el Libano. *Eos, Madr.* **26**: 19–36, 10 figs.

—— 1951. Las ootecas de los Acrididos. *Bol. Pat. veg. Ent. agric.* **18**: 89–109, 18 figs.

—— 1958. Sobre el verdadéro status del *Ariasus melillensis* (I. Bol.). (Orth. Acrid.). *Eos, Madr.* **34**: 157–60, 1 pl.

MORSTATT, H. 1936. Kaffee—Schädlinge und—Krankheiten Afrikas. III. Beschädingungen der Blätter. *Tropenpflanzer*, **39**: 273–99.

MOSSOP, M. C. 1954. Report of the Chief Entomologist for the year ending 30th September 1953. *Rhod. agric. J.* **51**: 275–86.

—— 1955. Report of the Chief Entomologist for the year ending 30th September 1954. *Rhod. agric. J.* **52**: 517–32. Also *Bull. Min. Agric. Rhod.* no. 1855: 1–17.

NAGY, B. 1959. Das Sicheingraben von *Acrotylus longipes* und *A. insubricus* (Orthoptera, Acrididae). *Act. zool. Acad. scient. Hung.* **5**: 369–91, 3 pls.

BIBLIOGRAPHY

NAKHLA, N. B. 1957. The life-history, habits and control of the Bersim Grasshopper (*Euprepocnemis plorans* Charp.) in Egypt (Orthoptera: Acrididae). *Bull. Soc. ent. Egypte,* **41**: 411–27, 9 figs.

NANTA, J. P. 1954. Les principaux insectes et nématodes nuisibles au caféier en Afrique Occidentale. *Bull. sci. Sect. tech. Agric. trop., Nogent-sur-Marne,* no. 5: 457–79.

NEETHLING, R. J. 1959. Locusts and grasshoppers in South Africa. *Span, Lond.* **2**: 52–4, 3 figs.

NICKERSON, B. 1963. Some observations on the biology of *Poecilocerus hieroglyphicus* (Klug) (Orth., Acrididae) in W. Africa. *Ent. mon. Mag.* **99**: 45–6.

NORRIS, M. J. 1965. Reproduction of the grasshopper *Anacridium aegyptium* L. in the laboratory. *Proc. R. ent. Soc. Lond.* (A), **40**: 19–29, 1 fig.

OBERHOLZER, J. J. 1964. Biologie van die Stinksprinkaan, *Zonocerus elegans* Thunb. *Tech. Commun. Dep. agric. tech. Serv. Pretoria,* no. 12: 169–72.

OKAY, S. 1956*a*. Elimination of egg-diapause in *Acrida bicolor* (Thunb.) (Orthoptera, Acrididae). *Comm. Fac. Sci. Univ. Ankara* (C), **5**: 67–71.

1956*b*. The effect of temperature and humidity on the formation of green pigment in *Acrida bicolor* (Thunb.). *Arch. int. Physiol., Liège,* **64** (1): 80–91, 1 fig.

ORIAN, A. J. E. 1957. Saltatoria, Phasmidae and Dictyoptera of Mauritius. *Ann. Mag. nat. Hist.* (12) **10**: 513–20.

OSSOWSKI, L. L. J. & WORTMANN, G. B. 1959. An annotated list of wattle insects and spiders of South Africa. *Rep. Univ. Natal, Pietermaritzburg,* **12**: 32–49.

PAOLI, G. 1934. *Prodromo di entomologia agraria della Somalia Italiana. Relazione di una missione compiuta al villago Duca degli Abruzzi in collaborazione col Dr Alfonso Chiaramonte dell'Istituto Agricolo Coloniale Italiano.* Firenze. 427 pp., 198 figs. (1931–3).

PAULIAN, R. 1950. *Insectes utiles et nuisibles de la région de Tananarive.* Tananarive. 120 pp.

PEARSON, E. O. 1958. *The Insect Pests of Cotton in Tropical Africa.* Commonwealth Inst. Ent., London, x+355 pp., 8 pls., 16 figs.

PEŘDECK, A. C. 1958. The isolating value of specific song patterns in two sibling species of grasshoppers. *Behaviour,* **12**: 1–75, 28 tables, 8 figs.

PHELPS, R. J. & OOSTHUIZEN, M. J. 1958. Insects injurious to cowpeas in the Natal Region. *J. ent. Soc. S. Afr.* **21**: 287–95, 3 figs.

PHIPPS, J. 1958. The structure of the ovaries and eggs of some Eumastacidae (Orthoptera, Acridoidea). *Ent. mon. Mag.* **94**: 65–6, 1 fig.

1959*a*. Studies on a small population of *Paracomacris centralis* Rehn (Orthoptera: Acrididae). I. Maturation of the ovaries and population movements. *J. ent. Soc. S. Afr.* **22**: 138–47, 1 fig.

1959*b*. Studies in East African Acrididae (Orthoptera), with special reference to egg-production, habitats and seasonal cycles. *Trans. R. ent. Soc. Lond.* **111**: 27–56, 1 fig.

1961*a*. Studies on a small population of *Paracomacris centralis centralis* Rehn (Orthopt. Acrididae). II. The estimation of numbers and of loss and accession rates. *J. ent. Soc. S. Afr.* **24**: 285–92, 4 tables.

1961*b*. Wandering of Acrididae and its possible significance. *Verh. XI. int. Kongr. Ent., Wien,* **1**: 608–9.

1962. The ovaries of some Sierra Leone Acridoidea (Orthoptera) with some comparisons between East and West African forms. *Proc. R. ent. Soc. Lond.* (A), **37**: 13–21, 5 tables.

PHIPPS, J. 1965. Observations on *Zonocerus variegatus* (Linn.) (Orthoptera) in Sierra Leone. *XIIth Int. Congr. Ent. London*, 1964: 306.

—— 1966. The habitat and seasonal distribution of some East African grasshoppers (Orthoptera: Acridoidea). *Proc. R. ent. Soc. Lond.* (A), **41**: 25–36. 12 tables.

PICHLER, F. 1956. Zur postembryonalen Entwicklung der Feldheuschrecken. *Öst. zool. Z., Vienna*, **6**: 513–31, 10 figs.

PIERRE, F. 1958. Écologie et peuplement entomologique des sables vifs du Sahara nord-occidental. *Paris, C.N.R.S. Publ. cent. Rech. sahar.* (*Ser. Biol.*), no. 1: 332, 16 pls., 140 figs.

PINHEY, E. C. G. 1965. Check list of the short-horned grasshoppers of Syringa Farm, Turk Mine, Southern Rhodesia. *Arnoldia*, **2** (1): 1–20, 4 pls., 1 fig.

POPOV, G. B. 1959*a*. A revision of the genera *Allaga* Karsch and *Sauracris* Burr (Orthoptera: Acrididae). *Trans. R. ent. Soc. Lond.* **111**: 1–26, 19 figs., 2 pls.

—— 1959*b*. Some notes on injurious Acrididae (Orthoptera) in the Sudan–Chad area. *Ent. mon. Mag.* **95**: 90–2.

—— 1959*c*. Ecological studies on oviposition by *Locusta migratoria migratorioides* (R. & F.) in its outbreak area in the French Sudan. *Locusta*, no. 6: 1–50.

PUJOL, R. 1957. Étude préliminaire des principaux insectes nuisibles aux colatiers. *J. Agric. trop. Bot. appl., Paris*, **4**: 241–64, 9 figs.

RAGGE, D. R. 1963. The nymphal wing-pad tracheation and adult axillary sclerites of the Pneumoridae (Orthoptera: Acridoidea). *Ann. Mag. nat. Hist. Lond.* (13) **6**: 185–91, 5 figs.

RANDELL, R. L. 1963. On the presence of concealed genetalic structures in female Caelifera (Insecta: Orthoptera). *Trans. Amer. ent. Soc.* **88**: 247–60, pls. 22–30.

REHN, J. A. G. 1955. The adult of *Crypsicerus cubicus* Saussure (Orthoptera: Acrididae: Lathicerinae). *Notul. Nat. Philad.* no. 271: 1–4, 1 pl.

—— 1956. On the genus *Crypsiceracris* (Orthoptera; Acrididae; Lathicerinae), with the description of a new species. *Trans. Amer. ent. Soc.* **82**: 109–16, 1 pl.

—— 1958. The species of the West African genus *Barombia* (Orthoptera; Acrididae; Cyrtacanthacridinae). *Notul. Nat. Philad.* no. 311: 1–5, 4 figs.

—— 1959. A new genus of grasshoppers (Orthoptera; Acrididae; Cyrtacanthacridinae) from the Comoro Islands. *Notul. Nat. Philad.* no. 314: 1–5, 2 figs.

REHN, J. A. G. & GRANT, H. J. Jr. 1959. On certain Old World genera of Teratodini recently placed in the subfamily Romaleinae (Orthoptera; Acridoidea; Acrididae). *Notul. Nat. Philad.* no. 317: 1–9, 12 figs.

RISBEC, J. 1950. État actuel des recherches entomologiques agricoles dans la région correspondant au secteur soudanais de recherches agronomiques. *C.R. Ier Conf. int. Africanistes Ouest*, **1**: 317–75.

ROBERTSON, I. A. D. & CHAPMAN, R. F. 1962. Notes on the Biology of some Grasshoppers from the Rukwa Valley, S. W. Tanganyika (Orth. Acrididae). *Eos, Madr.* **38**: 51–114, 2 maps, 32 tables.

ROFFEY, J. 1964. Note on the gregarious behaviour exhibited by *Phymateus aegrotus* Gerstaecker (Orthoptera: Acrididae). *Proc. R. ent. Soc. Lond.* (A), **39** (4–6): 47–9.

ROTHSCHILD, M. & PARSONS, J. 1962. Pharmacology of the poison gland of the Locust *Poekilocerus bufonius* Klug. *Proc. R. ent. Soc. Lond.* (C), **27**: 21–2, 27.

ROY, R. 1960. Importance écologique des Orthoptères dans l'Ouest Africain. *Bull. Inst. franç. Afr. noire*, **22** (A): 198–206, 3 figs.

—— 1962. Le Parc National du Niokolo-Koba (Deuxième Fascicule). VIII. Orthoptera, Acridoidea. *Mem. Inst. franç. Afr. noire*, **62**: 109–36, 1 pl., 14 figs., map.

ROY, R. 1964a. Note préliminaire sur les Acridiens du Bintumane, point culminant des monts Loma (Sierra Leone). *Bull. Inst. franç. Afr. noire*, (A) **26**: 1154–76, 16 figs.
— 1964b. Récoltes de M. A. Villiers dans les dunes côtières du Sénégal (1961). Orthoptères et Ordres voisins. *Bull. Inst. franç. Afr. noire*, (A) **26**: 1177–98 (Acridoidea pp. 1187–96).
— 1964c. Acridiens remarquables de l'Ouest Africain. I. Les Acridae et les Truxales. *Notes afr.*, Senegal, no. 104: 120–4, fig., graph.
— 1965. Contribution à l'étude de la faune de la basse Casamance (Sénégal). XIV. Orthoptères Acridoidea. *Bull. Inst. franç. Afr. noire*, (A) **27**: 614–31, 3 figs.
RUNGS, C. E. E. 1962. La faune nuisible aux tabacs. *Awamia*, **5**: 153–7.
SALFI, M. 1955. Su alcuni Acridioidei africani. *Ann. Ist. Mus. Zool. Univ. Napoli*, **6** (1954): 1–10, 3 figs.
SARAIVA, A. C. 1961. Conspectus da entomofauna cabo-verdiana 1ª parte: Biogeografia; explorações entomologicas; Timanuros; Odonatos; Dictiopteras; Orthopteros; Dermapteros. *Estudos Ensaios Docum. Jta Invest. Ultramar*, Lisbon, no. 83. 1–189, 3 maps, figs. (In Portuguese with English and French summaries.)
— 1962. Plague locusts *Oedaleus senegalensis* (Krauss) and *Schistocerca gregaria* (Forskål) in the Cape Verde Islands. (In Portuguese with English summary.) *Estud. agron.*, Lisbon, **3** (2): 61–89.
SAYED, M. T., ROSTOM, Z. M. F. & KASHEF, A. H. 1964. Contributions to the insect fauna of some oases of the Egyptian Western Desert. *Bull. Soc. ent. Egypte*, **48**: 260.
SCOTT, H. 1958. Biogeographical research in high Simien (northern Ethiopia), 1952–53. *Proc. Linn. Soc. Lond.* **170**: 1–91, 17 pls., 6 figs., 2 maps.
SISLI, M. N. 1964. The biology of *Acrotylus insubricus* Scop. (Orthoptera: Acrididae). *Comm. Fac. Sci. Univ. Ankara*, (C) **11**: 56–91, 25 figs.
SLIFER, E. H. 1953a. The pattern of heat-sensitive areas on the surface of the body of Acrididae (Orthoptera). Part I. The males. *Trans. Amer. ent. Soc.* **79**: 37–68, pls. 1–17.
— 1953b. The pattern of heat-sensitive areas on the surface of the body of Acrididae (Orthoptera). Part II. The females. *Trans. Amer. ent. Soc.* **79**: 69–97, pls. 1–18.
— 1954a. The permeability of the sensory pegs on the antennae of the grasshopper (Orthoptera: Acrididae). *Biol. Bull.*, Lancaster, Pa. **106**: 122–8, 7 figs.
— 1954b. A method for calculating the surface area of the body of grasshoppers and locusts (Orthoptera, Acrididae). *Ann. ent. Soc. Amer.* **47**: 265–71.
— 1957. The specialized heat-sensitive areas of the Moroccan locust, *Dociostaurus maroccanus* (Thunberg) and of several closely related species. *Ann. ent. Soc. Amer.* **50**: 496–9, 2 figs.
SMART, J. 1953. On the wing venation of *Physemacris variolosa* (Linn.) (Insecta: Pneumoridae). *Proc. zool. Soc. Lond.* **123**: 199–202, 1 pl., 2 figs.
SMEE, C. 1929. Insects in tobacco seed-beds. *Bull. Dep. Agric., Nyasaland*, **5**: i–ii, 1–18.
SON, G. VAN. 1955. A locust mystery. *Bull. Transvaal Mus. Pretoria*, no. 2: 7, 2 figs.
— 1958. Locust mystery solved. *Afr. Wild Life*, **12**: 27, 1 photo.
STEINMANN, H. 1963. New species of the genus *Acrida* L. (Orthoptera) from Africa and Asia. *Acta zool. hung. Budapest*, **9**: 403–27, 84 figs.
STEYN, D. G. 1962. Grasshopper (*Phymateus leprosus* Fabr.) poisoning in a Bantu child. *S. Afr. med. J.* **36**: 822–3, 1 fig.
TARBINSKY, S. P. 1930. Neue und wenig bekannte Orthopteren des paläarktischen Asiens. IV. *Zool. Anz.* **91**: 324–36, 4 figs.
— 1940. The Saltatorian Orthopterous insects of the Azerbaidzhan S.S.R. (In Russian). *Moscow Acad. Sci. U.S.S.R.* 245 pp., 179 figs.

TAYLOR, J. S. 1956. Not enemies all. *Fmg S. Afr.* **32**: 58–9, 64, 2 figs.
THOMAS, J. G. 1953. A comparison of the flight muscles of Acrididae with different wing development. *Proc. R. ent. Soc. Lond.* (A), **28**: 47–56, 4 figs.
— 1954. The post-embryonic development of the flight muscles of *Lamarckiana* sp. (Orthoptera) and a brief comparison of these with those of *Saussurea stuhlmanniana* (Karsch) and *Tanita dispar* (Miller). *Proc. R. ent. Soc. Lond.* (A), **29**: 23–31, 5 figs.
— 1962. The mesosternal bodies of Acridoidea. *Proc. R. ent. Soc. Lond.* (A), **37**: 107–13, 6 figs.
TUZET, O. & ZUBER-VOGELI, M. 1953. La spermatogenèse de *Zonocerus variegatus* L. *Bull. Inst. franç. Afr. noire*, **15**: 487–94, 4 figs.
UVAROV, B. P. 1922. Rice grasshoppers of the genus *Hieroglyphus* and their nearest allies. *Bull. ent. Res.* **13**: 225–41, 3 figs.
— 1939. In: Luisier, A. Artropodes da Madeira segundo as investigações do Sr. Prof. Dr O. Lundblad. *Broteria*, **8**: 19–20.
— 1953. Some effects of past climatic changes on the distribution of African Acrididae. *Trans. 9th int. Congr. Ent. Amsterdam*, **2** (1951): 157–9.
— 1954. Some less known graminicolous Acridid genera of Central Africa. *Ann. Mus. Congo, Tervuren, Zool.* (n.s. in 4to), **1**: 544–7, 14 figs.
— 1957. The aridity factor in the ecology of locusts and grasshoppers of the Old World. *Arid Zone Res., UNESCO, Paris*, **8**: 164–98.
— 1959. A misdetermined species of *Cyclopternacris* Ramme (Orthoptera, Acrididae). *Ent. Ber.* **19**: 23–4.
— 1966. *Grasshoppers and Locusts. A Handbook of General Acridology.* Cambridge, University Press. xi+481 pp., 244 figs.
UVAROV, B. P. & JOHNSTON, H. B. 1957. A census of the African Acridoid fauna. *Bull. Inst. franç. Afr. noire*, (A) **19** (2): 511–19.
UVAROV, B. P. & POPOV, G. B. 1957. The saltatorial Orthoptera of Sokotra. *J. Linn. Soc. Lond.* **43** (no. 292): 359–89, 38 figs.
VERDIER, M. 1959. Sur un caractère du dimorphisme sexuel chez les Acridiens. *Soc. zool. France, Séance demonstr.*, Mai 1959.
VESEY-FITZGERALD, D. F. 1964a. Scintharista notabilis capricornica subsp. nov. (Orth. Acrididae). *Eos, Madr.* **40**: 257–61, 6 figs., 1 photo.
— 1964b. An ecological survey of grasshoppers of the subfamily Catantopinae in Eastern Central Africa. *Riv. ent. Moçamb.* **7** (1): 333–78, map.
VILARDEBO, A. 1948. Un ennemi important des cultures tropicales: *Zonocerus variegatus*. *Fruits d'Outre Mer*, **3**: 324–9, figs.
— 1953. Le problème de la lutte contre *Zonocerus variegatus*. Les resultats acquis en Guinée. *Fruits d'Outre Mer*, **8**: 448–50, 3 photos.
— 1954. La lutte contre *Zonocerus variegatus*. *Fruits d'Outre Mer*, **9** (7): 302–10, 9 figs.
VOLKONSKY, M. 1939. Sur la photoakinèse des Acridiens. *Arch. Inst. Pasteur, Algiers*, **17**: 194–220, 1 pl., 1 fig.
VUILLAUME, M. 1953. Moyens de lutte préconisés contre *Zonocerus* en Côte d'Ivoire. *Fruits d'Outre Mer*, **8**: 451–2.
— 1954a. Étude du cycle du *Zonocerus variegatus* en Basse Côte d'Ivoire. *Fruits d'Outre Mer*, **9**: 147–56, 8 figs.
— 1954b. Étude de quelques tropismes chez les *Zonocerus variegatus*. *Fruits d'Outre Mer*, **9**: 242–9, 5 figs.
— 1954c. Étude du rythme d'activité de *Zonocerus variegatus* (Acrididae; Pyrgomorphinae). *Fruits d'Outre Mer*, **9**: 489–94, 6 figs.

VUILLAUME, M. 1954d. Chimiotropisme, préférences alimentaires de *Zonocerus variegatus* L. (Acrid., Pyrgomorphinae). *Rev. Path. vég.* **32**: 161–70.

1955a. Biologie et comportement en A. O. F. de *Zonocerus variegatus* L., avec essai de comparaison entre acridiens grands et petits migrateurs. *Rev. Path. vég.* **33** (1954): 121–98, 5 photos, 29 figs.

1955b. Effet de groupe chez le *Zonocerus variegatus* (Acrid., Pyrgomorphinae). *Vie et Milieu*, **6**: 161–93, 7 figs.

1957. Interattraction et effet de groupe chez *Zonocerus variegatus*. 3ᵉ *Congr. Un. int. Étud. Insectes Sociaux, Paris*, 1957: 165.

WALOFF, N. 1954. The number and development of ovarioles of some Acridoidea (Orthoptera) in relation to climate. *Physiol. comp.* **3**: 370–90, 2 figs.

WEIDNER, H. 1955. Ueber einige interessante Insekten (Lepidoptera, Orthoptera, Isopoda) aus Angola. *Ent. Z., Frankfurt-a-M.* **65**: 169–81, 189–92, 201–7, 10 figs.

1964a. Die Trachypetrellini, eine die Wüsten Südafrikas bewohnende Feldheuschreckentribus (Orthoptera, Pamphagidae), mit Beschreibung einer neuen Art. *Mitt. Hamburg, Zool. Mus. Inst. Kosswig-Festschrift*, pp. 315–31, 8 figs.

1964b. Weitere Mitteilungen zur Kenntnis der Trachypetrellini (Orth., Pamphag.). *Ent. Mitt. Zool. Staatsinst. zool. Mus. Hamburg*, **3**: 47–8.

WHELLAN, J. A. 1954. Bush locusts. *Rhod. Farm.* Feb. 19, 1954: 10, fig.

1957. Report of the Chief Entomologist for the year ending 30 September 1955. *Rhod. agric. J.* **54**: 82–92. Also *Bull. Min. Agric. S. Rhodesia*, no. 1920.

1958. Report of the Chief Entomologist for the year ending 30th September 1956. *Rhod. agric. J.* **55**: 302–13.

WHITE, M. J. D. 1965. Chiasmatic and Achiasmatic Meiosis in African Eumastacid Grasshoppers. *Chromosoma*, **16**: 271–307, figs. 1–23.

WILSON, K. & GOLDSMID, J. M. 1962. Rhodesian citrus pests. *Rhod. agric. J.* **59**: 41–61 (Orthoptera p. 57).

ZACHER, F. 1949. Orthopteroidea, Geradflügler in: Blunck, H. (Ed.) Sorauer, *Handbuch der Pflanzenkrankheiten* 5th edn. **4** (1): 228–351.

INDEX

Valid names of genera and subgenera, as well as valid combinations, are printed in italic, the former in italic capitals. Invalid spellings, mainly endings, and new species, are also indexed in roman type.

In order to economize space and avoid overburdening the index all names of infra-specific units (subspecies, varieties, aberrations, phases, forms) are indexed with their respective generic names. For example, Acanthacris ruficornis citrina is indexed as citrina, Acanthacris, also Locusta migratoria migratorioides ph. solitaria is indexed as solitaria, Locusta.

An attempt has been made to follow the rules laid down in Article 30 of the International Code chiefly in respect to name-endings of species a, um, us, i, and ii.

abajoi, *Anamesacris*, 142
abbreviata, Dirshia, 175
abbreviata, Eupropacris, 267
abbreviata, Phloeochopardia, 317
abbreviatus, Cardenius, 252
abbreviatus, Mesopsis, 366
aberrans, Acrotylus, 353
aberrans, Atractomorpha, 123
aberrans, Shelfordites, 129
aberrans, Teratomastax, 12
abessinica, Gymnobothroides, 315
ABISARES, 242
abrupta, Tmetonota, 353
absidata, Physophorina, 40
absidata, Shortridgea, 40
abyssinica, Coryphosima, 309
abyssinica, Cyrtacanthacris, 278
abyssinica, Eyprepocnemis, 205
abyssinica, Parasphena, 106
abyssinica, Parasphenula, 106
abyssinica, Stenoscepa, 106
abyssinicus, Cataloipus, 217
abyssinicus, Chrotogonus, 76
abyssinicus, Neritius, 210
ACANTHACRIS, 281
ACANTHOMASTAX, 9
ACANTHOXIA, 152
acerosa, Phorenula, 385
ACINIPE, 66
ACOCKSACRIS, 394
acocksi, Devylderia, 136
ACORYPHA, 188
ACORYPHELLA, 199
ACRIDA, 285
ACRIDARACHNEA, 362
ACRIDIDAE, 141
ACRIDINAE, 285
ACRIDODERES, 270
ACRONOMASTAX, 2
ACROPHYMUS, 200
ACROSTEGASTES, 142
ACROSTIRA, 66
ACROTYLUS, 353
ACTEANA, 298

acuminata, Acrida, 286
acuminata, Bolivarella, 58
acuminata, Duronia, 303
acuminata, Heteracris, 211
acuminata, Wilverthia, 293
acuta, Coryphosima, 309
acuta, Paracomacris, 309
acuta, Tapesia, 93
acutangulus, Gastrimargus, 339
acuticerca, Ambrea, 236
acuticercus, Afroxyrrhepes, 165
acuticercus, Catantops, 262
acutipennis, Atractomorpha, 123
acutipennis, Bocagella, 182
acutissima, Carcinomastax, 10
acutus, Eremotettix, 60
ADEPHAGUS, 59
adjuncta, Amphiprosopia, 220
adjuncta, Tanita, 116
adspersus, Amblyphymus, 194
adspersus, Heteracris, 211
adustus, Catantops, 263
aegrotus, Phymateus, 82
aegyptium, Acridium, 274
aegyptium, Anacridium, 274
aeolopoides, Hilethera, 323
aequus, Stenohippus, 380
aeruginosa, Cyrtacanthacris, 277
aestuans, Lamarckiana, 50
aethiopica, Phorenula, 386
aethiopicus, Aulacobothrus, 386
aethiopicus, Parathisoicetrus, 217
affinis, Acrostegastes, 143
affinis, Apoboleus, 233
affinis, Pseudogeloius, 126
affinis, Usambilla, 133
africana, Phorenula, 390
africanus, Aulacobothrus, 390
africanus, Gastrimargus, 339
africanus, Gelastorhinus, 294
africanus, Hieroglyphus, 156
AFROHIPPUS, 392
AFROSPHENA, 106
AFROSPHENELLA, 109

INDEX

AFROXYRRHEPES, 165
agomena, Caryanda, 225
agomena, Carydana, 225
AIOLOPUS, 320
AKICERA, 59
AKICERINAE, 59
alata, Acanthomastax, 9
alazonica, Acteana, 298
albicans, Xenotettix, 269
albidula, Dericorys, 141
albifrons, Auloserpusia, 237
albini, Pyrgomorphella, 109
albipennis, Sphingonotus, 328
albolineatus, Euchorthippus, 380
albomarginatus, Chorthippus, 379
alca, Manowia, 32
alca, Orthochtha, 304
aldabrensis, Aeolopus, 321
alessandricus, Catantops, 256
algeriana, Thalpomena, 325
algerica, Tmethis, 62
algericus, Helioscirtus, 325
ALLAGA, 230
ALLAGA, 231
ALLOTRIUSIA, 243
amabile, Kraussella, 377
amabilis, Cardenius, 251
AMALOMASTAX, 17
amaranthina, Taphronota, 91
AMATONGA, 11
ambages, Lobopoma, 307
AMBATOMASTAX, 30
ambigua, Allaga, 231
AMBLYPHYMUS, 194
AMBOSITRACRIS, 125
AMBREA, 236
AMESOTROPIS, 371
amethystina, Pachynotacris, 272
AMIGUS, 64
AMISMIZIA, 230
ampanihi, Wintrebertia, 27
AMPHICREMNA, 290
AMPHIPROSOPIA, 220
ampla, Orthochtha, 304
ampla, Tanita, 116
amplificata, Coryphosima, 309
amplus, Gastrimargus, 340
ANABIBIA, 200
ANABLEPIA, 375
ANACATANTOPS, 253
ANACRIDIUM, 273
ANACRIDODERES, 270
ANAEOLOPUS, 320
ANAMESACRIS, 142
ANAPROPACRIS, 267
anchietae, Gymnobothrus, 312
ancisa, Pododula, 226
anderssonii, Trachypetrella, 58
andranovatae, Wintrebertia, 29
ANEURYPHYMUS, 191

angolensis, Anablepia, 375
angolensis, Cardeniopsis, 251
angolensis, Hyperocnocerus, 297
angolensis, Lamarckiana, 46
angolensis, Malcolmburria, 317
angolensis, Pezotagasta, 105
angolensis, Phymeurus, 196
angolensis, Trichocatantops, 247
angolensis, Xiphocera, 396
angringitra, Paraspathosternum, 150
angulata, Lobomastax, 12
angulata, Wintrebertia, 28
angulatus, Acrotylus, 354
angulatus, Catantopsilus, 245
angulifera, Kraussaria, 283
anguliferum, Acridium, 283
anguliflava, Eucoptacra, 176
angusta, Anablepia, 376
angustata, Tapesia, 93
angusticollis, Tapesia, 93
angusticornis, Parga, 291
angusticornis, Rhabdoplea, 299
angusticornis, Stolliana, 56
angustipennis, Tapesia, 93
angustipennis, Trilophidia, 351
angustus, Tenuitarsus, 69
ANISCHNANSIS, 244
annulata, Trilophidia, 350
annulata, Truxalis, 363
annulatus, Acrotylus, 351
annulatus, Catantops, 257
annulipes, Perinetella, 20
annulipes, Perinetia, 20
annulosus, Heteracris, 211
annulosus, Thisoicetrus, 211
ANOXYRRHEPES, 166
antennata, Bacteracris, 140
antennata, Maura, 91
antennata, Trilophidia, 352
antennatus, Calliptamicus, 199
antennatus, Horaeocerus, 215
antennatus, Stenocrobylus, 228
ANTHERMUS, 248
ANTITA, 234
APHANAULACRIS, 150
APHANTOTROPIS, 58
apicalis, Chorthippus, 379
apicalis, Cultrinotus, 54
apicicornis, Taphronota, 90
APOBOLEUS, 232
appendiculata, Euschinidtia, 4
appendiculata, Heteromastax, 2
appendiculatus, Peoedes, 7
appenhageni, Arminda, 224
apricarius, Acrotylus, 354
aptera, Surudia, 205
APTEROPEOEDES, 22
APTEROPEOEDI, 21
arabafrum, Anacridium, 274
arachidis, Pyrgomorphella, 109

INDEX

arachidis, Stenoscepa, 109
arcuata, Wintrebertia, 28
arenicola, Chrotogonus, 70
arenosa, Lamarckiana, 46
areolata, Platymastax, 21
areolatus, Catantops, 397
ARESCEUTICA, 236
ARIASIUS, 63
aridus, Dirshacris, 151
armata, Harpemastax, 10
armata, Parawintrebertia, 31
armata, Pseudoschmidtia, 14
ARMINDA, 224
armipes, Xenotettix, 269
arthritica, Phyxacra, 270
arthriticum, Acridium, 397
ascensi, Paracoptacra, 180
asellus, Thericles, 35
ashantica, Atractomorpha, 123
asina, Hoplolopha, 52
ASMARA, 217
asper, Sphingonotus, 332
aspera, Wernerella, 332
asperata, Chondracris, 281
asthmaticus, Catantopsis, 250
asymmetrica, Tangana, 227
asymmetricum, Ixalidium, 227
aterrima, Cawendia, 104
atra, Dictyophorus, 94
ATRACTOMORPHA, 123
atriceps, Poecilocera, 97
atrox, Xiphoceriana, 51
attenuatus, Eremidium, 135
attenuatus, Heteracris, 212
attenuatus, Thisoicetrus, 212
AULOCAROIDES, 324
AULOSERPUSIA, 237
aurantiaca, Morphacris, 349
aurantiacus, Exochoderes, 181
aurantius, Acrotylus, 355
aurantius, Phaeocatantops, 255
aureus, Acrotylus, 357
aurivillii, Atractomorpha, 123
aurora, Cardenius, 251
aurora, Cophotylus, 331
AUSTENIELLA, 170
australis, Stauronotus, 398
aviculus, Leptoscirtus, 285
axillaris, Catantops, 257
AZAREA, 368
azurescens, Sphingonotus, 328
azureus, Abisares, 243

baccatus, Maphyteus, 82
baccatus, Phymateus, 83
backlundi, Dnopherula, 385
BACTERACRIS, 140
BADISTICA, 170
BAIDOCERACRIS, 368
balachowskyi, Lavanonia, 27

baliensis, Caloptenopsis, 184
balmati, Lavanonia, 27
BAMBESA, 306
bara, Acrida, 286
barbarus, Calliptamus, 183
BAROMBIA, 223
basalis, Catantopsis, 250
basidens, Eucoptacra, 76
basidentata, Malagassa, 3
basifer, Caloptenus, 398
basilewskyi, Amesotropis, 371
BASUTACRIS, 138
basutensis, Wernerella, 332
basuto, Brachyphymus, 198
basuto, Eremidium, 135
batesi, Hemierianthus, 1
BATRACHIDACRIS, 67
BATRACHORNIS, 60
BATRACHOTETRIX, 61
banmanni, Chondracris, 281
baumei, Cardeniopsis, 250
bayaoi, Ocnocerus, 298
beieri, Sauromastax, 8
bellamyi, Acrostira, 66
bellula, Badistica, 170
bemokae, Wintrebertia, 28
benetrixi, Tetefortina, 23
BERENGUERIA, 384
berlandi, Pterotiltus, 173
BETISCOIDES, 139
betrokae, Parawintrebertia, 31
biarcuata, Pseudoschmidtia, 14
bicolor, Acrida, 286
bicolor, Chorthippus, 379
bicolor, Perineta, 226
bicoloripes, Phyllocercus, 220
bicoloripes, Tapiamastax, 12
bicornis, Acrotylus, 326
bidens, Eucoptacra, 176
bidens, Euschmidtia, 4
bifida, Acanthomastax, 9
bifida, Parasymbellia, 19
bifidus, Catantops, 258
bifoveolata, Berengueria, 385
bifoveolata, Dnopherula, 385
bifoveolata, Phorcnula, 385
bigranosus, Phymeurus, 196
bigutta, Cardeniopsis, 250
biguttulus, Chorthippus, 379
bilineata, Machaeridia, 293
bimaculata, Plagiacris, 300
bimaculatus, Caloptenopsis, 184
bintumana, Coryphosima, 309
biplagiata, Calderonia, 265
biplagiata, Schulthessia, 122
biplagiata, Symbellia, 18
bipunctatus, Euryphymus, 196
biskrensis, Acrotylus, 356
bisulcata, Orthochtha, 304
bisulcata, Phlaeoba, 304

bisulcata, Rasperecta, 304
bituberculatus, Platacanthoides, 193
bivittata, Platypternopsis, 373
bivittata, Zacompsa, 312
bivittatus, Cardenius, 397
blanchardi, Chrotogonus, 74
blanchardi, Serpusia, 234
blondeli, Acrotylus, 354
bloyeti, Chrotogonus, 71
BOCAGELLA, 181
BOLIVARELLA, 57
BOLIVAREMIA, 142
bolivari, Bocagella, 182
bolivari, Bothrocaracris, 191
bolivari, Dericorys, 141
bolivari, Epistaurus, 177
bolivari, Euthymia, 159
bolivari, Maura, 92
bolivari, Pseudothericles, 35
bolivari, Truxalis, 363
bolivariana, Lamarckiana, 46
bonneti, Stenohippus, 381
boranensis, Parasphenula, 107
boranensis, Stenoscepa, 107
bormansi, Shoacris, 81
boschimana, Bullacris, 37
bosimavoana, Micromastax, 25
BOSUMIA, 191
bothai, Devylderia, 137
BOTHROCARACRIS, 191
bouvieri, Cerechta, 241
BRACHYACRIDA, 290
BRACHYCATANTOPS, 240
brachycnemis, Orthochtha, 305
BRACHYCROTAPHUS, 369
BRACHYPHYMUS, 198
brachyptera, Brownacris, 216
brachyptera, Chrotogonus, 76, 77, 78
brachyptera, Eyprepocnemis, 205
brachyptera, Pyrgomorpha, 117
brachyptera, Tanita, 117
brachypterus, Zonocerus, 96
brachypterus, Microcatantops, 241
brachypterus, Odontomelus, 295
brachypterus, Parodontomelus, 296
brachypterus, Phymeurus, 196
BRACHYTYPUS, 32
bradyana, Pagopedilum, 57
BRAINIA, 395
brancsiki, Pseudorubellia, 87
braziliensis, Truxaloides, 365
brazzavillei, Acorypha, 188
brazzavillei, Aulacobothrus, 387
bredoi, Bambesa, 306
bredoi, Chokwea, 308
bredoi, Pezotagasta, 105
breviceps, Paraparga, 292
breviceps, Tanita, 119
brevicorne, Spathosternum, 148
brevicornis, Coryphosima, 309

brevicornis, Lamarckiana, 50
brevicornis, Loboscelicana, 50
brevicornis, Thisoicetrus, 215
brevifurca, Afroxyrrhepes, 165
brevipedalis, Coenona, 233
brevipenne, Spathosternum, 148
brevipennis, Afrohippus, 392
brevipennis, Amphicremna, 291
brevipennis, Chrotogonus, 77
brevipennis, Paraparga, 292
brevipennis, Zonocerus, 96
brevipes, Eursternacris, 333
brevipes, Gastrimargus, 340
brevipes, Goniocara, 376
brevipes, Platypternodes, 374
brevipes, Sphingonotus, 331
brevis, Atractomorpha, 124
brevis, Anablepia, 376
brevis, Pagopedilum, 57
brevivalvatus, Stenomastax, 7
brincki, Rhachitopis, 194
BROWNACRIS, 216
browni, Karruacris, 134
browni, Pneumoracris, 41
browni, Stenomastax, 7
browni, Thericles, 35
brunneri, Arminda, 224
brunneri, Cataloipus, 218
brunneri, Hemicharilaus, 43
brunneri, Lopheuthymia, 160
brunneri, Stenomastax, 7
brunneri, Tristria, 163
brunneriana, Chromacrida, 290
brunneriana, Xiphoceriana, 52
brunneus, Chorthippus, 379
brunni, Tapesia, 93
BRYOPHYMA, 271
bufonius, Poekilocerus, 112
bugoiensis, Paralobopoma, 302
BULLACRIS, 37
BUNKEYA, 34
burri, Arminda, 224
burri, Caconda, 81
burri, Chokwea, 308
burri, Cophohippus, 383
burri, Dnopherula, 385
burri, Euschmidtia, 7
burri, Luenia, 385
burri, Moxicus, 81
burri, Ocnocerus, 298
burri, Paraschmidtia, 7
burri, Phorenula, 385
burri, Sphingonotus, 330
burtti, Anischnansis, 244
burtti, Catantops, 258
burtti, Euschmidtia, 5
burtti, Eyprepocnemis, 206
burtti, Ischnansis, 244
burtti, Mecostibus, 128
burtti, Physocrobylus, 230

INDEX

burtti, Swaziacris, 136
burtti, Trilophidia, 351
burtti, Truxalis, 364
BURTTIA, 227
burttianus, Truxaloides, 366
bushmanicum, Lithidium, 144
butticerca, Acronomastax, 3
büttneri, Brachycrotaphus, 369
buyssoni, Phymateus, 84
BUYSSONIELLA, 122

cabaceira, Acrotylus, 354
cabrerai, Egnatiella, 285
CACONDA, 81
cacuminata, Taphronota, 89
caerulans, Sphingonotus, 328
caerulescens, Oedipoda, 350
cafer, Ochrophlebia, 113
caffra, Ochrophlebia, 113
caffra, Thrincotropis, 45
calabarica, Parapetasia, 95
calcarata, Hyalorrhipis, 327
calcarata, Xenotettix, 269
calcaratus, Aulacobothrus, 386
calcaratus, Paraxenotettix, 269
calcaratus, Pternoscirtus, 326
calceata, Dictyophorus, 95
calceata, Eyprepocnemis, 206
CALDERONIA, 265
calens, Bolivarella, 58
CALEPHORUS, 360
callani, Lentula, 132
CALLICATANTOPS, 265
calliparea, Taphronota, 89
CALLIPTAMICUS, 199
CALLIPTAMINAE, 182
calliptamoides, Heteracris, 212
CALLIPTAMULOIDES, 202
CALLIPTAMULUS, 199
CALLIPTAMUS, 183
callosa, Dnopherula, 386
caloptenoides, Asmara, 217
caloptenoides, Paracaloptenus, 398
CALOPTENOPSIS, 184
CALVINIACRIS, 158
camelina, Elmisia, 347
camelina, Hoplolopha, 53
CAMOËNSIA, 91
campestris, Parasphena, 100
canaliculata, Isalomastax, 30
canariensis, Chopardminda, 224
canariensis, Oedipoda, 349
canariensis, Sphingonotus, 328
candidoi, Paralentula, 131
canescens, Hyalorrhipis, 327
canescens, Pamphagus, 46
CANNULA, 296
canonica, Ocneridia, 63
cantans, Batrachotetrix, 61
capensis, Afrosphenella, 109

capensis, Devylderia, 137
capensis, Eremotettix, 60
capensis, Euryphymus, 192
capensis, Lounsburyna, 393
capensis, Macrothiria, 396
capensis, Phymella, 91
capensis, Pyrgomorpha, 118
capensis, Sphingonotus, 328
capicola, Keya, 307
capicolus, Aulocaroides, 324
capitata, Eyprepocnemis, 208
capito, Locusta, 342
capricornica, Scintharista, 338
CAPRORHINUS, 88
capsitanus, Helioscirtus, 324
carcinicrus, Penichrotes, 11
CARCINOMASTACINI, 8
CARCINOMASTAX, 9
CARDENIOIDES, 253
cardenioides, Eupropacris, 267
CARDENIOPSIS, 250
CARDENIUS, 252
cardinalis, Phymateus, 84
carinata, Ambatomastax, 30
carinata, Parasphena, 109
carinata, Parasphenella, 106
carinata, Pnorisa, 383
carinata, Porthetis, 54
carinata, Pseudoschmidtia, 14
carinatus, Charilaus, 42
carinatus, Chrotogonus, 71
carinatus, Eneremius, 145
carinatus, Eremotmethis, 61
carinatus, Gymnobothrus, 312
carinatus, Lithidiopsis, 145
carinatus, Pachyphymus, 191
carinatus, Sphingoderus, 327
carinatus, Sphingonotus, 327
carinicrus, Amatonga, 11
carinulata, Acrida, 286
carinulata, Pyrgomorphella, 109
carli, Catantopsilus, 245
carli, Oxyaeida, 210
carli, Piezomastax, 32
carnapi, Pteropera, 239
carpi, Acocksacris, 394
carterocera, Lobopoma, 308
carvalhoi, Oedaleus, 344
carvalhoi, Pseudoarcyptera, 391
CARYDANA, 225
CATALOIPUS, 217
catamita, Serpusia, 234
CATANTOPINAE, 223
catantopoides, Stenocrobylus, 228
CATANTOPS, 256
CATANTOPSILUS, 245
CATANTOPSIS, 249
cauta, Paracoptacra, 180
cavifrons, Geloiodes, 127
cavroisi, Ornithacris, 280

CAWENDIA, 104
centralis, Coryphosima, 309
centralis, Paracomacris, 309
centralis, Wintrebertella, 17
cephalica, Morondavia, 162
cephalica, Pseudoarcyptera, 391
cephalicus, Pyrganthermus, 244
cephalotes, Callicantantops, 266
ceraseus, Rhachitopis, 194
cercalis, Anoxyrrhepes, 166
CERECHTA, 241
cervinus, Stenocrobylus, 229
CHAPMANACRIS, 121
charadrophila, Auloserpusia, 237
CHARILAIDAE, 42
CHARILAUS, 42
charliersi, Cardenius, 251
cheesmanae, Heteropternis, 333
cheradophila, Pseudogmothela, 382
cheranganica, Parasphena, 100
chianga, Phymeurus, 196
CHIRINDITES, 111
CHIRISTA, 311
CHLOEBORA, 337
CHLOROMASTAX, 22
chloronota, Duronia, 302
chloronota, Laufferia, 112
chloronotus, Cardeniopsis, 251
CHLOROXYRRHEPES, 167
CHOKWEA, 308
CHONDRACRIS, 281
chopardi, Auloserpusia, 237
CHOPARDMINDA, 224
CHOROTYPINAE, 1
CHORTHIPPUS, 379
CHROMACRIDA, 290
CHROMOMASTAX, 13
CHROMOTRUXALIS, 363
CHROTOGONUS, 69
chyuluensis, Parasphena, 100
cimex, Lathicerus, 68
cinctipes, Jasomenia, 319
cinctus, Phymateus, 83
cinerascens, Lamarckiana, 50
cinerascens, Lobosceliana, 50
cinereum, Acridium, 398
cinnabarina, Hulstaertia, 317
cinnabarina, Trilophidia, 351
cinnabarinus, Stenocrobylus, 229
cisti, Tmethis, 61
citrina, Acanthacris, 282
citrina, Berengueria, 389
citrina, Pycnodictya, 336
citrinus, Oedaleus, 345
citripennis, Pycnodictya, 336
citronotus, Marsabitacris, 104
clara, Caloptenopsis, 186
clathrata, Europacris, 268
clathratus, Catantops, 258
clepsydrae, Gastrimargus, 340

CLERITHES, 33
cochleatus, Acrophymus, 201
cockerelli, Chromotruxalis, 363
coelesyriensis, Caloptenus, 398
COENONA, 233
coerulans, Egnatioides, 284
coerulans, Machaeridia, 293
coerulans, Phyxacra, 270
coerulea, Heteropternis, 333
coeruleipennis, Thalpomena, 326
coeruleipennis, Thisoicetrus, 214
coeruleipes, Tristria, 163
coerulescens, Faureia, 392
coerulescens, Heteracris, 212
coerulescens, Oedipoda, 350
coerulescens, Thisoicetrus, 212
coeruleus, Orbillus, 267
coerulipes, Heteracris, 214
coerulipes, Thisoicetrus, 214
cognata, Pyrgomorpha, 114
cognatus, Cataloipus, 218
COHEMBIA, 299
COMACRIS, 311
comis, Anthermus, 248
comoroensis, Pamphagella, 182
compressa, Stolliana, 50
compressicornis, Calephorus, 400
compressicornis, Calephorus, 360
compressicornis, Oxycoryphus, 360
compta, Chirista, 311
concolor, Eleutherotheca, 383
concolor, Rutidoderes, 82
confusa, Acrida, 287
confusus, Paracardenius, 242
congana, Euschmidtia, 5
congensis, Atractomorpha, 399
congica, Europacris, 268
CONGOA, 284
congoensis, Bunkeya, 34
congoensis, Caloptenopsis, 184
congoensis, Oxycatantops, 245
congonica, Machaeridia, 293
conica, Pyrgomorpha, 115
coniceps, Malagassa, 4
coniceps, Malagassa, 3
CONISTICA, 337
connectens, Aphantotropis, 58
conops, Tristria, 163
consobrina, Bullacris, 38
consobrina, Heteracris, 209
consobrina, Porthetis, 54
conspersa, Machaeridia, 293
conspersipes, Gymnohippus, 88
constrictus, Truxaloides, 366
conturbata, Trilophidia, 351
cooperi, Duroniella, 301
COPHOHIPPUS, 383
COPHOTYLUS, 331
COPTACRIDINAE, 175
corallipes, Taphronota, 90

428

INDEX

corneola, *Pristocorypha*, 146
cornuta, Odontomastax, 3
coronata, Acrida, 287
coryphistoides, *Devylderia*, 137
CORYPHOSIMA, 308
CORYSTODERES, 141
costata, *Morphacris*, 348
costulata, *Platypternodes*, 374
couloniana, *Heteropternis*, 333
crassiceps, *Homoeopternis*, 335
crassicollis, *Acrida*, 287
crassicollis, *Gastrimargus*, 340
crassicornis, *Geloius*, 126
crassipes, Catantops, 254
crassipes, Dnopherula, 386
crassipes, Gastrimargus, 340
crassipes, Namontia, 26
crassipes, Pachycatantops, 254
crassipes, Pezotagasta, 105
crassipes, Phorenula, 386
crassus, *Acridoderes*, 270
crassus, *Acrotylus*, 355
crassus, *Rhachitopis*, 194
crassus, *Stenocrobylus*, 229
crenulata, Atractomorpha, 398
crenulata, Parasymbellia, 19
crenulatus, Truxalis, 123
cretacea, Ochrilidia, 372
cretacea, Platypternella, 372
crida, Acrida, 287
cristata, Lamarckiana, 52
cristata, Xiphoceriana, 52
cristatus, Adephagus, 59
cristulifer, Pachyphymus, 191
CROBYLOSTENUS, 232
crocea, Chromotruxalis, 363
cruciata, Dnopherula, 385
cruciata, Phorenula, 386
cruciatus, Gymnobothrus, 313
cruciformis, Euschmidtia, 5
crucigera, Dnopherula, 388
cruentata, Petasia, 94
CRYPSICERACRIS, 67
CRYPSICERUS, 68
crypta, Sauracris, 231
cubicus, *Crypsicerus*, 68
cucullata, Lumrackiana, 46
CULMULUS, 298
cultrifer, Acanthoxia, 153
CULTRINOTUS, 54
cunctator, Taramassus, 217
cuneata, Heteromastax, 2
cuneatum, *Gymnidium*, 138
curta, Duronia, 303
curta, Tetefortina, 23
curticerca, Pseudoschmidtia, 15
curtum, *Spathosternum*, 148
curvicerca, Acronomastax, 3
curvicerca, *Ischnansis*, 245
curvicercus, Catantops, 258

curvicercus, Eremidium, 135
curvicollis, Charilaus, 42
curvicollis, *Paracharilaus*, 42
curvipes, *Rhachitopis*, 194
cuspidatus, Acrophymus, 201
cyanea, Ornithacris, 279
cyanipes, Oxya, 172
cyanoptera, Oxya, 173
cyanoptera, *Parga*, 292
cyanoptera, Zulua, 173
CYATHOSTERNUM, 219
CYCLOPTERNACRIS, 216
cylindrica, Austeniella, 170
cylindrica, *Pseudotristria*, 169
cylindrica, *Pyrgomorpha*, 115
cylindrica, Tristria, 169
cylindrica, Tropidopola, 168
cylindricollis, *Eupropacris*, 268
cylindricollis, *Usambilla*, 133
CYMATOPSYGMA, 17
cymbiferus, Cataloipus, 218
cymbiferus, Euprepocnemis, 218
CYPHOCERASTIS, 175
cyrenaicus, Calliptamus, 183
CYRTACANTHACRIDINAE, 269
CYRTACANTHACRIS, 277

daganensis, *Hieroglyphus*, 156
danica, Locusta, 342
darlingi, *Sporobolius*, 371
dasycnemis, *Orthochtha*, 305
daveyi, Acrotylus, 355
debilis, *Bryophyma*, 271
debilis, *Catantops*, 259
debilis, *Leptea*, 111
debilitatum, Acridium, 257
decempunctata, Symbellia, 18
deceptor, Paracomacris, 310
decipiens, *Catantops*, 259
decisa, Caloptenopsis, 184
deckeni, Acanthacris, 281
deckeni, Kraussaria, 284
decorata, Parasymbellia, 19
decoratus, Catantops, 254
decoratus, *Phaeocatantops*, 254
decorsei, Geloius, 126
decorsei, *Pseudogeloius*, 126
decorus, Oedaleus, 344
defurcatus, Catantopsilus, 245
degener, Apoboleus, 233
demangei, Hilethera, 323
deminuta, Serpusia, 235
DENDROMASTAX, 9
dentata, Acronomastax, 3
denticercus, Eremidium, 135
denticulata, Wintrebertia, 28
depressa, Uhagonia, 122
depressus, Dioscoridus, 230
DERICORYS, 141
DERICORYTHINAE, 141

INDEX

desaegeri, Amesotropis, 371
descampsi, Dnopherula, 386
deserticola, Calliptamus, 183
desertorum, Lithidium, 144
deses, Parepistaurus, 178
determinatus, Gastrimargus, 341
deustus, Acrotylus, 355
deustus, Acrotylus, 400
DEVYLDERIA, 136
DIABLEPIA, 375
diabolicus, Cardeniopsis, 251
diabolicus, Ocnocerus, 298
DIADEMACRIS, 147
diana, Acrotylus, 355
DIBASTICA, 171
DICTYOPHORUS, 93
DIGENTIA, 174
digitatus, Trichocatantops, 247
diluta, Pycnodictya, 336
dilutus, Cardenius, 253
dilutus, Oedaleus, 345
dimidiata, Gerista, 174
dimidiata, Jasomenia, 319
dimorpha, Chloebora, 337
dimorpha, Tristria, 163
dimorphipes, Orthochtha, 305
DIOSCORIDUS, 230
dioscoridus, Brachytypus, 32
dipelecia, Acorypha, 188
DIRSHACRIS, 151
dirshi, Euschmidtia, 5
dirshi, Taramassus, 217
DIRSHIA, 174
discoidalis, Caloptenus, 183
discoidalis, Tristria, 164
discolor, Bullacris, 38
discreta, Parawintrebertia, 31
discreta, Wintrebertia, 31
dispar, Parasphena, 104
dispar, Pseudosphena, 104
dispar, Pyrgomorpha, 115
dispar, Tanita, 116
dispar, Thyridota, 371
dispar, Tmetonota, 353
disparilis, Thericles, 35
distanti, Brachyacrida, 290
distanti, Chrotogonus, 71
distanti, Transvaaliana, 55
distinguendus, Catantops, 259
dius, Kraussaria, 284
diversicornis, Stenocrobylus, 229
diversipennis, Pamacris, 308
divisa, Caloptenopsis, 184
djeboboensis, Eyprepoenemis, 206
DNOPHERULA, 384
dociostauroides, Aeolopus, 321
DOCIOSTAURUS, 378
domenechi, Bolivaremia, 142
donskoffi, Wintrebertia, 28
dorsalensis, Eyprepocnemis, 206

dorsata, Dnopherula, 386
dorsata, Phorenula, 386
draconis, Transvaaliana, 55
dregei, Anablepia, 376
dromedaria, Xiphocera, 52
dromedarius, Phalinus, 148
dubia, Dnopherula, 387
dubia, Parasphenella, 107
dubia, Parasphenoides, 107
dubia, Stenoscepa, 107
dubiosa, Oshwea, 227
dubiosus, Cardenius, 251
dumonti, Pamphagulus, 142
duodecimpunctata, Symbellia, 18
DUPLESSISIA, 232
durieui, Glauia, 65
DURONIA, 302
DURONIELLA, 301
durus, Sphaerophallus, 21
DYSCOLORHINUS, 125

eblis, Lamarckiana, 47
ebneri, Anthermus, 248
ECHINOTROPINAE, 44
ECHINOTROPIS, 44
edax, Gelastorhinus, 294
EGNATIELLA, 285
EGNATIINAE, 284
EGNATIOIDES, 284
elegans, Chloromastax, 22
elegans, Dibastica, 171
elegans, Frontifissia, 228
elegans, Galideus, 161
elegans, Zonocerus, 96
elegantula, Anapropacris, 267
elephas, Pamphagus, 64
ELEUTHEROTHECA, 383
elgonensis, Acrotylus, 355
elgonensis, Coryphosima, 309
elgonensis, Parasphena, 101
elgonensis, Tanita, 121
elgonensis, Trichocatantops, 247
ELMISIA, 347
elongata, Orthochtha, 305
elongata, Protanita, 121
elongatus, Catantopsilus, 245
elongatus, Gymnobothrus, 313
elongatus, Kalaharicus, 130
elongatus, Xenippoides, 162
ELUTRONUXIA, 26
emalica, Dnopherula, 387
emalica, Phorenula, 387
emalicus, Brachycatantops, 240
emeni, Gymnobothrus, 313
ENEREMIUS, 145
enigmatica, Katangacris, 104
ENOPLOTETTIX, 268
ensator, Acanthoxia, 153
ensicornis, Lamarckiana, 47
ensis, Oxytruxalis, 363

INDEX

eos, Truxaloides, 365
epacromioides, Stauroderus, 381
epacromioides, Stenobothrus, 381
epacromioides, Stenohippus, 381
ephippinotus, Gymnobothrus, 313
EPISTAURUS, 177
equuleus, Eremidium, 135
equuleus, Eremidium, 135
erectus, Eremidium, 135
EREMIDIUM, 134
EREMOGRYLLINAE, 361
EREMOGRYLLUS, 361
EREMOTETTIX, 60
EREMOTMETHIS, 61
ERMIA, 375
erna, Purpuraria, 66
erythropus, Aneuryphymus, 192
erythropyga, Serpusilla, 236
ESCALERA, 227
escalerai, Corystoderes, 142
etbaica, Cyclopternacris, 216
ethiopicus, Chrotogonus, 75
EUBOCOANA, 223
euchore, Thericles, 35
EUCHORTHIPPUS, 380
EUCOPTACRA, 176
EUDIRSHIA, 13
EUMASTACIDAE, 1
EUNAPIODES, 63
EUPREPOPTERA, 302
EUPROPACRIS, 267
EURYNOTACRIS, 143
EURYPARYPHES, 65
EURYPHYMINAE, 191
EURYPHYMUS, 192
euryscelis, Lamarckiana, 47
euryscelis, Pamphagus, 396
EURYSTERNACRIS, 332
EUSCHMIDTIA, 4
EUSCHMIDTIINAE, 4
EUTHYMIA, 159
exigua, Eucoptacra, 176
exilis, Musimoja, 169
EXOCHODERES, 181
EXOPHTHALMOMASTAX, 29
EXOPROPACRIS, 266
exota, Acrida, 287
explanata, Pseudoschmidtia, 15
EYPREPOCNEMIDINAE, 205
EYPREPOCNEMIS, 205

falcicerca, Microlobia, 14
fallax, Gymnobothrus, 313
fallax, Petamella, 166
fasciata, Digentia, 174
fasciata, Euthymia, 159
fasciata, Mananara, 226
fasciata, Morphacris, 348
fasciata, Morphacris, 400
fasciata, Ruwenzoracris, 181

fasciatipes, Aeolopus, 321
fasciatipes, Pnorisa, 384
fasciatus, Catantops, 259
fasciatus, Onetes, 160
fascifera, Nomadacris, 276
fascipes, Badistica, 170
fastigiata, Qachasia, 139
fastigiata, Swaziacris, 136
FAUREIA, 392
felix, Parepistaurus, 178
femoralis, Aiolopus, 320
femoralis, Akicera, 50
femoralis, Caloptenopsis, 184
femoralis, Cardenius, 252
femoralis, Gastrimargus, 341
femoralis, Hemiacris, 147
femoralis, Lobosceliana, 50
femorata, Parapetasia, 95
fenestrata, Xenotruxalis, 366
fernandezi, Martinezius, 203
fernandezi, Plegmapterus, 203
ferrierei, Tanita, 119
ferrifer, Caloptenopsis, 185
ferrugata, Mesembria, 399
ferruginea, Taphronota, 90
fervens, Hemiacris, 147
festa, Zacompsa, 312
festivus, Stenocrobylus, 229
filum, Mesopsera, 152
finoti, Geloius, 126
finoti, Heteracris, 212
finoti, Maroantsetraia, 20
FINOTIA, 63
FINOTINA, 277
fissa, Hoplolopha, 53
fitzgeraldi, Euschmidtia, 5
fitzgeraldi, Goniocara, 376
fitzgeraldi, Maura, 92
fitzgeraldi, Phymeurus, 196
flabelliferum, Cymatopsygma, 17
flava, Morphacris, 348
flavescens, Cyrtacanthacris, 278
flavipennis, Amphicremna, 291
flavipennis, Rhaphotittha, 393
flavipes, Pycnodictya, 336
flaviventris, Schistocerca, 273
flavolateralis, Badistica, 170
flavivittata, Kassongia, 151
flavus, Oedaleus, 345
flexuosus, Euryparyphes, 65
flexuosus, Gymnobothrus, 314
fonti, Vosseleriana, 325
forbesi, Scintharista, 337
foreli, Acinipe, 66
formosus, Cardenius, 252
fortius, Paraeumigus, 64
fotadrevoana, Tetefortina, 23
foveolata, Pseudogmothela, 382
fragilis, Machaeridia, 293
fretus, Phaeocatantops, 255

freyi, Sphingonotus, 329
FRONTIFISSIA, 228
fulva, Acanthacris, 282
fumata, Acrida, 287
fumida, Europacris, 268
fumipennis, Madimbania, 248
fumosus, Cardeniopsis, 251
fumosus, Chrotogonus, 70
fungosa, Eleutherotheca, 383
furcata, Europacris, 268
furcata, Paraserpusilla, 235
furcifer, Acrotylus, 355
fusca, Akicera, 59
fusca, Caconda, 81
fusca, Pachyceracris, 162
fuscocincta, Oedipoda, 350
fuscocoeruleipes, Cataloipus, 218
fuscorosea, Tapesia, 93
fusiformis, Afrosphena, 107
fusiformis, Caprorhinus, 88
fusiformis, Protanita, 121
fusiformis, Sphenexia, 112
fusiformis, Stenoscepa, 107

gabonica, Taphronota, 90
gabonicus, Chrotogonus, 78
GALIDEUS, 161
galinieri, Pycnodictya, 336
galinieri, Pycnodictya, 400
gallae, Parasphenula, 107
gallae, Stenoscepa, 107
ganglbaueri, Sphingonotus, 329
garambana, Ramburiella, 377
gardineri, Enoplotettix, 268
GASTRIMARGUS, 339
GELASTORHINUS, 294
GELOIODES, 127
GELOIOMIMUS, 44
GELOIUS, 125
GEMENETA, 227
GENDITIÆ, 174
genei, Dociostaurus, 378
geniculata, Ochrilidia, 372
geniculata, Platypterna, 372
GERGIS, 161
GERISTA, 174
gerstaeckeri, Atractomorpha, 123, 124
gerstaeckeri, Holopercna, 301
geyeri, Acocksacris, 394
gharrei, Merehana, 159
gibbosa, Tetefortina, 24
gibbus, Cultrinotus, 50
gigantea, Parawintrebertia, 31
gigantea, Wintrebertia, 31
gilgilensis, Loboscellana, 50
gilli, Caloptenopsis, 185
gilloni, Dnopherula, 387
giornae, Pelecyclus, 225
giornae, Pezotettix, 225
glaber, Acrostegastes, 143

glaber, Mecostibus, 128
glabra, Crypsiceracris, 67
glabra, Serpusilla, 236
glabra, Zulua, 173
glabrata, Cawendia, 104
gladiator, Acanthoxia, 153
glaucopsis, Acorypha, 185
glaucopsis, Caloptenopsis, 185
GLAUIA, 65
GLAUNINGIA, 151
GLAUVAROVIA, 65
globulifera, Apoboleus, 233
GLYPHOCLONUS, 297
gnu, Thericles, 35
GONIOCARA, 376
GONISTA, 294
GONYACANTHELLA, 152
GOWDEYA, 272
gowdeyi, Eucoptacra, 177
gracilicornis, Mesops, 367
gracilicornis, Mesopsis, 367
gracilipes, Tylotropidius, 221
gracilis, Afrosphena, 107
gracilis, Aulacobothrus, 385
gracilis, Brachycatantops, 240
gracilis, Brancsikellus, 400
gracilis, Gymnobothrus, 313
gracilis, Humbe, 344
gracilis, Ischnansis, 245
gracilis, Karruia, 137
gracilis, Leptopternis, 331
gracilis, Ochrilidia, 372
gracilis, Paralobopoma, 302
gracilis, Platypterna, 372
gracilis, Plegmapteropsis, 204
gracilis, Pternoscirtus, 326
gracilis, Stenohippus, 381
gracilis, Stenoscepa, 107
grammicus, Catantopsilus, 246
grandidieri, Phymateus, 84
grandidieri, Pycnocrania, 339
grandii, Helioscirtus, 325
grandis, Parasphenula, 107
grandis, Stenoscepa, 107
grandis, Truxalis, 364
granosa, Komandia, 376
granosus, Anthermus, 249
granosus, Eunapiodes, 63
granti, Phaulotypus, 33
granulata, Anablepia, 376
granulata, Parasphena, 100
granulata, Prostalia, 39
granulata, Pyrgomorpha, 116
granulata, Stenoscepa, 107
granulatus, Phymeurus, 196
granulosa, Mazaea, 224
granulosa, Robecchia, 143
granulosa, Transvaaliana, 55
granulosus, Gymnohippus, 88
graueri, Parapropacris, 265

INDEX

gregaria, *Schistocerca*, 273
griseus, Dictyophorus, 93
grossa, Cawendia, 104
grylloides, Pyrgomorpha, 115
guichardi, Leptea, 111
GUICHARDIPPUS, 316
guineensis, Heteracris, 213
guineensis, Thisoicetrus, 213
guttatifrons, Chromomastax, 13
guttatus, Cardenius, 252
guttifera, Heteropternis, 333
gwynni, Amphiprosopia, 220
gyarosi, Acrida, 287
GYMNIDIUM, 138
GYMNOBOTHROIDES, 315
GYMNOBOTHRUS, 312
GYMNOHIPPUS, 87

haasi, Tropidiopsis, 222
haematopus, Euryphymus, 192
haematoscelis, Ixalidium, 399
haemorrhoidalis, Catantops, 259
hamatus, Phymeurus, 196
hammadae, Eremogryllus, 362
haningtoni, Sherifuria, 307
haploscelis, Loboseliana, 50
HARPEMASTAX, 10
harterti, Heteracris, 213
harterti, Ochrilidia, 373
harterti, Platypterna, 373
harterti, Thisoicetrus, 213
hebardi, Cawendia, 104
HELIOSCIRTUS, 324
helonoma, Zacompsa, 312
HELWIGACRIS, 139
HEMIACRIDINAE, 146
HEMIACRIS, 147
HEMICHARILAUS, 42
HEMIERIANTHUS, 1
HEMIPRISTOCORYPHA, 146
hemiptera, Caloptenopsis, 186
hemipterus, Chrotogonus, 70
hemipterus, Chrotogonus, 78
hemipterus, Gymnobothroides, 315
hemipterus, Phaeocatantops, 255
herbacea, Acrida, 287
herbacea, Heteracris, 213
hesperica, Acinipe, 66
HETERACRIS, 211
HETEROMASTACINI, 2
HETEROMASTAX, 2
HETEROPTERNIS, 333
hieroglyphicus, Poecilocerus, 112
hieroglyphicus, Poekilocerus, 112
HIEROGLYPHODES, 157
HIEROGLYPHUS, 156
hierroënsis, Arminda, 224
hildebrandti, Phymateus, 82
HILETHERA, 323
hintzi, Catantopsilus, 246

HINZIA, 178
hippiscus, Plagiotriptus, 32
hirsuta, Bocagella, 182
hirsuta, Brainia, 395
hirsuta, Paulianacris, 147
hirsuta, Tetefortina, 24
hirtus, Acrotylus, 356
hirtus, Tmethis, 62
hirtus, Trichocatantops, 247
hispanica, Ramburiella, 377
HOLOPERCNA, 301
homalodemum, Ommexecha, 73
homalodemus, Chrotogonus, 73
HOMOEOPTERNIS, 335
HOMOXYRRHEPES, 167
HOPLOLOPHA, 52
HORAEOCERUS, 215
horrida, Echinotropis, 44
horrida, Hoplolopha, 52
hottentottus, Acrotylus, 356
hova, Atractomorpha, 124
hova, Leptacris, 154
hova, Lobomastax, 12
hova, Zonocerus, 96, 97, 399
HULSTAERTIA, 317
HUMBE, 343
humeralis, Catantops, 260
humeralis, Heteracris, 172
humeralis, Oxya, 172
humilicrus, Namontia, 26
humilicrus, Orthacantharis, 272
HUMPATELLA, 105
hyaletes, Pseudoschmidtia, 15
hyalina, Heteropternis, 334
hyalinus, Acrotylus, 355
hyalinus, Calliptamulus, 199
hyalodes, Humbe, 336
HYALORRHIPIS, 327
hyla, Oxya, 172
hylaeus, Abisares, 243
HYPEROCNOCERUS, 297
HYSIELLA, 161

iavellensis, Parasphenula, 107
iavellensis, Stenoscepa, 107
ibandana, Eyprepocnemis, 208
ictericus, Calliptamus, 183
ifranensis, Nadigia, 64
illepidus, Phymeurus, 196
imatongensis, Parasphena, 101
immaculata, Bullacris, 39
immaculata, Taphronota, 89
immaculatus, Oedaleus, 345
impennis, Auloserpusia, 238
impennis, Pterotiltus, 173
imperialis, Ornithacris, 280
impotens, Parapetasia, 95
impotens, Pezocatantops, 240
inanis, Pneumora, 40
incarnatus, Acrotylus, 356

INDEX

incerta, Homoxyrrhepes, 167
incisa, Pseudoschmidtia, 15
indecisus, Crobylostenus, 232
indigoferae, Chloromastax, 22
ineptus, Cardenioides, 253
inermis, Apteropeoedes, 22
inermis, Parasymbellia, 19
inermis, Pseudohysiella, 226
infernalis, Macromastax, 20
infesta, Tanita, 116
inficitus, Acrotylus, 357
inflata, Serpusia, 234
inflatifrons, Basutacris, 138
inflexus, Gymnobothrus, 313
infumata, Petamella, 166
infuscata, Klelacris, 395
inhaca, Parepistaurus, 179
innotatus, Acrotylus, 357
insignis, Caloptenopsis, 186
insignis, Camoënsia, 91
insignis, Eremocharis, 62
insignis, Tuarega, 62
insipida, Roduniella, 307
insolens, Mayottea, 242
insolita, Helwigacris, 139
insolita, Rehnula, 133
insolita, Usambilla, 133
instillatus, Oedaleus, 345
insubricus, Acrotylus, 356, 357
insularis, Brachytypus, 33
insularis, Nomadacris, 277
insularis, Wernerella, 332
integra, Pseudoschmidtia, 15
intermedia, Bullacris, 38
intermedia, Tapesia, 93
intermedius, Chrotogonus, 71
interruptus, Catantops, 263
interruptus, Oedaleus, 345
inuncatus, Pterotiltus, 173
invenusta, Dnopherula, 387
invenusta, Phorenula, 387
iris, Phymateus, 83
irisus, Plegmapterus, 203
ISALOMASTAX, 30
ISCHNANSIS, 244
isolata, Elutronuxia, 26
italicus, Calliptamus, 183
italicus, Calliptamus, 398
italicus, Caloptenus, 185
ituriensis, Catantops, 397
ituriensis, Chrotogonus, 77, 80
IXALIDIUM, 227

jacksoni, Sporobolius, 372
jagoi, Mastachopardia, 7
janus, Catantops, 397
JASOMENIA, 319
jeanneli, Heteracris, 214
jeanneli, Kinangopa, 225
jeanneli, Thisoicetrus, 214

johnstoni, Ochrilidia, 373
johnstoni, Oedaleus, 346
johnstoni, Phaeocatantops, 255
johnstoni, Truxalis, 364
joycei, Catantops, 262
JUCUNDACRIS, 210
jucundus, Chorthippus, 379
junior, Stenocrobylus, 230
junodi, Acrotylus, 357
junodiana, Heteropternis, 334

kaburu, Parasphena, 101
KALAHARICUS, 130
KALOA, 316
kamasiensis, Parasphena, 101
kamerunensis, Odontomelus, 295
karasensis, Acocksacris, 394
karasensis, Hoplolopha, 53
KARASICOLA, 198
KARRUACRIS, 134
karruensis, Acocksacris, 394
karruensis, Thrincotropis, 45
KARRUIA, 137
karschi, Brachycrotaphus, 369
karschi, Caloptenopsis, 186
karschi, Cannula, 296
karschi, Dictyophorus, 94
karschi, Phymateus, 83
karschi, Symbellia, 18
karschi, Zacompsa, 312
KASSONGIA, 151
KATANGACRIS, 104
katangae, Congoa, 284
keiseri, Pseudofinotina, 256
kelleri, Humbe, 336
kelleri, Pycnodictya, 336
keniensis, Eyprepocnemis, 206
keniensis, Parasphena, 101
KEVANACRIS, 202
KEYA, 307
keyi, Afrohippus, 392
kibara, Cawendia, 104
kilimandjarica, Uganda, 319
kilimandjaricus, Catantops, 260
kilosana, Lamarckiana, 50
kilosana, Pycnodictya, 337
KINANGOPA, 225
kinangopa, Parasphena, 102
kinangopa, Parasphena, 101
kinangopi, Pezocatantops, 240
KINKALIDIA, 272
kissenjianus, Catantops, 260
kivuensis, Kwidschwia, 239
klaptoczi, Rhabdoplea, 300
KLELACRIS, 395
knipperi, Acrotylus, 357
koba, Eudirshia, 13
KOMANDIA, 376
korsakovi, Sphingonotus, 325
korsakovi, Vosseleriana, 325

INDEX

kosswigiana, Trachypetrella, 59
KRATOPODIA, 30
KRAUSSARIA, 283
KRAUSSELLA, 377
kraussi, Leptacris, 154
kraussi, Ochrilidia, 373
kraussi, Onetes, 160
kraussi, Platypterna, 373
kraussi, Pyrgomorpha, 115
kraussi, Rhamphacrida, 154
kulalensis, Parasphena, 102
kuthyi, Microtmethis, 145
KWIDSCHWIA, 239

lacerta, Allaga, 231
lacerta, Sauracris, 231
lacustris, Auloserpusia, 238
lacustris, Rehnacris, 238
laeta, Auloserpusia, 238
laeta, Cyphocerastis, 175
laeta, Duronia, 302
laevata, Frontifissia, 228
laevigata, Macroleptea, 118
laevigatus, Acridoderes, 270
laevis, Gryllus, 98
LAMARCKIANA, 45
lameerei, Chrotogonus, 78
lameerei, Sphingonotus, 329
lamottei, Comacris, 311
lamottei, Parga, 292
lanceolata, Acanthoxia, 153
lanceolata, Gonyacanthella, 153
lanuginosa, Bocagella, 182
lateritia, Scintharista, 338
LATHICERIDAE, 67
LATHICERUS, 68
laticincta, Dictyophorus, 94
laticincta, Tapesiella, 94
laticornis, Leatettix, 158
laticornis, Mesopsis, 367
laticornis, Mesops, 367
laticosta, Aeolopus, 321
latifasciatus, Sphingonotus, 328
latifrons, Arminda, 224
latipes, Eunapiodes, 64
latipes, Lamarckiana, 50
latisignata, Ruwenzoracris, 181
latruncularia, Pristocorypha, 146
latum, Ommexecha, 73
LAUFFERIA, 112
lauta, Badistica, 171
LAVANONIA, 27
laxus, Tylotropidius, 221
leai, Afrohippus, 392
leani, Heteracris, 213
LEATETTIX, 158
leionota, Dnopherula, 387
lemarineli, Serpusia, 235
LENTULA, 132
LENTULIDAE, 128

lepida, Segellia, 239
leprosus, Maphyteus, 83
leprosus, Mecostibus, 128
leprosus, Phymateus, 83
LEPTACRIS, 154
LEPTEA, 111
LEPTOPTERNIS, 331
LEPTOSCIRTUS, 285
leptotes, Penichrotes, 11
LERINNIA, 323
leroii, Aulocaroides, 324
LEVA, 380
levis, Rhaphotittha, 390
libericus, Catantops, 257
liberta, Chromotruxalis, 363
ligneola, Ochrophlebia, 113
ligulata, Pseudoschmidtia, 15
LIMNIPPA, 169
lindneri, Orthochtha, 305
lindneri, Parepistaurus, 179
lineaalba, Gymnobothrus, 313
lineaalba, Tanita, 119
linearis, Cannula, 296
lineata, Acanthacris, 282
lineata, Hoplolopha, 53
lineata, Weenenia, 302
lineatus, Paracardenius, 242
LITHIDIINAE, 143
LITHIDIOPSIS, 145
LITHIDIUM, 143
lithophila, Scintharista, 337
littoralis, Heteracris, 213
littoralis, Thisoicetrus, 213
liturata, Duronia, 302
livingstoni, Physophorina, 40
livingstonii, Physophorina, 40
lloydi, Azarea, 368
lloydi, Brachycrotaphus, 369
lobata, Dericorys, 141
lobicercus, Parepistaurus, 179
lobipennis, Acrophymus, 201
lobipennis, Pezocatantops, 240
lobipennis, Pseudoschmidtia, 15
LOBOMASTAX, 12
LOBOPOMA, 307
loboptera, Surudia, 205
LOBOSCELIANA, 49
loboscelis, Lamarckiana, 50
loboscelis, Loboscediana, 50
LOCUSTA, 342
LOCUSTANA, 343
lohenae, Tetefortina, 24
lomaensis, Phymeurus, 197
longiceps, Protanita, 121
longiceps, Pyrganthermus, 244
longiceps, Tanita, 121
longicornis, Brachycrotaphus, 369
longicornis, Aiolopus, 320
longicornis, Bullacris, 39
longicornis, Gymnobothrus, 314

INDEX

longicornis, Lobopoma, 308
longicornis, Mesopsis, 368
longicornis, Physemacris, 38
longicornis, Tropidopola, 168
longicornis, Truxalis, 364
longipennis, Eyprepocnemis, 208
longipes, Acrotylus, 356
longipes, Acrotylus, 357
longipes, Gastrimargus, 341
longivalva, Micromastax, 25
loosi, Tanita, 119
LOPHEUTHYMIA, 159
LORYMA, 150
LOUNSBURYNA, 393
LOVERIDGACRIS, 95
luanensis, Clerithes, 33
luanensis, Cultrinotus, 54
lucasi, Duroniella, 301
lucasi, Omocestus, 378
lucicola, Exophthalmomastax, 29
lucrosus, Cardenioides, 253
luctuosa, Oreacris, 339
luctuosa, Pargaella, 295
luculenta, Paracinema, 317
ludius, Apoboleus, 233
ludius, Ptemoblax, 233
LUENIA, 384
lugubre, Ommexecha, 73
lugubris, Chrotogonus, 76, 80
lugubris, Tapesia, 94
lurida, Maura, 92
luridus, Aiolopus, 320
luridus, Oraïstes, 156
luteipennis, Allotriusia, 244
luteola, Sauromastax, 8

machadoi, Phymeurus, 197
MACHAERIDIA, 293
macrocephala, Glauningia, 152
MACROCYMOCHTHA, 304
MACROLEPTEA, 117
MACROMASTAX, 20
macroptera, Chrotogonus, 78
macroptera, Tapesia, 93
macroptera, Zonocerus, 96
macropterus, Phymeurus, 197
maculata, Physemacris, 37
maculata, Rhodesiana, 200
madacassis, Atractomorpha, 124
madacassus, Gymnobothrus, 314
madagascariensis, Caloptenopsis, 184
madagascariensis, Gastrimargus, 339
madagascariensis, Pyrgomorpha, 399
madagassus, Phymateus, 84
madecassa, Acrida, 288
madecassa, Buyssoniella, 122, 396, 399
madecassa, Paracinema, 318
madecassa, Pyrgomorphella, 110
madeirae, Calliptamus, 183
madeirae, Euchorthippus, 380

madimbana, Madimbania, 248
MADIMBANIA, 248
mafukae, Mecostibus, 128
magnicercus, Catantops, 260
magnicercus, Stenocrobylus, 229
magnifica, Ornithacris, 280
magnifica, Scintharista, 338
magnifica, Staurocleis, 243
magnifica, Tapesia, 93, 94
magnifica, Wintrebertia, 26
magnificus, Cardenius, 251
maius, Eremidium, 135
major, Dibastica, 171
MALAGACETRUS, 211
MALAGAMASTAX, 14
MALAGASACRIS, 160
MALAGASPHENA, 87
MALAGASSA, 3
malagassa, Serpusilla, 236
MALAGASSINAE, 2
MALAGASSINI, 2
malagassum, Spathosternum, 149
malagassus, Catantops, 260
malagassus, Euprepocnemis, 209
malagassus, Sagittacris, 99
malasmanota, Auloserpusia, 238
MALCOLMBURRIA, 317
maliensis, Coryphosima, 309
malzyi, Exophthalmomastax, 30
MANANARA, 226
manicae, Pseudotristria, 169
mannula, Stolliana, 57
manowensis, Parasphena, 102
MANOWIA, 32
MAPHYTEUS, 82
marcida, Paralentula, 131
margarita, Badistica, 171
marginipennis, Caloptenopsis, 186
marmorata, Chloromastax, 23
marmorata, Pneumora, 37
marmoratus, Gastrimargus, 339, 400
marmoratus, Gymnohippus, 88
marmoratus, Pamphagus, 64
MAROANTSETRAIA, 20
maroccana, Acrida, 288
maroccana, Pararcyptera, 377
maroccanus, Dociostaurus, 378
maroccanus, Stenobothrus, 378
maroccanus, Tmethis, 62
MARSABITACRIS, 104
marshalli, Aulocabothrus, 386
marshalli, Chirindites, 111
marshalli, Chrotogonus, 71
marshalli, Dnopherula, 386
marshalli, Maura, 92
marshalli, Phorenula, 387
MARTINEZIUS, 203
martini, Pagopedilum, 57
masaica, Chloeborus, 337
MASTACHOPARDIA, 7

INDEX

mateui, Pamphagulus, 142
matopo, Amblyphymus, 195
mauensis, Porasphena, 102
MAURA, 91
mauretanica, Acinipe, 66
mauretanicus, Pamphagus, 66
maxima, Finotia, 63
maxima, Parasphenula, 108
maxima, Stenoscepa, 108
maxima, Tetefortina, 24
mayidica, Hemipristocorypha, 146
MAYOTTEA, 242
MAZAEA, 224
MECOSTIBOIDES, 130
mecostiboides, Paralentula, 131
MECOSTIBUS, 128
media, Tetefortina, 24
megalocephala, Pseudogmothela, 382
melanopus, Caloptenus, 396
melanorhodon, Anacridium, 275
melanostictus, Catantops, 261
melillensis, Acinipe, 399
melillensis, Ariasa, 63
melillensis, Ariasius, 63
mellita, Exopropacris, 266
membracioides, Bullacris, 39
membranaceus, Sphaerophallus, 21
mendax, Eneremius, 145
mendizabali, Glauvarovia, 65
menyharthi, Saussurea, 49
menyharthi, Xiphocera, 396
MEREHANA, 158
meridionalis, Betiscoides, 139
meridionalis, Chrotogonus, 71
meridionalis, Eyprepocnemis, 208
meridionalis, Parasphenella, 108
meridionalis, Parasphenoides, 108
meridionalis, Penichrotes, 36
meridionalis, Stenoscepa, 108
meridionalis, Thericlesiella, 36
MERUANA, 154
meruensis, Acrotylus, 356
meruensis, Acrotylus, 358
meruensis, Caloptenopsis, 185
meruensis, Parasphena, 102
meruensis, Rhaphotittha, 390
MESOPSERA, 152
MESOPSILLA, 169
MESOPSIS, 366
METAPA, 154
METAXYMECUS, 221
METROMERUS, 183
mexicanus, Melanoplus, 398
MICROCATANTOPS, 241
MICROLOBIA, 13
MICROMASTAX, 25
microptera, Brownacris, 216
micropterus, Chrotogonus, 70
MICROTMETHIS, 144
migratoria, Locusta, 342

migratorioides, Locusta, 342
milanjica, Faureia, 392
miles, Oenocatantops, 249
milleri, Euschmidtia, 5
milleri, Pyrgomorpha, 116
MILLERIOLA, 369
millierei, Dericorys, 141
miniata, Oedipoda, 350
miniaticeps, Auloserpusia, 238
miniatipennis, Humbe, 336
miniatus, Amblyphymus, 195
minima, Carcinomastax, 10
minimus, Calliptamuloides, 203
minor, Caprorhinus, 88
minor, Catantops, 261
minor, Gergis, 161
minor, Heteropternis, 334
minor, Malagasphena, 87
minor, Mecostibus, 128
minor, Morondavia, 162
minor, Pternoscirta, 334
minor, Stolliana, 56
minor, Trilophidia, 351
minuta, Basutacris, 138
minuta, Lentula, 132
minuta, Pyrgomorpha, 117
minuta, Pyrgomorphella, 110
minuta, Quangula, 375
minuta, Schulthessiella, 34
minutus, Dericorys, 141
minutus, Heteracris, 214
minutus, Plegmapteroides, 203
minutus, Thisoicetrus, 214
MIOSCIRTUS, 349
mira, Pieltainidia, 34
mira, Rhabdoplea, 300
MIRACULINAE, 1
MIRACULINI, 1
MIRACULUM, 1
miranda, Physophorina, 40
miranda, Shortridgea, 40
mirificum, Miraculum, 1
miripennis, Glyphoclonus, 297
miserabilis, Xenomastax, 21
MISTSHENKOA, 325
mocquerysi, Galideus, 161
modesta, Acorypha, 188
modesta, Acorypha, 189
modesta, Eucoptacra, 177
modesta, Maura, 92
modestior, Egnatiella, 285
modestus, Catantops, 397
modica, Exopropacris, 266
modicicrus, Usambilla, 133
modicus, Catantops, 266
moestum, Acridium, 274
moestum, Anacridium, 275
mola, Trachypetra, 58
monomorphus, Hemicharilaus, 43
monstrosa, Socotrella, 36

INDEX

montana, Eyprepocnemis, 206
montana, Parasphenula, 108
montana, Stenoscepa, 108
montanus, Aneuryphymus, 192
montanus, Gastrimargus, 341
monteiroi, Leptacris, 154
monticollis, Saussurea, 46
montigena, Eyprepocnemis, 207
mopanei, Mecostibus, 129
morbillosus, Phymateus, 84
morbillosus, Phymateus, 399
morbosa, Cyclopternacris, 216
morogorica, Aresceutica, 236
MORONDAVIA, 162
morosus, Platacanthoides, 193
MORPHACRIS, 348
mossambica, Caloptenopsis, 187
mossambica, Caloptenus, 187
movogovodia, Chromomastax, 13
MOXICUS, 81
mucronata, Malagassa, 4
mucronata, Oxyolena, 297
mucronata, Parasymbellia, 19
multispinosus, Acrotylus, 400
munda, Rhabdoplea, 300
mundus, Stenohippus, 381
mus, Sphodromerus, 190
MUSIMOJA, 169
mutator, Calliptamus, 396
mutus, Eneremius, 146

NADIGIA, 63
nairobiensis, Parasphena, 102
nairobiensis, Parasphena, 100
naivashensis, Parasphena, 102
namaqua, Eupropacris, 268
namaqua, Peringueyacris, 39
namaquensis, Batrachornis, 60
namaquensis, Bullacris, 39
namaquensis, Eneremius, 146
namibensis, Acocksacris, 394
NAMONTIA, 26
nanus, Clerithes, 33
nanus, Shelfordites, 130
nasicus, Geloiomimus, 44
nassaui, Barombia, 223
nasuta, Acridella, 364
nasuta, Lamarckiana, 47
nasuta, Leatettix, 158
nasuta, Truxalis, 364
nasuta, Truxalis, 365
nasuta, Tryxalis, 364
nasutus, Geloius, 126
nasutus, Truxalis, 400
natalensis, Anoxyrrhepes, 166
natalensis, Basutacris, 138
natalensis, Calliptamulus, 199
natalensis, Petamella, 166
ndoloi, Acrotylus, 358

neavei, Pyrgomorpha, 117
nebulosa, Trilophidia, 351
neglectus, Cardenius, 251
NERITIUS, 210
neumanni, Phaeocatantops, 256
ngongensis, Parasphena, 103
ngongi, Pezocatantops, 240
nigerica, Hilethera, 324
nigerica, Lerinnia, 324
nigerica, Tropidopola, 168
nigericus, Aulocaroides, 324
nigericus, Gastrimargus, 341
nigeriensis, Oedaleus, 346
nigrescens, Glyphoclonus, 297
nigricornis, Eupropacris, 268
nigricornis, Horaeocerus, 216
nigricornis, Hysiella, 161
nigricornis, Orthochtha, 305
nigripennis, Acrotylus, 358
nigripennis, Sphingonotus, 329
nigripes, Cardeniopsis, 251
nigripes, Rhachitopis, 194
nigripes, Taphronota, 90
nigrithorax, Microcatantops, 225
nigrivalva, Carcinomastax, 10
nigrofasciatus, Oedaleus, 346
nigrofasciatus, Seyrigacris, 227
nigrogeniculatus, Parodantomelus, 296
nigromaculata, Eyprepocnemis, 208
nigromaculata, Symbellia, 18
nigromarginata, Amalomastax, 17
nigropicta, Parasphena, 103
nigroplagiatus, Apteropeoedes, 22
nigropunctatus, Cardeniopsis, 251
nigrosignata, Rubellia, 87
nigrotaeniatum, Spathosternum, 149
nigrovariegata, Caloptenopsis, 187
nilotica, Ochrilidia, 373
nimbaensis, Phymeurus, 197
nimbana, Coryphosima, 310
nimbana, Paracomacris, 310
nitidula, Segellia, 239
nobilis, Heteracris, 214
NOMADACRIS, 276
notabilis, Scintharista, 338
notabilis, Seyrigella, 2
notatus, Anacatantops, 253
notatus, Catantops, 253
NOTOPLEURA, 361
noxia, Eyprepocnemis, 207
nubica, Ochrilidia, 373
nuda, Calviniacris, 158
nudata, Penichrotes, 11
nudulus, Anacatantops, 254
NYASSACRIS, 134
nyassae, Euschmidtia, 5
nyassae, Mecostibus, 129
nyuki, Ochrilidia, 373
nyuki, Rhaphotittha, 390

INDEX

OBBIACRIS, 69, 70
oberthüri, Dictyophorus, 94
oberthüri, Cataloipus, 218
oberthüri, Cataloipus, 212, 218
obesa, Madimbania, 248
obesa, Tanita, 119
obesus, Acrophymus, 201
obliqua, Bullacris, 38
obliquifrons, Aulacobothrus, 387
obliquifrons, Berengueria, 387
obliquifrons, Dnopherula, 387
obliquifrons, Phorenula, 387
obscura, Dnopherula, 388
obscura, Europacris, 268
obscura, Parasphenula, 108
obscura, Phorenula, 388
obscura, Pycnodictya, 337
obscura, Stenoscepa, 108
obscuratus, Sphingonotus, 329
obscuripes, Afroxyrrhepes, 165
obscurus, Stenohippus, 381
obsoleta, Lamarckiana, 47
obsoleta, Xiphocera, 396
obtusifrons, Lentula, 132
obtusus, Eremidium, 136
occidentalis, Chrotogonus, 78
occidentalis, Gonista, 294
occidentalis, Hieroglyphodes, 157
occidentalis, Staurocleis, 243
occidentalis, Taphronota, 91
OCCIDENTOSPHENA, 100
ocellata, Bullacris, 38
ocellatus, Phymeurus, 197
ochracea, Sphingonotina, 362
ochreopyga, Serpusilla, 236
OCHRILIDIA, 372
ochrobalia, Auloserpusia, 238
OCHROPHLEBIA, 113
OCHROPHLEGMA, 114
OCNERIDIA, 63
OCNOCERUS, 297
ocreatus, Acrophymus, 201
octofasciatus, Sphingonotus, 329
oculata, Europacris, 268
ODONTOMASTAX, 3
ODONTOMELUS, 295
OEDALEUS, 344
OEDIPODA, 349
OENOCATANTOPS, 249
olcesei, Euryparyphes, 65
oldendaali, Chirindites, 111
olivacea, Auloserpusia, 237
olivacea, Macroserpusia, 237
olivacea, Petasia, 94
olivacea, Usambilla, 133
olivaceus, Phyteumas, 86
OMOCESTUS, 378
onerosa, Caloptenopsis, 187
ONETES, 160
opacula, Serpusia, 235

opacus, Gryllus, 98
ophthalmica, Acridarachnea, 362
opilionoides, Gemeneta, 228
opomaliformis, Catantopsis, 250
opulentus, Cardeniopsis, 251
opulentus, Catantops, 251
ORAÏSTES, 156
ORBILLUS, 267
ORCHAMUS, 66
OREACRIS, 338
orientalis, Caloptenopsis, 185
orientalis, Kassongia, 151
orientalis, Ornithacris, 280
orientalis, Pnorisa, 384
orientalis, Tanita, 121
ornata, Badistica, 171
ornata, Europacris, 268
ornata, Sauracris, 231
ornatipes, Acorypha, 189
ornatipes, Eyprepocnemis, 209
ornatus, Ambositracris, 125
ornatus, Calephorus, 361
ornatus, Stenocrobylus, 229
ORNITHACRIS, 279
örtendahli, Karasicola, 198
ORTHACANTHACRIS, 272
ORTHOCHTHA, 304
OSHWEA, 227
OSTRACINA, 192
OXYA, 172
OXYAEIDA, 210
OXYBOTHRUS, 316
OXYCARDENIUS, 246
OXYCATANTOPS, 245
oxycephalus, Cardenius, 251
OXYINAE, 170
OXYOLENA, 297
OXYPARGA, 299
OXYTRUXALIS, 363
oxyura, Zulua, 173

pachecoi, Wernerella, 332
PACHYCATANTOPS, 254
PACHYCERACRIS, 162
pachycerca, Orthochtha, 305
pachycercus, Trichocatantops, 247
PACHYNOTACRIS, 272
PACHYPHYMUS, 191
pachypus, Caloptenopsis, 185
pachytyloide, Humbe, 344
PAGOPEDILUM, 57
pallida, Euprepocnemis, 209
pallida, Peringueyina, 398
pallida, Sudanacris, 155
pallida, Tristria, 164
pallidafrons, Symbellia, 18
pallidicornis, Acorypha, 189
pallidinervis, Gergis, 161
pallidipes, Calliptamus, 183
pallidus, Eneremius, 146

INDEX

pallidus, Pternoscirtus, 327
pallidus, Pyrgohippus, 125
palpalis, Pseudoarcyptera, 391
palpalis, Stenobothrus, 378
PAMACRIS, 308
PAMPHAGELLA, 182
PAMPHAGIDAE, 44
PAMPHAGINAE, 63
PAMPHAGODES, 43
PAMPHAGULUS, 142
PAMPHAGUS, 64
PANZIA, 299
papillosa, Physemacris, 37
papillosa, Pneumora, 38
papillosus, Dictyophorus, 84
parabolica, Cohembia, 299
parabolica, Oxyparga, 299
PARABULLACRIS, 41
PARACARDENIUS, 241
PARACHARILAUS, 42
PARACINEMA, 317
PARACOMACRIS, 308
PARACOPTACRA, 180
paradoxa, Karruia, 137
PARAEUMIGUS, 64
PARAGELOIOMIMUS, 44
PARAGYMNOBOTHRUS, 391
PARALENTULA, 131
PARALOBOPOMA, 302
PARAPARGA, 292
PARAPETASIA, 95
PARAPHYSEMACRIS, 41
PARAPROPACRIS, 265
PARARCYPTERA, 377
PARASCHMIDTIA, 6
PARASERPUSILLA, 235
PARASPATHOSTERNUM, 150
PARASPHENA, 100
PARASPHENELLA, 106
PARASPHENOIDES, 106
PARASPHENULA, 106
PARASYMBELLIA, 19
PARATHERICLES, 34
PARATHISOICETRUS, 216
PARAWINTREBERTIA, 31
PARAXENOTETTIX, 269
pardalina, Locustana, 343
pardalis, Phymeurus, 197
PAREPISTAURUS, 178
PARGA, 291
PARGAELLA, 294
PARODONTOMELUS, 295
PARORTHACRIS, 99
parva, Betiscoides, 140
parva, Leva, 380
parva, Tanita, 120
parvipennis, Pseudoschmidtia, 15
parvula, Sauracris, 231
patagiatus, Tylotropidius, 221
patruelis, Acrotylus, 358

patruelis, Acrotylus, 356
PATTANA, 128
PAULIANACRIS, 147
pauliani, Parawintrebertia, 31
pauliani, Wintrebertia, 31
pauperatus, Cardeniopsis, 252
pauperatus, Cardenius, 252
paupercula, Lamarckiana, 47
paupercula, Xiphocera, 396
pedestre, Paraspathosternum, 150
pedestris, Eucoptacra, 177
pedestris, Pseudogmothela, 382
pellucida, Acrida, 286
pendulus, Tropidiopsis, 223
PENICHROTES, 11
PENICHROTI, 10
peninsulare, Uvarovidium, 157
pennicornis, Locusta, 113
PEOEDES, 17
peregrina, Schistocerca, 273
peregrina, Tmetonota, 353
perficita, Loryma, 150
PERINETA, 226
PERINETELLA, 20
PERINETIA, 20
PERINGUEYACRIS, 39
peringueyi, Batrachornis, 60
peringueyi, Lamarckiana, 48
peringueyi, Plerisca, 111
peringueyi, Xiphocera, 396
perloides, Batrachornis, 60
perpusillus, Aeolopus, 320
PETAMELLA, 166
PEZOCATANTOPS, 240
PEZOTAGASTA, 105
PEZOTETTIX, 225
PHAEOCATANTOPS, 254
PHALINUS, 148
PHAULOTYPUS, 33
PHIALOSPHAERA, 232
phippsi, Dnopherula, 388
phippsi, Euschmidtia, 5
phippsi, Phorenula, 388
PHLOEOCHOPARDIA, 317
PHORENULA, 384
PHYLLOCERCUS, 220
PHYMATEUS, 82
PHYMELLA, 91
PHYMELLOIDES, 110
PHYMEURUS, 195
physalus, Mecostiboides, 130
PHYSEMACRIS, 37
PHYSEMOPHORUS, 105
PHYSOCROBYLUS, 230
PHYSOPHORINA, 39
PHYTEUMAS, 86
PHYXACRA, 270
picta, Acorypha, 189
picta, Auloserpusia, 238
picta, Bryophyma, 271

INDEX

picta, Gowdeya, 272
picta, Parasphenula, 108
picta, Stenoscepa, 108
picta, Transvaaliana, 55
picteti, Wernerella, 332
picticeps, Afrosphena, 108
picticeps, Parasphena, 108
picticeps, Stenoscepa, 108
pictipes, Dnopherula, 388
pictipes, Jucundacris, 210
pictipes, Ticra, 388
pictula, Ornithacris, 280
pictula, Pycnodella, 335
picturata, Tanita, 120
pictus, Cultrinotus, 55
PIELTAINIDIA, 33
PIEZOMASTAX, 32
pigra, Sauracris, 398
pinheyi, Hoplolopha, 53
pistrinarius, Batrachotetrix, 61
PLAGIACRIS, 300
plagiata, Dnopherula, 386
plagiata, Phorenula, 386
plagiatus, Catantopsilus, 246
PLAGIOTRIPTUS, 32
planifoveola, Dnopherula, 388
PLATACANTHOIDES, 193
PLATYMASTAX, 20
PLATYPTERNELLA, 372
PLATYPTERNODES, 374
platypternoides, Pseudoarcyptera, 391
PLATYPTERNOPSIS, 372
PLATYPYGIUS, 319
platypygius, Platypygius, 320
plebeius, Calliptamus, 183
PLEGMAPTEROIDES, 203
PLEGMAPTEROPSIS, 204
PLEGMAPTERUS, 203
plenus, Oedaleus, 346
PLERISCA, 111
plicatula, Caconda, 81
plorans, Eyprepocnemis, 207
PNEUMORA, 40
PNEUMORACRIS, 41
PNEUMORIDAE, 37
PNORISA, 383
poecila, Eucoptacra, 177
POECILOCERASTIS, 180
POEKILOCERUS, 112
polychroma, Euprepoptera, 302
polychroma, Euthymia, 159
polychroma, Pseudoserpusia, 162
pompalis, Europacris, 268
portentosa, Carcinomastax, 9
PORTHETINAE, 45
PORTHETIS, 53
potamites, Auloserpusia, 238
poultoni, Cultrinotus, 55
poultoni, Oxyaeida, 210

poultoni, Taphronota, 89
praestans, Thisoicetrus, 212
prasina, Kraussaria, 284
prasina, Orthochtha, 306
prasina, Tanitella, 118
prasinata, Paralentula, 131
prasinatus, Heteracris, 214
prasinatus, Thisoicetrus, 214
prasinus, Acridoderes, 397
prehensile, Cyathosternum, 219
pretoriae, Leptacris, 155
pretoriae, Metapa, 155
PRIMNIA, 393
PRISTOCORYPHA, 146
procera, Afroxyrrhepes, 165
procera, Homoxyrrhepes, 165
procera, Oxyrrhepes, 165
procera, Pyrgomorpha, 117
procera, Truxalis, 365
procerus, Gastrimargus, 341
producta, Coryphosima, 310
producta, Paracomacris, 310
producta, Tapesia, 93
PROEUTHYMIA, 159
propinqua, Acrida, 288
PROSTALIA, 39
prosternalis, Anoxyrrhepes, 166
prosternalis, Petamella, 166
PROTAGASTA, 118, 121
PROTANITA, 121
proxima, Ochrophlebia, 113
PSEUDAMIGUS, 64
PSEUDEGNATIUS, 393
PSEUDOARCYPTERA, 391
PSEUDOFINOTINA, 256
PSEUDOGELOIUS, 126
PSEUDOGMOTHELA, 382
PSEUDOHYSIELLA, 226
PSEUDOPHIALOSPHERA, 233
PSEUDOPROPACRIS, 265
PSEUDORUBELLIA, 87
PSEUDOSCHMIDTIA, 14
PSEUDOSCHMIDTIAE, 12
PSEUDOSCHMIDTIINAE, 8
PSEUDOSERPUSIA, 162
PSEUDOSPHENA, 103
PSEUDOTHERICLES, 34
PSEUDOTRISTRIA, 169
PTEMOBLAX, 232
PTERNOSCIRTUS, 326
PTEROPERA, 239
PTEROPERINA, 241
PTEROTILTUS, 173
pudica, Heteropternis, 334
pudicus, Crobylostenus, 232
pugnax, Heteropternis, 334
pulcher, Cataloipus, 219
pulcherrima, Cyphocerastis, 175
pulcherrimus, Phymateus, 84
pulchra, Dictyophorus, 95

pulchra, Leptacris, 154
pulchra, Tanita, 119
pulchripennis, Tmethis, 62
pulchripes, Catantops, 262
pulchripes, Heteracris, 214
pulchripes, Parasphena, 103
pulchripes, Parasphena, 102
pulchripes, Phymateus, 90
pulchripes, Thisoicetrus, 214
pulla, Caloptenopsis, 187
pullus, Gymnobothroides, 316
pulvinatus, Euchorthippus, 380
punctata, Acoryphella, 200
punctata, Dnopherula, 388
punctata, Phorenula, 388
punctata, Rhytidacris, 271
punctatissima, Digentia, 174
PUNCTICORNIA, 56
puncticornis, Lamarckiana, 56
puncticornis, Puncticornia, 56
punctifrons, Lithidium, 144
punctifrons, Oxybothrus, 316
punctifrons, Pachytylus, 344
punctipennis, Homoxyrrhepes, 167
PUNCTISPHENA, 106
punctosa, Lamarckiana, 48
puniceus, Phymateus, 84
pupillata, Bullacris, 38
puppa, Amismizia, 230
PURPURARIA, 66
purpurascens, Phymateus, 86
purpurascens, Phyteumas, 86
purpurea, Tanita, 120
pusilla, Wintrebertia, 29
pusillum, Lithidium, 144
pustulata, Punctisphena, 106
putidus, Cardeniopsis, 252
PYCNOCRANIA, 339
PYCNODELLA, 335
PYCNODERUS, 337
PYCNODICTYA, 335
pygmaea, Ochrophlegma, 114
pygmaea, Serpusia, 235
pygmaeum, Spathosternum, 149
pygmaeus, Apteropeoedes, 22
PYRGANTHERMUS, 244
PYRGOHIPPUS, 125
PYRGOMORPHA, 114
PYRGOMORPHELLA, 109
PYRGOMORPHIDAE, 69
PYRGOPHYMA, 89

QACHASIA, 139
quadrata, Symbellia, 18
quadratus, Catantops, 262
quadridens, Pseudoschmidtia, 15
quadrifida, Kratopodia, 30
quadrispinosa, Carcinomastax, 10
quagga, Thericles, 35
QUANGULA, 375

rabaia, Chromomastax, 13
radama, Finotina, 277
radamae, Chromacrida, 290
radiata, Ochrophlebia, 114
RAMBURIELLA, 377
rammei, Brachycrotaphus, 370
rammei, Cardeniopsis, 252
rammei, Parapetasia, 95
rammei, Poecilocerastis, 180
rammei, Pseudopropacris, 265
rammei, Spathosternum, 149
rana, Trachypetrella, 59
ranavaloae, Finotina, 277
ranohirae, Caprorhinus, 88
RASPERECTA, 304
RASTAFARIA, 315
recta, Acorypha, 189
rectus, Paragymnobothrus, 391
recurva, Lobomastax, 12
recurvus, Thisoicetrellus, 220
reducta, Heteracris, 215
reductus, Phymeurus, 197
reductus, Platacanthoides, 193
reflexa, Hoplolopha, 53
regalis, Cardeniopsis, 252
regressivalva, Dendromastax, 9
REHNACRIS, 237
rehni, Dendromastax, 9
rehni, Exopropacris, 266
rehni, Parasphena, 101
rehni, Pseudogmothela, 382
rehni, Sygrus, 130
REHNULA, 133
relictus, Pseudogeloius, 127
rendalli, Acridella, 365
rendalli, Chrotogonus, 71
rendalli, Cultrinotus, 46
repleta, Trilophidia, 352
reyneckei, Pseudegnatius, 394
RHABDOPLEA, 299
RHACHITOPIS, 193
RHADINACRIS, 276
RHAMPHACRIDA, 154
RHAPHOTITTHA, 390
RHODESIANA, 200
rhodesianus, Acrophymus, 202
rhodesianus, Aneuryphymus, 192
rhodesianus, Phymeurus, 197
rhodesiensis, Afrosphena, 108
rhodesiensis, Stenoscepa, 108
rhodoptera, Parapropacris, 265
RHYTIDACRIS, 271
richardsi, Dnopherula, 388
richardsi, Phorenula, 388
riffensis, Pamphagodes, 43
riggenbachi, Bosumia, 190
riggenbachi, Stobbea, 190
ROBECCHIA, 143
robusta, Bryophyma, 271
robusta, Kinkalidia, 273

INDEX

robusta, Namontia, 27
robustus, Brachycatantops, 240
rodericensis, Aiolopus, 320
RODUNIELLA, 307
rolini, Chrotogonus, 78
ROMALEINAE, 142
romi, Odontomelus, 295
rosacea, Orthochtha, 306
rosacea, Scintharista, 338
rosaceus, Phaeocatantops, 255
rosea, Acrotylus, 359
rosea, Faureia, 393
rosea, Ornithacris, 280
rosea, Protagasta, 120
rosea, Protagasta, 121
rosea, Tanita, 120
roseipennis, Acrotylus, 358
roseipennis, Calliptamulus, 199
roseipennis, Cataloipus, 219
roseipennis, Poekilocerus, 97
roseipennis, Sumba, 299
roseoviridis, Europacris, 268
roseoviridis, Mesopsilla, 169
rosescens, Acrotylus, 354
roseum, Cyathosternum, 220
roseus, Acrotylus, 359
roseus, Amblyphymus, 195
roseus, Stenocrobylus, 230
rossi, Acrophymus, 201
rostrata, Taphronota, 90
rostratus, Caprorhinus, 88
rostrotuberculata, Gemeneta, 228
rothschildi, Leptopternis, 332
rothschildi, Notopleura, 361
rothschildi, Oxyaeida, 210
rotundatus, Chrotogonus, 71
rotundifrons, Dnopherula, 389
rotundipennis, Somalopyrgus, 110
ruandensis, Occidentosphena, 100
ruandensis, Parasphena, 100
RUBELLIA, 87
rubescens, Acrotylus, 357
rubescens, Sphingonotus, 329
rubidus, Amblyphymus, 195
rubra, Morphacris, 348
rubricornis, Vansoniacris, 49
rubridens, Batrachidacris, 67
rubripennulis, Plerisca, 111
rubripennulis, Pyrgomorphella, 111
rubripes, Amblyphymus, 195
rubripes, Lithidium, 144
rubripes, Malagacetrus, 211
rubripes, Mecostibus, 129
rubrispina, Gowdeya, 272
rubroornata, Parasymbellia, 19
rudolfi, Platypternodes, 374
rufescens, Acrida, 289
ruficornis, Acanthacris, 281, 283
rufijanus, Parepistaurus, 179
rufipes, Amblyphymus, 198

rufipes, Paragymnobothrus, 391
rufipes, Phaeocatantops, 255
rufipes, Phymeurus, 198
rufispinus, Abisares, 243
rufogeniculata, Genditia, 174
rufopunctata, Atractomorpha, 123
rugosa, Malagasacris, 160
rugosa, Pyrgomorphella, 110
rugosa, Somaliacris, 204
rugosipes, Lobosceliana, 51
rugosus, Phymelloides, 110
rugulosa, Maura, 92
rugulosa, Paraxenotettix, 269
rugulosa, Phorenula, 386
rugulosa, Xenotettix, 269
rugulosus, Aulacobothrus, 386
rugulosus, Geloiomimus, 45
rugulosus, Lithidiopsis, 145
rugulosus, Parageloiomimus, 45
RUTIDODERES, 82
RUWENZORACRIS, 181

sabauda, Taphronota, 90
sabulosa, Stolliana, 57
sacalava, Catantops, 262
SAGITTACRIS, 99
sagonai, Auloserpusia, 238
sagonai, Rehnula, 133
sagonai, Usambilla, 133
saharica, Notopleura, 361
sakalava, Pseudoschmidtia, 16
salariensis, Micromastax, 25
salisburyana, Lamarckiana, 50
sanctaehelenae, Primnia, 393
sanctaemariae, Microlobia, 14
sanctaemariae, Sauromastax, 8
sanguinea, Chondracris, 281
sanguinea, Morphacris, 348
sanguinipes, Chloebora, 337
sanguinipes, Rhachitopis, 194
sanguinolenta, Phlaeoba, 397
sanguinolentum, Acrydium, 98
sanguinolentus, Cardenius, 253
sanguinolentus, Onetes, 160
sansibarica, Euschmidtia, 6
sansibarus, Aiolopus, 321
sansibarus, Aiolopus, 400
saphiripes, Calliptamus, 396
satanas, Maura, 92
saturatus, Plegmapterus, 203
saucia, Conistica, 338
saucia, Scintharista, 338
saucius, Catantops, 258
SAURACRIS, 231
SAUROMASTAX, 8
SAUSSUREA, 49
SAUSSUREA, 45
saussurei, Heteropternis, 334
saussurei, Lamarckiana, 51
saussurei, Proeuthymia, 159

INDEX

savannae, Platypternodes, 374
savignyi, Aiolopus, 321
savignyi, Ommexecha, 73
savignyi, Sphingonotus, 330
saxicola, Zimbabwea, 360
saxosus, Phymateus, 84
scabriculus, Sphingonotus, 330
SCABROPYRGUS, 118
scabrosa, Ochrophlebia, 118
scabrosa, Scabropyrgus, 118
scabrosa, Tanita, 118
scalata, Amphicremna, 291
scapularis, Gymnobothrus, 314
SCHISTOCERCA, 273
schistocercoides, Rhadinacris, 276
schoutedeni, Auloserpusia, 238
schoutedeni, Paracardenius, 242
schoutedeni, Sudanacris, 156
schulthessi, Xerophlaeoba, 304
SCHULTHESSIA, 122
SCHULTHESSIELLA, 34
schulzei, Eyprepocnemis, 209
SCINTHARISTA, 337
scotti, Basutacris, 139
scudderi, Chrotogonus, 74
scudderi, Onetes, 160
scutigera, Batrachotetrix, 61
SEGELLIA, 239
sellatus, Gymnobothrus, 314
sellatus, Mecostibus, 129
selysi, Maura, 92
semialata, Oxyaeida, 210
semicarinatus, Comacris, 311
semiroseus, Calliptamicus, 199
semlikiana, Pyrgomorpha, 116
senecionicola, Afrosphenella, 109
senecionicola, Plerisca, 111
senecionicola, Pyrgomorphella, 111
senegalensis, Chrotogonus, 78
senegalensis, Chrotogonus, 75, 76
senegalensis, Euprepocnemis, 209
senegalensis, Oedaleus, 346
senegalensis, Pachytylus, 346
sepositus, Sygrus, 131
septemfasciata, Nomadacris, 276
serpae, Ochrophlebia, 113
SERPUSIA, 234
SERPUSILLA, 235
serrata, Bullacris, 39
serrata, Hoplolopha, 53
serrata, Stibarosterna, 81
serratus, Truxaloides, 366
servillei, Dictyophorus, 95
severini, Humpatella, 105
SEYRIGACRIS, 226
SEYRIGELLA, 1
seyrigi, Carcinomastax, 10
sheffieldi, Cardenioides, 253
SHELFORDITES, 129
SHERIFURIA, 306

shinyangana, Euschmidtia, 6
SHOACRIS, 80
SHORTRIDGEA, 39
siculus, Calliptamus, 183
sigmoidalis, Acrophymus, 201
signata, Eucoptacra, 177
signatus, Phaeocatantops, 256
sikorai, Heteracris, 215
simonyi, Omocestus, 378
simplex, Catantops, 253
simpsoni, Badistica, 171
sinuata, Pseudoschmidtia, 16
sinuosus, Plegmapterus, 203
sitifensis, Euryparyphes, 65
sjöstedti, Betiscoides, 140
sjöstedti, Brachycrotaphus, 370
smaragdipes, Eyprepocnemis, 209
smiti, Uvarovidium, 157
sobrina, Maura, 93
socius, Anaeolopus, 320
socotrana, Leva, 380
socotranus, Brachytypus, 33
socotranus, Physemophorus, 105
SOCOTRELLA, 36
SOCOTRELLINAE, 36
solitaria, Locusta, 342
solitarius, Catantops, 254
SOMALELLA, 326
somali, Vosseleriana, 325
somalia, Truxalis, 364
SOMALIACRIS, 204
somalica, Caloptenopsis, 187
somalica, Ermia, 375
somalica, Eurynotacris, 143
somalica, Parorthacris, 99
somalica, Surudia, 205
somalica, Urrutia, 34
somalica, Vittisphena, 99
somalicus, Catantops, 262
somalicus, Chrotogonus, 76
somalicus, Guichardippus, 316
SOMALOPYRGUS, 110
somereni, Euschmidtia, 6
sordida, Pagopedilum, 57
sordidus, Catantops, 261
soudanensis, Leva, 380
sparrmani, Lamarckiana, 48
SPATHOSTERNUM, 148
spathulacauda, Eucoptacra, 177
spatulata, Dendromastax, 9
spatulata, Pseudoschmidtia, 16
speciosa, Caloptenopsis, 187
speciosa, Macrocymochtha, 306
speciosa, Orthochtha, 306
speciosus, Heteracris, 215
speciosus, Phymateus, 399
speciosus, Tylotropidius, 222
spectabilis, Europacris, 268
spectrum, Lobosceliana, 51
SPHAEROPHALLUS, 21

INDEX

sphenarioides, Pyrgomorphella, 110
sphenarioides, Uhagonia, 122
SPHENEXIA, 112
SPHINGODERUS, 327
SPHINGONOTINA, 361
SPHINGONOTUS, 328
SPHODROMERUS, 189
spicata, Amatonga, 11
spinosus, Geloiomimus, 45
spinosus, Parageloiomimus, 45
spinosus, Paraphysemacris, 41
spinosus, Phymateus, 84
spinulosa, Malagamastax, 14
spinulosa, Odontomastax, 3
spinulosa, Physemacris, 37
spinulosa, Saussurea, 49
spinulosa, Xiphocera, 396
spissus, Catantops, 262
splendens, Catantops, 398
splendens, Plegmapterus, 204
splendens, Taphronota, 90
splendens, Tenebracris, 211
SPOROBOLIUS, 371
spumans, Dictyophorus, 94
squalinus, Dyscolorhinus, 125
squalus, Pnorisa, 384
squamipennis, Acrophymus, 202
squamipennis, Caprorhinus, 88
squamiptera, Auloserpusia, 238
squamiptera, Kevanacris, 202
squamipterus, Parepistaurus, 179
squamiptera, Surudia, 202
squarrosus, Rutidoderes, 82
squarrosus, Rutidoderes, 399
ståli, Taphronota, 91
STAUROCLEIS, 243
stauronotus, Pseudgmothela, 382
steindachneri, Brachycrotaphus, 370
steini, Pteropera, 241
steini, Pteroperina, 241
STENOBOTHRUS, 378
stenocrobyloides, Catantops, 263
STENOCROBYLUS, 228
STENOHIPPUS, 380
STENOMASTAX, 7
stenoptera, Coryphosima, 310
stenoptera, Paracomacris, 310
STENOSCEPA, 106
STIBAROSTERNA, 81
stigmaticus, Parepistaurus, 179
stipatus, Catantops, 175
stipatus, Cyphocerastis, 175
STOBBEA, 190
stolidus, Phymeurus, 198
stolli, Batrachotetrix, 61
stolli, Phymateus, 85
STOLLIANA, 56
stramineus, Culmulus, 298
strateia, Malagasacris, 160
strenua, Phyxacra, 270

strepens, *Aiolopus*, 321
strepens, Sphingonotus, 325
strepens, Vosseleriana, 325
striata, Poecilocerastis, 180
striatus, Egnatioides, 285
strigilifer, Amatonga, 11
striolata, Sauracris, 231
stuhlmanniana, Saussurea, 51
stulta, Tanita, 120
stylifer, Catantops, 263
stylifera, Heteromastax, 2
suahelica, Euschmidtia, 6
subcruciatum, Pagopedilum, 57
subcylindrica, Tanita, 120
subinvolvens, Pseudoschmidtia, 16
sublaevis, Mecostibus, 129
sublaevis, Wernerella, 332
subnuda, Aresceutica, 237
subovata, Pseudoschmidtia, 16
subparallelus, Gymnobothrus, 314
subsinuatus, Phorenula, 387
subtilis, Acrida, 288
subverrucosa, Taphronota, 91
succinea, Coptacra, 178
succineus, Epistaurus, 178
succursor, Serpusia, 235
SUDANACRIS, 155
sudanensis, Apoboleus, 233
sudanensis, Caloptenopsis, 186
sudanensis, Paracinema, 318
sudanensis, Tristria, 164
sudanica, Exopropacris, 266
sudanica, Hilethera, 324
sudanicus, Chrotogonus, 80
sudanicus, Tenuitarsus, 69
sulcata, Duplessisia, 232
sulcata, Morphacris, 349
sulcifer, Orbillus, 267
sulculatus, Hyperocnocerus, 297
sulfurescens, Calliptamulus, 199
sulfuripes, Brachyphymus, 198
sulphurea, Cyrtacanthacris, 278
sulphureus, Catantops, 255
sulphureus, Phaeocatantops, 255
sulphuripennis, Acrida, 288
SUMBA, 299
superbus, Phymateus, 85, 399
SURUDIA, 204
suturalis, Tristria, 164
SWAZIACRIS, 136
swynnertoni, Chirindites, 111
swynnertoni, Europacris, 268
swynnertoni, Trichocatantops, 247
SYGRUS, 130
sylvatica, Apoboleus, 234
sylvatica, Burttia, 227
sylvatica, Chapmanacris, 121
sylvatica, Pseudophialosphera, 234
sylvatica, Tetefortina, 24
sylvestris, Auloserpusia, 238

INDEX

sylvestris, Paracinema, 318
SYMBELLIA, 18
szumskii, Micromastax, 25

tabellifera, Kaloa, 316
taeniolatus, Catantops, 246
taeniolatus, Catantopsilus, 246
tanaensis, Cataloipus, 219
tanaensis, Chromomastax, 13
tananarive, Paralobopoma, 302
TANGANA, 227
tangana, Euschmidtia, 6
tanganus, Catantops, 264
TANITA, 118
TANITELLA, 118
TAPESIELLA, 93
TAPHRONOTA, 89
TAPIAMASTAX, 11
TARAMASSUS, 217
targui, Aulacobothrus, 390
targui, Phorenula, 390
targui, Rhaphotittha, 390
tatarica, Cyrtacanthacris, 278
taurus, Stenomastax, 8
tectifera, Pseudophialosphera, 234
tectifera, Rhytidacris, 271
tectifera, Sauromastax, 8
teitensis, Parasphena, 103
temporalis, Gymnobothrus, 314
TENEBRACRIS, 211
tenuicornis, Humbe, 343
TENUITARSUS, 69
TERATOMASTAX, 12
tereticornis, Pyrgomorpha, 117
tergestinus, Epacromius, 398
terminalis, Catantops, 264
terrea, Gemeneta, 228
terrea, Ostracina, 192
terrosa, Tmetonota, 353
tesselata, Cannula, 296
tessmanni, Truxaloides, 366
testacea, Acrida, 288
teteforti, Micromastax, 25
teteforti, Wintrebertia, 29
TETEFORTINA, 23
teydei, Sphingonotus, 330
thalassina, Bullacris, 39
thalassina, Epacromia, 322
thalassina, Lavanonia, 27
thalassinus, Aiolopus, 322
thalassinus, Aiolopus, 400
THALPOMENA, 325
thalpomenoides, Somalella, 326
THERICLEINAE, 32
THERICLELLA, 33
THERICLES, 35
THERICLESIELLA, 36
THISOICETRELLUS, 220
THISOICETRUS, 211
thomasseti, Weenenia, 302

thoracica, Anabibia, 200
thoracica, Heteropternis, 334
thoracica, Pseudorubellia, 87
THRINCOTROPIS, 45
thrymmatoptera, Yendia, 362
thunbergii, Bullacris, 38
THYRIDOTA, 371
tibialis, Caloptenopsis, 188
TINARIA, 393
tinctipennis, Oxycardenius, 246
TMETHIS, 61
TMETONOTA, 353
togoensis, Bosumia, 190
togoensis, Odontomelus, 295
togoensis, Stobbea, 190
torquata, Eucoptacra, 177
TRACHYPETRELLA, 58
trachypterus, Chrotogonus, 76
transvaalensis, Fossiferus, 397
TRANSVAALIANA, 55
transvaalicus, Amblyphymus, 195
triangularis, Pseudoschmidtia, 16
triangulum, Lamarckiana, 50
tricarinata, Pyrgomorpha, 117
TRICHOCATANTOPS, 247
tricinctus, Sphingonotus, 330
tricolor, Duronia, 302
tricolor, Paracinema, 318
tricolor, Poecilocerastis, 180
tricostatus, Phymeurus, 198
tridens, Pseudoschmidtia, 16
tridens, Malagassa, 4
trifasciatus, Acrotylus, 359
trifasciatus, Cardeniopsis, 252
trilobata, Pseudoschmidtia, 16
TRILOPHIDIA, 350
trimaculatus, Catantops, 264
tristis, Cyphocerastis, 175
tristis, Eubocoana, 223
TRISTRIA, 163
TROPIDIOPSIS, 222
TROPIDOPOLA, 168
TROPIDOPOLINAE, 163
truncata, Micromastax, 25
TRUXALINAE, 362
TRUXALIS, 363
TRUXALOIDES, 365
tryxalicerus, Brachycrotaphus, 370
tschoffeni, Amphicremna, 291
tuareg, Sphodromerus, 190
TUAREGA, 62
tuberculata, Batrachidacris, 67
tuberculata, Crypsicercaris, 67
tuberculata, Lentula, 132
tuberculata, Chrotogonus, 80
tuberculatus, Euryphymus, 193
tuberculatus, Obbiacris, 80
tuberculosa, Barombia, 223
tukuyuensis, Trichocatantops, 247
tulearensis, Wintrebertia, 29

INDEX

tunetanus, Pamphagus, 65
turbida, Ornithacris, 280
turbidus, Caloptenus, 396
turbinatum, Gymnidium, 138
turkanae, Sphingonotus, 330
turrita, Acrida, 289
turrita, Acrida, 400
turrita, Acridella, 289
TYLOTROPIDIUS, 221

ufipae, Veseyacris, 241
UGANDA, 319
ugandana, Wilverthia, 293
ugandanus, Catantopsilus, 246
UHAGONIA, 122
ulugurensis, Loveridgacris, 96
ulugurensis, Parapetasia, 96
undulata, Parasymbellia, 20
undulata, Stobbea, 190
unicarinata, Caloptenopsis, 188
unicarinatus, Caloptenus, 188
unicolor, Bullacris, 39
unicolor, Cyrtacanthacris, 278
uniformis, Europacris, 268
URRUTIA, 34
usambarica, Leptacris, 155
usambarica, Meruana, 155
usambarica, Rehnula, 133
usambarica, Usambilla, 133
usambaricum, Ixalidium, 227
usambaricus, Odontomelus, 295
usambaricus, Thisoicetrus, 214
USAMBILLA, 133
uvarovi, Catantops, 264
uvarovi, Euschmidtia, 6
uvarovi, Nyassacris, 134
uvarovi, Occidentosphena, 100
uvarovi, Panzia, 299
uvarovi, Phalinus, 148
UVAROVIDIUM, 157

valga, Amesotropis, 371
vana, Pseudopropacris, 265
vansomereni, Aresceutica, 237
vansomereni, Parepistaurus, 179
vansoni, Hoplolopha, 53
vansoni, Parabullacris, 41
vansoni, Sygrus, 131
VANSONIACRIS, 49
varelai, Chrotogonus, 71
variabilis, Acridella, 364
variabilis, Ermia, 375
variabilis, Gymnobothrus, 315
variegatus, Acrotylus, 360
variegatus, Zonocerus, 97
variolosa, Coptacra, 270
variolosa, Physemacris, 37
variopictus, Cardenius, 251
vaucherianus, Euryparyphes, 65
ventralis, Omocestus, 379

venosa, Orthochtha, 306
venustus, Calephorus, 361
verrucosa, Tmetonota, 353
versicolor, Catantops, 257
versicolor, Genditia, 174
versicolor, Pseudoschmidtia, 16
verticalis, Gastrimargus, 341
verticula, Azarea, 368
VESEYACRIS, 241
veseyi, Acrophymus, 202
vicina, Coryphosima, 310
vicina, Paracomacris, 310
vicinus, Cardenius, 251
victoriana, Duronia, 303
villiersi, Pseudamigus, 64
villosus, Trichocatantops, 247
vinacea, Taphronota, 90
vinaceus, Heteracris, 215
vinaceus, Thisoicetrus, 215
violacea, Leptacris, 155
violacea, Ochrophlegma, 114
violacea, Tanita, 120
violaceipennis, Heteropternis, 335
violaceipennis, Trichocatantops, 247
violaceus, Anthermus, 249
virescens, Chloroxyrrhepes, 167
virescens, Oxyrrhepes, 167
virgula, Oedaleus, 347
viridescens, Euthymia, 159
viridifasciata, Truxalis, 365
viridipennis, Abisares, 242
viridipes, Anthermus, 249
viridipes, Phymateus, 85
viridipes, Phymateus, 399
viridipes, Symbellia, 19
viridipes, Tinaria, 393
viridis, Diablepia, 375
viridis, Isalomastax, 31
viridula, Xenippa, 152
viridulus, Catantops, 265
vitripennis, Milleriola, 369
vittata, Cawendia, 108
vittata, Kassongia, 151
vittata, Phorenula, 386
vittatus, Aulacobothrus, 385
vittatus, Dyscolorhinus, 125
vittatus, Poekilocerus, 113
vittifera, Ochrophlegma, 114
vittipennis, Loryma, 150
vittipes, Catantops, 399
VITTISPHENA, 99
volkensi, Gastrimargus, 341
voltaensis, Caloptenopsis, 188
voltaensis, Catantopsilus, 246
voltaensis, Platypternodes, 374
volxemi, Ocnerodes, 63
vosseleri, Sphingonotus, 331
VOSSELERIANA, 325
vulcanigena, Eyprepocnemis, 209
vumbaensis, Coryphosima, 310

INDEX

vylderi, Brachyphymus, 198
vylderi, Karasicola, 198

wagneri, Mioscirtus, 349
wahlbergi, Gastrimargus, 342
walkeri, Eremotettix, 60
wattenwylianus, Calliptamus, 184
WEENENIA, 301
WERNERELLA, 332
wernerellum, Anacridium, 275
werneriana, Dnopherula, 389
werneriana, Phorenula, 389
wernerianus, Aulacobothrus, 389
whitei, Thericles, 35
whytei, Stenocrobylus, 252
willemsei, Sphingonotus, 331
WILVERTHIA, 293
WINTREBERTELLA, 17
wintreberti, Chloromastax, 23
wintreberti, Fatamastax, 26
wintreberti, Tetefortina, 24
wintreberti, Xenomastax, 21
WINTREBERTIA, 27

xanthocnemis, Euryphymus, 193
xanthocnemis, Euryphymus, 396
xanthoptera, Parga, 292
xanthus, Stenohippus, 381
XENIPPA, 152
XENIPPOIDES, 161

XENOMASTAX, 21
XENOTETTIX, 269
XENOTRUXALIS, 366
XEROPHLAEOBA, 304
XIPHOCERIANA, 51

YENDIA, 362

ZACOMPSA, 312
zanzibaricus, Parepistaurus, 179
zavattarii, Taramassus, 217
zebra, Thericles, 36
zebratus, Acinipe, 66
zenkeri, Pteropera, 239
zernyi, Catantops, 264
zeuneri, Auloserpusia, 239
zeuneri, Parasphena, 102
ZIMBABWEA, 360
zinae, Sauracris, 232
zolotarevskyi, Baidoceracris, 368
zolotarevskyi, Caprorhinus, 88
zolotarevskyi, Heteracris, 215
zolotarevskyi, Scintharista, 338
zolotarevskyi, Stobbea, 190
zolotarewskyi, Eurysternacris, 333
zonata, Acoryphella, 200
ZONOCERUS, 96
zougueana, Mastachopardia, 7
ZULUA, 173

For EU product safety concerns, contact us at Calle de José Abascal, 56–1°,
28003 Madrid, Spain or eugpsr@cambridge.org.

www.ingramcontent.com/pod-product-compliance
Lightning Source LLC
LaVergne TN
LVHW080309260326
834688LV00038B/1031